图说
建筑智能化系统

Building Intelligent Systems

张新房 编著

内 容 提 要

本书的特点是简化文字、用图说话，同时配合典型案例，从系统设计、规划的角度来看智能化系统的建设，兼顾系统施工人员和物业管理、安防负责人员的需求；对于基本概念、系统组成、实现原理、系统施工的方法均有涉及，重点是系统组成、如何设计、规划一个好的智能化、弱电系统。主要内容包括：闭路监控电视系统，防盗报警系统，门禁系统，电子巡更系统，停车场管理系统，楼宇对讲系统，智能家居系统，公共广播系统，LED大屏幕显示系统，等离子拼接显示系统，DLP拼接显示系统，防雷接地系统，楼宇自动化系统，弱电管道系统和机房系统。

本书可供弱电系统、智能化系统、安防系统从业人员，包括销售人员、设计工程师、技术工程师、监理公司、弱电系统负责人、学生或相关人士阅读、参考。

图书在版编目（CIP）数据

图说建筑智能化系统 / 张新房编著. —北京：中国电力出版社，2009.8（2018.11 重印）
ISBN 978 – 7 – 5083 – 8877 – 9

Ⅰ. 图… Ⅱ. 张… Ⅲ. 智能建筑 – 自动化系统 – 图解 Ⅳ. TU855 – 64

中国版本图书馆 CIP 数据核字（2009）第 083350 号

中国电力出版社出版、发行
（北京市东城区北京站西街 19 号 100005 http：//www.cepp.com.cn）
三河市航远印刷有限公司印刷
各地新华书店经售

*

2009 年 8 月第一版　　2018 年 11 月北京第八次印刷
710 毫米×980 毫米　16 开本　33.5 印张　603 千字　2 彩页
印数 16001—17000 册　　定价 55.00 元

版 权 专 有　侵 权 必 究

本书如有印装质量问题，我社发行部负责退换

序

"图说建筑智能化系统"顾名思义就是用"图"来说"建筑智能化系统","建筑智能化"也常常被称作"智能化系统"。"智能化系统"还有两个别名:"安全防范系统"和"弱电系统",这些都是笼统的分类和叫法。在这里我们先探讨两个字:"安"和"智"。

孙子曰:"兵者,国之大事也。死生之地,存亡之道,不可不察也。"这是孙子兵法的核心思想,今天,我们把它改一改:"安者,国之大事也。死生之地,存亡之道,不可不察也。"对于我们这些智能化系统、安防系统、弱电系统从业者来讲最合适不过了。一个"安"字表达了太多的意义,寄托了人们太多的希望,看看整个人类的历史,不就是追求一个"安"字吗?

安,宝盖下一个女字。宝盖形似一个屋子,是说男人有屋、女人有家,有了女人有了家就是安。

孔子讲"安身立命",孟子讲"生于忧患、死于安乐",庄子讲"安归处顺",老子讲"甘其食,美其服,居其安,乐其俗",《左传》讲:"居安思危,思则有备,有备无患",企业讲:"高高兴兴上班来,平平安安回家去"、国家讲"安定团结"、"国泰民安",其实追求的最终目的就是"安",一个"安"字系心头。

小到个人,大到国家,"安"字在各类"名称"中占有极其重要的地位,与我们的生活密不可分。"长安"是历史最悠久的中国京都,寓意"长治久安";"天安门"是今日中国首都的象征;中国人给小孩起名也喜欢带个"安"字,如张安、李安、王安等;国家将保证人民安全的部门叫"公安部",将保证社区人民安全的人称为"保安"。"安"字不管放在哪里都给人有一种暖暖的感觉,那种感觉被称之为"幸福"。

智,是会意兼形声字,从日,从知,知亦声。《说文·白部》:"智,识词也。从白、亏、知。"知、智本来是一个字，智是知的后起字，本义为智识敏捷，引申为智慧、聪明、计谋，又兼知识的意思。今天我们对"智"来个新解，能够用知识减少人们生活中的操作、劳动称之为"智"，而这个过程称之为"智能化"。

"智"，知曰，就是把知道的讲出来。现在我就把自己所知道的智能化系统、安全防范系统和弱电系统用图文告诉大家。

智者，安天下！智者，智能化从业者。

前　言

据不完全数据统计，2007年全球安防市场（包括监控、门禁和报警系统）规模大约1000亿美元，中国安防市场规模大约176亿美元（约1200亿元人民币，包括监控、门禁、报警、工程、服务）；安防企业约15 000家，从业人员接近100万人，年复合增长率在24%~30%之间，按照这个速度发展，中国很快会成为世界上最大的安防市场。

"9·11"之后，全世界都开始重视安防系统的建设和推广，近几年得到了快速的发展，出现了很多新技术和新产品。中国则随着奥运会的召开、上海世博会的临近和平安城市的建设和推广，国内的安防市场也得到了长足的发展，出现了一大批有规模、有实力的企业。从事安防产业的既有世界500强，又有中国的上市公司，还有数量众多的国有企业和私营企业，从产品到解决方案、从解决方案到服务提供商、运营商，从产品制造商到工程集成商，已经形成了完整的产业链。

安防系统之外还有智能化系统，二者又合并为弱电系统，形成了更大的市场、更大的规模，参与的人数更多，竞争也异常的激烈。高度的竞争促进了产业的快速升级换代、规模化生产、逐渐走低的价格，用春秋战国时代形容目前的弱电智能化行业最合适不过了。

在这样的大环境下，整个弱电智能化行业却缺乏教材、缺乏专业的系统设计工程师、缺乏专业的书籍，尤其是针对中国市场的专业书籍。与此同时，国内越来越多的大学开设智能建筑专业，也出现一大批专业的智能化系统培训机构和专业学校，使得这方面的书籍需求显得越来越迫切，而行业的实战人士编写的专业书籍更是少之又少。正是基于此，中国电力出版社邀请我编写了这本书，其目的就是为行业提供一本尽可能全面的、科普的书，推广和普及智能化知识。在编写过程中，我选择了图说的形式，从系统设计和架构的角度来写这本书，涉及子系统比较多，适用面也比较广，既可以当作教材又可以当作科普读物。对我而言，能够为行业作点贡献，也是实现了自己的一点心愿。

张新房

2009 年 8 月于广州

目　　录

序
前言
第一章　总论 …………………………………………………………… 1
　1.1　什么是智能化系统 ………………………………………………… 1
　1.2　什么是安全防范系统 ……………………………………………… 2
　1.3　什么是弱电系统 …………………………………………………… 3
　1.4　智能化系统、安防系统和弱电系统的区别 ……………………… 5
第二章　图说闭路监控电视系统 ……………………………………… 6
　2.1　系统基础知识 ……………………………………………………… 6
　　2.1.1　什么是闭路监控电视系统 …………………………………… 6
　　2.1.2　基础视频知识 ………………………………………………… 7
　2.2　闭路监控电视系统组成 …………………………………………… 13
　　2.2.1　闭路监控电视系统组成 ……………………………………… 13
　　2.2.2　前端系统 ……………………………………………………… 13
　　2.2.3　本地传输系统 ………………………………………………… 39
　　2.2.4　本地控制系统 ………………………………………………… 57
　　2.2.5　远程传输系统 ………………………………………………… 74
　　2.2.6　远程控制系统 ………………………………………………… 77
　2.3　典型应用分析 ……………………………………………………… 78
　　2.3.1　最简单的模拟监控系统 ……………………………………… 78
　　2.3.2　带磁带录像机的模拟监控系统 ……………………………… 78
　　2.3.3　带画面处理器的模拟监控系统 ……………………………… 79
　　2.3.4　带矩阵的模拟监控系统 ……………………………………… 80

1

2.3.5　采用无线方式传输的模拟监控系统 ················· 81
　　2.3.6　采用光缆传输的模拟监控系统 ··················· 82
　　2.3.7　采用双绞线传输的模拟监控系统 ················· 82
　　2.3.8　模拟摄像机硬盘录像机混合系统 ················· 83
　　2.3.9　简单的网络监控系统 ························· 84
　　2.3.10　模拟摄像机网络硬盘录像机混合系统 ············· 84
　　2.3.11　采用编解码技术的混合系统 ··················· 86
　　2.3.12　基于矩阵控制主机的大型监控系统 ··············· 87
　　2.3.13　基于DVR的大型监控系统 ····················· 88
　　2.3.14　基于NVR的大型监控系统 ····················· 89
　　2.3.15　基于ADSL的远程监控系统 ···················· 90
　　2.3.16　家庭远程监控系统 ·························· 91
2.4　技术发展趋势 ··································· 92
　　2.4.1　网络化监控 ······························· 93
　　2.4.2　视频分析 ································· 93
　　2.4.3　大容量存储 ······························· 94
　　2.4.4　红外低照度成像技术 ·························· 95
　　2.4.5　百万像素 ································· 95
　　2.4.6　全景监控 ································· 96
　　2.4.7　家庭远程监控 ······························ 96
　　2.4.8　统一的网络摄像机编解码技术 ···················· 96
　　2.4.9　广域监控系统 ······························ 97

第三章　图说防盗报警系统 ······························ 98
3.1　系统基础知识 ··································· 98
　　3.1.1　什么是防盗报警系统 ·························· 98
　　3.1.2　基础防盗报警知识 ··························· 99
3.2　防盗报警系统组成 ······························· 100
　　3.2.1　防盗报警系统的组成 ························· 100
　　3.2.2　前端探测器 ······························· 100
　　3.2.3　本地传输系统 ······························ 118
　　3.2.4　本地报警系统 ······························ 121
　　3.2.5　远程传输系统 ······························ 123
　　3.2.6　报警接收中心 ······························ 124
3.3　典型应用分析 ·································· 124

3.3.1　小型有线报警系统 …………………………………… 124
3.3.2　小型无线报警系统 …………………………………… 125
3.3.3　大型报警系统 ………………………………………… 126
3.3.4　小区周界报警系统 …………………………………… 126
3.3.5　具有接警中心的报警系统 …………………………… 127
3.3.6　防盗报警系统和闭路监控电视系统的联动 ………… 128
3.4　技术发展趋势 …………………………………………………… 129
3.4.1　报警控制主机的集成功能 …………………………… 129
3.4.2　防盗报警系统的联动功能 …………………………… 129
3.4.3　大屏幕面板的控制键盘 ……………………………… 129

第四章　图说门禁系统 …………………………………………… 131
4.1　系统基础知识 …………………………………………………… 131
4.1.1　什么是门禁系统 ……………………………………… 131
4.1.2　基础门禁知识 ………………………………………… 132
4.2　门禁系统组成 …………………………………………………… 151
4.2.1　门禁系统的组成 ……………………………………… 151
4.2.2　门禁点设备 …………………………………………… 151
4.2.3　门禁控制器 …………………………………………… 159
4.2.4　本地传输系统 ………………………………………… 162
4.2.5　门禁系统服务器 ……………………………………… 164
4.2.6　远程传输系统 ………………………………………… 167
4.2.7　中央管理系统 ………………………………………… 167
4.3　典型应用分析 …………………………………………………… 168
4.3.1　钥匙门禁系统 ………………………………………… 168
4.3.2　密码式门禁系统 ……………………………………… 169
4.3.3　独立式门禁系统 ……………………………………… 169
4.3.4　直连型门禁系统 ……………………………………… 170
4.3.5　总线型门禁系统 ……………………………………… 170
4.3.6　网络型门禁系统 ……………………………………… 171
4.3.7　混合型门禁系统 ……………………………………… 172
4.3.8　双机热备门禁系统 …………………………………… 172
4.3.9　大型联网门禁系统 …………………………………… 173
4.4　扩展功能 ………………………………………………………… 174
4.4.1　考勤功能 ……………………………………………… 174

    4.4.2 消费功能 ·· 174
    4.4.3 巡更功能 ·· 175
    4.4.4 资产管理 ·· 175
    4.4.5 电梯控制 ·· 176
    4.4.6 人力资源系统集成 ·· 176
    4.4.7 监控集成联动 ·· 176
    4.4.8 报警集成联动 ·· 177
    4.4.9 制卡证章管理 ·· 177
    4.4.10 车辆管理 ··· 177
  4.5 技术发展趋势 ··· 178
    4.5.1 网络化 ·· 178
    4.5.2 联网化 ·· 178
    4.5.3 RFID 应用 ·· 178
    4.5.4 集成和联动 ··· 179
    4.5.5 生物识别技术 ·· 179

第五章 图说电子巡更系统 ·· 180
  5.1 系统基础知识 ··· 180
    5.1.1 什么是电子巡更系统 ··· 180
    5.1.2 电子巡更系统的分类 ··· 181
  5.2 电子巡更系统的构成 ·· 182
  5.3 典型应用分析 ··· 183
  5.4 技术发展趋势 ··· 183
    5.4.1 更高级的电子巡检系统 ··· 184
    5.4.2 RFID 射频识别和无线传输系统 ·· 184
    5.4.3 图像抓拍、信息采集系统 ·· 186
    5.4.4 多元化市场发展 ·· 186

第六章 图说停车场管理系统 ·· 187
  6.1 系统基础知识 ··· 187
    6.1.1 什么是停车场管理系统 ··· 187
    6.1.2 系统基础知识 ·· 188
  6.2 停车场管理系统组成 ·· 192
    6.2.1 控制中心 ·· 193
    6.2.2 打印机 ··· 193
    6.2.3 智能卡发行器 ·· 193

       6.2.4　RS485 转换器 …………………………………… 194
       6.2.5　出入口控制机 …………………………………… 194
       6.2.6　自动发卡机/自动吞卡机 ………………………… 195
       6.2.7　智能卡读写器 …………………………………… 195
       6.2.8　全自动道闸 ……………………………………… 195
       6.2.9　车辆检测器 ……………………………………… 197
       6.2.10　中文电子显示屏 ………………………………… 197
       6.2.11　语音提示 ………………………………………… 197
       6.2.12　对讲系统 ………………………………………… 197
       6.2.13　视频卡 …………………………………………… 197
       6.2.14　出入口摄像机 …………………………………… 198
   6.3　典型应用分析 ……………………………………………… 198
       6.3.1　车辆管理流程 …………………………………… 198
       6.3.2　标准一进一出 …………………………………… 201
       6.3.3　大型联网系统 …………………………………… 202
       6.3.4　高速公路车辆收费管理系统 ……………………… 202
       6.3.5　远距离不停车收费管理系统 ……………………… 203
       6.3.6　典型停车场管理系统设备连接图 ………………… 204
   6.4　扩展应用及配套设备 ……………………………………… 205
       6.4.1　区位引导系统 …………………………………… 205
       6.4.2　车场划线系统 …………………………………… 205
       6.4.3　岗亭 ……………………………………………… 206
       6.4.4　阻车系统 ………………………………………… 207
       6.4.5　通道管理系统 …………………………………… 207
       6.4.6　车牌识别系统 …………………………………… 207

第七章　图说楼宇对讲系统 …………………………………………… 209
   7.1　系统基础知识 ……………………………………………… 209
       7.1.1　什么是对讲系统 ………………………………… 209
       7.1.2　楼宇对讲系统的分类 …………………………… 210
       7.1.3　基础对讲知识 …………………………………… 212
   7.2　楼宇对讲系统的功能及组成 ……………………………… 215
       7.2.1　楼宇对讲系统的功能 …………………………… 215
       7.2.2　楼宇对讲系统的组成 …………………………… 216
   7.3　典型应用分析 ……………………………………………… 231

5

7.3.1　独立型对讲系统 ················ 231
7.3.2　别墅型对讲系统 ················ 232
7.3.3　单栋楼宇对讲系统 ·············· 234
7.3.4　单栋楼多出入口对讲系统 ········ 235
7.3.5　大型联网系统 ··················· 235
7.3.6　纯IP对讲系统 ··················· 236
7.3.7　总线IP混合对讲系统 ············ 238
7.4　技术发展趋势 ······························· 239
7.4.1　大屏幕显示和触摸屏技术 ········ 239
7.4.2　安防功能稳定性 ················ 240
7.4.3　家电控制功能 ··················· 240
7.4.4　网络化 ·························· 240
7.4.5　电话对讲系统 ··················· 241
7.4.6　图像记录 ······················· 241
7.4.7　对讲产品互联互通 ··············· 241

第八章　图说智能家居系统 242

8.1　系统基础知识 ······························· 242
8.1.1　什么是智能家居 ················· 242
8.1.2　基础智能家居知识 ··············· 243
8.2　系统的组成及功能 ························· 248
8.2.1　系统组成 ······················· 248
8.2.2　系统功能 ······················· 254
8.3　典型应用分析 ······························· 257
8.3.1　家电控制系统 ··················· 257
8.3.2　防盗报警系统 ··················· 258
8.3.3　背景音乐控制系统 ··············· 258
8.3.4　温度控制系统 ··················· 259
8.3.5　可视对讲系统 ··················· 259
8.3.6　闭路监控系统 ··················· 260
8.3.7　门禁系统 ······················· 260
8.3.8　多媒体控制箱 ··················· 260
8.3.9　三表抄送系统 ··················· 261
8.3.10　机电设备控制 ·················· 262
8.3.11　混合型应用 ···················· 262

8.4 技术发展趋势 ………………………………………………………… 263
　　8.4.1 大屏幕显示和触摸屏技术 …………………………………… 263
　　8.4.2 网络化应用 …………………………………………………… 263
　　8.4.3 全能遥控器 …………………………………………………… 264
　　8.4.4 家庭背景音乐系统的普及 …………………………………… 264
　　8.4.5 温度控制系统的普及 ………………………………………… 264
　　8.4.6 场景控制复杂化和智能化 …………………………………… 264
　　8.4.7 远程控制技术 ………………………………………………… 265

第九章　图说公共广播系统 ……………………………………………… 266
9.1 系统基础知识 ………………………………………………………… 266
　　9.1.1 什么是公共广播系统 ………………………………………… 266
　　9.1.2 公共广播系统基础知识 ……………………………………… 267
9.2 系统的组成及功能 …………………………………………………… 269
　　9.2.1 系统的分类 …………………………………………………… 269
　　9.2.2 系统的功能 …………………………………………………… 274
　　9.2.3 系统的组成及设计 …………………………………………… 277
9.3 典型应用分析 ………………………………………………………… 289
　　9.3.1 简易型公共广播系统 ………………………………………… 289
　　9.3.2 带前置放大器的简易型公共广播系统 ……………………… 290
　　9.3.3 最小的公共广播系统 ………………………………………… 290
　　9.3.4 带分区强插的公共广播系统 ………………………………… 291
　　9.3.5 典型公共广播系统 …………………………………………… 292
　　9.3.6 数字公共广播系统 …………………………………………… 293
　　9.3.7 网络公共广播系统 …………………………………………… 293
9.4 技术发展趋势 ………………………………………………………… 294
　　9.4.1 智能化 ………………………………………………………… 294
　　9.4.2 网络化 ………………………………………………………… 295
　　9.4.3 无线传输 ……………………………………………………… 295
　　9.4.4 基于有线电视网传输 ………………………………………… 296
　　9.4.5 可寻址控制 …………………………………………………… 296

第十章　图说 LED 大屏幕显示系统 …………………………………… 297
10.1 系统基础知识 ……………………………………………………… 297
　　10.1.1 什么是 LED ………………………………………………… 297
　　10.1.2 LED 的分类 ………………………………………………… 299

  10.1.3 LED 系统基础知识 ··· 300
  10.1.4 LED 大屏幕显示系统 ··· 304
 10.2 系统的组成及分类 ·· 305
  10.2.1 LED 显示屏术语 ·· 305
  10.2.2 系统组成 ·· 306
  10.2.3 LED 显示屏的分类 ·· 307
  10.2.4 驱动芯片的种类 ··· 309
  10.2.5 LED 大屏幕显示系统发展历史 ··· 310
  10.2.6 如何选用 LED 大屏幕显示系统 ·· 310
 10.3 典型应用分析 ·· 311
  10.3.1 LED 大屏幕显示系统的应用 ··· 311
  10.3.2 典型室外全彩色大屏幕系统的设计 ······································ 312
 10.4 技术发展趋势 ·· 316

第十一章 图说等离子拼接显示系统 ··· 318
 11.1 系统基础知识 ·· 318
  11.1.1 什么是等离子体 ··· 318
  11.1.2 等离子体技术知识 ·· 319
  11.1.3 什么是等离子显示器 ·· 321
  11.1.4 等离子显示器基础知识 ·· 321
 11.2 等离子拼接显示系统 ·· 323
  11.2.1 什么是等离子拼接显示器 ·· 323
  11.2.2 系统特点 ·· 325
  11.2.3 系统功能 ·· 328
  11.2.4 系统组成架构 ·· 333
  11.2.5 系统主要设备 ·· 334
 11.3 典型应用分析 ·· 341
 11.4 技术发展趋势 ·· 343

第十二章 图说 DLP 拼接显示系统 ·· 345
 12.1 系统基础知识 ·· 345
  12.1.1 什么是 DLP ··· 345
  12.1.2 什么是 DMD ··· 346
  12.1.3 DLP 技术知识 ··· 349
  12.1.4 什么是 DLP 显示器 ·· 355
  12.1.5 DLP 显示器基础知识 ··· 355

12.1.6　DLP投影系统的组成 ………………………………………… 359
　　　12.1.7　DLP投影系统和其他投影技术的比较 ……………………… 361
　12.2　DLP拼接显示系统 ………………………………………………… 363
　　　12.2.1　什么是DLP拼接显示器 …………………………………… 363
　　　12.2.2　系统特点 ……………………………………………………… 364
　　　12.2.3　系统功能 ……………………………………………………… 367
　　　12.2.4　系统组成架构 ………………………………………………… 371
　　　12.2.5　系统主要设备 ………………………………………………… 372
　12.3　典型应用分析 ……………………………………………………… 377
　　　12.3.1　系统组成 ……………………………………………………… 377
　　　12.3.2　DLP大屏规格 ………………………………………………… 378
　　　12.3.3　操作台设计 …………………………………………………… 379
　　　12.3.4　控制中心平面图设计 ………………………………………… 381
　　　12.3.5　其他配套系统和效果图 ……………………………………… 381
　12.4　技术发展趋势 ……………………………………………………… 382

第十三章　图说防雷接地系统 ……………………………………………… 384
　13.1　系统基础知识 ……………………………………………………… 384
　　　13.1.1　什么是雷电 …………………………………………………… 384
　　　13.1.2　什么是雷电反击 ……………………………………………… 385
　　　13.1.3　雷电的分类 …………………………………………………… 385
　　　13.1.4　浪涌 …………………………………………………………… 386
　　　13.1.5　雷电及浪涌的危害形式 ……………………………………… 387
　　　13.1.6　雷电及浪涌防护的方法 ……………………………………… 387
　13.2　防雷系统原理及设计 ……………………………………………… 389
　　　13.2.1　防雷系统术语 ………………………………………………… 389
　　　13.2.2　什么是电涌保护器 …………………………………………… 391
　　　13.2.3　雷电感应详解 ………………………………………………… 393
　　　13.2.4　雷电防护措施 ………………………………………………… 395
　　　13.2.5　防雷分区 ……………………………………………………… 397
　　　13.2.6　电涌保护器的选型原则 ……………………………………… 398
　　　13.2.7　天馈系统SPD的选型原则 …………………………………… 401
　　　13.2.8　信号系统SPD的选型原则 …………………………………… 402
　　　13.2.9　弱电子系统防雷系统设计 …………………………………… 402
　13.3　接地系统设计 ……………………………………………………… 407

9

13.3.1 接地系统基本概念 ……………………………………… 407
  13.3.2 接地的分类 ……………………………………………… 408
  13.3.3 接地措施 ………………………………………………… 409
  13.3.4 接地系统设计原则 ……………………………………… 410

第十四章 图说楼宇自动化系统 …………………………………… 413
 14.1 系统基础知识 ……………………………………………… 413
  14.1.1 什么是楼宇自动化系统 ………………………………… 413
  14.1.2 基础BAS知识 …………………………………………… 414
 14.2 BAS系统组成 ……………………………………………… 422
  14.2.1 BAS系统组成概述 ……………………………………… 422
  14.2.2 三层网络架构 …………………………………………… 422
  14.2.3 楼控系统管理软件 ……………………………………… 424
  14.2.4 DDC ……………………………………………………… 428
  14.2.5 传感器 …………………………………………………… 431
  14.2.6 变送器 …………………………………………………… 433
  14.2.7 阀门和执行器 …………………………………………… 435
 14.3 点表的设计和配置 ………………………………………… 441
  14.3.1 点的类型和分类 ………………………………………… 441
  14.3.2 常见设备的点表示意图 ………………………………… 442
  14.3.3 点表的设计 ……………………………………………… 452
 14.4 技术发展趋势 ……………………………………………… 463
  14.4.1 网络化 …………………………………………………… 463
  14.4.2 能源管理服务 …………………………………………… 464
  14.4.3 节能 ……………………………………………………… 464

第十五章 图说弱电管道系统 ……………………………………… 465
 15.1 系统基础知识 ……………………………………………… 465
  15.1.1 什么是弱电管道 ………………………………………… 465
  15.1.2 什么是人（手）孔 ……………………………………… 465
  15.1.3 镀锌钢管和PVC管 ……………………………………… 467
  15.1.4 镀锌线槽和PVC线槽 …………………………………… 468
 15.2 室外弱电管道系统 ………………………………………… 468
  15.2.1 室外弱电管道设计 ……………………………………… 468
  15.2.2 人（手）孔设计 ………………………………………… 471
  15.2.3 人（手）孔施工图纸 …………………………………… 475

- 15.3 室内弱电管道系统 480
  - 15.3.1 电缆桥架系统 480
  - 15.3.2 地面布线系统 485
  - 15.3.3 线管的敷设 487
- 15.4 弱电线缆的敷设 488
  - 15.4.1 弱电线缆的分类 488
  - 15.4.2 AWG 电线标准 490
  - 15.4.3 电缆的敷设 492
  - 15.4.4 光缆的敷设 493
  - 15.4.5 布线穿线技术要求 495

第十六章 图说机房系统 497

- 16.1 机房的分类 497
- 16.2 机房系统的组成 499
  - 16.2.1 装修工程 499
  - 16.2.2 电气工程 503
  - 16.2.3 照明工程 506
  - 16.2.4 空调工程 507
  - 16.2.5 防雷系统 507
  - 16.2.6 消防系统 508
  - 16.2.7 安防系统 508
  - 16.2.8 配线系统 509
- 16.3 典型弱电系统机房设计 509
  - 16.3.1 机房环境规范 510
  - 16.3.2 机房系统图例 510
  - 16.3.3 设备布置 511
  - 16.3.4 地面布置 512
  - 16.3.5 天花板布置 512
  - 16.3.6 市电插座 512
  - 16.3.7 UPS 插座 513
  - 16.3.8 照明平面 513
  - 16.3.9 弱电线槽布置 514
  - 16.3.10 等电位均压带 515

第一章

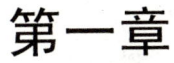

总 论

 **什么是智能化系统**

了解"什么是智能化系统"之前，首先了解一下什么是智能建筑，只有需要智能建筑的时候，才会有智能化系统，两者相辅相成。GB/T 50314《智能建筑设计标准》给出了一个明确的定义："智能建筑（IB，Intelligent Building），它是以建筑为平台，兼备建筑设备、办公自动化及通信网络系统，集结构、系统、服务以及它们之间的最优化组合，向人们提供一个安全、高效、舒适、便利的建筑环境。"

对于智能化系统，按照笔者的经验和理解，智能化系统（Intelligent System）是指利用视频、音频、显示、电子、控制、网络、计算机等科学技术，采用各种现代化的产品、设备或软件，减少人们日常生活的手工操作、给人们的生活带来便利性和舒适性的系统。

智能化系统主要应用于小区和大厦，就是经常所说的智能化小区和智能大厦。至于建设什么样子系统和设备才能够算智能化小区和智能大厦，国家有相关的法律法规，现实生活中有各种样板，智能化系统没有绝对的标准，低有低智能、高有高智能，随着时间的推移，不同历史阶段对智能化的理解是不一样的。举例来讲，通信技术未出现之前，人们之间的通话要面对面进行，电话系统出现使得人们能够远距离通话，在当时配备电话系统就可以认为是智能化建筑了，而现在计算机网络的出现人们通过互联网可以进行音视频、文字的传输,使得智能化水平提高到一个新的阶段,随着时间的进一步推移,今天的智能化系统在将来可能就不算智能化系统了。

而在现实生活中,人们经常把智能化系统等同于弱电系统,有时候还包括安全防范系统。

如图1-1所示,智能化系统是由众多的智能化子系统组成的,这些系统的建设可以减少人们日常生活和工作中的手工操作,给生活带来便利、舒适和智能,故把这些子系统归入到智能化系统中。

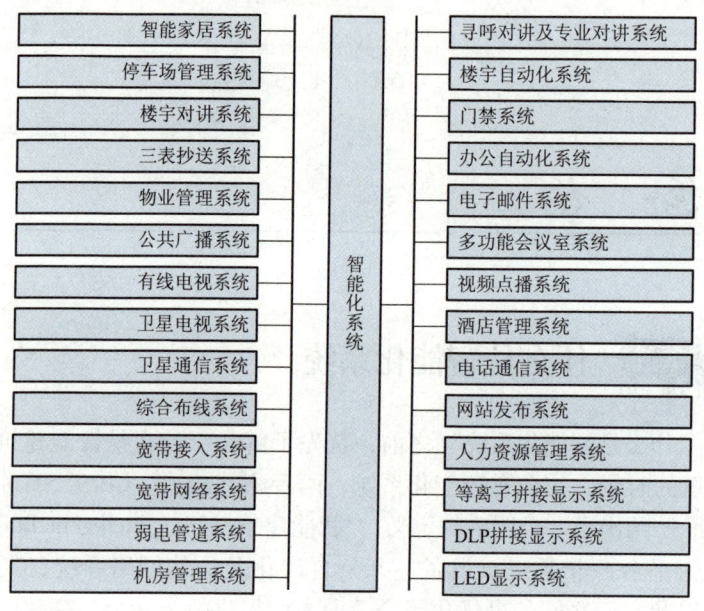

图1-1 智能化系统组成图

而闭路监控电视系统、防盗报警系统、电子巡更系统、防雷与接地系统、UPS不间断电源系统、消防系统等系统没有归入智能化系统是因为这些系统没有提供智能、舒适和便利的生活,虽然这些系统常常包括在"智能化系统"中,实际上不应该包括在内,这些系统归入到安全防范系统更合适。

1.2 什么是安全防范系统

安全防范系统(简称安防系统,Security System)就是利用音视频、红外、探测、微波、控制、通信等多种科学技术、采用各种安防产品和设备,给人们提供一个安全的生活和工作环境的系统。达到事先预警、事后控制和处理的效果,保护建筑(大厦、小区、工厂)内外人身及生命财产安全。本书探讨的

第一章 总 论

安防系统主要针对小区、大厦、工厂，也涉及火车站、飞机场、高速公路、码头、监狱等场所。

安全防范系统是技术防范和人工防范结合的系统，利用先进的技术防范系统弥补人工防范本身的缺陷，用科学技术手段提高人们生活和工作环境安全度。除了技术防范系统外，还必须有严格训练和培训的高素质安保人员，只有通过人工防范和技术防范的结合防范才能提供一个真正的安防系统。强大的接警中心和高效的公安机关是安防系统的核心。

狭义的安全防范系统就是防盗报警系统（Intruder Alarm System，入侵报警系统），由前端探测器、传输线路（有线或无线）、报警主机（含配套设备）和接警中心四个部分组成。

广义的安全防范系统包括闭路监控电视系统（CCTV System）、门禁系统（Access Control System）和防盗报警系统（Intruder Alarm System），这是国际上主流的应用。在国内来讲还要包括防盗门、保险柜、金属探测系统、安检系统等。

本书讨论的安全防范系统主要是指闭路监控电视系统、门禁系统和防盗报警系统三个系统，如图1-2所示。

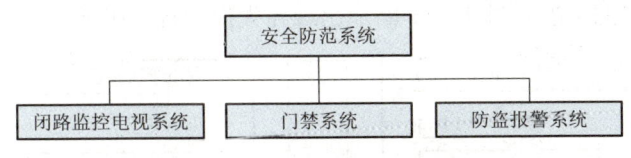

图1-2 安全防范系统组成图

 什么是弱电系统

"弱电系统"是相对于"强电系统"而言的。所谓"强电""弱电"说，是国内工程界的一种泛指，最早由做"强电"系统的工程人员提出，非正式术语。电力、输电、电气之类归为"强电"；无线电、电子、仪表类归入"弱电"。在我们目前从事的行业来讲，弱电系统是一个宽泛的概念，在国内常常把弱电系统看作是智能化系统或安防系统，其实是有区别的。

电力应用按照电力输送功率的强弱可以分为强电与弱电两类。建筑及建筑群用电一般指交流220V/50Hz及以上的强电。主要向人们提供电力能源，将电能转换为其他能源，例如空调用电、照明用电、动力用电，等等。智能建筑中的弱电主要有两类：一类是国家规定的安全电压等级及控制电压等低电压电能，有交流与直流之分（交流36V以下，直流24V以下），如12V直流控制电源，或应急照明灯备用电源；另一类是载有语音、图像、数据等信息的信息源，如电话、电视、计算机的信息。人们习惯把弱电方面的技术称为弱电技术。

可见，智能建筑中的弱电技术基本含义仍然是原来意义上的弱电技术，只不过随着现代弱电高新技术的迅速发展，智能建筑中的弱电技术应用越来越广泛，包含的子系统越来越多。强电系统中有弱电、弱电系统中有强电，互相穿插，没有强电的供应，弱电系统根本无法独立工作。故带电的系统不属于强电系统的话，那就是弱电系统，如果既可属于强电系统又可属于弱电系统的话，可以归入弱电系统中。

在实际应用和项目建设的过程中，有时候建设弱电系统中的一部分、有时候建设全部的系统，取决于项目的实际需要。

常见的弱电系统工作电压包括：24V AC、16.5V AC、12 V DC，有时候220V AC 也算弱电系统，比如某些型号的摄像机工作电压是220V AC，就不能把它们归入强电系统。

弱电系统主要针对的是建筑物，包括大厦、小区、机场、码头、铁路、高速公路等。

常见的弱电系统如图 1-3 所示。这还是一个不完整的名单，更多的弱电系统随着科技的发展和进步在不断地出现在人们的日常生活中！

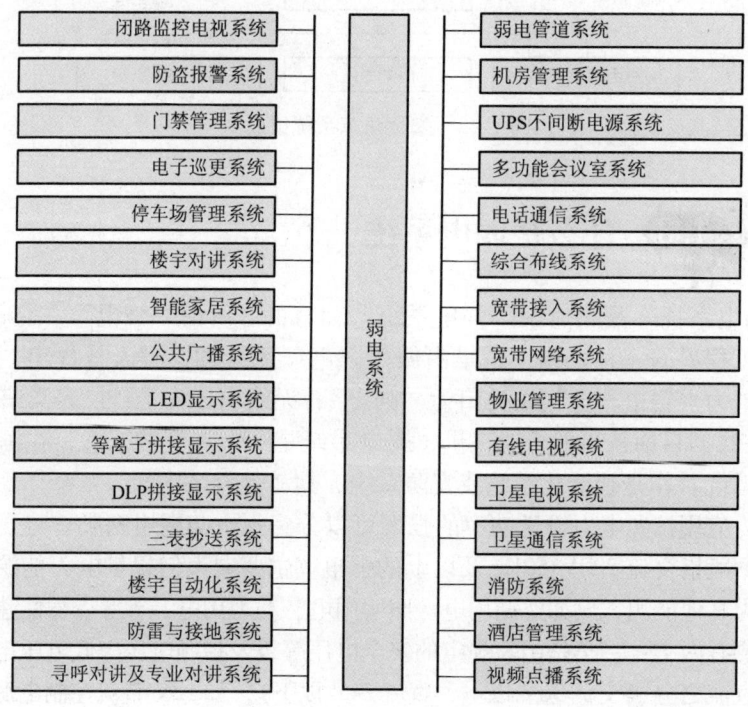

图 1-3　弱电系统组成图

那么"弱电系统"翻译成英文怎么说？根据笔者的工作经验，目前为止还没有碰到国外客户需要建设弱电系统的。大部分情况下，他们只需要建设安防系统。在国外从事这个行业的公司名称大部分叫做"Fire & Security"，也就是消防保安或者消防与安防。故如果不是很介意的话，弱电系统可以翻译为"Fire & Security"。或者简单地翻译，就是把"强电"译为 Electric，"弱电"译为 Electronic。

 智能化系统、安防系统和弱电系统的区别

通过图1-1、图1-2、图1-3基本上已经可以看出智能化系统、安防系统、弱电系统之间的区别，智能化系统和安防系统属于两个系统，互相不包含，而弱电系统可以近似地认为是智能化系统和安防系统之和，但也不完全是。

事实上在现实生活中，这三个系统被认为是等同的。在国人眼里经常说智能大厦，那么对应的系统自然就是智能化系统了，而智能化小区和智能大厦是一定有安防系统的；在外国人的眼里，安防系统就是 Security System，仅仅包含了闭路监控电视系统、门禁系统和防盗报警系统，归保安部或人力资源部管理，像综合布线系统、宽带网络系统就属于 IT（信息技术）部门管理，而不会归入安防系统。

虽然详细定义和分析了这三个系统的区别，但在本书中还是顺应主流的趋势和认知，将"智能化系统"和"安防系统"等同起来，包含了所有智能化系统的子系统和安防系统的子系统。

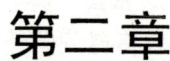

第二章

图说闭路监控电视系统

 系统基础知识

● 2.1.1 什么是闭路监控电视系统

在 GB 50198—1994《民用闭路监控电视系统工程技术规范》中，闭路监控电视系统被定义为"民用闭路监控电视系统系指民用设施中用于防盗、防灾、查询、访客、监控等的闭路电视系统。其特点是以电缆或光缆方式在特定范围内传输图像信号，达到远距离监视的目的。系统制式宜与通用的电视制式一致。闭路监控电视宜采用黑白电视系统；当需要观察色彩信号时，可采用彩色电视系统。系统宜由摄像、传输、显示及控制等四个主要部分组成。当需要记录监视目标的图像时，应设置磁带录像装置。在监视目标的同时，当需要监听声音时，可配置声音传输、监听和记录系统"。

由上面的定义可知，1994 年标准中规定的闭路监控电视系统与 2008 年的实际建设情况已经大有不同。首先，闭路监控电视系统已经大规模地采用彩色系统而不是黑白系统；其次，监控系统网络化，传统的同轴电缆和光缆系统已经不能满足所有的需求；同时模拟系统数字化也是大势所趋，模拟录像带已经被逐渐淘汰，监控系统也不限于本地显示、录像和回放而更多时候需要远程网络监控。由此，闭路监控电视系统需要一个全新的定义。

闭路监控电视系统（Closed-Circuit Television，CCTV）是安全防范系统的重要组成部分之一，利用摄像机通过传输线路将音视频信号传送到显示、控制和记录设备上，由前端系统、本地传输系统、本地显示系统、本地控制系统、远程传输系统、远程控制系统等六个主要部分组成。闭路监控电视系统有别于传统的广播电视系统，传统的广播电视系统是一点发送多点接收，是一个开放的系统（Opened），而闭路监控电视系统并不公开传播（Closed），一点发送多点接收（需要具有权限），尽管某些监控点提供公众访问服务。闭路监控电视系统常常被用于有安防需求的特定场所，如银行、赌场、娱乐场所、工厂、小区、大厦、电力、高速公路、机场或者军事设施。随着技术的成熟和设备成本的价格的降低，越来越多的场所采用监控系统，如平安城市的建设。

日益增长的闭路监控电视系统应用也带来公共安全和隐私保护的争论，摄像机的隐私保护区域功能能够一定程度缓解这种争论。闭路监控系统常常设立本地和/或远程监控中心，以便集中监控一些需要监控的区域、生产线，或者一些不适宜人工监控的场所。闭路监控电视系统可以连续运作或者监控特点时间的特定事件。

闭路电视监控系统具有三大基本功能，即监视、录像和回放。监视主要是指可以看到现场的实时画面；录像是指可以将看到的图像记录下来；回放是指播放记录下来的图像资料。通过更加先进的技术手段也能够实现图像分析、事先预警、事后防范的功能。

闭路电视监控系统网络化、数字化是一个新的趋势，传统的模拟系统逐渐向数字化转变，传输线路由以前的铜缆（主要是同轴电缆、控制电缆）逐渐向网络传输转变。依靠强大的网络化和数字化，可以很方便地建设多级监控系统，可以不限制地点地设置多个控制中心和访问、接入点。

闭路监控电视系统经过扩充可以具备音频系统功能，可以监听、录制和回放音频信号，同时闭路监控系统具备一些入侵报警功能。尤其是随着视频分析技术的发展，在某些程度上，摄像机可以取代报警探头。

闭路监控电视系统已经成为人们日常生活中不可缺少的一部分。

● 2.1.2 基础视频知识

1. "PAL 制式"和"NTSC 制式"

PAL（Phase Alternating Line，相位交替行）是 1965 年制定的电视制式，主要应用于中国、香港、中东地区和欧洲一带。这种制式的彩色带宽为 4.43MHz，伴音带宽为 6.5MHz，每秒 25 帧画面。

NTSC（National Television System Committee，国家电视系统委员会）制式是 1952 年由美国国家电视制定委员会制定的彩色电视广播标准。美国、加拿大以及中国台湾、韩国、菲律宾等国家采用的是这种制式。这种制式的彩色带宽为 3.58MHz，伴音带宽为 6.0MHz，每秒 30 帧画面。

NTSC 制式与 PAL 制式每秒画面帧数不同，这是因为：采用 NTSC 的国家的市电为 110V/60Hz，所以电视里的场频信号直接就取样了交流电源的频率 60Hz，因为两场组成一帧，所以 60 除以 2 等于 30，正好就是电视的帧数了，而我国的市电为 220V/50Hz，所以原因同上，就是每秒 25 帧了。

2. "场" 和 "帧"

在传统 CRT 模拟电视里面，一个行扫描，按垂直的方向扫描被称之为 "场"，或 "场扫描"。每个电视帧都是通过扫描屏幕两次而产生的，第二个扫描的线条刚好填满第一次扫描所留下的缝隙。因此 25 帧/s 的电视画面实际上为 50 场/s（若为 NTSC 则分别为 30 帧/s 和 60 场/s）。

"帧" 的概念来自早期的电影里面，一幅静止的图像被称作一 "帧"（Frame），影片里的画面是每一秒钟有 25 帧，因为人类眼睛的视觉暂留现象正好符合每秒 25 帧的标准。通常说帧数，简单地说，就是在 1 秒钟时间里传输的图片的帧数，也可以理解为图形处理器每秒钟能够刷新几次，通常用 fps（Frames Per Second）表示。每一帧都是静止的图像，快速连续地显示帧便形成了运动的假象。高的帧率可以得到更流畅、更逼真的动画。每秒钟帧数（fps）愈多，所显示的动作就会愈流畅。

当计算机在显示器上播放视频时，它只会显示一系列完整的帧，而不使用交错场的电视技巧。因此针对计算机显示器所设计的视频格式和 MPEG 压缩技术都不使用场。传统的模拟系统采用 CRT 监视器（类似于电视机）进行监视，就涉及 "场" 和 "帧"，而数字化系统采用 LCD 或者更加高级的显示器（类似于电脑显示器），采用计算机技术处理图像，故仅仅涉及 "帧"，这也是数字化监控系统和模拟监控系统的区别。

3. "行"、"逐行" 和 "隔行"

在传统 CRT 模拟电视里面，一个电子束在水平方向的扫描被称之为 "行"，或 "行扫描"。

电视的每帧画面是由若干条水平方向的扫描线组成的，PAL 制为 625 行/帧，NTSC 制为 525 行/帧。如果这一帧画面中所有的行是从上到下一行接一行地连续完成的，或者说扫描顺序是 1，2，3，…，525，就称这种扫描方式为逐行扫描。

实际上，普通电视的一帧画面需要由两遍扫描来完成，第一遍只扫描奇数行，即第 1，3，5，…，525 行，第二遍扫描则只扫描偶数行，即第 2，4，6，…，524 行，这种扫描方式就是隔行扫描。一幅只含奇数行或偶数行的画面称

第二章 图说闭路监控电视系统

为一"场（Field）"，其中只含奇数行的场称为"奇数场"或"前场（Top Field）"，只含偶数行的场称为"偶数场"或"后场（Bottom Field）"。也就是说，一个奇数场加上一个偶数场等于一"帧（一幅图像）"。

4. 照度/感光度

照度是反映光照强度的一种单位，其物理意义是照射到单位面积上的光通量，照度的单位是每平方米的流明（lm）数，也叫作勒克斯（lux），其符号为 lx，即 $1lx = 1lm/m^2$。其中，lm 是光通量的单位，其定义是纯铂在熔化温度（约 1770℃）时，其 $1/60m^2$ 的表面面积于 1 球面度的立体角内所辐射的光量。

为了对照度的量有一个感性的认识，下面举一例进行计算。一只 100W 的白炽灯，其发出的总光通量约为 1200lm，若假定该光通量均匀地分布在一半球面上，则距该光源 1m 和 5m 处的光照度值可分别按下列步骤求得：半径为 1m 的半球面积为 $2\pi \times 1^2 = 6.28$（m^2），距光源 1m 处的光照度值为：$1200lm/6.28m^2 = 191lx$；同理半径为 5m 的半球面积为：$2\pi \times 5^2 = 157m^2$，距光源 5m 处的光照度值为：$1200lm/157m^2 = 7.64lx$。可见，从点光源发出的光照度是遵守平方反比律的。

1lx 大约等于 1 烛光在 1m 距离的照度。在摄像机参数规格中常见的最低照度（Minimum Illumination），表示该摄像机只需在所标示的 lx 数值下，即能获取清晰的影像画面。此数值越小越好，说明 CCD 的灵敏度越高。同样条件下，黑白摄像机所需的照度比尚需处理色彩浓度的彩色摄像机要低 10 倍。

照度对比见表 2-1。

表 2-1　　　　　　　　　　照 度 对 比 表

光　　线	照度（lx）	光　　线	照度（lx）
全日光线	100 000	满月夜光	4
日光有云	70 000	半月夜光	0.2
日光浓云	20 000	月夜密云夜光	0.02
室内光线	100~1000	无月夜光	0.001
日出/日落光线	500	平均星光	0.000 7
黎明光线	10	无月密云夜光	0.000 05

5. IRE

IRE 是 Institute of Radio Engineers 的简称，由这个机构所制定的视频信号

单位就称为 IRE，现在经常以 IRE 值来代表不同的画面亮度，例如 10IRE 就比 20IRE 来得暗，最亮的程度就是 100IRE。那么，绝对黑电平设定为 0IRE 和 7.5IRE 有什么不同呢？由于早期显示器的性能所限，事实上画面上亮度低于 7.5IRE 的地方基本上已经显示不出细节了，看上去就是一片黑色，将黑电平设为 7.5IRE，就可以去掉一些信号成分，从而在一定程度上简化电路结构。不过现代显示器的性能已经大大提高，暗黑部分的细节也可以很好地显示，此时将黑电平设为 0IRE，则可以较为完美地重现画面。

6. 黑电平和白电平

（1）**黑电平**：定义图像数据为 0 时对应的信号电平。调节黑电平不影响信号的放大倍数，而仅仅是对信号进行上下平移。如果向上调节黑电平，图像将变暗；如果向下调节黑电平，图像将变亮。摄像机黑电平为 0 时，对应 0V 以下的电平都转换为图像数据 0，0V 以上的电平则按照增益定义的放大倍数转换，最大数值为 255。黑电平（也称绝对黑电平）设定，也就是黑色的最低点。所谓黑色的最低点就是 CRT 显像管内射出的电子束能量，低于让磷质发光体（荧光物质）开始发光的基本能量时，屏幕上所显示的就是最低位置的黑。美国 NTSC 彩色电视系统把绝对黑电平定位在 7.5IRE 的位置，就是说低于 7.5IRE 的信号都将被显示为黑，而日本电视系统则把绝对黑电平定位在 0IRE 的位置。

（2）**白电平**：白电平与黑电平对应，它定义的是当图像数据为 255 时对应的信号电平，它与黑电平的差值从另一角度定义了增益的大小。在相当多的应用中用户看不到白电平调节，原因是白电平已在硬件电路中固定。

7. 信噪比

音源产生最大不失真声音信号强度与同时发出噪声强度之间的比率称为信号噪声比，即有用信号功率（Signal）与噪声功率（Noise）的比值，简称信噪比（Signal/Noise），通常以 S/N 表示，单位为分贝（dB），该计算方法也适用于图像系统。

S/N 是以 dB 计算的信号最大保真输出与不可避免的电子噪声的比率。该值越大越好。低于 75dB 这个指标，噪声在寂静时有可能被发现。总的说来，由于电脑里的高频干扰太大，所以声卡的信噪比往往不令人满意。摄像机所摄图像的信噪比和图像的清晰度一样，都是衡量图像质量高低的重要指标。图像信噪比是指视频信号的大小与噪波信号大小的比值，这两者是同时产生而又不可分开的。噪波信号是无用的信号，它的存在对有用的信号是有影响的，但是，又无法将与视频信号分离开来。因此在选择摄像机时，应选择一些有用信号比噪波信号相对地大到一定程度就够了，所以取两者的比值作为衡量的标准。如果图像的信噪比大，图像的画面就干净，就看不到什么噪波的干扰（主要画面中有雪花状），人们看起来就很舒服；如图像的信噪比小，则在画面中会满是雪花状，就会影响正常的收看效果。

8. 全双工和半双工

（1）全双工：同一时刻既可发又可收。全双工要求：① 收与发各有单独的信道；② 可用于实现两个站之间通信及星形网、环网，不可用于总线网。

（2）半双工：同一时刻不可能既发又收，收发是时分的。半双工要求：① 收发可共用同一信道；② 可用于各种拓扑结构的局域网络，最常用于总线网；③ 半双工数据速率理论上是全双工的一半。

9. 亮度、色调和饱和度

只要是彩色都可用亮度、色调和饱和度来描述，人眼中看到的任一彩色光都是这三个特征的综合效果。那么亮度、色调和饱和度分别指的是什么呢？

亮度：是光作用于人眼时所引起的明亮程度的感觉，它与被观察物体的发光强度有关。

色调：是当人眼看到一种或多种波长的光时所产生的彩色感觉，它反映颜色的种类，是决定颜色的基本特性，如红色、棕色就是指色调。

饱和度：指的是颜色的纯度，即掺入白光的程度，或者说是指颜色的深浅程度，对于同一色调的彩色光，饱和度越深颜色越鲜明，或说越纯。通常把色调和饱和度通称为色度。

由此可知，亮度是用来表示某彩色光的明亮程度，而色度则表示颜色的类别与深浅程度。除此之外，自然界常见的各种颜色光，都可由红（R）、绿（G）、蓝（B）三种颜色光按不同比例相配而成；同样，绝大多数颜色光也可以分解成红、绿、蓝三种色光，这就形成了色度学中最基本的原理——三基色原理（RGB）。

10. 常见的图形（图像）格式

一般来说，目前的图形（图像）格式大致可以分为两大类：一类为位图；另一类称为描绘类、矢量类或面向对象的图形（图像）。前者是以点阵形式描述图形（图像）的，后者是以数学方法描述的一种由几何元素组成的图形（图像）。一般说来，后者对图像的表达细致、真实，缩放后图形（图像）的分辨率不变，在专业级的图形（图像）处理中运用较多。

在介绍图形（图像）格式前，有必要先了解一下图形（图像）的一些相关技术指标，即分辨率、色彩数、图形灰度。

（1）分辨率：分为屏幕分辨率和输出分辨率两种。前者用每英寸行数表示，数值越大图形（图像）质量越好；后者衡量输出设备的精度，以每英寸的像素点数表示。

（2）色彩数和图形灰度：用位（bit）表示，一般写成2的n次方，n代表位数。当图形（图像）达到24位时，可表现1677万种颜色，即真彩。图形灰度的表示法与色彩数类似。

下面就通过图形文件的特征后缀名（如.bmp）来逐一认识当前常见的图形文件格式：BMP、DIB、PCP、DIF、WMF、GIF、JPG、TIF、EPS、PSD、CDR、IFF、TGA、PCD、MPT。

BMP （Bit Map Picture）	PC机上最常用的位图格式，有压缩和不压缩两种形式。该格式可表现2～24位的色彩，分辨率为480×320～1024×768。该格式在Windows环境下相当稳定，在文件大小没有限制的场合中运用极为广泛。
DIB （Device Independent Bitmap）	描述图像的能力基本与BMP相同，并且能运行于多种硬件平台，只是文件较大。
PCP （PC Paintbrush）	由Zsoft公司创建的一种经过压缩且节约磁盘空间的PC位图格式，它最高可表现24位图形（图像）。过去有一定市场，但随着JPEG的兴起，其地位已逐渐日落终天。
DIF （Drawing Interchange Format）	AutoCAD中的图形文件，它以ASCII方式存储图形，表现图形在尺寸大小方面十分精确，可以被CorelDraw、3DS等大型软件调用编辑。
WMF （Windows Metafile Format）	Microsoft Windows图元文件，具有文件短小、图案造型化的特点。该类图形比较粗糙，并只能在Microsoft Office中调用编辑。
GIF （Graphics Interchange Format）	在各种平台的各种图形处理软件上均可处理的经过压缩的图形格式。缺点是存储色彩最高只能达到256种。
JPG （Joint Photographic Expert Group）	可以大幅度地压缩图形文件的一种图形格式。对于同一幅画面，JPG格式存储的文件是其他类型图形文件的1/10～1/20，而且色彩数最高可达到24位，所以它被广泛应用于Internet上的homepage或Internet上的图片库。
TIF （Tagged Image File Format）	文件体积庞大，但存储信息量亦巨大，细微层次的信息较多，有利于原稿阶调与色彩的复制。该格式有压缩和非压缩两种形式，最高支持的色彩数可达16M。

第二章 图说闭路监控电视系统

EPS (Encapsulated PostScript)	用 PostScript 语言描述的 ASCII 图形文件，在 PostScript 图形打印机上能打印出高品质的图形（图像），最高能表示 32 位图形（图像）。该格式分为 Photoshop EPS 格式 Adobe Illustrator EPS 和标准 EPS 格式，其中后者又可以分为图形格式和图像格式。
PSD (Photoshop Standard)	Photoshop 中的标准文件格式，专门为 Photoshop 而优化的格式。
CDR (CorelDraw)	CorelDraw 的文件格式。另外，CDX 是所有 CorelDraw 应用程序均能使用的图形（图像）文件，是发展成熟的 CDR 文件。
IFF (Image File Format)	用于大型超级图形处理平台，如 AMIGA 机，好莱坞的电影特技多采用该图形格式处理。图形（图像）效果好，包括色彩纹理等逼真再现原景。当然，该格式耗用的内存外存等计算机资源也十分巨大。
TGA (Tagged Graphic)	是 True vision 公司为其显示卡开发的图形文件格式，创建时期较早，最高色彩数可达 32 位。VDA、PIX、WIN、BPX、ICB 等均属其旁系。

2.2 闭路监控电视系统组成

● 2.2.1 闭路监控电视系统组成

闭路监控电视系统组成如图 2-1 所示。

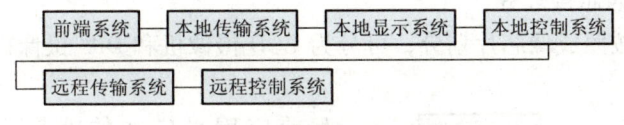

图 2-1 闭路监控电视系统组成图

● 2.2.2 前端系统

前端系统是指监控线缆前端连接的设备部分，主要指的是监控系统的现场设备。现场设备主要包括摄像机、镜头、护罩、支架、立杆、变压器、电源、拾音器、云台、解码器、光端机、防雷器、接地体、信号放大器、抗干扰器等。

摄像机和镜头是前端系统也是闭路监控电视系统的核心和必选设备，其余设备为配套设备。一般固定摄像机需要配置镜头，有的半球摄像机可以自配镜头，其余的摄像机大部分情况下配有镜头；护罩和支架每个摄像机均需要配置，主要分为室内和室外两种类型；立杆是户外摄像机需要配置的，根据现场情况决定，一般需要定做，采用路灯灯杆的工艺制作；变压器和电源是必须配置的，如果是220VAC工作的摄像机可以不配置变压器；拾音器在大多数情况下不配置，有特别应用和需求的场所需要配置，用来监听现场的声音；云台和解码器为过渡性的产品，已逐渐被高速球型摄像机所取代，在投资有限的情况下配置在需要摄像机转动的场所，有云台必定有解码器；光端机用于摄像机图像信号传输距离较长或者不便于采用视频线传输的环境下配置（后文有详细描述），有1、2、4、8、16、32路等多种规格；防雷器和接地体用于雷电多发地区的室外公共场所，如小区、工厂、高速公路等场所（在第十三章中有详述）；信号放大器用于没有采用光端机传输但视频衰减比较厉害的摄像机，用于放大视频信号，可以增加摄像机图像信号传输距离；抗干扰器用于摄像机信号干扰严重的场所，如有强电、强磁场、变频电机的干扰（后文有详述）。

本节主要讲解摄像机和镜头的分类和相关技术，其余设备在其他章节描述。大部分情况下，拾音器、云台、解码器、光端机、防雷器、接地体、信号放大器、抗干扰器属于可选设备，根据项目的实际情况选用。

2.2.2.1 摄像机的主要分类

摄像机（Camera）是闭路监控电视系统的核心设备，采用光电转换技术进行成像，主要由镜头、芯片、机板、电源系统、外壳、辅助设备等组成。

市面上的摄像机种类繁多，没有统一的分类方法，本书对摄像机从多个角度进行分类，以方便读者对摄像机能够有一个深刻的了解。

1. 按成像芯片划分

摄像机按照成像芯片划分，可分为CCD摄像机和DPS摄像机，如图2-2所示：

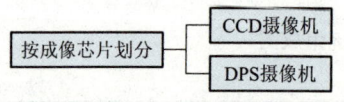

图2-2 摄像机按成像芯片划分

目前应用最广泛的就是CCD摄像机，DPS是一个新兴的技术，目前应用比较少，在本书中所描述的摄像机多为CCD摄像机。

CCD是Charge Coupled Device的缩写，即电荷耦合组件。是指一系列摄像组件，此组件可将光线转变成电荷，并可将电荷储存及转移，且能令储藏之电荷取出，使电压发生变化。它是一种半导体成像器件，因而具有灵敏度高、抗强光、畸变小、体积小、寿命长、抗振动、抗磁场、无残影等优点，是代替摄像管传感器的新型器件。CCD尺寸摄影机所使用之 CCD 可分为 2/3″、1/2″、1/3″、1/4″等尺寸类别。因为影像表面变小，图素数量及敏感度（Sensitivity）随之减少。为了节省成本，制造商多采用 1/3″CCD 和 1/4″CCD。CCD 的工作原理是：被摄物体反射光线，传播到镜头，经镜头聚焦到 CCD 芯片上，CCD 根据光的强弱积聚相应的电荷，经周期性放电，产生表示一幅幅画面的电信号，经过滤波、放大处理，通过摄像头的输出端子输出一个标准的复合视频信号。这个标准的视频信号同家用的录像机、VCD 机、家用摄像机的视频输出是一样的，所以也可以录像或接到电视机上观看。

DPS 是 Digital Pixel System 的缩写，DPS 是一种图像传感器，就像前文说的 CCD 图像传感器，二者功能一样。实际上它是一种 COMS 图像传感器，采用宽动态图像传感器和图像处理技术，内置全新的宽动态光电传感器件，故宽动态效果好于 CCD 摄像机，而且是一个纯数字化的图像传感器。DPS 专利技术是美国 PIXIM 公司申请的图像传感器专利技术，使用这项专利技术的图像传感器就称作 DPS 图像传感器。利用 DPS 图像传感器，结合美国 PIXIM 公司的宽动态处理技术，是目前行业内公认的所能达到的最大动态范围。DPS 是一种创新的视频捕获（传感器）和图像处理方式，视频传感器在曝光周期内对进入每个像素的光线进行多次取样，DPS 不仅仅记录每个像素的光线总量，也计算光线的变化速率，对每个像素光线的处理可以达到比 CCD 和 CMOS 更宽的动态范围，在光线变化很大的情况下具有更出色的图像效果。图像处理系统对每个像素持续地进行模数转化并以并行方式发送，整个图像处理过程全数字化，因此可提供很高的信噪比和精确再现原始的画面质量，而且无任何拖尾/开花等现象。

2. 按颜色划分

摄像机按照颜色划分，可分为彩色摄像机、黑白摄像机和彩转黑摄像机，如图 2-3 所示。

随着技术的发展和成本的降低，主流监控系统摄像机均采用彩色摄像机，因为彩色摄像机的画面更清晰、更真实。黑白摄像机出现较早而且应用时间较长，具有画面清晰度高，成本低廉的优势，在某些应用场合中还存在，在 2001 年以前的监控

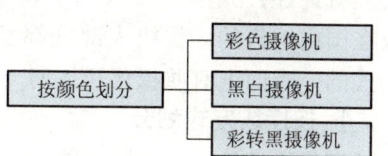

图 2-3 摄像机按颜色划分

市场上还主要是黑白摄像机。尽管彩色摄像机有着明显的技术优势和市场优势，但受技术限制，当环境照明照度较低的情况下（比如晚上，一般是小于 0.5lx）彩色摄像机无法形成清晰的彩色图像，大部分情况下是"黑白"图像或者什么都看不到，而如果图像是"黑白"的话，可以在更低的照度形成清

晰的"黑白"图像，故彩色转黑白（简称彩转黑）摄像机应运而生。彩转黑（Day/Night，日/夜转换）摄像机大部分情况下都属于"宽动态"摄像机，其工作原理如图2-4所示。当环境照度大于一定的值，会自动形成"彩色"图像，当照度低于一定的照度，彩色图像会自动切换为"黑白"图像（甚至在白天的情况下），大大提高了摄像机的适应范围和工作时间，适合于环境照明变化较大的场所应用（比如户外）。

有的彩转黑摄像机配置红外灯，可以在0lx的环境中工作，依然可以形成清晰的黑白图像，故彩转黑摄像机将是未来的发展趋势。

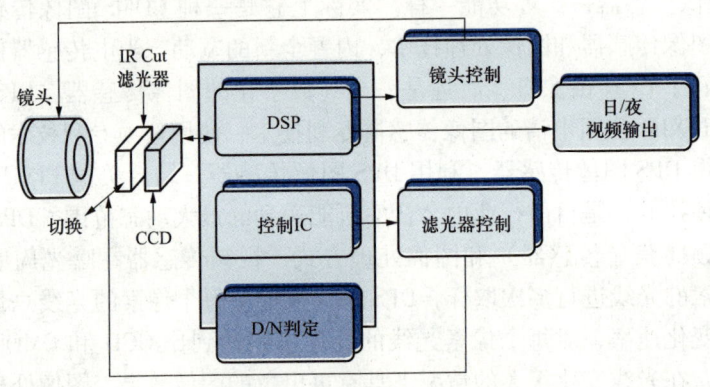

图2-4 彩转黑摄像机工作原理

3. 按制式划分

摄像机按照制式划分，可分为PAL制式摄像机和NTSC制式摄像机，如图2-5所示。

关于PAL制式和NTSC制式在前文已经有详述，我国主要采用PAL制式，故在国内销售的摄像机大部分都是PAL制式的。市面上有些摄像机同时支持PAL制式和NTSC制式，可自由切换。

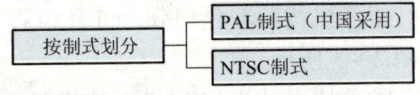

图2-5 摄像机按制式划分

4. 按接线方式划分

摄像机按接线方式划分，可分为无线摄像机、有线摄像机和网络摄像机，如图2-6所示。

（1）无线摄像机由普通摄像机和音视频发射机组成，有的是二合一无线摄像机，也可以单独由普通摄像机和发射机组成，在后端需要配合音视频接收机使用。无线网络摄像机应用于不便于布线的场合，比如临时性的、需要移动的或者现有的建筑场合，其缺点是无线传送的距离较短（一般是100m以内）而且容易受到干扰（如强磁场）和阻隔（如墙壁或者混凝土建筑），应用范围

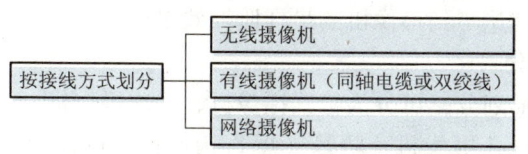

图 2-6 摄像机按接线方式划分

较小。

（2）有线摄像机是最常见而且是目前应用最广的摄像机类型，通常称之为模拟摄像机。最常见的有线传输是同轴电缆，也有通过双绞线（相当于网线）传输的。同轴电缆因为本身的衰减特性导致传输距离不能过长（最远距离大约1500m），加之铜缆价格高，成本相对也比较高，故也有通过光缆进行传输的。通过光缆传输需要光端机（成对使用，一发一收），传输距离较大（最远可传输60km），可满足大部分远距离传输需要。

（3）随着计算机技术和网络技术的发展，出现了新型的摄像机，即网络摄像机，也称为数字摄像机。网络摄像机通过网络传输，不需要额外布线，通常不受传输距离限制，只要有网络的地方，就可以很容易构建一套网络传输系统。网络摄像机与传统的模拟摄像机相比，生成的信号是数字的而不是模拟的，便于传输、记录和保存，是未来摄像机的发展趋势。缺点是占用较大的带宽（通常每路图像需要2Mbps的带宽），画面质量较模拟摄像机差，成本较高。

5. 按分辨率划分

摄像机按分辨率划分，可分为低分辨率摄像机、中分辨率摄像机和高分辨率摄像机，如图2-7所示。

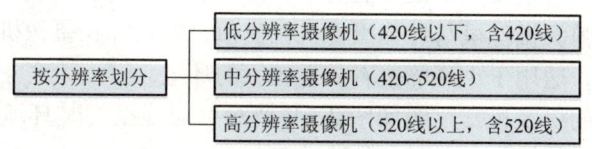

图 2-7 摄像机按分辨率划分

低分辨率摄像机的分辨率低于420线（相当于38万像素），随着技术的发展已经逐渐被淘汰；中分辨率摄像机的分辨率在420~520线之间（相当于38万~50万像素），是目前应用最多类型的摄像机；高分辨率摄像机的分辨率高于520线（相当于50万像素以上），属于高清摄像机，成本较高，也是未来摄像机发展的趋势，即向高清、高画质发展。电视线针对模拟监控系统而言，像素针对数字化监控系统而言，通常后端的显示设备分辨率要求高于前端摄像机的分辨率，否则就达不到摄像机的最佳监控效果。

6. 按外形划分

摄像机按外形划分，可分为枪式摄像机、半球摄像机、一体化摄像机、高速球型摄像机、针孔摄像机、防暴（爆）摄像机、机板型摄像机和子弹头摄像机，如图2-8所示。

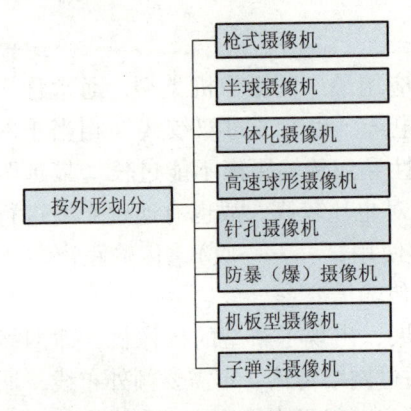

图2-8 摄像机按外形划分

枪式摄像机是最常见的摄像机类型，也是应用最广最成熟的摄像机，适用于各种场合，尤其适用于户外和安装环境复杂的场所；半球摄像机外形小巧，适合电梯、公交车、户内环境安装，不需要额外配置护罩和支架，安装方便，造价低廉，一般内置镜头；一体化摄像机相对枪式摄像机内置了大倍数变焦镜头，适合配套云台和高速球使用，相比枪式摄像机配置大变焦镜头要便宜，也可以单独配置固定护罩和支架使用；高速球形摄像机是内置云台、解码器、可360°旋转的摄像机，用于需要全方位监控的环境，如出入口、人流量较大的区域、码头、生产车间等，可进行多种编程，实现花样、预置位等功能，较之固定摄像机、云台摄像机具有更大的使用范围和灵活性，是目前的一种主流应用；针孔摄像机外形小巧，安装隐蔽，适合ATM机、监狱和需要隐蔽安装的环境使用；防暴（爆）摄像机安装有防暴（爆）护罩和支架，可防止外力破坏，适用于环境恶劣的环境，如矿井、油田、监狱等需要更高安全环境的场所；机板型摄像机功能简单、外形小巧，适合集成在其他设备或系统中使用；子弹头摄像机与针孔摄像机相类似，但较针孔摄像机要大，具有防水、防尘效果，适用于小环境或者灰尘较大的环境。

各种类型的摄像机实物图如图2-9所示，应根据安装环境选用适当形式的摄像机。

7. 按工作电压划分

摄像机按工作电压划分，可分为9V DC、12V DC、24V AC、110V AC摄像机和220V AC摄像机，如图2-10所示。

工作电压是9V DC（9V 直流电源）的摄像机比较少见，大多数情况下都是被微型摄像机所采用；12V DC（12V 直流电源）和24V AC（24V 交流电源）是常见的摄像机工作电压，大部分摄像机采用这两种类型的工作电压，或者同时支持两种电压工作模式；110V AC通常是NTSC制式摄像机的工作电压；220V AC 通常是 PAL 制式摄像机的工作电压，比较少见。

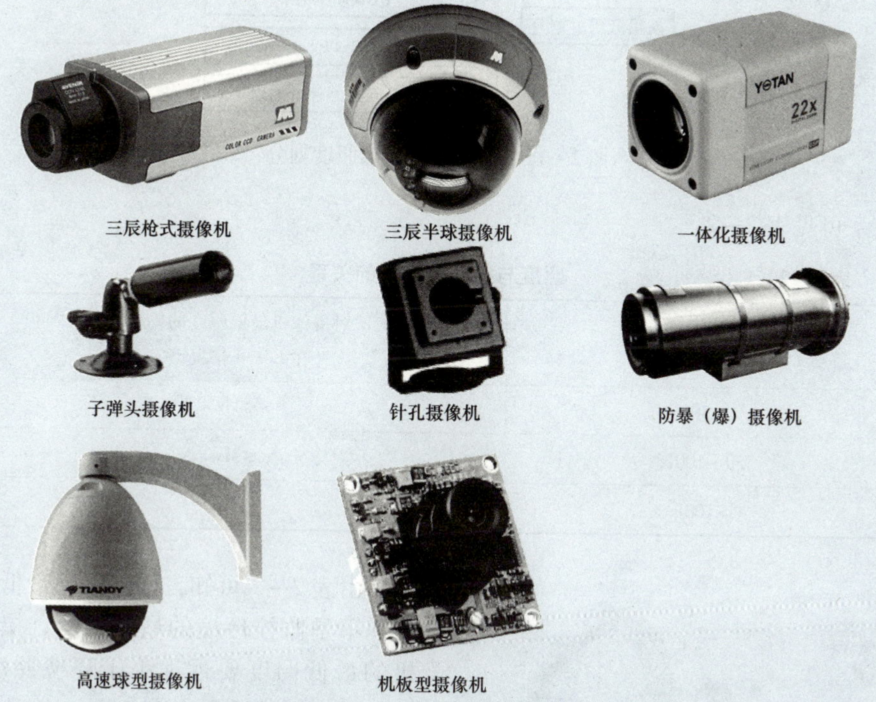

图 2-9 摄像机实物图

需要说明的是，常见的一体化摄像机、高速球形摄像机多采用 24VAC 工作电压，因为容易获取更高功率的电源；采用 220VAC 直接给摄像机供电，省去了变压器，但需要就近供电或者单独敷设管线供电，否则容易产生电磁干扰，这在工程施工的过程中需要注意。

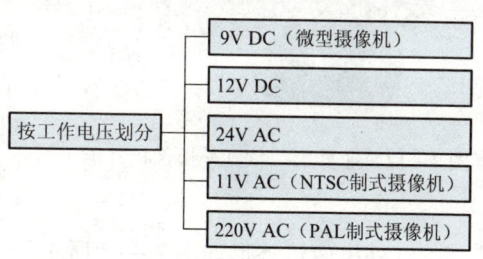

图 2-10 摄像机按工作电压划分

8. 按最低照度划分

摄像机按最低照度划分，可分为普通型摄像机、月光型摄像机、星光型摄像机和红外型摄像机，如图 2-11 所示。

关于照度在 2.1 基础视频知识中已经有详细描述，而照度与摄像机选择的

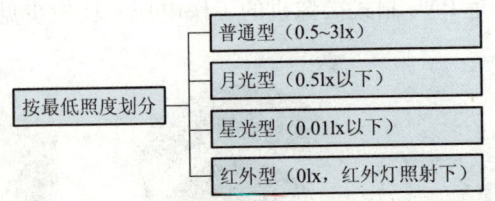

图2-11 摄像机按最低照度划分

关系可见表2-2。

表2-2 照度与摄像机选择的关系

监视目标的照度	对摄像机最低照度的要求（在F/1.4情况下）
<50lx	≤1lx
50~100lx	≤3lx
>100lx	≤5lx

图2-12 业界第一款红外摄像机外形

由表2-2可知，摄像机的最低照度并不是监控环境的最低照度，摄像机的最低照度要远远小于环境照度。一般摄像机最低照度在0.5~3lx称为普通型摄像机，在0.5lx以下称为月光型摄像机，在0.01lx以下称为星光型摄像机，最低照度为0lx（完全无可见光的环境）的摄像机称为红外摄像机。红外摄像机本身并不能实现0lx的照度，而是依靠一定数量的红外灯，同时要选用可感红外光的CCD。业界第一款红外摄像机外形如图2-12所示。

2.2.2.2 摄像机的组成部分和相关技术介绍

1. CCD摄像机主要技术指标及发展历史

（1）CCD彩色摄像机的主要技术指标如下：

CCD尺寸	亦即摄像机靶面。原多为1/2英寸，现在1/3英寸的已普及化，1/4英寸和1/5英寸也已商品化。

第二章 图说闭路监控电视系统

CCD 像素	是 CCD 的主要性能指标，它决定了显示图像的清晰程度，分辨率越高，图像细节的表现越好。CCD 是由面阵感光元素组成，每一个元素称为像素，像素越多，图像越清晰。
水平分辨率	彩色摄像机的典型分辨率在 320～580 电视线之间，主要有 330、380、420、460、500 线等不同档次。分辨率是用电视线（简称线 TV LINES）来表示的，彩色摄像头的分辨率在 330～500 线之间。分辨率与 CCD 和镜头有关，还与摄像头电路通道的频带宽度直接相关，通常规律是 1MHz 的频带宽度相当于清晰度为 80 线。频带越宽，图像越清晰，线数值相对越大。
最小照度	也称为灵敏度，是 CCD 对环境光线的敏感程度，或者说是 CCD 正常成像时所需要的最暗光线。照度的单位是勒克斯（lx），数值越小，表示需要的光线越少，摄像头也越灵敏。月光级和星光级等高增感度摄像机可工作在很暗的条件。
扫描制式	有 PAL 制和 NTSC 制之分。
信噪比	典型值为 46dB，若为 50dB，则图像有少量噪声，但图像质量良好；若为 60dB，则图像质量优良，不出现噪声
视频输出	多为 1Vp-p、75Ω，均采用 BNC 接头。
CCD 摄像机的工作方式	被摄物体的图像经过镜头聚焦至 CCD 芯片上，CCD 根据光的强弱积累相应比例的电荷，各个像素积累的电荷在视频时序的控制下，逐点外移，经滤波、放大处理后，形成视频信号输出。视频信号连接到监视器或电视机的视频输入端便可以看到与原始图像相同的视频图像。
电子快门	电子快门的时间在 1/50～1/100 000s 之间，摄像机的电子快门一般设置为自动电子快门方式，可根据环境的亮暗自动调节快门时间，得到清晰的图像。有些摄像机允许用户自行手动调节快门时间，以适应某些特殊应用场合。
外同步与外触发	外同步是指不同的视频设备之间用同一同步信号来保证视频信号的同步，它可保证不同的设备输出的视频信号具有相同的帧、行的起止时间。为了实现外同步，需要给摄像机输入一个复合同步信号（C-sync）或复合视频信号。外同步并不能保证用户从指定时刻得到完整的连续的一帧图像，要实现这种功能，必须使用一些特殊的具有外触发功能的摄像机。
光谱响应特性	CCD 器件由硅材料制成，对近红外比较敏感，光谱响应可延伸至 1.0μm 左右。其响应峰值为绿光（550nm）。夜间隐蔽监视时，可以用近红外灯照明，人眼看不清环境情况，在监视器上却可以清晰成像。由于 CCD 传感器表面有一层吸收紫外的透明电极，所以 CCD 对紫外线光不敏感。彩色摄像机的成像单元上有红、绿、蓝三色滤光条，所以彩色摄像机对红外线、紫外线均不敏感。

(2) CCD 摄像机发展史。在全球光电产业中，数码相机和照相手机产品正成为又一热门产品，其产业规模持续高速增长，取代传统相机的速度不断加快，成为各大公司重点投资、扩产的产品，其核心部件，CCD 图像传感器更是成为业界关注的焦点，因为至今其技术仍然掌握在少数日本厂商手中。CCD 产品问世已有 40 多年，从当时的 20 万像素发展到目前的 1000 万以上像素，无论其市场规模还是其应用面，都得到了巨大的发展，可以说是在平稳中逐步提高，特别是近几年，在消费领域中的应用发展速度更快。据统计，在 CCD 应用产品中，以数码相机所占比重最高，占 45％，摄像机占 43％，闭路监视摄影机等其他产品占 13％。由于 CCD 的技术生产工艺复杂，目前业界只有索尼、飞利浦、柯达、松下、富士和夏普 6 家厂商可以批量生产，而其中最主要的供商应是索尼、飞利浦和柯达，在各厂商市场占有率方面，索尼以 50％的市场占有率成为市场领导厂商。

目前的 CCD 组件，每一个像素的面积和开发初期比较起来，已缩小到 1/10 英寸以下。今后在应用产品趋向小型化、高像素的要求下，单位面积将会更加缩小。索尼则在努力研发小型化的同时，利用各种新开发的技术，使其感光度不会因为单位面积缩小而受到影响，也同时要求其性能维持或向上提升。

1) 索尼公司按年代划分而发展的 CCD 传感器简介。

- 1969 年，美国的贝尔电话研究所发明了 CCD。它是一个将光的信息转换成电的信息的魔术师。当时的索尼公司开发团队中，有一个叫越智成之的年轻人对 CCD 非常感兴趣，开始了对 CCD 的研究。但是由于这项研究距离商品化还遥遥无期，所以越智成之只能默默地独自进行研究。1973 年，一个独具慧眼的经营者——时任索尼公司副社长的岩间发现了越智的研究，非常兴奋地说道："这才应该是由索尼半导体部门完成的课题！好，我们就培育这棵苗！"当时的越智仅仅实现了用 64 像素画了一个粗糙的"S"。然而，岩间撂了一句让越智大惑不解的话："用 CCD 造摄像机。我们的对手不是电器厂商，而是胶片厂商伊斯特曼·柯达！"当时的索尼和柯达可以说是风马牛不相及，为什么对手会是柯达？时间过去了近 40 年后的今天，当索尼推出使用 800 万像素的 F828 数码相机步入市场的时候，谜底终于揭穿了，岩间说的是"要以超过柯达的胶卷照片的图像质量为目标搞 CCD 开发！"

- 岩间是那种有远见的经营者，索尼开始引进晶体管时，站在第一线指挥的就是岩间，他亲自到美国考察，从美国不断地发回技术报告，靠着这些报告，索尼前身的东京通信工业生产出了晶体管，成长为世界一流的半导体厂家。当时，CCD 只是实验室里的东西，谁也没有想到它能成为商品。

因为按照当时的技术水平,人们普遍认为:运用大规模的集成电路技术、完美无缺地生产在一个集成块上具有 10 万个元件以上的 CCD,几乎是不可能的。一般的企业在搞清这个情况以后就从研究中撤了下来。但岩间却不这么认为,他的结论是:"正因为机会谁都没有动手搞,我们才要搞!"

- 这在当时是一种边沿的研究,温吞水的努力是难以奏效的。而且,这还是一项很费钱的研究,据说从开发阶段直到实现商品化,索尼花在 CCD 上的钱高达 200 亿日元。项目研究虽然只花了 30 亿日元,但因为 CCD 的加工制造需要大量专有技术,实现大量生产时的技术积累过程难度最大,所以这方面投下了 170 亿日元。因此,这个项目如果没有优秀的经营者的支持根本办不到。岩间曾任索尼的美国分社长,回到日本索尼以后担任副社长兼索尼中央研究所的所长。据索尼开发团队带头人木原的回忆:"回国最初,岩间视察了中央研究所的全体,随着时间的过去,他的关心逐渐移到了 CCD 开发方面。大家注意到他一天之中有一半是在从事 CCD 研究的越智成之身旁度过的。到了 1973 年 11 月,CCD 终于立了项,成立了以越智为中心的开发团队。"

- 在全公司的支持下,开发团队克服重重困难,终于在 1978 年 3 月制造出了被人认为"不可能的、在一片电路板上装有 11 万个元件的集成块"。以后,又花了 2 年的岁月去提高图像质量,终于造出了世界上第一个 CCD 彩色摄像机。在这个基础上再改进,首次实现了 CCD 摄像机的商品化。当时,CCD 的成品率非常低,每 100 个里面才有一个合格的,生产线全开工运转一周也只能生产一块。有人开玩笑说:这哪里是合格率,这简直就是发生率!索尼接到全日空 13 台 CCD 摄像机的订单,其中用的 CCD 集成块的生产足足花了一年。

- 1980 年 1 月,升任社长的岩间又给了开发团队新的目标:"开发使用 CCD 技术的录像录音一体化的摄像机"。又是苦斗,经过了公布样品、统一规格、CCD 摄像机开发团队和普通摄像机开发团队的携手大奋战,1985 年终于诞生了第一部 8mm 摄像机"CCD – V8"。从开始着手 CCD 的研究,直到生产出第一台 8mm CCD 摄像机,足足经历了 15 年的岁月。

- 从 CCD 开发到数码摄像机的商品化,仅仅是一个开端。真正实现与光学相机相匹敌的图像质量,还有很长的路要走。数码相机上最初使用的 CCD 虽然是将录像机专用品转用的,但是很快在数码相机专用 CCD 方面出现了"像素竞争",静止画面用 CCD 质量迅速地提高了。

2) 索尼公司进入 20 世纪 80 年代后,以年代为顺序,在 CCD 传感器技术方面的发展简介。

HAD 感测器 （20世纪80年代初期）	HAD（HOLE-ACCUMULATION DIODE）传感器是在 N 型基板、P 型、N+2 极体的表面上，加上正孔蓄积层，这是 SONY 独特的构造。由于设计了这层正孔蓄积层，可以使感测器表面常有的暗电流问题获得解决。另外，在 N 型基板上设计电子可通过的垂直型隧道，使得开口率提高，换句换说，也提高了感度。在 80 年代初期，索尼将其领先使用在 IN-TERLINE 方式的可变速电子快门产品中，即使在拍摄移动快速的物体也可获得清晰的图像。
ON-CHIP MICRO LENS （20世纪80年代后期）	80 年代后期，因为 CCD 中每一像素的缩小，将使得受光面积减少，感度也将变低。为改善这个问题，索尼在每一感光二极管前装上经特别制造的微小镜片，这种镜片可增大 CCD 的感光面积，因此，使用该微小镜片后，感光面积不再因为感测器的开口面积而决定，而是以该微小镜片的表面积来决定。所以在规格上提高了开口率，也使感亮度因此大幅提升。
SUPER HAD CCD （20世纪90年代中期）	进入 90 年代中期后，CCD 技术得到了迅猛发展，同时，CCD 的单位面积也越来越小。受 CCD 面积限制，索尼 1989 年开发的微小镜片技术已经无法再提升 CCD 的感亮度了，而如果将 CCD 组件内部放大器的放大倍率提升，将会使噪声同时提高，成像质量就会受到较大的影响。为了解决这一问题，索尼将以前在 CCD 上使用的微小镜片的技术进行了改良，提升光利用率，开发将镜片的形状最优化技术，即索尼 SUPER HAD CCD 技术。这一技术的改进使索尼 CCD 在感觉性能方面得到了进一步的提升。
NEW STRUCTURE CCD （1998 年）	在摄影机光学镜头的光圈 F 值不断的提升下，进入到摄影机内的斜光就越来越多，但更多的斜光并不能百分百地入射到 CCD 传感器上，从而使 CCD 的感光度受到限制。在 1998 年时，索尼公司就注意到这一问题对成像质量所带来的负面效果，并进行了技术攻关。为改善这个问题，他们将彩色滤光片和遮光膜之间再加上一层内部的镜片。加上这层镜片后可以改善内部的光路，使斜光也可以完全地被聚焦到 CCD 感光器上，而且同时将硅基板和电极间的绝缘层薄膜化，让会造成垂直 CCD 画面杂信的信号不会进入，使 SMEAR 特性改善。
EXVIEW HAD CCD （1999 年）	比可视光波长更长的红外线光，会在半导体硅芯片内做光电变换。可是至当前为止，CCD 无法将这些光电变换后的电荷以有效的方法收集到感测器内。为此，索尼在 1999 年新开发的"EXVIEW HAD CCD"技术就可以将以前未能有效利用的近红外线光，有效转换成为映像资料而用，使得可视光范围扩充到红外线，让感亮度能大幅提高。利用"EXVIEW HAD CCD"组件时，在黑暗的环境下也可得到高亮度的照片。而且之前在硅晶板深层中做的光电变换时会漏出到垂直 CCD 部分的 SMEAR 成分，也可被收集到传感器内，所以影响画质的噪声也会大幅降低。

目前应用最广泛的是 Super HAD CCD 和 EXVIEW HAD CCD，Super HAD CCD 用于普通摄像机，EXVIEW HAD CCD 用于低照度摄像机、日夜转换摄像

机和红外摄像机。

2. DPS 技术和宽动态技术

要深刻认识 DPS 技术,就需要先了解宽动态技术(Wide Dynamic Range,WDR)。所谓动态是指动态范围,是指某一可改变特性的变化范围,宽动态就是指这一变化范围比较宽,当然是相对普通的来说。针对摄像机而言,它的动态范围是指摄像机对拍摄场景中光线照度的适应能力,量化一下它的指标,用分贝(dB)来表示。举个例子,普通 CCD 摄像机的动态范围是 3dB,宽动态一般能达到 80dB,好的能达到 100dB,即便如此,跟人眼相比,还是差了很多,人眼的动态范围能达到 1000dB,而更为高级的鹰的视力则是人眼的 3.6 倍。

那么所谓超级宽动态、超宽动态又是什么概念呢?其实,这都是人为的结果,有些厂家为了和别的厂家区分或者用来展示自己的宽动态效果比较好,就增加了一个 Super(超级)。实际上目前只有所谓的一代、二代的区别。早期摄像机厂家为了提高自身摄像机的动态范围,采用两次曝光成像,然后叠加输出的做法。先对较亮背景快速曝光,这样得到一个相对清晰的背景,然后对实物慢曝光,这样得到一个相对清晰的实物,然后在视频内存中将两张图片叠加输出。这样做有个固有的缺点:一是摄像机输出延时,并且在拍快速运动的物体时存在严重的拖尾;二是清晰度仍然不够,尤其在背景照度很强,事物跟背景反差较大的情况下很难清晰成像。那么二代又是什么呢?这就是所要讲的 DPS。

DPS 专利技术是美国 PIXIM 公司申请的图像传感器专利技术,目前所有使用 DPS 传感器的宽动态摄像机,都是基于 PIXIM 公司提供的方案。利用 DPS 图像传感器,结合美国 PIXIM 公司的宽动态处理技术,是目前行业内公认的所能达到的最大动态范围。

(1)DPS 技术优点:

宽动态	90~120dB。用距离来说明,如人在背光的时候,如果不开启背光补偿,CCD 是看不清人面的,但开了背光补偿,就看不清后面强光的环境〔如图 2-13(a)〕。采用 DPS 技术可以看到清晰的图像〔如图 2-13(b)〕,这是 DPS 技术最大的优点。
漏光控制	CCD 在看强光,如太阳的时候,会有光栅出现,DPS 则没有这个现象。

(2)DPS 技术缺点:

低照度差	30lx 以下就要补光,不然会开启 slow shutter,就变成拖影(这是曝光不足造成的拖影)。

运动图像拖影	当运动物体以高速（80km/h 以上）运动的时候，DPS 拖影会很严重，这是 DPS 传感器（Sensor）结构决定的，但可以解决，即加大曝光量。加大曝光量有两种方法：一是增加曝光时间；二增加环境照度。但在监控市场上，这两种方法都不太理想。当增加曝光时间，帧数就会不足，另外增加环境照度也不是可以随便控制的。
DPS 白平衡算法有少许问题	在看色温变化严重的环境，DPS 会变化很严重。
价格比较高	比一般的 CCD 芯片要贵一些。

（3）DPS 摄像机适用环境：

1）环境照度有保证的地方；

2）有明暗的对比的地方。

（4）DPS 摄像机不适用环境：

1）照度太低的环境（低于 30lx），如夜间监控；

2）运动图像监控环境，如主要出入口、车辆通道等。

3. CMOS

CMOS 全称为 Complementary Metal-Oxide Semiconductor，中文翻译为互补性氧化金属半导体。

图 2-13 背光补偿效果图

(a) 无背光补偿；(b) 有背光补偿

CMOS 的制造技术和一般计算机芯片没什么差别，主要是利用硅和锗这两种元素所做成的半导体，使其在 CMOS 上共存着带 N（带负电）和 P（带正电）级的半导体，这两个互补效应所产生的电流即可被处理芯片记录和解读成影像。

4. fps（每秒帧数）

fps（Frames Per Second）每秒帧数是测量用于保存、显示动态视频的信息数量。这个词汇也同样用在电影视频及数字视频上。每一帧都是静止的图像；快速连续地显示帧便形成了运动的假象。每秒钟帧数（fps）愈多，所显示的动作就会愈流畅。通常，要避免动作不流畅的最低 fps 对 PAL 制式是 25，NTSC 制式是 30。

模拟摄像机的输出帧数是固定的（PAL 制式是 25fps），对帧率的调整主要依靠后端设备，通常情况下是硬盘录像机。网络摄像机因为通过网络进行图像传输，越高的帧率需要更多的带宽，故摄像机的输出帧率可调。

5. 背光补偿（BLC）

背光补偿控制（Back Light Compensation，BLC）能提供在非常强的背景光线前面目标的理想的曝光，无论主要的目标移到中间、上下左右或者荧幕的任一位置。一个不具有超强动态特色的普通摄像机只有如 1/60m 的快门速度和 F2.0 的光圈的选择，然而一个主要目标后面的非常亮的背景或一个点光源是不可避免的，摄像机将取得所有进来光线的平均值并决定曝光的等级，这并不是一个好的方法，因为当快门速度增加的时候，光圈会被关闭，导致主要目标变得太黑而不被看见。为了克服这个问题，一种称为背光补偿的方法通过加权的区域理论被广泛使用在多数摄像机上。影像首先被分割成 7 块或 6 个区域（两个区域是重复的），每个区域都可以独立加权计算曝光等级，例如中间部分就可以加到其余区块的 9 倍，因此一个在画面中间位置的目标可以被看得非常清晰，因为曝光主要是参照中间区域的光线等级进行计算。然而这有一个非常大的缺陷，如果主要目标从中间移动到画面的上下左右位置，目标会变得非常黑，因为现在它不被区别开来，已经不被加权。

6. γ 校正

伽玛校正（Gamma Correction）就是对图像的伽玛曲线进行编辑，以对图像进行非线性色调编辑的方法，检出图像信号中的深色部分和浅色部分，并使两者比例增大，从而提高图像对比度效果。计算机绘图领域惯以此屏幕输出电压与对应亮度的转换关系曲线，称为伽玛曲线（Gamma Curve）。以传统 CRT（Cathode Ray Tube）屏幕的特性而言，该曲线通常是一个乘幂函数，$Y = (X + e)^\gamma$，其中，Y 为亮度、X 为输出电压、e 为补偿系数、乘幂值（γ）为伽玛值，改变乘幂值（γ）的大小，就能改变 CRT 的伽玛曲线。典型的 Gamma 值是 0.45，它会使 CRT 的影像亮度呈现线性。使用 CRT 的电视机等显示器屏幕，由于对于输入信号的发光灰度不是线性函数，而是指数函数，因此必须校正。

在电视和图形监视器中，显像管发生的电子束及其生成的图像亮度并不是随显像管的输入电压线性变化，电子流与输入电压相比是按照指数曲线变化的，输入电压的指数要大于电子束的指数。这说明暗区的信号要比实际情况更暗，而亮区要比实际情况更高。所以，要重现摄像机拍摄的画面，电视和监视器必须进行伽玛补偿。这种伽玛校正也可以由摄像机完成。对整个电视系统进行伽玛补偿的目的，是使摄像机根据入射光亮度与显像管的亮度对称而产生的输出信号，所以应对图像信号引入一个相反的非线性失真，即与电视系统的伽玛曲线对应的摄像机伽玛曲线，它的值应为 $1/\gamma$，称为摄像机的伽玛值。电视系统的伽玛值约为 2.2，所以电视系统的摄像机非线性补偿伽玛值为 0.45。彩色显像管的伽玛值为 2.8，它的图像信号校正指数应为 1/2.8 = 0.35，但由于显像管内外杂散光的影响，重现图像的对比度和饱和度均有所降低，所以现在的彩色摄像机的伽玛值仍多采用0.45。在实际应用中，可以根据实际情况在一定范围内调整伽玛值，以获得最佳效果。

7. 自动暗区补偿技术

摄像机就好比人的眼睛一样，都是通过对光线的感应来捕捉物体或环境。当处于光线充足的环境中，摄像机可以获取清晰、明亮的图像，但是摄像机毕竟不是人眼，没有那么智能，当被监控的物体局部的光线照度较低的时候，对该局部的图像效果往往就会也有相当的限制。这也是传统的摄像机需要解决的关键技术之一。自动暗区补偿技术有别于超级宽动态技术，技术实现的手法和方法也不一样。自动暗区补偿技术是采用了新型的DSP（数字信号处理器），摄像机可自动探测出监控图像中的暗区，获取暗区周围图像的亮度数据，并通过计算每个区域的最佳修正曲线适时进行亮度调节。这种图像处理算法可以实时地矫正背光以及暗区，再现自然、清晰的图像。

8. 摄像机同步方式

对单台摄像机而言，主要的同步方式有下列三种：

内同步	利用摄像机内部的晶体振荡电路产生同步信号来完成操作。
外同步	利用一个外同步信号发生器产生的同步信号送到摄像机的外同步输入端来实现同步。
电源同步	也称之为线性锁定或行锁定，是利用摄像机的交流电源来完成垂直推动同步，即摄像机和电源零线同步。

对于多摄像机系统，希望所有的视频输入信号是垂直同步的，这样在变换摄像机输出时，不会造成画面失真，但是由于多摄像机系统中的各台摄像机供电可能取自三相电源中的不同相位，甚至整个系统与交流电源不同步，此时可采取的措施有：

（1）均采用同一个外同步信号发生器产生的同步信号送入各台摄像机的外同步输入端来调节同步。

（2）调节各台摄像机的"相位调节"电位器，相位调整范围0～360°。

9. 自动增益控制（AGC）

所有摄像机都有一个将来自CCD的信号放大到可以使用水准的视频放大器，其放大量即增益，等效于有较高的灵敏度，可使其在微光下灵敏，然而在亮光照的环境中放大器将过载，使视频信号畸变。为此，需利用摄像机的自动增益控制（Automatic Gain Control，AGC）电路去探测视频信号的电平，适时地开关AGC，从而使摄像机能够在较大的光照范围内工作，此即动态范围，即在低照度时自动增加摄像机的灵敏度，从而提高图像信号的强度来获得清晰的图像。

10. 白平衡

白平衡（White Balance）只用于彩色摄像机，其用途是实现摄像机图像能精确反映景物状况，有手动白平衡和自动白平衡两种方式。

（1）自动白平衡，有连续和按钮两种方式。

连续方式	此时白平衡设置将随着景物色彩温度的改变而连续地调整，范围为 2800～6000K。这种方式对于景物的色彩温度在拍摄期间不断改变的场合是最适宜的，使色彩表现自然，但对于景物中很少甚至没有白色时，连续的白平衡不能产生最佳的彩色效果。
按钮方式	先将摄像机对准诸如白墙、白纸等白色目标，然后将自动方式开关从手动拨到设置位置，保留在该位置几秒钟或者至图像呈现白色为止，在白平衡被执行后，将自动方式开关拨回手动位置以锁定该白平衡的设置，此时白平衡设置将保持在摄像机的存储器中，直至再次执行被改变为止，其范围为 2300～10 000K，在此期间，即使摄像机断电也不会丢失该设置。以按钮方式设置白平衡最为精确和可靠，适用于大部分应用场合。

（2）手动白平衡。开手动白平衡将关闭自动白平衡，此时改变图像的红色或蓝色状况有多达 107 个等级供调节，如增加或减少红色各一个等级、增加或减少蓝色各一个等级。除次之外，有的摄像机还有将白平衡固定在 3200K（白炽灯水平）和 5500K（日光水平）等档次命令。

2.2.2.3 镜头的主要分类

镜头（Lens）是摄像机也是监视系统的关键设备，它的质量（指标）优劣直接影响摄像机的整机指标，因此，摄像机镜头的选择是否恰当既关系到系统质量，又关系到工程造价。

镜头相当于人眼的晶状体，如果没有晶状体，人眼看不到任何物体；如果没有镜头，那么摄像头所输出的图像就是白茫茫的一片，没有清晰的图像输出，这与家用摄像机和照相机的原理是一致的。当人眼的肌肉无法将晶状体拉伸至正常位置时，也就是人们常说的近视眼，眼前的景物就变得模糊不清；摄像头与镜头的配合也有类似现象，当图像变得不清楚时，可以调整摄像头的后焦点，改变 CCD 芯片与镜头基准面的距离（相当于调整人眼晶状体的位置），可以将模糊的图像变得清晰。

由此可见，镜头在闭路监控系统中的作用是非常重要的。工程设计人员和施工人员都要经常与镜头打交道：设计人员要根据物距、成像大小计算镜头焦距，施工人员经常进行现场调试，其中一部分就是把镜头调整到最佳状态。

常见的镜头分类如图2-14所示。

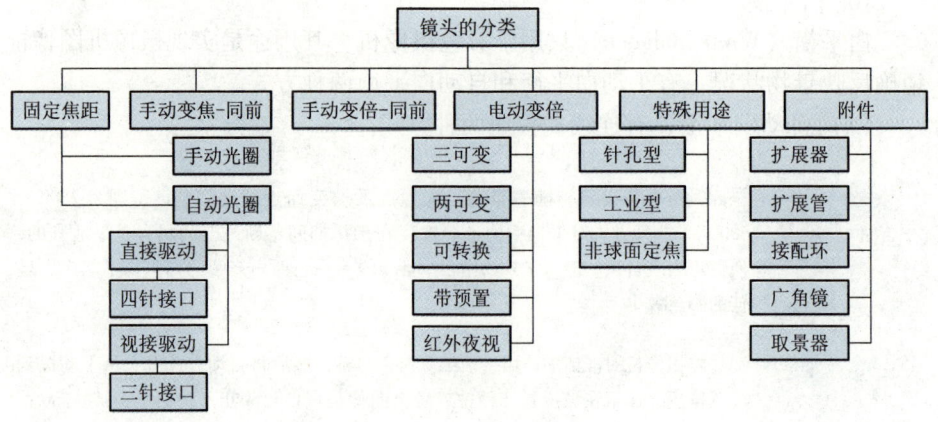

图2-14 镜头的分类

如图2-14所示，镜头大体上可以分为固定焦距镜头、手动变焦/变倍镜头、电动变倍镜头和特殊用途镜头。在工程设计应用中，摄像机可以按照更多的分类方法进行分类。

1. 以镜头安装分类

所有的摄像机镜头均是螺纹口的，CCD摄像机的镜头安装有两种工业标准，即C安装座和CS安装座。两者螺纹部分相同，但从镜头到感光表面的距离不同。

（1）C安装座：从镜头安装基准面到焦点的距离是17.526mm。

（2）CS安装座：特种C安装，此时应将摄像机前部的垫圈取下再安装镜头。其镜头安装基准面到焦点的距离是12.5mm。

如果要将一个C安装座镜头安装到一个CS安装座摄像机上时，则需要使用镜头转换器。

2. 以摄像机镜头规格分类

摄像机镜头规格应视摄像机的CCD尺寸而定，两者应相对应。即
- 摄像机的CCD靶面大小为1/2英寸时，镜头应选1/2英寸。
- 摄像机的CCD靶面大小为1/3英寸时，镜头应选1/3英寸。
- 摄像机的CCD靶面大小为1/4英寸时，镜头应选1/4英寸。

如果镜头尺寸与摄像机CCD靶面尺寸不一致时，观察角度将不符合设计要求，或者发生画面在焦点以外等问题。

3. 以镜头光圈分类

镜头有手动光圈（manual iris）和自动光圈（auto iris）之分，配合摄像机

使用。

（1）手动光圈镜头是最简单的镜头，适用于光照条件相对稳定的条件下。手动光圈由数片金属薄片构成。光通量靠镜头外径上的一个环调节。旋转此圈可使光圈收小或放大。在照明条件变化大的环境中或不是用来监视某个固定目标，应采用自动光圈镜头，如在户外或人工照明经常开关的地方。

（2）自动光圈镜头因亮度变更时其光圈亦作自动调整，故适用亮度变化的场合。自动光圈镜头有两类：一类是将一个视频信号及电源从摄像机输送到透镜来控制镜头上的光圈，称为视频输入型；另一类则利用摄像机上的直流电压来直接控制光圈，称为 DC 输入型。

自动光圈镜头上的 ALC（自动镜头控制）调整用于设定测光系统，可以整个画面的平均亮度，也可以画面中最亮部分（峰值）来设定基准信号强度，供给自动光圈调整使用。一般而言，ALC 已在出厂时经过设定，可不作调整，但是对于拍摄景物中包含有一个亮度极高的目标时，明亮目标物之影像可能会造成"白电平削波"现象，而使得全部屏幕变成白色，此时可以调节 ALC 来变换画面。

另外，自动光圈镜头装有光圈环，转动光圈环时，通过镜头的光通量会发生变化。光通量即光圈，一般用 F 表示，其取值为镜头焦距与镜头通光口径之比，即 $F=f$（焦距）$/D$（镜头实际有效口径）。F 值越小，则光圈越大。

采用自动光圈镜头，对于下列应用情况是理想的选择，它们是：

1）在诸如太阳光直射等非常亮的情况下，用自动光圈镜头可有较宽的动态范围。

2）要求在整个视野有良好的聚焦时，用自动光圈镜头有比固定光圈镜头更大的景深。

3）要求在亮光上因光信号导致的模糊最小时，应使用自动光圈镜头。

在实际工程应用中，大多推荐自动光圈镜头。

4. 以镜头的视场大小分类

以镜头的视场大小分类，可分为标准镜头、广角镜头、远摄镜头、变焦镜头、可变焦点镜头和针孔镜头。

标准镜头	视角30°左右。在 1/2 英寸 CCD 摄像机中，标准镜头焦距定为12mm；在 1/3 英寸 CCD 摄像机中，标准镜头焦距定为8mm。
广角镜头	视角90°以上，焦距可小于几毫米，可提供较宽广的视景。

远摄镜头	视角20°以内,焦距可达几米甚至几十米。此镜头可在远距离情况下将拍摄的物体影响放大,但会使观察范围变小。
变倍镜头 (Zoom Lens)	也称为伸缩镜头,有手动变倍镜头和电动变倍镜头两类。
可变焦点镜头 (Vari-focus Lens)	它介于标准镜头与广角镜头之间,焦距连续可变,即可将远距离物体放大,同时又可提供一个宽广视景,使监视范围增加。变焦镜头可通过设置自动聚焦于最小焦距和最大焦距两个位置,但是从最小焦距到最大焦距之间的聚焦,则需通过手动聚焦实现。
针孔镜头	镜头直径几毫米,可隐蔽安装。

在工程设计中,如果室内环境建议采用广角镜头,如果是户外环境或者需要变焦的环境采用变倍镜头。

5. 按镜头焦距上分

按镜头焦距的大小分类,可分为:

短焦距镜头	因入射角较宽,可提供一个较宽广的视野。
中焦距镜头	标准镜头,焦距的长度视CCD的尺寸而定。
长焦距镜头	因入射角较狭窄,故仅能提供狭窄视景,适用于长距离监视。
变焦距镜头	通常为电动式,可作广角、标准或远望等镜头使用。

变焦距镜头(zoom lens)有手动伸缩镜头和自动伸缩镜头两大类。伸缩镜头由于在一个镜头内能够使镜头焦距在一定范围内变化,因此可以使被监控的目标放大或缩小,所以也常被成为变倍镜头。典型的光学放大规格有6倍(6.0~36mm,$F1.2$)、8倍(4.5~36mm,$F1.6$)、10倍(8.0~80mm,$F1.2$)、12倍(6.0~72mm,$F1.2$)、20倍(10~200mm,$F1.2$)、22倍(3.79~83.4mm,$F1.6~F3.2$)、23倍(3.84~88.4mm,$F1.6~F3.2$)、30倍(3.3~99mm,$F1.6~F3.2$)35倍(3.4~119mm,$F1.4$)等,并以电动伸缩镜头应用最普遍。为增大放大倍数,除光学放大外,还可施以电子数码放大。在电动伸缩镜头中,光圈的调整有三种,即自动光圈、直流驱动自动光圈、电动调整光圈。其聚焦和变倍的调整则只有电动调整和预置两种。电动调整是由镜头内的马达驱动;而预置则是通过镜头内的电位计预先设置调整停止位,这样可以免除成像必须逐次调整的过程,可精确与快速定位。在球形罩一体化摄像系统中,大部分采用带预置位的伸缩镜头。另一项令用户感兴趣的则是快速聚焦功能,它由测焦系统与电动变焦反馈控制系统构成。

2.2.2.4 镜头相关技术介绍

1. 摄像机的规格

摄像机 CCD 的规格大小影响着观察视角，和镜头的选用密切相关，在使用相同镜头的条件下，CCD 越小所获取的视角就越小。对镜头的规格参数提出的要求是其所成图像能将 CCD 全部覆盖，例如：使用和摄像机同一规格的镜头或比摄像机规格大的镜头。这也意味着 1/3″ 规格的摄像机可以使用 1/3″ ~ 1″ 的整个范围的镜头，该摄像机配置 1/3″8mm 的镜头同 2/3″8mm 的镜头获取的观察视角是一样的。只是由于使用后一种镜头时由于更多地利用了成型更精确镜头中心光路，所以可提供较好的图像质量和较高分辨率。

摄像机 CCD 的规格如图 2 - 15 所示。

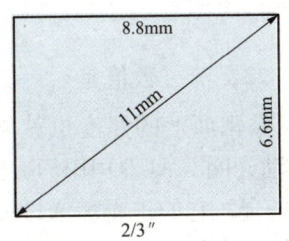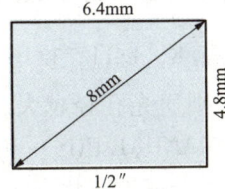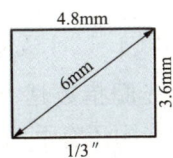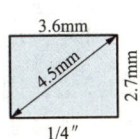

图 2 - 15 CCD 常见规格

2. 焦距

焦距的大小决定着视场角的大小，焦距数值小，视场角大，所观察的范围也大，但距离远的物体分辨不很清楚；焦距数值大，视场角小，观察范围小，只要焦距选择合适，即便距离很远的物体也可以看得清清楚楚。由于焦距和视场角是一一对应的，一个确定的焦距就意味着一个确定的视场角，所以在选择镜头焦距时，应该充分考虑是观测细节重要，还是有一个大的观测范围重要，如果要看细节，就选择长焦距镜头；如果看近距离大场面，就选择小焦距的广角镜头。以 1/3″ 镜头举例（如图 2 - 16 所示），焦距为 50mm 的镜头视角大约 5.5°（远望），焦距为 8mm 的镜头视角大约为 33.4°（标准），焦距为 4mm 的镜头视角大约 61.9°（广角）。

3. 光圈值

光圈值即光通量，用 F 表示，以镜头焦距 f 和通光孔径 D 的比值来衡量。每个镜头上都标有最大 F 值，例如 6mm/F1.4 代表最大孔径为 4.29mm。光通量与 F 值的平方成反比，F 值越小，光通量越大。镜头上光圈指数序列的标值为 1.4，2，2.8，4，5.6，8，11，16，22 等，其规律是前一个标值时的曝光量正好是后一个标值对应曝光量的 2 倍。也就是说镜头的通光孔径分别是 1/

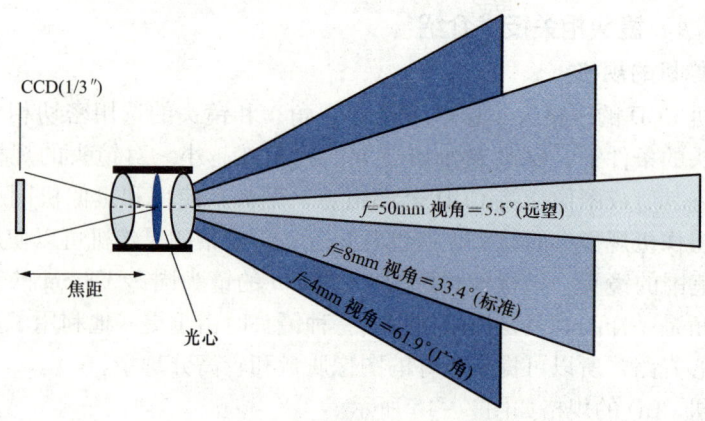

图2-16 镜头焦距和视角关系示意图

1.4，1/2，1/2.8，1/4，1/5.6，1/8，1/11，1/16，1/22，前一数值是后一数值的$\sqrt{2}$倍，因此光圈指数越小，则通光孔径越大，成像靶面上的照度也就越大。另外镜头的光圈还有手动（MANUAL IRIS）和自动光圈（AUTO IRIS）之分。配合摄像头使用，手动光圈适合亮度变化不大的场合，它的进光量通过镜头上的光圈环调节，一次性调整合适为止。自动光圈镜头会随着光线的变化而自动调整，用于室外、入口等光线变化大且频繁的场合。

4. 视角

掌握摄取景物的镜头视角是重要的。视角随镜头焦距及摄像机 CCD 规格大小而变化。覆盖景物的焦距可利用下列公式计算。

$$f = vD/V \qquad (2-1)$$
$$f = hD/H \qquad (2-2)$$

式中　f——镜头焦距；
　　　v——CCD 垂直尺寸；
　　　h——CCD 横向尺寸；
　　　V——景物垂向尺寸；
　　　H——景物横向尺寸；
　　　D——镜头至景物距离。

镜头的 v、h 值参考表见表 2-3。

表 2-3　　　　　　　　　　镜头 v、h 值参考表

格式	2/3″	1/2″	1/3″	1/4″
v（垂直）	6.6mm	4.8mm	3.6mm	2.7mm
h（水平）	8.8mm	6.4mm	4.8mm	3.6mm

以图 2-17 所示摄像机为例，说明如下：

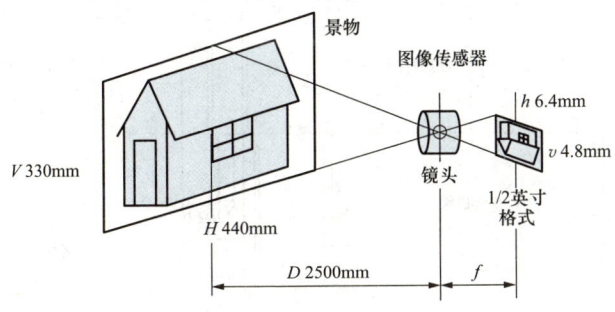

图 2-17　摄像机成像示意图

（1）垂直尺寸时：
1/2 英寸摄像机　　　　　$v = 4.8\text{mm}$；
景物垂直尺寸　　　　　　$V = 330\text{mm}$；
镜头至景物距离　　　　　$D = 2500\text{mm}$。
将以上数值代入式（2-1），得

$$f = 4.8 \times \frac{2500}{330} \approx 36 \text{（mm）}$$

（2）横向尺寸时：
1/2 英寸摄像机　　　　　$h = 6.4\text{mm}$；
景物垂直尺寸　　　　　　$H = 440\text{mm}$；
镜头至景物距离　　　　　$D = 2500\text{mm}$。
将以上数值代入式（2-2），得

$$f = 6.4 \times \frac{2500}{440} \approx 36 \text{（mm）}$$

5. C 型和 CS 型接口

现在的摄像机和镜头通常都是 CS 型接口，CS 型摄像机可以和 C 型和 CS 型镜头相接配，一旦与 C 型镜头配接时，需要在摄像机和镜头之间加接 5mm 接配环以获得清晰图像。C 型接口的摄像机不能同 CS 型的镜头相连接，因为实际上不可能使镜头的映像靠近 CCD 去获得清晰的图像。

C 型和 CS 型接口如图 2-18 所示。

6. IR 镜头和无 IR 镜头

由于白天和夜晚光的波长变化较大，普通镜头在夜间容易导致"焦点漂移"（在 IR 红外光线下无法正常聚焦）。IR 镜头在光学设计上采用了 ED 玻璃，解决同一个镜头能昼夜部分连续 24h 完成拍摄，并不发生"焦点漂移"

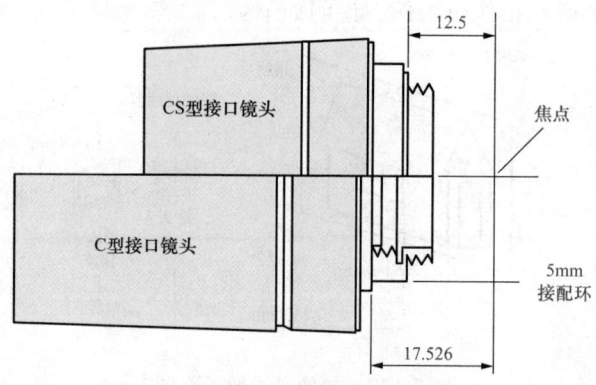

图 2-18 C 型和 CS 接口镜头接口示意图

的难题。通过采用这种技术，即使在夜间全黑暗的环境下，借助使用红外线光源和日夜两用摄像机，就能完成昼夜连续的拍摄。

额外需要说明的是，采用 IR 镜头的摄像机的前提条件 CCD 要能够感应红外线、摄像机配置红外光源，目前市面上的感红外摄像机大多数都是一体机（配置了镜头、红外灯和红外感应型 CCD）不需要额外考虑。

主动型红外摄像机红外摄像机配置 IR 红外镜头通用标准参数见表 2-4。

表 2-4 安防红外摄像机通用标准参数❶（以 1/3″ Sony CCD 420 线摄像机为例）

摄像机镜头(mm)	参数一 镜头角度(°)	参数二 红外灯配置(°)	参数三 红外灯波长(nm)	参数四 红外灯直径(mm)	参数五 红外灯芯片(mil)	参数六 红外灯数量	参数七 红外灯排列	参数八 CCD板电流(mA)	参数九 红外灯板电流(mA)	参数十 摄像机电流(mA)	参数十一 摄像机内温(℃)	参数十二 红外夜视距离(m)
2.8	125	80	850	φ5	12	12	环绕型	≤120	≤70	≤190	≤50	≥3
3.6	92	80	850	φ5	12	12	环绕型	≤120	≤70	≤190	≤53	≥5
6	72	75	850	φ5	12	24	环绕型	≤120	≤140	≤280	≤55	≥10
8	55	60	850	φ8	14	30	环绕型	≤90	≤300	≤390	≤55	≥15
12	35	45	850	食人鱼	16	45	环绕型	≤120	≤540	≤660	≤60	≥25
16	28	35	850	食人鱼	16	45	环绕型	≤120	≤540	≤660	≤60	≥30
25	15	9+45	850	1W+φ5	40+12	5+20	环绕型	≤120	≤680	≤800	≤65	≥45

通用规定：

(1) 红外摄像机红外灯开启，环境照度为：3lx（±0.5lx）；

---

❶ 数据来源：深圳市三辰科技有限公司。

(2) 红外摄像机红外灯关闭,环境照度为:5lx(±0.5lx);

(3) 红外摄像机其红外灯在使用 10 000 小时后,其光衰已不符合安保要求,应进行红外灯板更换。

表 2-4 中参数说明:

参数一	镜头不同生产商,提供的镜头角度允许 ±2° 的公差。
参数二	红外灯不同生产商,提供的红外灯角度允许 ±5° 的公差。当镜头角度 > 红外灯角度,监控屏幕四个角易会出现黑圈(手电筒)现象;当镜头角度 < 红外灯角度,红外摄像机会出现浪费大量光能。
参数三	红外灯波长,允许误差 ±10nm。
参数七	红外灯排列模式应为环绕型,方能保证红外灯发射角度与镜头角度一致。
参数八	CCD 板电流,不得超过以上规定的电流,否则会缩短 CCD 板使用寿命。
参数九	红外灯板电流,不得超过以上规定的电流,否则会缩短红外灯使用寿命。
参数十	摄像机电流,不得超过以上规定的电流,否则会缩短摄像机使用寿命。
参数十一	摄像机工作 24 小时后,带电测试机内温度,内温如果超过以上规定温度,会缩短摄像机使用寿命。
参数十二	红外摄像机夜视距离,要求在环境照度 ≤0.1lx 下测试;红外距离以在普通 14 寸 CRT 监视器上,能清晰辨识 10cm×10cm 黑白方格为准。

7. 镜头的分辨率

描述镜头成像质量的内在指标是镜头的光学传递函数与畸变,但对用户而言,需要了解的仅仅是镜头的空间分辨率,以每毫米能够分辨的黑白条纹数为计量单位,计算公式为:镜头分辨率 $N = 180/$ 画幅格式的高度。由于摄像机 CCD 靶面大小已经标准化,如 1/2 英寸摄像机,其靶面为宽 6.4mm × 高 4.8mm,1/3 英寸摄像机为宽 4.8mm × 高 3.6mm。因此对 1/2 英寸格式的 CCD 靶面,镜头的最低分辨率应为 38 对线;对 1/3 英寸格式摄像机,镜头的分辨率应大于 50 对线。摄像机的靶面越小,对镜头的分辨率越高。

8. 摄像机镜头配置与监控范围计算

如果已知被拍摄物体的大小和距离摄像机的距离,那么如何选用摄像机的 CCD 或者焦距就成为用户最为关心的问题。首先看一组图像范围公式(可拍摄目标的大小和镜头焦距、CCD 和距离之间的换算关系)。

1/4″CCD 摄像机配镜头:

可拍摄的目标宽度 $W(m) = 3.6L/f$

可拍摄的目标高度 $H(m) = 2.7L/f$

1/3″CCD 摄像机配镜头:

可拍摄的目标宽度 $W(m) = 4.8L/f$

可拍摄的目标高度 $H(m) = 3.6L/f$

1/2″CCD 摄像机配镜头：

可拍摄的目标宽度 $W(m) = 6.4L/f$

可拍摄的目标高度 $H(m) = 4.8L/f$

式中　L——镜头和目标物之间的距离（m）；

　　　f——镜头焦距（mm）；

　　　W——物体宽度（m）；

　　　H——物体高度（m）。

运用以上公式，经过计算就可以得出表 2-5 和表 2-6。

表 2-5　　　　1/3″CCD 摄像机配镜头时的图像范围

镜头和目标物体之间的距离 L（m）	超广角 $f=2.8$mm		广角 $f=4$mm		标准 $f=8$mm		望远 $f=38$mm		望远 $f=58$mm	
	W (m)	H (m)	W (m)	H (m)	W (m)	H (m)	W (m)	H (m)	W (m)	H (m)
1	1.71	1.29	1.20	0.90	0.60	0.45	0.13	0.09	0.08	0.06
3	5.14	3.86	3.60	2.70	1.80	1.35	0.38	0.28	0.25	0.19
5	8.57	6.43	6.00	4.50	3.00	2.25	0.63	0.47	0.41	0.31
8	13.71	10.29	9.60	7.20	4.80	3.60	1.01	0.76	0.66	0.50
10	17.14	12.86	12.00	9.00	6.00	4.50	1.26	0.95	0.83	0.62
20	34.29	25.71	24.00	18.00	12.00	9.00	2.53	1.89	1.66	1.24
30	51.43	38.57	36.00	27.00	18.00	13.50	3.79	2.84	2.48	1.86
50	85.71	64.29	60.00	45.00	30.00	22.50	6.32	4.74	4.14	3.10
100	171.43	128.57	120.00	90.00	60.00	45.00	12.63	9.47	8.28	6.21

表 2-6　　　　1/4″CCD 摄像机配镜头时的图像范围

镜头和目标物体之间的距离 L（m）	超广角 $f=2.8$mm		广角 $f=4$mm		标准 $f=8$mm		望远 $f=38$mm		望远 $f=58$mm	
	W (m)	H (m)	W (m)	H (m)	W (m)	H (m)	W (m)	H (m)	W (m)	H (m)
1	1.29	0.96	0.90	0.68	0.45	0.34	0.09	0.07	0.06	0.05
3	3.86	2.89	2.70	2.03	1.35	1.01	0.28	0.21	0.19	0.14
5	6.43	4.82	4.50	3.38	2.25	1.69	0.47	0.36	0.31	0.23
8	10.29	7.71	7.20	5.40	3.60	2.70	0.76	0.57	0.50	0.37
10	12.86	9.64	9.00	6.75	4.50	3.38	0.95	0.71	0.62	0.47

续表

镜头和目标物体之间的距离 L (m)	超广角 $f=2.8$mm		广角 $f=4$mm		标准 $f=8$mm		望远 $f=38$mm		望远 $f=58$mm	
	W (m)	H (m)	W (m)	H (m)	W (m)	H (m)	W (m)	H (m)	W (m)	H (m)
20	25.71	19.29	18.00	13.50	9.00	6.75	1.89	1.42	1.24	0.93
30	38.57	28.93	27.00	20.25	13.50	10.13	2.84	2.13	1.86	1.40
50	64.29	48.21	45.00	33.75	22.50	16.88	4.74	3.55	3.10	2.33
100	128.57	96.43	90.00	67.50	45.00	33.75	9.47	7.11	6.21	4.66

● 2.2.3 本地传输系统

本地传输系统相对远程传输系统而言，早期的闭路监控电视系统的规模比较小，主要限于本地传输，不会牵涉到异地联网或者大型联网，传输相对简单。本地传输是指限于地理位置一定范围内的传输，一般传输的半径不超过60km就算本地传输，大部分情况下传输距离不会超过3000m。

随着科学技术的进步和网络技术的发展，监控系统的传输不仅仅限于传统的模拟传输了（主要依靠同轴电缆进行传输），相对比较复杂，在本章将分为两大块进行描述，即线路传输系统和抗干扰技术。

2.2.3.1 线路传输系统

线路传输系统按照传输方法主要分为模拟传输线路（以同轴电缆传输为核心）和网络传输线路（以网络传输为核心）。

1. 模拟传输线路

模拟传输线路的主要特点是摄像机类型是模拟摄像机，线缆接口是模拟BNC接口，传输方式包括了同轴电缆传输、双绞线传输、光缆传输、无线传输和射频传输。

（1）同轴电缆传输。同轴电缆传输是应用最早、最常见也是目前主流的传输技术，摄像机和后端设备均直接支持同轴电缆连接，不需要额外的转换器。同轴电缆截面的圆心为导体，外用聚乙烯同心圆状绝缘体覆盖，再外面是金属编织物的屏蔽层，最外层为聚乙烯封皮。同轴电缆对外界电磁波和静电场具有屏蔽作用，导体截面积越大，传输损耗越小，可以将视频信号传送更长的距离。

同轴电缆的信号传输是以"束缚场"方式传输的，就是说把信号电磁场"束缚"在外屏蔽层内表面和芯线外表面之间的介质空间内，与外界空间没有直接电磁交换或"耦合"关系，所以同轴电缆是具有优异屏蔽性能的传输线。同轴电缆属于超宽带传输线，应用范围一般为 0Hz～2GHz 以上。它又是唯一可以不用传输设备也能直接传输视频信号的线缆。

视频基带信号处在 0～6MHz 的频谱最低端，所以视频基带传输又是绝对衰减最小的一种传输方式。但也正是因为这一点，频率失真——高低频衰减差异大，便成为视频传输需要面对的主要问题。在视频传输通道幅频特性"-3dB"失真度要求内，电缆传输距离约为 120～150m；工程应用传输距离在三四百米以内还比较好，有的读者认为传输距离五六百米甚至 1000m，实际上是没有标准的，也不具备参考加值。

同轴视频基带传输的主要技术问题是为实现远距离传输的频率加权放大和抗干扰问题（后文有详述）。

在工程实际中，为了延长传输距离，要使用视频放大器。视频放大器对视频信号具有一定的放大，并且还能通过均衡调整对不同频率成分分别进行不同大小的补偿，以使接收端输出的视频信号失真尽量小。但是，同轴放大器并不能无限制级联，一般在一个点到点系统中同轴放大器最多只能级联 2 或 3 个，否则无法保证视频传输质量，并且调整起来也很困难。因此，在监控系统中使用同轴电缆时，为了保证有较好的图像质量，一般将传输距离范围限制在1000m 左右。

另外，同轴电缆在监控系统中传输图像信号还存在着一些缺点：

1）同轴电缆较粗，在大规模监控应用时布线不太方便。

2）同轴电缆一般只能传视频信号，如果系统中需要同时传输控制数据、音频等信号时，则需要另外布线。

3）同轴电缆抗干扰能力有限，不适用于强干扰环境。

（2）双绞线传输。双绞线传输由双绞线和双绞线收发器组成。双绞线基带传输是用 5 类以上的双绞线，利用平衡传输和差分放大原理。双绞线是特性阻抗为 100Ω 的平衡传输方式。目前绝大多数前端的摄像机和后端的视频设备，都是单极性、75Ω 匹配连接的，所以采用双绞线传输方式时，必须在前后端进行"单—双"（平衡—不平衡）转换和电缆特性阻抗 75-100Ω 匹配转换。这就是说视频双绞线基带传输，两端必须有转换设备，不能像同轴电缆那样无设备直接传输视频信号。

与同轴电缆"束缚场"传输原理不同，双绞线传输的信号电磁场是"空间开放场"，利用两条线传输的信号相等方向相反，产生的空间电磁场互相"抵消"的原理传输信号,采用平衡差分放大原理提高共模抑制比,抑制外部干扰。

从线缆本身的传输特性看,双绞线是各类线缆传输方式中传输衰减特别是频率失真最大的一种线缆,大约400多m 5类非屏蔽双绞线的传输衰减和频率失真与75-5电缆1000m相当。相同长度传输线,传输衰减的"分贝数"是75-5同轴电缆的2.3~2.5倍。5类线频率失真的数据是:低频衰减10~15dB/km;高频6MHz衰减45~50dB/km;大约相当于75-3电缆特性,略好一点。显然,按照视频传输幅频特性"-3dB"失真度要求,无源双绞线传输距离大约是50~65m左右(两端转换效率100%时);120~150m以上,图像可以观察到失真。双绞线传输方式也属于基带传输。双绞线巨大的传输衰减和频率失真,要求传输设备不仅要对视频信号进行平衡不平衡转换,而且需要有比同轴传输性能高几倍的频率加权补偿能力。目前,有的产品介绍说,前端无源转换后端有源补偿,可以达到1200m。双端都有源转换补偿,可以达到1500~1800m,仅供参考。这种传输方式的优点是线缆和设备价格便宜,适用于一些图像质量要求不高,工程造价要求较低的工程场合。

(3)光纤传输。光纤传输由光缆和光端机组成。常用的光缆传输是"视频对射频调幅,射频对光信号调幅"的调制解调传输系统。技术源于远程通信系统,技术成熟程度很高,在单路、多路、单向、双向、音频、视频、控制、模拟、数字等方面,光缆传输技术都是远距离传输最有效的方式,传输效果也公认比较好。光纤传输适于几公里到几十公里以上的远距离视频传输,如高速公路、城市道路监控。

光纤有多模光纤和单模光纤之分。单模光纤只有单一的传播路径,一般用于长距离传输,多模光纤有多种传播路径,多模光纤的带宽为50~500MHz/km,单模光纤的带宽为2000MHz/km。光纤波长有850、1310、1550nm等。850nm波长区为多模光纤通信方式;1550nm波长区为单模光纤通信方式;1310nm波长区有多模和单模两种。850nm的衰减较大,但对于2~3MILE(1MILE=1604m)的通信较经济。光纤尺寸按纤维直径划分有50μm缓变型多模光纤、62.5μm缓变增强型多模光纤和8.3μm突变型单模光纤,光纤的包层直径均为125μm,故有62.5/125μm、50/125μm、9/125μm等不同种类。由光纤集合而成的光缆,室外松管型为多芯光缆,室内紧包缓冲型有单缆和双缆之分。

现在单模光纤在波长1.31μm或1.55μm时,每公里衰减可作到0.2~0.4dB以下,是同轴电缆损耗的1%。因此模拟光纤多路电视传输系统可实现30km无中断传输,基本上能满足超远距离的电视监控系统。

光纤和光端机应用在监控领域里主要是为了解决两个问题:一是传输距离;二是环境干扰。双绞线和同轴电缆只能解决短距离、小范围内的监控图像传输问题,如果需要传输距离数公里甚至上百公里的图像信号,则需要采用光纤传输方式。另外,对一些超强干扰场所,为了不受环境干扰影响,也要采用光纤传输方式。因为光纤具有传输带宽大、容量大、不受电磁干扰、受外界环境影响小等诸多优点,一根光纤就可以传送监控系统中需要的所有信号,传输距离可以达到上百公里。光端机可以提供一路和多路图像接口,还可以提供双向音频接口、一路和多路各种类型的双向数据接口(包括RS232、RS485、以太网等),将它们集成到一根光纤上传输。光端机为监控系统提供了灵活的传输和组网方式,信号质量好、稳定性高。近些年来,由于光纤通信技术的飞速发展,光纤和光器件的价格下降很快,使得光纤监控系统的造价大幅降低,使得光纤和光端机在监控系统中的应用越来越普及。

光纤分为多模光纤和单模光纤两种。多模光纤由于色散和衰耗较大,其最大传输距离一般不能超过5km,所以,除了先前已经铺好了多模光纤的地方外,在新建的工程中一般不再使用多模光纤,而主要使用单模光纤。

光纤中传输监控信号要使用光端机,它的作用主要就是实现电—光和光—电转换。光端机又分为模拟光端机和数字光端机两种。

模拟光端机	模拟光端机采用了PFM调制技术实时传输图像信号,发射端将模拟视频信号先进行PFM调制后,再进行电—光转换,光信号传到接收端后,进行光—电转换,然后进行PFM解调,恢复出视频信号。由于采用了PFM调制技术,其传输距离很容易就能达到30km左右,有些产品的传输距离可以达到60km,甚至上百公里。并且,图像信号经过传输后失真很小,具有很高的信噪比和很小的非线性失真。通过使用波分复用技术,还可以在一根光纤上实现图像和数据信号的双向传输,满足监控工程的实际需求。
数字光端机	由于数字技术与传统的模拟技术相比在很多方面都具有明显的优势,所以正如数字技术在许多领域取代了模拟技术一样,光端机的数字化也是一种必然趋势。目前,数字图像光端机主要有两种技术方式:一种是MPEG II图像压缩数字光端机;另一种是非压缩数字图像光端机。图像压缩数字光端机一般采用MPEG II图像压缩技术,它能将活动图像压缩成 $N \times 2Mbit/s$ 的数据流,通过标准电信通信接口传输或者直接通过光纤传输。由于采用了图像压缩技术,它能大大降低信号传输带宽。

(4)无线传输。无线传输主要由无线收发器组成,不需要线缆传输。在布线有限制或者已经不具备布线条件的环境中,近距离的无线传输是最方便的。无线视频传输由发射机和接收机组成,每对发射机和接收机有相同的频率,可以传输彩色和黑白视频信号,并可以有声音通道。无线传输的设备体积小巧,质量轻,一般采用直流供电。另外由于无线传输具有一定的穿透性,不

需要布视频电缆等特点，也常用于电视监控系统，一般常用于公安、铁路、医院、临时建筑、变电站等场所。

值得注意的是，现在常用的无线传输设备采用 2400MHz 频率，传输范围有限，一般只能传输 200~300m。而大功率设备又有可能干扰正常的无线电通信，受到限制，在这里就不再赘述了。

（5）射频传输。射频传输方式继承了有线电视成熟的射频调制解调传输技术，并结合监控实际开发了一系列的相关产品。

射频传输是用视频基带信号，对几十兆赫到几百兆赫的射频载波调幅，形成一个 8M 射频调幅波带宽的"频道"。沿用有线电视技术，在 46~800MHz 范围内可以划分成许多个 8M "频道"，每一路视频调幅波占一个频道，多个频道信号通过混合器变成一路射频信号输出、传输，在传输末端再用分配器按频道数量分成多路，然后由每一路的解调器选出自己的频道，解调出相应的一路视频信号输出；传输主线路是一条电缆，多路信号共用一条射频电缆，这就是目前安防行业里所介绍的"共缆"，"一线通"等射频传输产品；

传输距离比较远，能在一条电缆中同时传输多路视频，可以双向传输。在某些摄像机分布相对集中，且集中后又需要远距离传输几公里以内的场合，应用射频调制解调传输方式比较合理。传输上单缆、多路、单向、双向、音频、视频、控制等同时进行和兼容等，都是射频调制解调传输方式的技术特点和优势。

由于射频传输方式继承了有线电视成熟的射频调制解调传输技术，理论上和实践上都有比较成熟的产品。射频传输在安防工程中应用，技术上是成熟的，但是应用较少。

2. 网络传输线路

网络传输线路的主要特点是摄像机类型是网络摄像机（也有采用视频服务器或编解码器进行网络传输的，可以采用模拟摄像机），摄像机线缆接口是 RJ-45 网络接口，可以通过局域网、广域网进行传输。总之，计算机可以连通的网络都可以进行网络摄像机信号传输。

网络传输从原理上彻底避免了模拟信号传输对失真度的苛刻要求，技术上也已经有了足够的传输分辨率和图像清晰度，如考虑互联网，传输距离几乎是无限的。而且谁都不否认这将是未来视频传输的主流方向。但目前就安防行业而言，技术瓶颈仍然是网络带宽和存储记录介质的容量制约，适用的传输分辨率和图像清晰度目前大多处于 CIF（352×288）分辨率的较低的水平，当然目前最先进的技术可以支持到 D1（704×576）分辨率。按照笔者的经验，以 CIF 分辨率传输大约需要 512bit/s 的带宽，以 D1 分辨率传输大约需要 2Mbit/s 的传送带宽。

大多数网络摄像机支持双码流传输，即采用 Motion JPEG 和 MPEG-4 两种码流，最大程度优化图像质量和带宽资源。MPEG-4 技术图像压缩率高，需要较少的带宽，而且码流可调；Motion JPEG 技术图像清晰度高，需要更多的带宽。可根据项目的实际带宽情况进行技术调节。

2.2.3.2 抗干扰技术

1. 同轴视频传输的方式

同轴电缆是一种超宽带传输介质，从直流到微波都可以传输。同轴传输的理论基础是电磁场理论，与一般电工电路理论有重要区别。如电缆连接采用芯线、屏蔽网分别焊接、扭接，又如用"三通"做视频信号分配等，这从电工电路角度看是合理的，但从同轴传输角度看是一种原理性错误。同轴视频有线传输的方式主要有基带同轴传输和射频同轴传输两种，还有一种"数字视频传输"，如互联网，属于综合传输方式。

（1）同轴视频基带传输	这是最基本、最普遍、应用最早、使用最多的一种传输方式。同轴电缆低频衰减小，高频衰减大，是人人都明白的道理，但射频早在 20 多年前就实现了多路远距离传输，而视频基带传输却长期停留在单路 100m 上下的水平上；监控工程中在降低对图像质量要求情况下，也只能用到三四百米。这里面技术进步的难点就是同轴视频基带传输的频率失真太严重的问题。射频传输中一个频道的相对带宽（8M）只有百分之几，高低频衰减差很小，一般都可以忽略；但在同轴视频基带传输方式中，低频（10～50Hz）与高频（6MHz）相差十几万至几十万倍，高低频衰减（频率失真）太大，而且不同长度电缆的衰减差也不同，不可能用一个简单的、固定的频率加权网路来校正电缆的频率失真，用宽带等增益视频放大器，也无法解决频率失真问题。所以说，要实现同轴远距离基带传输，就必须解决加权放大技术问题，而且这种频率加权放大的"补偿特性"，必须与电缆的衰减和频率失真特性保持相反、互补、连续可调，以适应工程不同型号、不同长度电缆的补偿需要，这是同轴视频基带传输技术进步最慢的历史原因。
（2）射频同轴传输	也就是有线电视的成熟传输方式，是通过视频信号对射频载波进行调幅，视频信息承载并隐藏在射频信号的幅度变化里，形成一个 8M 标准带宽的频道；不同的摄像机视频信号调制到不同的射频频道，然后用多路混合器，把所有频道混合到一路宽带射频输出，实现用一条传输电缆同里传输多路信号；在末端，再用射频配器分成多路，每路信号用一个解调器解调出一个频道的视频信号。对一个频道（8M）内电缆传输产生的频率失真，应该由调制解调器内部的加权电路完成；对于各频道之间宽带传输频率失真，由专用均衡器在工程现场检测调试完成。对于传输衰减，通过计算和现场的场强检测调试完成，包括远程传输串接放大器、均衡器前后的场强电平控制。射频多路传输对于几公里以内的中远距离视频传输有明显优势。射频传输方式继承了有线电视的成熟传输方式，在监控行业应用中，其可行性、可信度和可靠性在技术上是不用怀疑的。射频同轴传输也就是经常说的"共缆"和"一线通"系统，宣传多过实际应用，主要原因在于射频网络的设计和调试复杂，对工程技术人员要求的素质较高，同时需要专业的连接设备和调试设备。

本章所述的抗干扰技术主要针对同轴视频基带传输系统。

2. 视频干扰的主要表现形式

闭路监控电视系统在不同环境、不同安装条件和不同施工人员下，由于线路、电气环境的不同，或是在施工中疏忽，容易引发各种不同的干扰。这些干扰就会通过传输线缆进入闭路监控电视系统，造成视频图像质量下降、系统控制失灵、运行不稳定等现象，直接影响到整个系统的质量。

视频干扰的主要表现形式有以下 5 种：

（1）在监视器的画面上出现一条黑杠或白杠，并且向上或向下滚动，也就是所谓的 50Hz 工频干扰。这种干扰多半是由于前端与控制中心两个设备的接地不当引的电位差，形成环路进入系统引起的；也有可能是由于设备本身电源性能下降引起的。

（2）图像有雪花噪点。这类干扰主要是由于传输线上信号衰减以及耦合了高频干扰所致。

（3）视频图像有重影，或是图像发白、字符抖动，或是在监视器的画面上产生若干条间距相等的竖条干扰。这是由于视频传输线或者是设备之间的特性阻抗不是 75Ω 而导致阻抗不匹配造成的。

（4）斜纹干扰、跳动干扰、电源干扰。这种干扰的出现，轻微时不会淹没正常图像，而严重时图像扭曲无法观看。这种故障现象产生的原因较多也较复杂，比如视频传输线的质量不好，特别是屏蔽性能差，或者是由于供电系统的电源有杂波而引起的，还有就是系统附近有很强的干扰源。

（5）大面积网纹干扰，也称单频干扰。这种现象主要是由于视频电缆线的芯线与屏蔽网短路、断路造成的故障，或者是由于 BNC 接头接触不良所致。

3. 视频干扰的干扰源

工程中的干扰可以概括分成 3 类：

源干扰	视频信号源内部，包括电源产生的干扰。这种干扰视频源信号中已经包含干扰。
终端干扰	终端设备，包括设备电源产生的干扰。这种干扰能对输入的无干扰视频信号加入新的干扰。
传输干扰	传输过程中通过传输线缆引入的干扰，主要是电磁波干扰，包括地电位干扰类。

源干扰和终端干扰，尽管工程中也常遇到，但都属于设备本身问题，不属于工程抗干扰范畴，故本书不予讨论，而主要讨论传输干扰。在视频传输的过程中产生的干扰主要来源以下 4 方面：

（1）由传输线引入的空间辐射干扰。这种干扰现象的产生，主要是因为在传输系统、系统前端或中心控制室附近有较强的、频率较高的空间辐射源。

解决办法一个是在系统建立时，应对周边环境有所了解，尽量设法避开或远离辐射源；另一个办法是当无法避开辐射源时，对前端及中心设备加强屏蔽，对传输线的管路采用钢管保护并良好接地。

（2）接地干扰。因前端设备的"地"与控制室设备的"地"相对"电网地"的电位不同，即两处接地点相对电网"地"的电势差不同，则通过电源在摄像机与控制设备形成电源回路，视频电缆屏蔽层又是接地的，这样50Hz的工频干扰进入矩阵或者硬盘录像机或画面处理器，产生干扰。对于此类干扰，由于很难使各处的"地"电位与"电网地"的电位差完全相同，比较有效的方法是切断形成地环流的路径，即切断地环回路的方法。值得一提的是，由于同轴电缆过长，中间免不了有接头，如接头处理不好，屏蔽网碰到金属线槽也会产生此种干扰，因此在处理时也要注意到此种情况。

（3）电源干扰。此种干扰由于供电系统的电源不"洁净"而引起的。这里所指的电源不"洁净"，是指在正常的电源上叠加有干扰信号。而这种电源上的干扰信号，多来自本电网中使用晶闸管的设备，特别是大电流、高电压的晶闸管设备，对电网的污染非常严重，这就导致了同一电网中的电源不"洁净"。这种情况解决方法比较简单，只要对整个系统采用净化电源或在线 UPS 供电基本上就可以解决。

（4）阻抗不匹配。指由于传输线的特性阻抗不匹配引起的故障现象。这是由于视频传输线的特性阻抗不是 75Ω 或者是设备本身的特性阻抗不是 75Ω 而导致阻抗失配造成的。对于此类干扰，应尽量使系统内各设备阻抗匹配。

4. 如何判断干扰的部位

排除干扰时，先分清部位，缩小范围，再对症下药，可达到事半功倍的效果。判断干扰的部位，就是判断干扰产生在"前端、本地传输系统、本地控制系统"哪个部分。

前端系统	主要是摄像机和电源；可以使用监视器直接观察视频信号，用直流小监视器观察可避免交流电路干扰影响。
本地传输系统	主要包括各种线缆、线缆头和线缆中间接点质量；用视频加权抗干扰器"有效，无效"可以准确判断。
本地控制系统	主要包括矩阵控制主机、分配器、分割器、硬盘录像机等相关设备，末端供电系统和接地线路引入的干扰；用12V电池供电的摄像机信号，直接送给末端设备判断。

不同系统的干扰，解决的方法不同。只有中间传输部分的干扰，属于常见的"环境电磁干扰"，用各类视频抗干扰器解决，一般都有一定的效果。一般

通过抗干扰器就可以解决。如果是前端和后端设备干扰,用各类型抗干扰器的结果都应该是"无效或效果不明显"。这类干扰包括两种:① 设备故障和问题,包括摄像机本身问题、电源问题、电压降低问题、后端设备问题、电源本身问题等,解决办法是查找和排除设备故障;② "传导干扰",包括监控设备之间通过连线和电源线相互耦合的干扰,监控设备通过供电系统、接地系统传导引入的各种干扰。排除传导干扰,有一定难度,需要进行各种各样的测试方能确定。

5. 干扰的解决方案

解决抗干扰主要通过以下方法进行:

(1) "**防**"。对干扰设防,把干扰"拒之门外"。常见的有效措施有:

1) 给传输线缆一个屏蔽电磁干扰的环境,这是最基本、最有效的防止干扰"入侵"的手段。将传输线缆穿镀锌铁管,走镀锌铁皮线槽,深埋地下布线等,这对于包括变电站超高压环境下安全传输视频信号都是有效的。不足之处是成本较高,不能架空布线,施工较麻烦。

2) 采用专业采用双绝缘双屏蔽抗干扰同轴电缆,但是成本价高。

3) 摄像机与护罩绝缘,护罩接大地,尽可能通过防雷系统或者接地系统做好接地工作。

(2) "**避**"。避开干扰,另选一条"传输线路",改变源信号传输方式。属于这一类的技术有光缆传输、射频、微波、数字变换等。这些传输方式都属于"信息调制和变换"方式,或"频分方式",它能有效避开源信号传输中 0~6MHz 频率范围的直接干扰,抗干扰效果很好。目前也有一些不肯介绍原理的产品,如采用编码和向上移动信号频带的方法等,大概也属于这一类产品。采用"避"的技术,工程中还应考虑两个问题:一是成本和复杂度的提高;二是变换损失——失真和信噪比的降低。注意不要用一个矛盾掩盖另一个矛盾。最常见的方法就是采用光端机或者网络传输的方法进行。

(3) "**抗**"。视频信号传输过程中,如果干扰已经"混"进视频信号中,使信噪比(指信号/干扰比)严重降低,必须采用抗干扰设备抑制干扰信号幅度,提高信噪比。目前主要技术措施有:

1) 采用传输变压器,其抑制 50/100Hz 低频干扰有一定效果,但局限性较大,通用性较差,应用面还较少。

2) "斩波"技术,原理上是吸收或衰减干扰信号频率分量,缺点是难以应付工程中千变万化的干扰频率,对于谐波分量丰富的干扰(如变频电机干扰)抑制能力较差。值得注意的是,这种办法在吸收干扰的同时,也吸收掉一部分有用信号,从而造成新的失真。

3) 视频预放大提高"信号/干扰"比(信噪比)技术。原理是:线路干扰大小是不会再变的,可以在线路前端把摄像机视频信号大幅度提升,从而提高了整个传输过程中的"信号/干扰"比(信噪比),在传输末端再恢复视频源信号特性,达到抑制干扰的目的。理论上、实践上这种抗干扰技术都应该是可行的,有效的,只是具体技术实现起来有一定难度。市场上有一种这类产品,确实有一定的抗干扰效果,但没考虑线缆传输失真、放大失真问题,没有真正解决视频信号的有效恢复问题,图像传输质量没有真正解决。市面上出现了一种新的产品"加权抗干扰器"。它同时具有抑制干扰和视频恢复双重功能,可有效抑制从 50Hz～10MHz 的广谱干扰。加权技术的成功应用,使频率越高抗干扰能力越强,进一步提高了高频干扰的抑制能力,并继承了加权视频放大专利技术高质量的视频恢复功能。

(4)"补"。补偿电缆传输和信号变换造成的视频信号传输损失,恢复视频源信号特性。电缆越长,产生干扰的概率越大,干扰幅度也越高。从视频传输角度考虑,在抗干扰的同时,必须考虑信号衰减和失真问题。对线缆引起的衰减、失真和抗干扰设备引起的附加衰减和失真,只有有效的补偿措施才能算真正的、有效的视频传输设备。

6. 电梯视频干扰及解决方法

闭路监控系统工程中,电梯监控视频干扰问题一直是最常见、最难解决,也是最受关注的问题之一。老式的电梯用普通电机,干扰频率很低,抗干扰问题尚好解决一些;现在大多都用变频动力电机,干扰的高次谐波十分丰富,频谱很宽,高频干扰十分严重。特别是现代的高层小区也好,写字楼也好,楼层太高,电梯的视频电缆虽然已采取从"中间"进电梯井的措施,穿金属管、走金属线槽、电梯专用电缆甚至"高级进口电梯电缆"也已采用,但是随行部分的电缆仍然很长,干扰一直令人头痛。把现有的抗干扰产品都拿来进行了测试,尽管大多都有一定的效果,但结果总不能令人满意:有的有残余干扰,特别是残余的高频干扰,使图像不能令人满意;有的产生"亮度开花"失真,楼层显示字符变形、影响同步等。

(1)电梯常用同轴电缆类型及特点。

考虑传输衰减	当楼层很高,距离监控中心又较远的情况下,应慎重考虑传输衰减问题。选择电缆时,都知道粗缆优于细缆,但还应了解 SYWV 物理发泡电缆优于实心 SYV 电缆,高编电缆优于低编电缆,铜芯缆优于"铜包钢"缆,铜编网优于铝镁合金编网。
关注高频衰减	低频成分的亮度/对比度衰减,容易发现和解决,电缆最重要的传输特性就是频率越高衰减越大,高频衰减影响清晰度和分辨率,要特别注意总结图像质量的观察方法。这方面电缆特点和规律是:粗缆优于细缆,发泡优于实心,但同型号的"高编和低编高频衰减一样"。

第二章 图说闭路监控电视系统

考虑电缆寿命	软性电缆寿命优于普通电缆，细缆优于粗缆。还有一个最易被忽视的问题：电缆各层间的黏合力，即当电缆各层之间纵向相反方向受力时，是否会发生相对滑动。高层电梯缆长达100m垂直布线，电缆外护套固定在随行电缆上，这是一种"软固定"，固定时不允许电缆变形（破坏同轴性），这样一来，在电梯反复运动中电缆内部层在重力作用下会逐渐"下滑"，慢慢拉断编织网或芯线，表现为信号逐步减弱，干扰越来越大。目前还没有这项电缆技术标准，简单检查方法是取1m电缆，在一头剥开各层，一人用手握住电缆两端，另一人用钳子拉电缆的内层：依次拉芯线、绝缘层、编织网，体验黏合力的大小，做出合理估计——黏合力差、易滑动的尽量不选用。很多电缆并不具备这项性能，应慎重选择。

（2）电梯视频干扰产生原理。

- 电梯井内的动力、照明、风扇、控制、通信等，各种电缆都会产生电磁辐射。像天线接收原理一样，同轴电缆也会"接收"这些干扰，即干扰电磁场在电缆上产生干扰感应电流，干扰感应电流也就会在电缆外导体（编织网）纵向电阻上产生干扰感应电压（电动势），而干扰感应电压刚好串联在视频信号传输回路"长长的地线"中，形成干扰。

- 随行电缆都是与视频电缆并行，且近距离捆扎在一起，这就形成了接近"最佳最有效的"干扰耦合关系。在一般工程中可以采用穿金属管或走金属槽的屏蔽干扰办法，但在电梯随动的环境中，这种方法无能为力。所以电梯环境下的抗干扰难度很大，只能选择较好的设计和施工方法。

- 了解干扰产生基本原理，对完善抗干扰设计和施工十分重要。

（3）常用铜轴电缆穿传输方案的抗干扰措施。

1）常用铜轴电缆。不管是多层高编铜编网电缆，"铝箔—编网"的双屏蔽电缆，还是"铝箔—编网——铝箔—编网"的四屏蔽电缆，电气上都属于一个屏蔽层，干扰感应电压都是直接串联在视频信号传输回路中。只是多层高编电缆的外导体电阻小，形成的干扰感应电压也相对较低一些。这对抗低频电源干扰、电机电火花干扰等有一定效果（几十千赫以下的干扰）。但对高频干扰，由于趋肤效应，高频阻抗与低编电缆相同，抗干扰效果也基本一样。应该清醒地看到：高编电缆只有适当减弱低频干扰的作用，防强干扰还是无能为力。

2）电梯布线方式的抗干扰措施。

a. 视频电缆走出电梯井的位置选择。理想的选择应在井的中部，因为这时井内随行视频电缆长度大约只有井深的一半多一点，最短，自然引入的干扰也最小。但工程上这种出线要求只能看情况争取，实际工程不一定允许。

b. 过去，在不明白原理的情况下，多数出线位置都是和其他随行电缆一起走，从电缆井的顶部或底部走出。这种情况下，考虑到只有一半电缆是随行运动的，另一半只是固定延伸连接，不运动，把这部分叫"不动电缆"。这就提供了一种可能，即一半随行运动电缆只能与其他随行电缆一起捆绑走线；而另一半不动电缆可以选择远离随行电缆单独走线的方法，在电梯井内把视频线紧贴井壁垂直走线，并把这部分电缆穿金属管或走金属槽，以屏蔽干扰对这部分电缆的影响，比较有效。

c. 随行运动部分的视频电缆与其他随行电缆捆扎时，设计者应充分了解其他随行电缆的结构和分布情况，捆扎时视频电缆应尽量远离电流大、频率高的电缆，靠近电流小频率低的电缆捆扎。这里，哪怕有 1cm 的选择可能也要争取，因为干扰影响大小与距离的二次方成反比。

d. 摄像机金属外壳，BNC 头的外壳，同轴电缆的外导体等视频信号的"地"，和电梯轿厢、导轨等要绝缘，这在安装摄像机时要特别注意。

e. 摄像机供电应优选集中直流供电方式，其次是选择轿厢照明电，不能用动力电。

f. 供电、控制等监控用电缆，尽量选用带屏蔽的电缆，防止干扰信号向外泄漏。

g. 从电梯井出口到控制中心的视频电缆，应走金属管或走金属槽，以屏蔽沿途环境干扰对这部分电缆的影响，并注意这部分屏蔽与电梯井内的屏蔽，应做好电气连接。

常见的电梯干扰问题通过加装加权抗干扰器和接地就能解决，如果通过以上所描述的措施还是不能解决，需要具体问题具体对待。

2.2.3.3 线缆传输相关技术知识

1. 什么是视、音频线缆

视频连接线，简称视频线，由视频电缆和连接头两部分组成。其中：视频电缆是特征阻抗为 75Ω 的同轴屏蔽电缆，常见的规格按线径分为 -3 和 -5 两种，按芯线分有单芯线和多芯线两种；连接头的常见规格按电缆端连接方式分有压接头和焊接头两种，按设备端连接方式分有 BNC（俗称卡头），RCA（俗称莲花头）两种。视频线是闭路监控电视系统的重要组成部分，线缆质量的好坏直接影响视频通道的技术指标，质量差的视频线有可能造成信号反白、信号严重衰减，设备不同步，甚至信号中断。在视频系统中除少量控制信号线外，视频信号、同步信号、键控信号等信号都是由视频线传输，因而视频线发生问题是设备和系统故障常见的故障源之一。选择电缆首先应注意其标称的阻抗，有一种特征阻抗为 50Ω 的电缆在外观上和视频电缆很接近，切不可混淆。

在工程施工过程中首先应注意电缆或连接头有没有发生氧化的情况，如有，该电缆或连接头应当报废或者视情况进行处理，否则，氧化物将造成焊点虚焊，导致信号严重衰减，甚至中断。在连接头的选择上尽量符合设备需要，避免使用转换头，规格应按电缆的规格对应使用。其次，必须保证良好的压接质量或焊接质量。使用压接方式的接头，对电缆的各层线径和压接的工艺要求很严格，表面上制作起来较省事，但稍不注意，就可能虚接。如果经常拔插，可靠性就更低。应尽量避免使用这种类型的接头，不得已要使用时，最好压接后，再加焊一下，同时在拔插时，避免在电缆上用力。相对而言，焊接型的接头对工艺要求就低一些，但仍然需要注意接头的规格要和电缆规格一致，焊接要求和焊接普通电子电路板的要求相同，焊点要光滑、平整、没有虚焊。最后，必须检查是否有开路或短路的情况。每当做好一条视频线，无论是什么接头，长度多少，都要用万用表进行检查，确定没有开路或短路的情况后，才算完成。

音频连接线，简称音频线，由音频电缆和连接头两部分组成，其中：音频电缆一般为双芯屏蔽电缆；连接头常见的有 RCA（俗称莲花头）、XLR（俗称卡侬头）、TRS JACKS（俗称插笔头）。

音频线相对视频线要复杂一些，除了以上视频线三个方面的注意事项外，还有一个平衡和不平衡接法的问题。所谓平衡接法，就是用两条信号线传送一对平衡的信号的连接方法，由于两条信号线受的干扰大小相同，相位相反，最后将使干扰被抵消。由于音频的频率范围较低，在长距离的传输情况下，容易受到干扰，因此，平衡接法作为一种抗干扰的连接方法，在专业设备的音频连接中最为常见。不平衡接法就是仅用一条信号线传送信号的连接方法，由于这种接法容易受到干扰，所以一般只在家用电器上或一些要求较低的情况下使用。

2. 同轴电缆传输技术

同轴电缆以硬铜线为芯，外包一层绝缘材料。广泛使用的同轴电缆有两种：一种是 50Ω 电缆（如 RG-8、RG-58 等），用于数字传输，由于多用于基带传输，也叫基带同轴电缆；另一种是 75Ω 电缆（如 RG-59 等），用于模拟传输，即本书主要讨论的宽带同轴电缆。这种区别是由历史原因造成的，而不是由于技术原因或生产厂家。同轴电缆的这种结构，使它具有高带宽和极好的噪声抑制特性。同轴电缆的带宽取决于电缆长度。1km 的电缆可以达到 1~2Gbit/s 的数据传输速率。还可以使用更长的电缆，但是传输率要降低或需要使用中间放大器。

使用有限电视电缆进行模拟信号传输的同轴电缆系统被称为宽带同轴电缆。"宽带"这个词来源于电话业，指比 4kHz 宽的频带。然而在计算机网络中，"宽带电缆"却指任何使用模拟信号进行传输的电缆网。由于宽带网使用标准的有线电视技术，可使用的频带高达 300MHz（常常到 450MHz）。由于使用模拟信号，需要在接口处安放一个电子设备，用以把进入网络的比特流转换为模拟信号，并把网络输出的信号再转换成比特流。宽带系统又分为多个信道，电视广播通常占用 6MHz 信道。每个信道可用于模拟电视、CD 质量声音（1.4Mbit/s）或 3Mbit/s 的数字比特流。电视和数据可在一条电缆上混合传输。

同轴电缆不可绞接，各部分是通过低损耗的连接器连接的。连接器在物理性能上与电缆相匹配。中间接头和耦合器用线管包住，以防不慎接地。若希望电缆埋在光照射不到的地方，最好把电缆埋在冰点以下的地层里。如果不想把电缆埋在地下，则最好采用电杆来架设。同轴电缆每隔 100m 设一个标记，以便于维修。必要时每隔 20m 要对电缆进行支撑。在建筑物内部安装时，要考虑便于维修和扩展，在必要的地方还需提供管道，以保护电缆。

同轴电缆一般安装在设备与设备之间。在每一个用户位置上都装备有一个连接器，为用户提供接口。接口的安装方法如下：

对细缆	将细缆切断，两头装上 BNC 头，然后接在 T 型连接器两端。
对粗缆	一般采用一种类似夹板的 Tap 装置进行安装，利用 Tap 上的引导针穿透电缆的绝缘层，直接与导体相连。电缆两端头设有终端器，以削弱信号的反射作用。

同轴电缆具有足够的可柔性，能支持 254mm（10 英寸）的弯曲半径。中心导体是直径为 2.17mm±0.013mm 的实芯铜线。绝缘材料必须满足同轴电缆电气参数。屏蔽层由满足传输阻抗和 ECM 规范说明的金属带或薄片组成，屏蔽层的内径为 6.15mm，外径为 8.28mm。外部隔离材料一般选用聚氯乙烯（如 PVC）或类似材料。同轴电缆安装比较简单，造价低，但由于安装过程要切断电缆，两头需装上基本网络连接头（BNC），然后接在 T 型连接器两端，所以当接头多时容易产生接触不良的隐患，这是目前运行中的以太网发生的最常见故障之一。为了保持同轴电缆的正确电气特性，电缆屏蔽层必须接地。同时两头要有终端器来削弱信号反射作用。

最常用的同轴电缆有下列几种：

RG-8 或 RG-115 0Ω；

RG-58 50Ω；

RG-59 75Ω；

RG-62 93Ω。

计算机网络一般选用 RG-8 以太网粗缆和 RG-58 以太网细缆。RG-59 用于闭路电视监控和有限电视系统。RG-62 用于 ARCnet 网络和 IBM3270 网络。

3. 常用监控线缆及选型

在闭路监控电视系统和智能化系统中常用的电缆有以下几种类型。

RG	物理发泡聚乙烯绝缘接入网电缆，用于同轴光纤混合网（HFC）中传输数据模拟信号。
SYV	同轴电缆，闭路监控电视系统、无线通信、广播工程和有关电子设备中传输射频信号（含综合用同轴电缆），是最常见的线缆之一。
SYWV（Y）/SYKV	有线电视、宽带网专用电缆，其结构为（同轴电缆）单根无氧圆铜线+物理发泡聚乙烯（绝缘）+（锡丝+铝）+聚氯乙烯（聚乙烯），多用于射频传输和可视对讲系统。
RV、RVP	聚氯乙烯绝缘电缆。
RVV（227IEC52/53）	聚氯乙烯绝缘软电缆，多用于电源线和不需要屏蔽传输的控制线。
RVS、RVB	适用于家用电器、小型电动工具、仪器、仪表及动力照明连接用电缆。
RVVP	铜芯聚氯乙烯绝缘屏蔽聚氯乙烯护套软电缆，电压 300/300V，2-24 芯，多用于控制信号传输，通常是需要屏蔽传输的控制信号或者数字信号，适用智能化系统各个子系统。
BV、BVR	聚氯乙烯绝缘电缆，适用于电器仪表设备及动力照明固定布线用。
UTP	局域网电缆，用于传输电话、计算机数据、防火、防盗保安系统、智能楼宇信息网。
SFTP	双绞线传输电话、数据及信息网。

电缆型号的组成每个字母都是代表一定含义的，按照相关标准和规范，线缆的表示组成如下：

分类代号　绝缘　护套　派生—特性阻抗—芯线绝缘外径—结构序号

例如：S F T—50—3，其中：

S：分类代号　F：绝缘　T：护套　50：特性阻抗　3：芯线绝缘外径

常见字母代号及其意义见表 2-7。

表 2-7　　　　　　　常见线缆字母代号及其意义

分类代号		绝缘		护套		派生	
符号	意义	符号	意义	符号	意义	符号	意义
S	同轴射频电缆	Y	聚乙烯	V	聚氯乙烯	P	屏蔽

续表

分类代号		绝缘		护套		派生	
符号	意义	符号	意义	符号	意义	符号	意义
SG	高压射频电缆	F	氟塑料	Y	聚乙烯	Z	综合式
ST	特种射频电缆	D	稳定聚乙烯空气绝缘	F	氟塑料		
SL	漏泄同轴射频电缆	U	聚四氟乙烯	R	辐照聚乙烯		
SC	耦合器同轴射频电缆	R	辐照聚乙烯	J	聚氨酯		
SM	水密、浮力电缆	YF	发泡聚乙烯半空气	T	铜管		
SW	稳相电缆	YK	纵孔聚乙烯半空气	B	玻璃丝编织浸有机硅漆		
		YD	垫片小管聚乙烯半空气				
		FC	F_4打孔（微孔）半空气				
		YW	物理发泡聚乙烯半空气				

在工程设计中，大家都很关心到底如何选用各种规格的线缆，这里给出部分参考值。

视频线	（1）摄像机到监控主机距离≤200m，用 SYV 75-3 视频线； （2）摄像机到监控主机距离>200m，用 SYV 75-5 视频线； （3）摄像机到监控主机距离>500m，用 SYV 75-7 视频线； （4）摄像机到监控主机距离>700m，建议采用视频放大器，或者加权放大器，或者视频恢复主机；如果距离超过1000m，建议采用光纤传输。
云台控制线	（1）云台与控制器距离≤100m，用 RVV 6×0.5 护套线； （2）云台与控制器距离>100m，用 RVV 6×0.75 护套线； （3）如果是解码器控制线，则选用 RVVP 2×1.5 护套线（典型情况）。
镜头控制线	采用 RVV4×0.5 护套线。

摄像机电源线	（1）摄像机到电源接入点的平均距离≤20m，用 RVV 2×0.75 护套线； （2）摄像机到电源接入点的平均距离＞20m，用 RVV 2×1.0 护套线； （3）摄像机到电源接入点的平均距离＞50m，用 RVV 2×1.5 护套线。 （4）超过 100m 不建议采用 DC12V/AC24V 进行集中供电。

线缆的选型包括视频线、控制线、音频线和电源线，不同监控产品需要的线缆有所差异，不同品牌的线缆传输距离也有差异，以上选型仅供参考。

4. 视频线和射频线的主要区别

视频线 SYV	实心聚乙烯绝缘，PVC 护套，国标代号是射频电缆，又叫"视频电缆"。
射频线 SYWV	聚乙烯物理发泡绝缘，PVC 护套，国标代号是射频电缆。

（1）SYV 与 SYWV 的相同点。

特性阻抗一样，都为 75Ω；

外层护套，屏蔽层结构，绝缘层外径，编数选择，材质选择，屏蔽层数等基本相同。

（2）SYV 与 SYWV 的不同点。

- 绝缘层物理特性不同：SYV 是 100% 聚乙烯填充，介电常数 $\varepsilon=2.2\sim2.4$ 左右；SYWV 也是聚乙烯填充，但充有 80% 的氮气气泡，聚乙烯只含有 20%，宏观平均介电常数 $\varepsilon=1.4$ 左右。$\varepsilon=\varepsilon'+j\varepsilon''$，其中，$\varepsilon''$ 为损耗项，空气的 ε'' 基本为 0，这一工艺成就于 20 世纪 90 年代，它有效降低了同轴电缆的介电损耗。ε 大小不同，绝缘介质的衰减不同。

- 芯线直径不同：以 75-5 为例，由于-5 电缆结构标准规定，绝缘层外径（即屏蔽层内径）是 4.8mm，不能改变，为了保证 75Ω 的特性阻抗，而特性阻抗只与内外导体直径比和绝缘层的介电常数 ε 大小有关，ε 大芯线细，ε 小芯线粗。芯线直径：SYV 是 0.78~0.8mm，SYWV 是 1.0mm；芯线结构形式都可以是单股或多股；这一区别，导致了芯线电阻的不同。

- 上述两项根本区别，决定了两种电缆的传输特性传输衰减不同，频率失真程度不同。

- 关于高编电缆，一般指 96~128 编以上的电缆。高编电缆明显特点是：屏蔽层的直流电阻小，200kHz 以下的低频衰减少，对抑制低频干扰有利。实测表明，在 200kHz~6MHz 频率范围，由于"趋肤效应"，128 编和 64 编衰减一样。从频率失真（高低频衰减差异）看，高编电缆反而严重。频率失真直接影响视频信号的各种频率成分的正常比例失真,影响到图像失真。

● 铜包钢芯线:这是SYWV电缆的一种,用于有线电视46MHz以上的射频传输,由于"趋肤效应",电流只在钢丝外面的铜皮里流动,衰减特性和纯铜芯线一样,可抗拉强度却远高于铜线。但这种电缆不适用于视频传输,0~200kHz低频衰减太大。

● SYWV电缆视频射频传输特性都优异,而且由于有巨大的有线电视市场的支撑,产量很大,价格也有优势。

5. PoE技术

随着模拟系统数字化、传输线路网络话,摄像机等前端设备需要更加先进和便捷的供电方式,而通过局域网络直接给摄像机供电,必将成为大势所趋。

结构化布线是当今所有数据通信网络的基础,随着许多新技术的发展,现在的数据网络正在提供越来越多的新应用及新服务:如在不便于布线或者布线成本比较高的地方采用无线局域网技术(WLAN),可以有效地将现有网络进行扩展;基于IP的电话应用也为用户提供了更多新的及加强的企业级应用。全球的安全市场发生了巨大的变化,直接推动了用户考虑在现有以太网络架构之上尽可能地布置一些网络安全摄像机及其他一些网络安全设备。目前此类新的应用已经越来越被用户所接受并且得到了快速的发展。所有这些支持新应用的设备由于需要另外安装AC供电装置,特别是如无线局域网及IP网络摄像机等都是安置在距中心机房比较远的地方,更是加大了整个网络组建的成本。为了尽可能方便及最大限度地降低成本,美国电子电气工程师协会IEEE于2003年6月批准了一项新的以太网供电标准(Power over Ethernet,PoE)IEEE 802.3af,确保用户能够利用现有的结构化布线为此类新的应用设备提供供电的能力。

以太网供电(PoE)这项技术,指的是在现有的以太网CAT-5布线基础架构上不用作任何改动就能保证在为如IP电话机、无线局域网接入点AP、安全网络摄像机以及其他一些基于IP的终端传输数据信号的同时,还能为此类设备提供直流供电的能力。PoE技术用一条通用以太网电缆同时传输以太网信号和直流电源,将电源和数据集成在同一有线系统当中,在确保现有结构化布线安全的同时保证了现有网络的正常运作。

大部分情况下,PoE的供电端输出端口在非屏蔽的双绞线上输出44~57V的直流电压(但无论如何是不能超过60VDC的)、350~400mA的直流电流,为一般功耗在15.4W以下的设备提供以太网供电。典型情况下,一个IP电话机的功耗约为3~5W,一个无线局域网访问接入点的功耗约为6~12W,一个

第二章　图说闭路监控电视系统

网络安全摄像机设备的功耗约为 10~12W。

一个完整的 PoE 系统包括供电端设备（Power Source Equipment，PSE）和受电端设备（Powered Device，PD）两部分，两者基于 IEEE802.3af 标准建立有关受电端设备 PD 的连接情况、设备类型、功耗级别等方面的信息联系，并以此为根据控制供电端设备 PSE 通过以太网向受电端设备 PD 供电。

供电端设备 PSE 可以是一个 Endspan（已经内置了 PoE 功能的以太网供电交换机）或 Midspan（用于传统以太网交换机和受电端设备 PD 之间的具 PoE 功能的设备），而受电端设备 PD 则是如一些具 PoE 功能的无线局域网、IP 电话机等终端设备。

根据 IEEE 802.3af 标准，PoE 以太网供电的线对选择有两种方式，分别称为选择方案 A 与选择方案 B。

方案 A 是在传输数据所用的电缆对（1/2 & 3/6）之上同时传输直流电，其信号频率与以太网数据信号频率不同，以确保在同对电缆上能够同时传输直流电与数据。

方案 B 使用局域网电缆中没有被使用的线对（4/5&7/8）来传输直流电，因为在以太网中，只使用了电缆中四对线中的两对来传输数据，因此可以用另外两对来传输直流电。

● 2.2.4　本地控制系统

本地控制系统相对远程控制系统而言，指设置在本地监控中心端的设备。主要包括控制部分、显示部分和录像及存储部分三个部分。本地控制系统在传统的闭路监控电视系统中处于重要的位置，直接决定了监控系统建设的效果和质量。

2.2.4.1　控制部分

控制部分主要包括对摄像机监控的音频、视频和控制信号的控制、切换和传输。主要设备包括云镜控制器、手动视频控制器、顺序视频切换器、矩阵切换控制主机、画面处理（分割）器、编解码器和视频服务器。

1. 单纯型的云台、镜头及防护罩控制器

其功能是仅仅实现对单台或多台云台执行旋转、上下俯仰、对云台上的摄像机镜头控制聚焦、光圈调整及变焦变倍功能，较复杂的装置还可对云台上的防护罩作加热、除霜等控制。云镜控制器在早期的模拟系统中使用较多，在矩阵控制主机及画面处理器出现之后就逐渐被淘汰，现在已经很难见到了。

2. 手动视频切换器

它是视频切换器最简单的一种，该装置上有若干按键，用以对单一监视器输出显示所选择的某台摄像机图像。手动切换比较经济可靠，可将 4~16 路视频输入切换到一台监视器上输出。其缺点是使用这种类型切换器对摄像机进行手动切换时，监视器上会出现垂直翻转和滚动，直至监视器确定有输入摄像机的垂直同步脉冲后才会消失。目前已经被淘汰。

3. 顺序视频切换器

多路视频信号要送到同一处监控，可以一路视频对应一台监视器。但监视器占地面积大，价格贵，如果不要求时刻监控，可以在监控室增设一台切换器，把摄像机输出信号接到切换器的输入端，切换器的输出端接监视器。切换器的输入端分为 2，4，6，8，12，16，切换器有手动切换、自动切换两种工作方式。手动方式是想看哪一路就把开关拨到哪一路；自动方式是让预设的视频按顺序延时切换，切换时间通过一个旋钮可以调节，一般在 1~35s 之间。切换器的价格便宜，连接简单，操作方便，但在一个时间段内只能看输入中的一个图像。要在一台监视器上同时观看多个摄像机图像，就需要用画面分割器，目前已经被画面处理器淘汰。

4. 视频矩阵切换与控制主机

所谓视频矩阵切换，就是可以选择任意一台摄像机的图像或者音频在任一指定的监视器上输出显示，犹如 M 台摄像机和 N 台监视器构成的 $M \times N$ 矩阵一般，根据应用需要和装置中模板数量的多少，矩阵切换系统可大可小，小型系统是 4×1，大型系统可以达到 3200×256 或更大。

在以视频矩阵切换与控制主机为核心的系统中，每台摄像机的图像需要经过单独的同轴电缆传送到切换与控制主机；对云台与镜头的控制，则一般由主机经由双绞线或者多芯电缆先送至解码器，由解码器先对传来的信号进行译码，即确定执行何种控制动作。解码器具有如下功能：

（1）前端摄像机电源的开关控制。

（2）对来自主机的命令进行译码，控制云台与镜头。可完成的动作有：云台的左右旋转，云台的上下俯仰，云台的扫描旋转（定速或变速），云台预置位的快速定位，镜头光圈大小的改变，镜头聚焦的调整，镜头变焦变倍的增减，镜头预置位的定位，摄像机防护罩雨刷的开关，某些摄像机防护罩降温风扇的开关（大多数采用温度控制自动开关），某些摄像机防护罩除霜加热器的开关。

（3）通过固态继电器提高对执行动作的驱动能力。

（4）与切换控制主机间的传输控制。

按解码器所接收代码的形式不同，通常有三种类型的解码器：① 直接接受由切换控制主机发送来曼彻斯特码的解码器；② 由控制键盘传送来或将曼彻斯特码转换后接受的 RS-232 输入型解码器；③ 经同轴电缆传送代码的同轴视控型解码器。因此，与不同解码器配合使用的云台存在着相互是否兼容的选择。

视频矩阵切换控制主机是闭路电视监控系统的核心。多为插卡式箱体，内有电源装置，插有一块含微处理器的 CPU 板、数量不等的视频输入板、视频输出板、报警接口板等，有众多的视频 BNC 接插座、控制连线插座及操作键盘插座等。

具备的主要功能有：

- 接收各种视频装置的图像输入，并根据操作键盘的控制将它们有序地切换到相应的监视器上供显示或记录，完成视频矩阵切换功能。
- 编制视频信号的自动切换顺序和间隔时间。
- 接收操作键盘的指令，控制云台的上下、左右转动，镜头的变倍、调焦、光圈，室外防护罩的雨刷。
- 键盘有口令输入功能，可防止未授权者非法使用本系统，多个键盘之间有优先等级安排。
- 对系统运行步骤可以进行编程，有数量不等的编程程序可供使用，可以按时间来触发运行所需程序。
- 有一定数量的报警输入和继电器触点输出端，可接收报警信号输入和端接控制输出。
- 有字符发生器，可在屏幕上生成日期、时间、场所摄像机号等信息。
- 有与计算机的接口。

目前市面上还出现了网络矩阵主机，即矩阵控制主机可以直接通过局域网进行图像的传输、显示和控制，其原理是传统的矩阵控制主机内置视频服务器或者编码器。随着网络监控系统的出现，以矩阵为核心控制设备的闭路监控电视系统逐渐向数字化系统转变，而核心控制设备则转向了硬盘录像机和控制服务器上面。

5. **画面处理器和画面分割器**

原则上，录制一路视频信号最好的方式是 1 对 1，也就是用一个录影机录取单一摄影机摄取的画面，每秒录 30 个画面，不经任何压缩，解析度愈高愈好（通常是 S – VHS）。但如果需要同时监控很多场所，用一对一方式会使系统庞大、设备数量多、耗材及人力管理上费用大幅提高，为解决上述问题，画面处理器应运而生。画面处理器为最大程度地简化系统，提高系统运转效率，一般用一台监视器显示多路摄像机图像或一台录像机记录多台摄像机信号的装置。

画面处理设备可分为画面分割器和画面处理器两大类。

画面分割器是将多个视频（通常是4、9、16路）信号同时进行数字化处理，经像素压缩法将每个单一画面压缩成1/4（1/9、1/16）画面大小，分别放置于信号中1/4（1/9、1/16）的位置，在监视器上组合成分割画面显示。荧幕被分成多个画面，录影机（传统的磁带录像机VCR）同时实时地录取多个画面。VCR将它视为一个单一的画面来处理。这种方式只有编码的处理程序，在回放时不须经过解码器，虽然有很多分割允许画面在回放时以全画面回送，但这只是电子放大，即把1/4画面放大成单画面，因四分割播放全部的动作，故会牺牲掉画面的解析度及品质。

画面处理器（Multiplexers，多工处理器）也称为图框压缩处理器，是按图像最小单位——场或帧，即1/60s（场切换）或1/30s（帧切换）的图像时间依序编码个别处理，按摄像机的顺序依次录在磁带上，编上识别码，录像回放时取出相同识别码的图像集中存放在相应图像存储器上，再进行像素压缩后送给监视器以多画面方式显示。这种技术让录影机依序录下每台摄像机输入的画面。每个图框都是全画面（若系统只单取一个图场，其解析度就会缩减成一半），故在画质上不会有损失。然而画面的更新速率却被摄影机的数量瓜分了，所以会有画面延迟的现象。当使用多工处理器时，每秒钟可录下来的图框数会减少。

目前市场上画面分割器有彩色、黑白之分，单功、双功之分，有单工画面分割器、双工画面分割器（即回放时靠电子放大可实现淡化面显示）；而图像多工处理器（Multiplexers，帧场切换）种类更多，有彩色、黑白之分和单功、双功及全双功之分，有单工处理器、双工处理器、全双功处理器。

对于画面处理器（Multiplexers）而言，存在单功型、双功型、全双功型，对这三个概念大致说明如下：

单功	多画面录像与多画面监视不能同时进行，二者选取其一。 1）只能多画面监看，不能多画面同时录影，称为画面分割器。 2）只能多画面录影，不能多画面同时监看，称为场切换或帧切换。
双功	多画面录像与多画面监视可以同时进行，互不影响；即在录像状态下可以监看多画面分割图像或全画面，在放像时也可看全画面或分割画面。
全双功	可同时接两台录像机，一台进行录像，而另一台用于回放，两者互不干扰。图框处理器则可另外再接一台监视器与录放影机，共接两台监视器与两台录放影机，交叉同时监看、录影与回放，可以连接两台监视器和两台录像机，其中一台用于录像作业，另一台用于录像带回放。

6. 编解码器和视频服务器

传统的模拟摄像机不通过同轴电缆进行图像传输而需要通过网络传输时，

需要通过编解码器或视频服务器进行传输。

编码器（Encoder）和解码器（Decoder）合称编解码器，是将音频或视频信号在模拟格式和数字格式之间转换的硬件设备、压缩和解压缩音频或视频数据的硬件或软件（压缩/解压缩）；或是编码器/解码器和压缩/解压缩的组合。通常，编码解码器能够压缩未压缩的数字数据，以减少内存使用量。计算机工业定义通过24位测量系统的真彩色，这就定义了近百万种颜色，接近人类视觉的极限。现在，最基本的 VGA 显示器就有 640×480 像素。这意味着如果视频需要以每秒30帧的速度播放，则每秒要传输高达 27MB 的信息。而 1GB 容量的硬盘仅能存储约 37s 的视频信息，因而必须对信息进行压缩处理。通过抛弃一些数字信息或容易被眼睛和大脑忽略的图像信息的方法，使视频的信息量减小。这个对视频压缩解压的软件或硬件就是编码解码器。编码解码器的压缩率从 2:1～100:1 不等，它使处理大量的视频数据成为可能。

视频服务器（Video Server）是一种对模拟摄像机视音频数据进行压缩、存储及处理的专用硬件编码器，是编码器的一种，故有时候也被称为编码器。它在闭路监控电视系统、多通道循环点播、延时播出、硬盘播出及视频节目点播等方面都有广泛的应用。视频服务器一般采用 M-JPEG 或 MPEG-2 或 MPEG-4 等压缩格式，MPEG-2 技术是早期的编码器广泛使用，称之为 D1 编码器，清晰度高。目前主流的视频服务器（编码器）支持双码流技术（即同时支持 Motion JPEG 和 MPEG-4 两种码流传送图像信号），在符合技术指标的情况下对视频数据进行压缩编码，以满足存储和传输的要求。可配置多种网络接口（如 RJ-45 接口或者光接口）进行组网，实现音、视频数据的远程传输和共享。从某种角度上说，视频服务器可以看作是不带镜头的网络摄像机，或是不带硬盘的硬盘录像机，它的结构也大体上与网络摄像机相似，是由一个或多个模拟视频输入口、图像数字处理器、压缩芯片和一个具有网络连接功能的服务器所构成。视频服务器将输入的模拟视频信号数字化处理后，以数字信号的模式传送至网络上，从而实现远程实时监控的目的。由于视频服务器将模拟摄像机成功地"转化"为网络摄像机，因此它也是网络监控系统与当前模拟监控系统进行整合的最佳途径。网络摄像机就相当于内置视频服务器的模拟摄像机。

2.2.4.2 显示部分

显示部分用来显示摄像机拍摄的图像。显示设备的好换直接影响监控的最终效果。显示部分主要由监视器、显示器、电视墙、操作台等组成。

显示图像形成的动作原理是：影像信号输入监视器（Monitor）后，Monitor 必须将复合信号（Composite Signal）给予分离并解码。主要分离出 R、G、B（红、绿、蓝）三原色信号与 H（水平）、V（垂直）两个同步信号。R、G、B

三原色信号经过解码后，加以放大以便推动 CRT 的阴极（Cathode），释放出电子束。此电子束经过 Mask（屏幕）后撞击荧光（Phosphor），而产生亮点。H（水平）与 V（垂直）两个同步信号则分别经过放大处理，以使 Monitor 的偏向线圈产生扫描电流，此电流所产生的磁力带动电子束的运行方向。如此配合就是所看到的影像画面了。这个就是 CRT 监视器的原理，它与电视机相类似。

1. 显示器（Display）、监视器（Monitor）分类

显示器一般指计算机所用的显示设备，而监视器通常指采用传统 CRT 电视机技术的显示设备，在本书中二者概念等同。

基本上监视器也就是显示器的荧幕分为发光型与非发光型。

（1）发光型。此种类型的荧幕本身可以发光，包括以下几种：

- CRT（Cathode Ray Tube）阴极射管线
- VFD（Vacuum Fluorescent Display）荧光显示管
- LED（Light Emitter Display）发光二极体
- PDP（Plasma Display Panel）等离子显示板及拼接屏
- DLP（Digital Light Procession）数字光学显示器
- EL（Electro Luminescent）电光光面板

其中 CRT 是 CCTV 监视器最常采用的荧幕映像管，另外 VFD 与 CRT 类似，多用于小型管与数字显示；PDP 分为 AC 与 DC 型，具有高亮度、多色彩、高解析度的侵点，目前常见于电视机的显示屏；EL 于 1935 年为法国 Destriau 所发明，分为 AC 与 DC 型及有机无机型，可以作为 LCD 的光源，柔软可弯曲、色彩多、价格低、轻、薄、省电，常用于车上的冷光仪表板。

（2）非发光型。此种荧幕本身不具有发光的功能，包括以下几种：

- LCD（Liquid Crystal Display）液晶显示
- ECD（Electro Chromic Chemical Display）电化著色显示
- EPID（Electrophoretic Indication Display）电泳动显示

LCD 是属于较新的荧幕显示方式，具有省电与轻薄的优点。计算机常用的显示器就是 LCD，现在一些 CCTV 的监视器也开始采用（同时具有 BNC 和 VGA 接口）。虽然 LCD 是监视器荧幕的趋势，但是它仍然无法取代传统的 CCTV 监视器。因为 LCD 本身不发光，如果装于室外，便无法辨识；另外，LCD 有视角上的问题，角度一偏斜，就会看不清楚。而监视器多半置于室外或

者环境照明比较高的场所，观看距离较长，装置 LCD 监视器就会产生上述的问题。另外，ECD 属于电化学，是使用氧化还原法，可以着色与消色，从而达到显示效果。目前仅 CRT、LED、LCD、PDP 可以达到高解析度的要求；CRT、LED、PDP、VFD 可达到高亮度的要求；CRT、LED、VFD、EL、LCD 可达到多色彩的要求。

2. 常见的显示器输入信号接口

常见显示器的视频输入包括 BNC、VGA、复合视频和 S-Video 端子等多种格式。

BNC 接口	是一种用于同轴电缆的连接器，全称是 Bayonet Nut Connector（刺刀螺母连接器，这个名称形象地描述了这种接头外形），又称为 British Naval Connector（英国海军连接器，可能是英国海军最早使用这种接头）或 Bayonet Neill Conselman（这种接头是一个名叫 Neill Conselman 的人发明的）。BNC 接头是有别于普通 15 针 D-SUB 标准接口的特殊显示器接口，由 RGB 三原色信号及行同步、场同步五个独立信号接口组成，主要用于连接工作站等对扫描频率要求很高的系统。BNC 接口可以隔绝视频输入信号，使信号相互间干扰减少，且信号频宽较普通 D-SUB 大，可达到最佳信号响应效果。BNC 接口是最常见的同轴视频线接口，因为同轴电缆是一种屏蔽电缆，有传送距离长、信号稳定的优点，因此它还被大量用于通信系统中，如网络设备中的 E1 接口就是用两根 BNC 接口的同轴电缆来连接的，在高档的监视器、音响设备中也经常用来传送音频、视频信号。
VGA（Video Graphic Array）接口	即显示绘图阵列，也叫 D-Sub 接口，是 15 针的梯形插头，分成 3 排，每排 5 个，传输模拟信号。VGA 接口采用非对称分布的 15 针连接方式，其工作原理是：将显存内以数字格式存储的图像（帧）信号在 RAMDAC 里经过模拟调制成模拟高频信号，然后再输出到显示设备成像。VGA 支持在 640×480 的较高分辨率下同时显示 16 种色彩或 256 种灰度，同时在 320×240 分辨率下可以同时显示 256 种颜色。简单点说，VGA 最大的特点就是支持 640×480 的分辨率。VGA 由于良好的性能迅速开始流行，厂商们纷纷在 VGA 基础上加以扩充，如将显存提高至 1M 并使其支持更高分辨率如 SVGA（800×600）或 XGA（1024×768），这些扩充的模式就称之为视频电子标准协会 VESA（Video Electronics Standards Association）的 SVGA（Super VGA）模式，现在显卡和显示设备基本上都支持 SVGA 模式。此外，后来还有扩展的 SXGA（1280×1024）、SXGA+（1400×1050）、UXGA（1600×1200）、WXGA（1280×768）、WXGA+（1440×900）、WSXGA（1600×1024）、WSXGA+（1680×1050）、WUXGA（1920×1200）、WQXGA（2560×1600）等模式，这些符合 VESA 标准的分辨率信号都可以通过 VGA 接口实现传输。目前大多数计算机与外部显示设备之间都是通过模拟 VGA 接口连接，计算机内部以数字方式生成的显示图像信息，被显卡中的数字/模拟转换器转变为 R、G、B 三原色信号和行、场同步信号，信号通过电缆传输到显示设备中。对于模拟显示设备，如模拟 CRT 显示器，信号被直接送到相应的处理电路，驱动控制显像管生成图像。而对于 LCD、DLP 等数字显示设备，显示设备中需配置相应的 A/D（模拟/数字）转换器，将模拟信号转变为数字信号。在经过 D/A 和 A/D2 次转换后，不可避免地造成了一些图像细节的损失。VGA 接口应用于 CRT 显示器无可厚非，但用于连接液晶之类的显示设备，则转换过程的图像损失会使显示效果略微下降。

复合视频接口	复合视频（Composite Video）信号定义为包括亮度和色度的单路模拟信号，也即从全电视信号中分离出伴音后的视频信号，这时的色度信号还是间插在亮度信号的高端。由于复合视频的亮度和色度是间插在一起的，在信号重放时很难恢复完全一致的色彩。这种信号一般可通过电缆输入或输出到家用录像机上，其信号带宽较窄，一般只有水平240线左右的分解率。早期的电视机都只有天线输入端口，较新型的电视机才备有复合视频输入和输出端（Video In，Video Out），也即可以直接输入和输出解调后的视频信号。视频信号已不包含高频分量，处理起来相对简单一些，因此计算机的视频卡一般都采用视频输入端获取视频信号。由于视频信号中已不包含伴音，故一般与视频输入、输出端口配套的还有音频输入、输出端口（Audio In、Audio Out），以便同步传输伴音。因此，有时复合式视频接口也称为 AV（Audio Video）口。
S-Video 端子	S-Video 是一种两分量的视频信号，它把亮度和色度信号分成两路独立的模拟信号，用两路导线分别传输并可以分别记录在模拟磁带的两路磁迹上。这种信号不仅其亮度和色度都具有较宽的带宽，而且由于亮度和色度分开传输，可以减少其互相干扰，水平分解率可达420线。与复合视频信号相比，S-Video 可以更好地重现色彩。两分量视频可用于高档摄像机，其他如高档录像机、激光视盘 LD 机的输出也可按分量视频的格式，其清晰度比从家用录像机获得的电视节目清晰度要高得多。

在闭路电视监控系统中，最经常使用的就是 BNC 接口和 VGA 接口。

3. 图像质量五级损伤标准评定

按照国家标准，将闭路电视监控系统的图像质量分为5级，见表2-8。

表2-8　　　　　　　　　5级损伤制评分表

图像等级	图像质量损伤主观评价
5	不觉察
4	可觉察，但并不令人讨厌
3	有明显觉察，令人感到讨厌
2	较严重，令人相当讨厌
1	极严重，不能观看

一般招标要求，图像质量不能低于4级。

4. 设计和选用电视墙

目前主流的应用采用 CRT 监视器（类似于电视机）组成电视墙，可以组成从 2×2，2×3，2×4，2×5，2×6，3×2，3×3，3×4，3×5，3×6 甚至更大的电视墙。如果监视器太多，值班人员可能会看不过来，故不建议把电视墙的监视器数量做得太多，建议采用16分割画面显示监控图像，有条件的可以采用9分割或者4分割显示。

随着液晶、等离子、DLP大屏等显示器技术的进步和成本的降低，传统的监视器已经逐渐被取代（但是还没有淘汰），可以适当地选用部分其他显示器弥补传统监视器的不足，如等离子拼接屏或者DLP拼接屏。关于等离子拼接屏和DLP拼接屏另文有述。当然也可以用液晶显示器（专业监控用显示器）组成电视墙，取决于项目的实际需要。

2.2.4.3 录像及存储部分

1. 录像系统

闭路监控电视系统常用的录像机包括模拟磁带录像机和数字硬盘录像机两种。

（1）磁带录像机。磁带录像机（Video Cassette Recorder，VCR）即模拟视频磁带录像机，采用传统的模拟视频进行直接录像，不需要额外压缩和转换，采用磁带录像。磁带录像机早期多用于电视节目制作、视频录制和家庭视频图像的录制和放映，逐渐被引入监控系统。随着硬盘录像机的技术发展和成本的不断下降磁带录像机逐渐被淘汰，毕竟磁带录像操作麻烦、保存麻烦、录像时间也特别短。

用于监控系统的磁带录像机大多数都是长时间录像机，指一盘180min录像带可记录8h以上的监控图像。有24h型和长时间型之分，大多以时间分割方式断续地记录图像，最长的记录时间可长达960h，称之为时滞式（Time lapse）长时间录像机。此外，还有以连续方式记录24h画面的实时（Real time）长时间录像机。长时间录像机极大地节省了磁带，便于管理。长时间录像机的磁头是走停相间，也就是说通过损失一定的画面时间来换取长延时效果，故其回放的图像将会有明显的效果。

一般VHS模式的录像机电视水平清晰度可达250线左右，SVHS模式的录像机可达400线左右。长时间录像机按照录像时间分为24h录像机、480h录像机和960h录像机三种，按照制式分为VHS模式和S-VHS模式两种。

与家用录像机不同，延时录像机可以长时间工作，可以录制24h（用普通VHS录像带）甚至上百小时的图像，可以连接报警器材，收到报警信号自动启动录像，可以叠加时间日期，可以编制录像机自动录像程序，选择录像速度，录像带到头后是自动停止还是倒带重录等。而且可以和画面处理器配合使用。

（2）硬盘录像机。硬盘录像机（Digital Video Recorder，DVR）即数字视频录像机，相对于传统的模拟视频录像机，它采用硬盘录像。它是一套进行图像存储处理的计算机系统，具有对图像/语音进行长时间录像、录音、远程监视和控制的功能。DVR 集合了录像机、画面分割器、云台镜头控制、报警控制、网络传输等五种功能于一身，用一台设备就能取代模拟监控系统一大堆设备的功能，而且在价格上也逐渐占有优势。DVR 采用的是数字记录技术，在图像处理、图像储存、检索、备份，以及网络传递、远程控制等方面也远远优于模拟监控设备，DVR 代表了电视监控系统的发展方向，是目前市面上电视监控系统的首选产品。

目前市面上主流的 DVR 采用的压缩技术有 MPEG-2、MPEG-4、H.264、M-JPEG，而 MPEG-4、H.264 是国内最常见的压缩方式。从压缩卡上分有软压缩和硬压缩两种，软压缩受到 CPU 的影响较大，多半做不到全实时显示和录像，故逐渐被硬压缩淘汰；从摄像机输入路数上分为 1，2，4，6，9，12，16，32 路，甚至更多路数；按系统结构可以分为基于 PC 架构的 PC 式 DVR 和脱离 PC 架构的嵌入式 DVR 两大类。在这里主要介绍 PC 式 DVR 和嵌入式 DVR。

PC 式 DVR	这种架构的 DVR 以传统的 PC 机为基本硬件，以 Win 98、Win 2000、Win XP、Vista、Linux 为基本软件，配备图像采集或图像采集压缩卡，编制软件成为一套完整的系统。PC 机是一种通用的平台，其硬件更新换代速度快，因而 PC 式 DVR 的产品性能提升较容易，同时软件修正、升级也比较方便。PC DVR 各种功能的实现都依靠各种板卡来完成，如视音频压缩卡、网卡、声卡、显卡等，这种插卡式的系统在系统装配、维修、运输中很容易出现不可靠的问题，不能用于工业控制领域，只适合于对可靠性要求不高的商用办公环境。
嵌入式 DVR	嵌入式系统一般指非 PC 系统，有计算机功能但又不称为计算机的设备或器材。它是以应用为中心，软硬件可裁减的，对功能、可靠性、成本、体积、功耗等严格要求的微型专用计算机系统。简单地说，嵌入式系统集系统的应用软件与硬件融于一体，类似于 PC 中 BIOS 的工作方式，具有软件代码小、高度自动化、响应速度快等特点，特别适合于要求实时和多任务的应用。嵌入式 DVR 就是基于嵌入式处理器和嵌入式实时操作系统的嵌入式系统，它采用专用芯片对图像进行压缩及解压回放，嵌入式操作系统主要是完成整机的控制及管理。此类产品没有 PC DVR 那么多的模块和多余的软件功能，在设计制造时对软、硬件的稳定性进行了针对性的规划，因此产品品质稳定，不会有死机的问题产生，而且在视音频压缩码流的储存速度、分辨率及画质上都有较大的改善，就功能来说丝毫不比 PC DVR 逊色。嵌入式 DVR 系统建立在一体化的硬件结构上，整个视音频的压缩、显示、网络等功能全部可以通过一块单板来实现，大大提高了整个系统硬件的可靠性和稳定性。

硬盘录像机的主要功能包括监视、录像、回放、报警、控制、网络、密码授权功能和工作时间表功能等。

第二章 图说闭路监控电视系统

1）监视	监视功能是硬盘录像机最主要的功能之一，能否实时、清晰的监视摄像机的画面，这是监控系统的一个核心问题。目前大部分硬盘录像机都可以做到实时、清晰的监视。
2）录像	录像效果是数字主机的核心和生命力所在，在监视器上看去实时和清晰的图像，录下来回放效果不一定好，而取证效果最主要的还是要看录像效果，一般情况下录像效果比监视效果更重要。大部分 DVR 的录像都可以做到实时 25 帧/s 录像，有部分录像机总资源小于 5 帧/s，通常情况下分辨率都是 CIF 或者 4CIF，1 路摄像机录像 1h 大约需要 180MB～1GB 的硬盘空间。
3）报警功能	主要指探测器的输入报警和图像视频侦测的报警，报警后系统会自动开启录像功能，并通过报警输出功能开启相应射灯，警号和联网输出信号。图像移动侦测是 DVR 的主要报警功能。
4）控制功能	主要指通过主机对于全方位摄像机云台、镜头进行控制，这一般要通过专用解码器和键盘完成。
5）网络功能	通过局域网或者广域网，经过简单身份识别可以对主机进行各种监视录像控制的操作，相当于本地操作。
6）密码授权功能	为减少系统的故障率和非法进入，对于停止录像，布撤防范系统及进入编程等程序需设密码口令，使未授权者不得操作，一般分为多级密码授权系统。
7）工作时间表	可对某一摄像机的某一时间段进行工作时间编程，这也是数字主机独有的功能，它可以把节假日、作息时间表的变化全部预排到程序中，可以在一定意义上实现无人值守。

相比较磁带录像机，硬盘录像机的突出优点体现在以下几个方面：

1）实现了模拟节目的数字化高保真存储	能够将广为传播和个人收集的模拟音视频节目以先进的数字化方式录制和存储，一次录制，反复多次播放也不会使质量有任何下降。
2）全面的输入输出接口	提供了天线/电视电缆、AV 端子、S 端子输入接口和 AV 端子、S 端子输出接口。可录制几乎所有的电视节目和其他播放机、摄像机输出的信号，方便地与其他的视听设备连接。
3）多种可选图像录制等级	对于同一个节目源，提供了高、中、低三个图像质量录制等级。
4）录像帧率可调	每秒钟录像帧率可从 0～25 帧/s 可调。
5）大容量长时间节目存储，可扩展性强	用户可选用 250、500、750GB 甚至 1000GB 的大容量硬盘进行录像。

6）完善的预设录制功能	用户可以自由设定开始录像视频的起始时刻、时间长度等选项。通过对摄像机的编辑组合，可以系统化地录制任意组合摄像机的视频信号，便于灵活处理。
7）强大的网络功能	用户通过网络通信接口，使用 DVR 本身内置的 Web 服务器，通过局域网或者互联网就可远程查看和控制录像机。
8）提供随心所欲的回放方式	由于硬盘快速、随机存储的特点，录制好的视频和正在录制的视频都可以用 DVR 或者网络等多种方式进行回放。

2. 存储系统

（1）存储的分类。监控系统主要用作事后查询和分析图像之用，故存储属于重要的组成部分，如何准确合理地选用存储系统，事关存储的质量、时间和系统的建造成本。存储系统根据服务器类型分为封闭系统的存储和开放系统的存储。封闭系统主要指大型机；开放系统指基于包括 Windows、UNIX、Linux 等操作系统的服务器。开放系统的存储分为内置存储和外挂存储：内置存储是指硬盘录像机本身自带的存储容量，一般的硬盘录像机最大都可以支持 4 个 IDE 口的存储，可连接最大 8 块 750GB 的硬盘（每个 IDE 接口理论容量最大可支持 2000GB 硬盘）；外挂存储根据连接的方式分为直连式存储（Direct Attached Storage，DAS）和网络化存储（Fabric Attached Storage，FAS）。开放系统的网络化存储根据传输协议又分为网络接入存储（Network Attached Storage，NAS）和存储区域网络（Storage Area Network，SAN）。存储分类如图 2-19 所示。

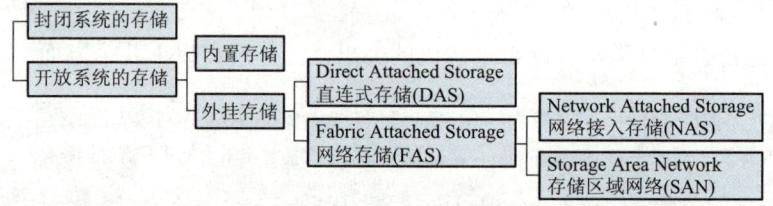

图 2-19 存储的分类

目前大部分监控系统的用户还是使用内置存储系统，在需要长时间录像的时候才考虑外挂存储系统。但随着硬盘单位成本的下降和技术的发展，大存储的容量必将成为未来监控系统发展的趋势。

（2）DAS、NAS 和 SAN

1）DAS（Direct Attached Storage，直接附属存储），也可称为 SAS（Server Attached Storage，服务器附加存储）。DAS 被定义为直接连接在各种服务器或客户端扩展接口下的数据存储设备，它依赖于服务器，其本身是硬件的堆叠，不带有任何存储操作系统。在这种方式中，存储设备是通过电缆（通常是 SCSI 接口电缆）直接到服务器的，I/O（输入/输出）请求直接发送到存储设备。

DAS 适用于以下几种环境：

- 服务器在地理分布上很分散，通过 SAN（存储区域网络）或 NAS（网络直接存储）在它们之间进行互连非常困难；
- 存储系统必须被直接连接到应用服务器；
- 包括许多数据库应用和应用服务器在内的应用，它们需要直接连接到存储器上，群件应用和一些邮件服务也包括在内。

2）NAS（Network Attached Storage，网络附属存储），是一种专业的网络文件存储及文件备份设备，或称为网络直联存储设备、网络磁盘阵列。NAS 是基于 LAN（局域网）的，按照 TCP/IP 协议进行通信，以文件的 I/O（输入/输出）方式进行数据传输。一个 NAS 里面包括核心处理器、文件服务管理工具、一个或者多个的硬盘驱动器，用于数据的存储。NAS 可以应用在任何的网络环境当中。主服务器和客户端可以非常方便地在 NAS 上存取任意格式的文件，包括 SMB 格式（Windows）、NFS 格式（Unix，Linux）和 CIFS 格式等。NAS 系统可以根据服务器或者客户端计算机发出的指令完成对内在文件的管理。

3）SAN（Storage Area Network，存储区域网络），是一种通过光纤集线器、光纤路由器、光纤交换机等连接设备将磁盘阵列、磁带等存储设备与相关服务器连接起来的高速专用子网。SAN 由三个基本的组件构成，即接口（如 SCSI、光纤通道、ESCON 等）、连接设备（交换设备、网关、路由器、集线器等）和通信控制协议（如 IP 和 SCSI 等）。这三个组件再加上附加的存储设备和独立的 SAN 服务器，就构成一个 SAN 系统。SAN 提供一个专用的、高可靠性的基于光通道的存储网络，SAN 允许独立地增加它们的存储容量，也使得管理及集中控制（特别是对于全部存储设备都集群在一起的时候）更加简化。而且，光纤接口提供了 10km 的连接长度，这使得物理上分离的远距离存储变得更容易。

（3）几种存储方式的比较。

1）NAS 与 DAS 方式的区别。

网络附加存储（NAS）特点：

- 通过文件系统的集中化管理能够实现网络文件的访问；
- 用户能够共享文件系统并查看共享的数据；
- 专业化的文件服务器与存储技术相结合，为网络访问提供高可靠性的数据。

直接连接存储（DAS）的特点：

- 只能通过与之连接的主机进行访问；
- 每一个主机管理它本身的文件系统，但不能实现与其他主机共享数据；
- 只能依靠存储设备本身为主机提供高可靠性的数据。

2）SAN 与 NAS 的区别

SAN 和 NAS 的区别见表 2-9。

表 2-9　　　　　　　　SAN 和 NAS 的区别

存储方式	SAN	NAS
协议	Fibre Channel Fibre Channel-to-SCSI	TCP/IP
应用	（1）关键任务，基于交易的数据库应用处理 （2）集中的数据备份 （3）灾难恢复 （4）集中存储	（1）NFS 和 CIFS 中的文件共享 （2）长距离的小数据块传输 （3）有限的只读数据库访问
优点	（1）高可用性 （2）数据传输的可靠性 （3）减少远网络流量 （4）配置灵活 （5）高性能 （6）高可扩展性 （7）集中管理	（1）距离的限制少 （2）简化附加文件的共享容量 （3）易于部署和管理

3. 相关技术知识

（1）硬盘录像机的分辨率。硬盘录像机常见的分辨率有 QCIF、CIF、2CIF、4CIF、DCIF 和 D1。

1）QCIF 全称 Quarter Common Intermediate Format，是常用的标准化图像格式。在 H.323 协议簇中，规定了视频采集设备的标准采集分辨率，QCIF = 176×144 像素。

2）CIF 是常用的标准化图像格式（Common Intermediate Format）。在

H.323 协议簇中，规定了视频采集设备的标准采集分辨率，CIF = 352 × 288 像素。CIF 格式具有如下特性：

- 电视图像的空间分辨率为家用录像系统（Video Home System，VHS）的分辨率，即 352 × 288。
- 使用非隔行扫描（non-interlaced scan）。
- 使用 1/2 的 PAL 水平分辨率，即 288 线。
- 对亮度和两个色差信号（Y、Cb 和 Cr）分量分别进行编码，它们的取值范围同 ITU-R BT.601。即黑色 = 16，白色 = 235，色差的最大值等于 240，最小值等于 16。

3）2CIF 就是 2 个 CIF，分辨率为 704 × 288 像素。

4）DCIF 分辨率是一种更为有效的监控视频编码分辨率（DCIF），其像素为 528 × 384。DCIF 分辨率的视频图像来历是将奇、偶两个 HALF D1，经反隔行变换，组成一个 D1（720 × 576），D1 作边界处理，变成 4CIF（704 × 576），4CIF 经水平 3/4 缩小、垂直 2/3 缩小，转换成 528 × 384，528 × 384 的像素数正好是 CIF 像素数的 2 倍，为了与常说的 2CIF（704 × 288）区分，被称之为 DOUBLE CIF，简称 DCIF。显然，DCIF 在水平和垂直两个方向上，比 Half D1 更加均衡。

5）D1 是数字电视系统显示格式的标准，分为以下 5 种规格：

- D1：480i 格式（525i）：720 × 480（水平 480 线，隔行扫描），与 NTSC 模拟电视清晰度相同，行频为 15.25kHz，相当于 4CIF（720 × 576）。
- D2：480P 格式（525p）：720 × 480（水平 480 线，逐行扫描），较 D1 隔行扫描要清晰不少，与逐行扫描 DVD 规格相同，行频为 31.5kHz。
- D3：1080i 格式（1125i）：1920 × 1080（水平 1080 线，隔行扫描），高清放送采用最多的一种分辨率，分辨率为 1920 × 1080i/60Hz，行频为 33.75kHz。
- D4：720p 格式（750p）：1280 × 720（水平 720 线，逐行扫描），虽然分辨率较 D3 要低，但是因为逐行扫描，更多人感觉相对于 1080I（实际逐次 540 线）视觉效果更加清晰。分辨率为 1280 × 720p/60Hz，行频为 45kHz。
- D5：1080p 格式（1125p）：1920 × 1080（水平 1080 线，逐行扫描），目前民用高清视频的最高标准，分辨率为 1920 × 1080P/60Hz，行频为 67.5kHz。

其中 D1 和 D2 标准是一般模拟电视的最高标准,并不能称为高清晰,D3 的 1080i 标准是高清晰电视的基本标准,它可以兼容 720p 格式,而 D5 的 1080P 只是专业上的标准,并不是民用级别的。因为 D1 标准分辨率和 4CIF 相同,故被应用到闭路监控系统中。

目前监控行业中硬盘录像机主要使用 CIF（352×288）和 D1（704×576）两种分辨率,CIF 录像分辨率是主流分辨率,绝大部分产品都采用 CIF 分辨率。

（2）硬盘录像机所需存储容量的计算。前文论述过硬盘录像机分为 PC 式和嵌入式两种,常见的路数有 1、2、4、8、9、12、16 路和 32 路,甚至更大。不论是 PC 式还是嵌入式硬盘录像机,主板上基本都配置有 4 个 IDE 口（也有配置 2 个 IDE 口的）,每个 IDE 口可以连接 2 块硬盘,以目前的硬盘技术,每块硬盘的最大容量为 1000GB,每个 IDE 口最大支持 2000GB 的硬盘容量。也就是说,每台硬盘录像机最大内置 8000GB 的硬盘,这是目前的录像容量极限,如果超过这个容量,则需要增加外部存储设备。

硬盘录像机对视频信号的处理主要通过视频压缩卡进行,主流的视频压缩卡压缩输出码流为 32~2048kbit/s 可调,2048kbit/s 就是常说的 2M 码流,由此可以计算 1 路摄像机分别按照最小和最大码流录像 1h 所需要的硬盘空间。

最小码流

$$容量 = 32\text{kbit/s} \div \frac{8b}{B} \times \frac{3600s}{h} \div \frac{1024\text{kB}}{\text{MB}} = 14.06\text{MB}$$

最大码流

$$容量 = 2048\text{kbit/s} \div \frac{8b}{B} \times \frac{3600s}{h} \div \frac{1024\text{kB}}{\text{MB}} = 900\text{MB}$$

说明：1Byte = 8bit,1MB = 1024KByte,1h = 3600s。

在实际应用中,硬盘录像机的码流并不是按照最小码流或者最大码流计算的。一般来说,如果是 D1 分辨率的硬盘录像机,就可以按照 1024bit/s 计算每小时需要 450MB 的硬盘空间;如果是 CIF 分辨率的硬盘录像机,就可以按照 512bit/s 计算每小时需要 225MB 的硬盘空间。由此可以计算 16 路硬盘录像机录像 24h（1 天）所需的容量：CIF 为 5400MB（5.27GB）,D1 为 10800MB（10.55GB）。那么 8000GB 的容量最多可录像天数：CIF 约为 95 天（=8000GB/16/5.27）,D1 约为 47.5 天（=8000GB/16/10.55）。

（3）视频压缩标准 MPEG。MPEG（Moving Picture Experts Group）,是 1988 年成立的一个移动影像专家组。这个专家组在 1991 年制定了一个 MPEG-1 国际标准,其标准名称为"动态图像和伴音的编码",用于速率小于每秒约 1.5MB 的数字存储媒体。这里的数字存储媒体指一般的数字存储设备，如 CD-ROM、硬盘和可擦写光盘等。MPEG 的最大压缩可达约 1∶200，其目标是要把目前的广播视频信号压缩到能够记录在 CD 光盘上并能够用单速的光盘驱动器来播放，并具有 VHS 的显示质量和高保真立体伴音效果。MPEG 采用的编码算法简称为 MPEG 算法，用该算法压缩的数据称为 MPEG 数据，由该数据产生的文件称 MPEG 文件，它以 .MPG 为文件后缀。

MPEG 视频压缩标准按发展的阶段分为 MPEG-1、MPEG-2、MPEG-3 和 MPEG-4。

1) MPEG-1：广泛应用在 VCD 制作和一些视频片段下载的网络应用上，可以说 99% 的 VCD 都是用 MPEG1 格式压缩的。目前习惯的 MP3，并不是 MPEG-3，而是 MPEG1 layer3，属于 MPEG1 中的音频部分。MPEG1 的像质等同于 VHS，存储媒体为 CD-ROM，图像尺寸 320×240，音质等同于 CD，比特率为 1.5Mbit/s。该标准分三个部分：

- 系统：控制将视频、音频比特流合为统一的比特流。
- 视频：基于 H.261 和 JPEG。
- 音频：基于 MUSICAM 技术。

2) MPEG-2：应用在 DVD 的制作（压缩）方面，同时在一些 HDTV（高清晰电视广播）和一些高要求视频编辑、处理上面也有相当的应用面。

3) MPEG-3：原本针对于 HDTV（1920×1080），后来被 MPEG-2 代替。

4) MPEG-4：针对多媒体应用的图像编码标准。MPEG-4 是一种新的压缩算法，使用这种算法的 ASF 格式可以把一部 120min 长的电影（未视频文件）压缩到 300M 左右的视频流，可供在网上观看。其他的 DIVX 格式也可以压缩到 600M 左右，但其图像质量比 ASF 要好很多。

MPEG4 影像压缩标准可以提供接近 DVD 的质量、文件又更小的选择，通过对 MPEG 格式各阶段的了解，MPEG-1 代表了 VCD，MPEG-2 代表了 DVD，MPEG-4 则在比 DVD 文件体积更小的情况下，提供接近 DVD 品质的目标，故目前的硬盘录像机多采用 MPEG-4 的视频压缩标准。

(4) 视频压缩标准 H.264。H.264 标准是 ITU-T 的 VCEG（视频编码专家组）和 ISO/IEC 的 MPEG（活动图像专家组）的联合视频组（JVT，Joint Video Team）开发的标准，也称为 MPEG-4 Part 10，"高级视频编码"。在相同的重建图像质量下，H.264 比 H.263 节约 50% 左右的码率。因其更高的压缩比、更好的 IP 和无线网络信道的适应性，在数字视频通信和存储领域得到越来越广泛的应用。同时也要注意，H.264 获得优越性能的代价是计算复杂度增加，据估计，编码的计算复杂度大约相当于 H.263 的 3 倍，解码复杂度大约相当于 H.263 的 2 倍。

H.264 标准中的内部预测创造了一种从前面已编过码的一幅或多幅图像中预测新的模型。此模型是通过在参考中替换样本的方法做出来的（运动补偿预测）。AVC 编码使用基于块的运动补偿。从 H.261 标准制定以来，每一个主要的视频标准都采用这个原理。H.264 与以往标准的重要区别是：支持一定范围的图像块尺寸（可小到 4×4）和更细的分像素运动矢量（在亮度组件中为 1/4 像素）。

H.264 标准的主要特点是：

- H.264 具有较强的抗误码特性，可适应丢包率高、干扰严重的信道中的视频传输。
- H.264 支持不同网络资源下的分级编码传输，从而获得平稳的图像质量。
- H.264 能适应不同网络中的视频传输，网络亲和性好。
- H.264 的基本系统无需使用版权，具有开放的性质，能很好地适应 IP 和无线网络的使用，这对目前的因特网传输多媒体信息、移动网中传输宽带信息等都具有重要的意义。

由以上描述可知，H.264 是 MPEG-4 Part 10，故两种标准有很大的相似性，所以很多硬盘录像机所标识的压缩标准为 H.264，实际上和 MPEG-4 是类似的。

●2.2.5 远程传输系统

远程传输系统相对于本地传输系统而言，远程传输系统不通过传统的同轴电缆、控制电缆传输图像信号，而采用远距离网络进行传输，通常情况下与远程传输系统相对应的有远程控制中心。远程控制中心多设于较远的地方，从本地控制中心到远程控制中心不方便通过传统的方式由业主布线，即使可以布线但是成本很昂贵，故采用现有的电信网络进行传输。

常见的远距离传输系统就是互联网，主要包括电话线传输、E1 线路传输、DDN 传输、ISBN 传输和卫星传输。

1. 电话线传输

常见的长距离传输视频的方法是利用现有的电话线路。由于近几年电话的安装和普及，电话线路分布到各个地区，构成了现成的传输网络。电话线传输系统就是利用现有的网络，在发送端加一个发射机，在监控端加一个接收机，不需要电脑，通过调制解调器与电话线相连，这样就构成了一个传输系统。由于电话线路带宽限制和视频图像数据量大的矛盾，传输到终端的图像都不连续，而且分辨率越高，帧与帧之间的间隔就越长；反之，如果想取得相对连续的图像，就必然以牺牲清晰度为代价。

在 PSTN 网上，利用用户现有的电话线进行多媒体（尤其是视频信号）传输可以采用几种不同的方式：① 用 MODEM 接入，采用低数据速率的 H.263 会议电视视频压缩标准，将几十 K 的数据流通过 28.8kbit/s 的 V.34 MODEM 接入 PSTN 网，传输 CIF、QCIF 每秒 5~15 帧的图像。目前 33.5~56kbit/s 的 Modem 已很普及，这种传输方式有利于低速率的视频传输，帧率也可以进一步提高；② 采用 XSDL 接入，包括 ASDL（下行速率 1.5~9Mbit/s，上行速率 16~640kbit/s，传输距离 5.5km），主要用于视频点播和视频广播；③ HSDL 使用一对两对双绞线，双向速率为 1.5~2Mbit/s，传输距离约为 5km，可作电视会议或双向视频控制。

2. E1 线路

（1）E1 帧结构。E1 有成帧、成复帧与不成帧三种方式。在成帧的 E1 中第 0 时隙用于传输帧同步数据，其余 31 个时隙可以用于传输有效数据；在成复帧的 E1 中，除了第 0 时隙外，第 16 时隙是用于传输信令的，只有第 1~15，第 17~31 共 30 个时隙可用于传输有效数据；而在不成帧的 E1 中，所有 32 个时隙都可用于传输有效数据。

E1 线路的特点是：

- 一条 E1 是 2.048M 的链路，用 PCM 编码。
- 一个 E1 的帧长为 256 个 bit，分为 32 个时隙，一个时隙为 8 个 bit。
- 每秒有 8k 个 E1 的帧通过接口，即 $8k \times 256 = 2048kbit/s$。
- 每个时隙在 E1 帧中占 8bit，$8 \times 8k = 64k$，即一条 E1 中含有 32 个 64k。

（2）E1 基础知识。在 E1 信道中，8bit 组成一个时隙（TS），由 32 个时隙组成了一个帧（F），16 个帧组成一个复帧（MF）。在一个帧中，TS0 主要用于传送帧定位信号（FAS）、CRC-4（循环冗余校验）和对端告警指示；TS16 主要传送随路信令（CAS）、复帧定位信号和复帧对端告警指示；TS1~TS15 和 TS17~TS31 共 30 个时隙传送话音或数据等信息。称 TS1~TS15 和 TS17~TS31 为"净荷"，TS0 和 TS16 为"开销"。如果采用带外公共信道信令（CCS），TS16 就失去了传送信令的用途，该时隙也可用来传送信息信号，这时帧结构的净荷为 TS1~TS31，开销只有 TS0 了。

(3) E1 接口。分为 G.703 非平衡的 75Ω，平衡的 120Ω 两种接口。

(4) 使用 E1 的三种方法。

- 将整个 2M 用作一条链路，如 DDN 2M。
- 将 2M 用作若干个 64k 及其组合，如 128k，256k 等，这就是 CE1。
- 在用作语音交换机的数字中继时，这也是 E1 最本来的用法，是把一条 E1 作为 32 个 64k 来用，但是时隙 0 和时隙 15 是用作 signaling 即信令的，所以一条 E1 可以传 30 路话音。PRI 就是其中的最常用的一种接入方式，标准叫 PRA 信令。

E1 可由传输设备处的光纤拉至用户侧的光端机提供 E1 服务。

3. DDN 方式传输

DDN 是利用数字通道提供半永久性连接电路，以传输数据信号为主的数字传输网络。它主要提供中、高速率，高质量点到点和点到多点的数字专用链路，以便向用户提供租用电路业务。其线路的通信速率为 2.4~19.2kbit/s，$N×64kbit/s$（$N=1~32$）。它也可提供 VPN 业务。邮电部门已在全国范围内建成并开放了 DDN 业务，通信带宽为 64k~2.048M（E1）。如果用户没有自备的远程数据通信网，可以向当地邮电部门申请 DDN 业务。采用该方式时，用户可以根据自己的要求申请带宽，视频终端可采用 G.703 或 V.35 口将多媒体业务接入 DDN 网。

4. ISDN 方式传输

ISDN 的信道类型分为信息信道与控制信道：信息信道又包括 B 信道与 H 信道；控制信道为 D 信道。B 信道带宽为 64kbit/s，用于传送各种话音、数据或位流图像；H 信道带宽为 384kbit/s 或 1536kbit/s 或 1920kbit/s，用于传输高速率数据或高位流图像；D 信道带宽为 16kbit/s，用于传递控制信号以控制 B 信道（H 信道）的呼叫，有时 D 信道也可用于传输低速数据。

ISDN 用户/网络接口有基本速率接口（BRI）和基群速率接口（PRI）两种结构。基本速率接口是将现有电话网中的普通用户线作为 ISDN 的用户线而规定的接口，它由 2 个 B 和一个 D 信道组成，成为 2B+D 口，传输速率为 144kbit/s；PRI 接口则是由 30 个 B 信道和一个 D 信道组成，成为 30B+D 口，传输速率为 2Mbit/s，相当于一个 E1 口。在 ISDN 的 BRI 中传输声像信号时，有三种方案可供选择：① 将图像与声音集中在一条 B 信道（64kbit/s）中传输，如图像用 48kbit/s，声音用 16kbit/s；② 使用两个 B 信道，一条传输图像

(64kbit/s)，另一条传输声音（64kbit/s）；③将两条B信道混合起来作为一条128kbit/s的线路使用，图像用112kbit/s，声音用16kbit/s。ISDN的接口可以通过专用的ISDN通信卡将视频多媒体监控终端接入。

5. 卫星线路传输

卫星传输系统覆盖地域广，施工量少，是其他传输系统无法替代的，特别是对移动的VSAT站，具有机动性，是军队国防部门通信的重要手段。卫星甚小口径地面站也是偏远地区的主要通信手段，一般用户可以向卫星运营公司租用卫星线路，如将64kbit/s串行数据转换为V.35接口建立视频连接。

● 2.2.6 远程控制系统

远程控制系统相对于本地控制系统而言，主要指设置在远程监控中心端的设备。主要包括控制部分、显示部分和录像及存储部分三个部分。不同于本地控制系统，远程控制系统视频信号是通过网络传输过来的，受带宽影响不可能处理所有的视频信息，故显示部分不能显示所有的摄像机图像、存储系统也不能存储所有的录像资料。

1. 控制部分

远程控制系统的控制部分不同于本地，主要是通过网络控制前端的摄像机、矩阵、硬盘录像机和编解码器等设备。常见的方式是通过安装在相应的硬件服务器的控制软件实现。常见的控制软硬件包括视频管理主服务器、流媒体服务器、电视墙服务器、集中存储服务器、报警服务模块、Web服务器、数据采集终端、前端监控端、主控终端、分控终端和远程用户等。流媒体服务器提供多用户并发访问同一路视频的流媒体服务，可有效提高带宽的利用率；电视墙服务器用来在远程端构建一个传统的模拟电视墙或者数字电视墙；Web服务器可以提供标准多的Web服务，用户通过浏览器即可远程访问监控系统的视频图像；数据采集终端用来远程采集前端的音视频信号，然后传送给远程中心；前端监控端、主控终端、分控终端都是用来监视整套系统运行效果的控制部分，制式授权的权利不一样；远程用户是指用户通过远程的互联网就可以访问前端的音、视频信号。

通过先进的控制软件能够实现传统的矩阵控制系统和电视墙一样的功能，即实现虚拟矩阵系统和电视墙显示系统。

2. 显示部分

远程控制中心的显示部分和传统的显示部分大同小异，也可以组成传统的模拟电视墙，或者新型的数字电视墙，或者大屏幕拼接系统，此处不多述。

3. 录像及存储部分

受限于带宽，目前的远程控制中心尚无法做到把前端所有的摄像机音视频信号上传上来。一般来讲，一条标准的 2Mbit/s 宽带最多传输 4 路摄像机的图像，如果超过 4 路则只能根据需要上传。故远程控制中心的录像及存储要求没有本地系统那么严格，只需要将需要的摄像机视频（通常是报警联动或者手动设置录像）录制及保存即可，实现的方法同本地系统，此处不多述。

2.3 典型应用分析

前文所述是从技术角度对监控系统进行了描述，本节主要是用图来解说闭路监控电视系统，将从最小、最原始的监控系统一直到最复杂、最大型、最先进的系统进行详细论述。

● 2.3.1 最简单的模拟监控系统

最早期也是最原始的监控系统就是模拟系统，它非常简单，由普通摄像机、麦克风、电源、视频线、电源线、音频线和监视器组成。早期的系统属于一对一系统，即一个摄像机对应一个监视器，而且是黑白系统，没有图像的记录和存储设备，仅仅限于对前端图像的监控，如图 2-20 所示。

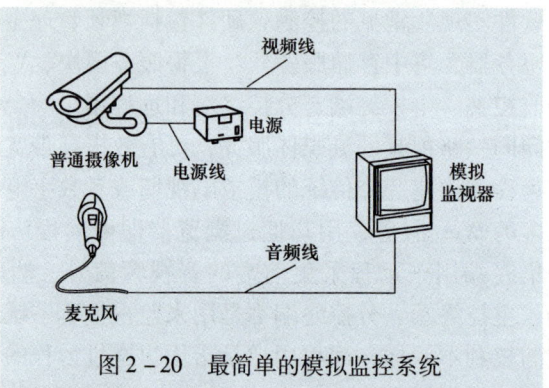

图 2-20　最简单的模拟监控系统

● 2.3.2 带磁带录像机的模拟监控系统

随着技术的进步和磁带技术的发展，早期的模拟监控系统除了监视功能还具有录像功能，录像设备就是磁带录像机（Video Cassette Recorder，VCR），也就是传统的家庭磁带录像机，采用磁带为存储介质。磁带录像机的出现使监控系统有了质的飞跃，可实现监控系统的事后防范功能，为相关单位处理相关警情提供了有力的证据，系统组成如图 2-21 所示。

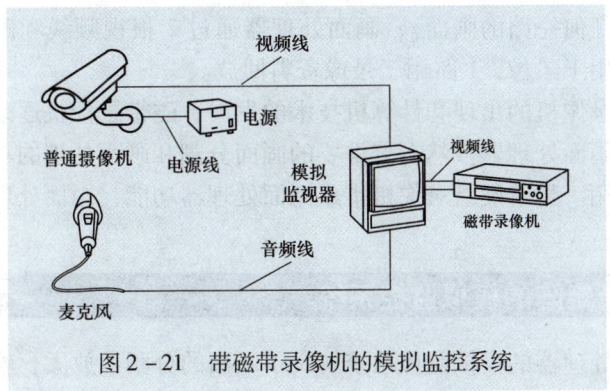

图 2-21 带磁带录像机的模拟监控系统

● 2.3.3 带画面处理器的模拟监控系统

早期简单的监控系统虽然解决了监视和录像的问题，但没有解决画面分割和画面处理的问题，因此画面处理器应运而生。较早的系统需要监视器和摄像机一一对应，磁带录像机也和摄像机一一对应，如果系统的规模稍大一些，就需要很多台监视器和磁带录像机，不仅无处摆放而且造价昂贵。采用画面处理器后可实现多台摄像机（可以是 4，6，9，16 个甚至更多）共用一台画面处理器（可显示 4，6，9，16 分割等多种分割画面）和一台磁带录像机。

带画面处理器的模拟监控系统如图 2-22 所示。由图可以看出：每台画面

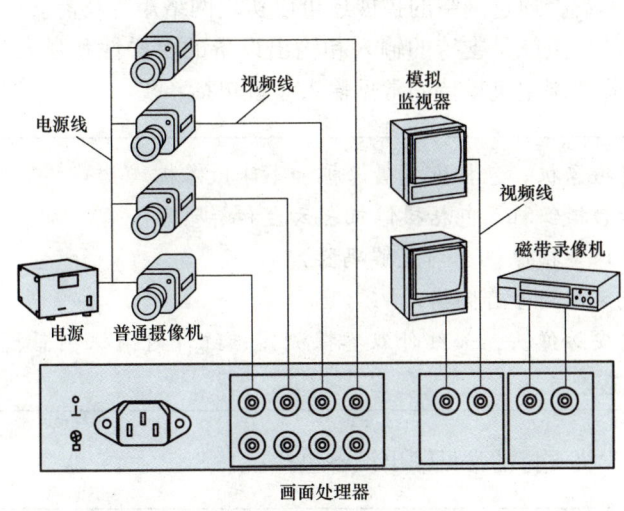

图 2-22 带画面处理器的模拟监控系统

处理器可以连接2台监视器，其中1台显示分割画面，1台显示定点画面（通过设置可显示任何一路的画面）；画面处理器通过2根视频线和磁带录像机相连，其中1路用于录像，1路用于录像资料回放。

随着硬盘录像机的出现和计算机技术的发展，磁带录像机逐渐被硬盘录像机所取代，但画面处理器依然有着重要的画面分割和画面处理的功能，在很多项目中还有使用。随着硬盘录像机集成画面处理器功能，画面处理器也将逐渐退出市场。

● 2.3.4 带矩阵的模拟监控系统

带有画面处理器的模拟监控系统解决了画面的分割、放大、轮巡和录像的问题，但是没有解决以下问题：

- 带云台摄像机的控制问题。
- 高速球型摄像机的控制、预置位、花样的控制问题。
- 报警探头的接入问题和报警和摄像机的联动问题。
- 音频的输入和输出问题。
- 将任意一路摄像机切换到任意一台显示器上去。

而矩阵控制系统的诞生就是解决以上问题的。当然矩阵控制系统的功能不限于此，采用矩阵控制主机可以灵活的构建一个大型的联网系统，可分级控制，连接多个键盘，通过网络的扩展还可以实现网络矩阵功能。

矩阵最大的特点就是支持的输入和输出设备的多样性和强大的联动切换、报警功能。矩阵控制主机支持的常见输入设备包括：

- 固定摄像机，包括枪式摄像机和半球摄像机。
- 带云台摄像机，包括摄像机、云台和解码器。
- 高速球型摄像机（内置解码器）。
- 麦克风，用于音频输入。
- 各类安防弹头，如红外双鉴探测器、红外对射探测器、窗门磁、紧急按钮、烟感等。

矩阵控制主机支持的常见输出设备包括：

- 监视器/显示器，用来显示摄像机的画面。

- 灯光设备，在报警联动时打开灯光。
- 警笛，报警联动打开警笛报警。
- 音箱，用于播放前端麦克风传来的音频。
- 开关量设备。矩阵通过报警输出可以联动支持开关量的设备。

由以上的描述可知，矩阵是一套强大的控制集成系统，将传统的各类模拟监控系统设备集成在一起，实现强大的联动报警功能。同时矩阵控制系统的大小是可以灵活调整的，如摄像机的输入数量可选（最小 2 路、最大 3200 路）、输出数量可选（通常最小输出 2 路、最大输出 256 路）。典型的矩阵控制系统如图 2-23 所示。

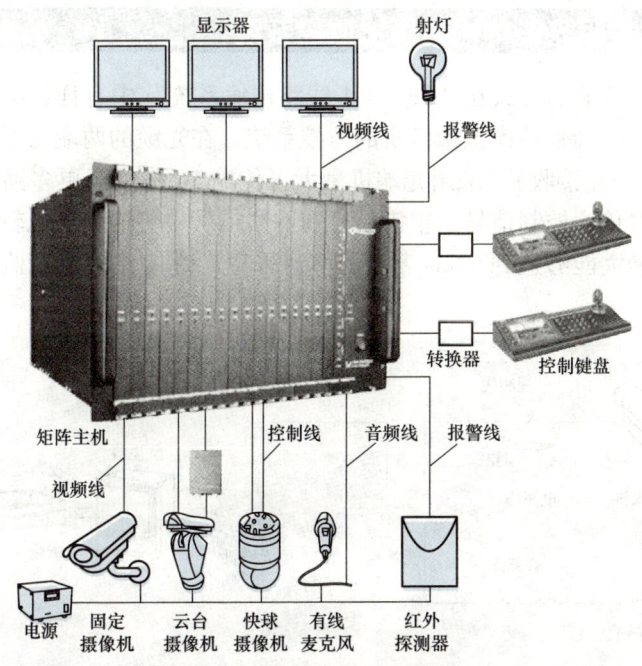

图 2-23 典型矩阵模拟监控系统

2.3.5 采用无线方式传输的模拟监控系统

采用无线方式传输的方式在"2.2.3.1 线路传输系统"中有详细的描述。采用无线传输限于前端采用模拟摄像机的监控系统，摄像机和麦克风接入专用的无线发射机，在后端即显示器/监视器的前面采用无线接收机，可实现摄像机图像的无线传输，系统组成如图 2-24 所示。

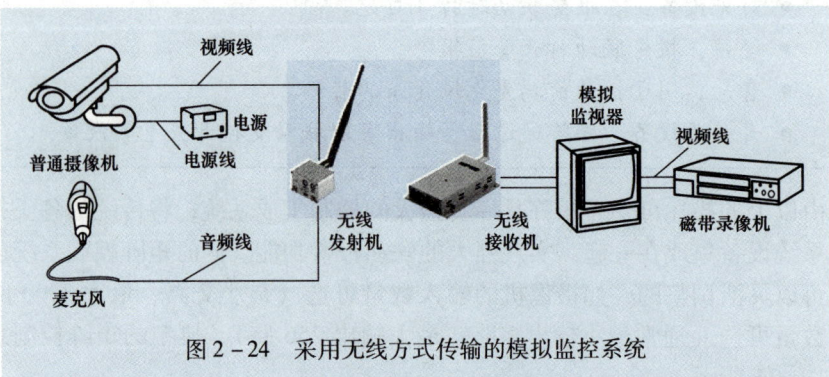

图 2－24　采用无线方式传输的模拟监控系统

● 2.3.6　采用光缆传输的模拟监控系统

采用光缆传输的方式在"2.2.3.1 线路传输系统"中有详细的描述。采用光缆传输限于前端采用模拟摄像机的监控系统，在光缆的两端需要加装光端机（一端发射、一端接收）。采用光端机最大可传输 16 路甚至更多路数的视频图像，而且可以传输控制信号、报警信号和网络信号，传输距离也较同轴传输的距离要远，最大能够达到 60km 甚至更多。采用光缆传输的模拟监控系统如图 2－25 所示。

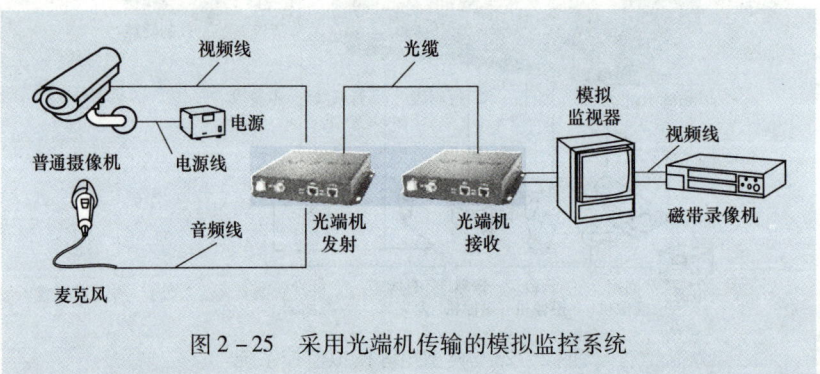

图 2－25　采用光端机传输的模拟监控系统

● 2.3.7　采用双绞线传输的模拟监控系统

采用双绞线传输的方式在"2.2.3.1 线路传输系统"中有详细的描述。采用双绞线传输也限于前端采用模拟摄像机的监控系统，在双绞线的两端需要加装双绞线收发器。双绞线传输系统的传输距离要较同轴电缆传输的距离要远，但比光缆系统传输的距离要少很多。采用双绞线传输的模拟监控系统如图 2－26 所示。

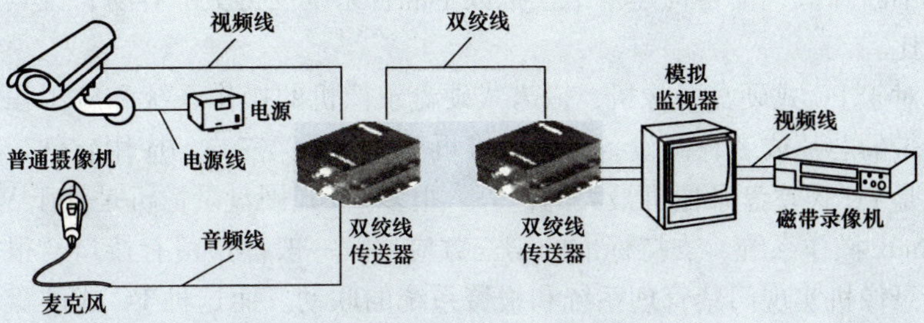

第二章 图说闭路监控电视系统

图 2-26 采用双绞线传输的模拟监控系统

● 2.3.8 模拟摄像机硬盘录像机混合系统

传统的磁带录像机需要手动更换磁带，且单盘磁带可录像时间过短，逐渐被技术成熟、价格低廉的硬盘录像机（DVR）所代替。硬盘录像机最大的特点就是可自动录像或预设录像，不需要手工额外干预，图像的监视、保存、调用都是通过软件和硬盘实现的，容易操作、传输和保存，这些特点是传统的磁带录像机所无法比拟的。

正是以上特征决定了目前大部分监控系统都是这种模拟摄像机硬盘录像机（硬盘录像机可以视为数字系统）混合系统，如图 2-27 所示。

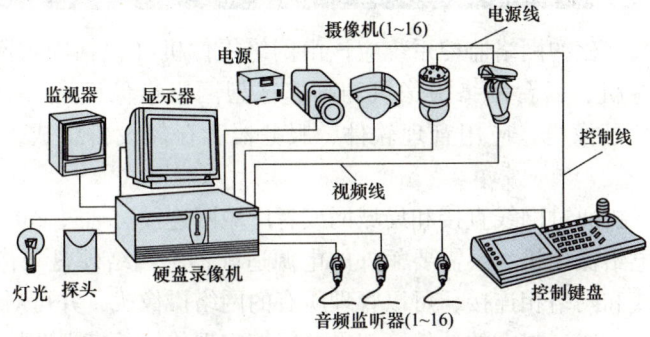

图 2-27 模拟摄像机硬盘录像机混合监控系统

前面对硬盘录像机进行了详细的描述，硬盘录像机通常情况分为 PC 式和嵌入式两种。由于硬件成本的不断下降、集成度越来越高，使得嵌入式硬盘录像机较 PC 式便宜很多，故嵌入式硬盘录像机在国内应用广泛。嵌入式硬盘录像机通常情况下能够支持 4 个 IDE 接口，每个 IDE 口目前最大支持 2000GB 的硬盘容量，也就是说每台嵌入式的硬盘录像机可以支持本地最大 8000GB 的硬盘存储空间，可满足大部分市场的图像存储时间需求。随着硬盘和硬盘录像机成本的不断降低，使得构建一个模拟数字混合系统变得更加容易，且具有更高的性价比。

相对于 PC 式硬盘录像机，嵌入式硬盘录像机的操作系统和应用程序都集成到自带的芯片或者存储设备中，很难再安装一个第三方的应用软件，而这些恰恰就是 PC 式硬盘录像机最大的优势。很多 PC 式硬盘录像机是基于 Windows 或者 Linux 操作系统，支持标准的第三方应用，一般都预留有接口，很容易通过硬盘录像机实现门禁管理系统和报警系统的联动。而这种 PC 式硬盘录像机多为国外品牌所采用的形式，国内生产的硬盘录像机多为嵌入式硬盘录像机。

硬盘录像机的英文写作 Digital Video Recorder（缩写为 DVR），它和摄像机连接的接口是 BNC 型模拟同轴电缆接口，需要通过一张视频卡进行模拟数字转换工作，故严格意义上来讲，DVR 并不是一个纯数字的设备。如果是一个纯数字型的设备，它的接口应该为网络接口（RJ-45 或光纤接口），而纯数字化的设备被称作 Network Video Recorder（网络硬盘录像机或者 NVR）或者 IP DVR（IP Digital Video Recorder），通过网络直接和网络摄像机相连。由此可见，DVR 是一个模拟和数字的混合系统，实际上就是一种过渡型产品，未来将会被 NVR 所取代。在现阶段的这种环境下，主流的应用还是这种模拟数字混合系统。

● 2.3.9 简单的网络监控系统

一个纯数字化的网络监控系统应该由网络摄像机（包括固定网络摄像机、半球网络摄像机、云台网络摄像机和高速球型网络摄像机）、网络、网络设备、网络硬盘录像机、应用管理软件、服务器和存储设备组成，如图 2-28 所示。

网络摄像机通过网线直接和局域网或者广域网连接。通过 PoE 技术交换机可以直接供电给摄像机，不需要额外的电源适配器。网络硬盘录像机（NVR）直接通过网线和网络相连接，可以管理所有的网络摄像机，并可对摄像机进行各种控制操作。通过强大的软件管理平台能够实现传统的模拟监控系统的虚拟矩阵功能和电视墙显示功能。

对于有些品牌的网络摄像机没有对应的硬件 NVR，只是提供一套管理软件，可以将这种安装有管理软件的计算机或者服务器当作 NVR。而这种网络监控系统将会成为未来的发展趋势。

● 2.3.10 模拟摄像机网络硬盘录像机混合系统

因为建设一个真正的网络监控系统在现阶段来说比模拟监控系统要昂贵很

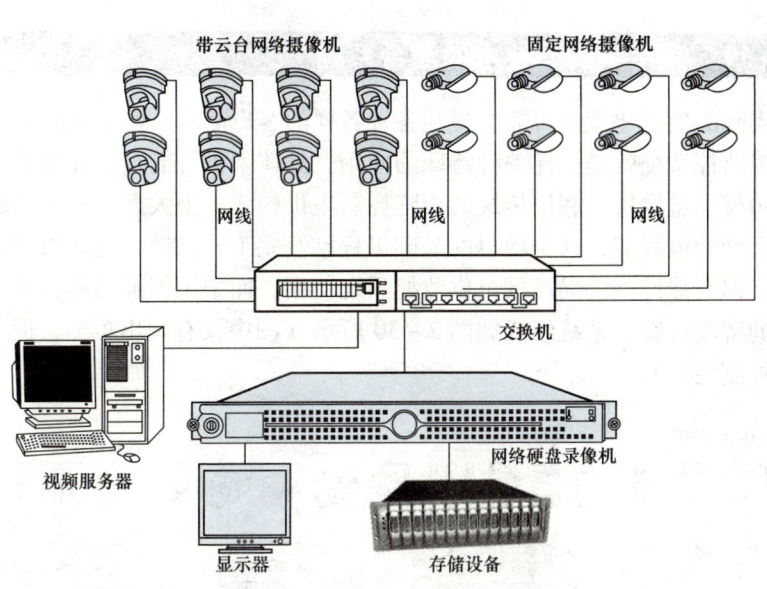

图 2-28 简单的网络监控系统

多,则采用视频服务器不啻为一种比较好的折中方案。在这种系统中,摄像机可以采用模拟摄像机,保持了和模拟系统相同的建设成本,所有模拟摄像机接入视频服务器(通常情况下分为单路、4 路或 16 路),相当于网络摄像机,但成本较低,而且传输线路为网络传输,效果却和纯网络监控系统差不多。系统组成如图 2-29 所示。

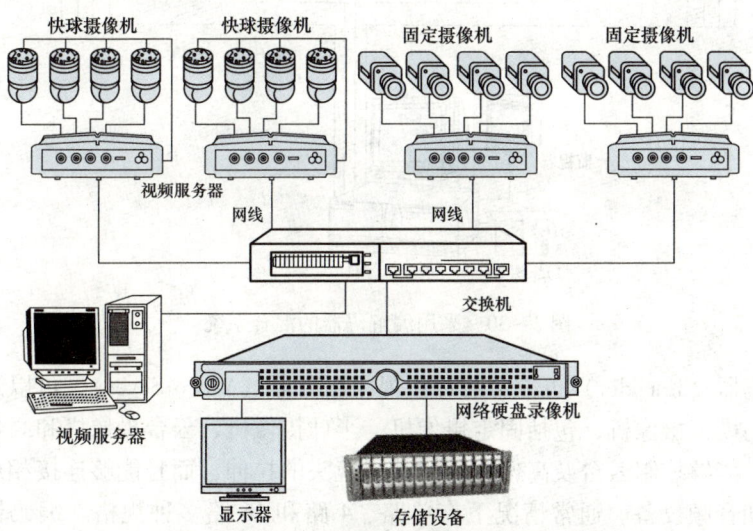

图 2-29 模拟摄像机网络硬盘录像机混合系统

● 2.3.11 采用编解码技术的混合系统

在实际的项目建设中可能会碰到各种各样的客户需求,而通过局域网构建一套模拟监控系统就是这样一种特殊的应用。具体来讲可能是这种情况,客户希望采用模拟摄像机,利用传统的矩阵控制主机构建一个大型的监控系统,需要一个大型的电视墙,这个项目的基础工程已经完工,已经不允许敷设同轴电缆系统,但有建设好的局域网可供监控系统使用,而采用编解码器就是一种比较理想的解决方案。系统组成如图 2-30 所示(图中没有画出矩阵,但可以支持矩阵控制主机)。

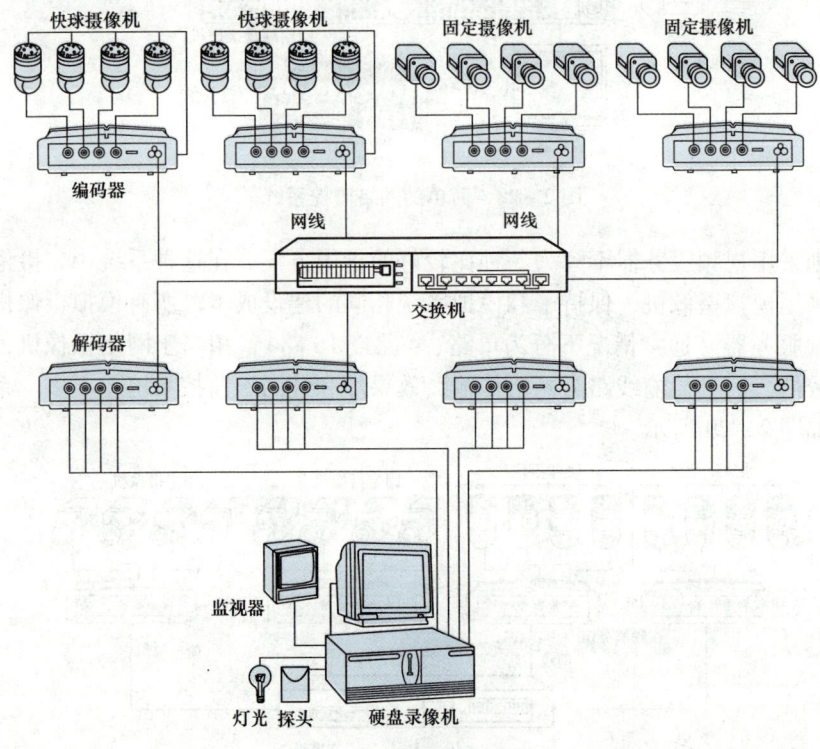

图 2-30 采用编解码器的混合系统

编码器(Encoder)也常常被称作视频服务器(Video Sever),可以连接各种类型的模拟摄像机,包括固定摄像机、半球摄像机、云台摄像机和高速球型摄像机,能够控制云台及高速球的转动、镜头的拉伸,而且能够连接相应的报警探头和音频设备。通常情况下有单路、4 路和 16 路多种规格。编码器通过局域网可将视频、音频、控制、报警信号传输到局域网的另一端。

第二章 图说闭路监控电视系统

解码器（Decoder）用来接收编码器传送的信号，可以还原视频、音频、控制和报警信号，输出的信号相当于模拟系统，在后端感觉就相当于一个模拟系统。解码器分一对一和一对多两种解码方式：一对一的解码器要求编解码器成对使用；一对多的解码器可以通过设置解码任意一路编码器，就能够实现编码器多、解码器少的应用，可以降低系统的建设成本，相当于矩阵控制系统。例如前端可以有 1024 路模拟摄像机，后端可能只有 8 路解码器，但通过软件实现虚拟矩阵以后，可以任意切换摄像机的信号到大屏幕上或电视墙上。

解码还原后的视频信号可以接入矩阵控制主机、监视器或硬盘录像机。在有些应用场景中，前端采用网络摄像机，后端采用网络硬盘录像机，但是客户仍然希望可以通过 BNC 接口的同轴电缆将视频信号还原到电视墙上，则也可以采用解码器的方式将视频还原成模拟信号。在另外一种应用场景中，客户采用硬盘录像机在前端充当视频服务器使用，通过网络将视频信号传输到后端，也希望能够将网络视频信号转换为模拟信号，那么也可以采用解码器（有时候采用解码卡，安装在计算机内）将网络信号还原成模拟信号。

由此可见，这种基于编解码器的混合系统有一定的应用价值。

● 2.3.12　基于矩阵控制主机的大型监控系统

目前市场上应用最多、使用最广的就是这种基于矩阵控制主机和硬盘录像机（DVR）的大型监控系统，如图 2-31 所示。

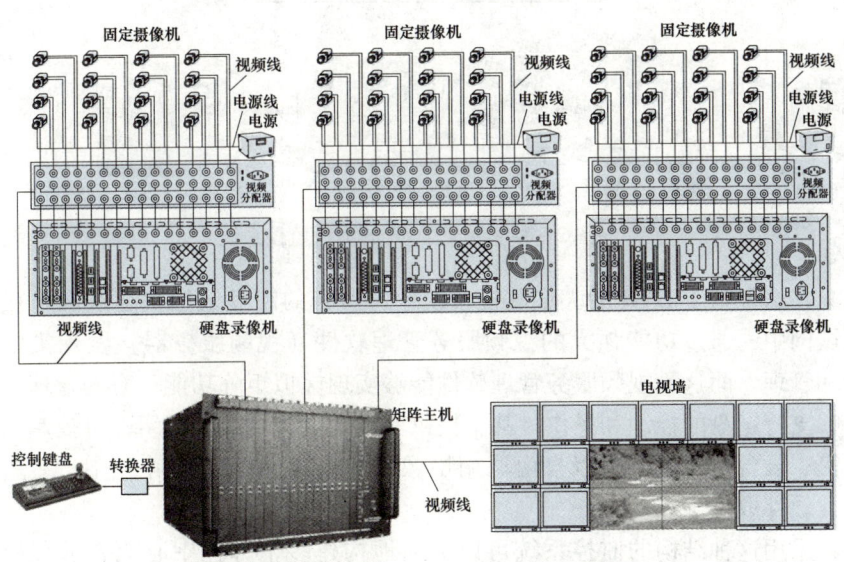

图 2-31　基于矩阵控制主机的大型监控系统

通常情况下 16 路模拟摄像机首先接入到视频分配器（通常是 16 路输入 32 路输出的分配器），视频分配器将视频信号一分为二以后，一路接入硬盘录像机，一路接入矩阵控制主机，控制信号通过信号线直接接入矩阵。

硬盘录像机的主要功能是录像，通常情况下有两种视频输出，一种是 VGA，一种是 BNC，可以用来连接电视墙。大部分的硬盘录像机具有画面处理器，故不需要额外配置画面处理器，可以直接输出 16 路分割画面。

矩阵控制主机主要用来控制摄像机、连接报警设备，并将视频信号切换到大屏幕或者电视墙上，通常只占用电视墙的少量监视器，用来显示单一清晰摄像机画面，其余的监视器用来连接硬盘录像机。

● 2.3.13 基于 DVR 的大型监控系统

在有些项目中，可能并不需要矩阵控制主机，采用硬盘录像机即可，系统组成如图 2-32 所示。

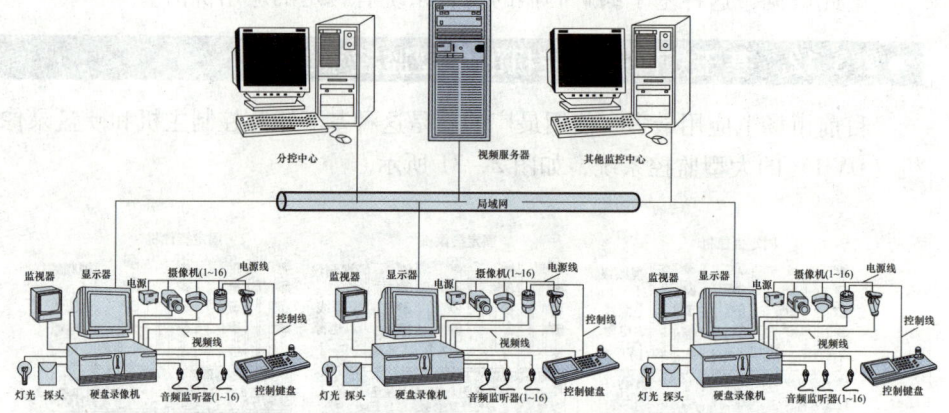

图 2-32 基于 DVR 的大型监控系统

在这种基于 DVR 的大型监控系统中，所有的硬盘录像机通过网络接入到局域网中，通过功能强大的视频服务管理软件（视频服务器）实现集中的控制和管理。而这种视频服务管理软件能够实现虚拟矩阵功能，有的管理软件还能够支持键盘的控制和操作，甚至提供网络键盘直接接入网络，可控制快球摄像机、云台摄像机，可以自由调用摄像机的图像，矩阵控制主机（硬件）完全被软件取代了。

采用这种结构的监控系统可以灵活地构建多个分控中心或者远程控制中心，只需要在连接到网络上的电脑安装一套客户端管理软件即可。

2.3.14 基于 NVR 的大型监控系统

说到监控，不可避免要建设大型的、联网的监控系统，网络监控系统也不例外。和模拟监控系统相比，网络监控系统更容易组网、升级和改造。基于 NVR 的大型网络监控系统组成如图 2-33 所示。

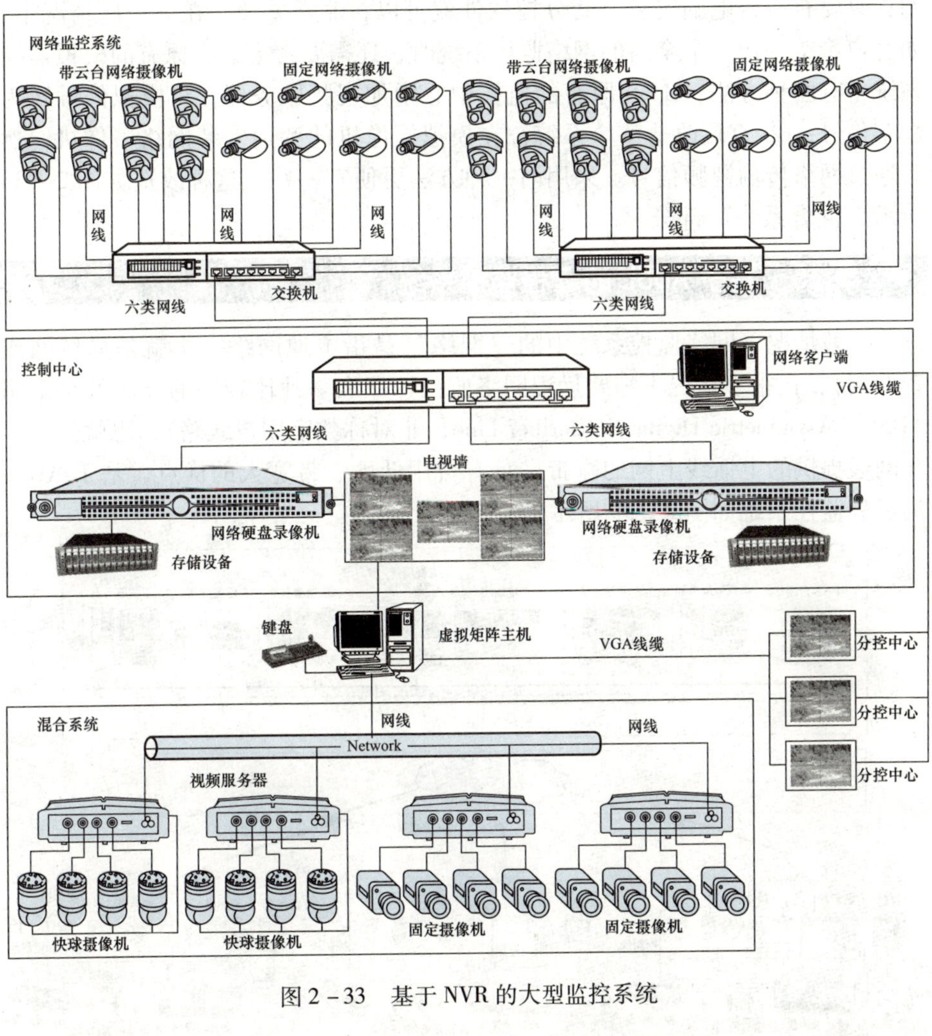

图 2-33 基于 NVR 的大型监控系统

在网络监控系统中，对前端摄像机是没有具体数量限制的，有网络的地方就可以接入网络摄像机，这也是网络监控系统的一个巨大的优势。通常来讲，硬件网络硬盘录像机（厂家已经配置好软硬件设备）可以管理 16 台网络摄像机，基于软件的网络硬盘录像机（厂家仅提供管理软件而不提供硬件）可以管理 16~64 路网络摄像机甚至更多。基于网络的数字化监控系统需要一个强大的中心管理软件，主要用来实现电视墙管理、虚拟矩阵主机和硬盘录像机的管理，基本上每家网络摄像机的厂家或者厂家支持的第三方都可以提供这样的软件平台。

在很多情况下，网络监控系统需要构建多个分控中心，这是很容易实现的，只要有一台电脑安装一套分控软件就可以，非常方便。在另一些情况下，如客户希望构建一个全新的网络监控系统时，还需要考虑兼容原有的模拟监控系统。有两种方法：① 在原有的监控中心增加视频服务器，将模拟信号转为数字信号；② 直接改造整个系统，在模拟摄像机的旁边安装网络摄像机，然后通过网络传输视频信号。采用前一种方法更便宜一些，这种改造如图 2-33 所示"混合系统"部分。

● 2.3.15 基于 ADSL 的远程监控系统

一般情况下网络监控系统中的"网络"是指本地网络（也就是局域网或者专网），在很多情况下需要远程网络监控，那么一种比较好的办法就是采用 ADSL（Asymmetric Digital Subscriber Line，非对称数字用户线路），也就是电信和网通提供的电话线上网的宽带，具有费用低廉、带宽大的优点。基于 ADSL 的远程监控系统如图 2-34 所示。

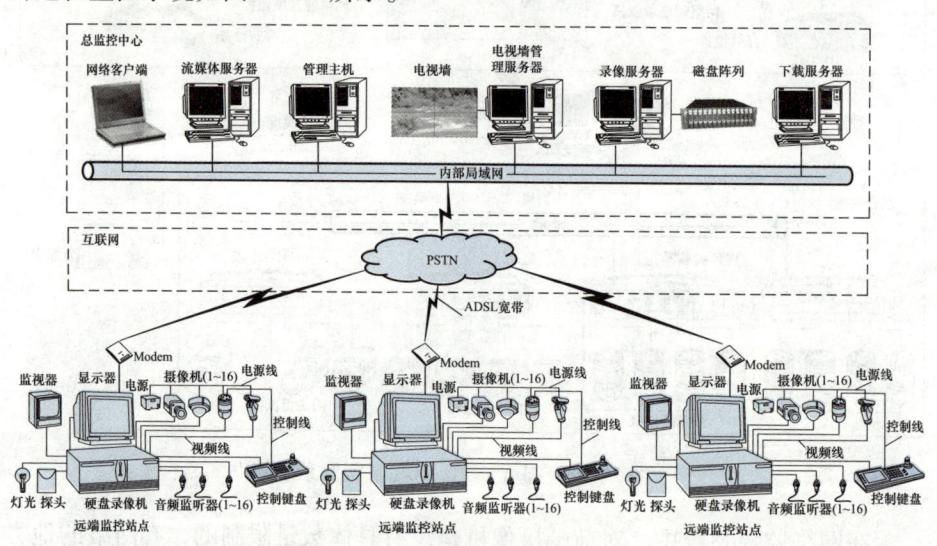

图 2-34　基于 ADSL 的远程监控系统

以一个全国联网的企业远程监控系统为例：在分布于全国各地的办公室构建一套本地的监控系统（可以是模拟监控系统，也可以是网络监控系统），本地的硬盘录像机和 ADSL 路由器或者 Modem 相连接，再通过互联网和远程的总监控中心（一般是企业总部所在地）相连接。众所周知，ADSL 上网所使用的 IP 地址是动态分配的（即每次断线后重新拨号会自动获取一个新的 IP 地址），那么远程端的管理主机如何管理这些连接在动态 IP 上的硬盘录像机呢？有两种方法可以采用：一种是管理主机申请一个固定的真实 IP 地址，通过在硬盘录像机上设置，让硬盘录像机来自动登录到远程管理服务器上，这样就建立了一个连接，使得服务器可以管理所有的硬盘录像机；另外一种方法是每个本地监控点申请一个动态解析的域名（需要单独申请这项服务），这个固定的域名对应唯一的一个本地监控系统，然后这个域名每次都可以动态解析到对应的本地监控硬盘录像机的 IP 上（要求 ADSL 的路由器内置动态域名解析的软件，路由器每次获取到一个真实 IP 地址后，自动将 IP 地址上传到动态域名解析的服务器上），这样在服务器端只要设置每台硬盘录像机对应的域名，就可以通过 ADSL 网络建立一个连接。

基于 ADSL 线路构建的远程监控系统需要一套强大的后台管理系统，如图 2-34 中"总监控中心"所示。管理主机用来管理所有的硬盘录像机；电视墙管理服务器通过内置的解码卡可以将远程网络视频信号变成数字信号或者模拟信号显示在电视墙上（需要多屏处理卡和对应的软件支持）；流媒体服务器可以提供一对多的访问服务，以减少带宽的占用；录像服务器可以提供远程端的录像服务（受带宽限制，一般限于报警录像或设定条件下录像）；下载服务器可以实现图像的远程下载和回放。

● 2.3.16 家庭远程监控系统

经过上面的描述可知，监控系统是可以用来远程监控的，那么可不可以把远程监控系统应用到家庭中来呢？答案是肯定的，而且在西方发达国家已将这种监控系统作为家庭安全防范系统的重要组成部分提供给用户，如图 2-35 所示。

这种家庭远程监控系统和基于 ADSL 的远程监控系统采用的技术和实现方法是相同的，不同处在于这种家庭远程监控系统的总监控中心是由第三方运营的（如电信公司或者专业的接警公司），而不是由家庭业主自己建设的。一般情况下，业主需要去申请这样的服务，运营商会负责安装调试摄像机，另外安装一套视频接入设备（可能是视频服务器、硬盘录像机或者专用的图像传输设备），通常情况下通过电话线来传输监控图像。系统安装好以后，业主获取一个用户名和密码，通过输入指定的网址后可以通过手机或者笔记本电脑远程访问家中的摄像机。

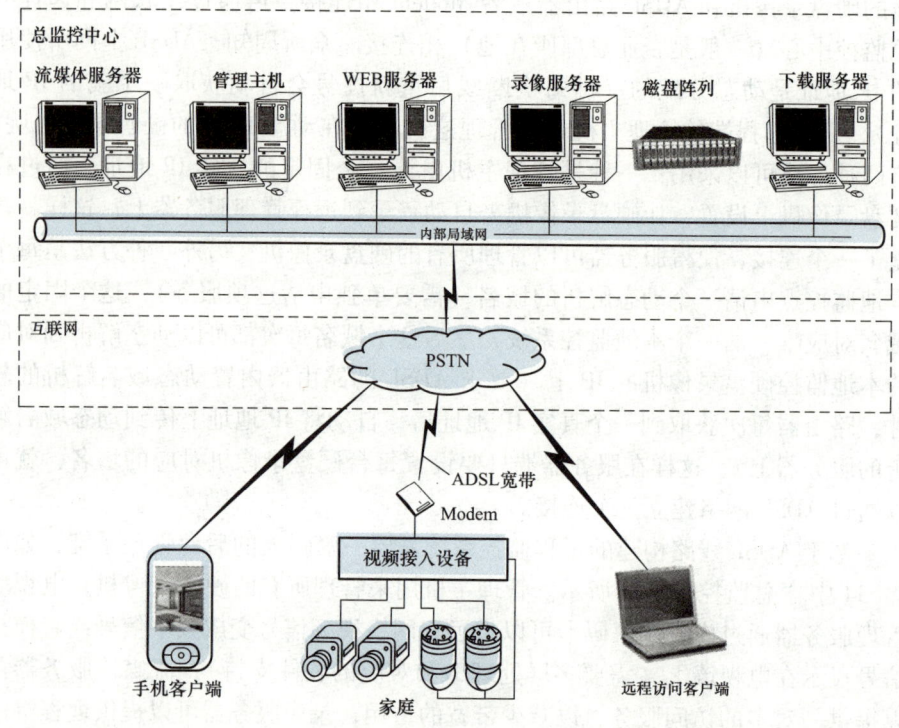

图 2-35 家庭远程监控系统

这种系统配合报警系统使用效果最好，一旦家中发生了警情，运营商会通过手机短信或者电话通知业主家中报警，业主在很远的地方就可以通过手机或者电脑查看家中的摄像机，以便及时地了解和处理警情，这样的配合使用在欧美国家比较流行，在国内则刚刚出现。

那么，不依靠第三方的运营商可不可以自己（比如说发展商）建设一套家庭远程监控系统呢？这个肯定是可以的，不过单独建设则运营成本会很高，如要投资一笔很大的资金建立一个总监控中心，而且相比较专业运营商服务可能会打一些折扣，更何况无法和报警中心相连接。

 **技术发展趋势**

个人认为，闭路监控电视系统未来 5~10 年的技术发展趋势包括：网络化监控、视频分析、大容量存储、红外低照度成像技术、百万像素、全景监控、家庭远程监控和统一的网络摄像机编解码技术。

2.4.1 网络化监控

网络化监控是相对模拟监控系统而言，也可以称为数字化监控，在前文中已经多次述及，一个纯粹的网络化监控系统应该由网络摄像机（支持 PoE 供电）、局域网（或互联网）、网络硬盘路录像机、视频管理软件、大容量存储设备、服务器、数字化大屏幕和虚拟矩阵控制主机组成。在现阶段，已经有部分监控项目建设为网络化监控系统，但是大部分监控系统还是模拟系统或者数字模拟混合系统，在未来的几年里，必将逐渐过渡到网络监控系统，这是一种趋势。

2.4.2 视频分析

传统的监控系统采用人工的监视和回放，起到的作用主要是事后防范，毕竟人的眼睛能够同时处理的图像信息太少，监视器和摄像机太多，一般情况下出现问题，由保安人员按照事件发生的时间逐个的调阅录像资料，发现相关的图像资料后再进行处理，起不到事先预警和及时处理的作用。而视频分析软件系统就是这种事先预警的系统。

视频分析系统的实现方法有多种，如软件、硬件和摄像机集成等方法。基于软件实现视频分析的方法可以应用到传统的监控系统中去，所有的视频信号提交给视频分析服务器，由视频分析服务器进行视频分析，这样的做法会造成视频分析服务器的压力很大，但是构建起来比较容易，而且造价较低；基于硬件实现视频分析的方法主要是在摄像机的旁边安装硬件视频分析服务器，一般可以分析 1 路或者 4 路视频信号，建设这样的系统比较简单，后台控制管理软件的压力较小，只需要少量的处理视频信息即可，但是投资比较大；基于摄像机集成的方法是指将视频分析系统直接集成到摄像机里面去，与传统的监控系统组网一样，区别是后端的控制管理系统直接可以获取经过视频分析和处理的图像。

视频分析系统的主要实现原理是采用专业的 DSP 芯片进行图像分析，通常会将一幅很大的图像（而这幅图像会被处理掉，不会用于视频分析，通常这个背景的图像是固定的、不变的）分割成非常小的图像块，通过判断图像块的变化来分析图像，可以实现各种应用。

通常情况下，视频分析的主要应用包括人流统计、虚拟周界、车辆识别、非法滞留、物体追踪、高级视频移动侦测、人物面部识别、人群控制、注意力控制、交通流量控制、突然入侵检测、移动物体检测、运动路径检测和指向接近检测，等等。基于这些应用，就可以实现事先预警处理。一般发生警情，监视器会立即显示相关提示并有声音报警，非常实用。而这些是传统的监控系统是无法实现的,因此节省了大量的人力物力,提高了监控的效率,故这也是一种趋势。

● 2.4.3 大容量存储

关于大容量存储在"2.2.4.3 录像及存储部"部分给予了详细的描述。随着监控系统规模的不断扩大,摄像机的数量越来越多,出现了上百个、上千个甚至上万个摄像机,模拟摄像机的分辨率也从 380 线升级到 540 线甚至更多,网络摄像机的分辨率从 100 万像素发展到 300 万像素,硬盘录像机的分辨率从 CIF 升级到 D1 分辨率,录像的时间也从以前的 7 天升级到 90 天甚至更多,而这些所有的因素都需要大容量存储设备。

在模拟监控或者混合监控系统中一般采用硬盘录像机进行录像。嵌入式的硬盘录像机可以支持 8 块 1000GB 的大容量硬盘,PC 式的硬盘录像机能够支持 2~8 块 500GB 的硬盘,均不能完全满足高清晰长时间录像的要求,尤其是采用 16 路硬盘录像机的时候。数字监控系统一般多采用计算机式服务器进行录像,一般也支持 2~8 块最大 1000GB 的大容量硬盘,也不能够满足高清晰长时间录像的要求,故一定需要借助第三方的存储设备。

常见的存储方式包括 DAS、NAS 和 SAN 三种,如图 2-36、图 2-37 和图 2-38 所示。

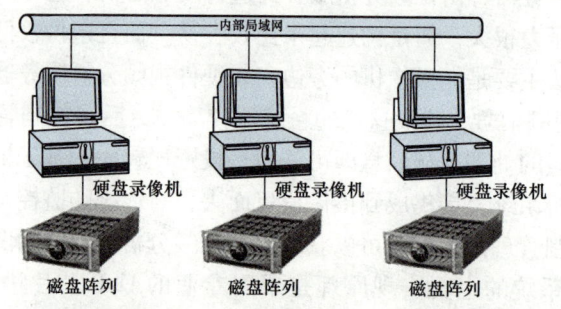

图 2-36 DAS 存储系统连接图

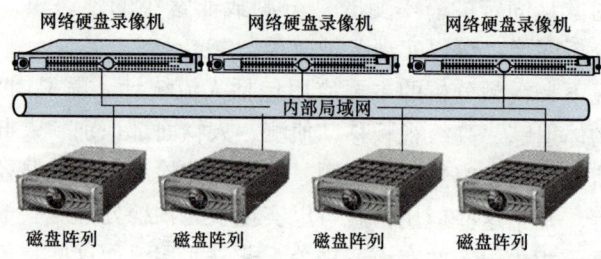

图 2-37 NAS 存储系统连接图

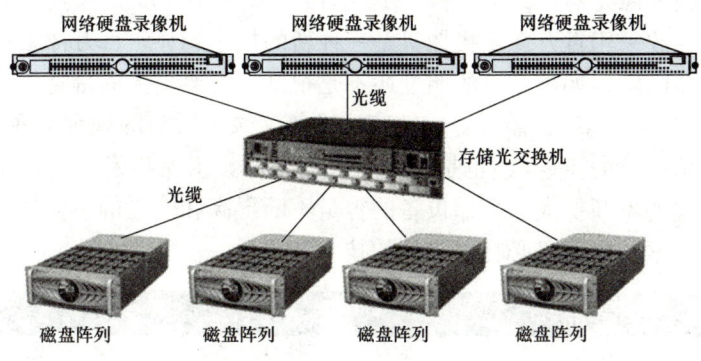

图 2-38 SAN 存储系统连接图

如果监控系统需要超过一定的天数的高清晰的录像,就一定需要大容量的存储,故这也是一种发展趋势。

● 2.4.4 红外低照度成像技术

在光线照度有保障的区域,如 24h 开照明灯的办公室、工厂,可以实现 24h 不间断的监控和录像。但如果是户外环境或者低照度环境,一般只能够做到 12h 的监控和录像,这样的监控系统的效率可以被认为是 50%。很多警情就出现在这些没能够实现监控和录像的时间段,对此可采用低照度的摄像机和带红外灯的摄像机。

采用低照度的摄像机可以满足一些环境有照明但是照度比较低的环境。但总是存在一些低于最低照度的情况下无法实现清晰的监控和录像,而带红外灯的解决方案可有效地解决这个问题。但是红外灯也存在缺陷:红外灯需要较大功率的电源,发热比较多,红外照明的距离有一定的限制,故现有的监控系统无法实现 7×24h 的不间断、清晰监控和录像。解决这个技术难题也是未来监控系统的发展趋势,摄像机的照度可以越来越低、红外灯的效率越来越高。

● 2.4.5 百万像素

采用传统的模拟摄像机一般能够达到的分辨率最高到 540 线(或者再高一些),如果换算成像素值,大约在 50 万像素左右,所以不论硬盘录像机本身的参数有多高,能够实现的监控效果大约就是 50 万像素。而且目前硬盘录像机录像和现实的最高效果是 D1,分辨率为 704×576,计算为像素是 40 万像素,而数码相机的像素动则五六百万像素,甚至千万像素,故监控系统在像素方面的发展余地很大,要实现高清监控,一定需要百万像素级的摄像机。

目前市面上的百万像素摄像机多采用 DPS 技术,属于网络摄像机类型,采用新型的成像元器件，可以做到 100 万、200 万和 300 万像素，可以做到高清晰监控，故采用百万像素摄像机是一种新的技术趋势。百万像素的摄像机同样存在一些问题，如摄像机的照度还不是很低、需要更大的带宽传输图像信号（50Mbit/s 甚至更多）、需要更大的存储设备（录像所需的硬盘空间是 D1 分辨率的好几倍），而这些问题也是目前阻挠百万像素摄像机发展的因素。随着局域网络带宽的不断扩大、存储设备的容量不断提高和硬盘的单位体积的价格下降，百万像素的摄像机必将成为新的技术潮流。

● 2.4.6 全景监控

在一只摄像机采用一个摄像头的情况下，监控到的图像是有一定视角范围限制的，广角摄像机能够达到的最大监控视角约为 130°，尚无法实现 180°的监控，更不用说实现 360°的监控。在有些情况下，需要摄像机能够监控到连续范围内环境的情况，如工厂的生产线、大厅的停车场、边防站，这种应用就需要全景监控，需要采用全景摄像机。全景摄像机有多种实现方法，其中一种方法是采用鱼眼镜头，另外一种方法就是一只摄像机内置 2~3 只摄像头实现全景监控。

个人预计，未来的监控发展趋势是一只摄像机内置多只摄像头的方法实现全景监控，生成一个完整的画面，采用 16:9 的宽屏显示器可以实现 2 路摄像机监控，如果采用大屏拼接系统，则能够实现更大范围内的全景监控。

● 2.4.7 家庭远程监控

家庭远程监控在 "2.3.16 家庭远程监控系统" 中已经有所描述，监控系统从工业及商业级应用扩大到民用是一个自然的过渡，随着人们生活质量的不断提高和宽带技术的发展，也使得家庭远程监控从技术上得以实现。在世界范围内，应用最广的家庭系统就是家庭报警系统，而报警系统是一种静态的、基于信号的系统，是无法看到视频信号的。而将监控系统和报警系统进行组合和集成，为家庭业主提供一整套的安防系统，大大提高了 "家" 的安全性。一旦发生警情，接警中心可以通过视频信号判断警情的类型，是否误报等，提高了处理的效率，业主也可以随时随地通过网络或者手机进行远程监控，能够实现多种应用。

家庭远程监控为家庭安防系统带来深远的影响，必将成为家庭安防系统不可或缺的一部分。

● 2.4.8 统一的网络摄像机编解码技术

"一流的企业制定标准" 是大家所熟知的一条道理，在模拟监控系统中，不管是哪个生产厂家生产的摄像机，它的视频信号接口一定是标准的 BNC 接口。也就是说，构建一个监控系统，可以选择任意品牌、任意厂家的任何一款摄像机，都可以通过标准的接口和线缆将图像传送至后端的监控中心，而后端的监控中心通过标准的 BNC 接口可将图像信号还原。但是，这种统一的视频传输标准并不适用于网络摄像机。

　　网络摄像机均是采用标准的 RJ－45 接口连接网络，视频的压缩标准也是标准的 MPEG－4、M-JPEG 或者 H.264，看上去都很标准，应该和模拟摄像机一样可以通用才对，但实际上，网络摄像机传输信号的方式和传统的模拟摄像机不一样，传统的模拟摄像机的视频信号、控制信号和电源供应是独立的 3 根传输线缆，而网络摄像机将视频信号、控制信号和电源供应集成到 1 根网线上进行传输，势必要对视频信号和控制信号进行编解码，而正是这种编解码技术每个厂家是不一样的，造成了网络摄像机的不通用。也就是说，前端网络摄像机的型号可以不一致，但品牌一定要一致；后端的解码软件或者硬盘录像机必须使用同一家供应商的产品或者供应商指定的产品。尽管有的网络监控系统可以采用 2～3 家的产品进行集成，但毕竟是几个有效品牌的集成和组合。

　　如果未来网络摄像机可以发展成模拟摄像机的方式，具有统一的编解码技术、统一的技术标准，可以任意混用话，将会为监控系统的构建提供很大便利和通用性，让客户不会因第一次选用了一家公司的产品以后再建设系统或者扩容还必须使用同一品牌的产品。这是一种趋势，但不容易实现。

● 2.4.9　广域监控系统

　　在一些大型的场合，如机场、港口、码头等，需要广域监控。这些场所需要一套简单的、不是很复杂的监控系统，需要通过一个监视器就可以监视整个场所的现场情况。最好能够建立一个三维的模型图，将各种应用集成在这一个界面上，一旦发生警情，相应的摄像机或设备才会被启用，并显示在监视器上。当然这种系统所采用的技术、软硬件和传统的系统不太一样。这种监控系统的发展也会成为一种趋势。

第三章

图说防盗报警系统

 **3.1 系统基础知识**

● 3.1.1 什么是防盗报警系统

要了解防盗报警系统，就必须了解安全防范系统。对安全防范系统，GB 50348—2004《安全防范工程技术规范》是这样定义的：

安全防范系统（SPS，Security and Protection System）以维护社会公共安全为目的，运用安全防范产品和其他相关产品构成的入侵报警系统、视频安防监控系统、出入口控制系统、防爆安全检查系统等；或由这些系统为子系统组合或集成的电子系统或网络。

安全防范（系统）工程（ESPS，Engineering of Security and Protection System）以维护社会公共安全为目的，综合运用安全防范技术和其他科学技术，为建立具有防入侵、防盗窃、防抢劫、防破坏、防爆安全检查等功能（或其组合）的系统而实施的工程。通常也称为技防工程。

安全管理系统（SMS，Security Management System）对入侵报警、视频安防监控、出入口控制等子系统进行组合或集成，实现对各子系统的有效联动、管理和/或监控的电子系统。

入侵报警系统（IAS，Intruder Alarm System）利用传感器技术和电子信息技术探测并指示非法进入或试图非法进入设防区域的行为、处理报警信息、发出报警信息的电子系统或网络。

由以上的定义可知，入侵报警系统只是安全防范系统的一部分，两者有着很大的区别，但是很容易被互相混淆。本书重点探讨的是入侵探测系统，笔者在这里也试图给入侵探测系统增加一些新的定义。

入侵探测系统也被称为防盗报警系统，主要应用于小区、大厦、工厂、火车站、机场、高速公路、码头、监狱、边防线和城市等其他场所。针对不同的应用场所，名称可能不同，如针对小区可能称为两个系统，即周界防范报警系统和家庭防盗报警系统。如果将防盗报警系统的范围扩大，还要包括防盗门、保险柜、商品防盗系统、金属探测系统和安检系统等，而这些本书不进行更多探讨。

防盗报警系统是利用各种类型的探测器对需要进行保护的区域、财物、人员进行整体防护和报警的系统，由前端探测器（含地址模块、电源等）、本地传输系统（有线或无线）、本地报警主机（含配套设备）、远程传输系统和报警接收中心五个部分构成。系统可以灵活地设置：以多种方式进行布撤防，以多种方式进行报警，同时系统能够自动记录报警时间、防区，在可能的情况下，可以直接将音视频信息传送到接警中心，或通过闭路电视监控系统联动实现音、视频报警功能。

报警主机是系统的核心，用来在接收前端探测器发来的报警信号的同时进行及时的反馈和处理。主机在接收到报警信号后，会产生高分贝的警号声，同时会借助电信网络（电话线、移动网络或者互联网）向外拨打多组预先设置的报警电话。如果报警主机接入接警中心，则由接警中心来判断和处理警情。

报警接收中心（Alarm Receiving Centre）是指接收一个或多个安防控制中心的报警信息并处理警情的场所。通常也被称为接警中心（如公安机关的接警中心）。主要采用中心接警机并配备大量的工作人员，是整个防盗报警系统的中枢。接警中心可以通过多种方式（电话线、移动电话网络和互联网等）接收报警主机发出的报警信号、判断报警的所在地和防区、进行远程的布撤防、记录报警信息、联络当事人、远程监控、派遣工作人员现场处理警情。

● 3.1.2 基础防盗报警知识

防护对象（单位、部位、目标，Protection Object）	由于面临风险而需要对其进行保护的对象，通常包括某个单位、某个建（构）筑物或建（构）筑物群，或其内外的某个局部范围以及某个具体的实际目标。
防护区（Protection Area）	允许公众出入的、防护目标所在的区域或部位。

禁区（Restricted Area）	不允许未授权出入（或窥视）的防护区域或部位。
盲区（Blind Zone）	在警戒范围内，安防防范手段未能覆盖的区域。
防区（Zone）	报警主机对应的一路报警输入，即一路防范的区域。在一路报警输入上可以串联多个报警探测器。
周界（Perimeter）	需要进行实体防护或/和电子防护的某区域的边界。
布防（Arming）	通过密码或钥匙方法使报警主机进入警戒状态。
撤防（Disarming）	通过密码或钥匙方法使报警主机退出警戒状态。
探测（Detection）	感知显性风险事件或/和隐性风险事件发生并发出报警的手段。
延迟（Delay）	延长或/和推迟风险事件发生进程的措施。
反应（Response）	为制止风险事件的发生所采取的快速行动。
误报警（False Alarm）	由于意外触动手动装置、自动装置对未设计的报警状态做出响应、部件的错误动作或损坏、操作人员失误等而发出的报警。
漏报警（Leakage Alarm）	风险事件已经发生，而系统未能做出报警响应或指示。
旁路（Bypass）	在布防时使某个或某些防区不加入布防。
人防（人力防范）	人防是安全防范的基础。传统的"人防"是指在安全防范工作中人的自然能力的展现，即：利用人体感官进行探测并做出反应，通过人体体能的发挥，推迟或制止风险事件发生。现代的"人防"是指执行安全防范任务的具有相应素质的人员和/或人员群体的一种有组织的防范行为，包括高素质人员的培养、先进自卫设备的配置以及人员的组织与管理等。

3.2 防盗报警系统组成

● 3.2.1 防盗报警系统的组成

防盗报警系统的组成如图 3-1 所示。

图 3-1 防盗报警系统组成图

● 3.2.2 前端探测器

与前端探测器配合的设备还要包括各种探测器安装支架、电源、总线输入模块（总线型报警系统使用）、信号放大器、无线发送接收设备等，由于属于周边配套设备，技术含量不高，本处不予详述。

3.2.2.1 前端探测器的分类

随着新技术、新材料的不断发现和应用,报警探测器的种类也日益繁多。但和安防系统密切相关的探测器分类如图 3-2 所示。

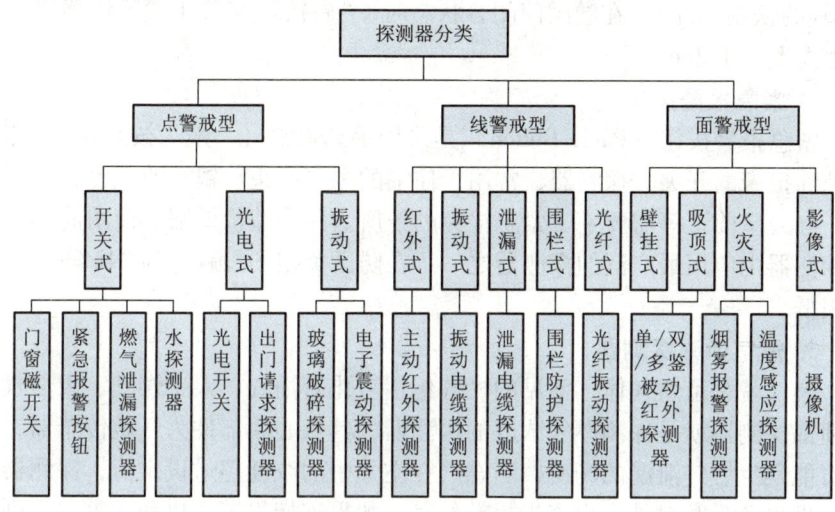

图 3-2 探测器分类图

1. 门窗磁开关

门磁(Door Contact)是开关式探测器的一种,应用最为广泛,也经常被用于门禁系统判断门的状态。开关式探测器是通过各种类型开关的闭合和断开来控制电路产生通、断,从而触发报警。常见的开关有磁控开关、微动开关、压力垫,或用金属丝、金属条、金属箔等来代用的多种类型开关。开关传感器是一种简单、可靠的传感器,也是一种最廉价的传感器,广泛应用于安防系统中。它可以将压力、磁场或位移等在入侵行为发生时所产生的物理量转化为传感器内部电路的"开"和"关"两种电信号。

门磁开关又被称为磁控开关、磁控管或磁簧开关。门磁有时候又被分为门磁、窗磁(其实质是一样的,只是前者安装在门上,后者安装在窗上)。门磁由永磁体及干簧管两个部分组成:较小的部分为永磁体,内部有一块永久磁铁,主要用来产生恒定的磁场;较大的部分是门磁主体,门磁主体的内部有一个常开型的干簧管,当永磁体和干簧管靠的很近时(小于 5mm),门磁传感器处于工作状态,当永磁体离开干簧管一定距离后(大于 5mm),处于常开状态。永磁体和干簧管分别安装在被防范物体(门或窗)的活动部位(门扇或窗扇)和固定部位(门框或窗框),有表面式和嵌入式两种安装方式。

磁控开关应该避免直接安装在金属物体上,必须使用时应使用钢门专用型磁控开关或改用微动开关或其他类型开关器件。如卷闸门有专用的门磁，可以方便地安装在卷闸门上，首先将"永磁体"（最重的铁制部件）安装固定在卷闸门的内侧上（一般靠近侧面），在其相应的下方地上安装固定"干簧管"（较轻的铁制部件）。在卷闸门闭合状态时，"磁铁"与"干簧管传感器"之间的距离不大于2cm。

2. 紧急报警按钮

紧急报警按钮（Panic Button）是采用手动报警（一般为按入式）、专用钥匙消除报警的开关式探测器，常用于住宅的卧室床头、银行的柜台、保安值班室、办公室前台等需要手工紧急报警的场所。因为造价低廉、使用简单，是安防探测器中应用最广泛的探测器之一，在防区类型的设置上为24h防区，误报率极低。

3. 燃气泄漏探测器

燃气就是可燃气体，常见的燃气包括液化石油气、人工煤气、天然气。燃气泄漏探测器就是探测燃气浓度的探测器，其核心原部件为气敏传感器，安装在可能发生燃气泄漏的场所，当燃气在空气中的浓度超过设定值，探测器就会被触发报警，并对外发出声光报警信号。如果连接报警主机和接警中心则可联网报警，同时可以自动启动排风设备、关闭燃气管道阀门等，保障生命和财产的安全。在民用安全防范工程中，多用于家庭燃气泄漏报警，也被广泛应用于各类炼油厂、油库、化工厂、液化气站等易发生可燃气体泄漏的场所。

4. 水探测器

水探测器一般由探针和探测器主体两个部分组成，用来测量漏水引起的灾害。当探针的探头接触到水后，继电器动作发出报警，水消失后或远离探测器，继电器复位。水探测器多用于重要的机房、水池、地下室、车库等容易发生水泄漏的场所，因应用较少、生产的厂家也不多，故不为大家所熟知。

5. 光电开关

利用光敏电阻，以光源为媒介，控制电路的通断，这样的开关就是光电开关。安防系统中常见的光电开关为烟雾报警器。光电开关的重要功能是能够处理光的强度变化，采用光学元件，在传播媒介中间使光束发生变化；利用光束来反射物体，使光束发射经过长距离后瞬间返回。光电开关是由发射器、接收器和检测电路三部分组成。发射器对准目标发射光束，发射的光束一般来源于发光二极管（LED）和激光二极管，也有采用红外线方式的。光束不间断地发射，或者改变脉冲宽度。受脉冲调制的光束辐射强度在发射中经过多次选择，朝着目标不间断地运行。接收器由光电二极管或光电三极管组成。在接收器的前面装有光学元件（如透镜和光圈等），在其后面的是检测电路，它能滤出有效信号和应用该信号。光电式接近开关广泛应用于自动计数、安全保护、自动报警和限位控制等方面。常见的光电开关有对射型、漫反射型和镜面反射型三种。

6. 出门请求探测器

出门请求探测器采用被动红外探测器的原理和技术，功能相当于一个出门按钮，当人走近门时，出门请求探测器被激活，输出开关信号，门锁自动打开（如果安装有自动开门装置，门会被自动打开）。出门请求探测器常常用于自动门的控制，也有在门禁系统中应用。

7. 玻璃破碎探测器

利用压电陶瓷片的压电效应（压电陶瓷片在外力作用下产生扭曲、变形时将会在其表面产生电荷），可以制成玻璃破碎探测器。对高频的玻璃破碎声音（10～15kHz）进行有效检测，而对10kHz以下的声音信号（如说话、走路声）有较强的抑制作用。玻璃破碎声发射频率的高低、强度的大小同玻璃厚度、面积有关。

玻璃破碎探测器按照工作原理的不同大致分为两类：一类是声控型的单技术玻璃破碎探测器，它实际上是一种具有选频作用（带宽10～15kHz）的具有特殊用途（可将玻璃破碎时产生的高频信号驱除）的声控报警探测器；另一类是双技术玻璃破碎探测器，其中包括声控振动型和次声波玻璃破碎高频声响型。声控振动型是将声控与振动探测两种技术组合在一起，只有同时探测到玻璃破碎时发出的高频声音信号和敲击玻璃引起的振动，才输出报警信号。次声波玻璃破碎高频声响双技术探测器是将次声波探测技术和玻璃破碎高频声响探测技术组合到一起，只有同时探测敲击玻璃和玻璃破碎时发出的高频声响信号和引起的次声波信号才触发报警。玻璃破碎探测器要尽量接近所要保护的玻璃，尽量远离噪声干扰源，如尖锐的金属撞击声、铃声、汽笛的啸叫声等，减少误报警。

8. 电子振动探测器

电子振动探测器是以探测入侵者走动或破坏活动时产生的振动信号来触发报警的探测器。振动传感器是振动探测器的核心部件。常用的振动探测器有位移式传感器（机械式）、速度传感器（电动式）、加速度传感器（压电晶体式）等，振动探测器基本上属于面控制型探测器。

机械式常见的有水银式、重锤式、钢球式。当直接或间接受到机械冲击振动时，水银珠、钢珠、重锤都会离开原来的位置而发出报警。这种传感器灵敏度低、控制范围小，只适合小范围控制，如门窗、保险柜、局部的墙体。钢珠式虽然可以用于建筑物，但只有4m^2左右，很少使用。

速度传感器一般选用电动式传感器，由永久磁铁、线圈、弹簧、阻尼器和壳体组成。这种传感器灵敏度高，探测范围大，稳定性好，但加工工艺较高，价格较高。

加速度传感器一般是压电式加速度计，是利用压电材料因振动产生的机械形变而产生电荷，由此电荷的大小来判断振动的幅度，同时藉此电路来调整灵敏度。

9. 主动红外探测器

主动红外入侵探测器（Active Infrared Intrusion Detector）又被称为"光束遮断式感应器"（Photoelectric Beam Detector），由发射机与接收机配对组成。发射机发出红外光束，同时接收机接收发射机发出的红外光束。当发射机发出的红外光束被完全遮断或按给定的百分比部分被遮断时，则接收机因接收不到红外光束即会产生报警信号。其基本的构造包括瞄准孔、光束强度指示灯、球面镜片、LED 指示灯等。其侦测原理乃是利用红外线经 LED 红外光发射二极体，再经光学镜面做聚焦处理使光线传至很远距离，由受光器接收。当光线被遮断时就会发出警报。红外线是一种不可见光，而且会扩散，投射出去会形成圆锥体光束。红外光不间歇每秒发 1000 光束，所以是脉动式红外光束。由此，这些对射无法传输很远距离（一般情况下在 600m 以内）。

主动红外探测器是利用光束遮断方式的探测器，当有人横跨过防护区域时，遮断不可见的红外线光束而引发警报。常用于室外围墙报警，它总是成对使用：一个发射，一个接收。发射机发出一束或多束人眼无法看到的红外光，形成警戒线，有物体通过，光线被遮挡，接收机信号发生变化，放大处理后报警。红外对射探头要选择合适的响应时间：太短容易引起不必要的干扰，如小鸟飞过，小动物穿过等；太长会发生漏报。通常以 10m/s 的速度来确定最短遮光时间。假定人体的宽度为 20cm，则最短遮断时间为 20ms。大于 20ms 报警，小于 20ms 不报警。

主动红外入侵探测器按光束数可分为单光束、双光束、四光束、光束反射型栅式、多光束栅式；按安装环境分为室内型、室外型；按工作方式分为调制型、非调制型；按探测距离分类各个品牌都有不同型号，一般会有 10，20，30，40，60，80，100，150，200，300m 等多种规格。

10. 振动电缆探测器

振动电缆探测器是在一根塑料护套内装有三芯导线的电缆两端，分别接上发送装置与接收装置，并将电缆波浪状或呈其他曲折形状固定在网状的围墙上（如图 3-3 所示）。用这样有一定长度的电缆构成一个防区。每两个或四个、六个防区共用一个控制器，由控制器将各防区的报警信号传送至控制中心。当有入侵者触动网状围墙、破坏网状围墙等行为使其振动并达到一定强度时（安装时强度可调，以确定其报警灵敏度），就会产生报警信号。这种入侵探测器精度极高，漏报率为零，误报率几乎为零，且可全天候使用（不受气候的影响）。它特别适合围网状的周界围墙（即采用铁网构成的围墙）使用。

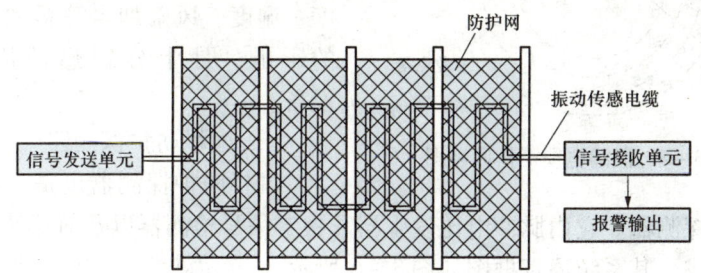

图3-3 振动传感电缆探测器组成示意图

11. 泄漏电缆探测器

泄漏电缆是一种具有特殊结构的同轴电缆（见图3-4），与普通的同轴电缆不同的是，其中心是铜导线，外面包围着绝缘材料（如聚乙烯），绝缘材料外面用两条金属散层以螺旋方式交叉缠绕并留有孔隙。电缆最外面为聚乙烯保护层。当电缆传输电磁能量时，屏蔽层的空隙处便将部分电磁能量向外辐射。为了使电缆在一定长度范围内能够均匀地向空间泄漏能量，电缆空隙的尺寸大小是沿电缆变化的。电缆内部传输的一部分高频电磁能可以由这些槽孔以电磁波的形式向外部辐射，同时又可以通过槽孔接收外部的电磁波，加上同轴电缆原有的传输性能，可以说，泄漏同轴电缆兼有传输线和收、发天线的功能。

把平行安装的两根泄漏电缆分别接到高强信号发生器和接收器上，就组成了泄漏电缆入侵探测器。当发生器产生的脉冲电磁能量沿发射电缆传输并通过泄漏孔向空间辐射时，在电缆周围形成空间电磁场，同时与发射电缆平行的接

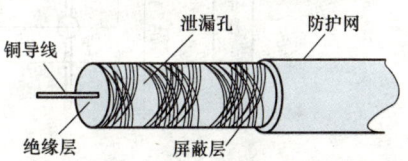

图3-4 泄漏电缆结构示意图

收电缆通过泄漏孔接收空间电磁能量，并沿电缆送入接收器，泄漏电缆可埋入地下，如图3-5所示。当入侵者进入探测区时，空间电磁场的分布状态发生变化，因而接收电缆收到的电磁能量发生变化，这个变化量就是入侵信号，经过分析处理后可使报警器动作。

泄漏电缆是一种隐蔽式的周界探测传感系统，一般埋在地下或装入墙内，因此不会影响现场的外观，而且又属于无形探测场，入侵者无法察觉探测系统

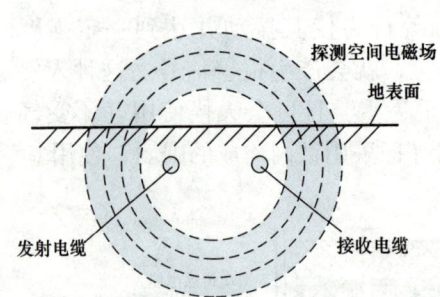

图3-5 泄漏电缆工作原理图

的存在,所以就无法避开或破坏系统。电缆可环绕任意形状的境界区域,不受地形和地面平坦度等因素的影响,其探测灵敏度也不受环境温度、湿度、风雨烟尘等恶劣气候条件的影响,是十分理想的周界探测设备。

12. 围栏防护探测器

围栏防护探测器也是一种用于周界防范的探测器。它由脉冲电压发生器、报警信号检测器以及前端的电围栏三大部分组成,其系统原理框图如图3-6所示。

当有入侵者入侵时,触碰到前端的电子围栏或试图剪断前端的电子围栏,都会发出报警信号。这种探测器的电子围栏上的裸露导线接通由脉冲电压发生器发出的高达1万V的脉冲电压(但能量很小,一般在4J以下,对人体不会构成生命危害),所以即使入侵者戴上绝缘手套,也会产生脉冲感应信号,使其报警。这种电子围栏如果使用在市区或来往人群多的场合时,安装前应事先征得相关部门的许可。

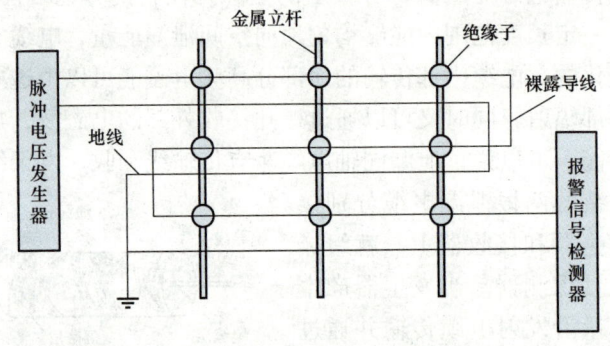

图3-6 电子围栏式入侵探测器原理图

13. 光纤振动探测器

常见的光纤振动传感器是基于双环马赫—泽德干涉的分布式光纤振动传感器。工作原理是发射激光器发出直流单色光波,通过光纤耦合器分别沿正向和反向耦合进入两芯传感的光纤,形成正、反向环路马赫—泽德干涉光信号;当光纤受到沿线外界振动干扰后,将会引起光波在光纤传输中相位的变化,形成基于双环马赫—泽德干涉的光信号相位调制传感信号,通过光纤耦合器和光环行器传送至光电探测器,检测干涉光信号的光强变化,实现光纤振动报警。适合周界使用。

14. 单/双/多鉴被动红外探测器

被动红外探测器（Passive Infrared Detector，PIR，单鉴探测器）、微波探测器（单鉴探测器）、微波被动红外探测器（双鉴探测器）和防宠物微波被动红外探测器（多鉴探测器）是安防系统中最常见的、也是应用最广泛的报警探测器之一，下面详细探讨一下各种技术以及多种技术的组合。

被动红外探测器之所以称为被动红外，即探测器本身不发射任何能量而只被动接收、探测来自环境的红外辐射。在室温条件下，任何物品均有辐射。温度越高的物体，红外辐射越强。人是恒温动物，红外辐射也最为稳定。探测器安装后数秒钟已适应环境，在无人或动物进入探测区域时，现场的红外辐射稳定不变，一旦有人体红外线辐射进来，经光学系统聚焦就使热释电器件产生突变电信号，从而发出警报。被动红外入侵探测器形成的警戒线一般可以达到数十米。

被动式红外探测器主要由光学系统、热传感器（或称为红外传感器）及报警控制器等部分组成。其核心部件是红外探测器件，通过光学系统的配合作用可以探测到某个立体防范空间内的热辐射的变化。红外传感器的探测波长范围是 $8\sim14\mu m$，人体辐射的红外峰值波长约为 $10\mu m$，正好在范围以内。被动式红外探测器根据其结构不同，警戒范围及探测距离也有所不同，大致可以分为单波束型和多波束型两种。单波束 PIR 采用反射聚焦式光学系统，利用曲面反射镜将来自目标的红外辐射汇聚在红外传感器上。这种方式的探测器境界视场角较窄，一般在 5°以下，但作用距离较远，可长达百米，因此又称为直线远距离控制型被动红探测器。适合保护狭长的走廊、通道以及封锁门窗和围墙。多波束型采用透镜聚焦式光学系统，目前大都采用红外塑料透镜（多层光束结构的菲涅尔透镜）。这种透镜是用特殊塑料一次成型，若干个小透镜排列在一个弧面上。警戒范围在不同方向呈多个单波束状态，组成立体扇形感热区域，构成立体警戒。菲涅尔透镜自上而下分为几排，上面透镜较多，下边较少。因为人脸部、膝部、手臂红外辐射较强，正好对着上边的透镜。下边透镜较少，一是因为人体下部红外辐射较弱，二是为防止地面小动物红外辐射干扰。多波束型 PIR 的警戒视场角比单波束型大得多，水平可以大于 90°，垂直视场角最大也可以达到 90°，但作用距离较近。所有透镜都向内部设置的热释电器件聚焦，因此灵敏度较高，只要有人在透镜视场内走动就会报警。

红外光穿透力差，在防范区内不应有高大物体，否则阴影部分有人走动将不能报警；不要正对热源和强光源，特别是空调和暖气，否则不断变化的热气流将引起误报警。为了解决物品遮挡问题，又发明了吸顶式被动红外入侵探测器。安装在顶棚上向下360°范围内进行警戒，只要在防护范围内，无论从哪个方向入侵都会触发报警。吸顶式被动红外入侵探测器在银行营业大厅、商场的公共活动区等空间较大的地方得到广泛使用。

微波探测器（雷达式）是一种将微波收、发设备合置的探测器，工作原理基于多普勒效应。微波的波长很短，在1~1000mm之间，因此很容易被物体反射。微波信号遇到移动物体反射后会产生多普勒效应，即经反射后的微波信号与发射波信号的频率会产生微小的偏移。此时可认为报警产生。采用多普勒雷达的原理，将微波发射天线与接收天线装在一起。使用体效应管作微波固态振荡源，通过与波导的组合，形成一个小型的发射微波信号的发射源。探头中的肖基特检波管与同一波导组成单管波导混频器作为接收机与发射源耦合回来的信号混频，从而得到一个频率差，再送到低频放大器处理后控制报警的输出。

微波段的电磁波由于波长较短，穿透力强，玻璃、木板、砖墙等非金属材料都可穿透，所以在安装时不要面对室外，以免室外有人通过引起误报。金属物体对微波反射较强，在探测器防范区域内不要有大面积（或体积较大）金属物体存在，如铁柜等，否则在其后阴影部分会形成探测盲区，造成防范漏洞。多个微波探测器安装在一起时，发射频率应该有所差异，防止交叉干扰产生误报。另外，如日光灯、水银灯等气体放电光源产生的100Hz调制信号，由于在闪烁灯内的电离气体容易成为微波的运动反射体而引起误报。使用微波入侵探测器灵敏度不要过高，调节到2/3时较为合适。过高误报会增多。与超声波一样，家庭也可以使用。探测器对警戒区域内活动目标的探测范围是一个立体防范空间，范围比较大，可以覆盖60°~90°的水平辐射角，控制面积可达几十到几百平方米。

正是被动红外探测器和微波探测器各自优缺点决定了单技术的探测器误报率较高，不能满足安防系统对防误报的要求。安防工程中经常用多技术探测器，而微波被动红外探测器就是这样的一种产品。

微波被动红外复合的探测器（双鉴探测器）将微波和红外探测技术集中运用在一体，在控制范围内，只有两种报警技术的探测器都产生报警信号时，才输出报警信号。它既能保持微波探测器可靠性强、与热源无关的优点，又集被动红外探测器无需照明和亮度要求、可昼夜运行的特点，大大降低探测器的误报率。这种复合型报警探测器的误报率是单技术微波报警器误报率的几百分之一。简单的说，就是把被动红外探测器和微波探测器做在了一起，主要是提高探测性能，减少误报。

除此之外，市场上也有把微波和主动红外、振动探测器、声音探测器等组合的多鉴探测器。

15. 烟雾报警探测器

烟雾报警探测器也称为感烟式火灾探测器、烟感探测器、感烟探测器、烟感探头和烟感传感器，主要应用于消防系统，在安防系统建设中也有应用。

火灾的起火过程一般情况下伴有烟、热、光三种燃烧产物。在火灾初期，由于温度较低，物质多处于阴燃阶段，所以产生大量烟雾。烟雾是早期火灾的重要特征之一，感烟式火灾探测器就是利用这种特征而开发的，能够对可见的或不可见的烟雾粒子响应的火灾探测器。它是将探测部位烟雾浓度的变化转换为电信号实现报警目的一种器件。感烟式火灾探测器有离子感烟式、光电感烟式、红外光束感烟式等几种型式。

离子感烟式探测器是点型探测器，它是在电离室内含有少量放射性物质，可使电离室内空气成为导体，允许一定电流在两个电极之间的空气中通过，射线使局部空气成电离状态，经电压作用形成离子流，这就给电离室一个有效的导电性。当烟粒子进入电离化区域时，它们由于与离子相接合而降低了空气的导电性，形成离子移动的减弱。当导电性低于预定值时，探测器发出警报。

光电感烟探测器也是点型探测器，它是利用起火时产生的烟雾能够改变光的传播特性这一基本性质而研制的。根据烟粒子对光线的吸收和散射作用，光电感烟探测器又分为遮光型和散光型两种。

红外光束感烟探测器是线型探测器，它是对警戒范围内某一线状窄条周围烟气参数响应的火灾探测器。红外光束感烟探测器又分为对射型和反射型两种。

烟雾报警探测器适宜安装在发生火灾后产生烟雾较大或容易产生阴燃的场所；不宜安装在平时烟雾较大或通风速度较快的场所。

16. 温度感应探测器

温度感应探测器也被称为温度传感器，主要用来探测环境或者物体的温度，在安防系统中主要实现报警功能，当环境温度超过设定值后报警，触发继电器。

温度是一个基本的物理量，自然界中的一切过程无不与温度密切相关。温度传感器是最早开发、应用最广的一类传感器。从17世纪初伽利略发明温度计开始，人们开始利用温度进行测量。真正把温度变成电信号的传感器是1821年由德国物理学家赛贝发明的，这就是后来的热电偶传感器。50年以后，另一位德国人西门子发明了铂电阻温度计。在半导体技术的支持下，20世纪相继开发了半导体热电偶传感器、PN结温度传感器和集成温度传感器。与之相应，根据波与物质的相互作用规律，相继开发了声学温度传感器、红外传感器和微波传感器。

目前常用的是热电偶温度传感器。例如：两种不同材质的导体，如在某点互相连接在一起，对这个连接点加热，在它们不加热的部位就会出现电位差。这个电位差的数值与不加热部位测量点的温度有关，和这两种导体的材质有关。这种现象可以在很宽的温度范围内出现，如果精确测量这个电位差，再测出不加热部位的环境温度，就可以准确知道加热点的温度。由于它必须有两种不同材质的导体，所以称为"热电偶"。不同材质做出的热电偶使用于不同的温度范围，它们的灵敏度也各不相同。热电偶的灵敏度是指加热点温度变化1℃时，输出电位差的变化量。对于大多数金属材料支撑的热电偶而言，这个数值大约在 5~40μV/℃ 之间。

17. 摄像机

在大多数人的眼里来看，摄像机算不上"报警探测器"，而随着图像技术的发展，摄像机起到越来越多的探测功能，如广为人知的移动侦测功能就可以实现移动探测报警功能，而且设置灵活可变，具有一般探测器不具备的灵活性。与此同时，图像分析被广泛应用于闭路监控电视系统中，使得摄像机的功能更为强大，能够基于多种规则对现场环境进行分析和报警，如判断物体的移动、大小、速度、虚拟周界、统计人数等，这些是传统的"报警探测器"不能实现的，从这个意义上讲，摄像机也是一种报警探测器，功能更为强大，也是报警系统未来发展的一种新的趋势。

3.2.2.2 探测器相关技术介绍

1. 干簧管

干簧管是干式舌簧管的简称，是一种有触点的无源电子开关元件，具有结构简单、体积小、便于控制等优点，其外壳一般是一根密封的玻璃管，管中装有两个铁质的弹性簧片电极，还灌有一种叫金属铑的惰性气体。平时，玻璃管中的两个由特殊材料制成的簧片是分开的。当有磁性物质靠近玻璃管时，在磁场磁力线的作用下，管内的两个簧片被磁化而互相吸引接触，簧片就会吸合在一起，使触点所接的电路连通。外磁力消失后，两个簧片由于本身的弹性而分开，线路也就断开了。因此，作为一种利用磁场信号来控制的线路开关器件，干簧管可以作为传感器用，用于计数、限位等，在安防系统中主要用于门磁、窗磁的制作，同时还被广泛使用于各种通信设备中。在实际运用中，通常用永久磁铁控制这两根金属片的接通与否，所以又被称为"磁控管"。它和霍尔元件差不多，但原理性质不同，是利用磁场信号来控制的一种开关元件，无磁断开，可以用来检测电路或机械运动的状态。

干簧管的干簧触点常做成动合（常开）、动断（常闭）或转换三种不同形式。干簧管中的簧片用铁镍合金制成，具有很好的导磁性能，通常烧结在与簧片热膨胀系数相近的玻璃管上。管内充有氮气或惰性气体，以避免触点被氧化和腐蚀，还可以有效防止空气中尘埃与水气污染。干簧管与线圈或磁块配合，构成了干簧继电器状态的变换控制器，簧片上的触点镀金、银、铑等贵金属，以保证通断能力。动合舌簧继电器的两个簧片在外磁场作用下其自由端产生的磁极极性正好相反，二触点相互吸合，外磁场不作用时触点是断开的，故称动合式继电器，又称常开式舌簧继电器。动断舌簧管的结构正好与动合式相反，是无磁场作用时吸合，有磁场作用时断开。转换式舌簧继电器有动合、动断两对触点，在外磁场作用下状态发生转换。中心型干簧管的结构如图 3-7 所示；偏置型、转换开关型干簧管的结构如图 3-8 所示。

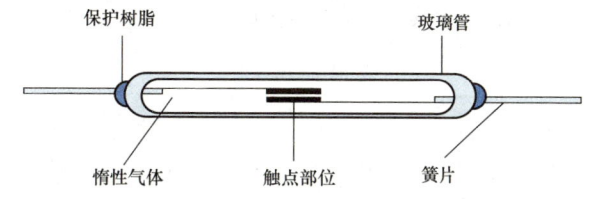

图 3-7 中心型干簧管结构图

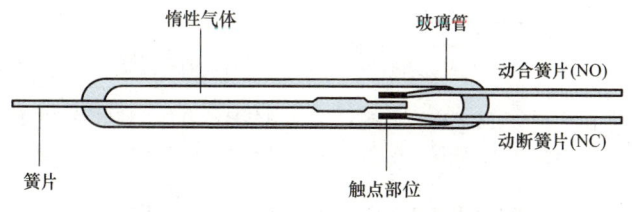

图 3-8 偏置型、转换开关型干簧管结构图

2. 继电器

继电器是一种电子控制器件，它具有控制系统。固态继电器按负载电源类型可分为交流型和直流型；按开关型式可分为动合型和动断型。通常应用于自动控制电路中，它实际上是用较小的电流去控制较大电流的一种"自动开关"。故在电路中起着自动调节、安全保护、转换电路等作用。继电器的种类较多，如电磁式继电器、舌簧式继电器、启动继电器、限时继电器、直流继电器、交流继电器等。

继电器是防盗报警系统中常用的一种控制设备，通俗的意义上来说就是开关，在条件满足的情况下关闭或者开启。继电器的开关特性在很多的控制系统尤其是防盗系统和门禁系统中得到广泛的应用。从另一个角度来说，由于为某一个用途设计使用的电子电路,最终或多或少都需要和某一些机械设备(例如电锁)相交互,所以继电器也起到电子设备和机械设备的接口作用。

继电器技术发展到现在,已经和计算机技术结合起来,产生了可编程控制器的技术。可编程控制器简称作PLC,它是将微电脑技术直接用于自动控制的先进装置。它具有可靠性高,抗干扰性强,功能齐全,体积小,灵活可扩,软件直接、简单,维护方便,外形美观等优点。以往继电器控制的电梯有几百个触点控制电梯的运行,有一个触点接触不良,就会引起故障,维修也相当麻烦,而PLC控制器内部有几百个固态继电器,几十个定时器/计数器,具备停电记忆功能,输入输出采用光电隔离,控制系统故障仅为继电器控制方式的10%。

继电器可以按作用原理或结构特征分类。

表3-1　　　　　　　　　　继电器的分类

名　称	定　义
电磁继电器	由控制电流通过线圈所产生的电磁吸力驱动磁路中的可动部分而实现触点开、闭或转换功能的继电器
直流电磁继电器	控制电流为直流的电磁继电器。按触点负载大小分为微功率、弱功率、中功率和大功率四种
交流电磁继电器	控制电流为交流的电磁继电器,按线圈电源频率高低分50Hz和400Hz两种
磁保持继电器	利用永久磁铁或具有很高剩磁特性的零件,使电磁继电器的衔铁在其线圈断电后仍能保持在线圈通电时的位置上的继电器
固态继电器	固态继电器是一种能够像电磁继电器那样执行开、闭线路的功能,且其输入和输出的绝缘程度与电磁继电器相当的全固态器件
混合式继电器	由电子元件和电磁继电器组合而成的继电器。一般,输入部分由电子线路组成,起放大、整流等作用,输出部分则采用电磁继电器
高频继电器	用于切换频率大于10kHz的交流线路的继电器
同轴继电器	配用同轴电缆,用来切换高频、射频线路而具有最小损耗的继电器
真空继电器	触点部分被密封在高真空的容器中,用来快速开、闭或转换高压、高频、射频线路用的继电器
热继电器	利用热效应而动作的继电器
温度继电器	当外界温度达到规定要求时而动作的继电器
电热式继电器	利用控制电路内的电能转变成热能,当达到规定要求时而动作的继电器
光电继电器	利用光电效应而动作的继电器

续表

名 称	定 义
极化继电器	由极化磁场与控制电流通过控制线圈所产生的磁场综合作用而动作的继电器。继电器的动作方向取决于控制线圈中的电流方向
时间继电器	当加上或除去输入信号时,输出部分需延时或限时到规定的时间才闭合或断开其被控线路的继电器
舌簧继电器	利用密封在管内,具有触点簧片和衔铁磁路双重作用的舌簧的动作来开、闭或转换线路的继电器

3. 干簧继电器

干簧继电器是一种具有密封触点的电磁式继电器,可以反映电压、电流、功率以及电流极性等信号,在检测、自动控制、计算机控制技术等领域中应用广泛。干簧继电器主要由干式舌簧片与励磁线圈组成。干式舌簧片(触点)是密封的,由铁镍合金做成,舌片的接触部分通常镀有贵重金属(如金、铑、钯等),接触良好,具有优良的导电性能。触点密封在充有氮气等惰性气体的玻璃管中,因而有效地防止了尘埃的污染,减少了触点的腐蚀,提高了工作可靠性。

当线圈通电后,管中两占簧片的自由端分别被磁化成N极和S极而相互吸引,因而接通被控电路。线圈断电后,干簧片在本身的弹力作用下分开,将线路切断。

干簧继电器结构简单、体积小、吸合功率小、灵敏度高,一般吸合与释放时间均在0.5~2ms以内。触点密封,不受尘埃、潮气及有害气体污染,动片质量小,动程小,触点电寿命一般可达10^7次左右。干簧继电器还可以用永磁体来驱动,反映非电信号,用作限位及行程控制以及非电量检测等。主要部件为干簧继电器的干簧水位信号器,适用于工业与民用建筑中的水箱、水塔及水池等开口容器的水位控制和水位报警。

4. 干触点和湿触点

(1)干触点(Dry Contact),相对于湿触点而言,也被称之为干触点,是一种无源开关,具有闭合和断开的两种状态,两个接触点之间没有极性,可以互换。

常见的干触点信号有:

- 各种开关,如限位开关、行程开关、脚踏开关、旋转开关、温度开关、液位开关等。
- 各种按键。
- 各种传感器的输出,如环境动力监控中的传感器、水浸传感器、火灾报警传感器、玻璃破碎、振动、烟雾和凝结传感器。
- 继电器、干簧管的输出。

(2) 湿触点（Wet Contact），相对于干触点而言，也被称之为湿触点，是一种有源开关，具有有电和无电的两种状态，两个触点之间有极性，不能反接。

常见的湿触点信号有：

- 如果把以上的干触点信号接上电源，再用电源的另外一极作为输出，就是湿触点信号；工业控制上，常用湿触点的电压范围是 0~30V DC，比较标准的是 24V DC；110~220V AC 的输出也可以是湿触点。
- 也可以把 TTL 电平输出作为湿触点。一般情况下，TTL 电平需要带缓冲输出的，与 VCC 等构成回路。
- NPN 三极管的集电极输出和 VCC。
- 达林顿管的集电极输出和 VCC。
- 红外反射传感器和对射传感器的输出。

(3) 在工业控制领域中，采用干触点要远远多于湿触点，这是因为干触点没有极性带来的优点：

- 随便接入，降低工程成本和工程人员要求，缩短工程进度。
- 处理干触点开关量数量多。
- 连接干触点的导线即使长期短路也不会损坏本地的控制设备，同样不会损坏远端的设备。
- 接入容易，接口容易统一。

5. 线尾电阻

线尾电阻（End of Line，EOL）是防盗报警系统最常用的元器件之一，各个厂家的阻值不一样，安在各种探测器上，也就是线路的末端。用动断量串接在电路中，用动合量并联在电路中，报警时主机会检测到电阻值的改变，换句话说，只要探测器输出到主机的电阻不是 2.2kΩ 左右，就会报警。任务是防破坏用，就算剪断线或者短路也会报警。

线尾电阻的正确安装方法是放在探测器内。特别是当采用常开接法时，就必须这样做，否则线路的防剪功能和探测器的防拆功能就不起作用了。因为如果把线尾电阻直接跨接在主机的防区端口上，由于常开接法使布线线路处于断路状态，阻值为无穷大，不构成回路，没有电流，只要防区端口不发生短路，报警主机是无反应的，所以应将线尾电阻接在探测器常开端口上，此时，常开接法由于线尾电阻的跨接使得布线线路构成回路，有阻值即为线尾阻值，回路中有较小电流，所以可起到线路的防剪和探测器的防拆功能。

线尾电阻的安装方法有单线尾电阻接线和双线尾电阻接线两种。单线尾电阻安装方法是将一个线尾电阻并或串接在报警探测器上，以动断探测器（门磁和红外探测器）为例，接线方法如图3-9所示。

有的报警主机支持双线尾电阻接线方法，需要在防区上连接两个线尾电阻，前端探测器采用并接，后端报警主机采用串接。双线尾电阻接线方法如图3-10所示。

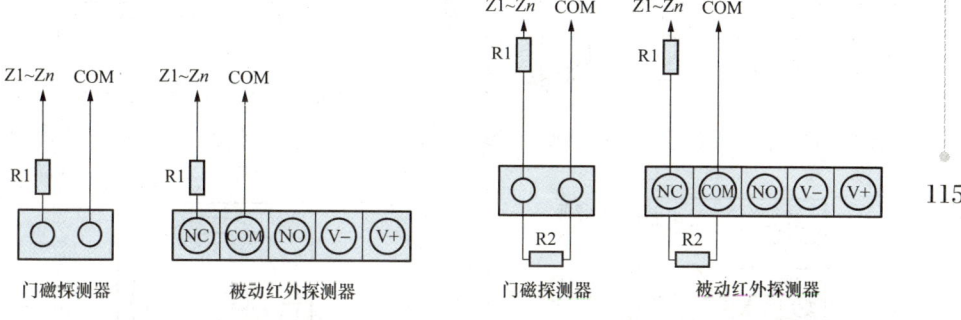

图3-9 单线尾电阻接线方法　　　图3-10 双线尾电阻接线方法

当使用双线尾电阻接法时，无论是在撤防状态还是在布防状态，只要是线路被剪或探测器被非法打开都会产生报警，报警键盘上会显示防拆报警图标。

在工程应用中，技术人员为了方便，就把线尾电阻安装在主机内，由图3-10可知这种安装方法是不对的。如果报警探头是动合报警的话，直接将探测器短路则系统不报警；如果报警探头是动断报警的话，直接将探测器的线路断路则系统不报警，所以这样安装线尾电阻风险很大，存在安全隐患。

6. 菲镜（菲涅尔透镜）

菲涅尔透镜是被动红外线探测器的"眼镜"，它就像人的眼镜一样，配用得当与否直接影响到使用的效果，配用不当产生误动作和漏动作，配用得当充分发挥人体感应的作用。菲涅尔透镜是根据法国光物理学家Fresnel发明的原理采用电镀模具工艺和PE（聚乙烯）材料压制而成。透镜（厚度大约为0.5mm）表面刻录了一圈圈由小到大，向外由浅至深的同心圆，从剖面看似锯齿。圆环线多而密，感应角度大，焦距远；圆环线刻录的深，感应距离远，焦距近。红外光线越是靠近同心环，光线越集中而且越强。同一行的数个同心环组成一个垂直感应区，同心环之间组成一个水平感应段。垂直感应区越多，垂直感应角度越大；透镜越长，感应段越多，水平感应角度就越大。区段数量多，被感应人体移动幅度就小；区段数量少，被感应人体移动幅度就要大。不同区的同心圆之间相互交错，减少区段之间的盲区。区与区之间，段与段之间，区段之间形成盲区。由于透镜受到红外探头视场角度的制约，垂直和水平感应角度有限，透镜面积也有限。透镜从外观分类为长形、方形、圆形；从功能分类为单区多段、双区多段、多区多段。常用透镜外观示意图如图 3-11 ~ 图 3-14 所示。

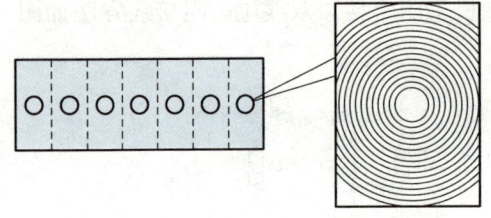

图 3-11 长形单区多段透镜外观示意图 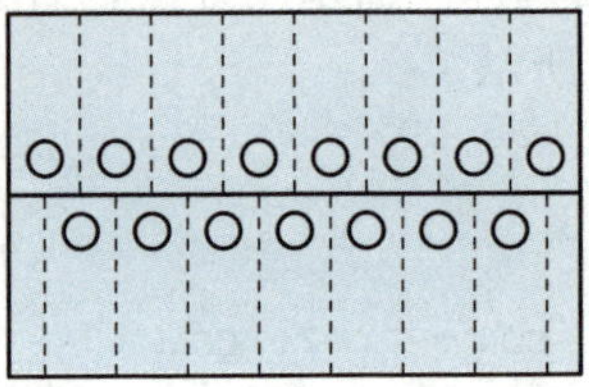　　图 3-12 长形双区多段透镜外观示意图

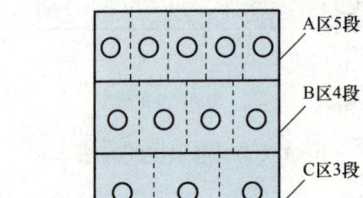 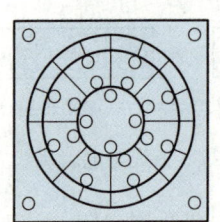

图 3-13 方形三区多段透镜外观示意图　　图 3-14 圆形多区多段透镜外观示意图

图 3-15 是常用三区多段透镜区段划分、垂直和平面感应图。

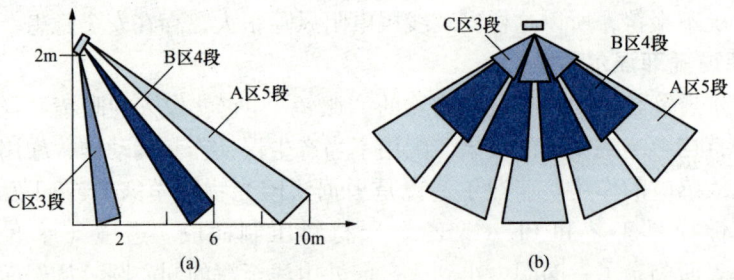

图 3-15 三区多段透镜区段划分、垂直和平面感应图
(a) 垂直面感应图；(b) 平面感应图

当人进入感应范围，人体释放的红外光透过透镜被聚集在远距离 A 区或中距离 B 区或近距离 C 区的某个段的同心环上，同心环与红外线探头有一个适当的焦距，红外光正好被探头接收，探头将光信号变成电信号送入电子电路驱动负载工作。整个接收人体红外光的方式也被称为被动式红外活动目标探测器。

每一种透镜有一型号，以年号+系列号命名。透镜的主要参数包括：

(1) 外观描述：外观形状（长、方、圆）、尺寸（直径）。以毫米（mm）为单位。

(2) 探测范围：指透镜能探测的有效距离（米）和角度。

(3) 焦距：指透镜与探头窗口的距离，精确度以毫米的小数点为单位。长形和方形透镜要呈弧形，以焦距为单位对准探头窗口，如图 3-16 所示。

常用被动红外探测器是双源式探头，揭开滤光玻璃片，其内部有两点对 7~14μm 的红外波长特别敏感的 TO-5 材料连接着场效应管，如图 3-17 所示。

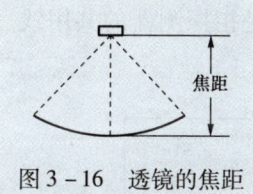

图 3-16 透镜的焦距

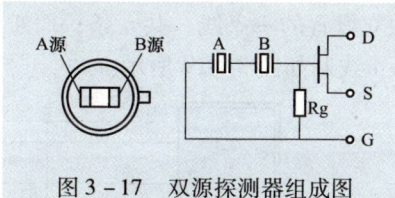

图 3-17 双源探测器组成图

静态情况下空间存在红外光线，由于双源式探头采用互补技术，不会产生电信号输出。动态情况下，人体经过探头先后被 A 源或被 B 源感应，$S_a < S_b$ 或 $S_a > S_b$ 产生差值，双源失去互补平衡作用而很敏感地产生信号输出，如图 3-18 所示。当人对着探头呈垂直状态运动，$S_a = S_b$ 不产生差值，双源很难产生信号输出。因此，探测器安装的位置与人行走方向平行为宜。

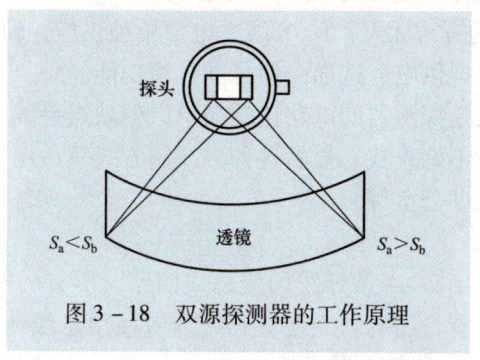

图 3-18 双源探测器的工作原理

● 3.2.3 本地传输系统

本地传输系统是指从探测器到报警主机的传输线路,主要包括有线传输和无线传输两种形式。

3.2.3.1 有线传输系统

有线传输是将探测器的信号通过导线传送给报警控制主机。根据报警控制主机与探测器之间采用并行传输还是串行传输的方式不同而选用不同的线制。所谓线制,是指探测器和控制器之间的传输线的线数。一般有多线制、总线制和混合式三种方式。

1. 多线制

所谓多线制,是指每个入侵探测器与控制器之间都有独立的信号回路,探测器之间是相对独立的,所有探测信号对于控制器是并行输入的。这种方法又称点对点连接(也可以称为星形连接)。

多线制又分为 $n+4$ 线制与 $n+1$ 线制两种。"n" 为 n 个探测器中每个探测器都要独立设置的一条线,共 n 条;而 4 或 1 是指探测器的共用线(4 根或 1 根)。$n+4$ 线制如图 3-19 所示。

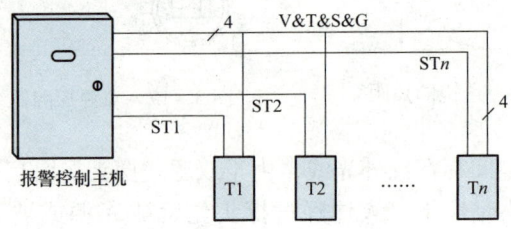

图 3-19 $n+4$ 线制连接示意图

图中 4 线分别为 V、T、S、G,其中 V 为电源线(12V 或者其他规格电压),T 为自诊断线,S 为信号线,G 为地线。ST1～STn 分别为各探测器的通信线。$n+1$ 线制的方式无 V、T、S 线,电源单独供应,STi 线通过不同的接线方式和线尾电阻实现供电、选通、信号和自检功能。

多线制的优点是探测器的电路比较简单,但缺点是线多,配管直径大,穿线复杂,线路故障不好查找。显然这种多线制方式只适用于小型报警系统,如家庭、商店、小型办公室等。

2. 总线制

总线制是指采用 2～4 条导线构成总线回路,所有的探测器都并接在总线上,每只探测器都有自己的独立地址码(或者使用总线地址模块),报警控制主机采用串行通信的方式按不同的地址信号访问每个探测器。总线制用线量少，设计施工方便，因此被广泛应用于小区周界、工厂周界、大型商场、大型的办公场所、银行等场所。四总线连接方式如图 3-20 所示。

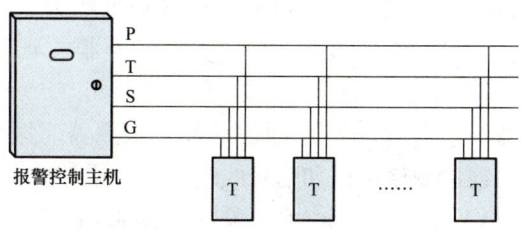

图 3-20　四总线连接示意图

图 3-20 中 P 线给出探测器的电源、地址编码信号；T 为自检信号线，以判断探测部位或传输线是否有故障；S 线为信号线，S 线上的信号对探测部位而言是分时的；G 线为公共地线。二总线制则只保留了 P、G 两条线，其中 P 线通过不同的接线方式和线尾电阻实现供电、选址、自检、获取信息等功能。

3. 混合式

有些入侵探测器的传感器结构很简单，如开关式入侵探测器，如果采用总线制则会使探测器的电路变得复杂起来，势必增加成本。但多线制又使控制器与各探测器之间的连线太多，不利于设计与施工。混合式则是将两种线制方式相结合的一种方法。一般在某一防范范围内（如某个防范区域）设一通信模块（或称为扩展模块），在该范围内的所有探测器与模块之间采用多线制连接（星形连接），而模块与控制器之间则采用总线制连接。由于区域内各探测器到模块路径较短，探测器数量又有限，故多线制可行，由模块到报警器路径较长，采用总线制合适，将各探测器的状态经通信模块传给控制器。图 3-21 为混合式示意图。

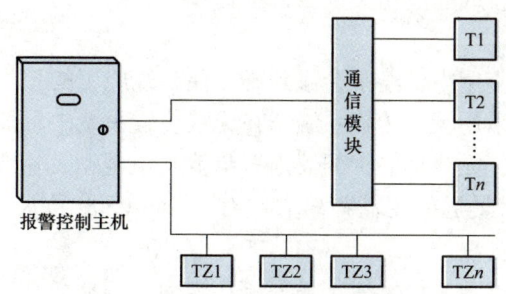

图 3-21　混合式示意图

Tn—多线制报警探测器；TZn—总线制报警探测器

在实际工程应用中,无论是哪种连线方法,连接信号线缆均为两芯线缆或者四芯线缆,视传输距离的不同需要采用的线缆规格为 14~26AWG(相当于外径 1.63~0.404mm^2)。采用星形连接最远传输长度约为 150m(500 英尺);采用总线连接最远传输距离 1200m;通过总线放大器或延长器最远可支持 3000m 甚至更远。

如果报警探测器为有源探测器(如被动红外探测器、振动探测器等)需要配置电源线,电源线的规格可以和信号线缆不同。通常情况下采用多线制连接方法,推荐选用 RVV 4×0.5mm^2(无源探测器采用 RVV 2×0.5mm^2)线缆,民用项目或安全级别不是很高的话也可以采用 4 芯电话线(HRB4×1/0.4,外径不能小于 0.4mm^2);如果采用总线制连接方法,推荐选用 RVV 4×0.75mm^2(无源探测器采用 RVV 2×0.5mm^2)以上规格的线缆,传输距离超过 1200m 需要增加总线信号放大器等设备,推荐采用就近供电的方式取电;有的探测器支持宽电压工作(比如红外对射探测器的工作电源为 10~28V)则可以采用集中供电的方式,不过随着距离的不断加长,电压衰减也很厉害,因此低于 10VDC 不能采用集中供电的方式。

3.2.3.2 无线传输系统

无线传输是探测器输出的探测信号经过调制,用一定频率的无线电波向空间发送,由报警中心的控制器所接收。而控制中心将接收信号处理后发出报警信号和判断出报警部位。对于无线电系统使用的频率和功率,相关管理部门都有详细的规定,必须在许可的频率和功率内使用。

在无线传输方式下,前端探测器发出的报警信号的声音和图像复核信号也可以用无线方法传输。首先在对应入侵探测器的前端位置将采集到的声音与图像复合信号变频,把各路信号分别调制在不同的频道上,然后在控制中心将高频信号解调,还原出相应的图像信号和声音信号,并经多路选择开关选择需要的声音和图像信号,或通过相关设备自动选择报警区域的声音和图像信号,进行监控或记录。

在实际的工程应用中,经常会碰到不方便布线施工的工程或者需要无线报警的场所,就可以采用无线传输系统。在无线传输系统中,前端探测器需要选用无线报警探测器,无线报警探测器内置电池(电池视工作方式寿命 2~10 年不等),在开阔地带最远的传输距离大约有 150m(500 英尺),对应的报警控制主机必须有接收模块。

一般情况下不推荐采用无线传输系统,因为探测器受到电池工作寿命的影响,通常情况下每隔 20~50min 向报警主机发送信号表明工作正常,在这段未通信的时间段报警探测器容易受到破坏。

3.2.4 本地报警系统

本地报警系统相对报警接收中心（相当于远程报警系统）而言，主要指连接探测器的报警主机部分，主要设备包括报警控制主机、操作键盘、各种扩展模块、报警接收软件、电脑、打印机和拨号器等。

3.2.4.1 报警控制主机

报警控制主机能够直接接收报警探测器发出的报警信号，发出声光报警并能指示入侵发生的部位。声光报警信号应能保持到手动复位，如果再有入侵报警信号输入时，应能重新发出声光报警信号。另外，报警控制主机能向与该机接口的全部探测器提供直流工作电压（当前端入侵探测器过多、过远时，也可单独向前端探测器供电）。一般报警控制主机有防破坏功能，当连接入侵探测器和控制器的传输线发生断路、短路或并接其他负载时，应能发出声光报警故障信号。报警信号应能保持到引起报警的原因排除后，才能实现复位；而在故障信号存在期间，如有其他入侵信号输入，仍能发出相应的报警信号。

报警控制主机能对控制系统进行自检，检查系统各个部分的工作状态是否处于正常工作状态，并可向报警接收中心发送状态信息。常见的报警主机的工作电压为 16V AC，可配置直流蓄电池，自断电的情况下可以继续工作。报警控制主机从外观上看有盒式、挂壁式或柜式，均可内置一定数量的蓄电池。

报警控制主机按照防区的数量可分为小型报警控制主机和大型报警控制主机。小型报警控制主机多采用多线制连接（星形连接）探测器，防区一般不超过 32 个；大型报警控制主机多采用总线方式连接探测器，防区一般都超过 32 个，可多达 256 防区或更多。不管是哪种报警控制主机，大都具有以下功能或特性：

- 能提供 2～256 路（甚至更多）报警信号、多路声控复核信号、多路视频复核信号，功能扩展后，能从接收天线接收无线传输的报警信号。
- 能在任何一路信号报警时，发出声光报警信号，并能显示报警部位和时间。
- 有自动/手动声音复核和视频、录像复核。
- 对系统有自查能力。
- 市电正常供电时能对备用电源充电，断电时能自动切换到备用电源上，以保证系统正常工作。另外还有欠电压报警功能。
- 具有延迟报警功能。
- 能向区域报警中心发出报警信号。

- 能存入 2~4 个紧急报警电话号码，发生报警情况时，能自动依次向紧急报警电话发出报警信号。

在国内的市场上，尤其是智能小区的建设中，经常碰到的还有两种"报警控制主机"，即可视对讲系统的带防区室内分机和家庭智能终端，这两种设备从某种意义上讲具有报警控制主机的一些功能，能够连接各种探测器，能够实现集中报警控制和管理，适用于小区或者一些其他安全性要求不高的场所。目前公认的、可靠的报警控制主机多是基于电话线或者 TCP/IP 网络将报警信号传送至报警接收中心（专业级的），具有上文所述的功能和特性，同时专业级的报警控制主机还具有以下特性：

- 报警控制主机应有较高的稳定性，平均无故障工作时间分为三个等级：A 级，5000h；B 级，20 000h；C 级，60 000h。
- 报警控制主机应在额定电压和额定负载电流下进行警戒、报警、复位，循环 6000 次，而不允许出现电的或机械的故障，也不应有器件的损坏和触点粘连。
- 报警控制主机的机壳应有门锁或锁控装置（两路以下的例外），机壳上除密码按键及灯光显示外，所有影响功能的操作机构均应放在箱体内。

故从某种意义上讲，可视对讲系统室内分机和家庭智能终端是准专业的"报警控制主机"，因此加引号。目前的室内分机和智能终端从稳定性、防区的类型、音视频复核、防误报方面尚无法和专业级的报警控制主机相媲美，但不排除随着技术的发展和进步，室内分机和智能终端集成专业的报警控制主机。报警控制主机集成室内分机和智能终端集，最终达到专业级的水准，这也是防盗报警系统发展的一种技术趋势。

3.2.4.2 控制键盘

控制键盘是用来对报警控制主机进行操作、控制的独立键盘设备，键盘可以和主机分开安装，最远可以相距 150m，报警控制主机一般安装在控制机房，控制键盘一般安装在大门的出入口内侧，以方便进行各种各样的操作。

常见的控制键盘分为 LED 键盘和 LCD 键盘两种。LED 键盘一般会配置几颗 LED 灯，用来提示操作的各种状态，同时伴有防区指示灯；LCD 键盘可以用字符显示各种操作、命令和状态提示等，多用于大型系统。

3.2.4.3 防区的类型

报警控制主机通过编程可以定义多种类型的防区，方便各种应用，主要有以下几种：

- 空防区：未使用防区，相当于旁路。
- 延时防区：此类型防区提供 0~255s 可调进入延时和 100s 固定输出延时，方便布防和撤防，有一定的操作时间，适用于出入口。
- 即时报警防区：设防以后探测器被触发即报警，适用于周界探测器。
- 室内在宅/出外防区：留守布防自动旁路，外出工作，多用于多种工作模式的报警控制主机，适用于室内探测器。
- 24h 紧急防区：不受撤布防影响，一直处于工作状态，适用于紧急按钮。
- 火警防区：一直处于布防状态，适用于烟雾报警探测器。

在系统编程时，可根据需要选择防区，每种报警控制主机对不同的防区类型都有一个数字编码。

3.2.4.4 报警的电路设计

报警控制主机可设置短路、断路、线尾电阻等多种类型的报警和故障方式。通过对防区端口的设定、选用不同的探测器、利用线尾电阻实现以下几种报警方式，需要配合设计报警的电路：

- 常闭回路（NC）：短路正常，断路报警。这种电路形成的缺点是：若有人对线路短路，该探头就失去作用，报警主机就无法识别是人为的短路。
- 常开回路（NO）：短路报警，断路正常。这种电路形成的缺点是：若有人对线路断路（剪断信号线），该探头失去作用，报警主机就无法识别是人为的段路。
- 线尾电阻 EOL：短路正常，断路报警。这种电路形成的优点是：若有人破坏线路（短路或断路），报警主机都能报警，这也是常见的报警方式之一。
- 短路报警，断路故障，阻值为 2.2kΩ 为正常。这种电路形式的优点是：对短路和断路做出不同的反应，特别是适合烟感探头和紧急按钮，如果是老鼠咬断或因搬东西而扯断，报警主机认为该回路故障。

● 3.2.5 远程传输系统

远程传输系统相对本地传输系统而言，主要是指报警控制主机到报警接收中心的传输线路。常见的传输线路包括电话线和互联网（包括局域网和广域网），应用最广、最成熟的就是电话线拨号报警，能够实现音视频报警。

常见的报警控制主机如果要通过互联网传输报警信号，需要加装 TCP/IP 转换模块。另外的报警线路还包括 GSM 远程报警，目前应用较少。

● 3.2.6 报警接收中心

如前文所述，报警接收中心（Alarm Receiving Centre）是指接收一个或多个安防控制中心的报警信息并处理警情的场所，也可以理解为接收报警控制主机发来的报警信号并进行相关的控制动作，其核心设备是报警中心接警机。

常见的报警接收中心有专业级的接处警中心（如公安机关的接警中心）和民用型的报警接收中心（如小区的控制机房）。

3.3 典型应用分析

● 3.3.1 小型有线报警系统

小型有线报警系统是最常见、也是应用最多的报警系统，适用于住宅、办公室、银行等要求防区不多（不超过 32 个）的场所。通常报警探测器距离报警控制主机的距离不超过 150m，采用多线制连接（星形连接）。

小型有线报警系统的组成如图 3-22 所示。

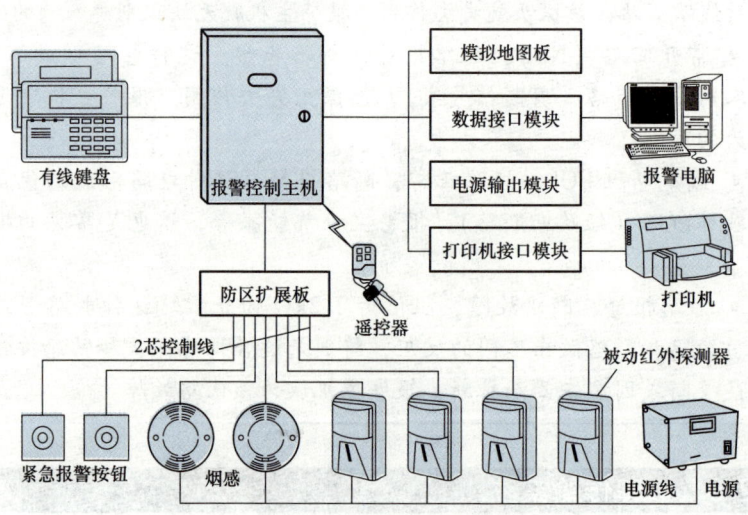

图 3-22 小型有线报警系统组成图

由图 3-22 可以看出，报警控制主机可以连接多个有线键盘，能够实现对探测器的分区管理，比如把一个大区域分割为多个小区域独立进行操作和控制。报警控制主机通过自带的防区可以连接一定数量的探测器，超过本身自带数量的防区之后需要增加防区扩展板；有源探测器需要额外的供电，可以采用独立集中供电，也可以通过报警控制主机进行供电，探测器的类型也不受限制。报警控制主机通过模拟地图板实现地图报警功能，通过数据接口模块可以和计算机相连实现计算机管理，通过电源输出模块可以给探测器或继电器供电，通过打印机接口模块可以和打印机相连接。

● 3.3.2 小型无线报警系统

小型无线报警系统和小型有线报警系统的区别在于探测器都是无线的，通过无线接收模块和报警控制主机相连接。无线接收模块一般可以支持 32 个无线防区或者更大，可以满足小型系统的需要。

小型无线报警系统的组成如图 3-23 所示。

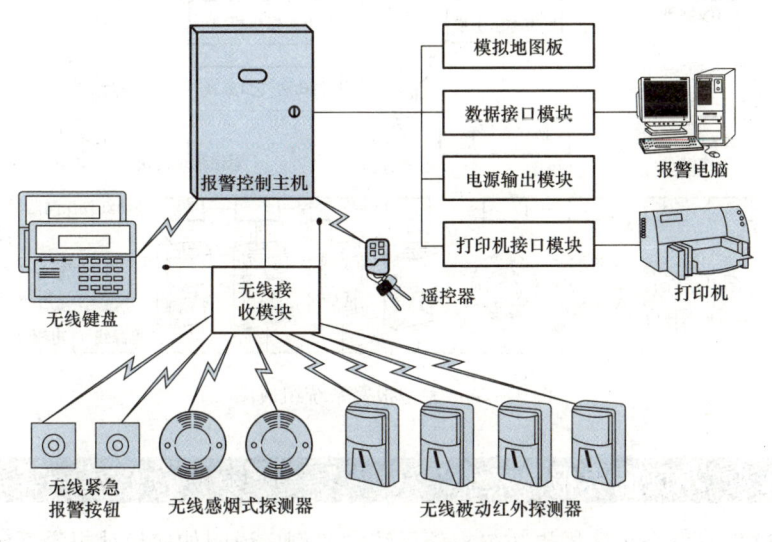

图 3-23　小型无线报警系统组成图

由图 3-23 可以看出，无线报警系统除了可以采用无线的探测器之外，还可以采用无线键盘和遥控器进行各种操作，打造一个纯无线的系统。当然无线键盘和遥控器也同样适用于有线系统，通过遥控器可以方便地进行布撤防操作。

无线报警系统适用于小型的、对安全级别要求不高的场所，如条件许可，宜尽可能选择有线报警系统。

● 3.3.3 大型报警系统

大型报警系统相对小型报警系统而言，通常情况下探测器数量比较多、传输的距离也比较远（超过150m），采用星形连接无法实现远距传输报警的要求。大型报警系统使用于小区的周界、工厂的周界、边防、机场、大型办公室等场所，探测器和报警控制主机的连接通过一根或者多根总线连接，最远的传输距离可以达到1200m，通过总线延长器可将传输距离延长到3000m或更远。

在总线型连接方式中，需要采用可编址探测器（集成了总线地址模块的探测器）方可连接总线。如果采用普通探测器，则需要选用总线地址模块。

大型报警系统组成如图3-24所示。

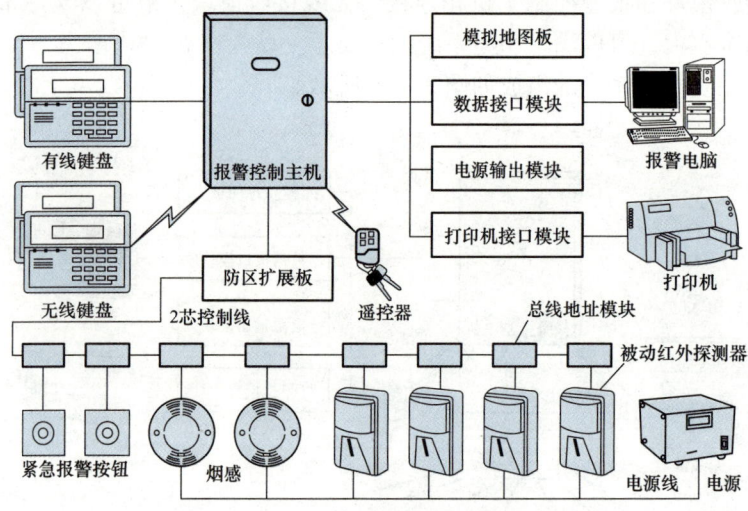

图3-24 大型报警系统组成图

● 3.3.4 小区周界报警系统

在这里举一个小区周界防盗报警系统的实例，说明如何设计报警系统。系统组成如图3-25所示。

小区的防盗报警系统属于大型报警系统，具备探测器数量多、距离远（通常小区的周界比较长）的特点。按照这种特点，报警控制主机需要选用总线型大型报警主机。根据报警控制中心的数量确定键盘的数量，通常选用一个报警控制键盘即可。因为小区一般设有一个值班中心，很少有两个的，故也不需要遥控器（可选）。

第三章 图说防盗报警系统

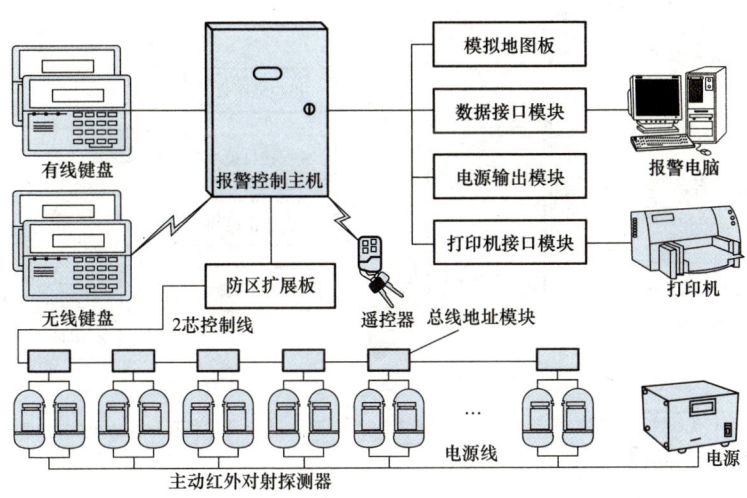

图 3-25 小区周界防盗报警系统组成图

在扩展模块方面：需要选择模拟地图板以方便保安人员迅速判断报警的位置；需要选择数据接口模块以方便用计算机记录和保存报警信息；电源输出模块和打印机接口模块可选。

报警探测器的选型比较复杂一些，从前端探测器的分类来看，适用于周界防护的探测器有室外被动红外探测器、主动红外对射探测器、地埋式泄漏电缆探测器、振动探测器、围栏防护探测器和光纤振动探测器。主动红外探测器是性价比最高、应用最广的探测器，如图 3-25 所示，缺点是如果围墙不规格（高地不一、长短不一）很难设置探测器，同时探测器很容易受到树枝和草丛的影响，尤其是周界有绿化的情况，很难设置红外探测器；室外被动红外探测器虽然可以应用于周界，但因为容易受到各种环境因素发生误报或者漏报而很少在周界中应用；地埋式泄漏电缆是一种理想的周界防护探测器，但因为造价昂贵而多用于高端场所，很少在小区中应用；振动线缆探测器是一种造价低廉适合各种周界适用的探测器，但是容易受到雷电、树枝的干扰发生误报；围栏防护探测器和光纤振动探测器在国内应用还比较少，造价也比较昂贵，一般不适用小区。一般情况推荐采用主动红外探测器，设计人员可以根据项目的实际需要选用适合的探测器。

● 3.3.5 具有接警中心的报警系统

连接到报警接收中心的报警系统属于专业级的系统，需要选用可靠的产品，系统组成如图 3-26 所示。

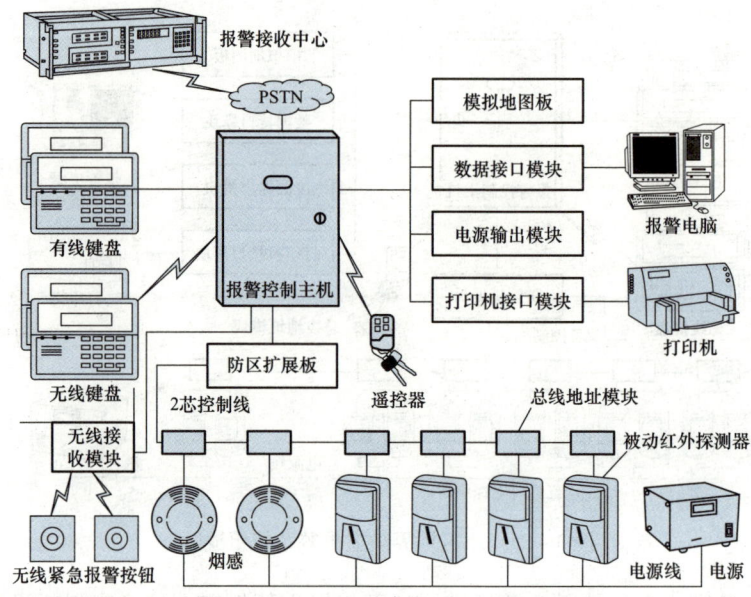

图 3-26 具有接警中心的报警系统组成图

由图 3-26 可以看出，本地的报警系统可以灵活配置，既可以采用多线制的报警控制主机，也可以采用总线制的报警主机；既可以采用有线报警系统，也可以采用无线报警系统。探测器也可以根据实际需要选用，属于一种混合型的系统。连接到报警接收中心的报警系统要求设备的质量、稳定性和可靠性都是很高的，需要采用专业级的产品，重点是降低误报率和漏报率。

报警控制主机可以通过电话线和互联网与报警接收中心相连，但应用最广最成熟的还数电话线，故推荐采用电话网络（PSTN）进行报警信号传输。

● 3.3.6 防盗报警系统和闭路监控电视系统的联动

在闭路监控电视系统中，矩阵控制主机、硬盘录像机均具有强大的报警联动功能，可以直接接入各种类型的探测器，可以实现防盗报警系统和闭路监控电视系统的联动。

在报警控制主机中，可以通过视频复核模块用电话线传送压缩图像信息，在矩阵控制主机或硬盘录像机可以通过连接探测器实现报警联动功能，但这两种实现方法都存在各自的局限性，不能完全取代。如何实现防盗报警系统和闭路监控电视系统真正的联动，发挥二者的优势，这将是防盗报警系统发展的一个技术趋势。

具体来讲，报警控制主机将接收到的报警信号再传送给监控系统，可以通过报警输出模块实现，前提是输出的防区数量和输入的防区数量相同。

3.4 技术发展趋势

防盗报警系统由来已久，发展的时间长，技术成熟，故出现新的技术、新的趋势不会像闭路监控电视系统那么多。个人认为，未来几年的发展趋势包括：报警控制主机集成可视对讲系统、门禁系统和家庭智能终端，防盗报警系统和闭路监控电视系统、门禁系统实现联动，报警控制键盘出现大屏幕操作面板。

● 3.4.1 报警控制主机的集成功能

市面上的报警控制主机大多数集成了门禁系统和音视频系统，可视对讲的室内分机集成了防盗报警系统，家庭智能终端本身就是一台报警控制主机，而且控制功能还很强大（尤其是家电控制）。但是采用报警控制主机集成的门禁系统和音视频系统功能远不如专业门禁系统和监控系统强大，而可视对讲系统和家庭智能终端的报警功能远不如报警控制主机那么稳定、可靠和功能强大。

由专业的报警控制主机集成专业的可视对讲系统或家庭智能终端系统将会是一种技术发展的趋势。

● 3.4.2 防盗报警系统的联动功能

防盗报警系统和闭路监控电视系统、门禁系统的联动其实算不上是一种技术发展趋势，因为在实际工程中已经大范围的应用了。相对而言，国外的厂家防盗报警系统、闭路监控电视系统和门禁系统的集成度很高，而国内的厂家同时生产或运营三种系统产品很少，故对国内厂家来讲这是一个比较好的发展机会，也是一种技术发展的趋势。

在实际应用中，报警系统和门禁系统、监控系统集成大部分情况下不是通过报警控制主机或者接口模块实现集成和联动的，而是直接将报警探测器接入门禁系统和监控系统，不是真正意义的集成和联动。而真正意义的集成和联动是指有这么一个统一的平台，可以通过一台计算机（安装有软件系统）或者设备同时管理报警系统、监控系统和门禁系统，一旦报警探测器发生报警，可自动联动摄像机和门禁系统，进行图像的监控、记录和门禁的开关动作，这将是一种新的技术发展趋势。

● 3.4.3 大屏幕面板的控制键盘

现有应用比较多的键盘是 LED 键盘和 LCD 键盘，操作比较复杂、命令繁多，而且不直观，尤其是 LED 键盘。智能化系统发展的最终目的就是减少人的手工操作、傻瓜化，随着计算机技术、控制技术、现实技术的发展，这种要求将变为可能，而大屏幕操作键盘或者是触摸屏的操作键盘就是这样的产品，也是防盗报警系统发展的一种技术趋势，这样的产品已经出现，而且越来越成熟。

第四章

◎ 图说建筑智能化系统

图说门禁系统

4.1 系统基础知识

● 4.1.1 什么是门禁系统

门禁系统（Access Control System）又被称为出入管理控制系统，是安全防范管理系统的重要组成部分。门禁系统集自动识别技术和安全管理措施为一体，涉及电子、机械、生物识别、光学、计算机、控制、通信等技术，主要解决出入口安全防范管理的问题，实现对人、物的出入控制和管理功能。常见的门禁系统有独立式密码门禁系统、非接触卡式门禁系统和生物识别门禁系统，目前主流的门禁系统是非接触卡式门禁系统。

典型的联网门禁系统由门禁服务器、门禁管理软件、控制器、接口模块、读卡器、卡片、电锁、出门按钮、紧急玻璃破碎器和蜂鸣器等设备组成。

门禁系统在国内外的应用是有一定区别的，门禁系统最早出现在国外，技术发展比较成熟，通常都是联网的总线式门禁系统，包含考勤、在线巡更功能，可以集成报警系统，能够和闭路监控电视系统进行联动；而国内的门禁系统一般被归入一卡通系统建设，通常包括门禁系统、考勤系统、巡更系统（在线式或离线式）、消费系统和停车场管理系统，这个范围比国外的门禁系统要大，功能就相对简单一些。

图说建筑智能化系统

● 4.1.2 基础门禁知识

4.1.2.1 门禁系统相关 ISO/IEC 标准

要了解门禁系统，首先必须了解 ISO/IEC 标准和 RFID。

国际标准化组织（International Organization for Standardization，ISO）是一个全球性的非政府组织，是国际标准化领域中一个十分重要的组织。ISO 的任务是促进全球范围内的标准化及其有关活动，以利于国际间产品与服务的交流，以及在知识、科学、技术和经济活动中发展国际间的相互合作。其成员由来自世界上 100 多个国家的国家标准化团体组成，代表中国参加 ISO 的国家机构是中国国家技术监督局（CSBTS）。ISO 与国际电工委员会（IEC）有密切的联系，中国参加 IEC 的国家机构也是国家技术监督局。ISO 和 IEC 作为一个整体担负着制定全球协商一致的国际标准的任务，ISO 和 IEC 都是非政府机构。ISO 和 IEC 有约 1000 个专业技术委员会和分委员会，各会员国以国家为单位参加这些技术委员会和分委员会的活动。ISO 和 IEC 还有约 3000 个工作组，ISO、IEC 每年制定和修订 1000 个国际标准。

IEC 是国际电工委员会（International Electro Technical Commission）的缩写，也是非政府性国际组织，是联合国社会经济理事会的甲级咨询机构，正式成立于 1906 年，是世界上成立最早的专门国际标准化机构。IEC 下设技术委员会（TC）、分技术委员会（SC）和工作组（WG）。每一个技术委员会负责一个专业的技术标准编制工作，其工作范围由执行委员会指定。

JTC（Joint tech Committee）是 ISO 和 IEC 组成的一个联合技术委员会。为了负责不同领域工作的需要，JTC 又分成若干个子委员会 SC（Sub committee）。在 SC 中还有若干个工作组 WG（Workgroup）负责具体的 ISO/IEC 国际标准的起草、讨论、修正、制定、表决和公布等具体事宜。其中 SC17 中的 WG8 负责 ISO14443、ISO15693 非接触式智能卡标准具体起草、讨论、修正、制定、表决和最终 ISO 国际标准的公布。

与门禁系统和 RFID 密切相关的 ISO/IEC 标准包括 ISO/IEC 14443、ISO/IEC 15693、ISO/IEC 18000、ISO/IEC 7816、ISO/IEC 10536、ISO/IEC 11693、ISO/IEC 11694、ISO/IEC 11784、ISO/IEC 11785 等标准，下面将详细描述。

1. ISO/IEC 14443

目前 ISO/IEC 14443 标准中的非接触式智能卡的类型分为 Type A、Type B、Type C、Type D、Type E、Type F、Type G 等七种，其中几种类型还需要复议。

（1）**Type A**。Type A 是由 Philips、Siemens 等半导体公司最先开发和使

第四章 图说门禁系统

用。在亚洲、欧洲等地区，Type A 技术和产品占据了大部分的市场份额。代表 Type A 非接触智能卡芯片主要有：Mifare Light（MF1 IC L10 系列）、Mifare 1（S50 系列、内置 ASIC，国内应用最多））、Mifare2（即 Mifare Pro，ICD8x 系列，接触/非接触双接口系列、内置兼容 Intel 18051 的微处理控制器 MCU）等。Type A 卡片的读写核心设备是 ASIC 芯片以及由此组成的核心保密模块 MCM（Mifare Core module）。总体来讲，Type A 技术是一个非常优秀的非接触技术，设计简单扼要，应用项目的开发周期可以很短，同时又能起到足够的保密作用，可以适用于非常多的应用场合，尤其是门禁应用。

（2）**Type B**。Type B 是一个开放式的非接触式智能卡标准。所有的读写操作可以由具体的应用系统开发者定义。正是这一点使它可以被世界上众多的智能卡厂家所广泛接受，所以每个厂家在具体设计、生产其本身的智能卡产品时，将会把其本身的一些保密特性融入其产品中，例如加密的算法、认证的方式等等。Type A 和 Type B 之间的比较：见表 4-1。

表 4-1　　　　　　　　　Type A 与 Type B 的比较

	Type A		Type B
副载波频率	847.5 kHz（13.56MHz）	副载波频率	847.5 kHz（13.56MHz）
Manchester（bit encoding）	具有较低的信噪比	BPSK（bit encoding）	具有较高的信噪比
	防冲突特性可以控制在位（bit）层次上		防冲突特性只能控制在信息（message）层次上而不是位层次上，比 Type A 差
	对于用软件来实现编码技术（bit encoding）来说太快，需要使用硬件电路来实现位编码/解码		几乎都用软件来直接实现位编码/解码技术，不需要使用硬件电路来实现位编码/解码
数据速度	106 kbit/s	数据速度	106 kbit/s

（3）**Type C**。Type C 是由日本索尼公司研制的一种类型。其 Feilica 非接触式智能卡（也称八达卡）及 RC-S 系列读写器成功地应用于很多地铁项目和一些其他交通项目，作为交通一卡通使用。索尼公司的非接触智能卡技术比较独特，它的天线结构和技术，使其读写器的卡片读写距离可以非常稳定地达到 10cm 以上。其天线结构中镶嵌的特殊材料（铁氧体等材料）使其整个天线电磁场的读写距离非常均匀，没有"死区"现象出现。索尼非接触智能卡还有一个非常重要的特性，即数据写操作失败时的数据优恢复功能。

（4）**Type D**。Cubic 是一家历史非常悠久的跨国电子集团公司，创建于

1951年，Cubic总公司主要分为两部分，一部分为"Defense Group"，另一部分为"Transportation System Group"。"GO CARD@ System"是Cubic"Transportation System Group"中一个非常典型的非接触式智能卡的创新和应用，创立于1989年前后。"GO CARD@ System"系统的非接触方式读卡/认证速度非常快，约70ms左右，并且实现了数据加密技术，开创了交通系统中"刷卡"的先例。作为非接触智能卡技术的延伸，Cubic将一些人体的生物特性，例如指纹、面部图案识别等融入非接触智能卡技术中，开创了非接触智能卡生物识别的新领域。

（5）**Type E**。OTI公司创建于1990年，是一家以色列公司，其应用市场主要在欧洲和美国等地。OTI独创的一些非接触智能卡技术（如可编程接口天线等），可以使一个接触式智能卡提升成为一个非接触式智能卡，令它与众不同。OTI研究开发的独特的非接触智能卡芯片：单芯片解决方案和双（微）模块解决方案在非接触式智能卡中独树一帜。支持接触式和非接触式（13.56MHz）两种接口应用，并自动识别和转换，程序ROM空间达到24kbytes；数据EEPROM空间达到8kbytes；支持13.56MHz载波频率的10% ASK和100% ASK两种调制方式，用户在初始化时可以选择ISO/IEC 14443-2（Type B）方式或ISO/IEC 14443-2（Type E：OTI）方式。在双（微）模块解决方案中，OTI分别设置了两个独立的以微处理器MCU为核心的微模块，其中一个微模块负责非接触智能卡片数字数据处理/认证等操作；另外一个微模块用于管理和读写器通信的RF接口，特别是RF天线信号处理等。两个微模块既相互独立又相互协调，使整个模块的速度极快，特性非常优秀。

（6）**Type F**。LEGIC是一家欧洲的非接触式智能卡专业公司，只研发非接触智能卡及其相关产品技术。LEGIC（读写）保密模块包括SM05（-S）、SM100（-S）、SM300/400（-S）等。保密模块SM的转化产品有：移动式智能存储器初始化设备保密模块MSM、移动式智能存储器媒体初始化设备MI-MIU、无线电频率系统保密模块RFSM、无线电频率系统固定单元RFSU、智能卡片读写设备单元WRU，等等。LEGIC所有保密模块SM100系列产品包括：SM100-ST（标准型号）、SM100-SE（电子票卡应用）、SM100-SC（电子钱包应用）以及SM100-SX（电子标卡/电子钱包应用）。保密模块SM05和SM300/400等具有和SM100相同的产品分类和特性等。

（7）**Type G**。事实上，我国的非接触智能卡技术（Type G）在应用层面上所体现出的技术非常先进，一点也不比亚洲的周边国家和地区，并且在应用层面上已经有着非常多的经验，但是在非接触智能卡核心技术的研发和掌握上、微电子工业基础设施和设备上，与国外公司相比还有一定的差距。

2. ISO/IEC 15693

ISO/IEC 15693 和 ISO/IEC 14443 一样同是非接触式智能卡的国际标准，在 1995 年开始操作，其完成则是在 2000 年之后。二者皆以 13.56MHz 交变信号为载波频率。ISO 15693 读写距离较远，而 ISO 14443 读写距离稍近，但使用较广泛。ISO/IEC 15693 采用轮寻机制、分时查询的方法完成防冲撞机制。防冲撞机制使得同时处于读写区内的多张卡的准确操作成为可能，既方便了操作，也提高了操作的速度。

符合 ISO/IEC 15693 标准的信号接口部分的性能如下：

（1）工作频率：工作频率为 13.56MHz ±7kHz

（2）工作场强：工作场的最小值为 0.15A/m，最大场为 5A/m。

（3）调制：用两种幅值调制方式，即 10% 和 100% 调制方式。读卡器应能确定用哪种方式。

（4）数据编码：采用脉冲位置调制。两种数据编码模式：256 选 1 模式和 4 选 1 模式。

（5）数率：有高和低两种数率。

3. ISO/IEC 18000

ISO/IEC 18000 是一系列标准，此标准是目前较新的标准，主要应用于商品的供应链管理，其中部分标准也在形成之中。更加详细的内容将在 RFID 中介绍。

4. ISO/IEC 7816

ISO/IEC 7816 是识别卡带触点的集成电路卡的国际标准，主要包括 ISO/IEC 7816 – 1 ~ 5 等 5 个部分。

- ISO/IEC 7816 – 1：1987《识别卡带触点的集成电路卡第 1 部分：物理特性》，规定了带触点集成电路卡的物理特性，如触点的电阻、机械强度、热耗、电磁场、静电等，适用于带磁条和凸印的 ID – 1 型卡。

- ISO/IEC 7816 – 2：1988《识别卡带触点的集成电路卡第 2 部分：触点尺寸和位置》，规定了 ID – 1 型 IC 卡上每个触点的尺寸、位置和任务分配。

- ISO/IEC 7816 – 3：1989《识别卡带触点的集成电路卡第 3 部分：电信号和传输协议》，规定了电源、信号结构以及 IC 卡与诸如终端这样的接口设备间的信息交换。包括信号速率、电压电平、电流数值、奇偶约定、操作规程、传输机制以及与 IC 卡的通信。

- ISO/IEC 7816 – 4：1995《识别卡带触点的集成电路卡第 4 部分：行

业间交换用指令》，规定了由接口设备至卡（或相反方向）所发送的报文、指令和响应的内容；在复位应答期间卡所发送的历史字符的结构和内容；在处理交换用行业间指令时，在接口处所读出的文卷和数据结构；访问卡内文卷和数据的方法；定义访问卡内文卷和数据的权利的安全体系结构；保密报文交换方法等内容。

● ISO/IEC 7816-5：1987《识别卡带触点的集成电路卡第5部分：应用标识符的编号体系和注册程序》，该标准规定了应用标识符（AID）的编号体系和AID的注册程序，并确定了各种权限和程序，以保证注册的可靠性。

5. ISO/IEC 10536

ISO/IEC 10536是用于非接触智能卡的国际标准，发展于1992~1995年间。由于这种卡的成本高，与接触式IC卡相比优点很少，因此在市场上很难看到。ISO/IEC 10536包括了以下4个部分：

● ISO/IEC 10536-1：1992《识别卡无触点的集成电路卡第1部分：物理特性》，规定了无触点集成电路卡（CICC）的物理特性，适用于ID-1型卡。

● ISO/IEC 10536-2：1995《识别卡无触点的集成电路卡第2部分：耦合区的尺寸和位置》，规定了为使ID-1型无触点IC卡和卡耦合设备相接而提供的每个耦合区的尺寸、位置、性质和分配。

● ISO/IEC 10536-3：1996《识别卡无触点的集成电路卡第3部分：电信号和复位规程》，规定了ID-1型无触点IC卡和卡耦合设备之间提供功率和双向通信的场的性质和特性。

● ISO/IEC 10536-4：1996《识别卡无触点的集成电路卡第4部分：互操作规程》。

6. ISO/IEC 11693和ISO/IEC 11694

ISO/IEC 11693是识别卡、光存储卡的国际标准，发展于1994年。该标准规定了在卡上存储数据，从卡读出数据所必需的信息，并提供在信息处理系统中光记忆卡的物理、光学和数据交换能力。

ISO/IEC 11694是识别卡光存储卡线性记录方式的国际标准，也是发展于1994年，主要包括以下3个部分：

● ISO/IEC 11694-1：1994《识别卡光存储卡线性记录方式第1部分：物理特性》，规定了使用线性记录方法的光记忆卡的物理特性。

第四章 图说门禁系统

● ISO/IEC 11694-2：1994《识别卡光存储卡线性记录方式第 2 部分：可访问光区的尺寸和位置》，规定了使用线性记录方法的光记忆卡的可访问光区的尺寸和位置。

● ISO/IEC 11694-3：1994《识别卡光存储卡线性记录方式第 3 部分：光学性能和特性》，规定了使用线记录方法的光记忆卡的性质和特性。

7. ISO/IEC 11784 和 ISO/IEC 11785

ISO/IEC 11784 和 ISO/IEC 11785 是用于对动物识别的国际标准。这两个标准辨别规定了动物识别的代码结构和技术准则，标准中没有对应答器样式尺寸加以规定，因此可以设计成合适于所涉及的动物的各种形式，如玻璃管状、卫标或项圈等。代码结构为 64 位，其中的 27~64 位可由各个国度自行定义。技术准则规定了应答器的数据传输方法和读卡器规范。工作频率为 134.2kHz，数据传输方法有全双工和半双工两种，读卡器数据以差分双相代码表示，应答器件采用 FSK 调制，NRZ 编码。由于存在较长的应答器充电时间和工作频率的限制，通信速率较低。

8. 各种标准的对比

与门禁系统密切相关的 ISO/IEC 标准主要是 ISO/IEC 14443、ISO/IEC 15693 和 ISO/IEC 18000 等三个标准，而与 RFID 相关的 ISO/IEC 标准较多，下面就这三个标准予以分析和比较。

（1）低频段射频标签相关的国际标准。低频段射频标签，简称为低频标签，其工作频率范围为 30~300kHz。典型工作频率有：125kHz（即门禁系统 ID 卡常见的工作频率）和 133kHz。低频标签一般为无源标签，其工作能量通过电感耦合方式从阅读器耦合线圈的辐射近场中获得。低频标签与阅读器之间传送数据时，低频标签需位于读卡器天线辐射的近场区内。低频标签的阅读距离一般情况下小于 1m（门禁系统常见的工作距离为 10cm）。

低频标签的典型应用有门禁系统、动物识别、容器识别、工具识别等。与低频标签相关的国际标准有 ISO/IEC 11784/11785（用于动物识别，即 ID 卡的标准）、ISO/IEC 18000-2（125~135kHz）。

（2）中高频段射频标签相关的国际标准。中高频段射频标签的工作频率一般为 3~30MHz。典型工作频率为：13.56MHz（即门禁系统 Mifare 卡常见的工作频率）。该频段的射频标签，从射频识别应用角度来说，因其工作原理与低频标签完全相同，即采用电感耦合方式工作，所以可以将其归为低频标签类中。另一方面，根据无线电频率的一般划分，其工作频段又称为高频，所以也常将其称为高频标签。鉴于该频段的射频标签可能是实际应用中最大量的一种射频标签，因而我们只要将高、低理解成为一个相对的概念，即不会在此造成理解上的混乱。为了便于叙述，将其称为中频射频标签。

中频标签由于可方便地做成卡状（卡片型），典型应用包括门禁卡、公交卡、地铁卡、电子身份证、电子闭锁防盗等。相关的国际标准有 ISO/IEC 14443、ISO/IEC 15693、ISO18000-3（13.56MHz）等。

中频标准的基本特点与低频标准相似，由于其工作频率的提高，可以选用较高的数据传输速率。射频标签天线设计相对简单，标签一般制成标准卡片形状。

（3）超高频与微波标签。超高频与微波频段的射频标签，简称为微波射频标签，其典型工作频率为：433.92MHz，862（902）～928MHz，2.45GHz，5.8GHz。微波射频标签可分为有源标签与无源标签两类。工作时，射频标签位于读卡器天线辐射场的远区场内，标签与读卡器之间的耦合方式为电磁耦合方式。读卡器天线辐射场为无源标签提供射频能量，将有源标签唤醒。

相应的射频识别系统阅读距离一般大于1m，典型情况为4～6m，最大可达10m（即常见的远距离读卡系统或者资产管理系统）以上。读卡器天线一般均为定向天线，只有在读卡器天线定向波束范围内的射频标签可被读/写。

市面上主流的无源微波射频标签相对集中在902～928MHz工作频段上。2.45GHz和5.8GHz射频识别系统多以半无源微波射频标签产品面世。半无源标签一般采用钮扣电池供电，具有较远的阅读距离。

微波射频标签的典型特点主要集中在是否无源、无线读写距离、是否支持多标签读写、是否适合高速识别应用、读写器的发射功率容限、射频标签及读写器的价格等方面。对于可无线写的射频标签而言，通常情况下，写入距离要小于识读距离，其原因在于写入要求更大的能量。

微波射频标签的典型应用包括停车场管理系统、电子身份证、仓储物流应用、电子闭锁防盗等。相关的国际标准有 ISO/IEC 10374、ISO/IEC 18000-4（2.45GHz）、ISO/IEC 18000-5（5.8GHz）、ISO/IEC 18000-6（860～930MHz）、ISO/IEC 18000-7（433.92 MHz）、ANSI NCITS256-1999 等。

4.1.2.2 RFID

RFID 是 Radio Frequency Identification 的缩写，中文名称为射频识别，是一种利用射频通信实现的非接触式自动识别技术。RFID 标签具有体积小、容量大、寿命长、可重复使用等特点，可支持快速读写、非可视识别、移动识别、多目标识别、定位及长期跟踪管理。RFID 技术与互联网、通信等技术相结合，可实现全球范围内物品跟踪与信息共享。

要了解射频技术，首先必须了解射频。射频（Radio Frequency）就是射频电流，它是一种高频交流变化电磁波的简称，每秒变化小于1000次的交流电称为低频电流，大于10 000次的称为高频电流，而射频就是一种高频电流。在电子学理论中，电流流过导体，导体周围会形成磁场；交变电流通过导体，导体周围会形成交变的电磁场，称为电磁波。在电磁波频率低于100kHz时，电磁波会被地表吸收，不能形成有效的传输，但电磁波频率高于100kHz时，电磁波可以在空气中传播，并经大气层外缘的电离层反射，形成远距离传输能力，我们把具有远距离传输能力的高频电磁波称为射频。

RFID的技术标准主要由ISO和IEC制定。目前可供射频卡使用的几种射频技术标准有ISO/IEC 10536、ISO/IEC 14443、ISO/IEC 15693和ISO/IEC 18000。应用最多的是ISO/IEC 14443和ISO/IEC 15693，这两个标准都由物理特性、射频功率和信号接口、初始化和反碰撞以及传输协议四部分组成，主要用于门禁系统，在前文中已有叙述。门禁系统使用的ID卡、IC卡都属于射频卡，本处主要论述应用于物流系统的RFID技术。

ISO/IEC的通用技术标准可以分为数据采集和信息共享两大类。数据采集类技术标准涉及标签、读写器、应用程序等，可以理解为本地单个读写器构成的简单系统，也可以理解为大系统中的一部分，其层次关系如图4-1所示。而信息共享类就是RFID应用系统之间实现信息共享所必须的技术标准，如软件体系架构标准等。

在图4-1中，左半图是普通RFID标准分层框图，右半图是从2006年开始制定的增加辅助电源和传感器功能以后的RFID标准分层框图。它清晰地显示了各标准之间的层次关系，自下而上先是RFID标签标识编码标准ISO/IEC 15963，然后是空中接口协议ISO/IEC 18000系列，ISO/IEC 15962和ISO/IEC 24753数据传输协议，最后ISO/IEC 15961应用程序接口。与辅助电源和传感器相关的标准

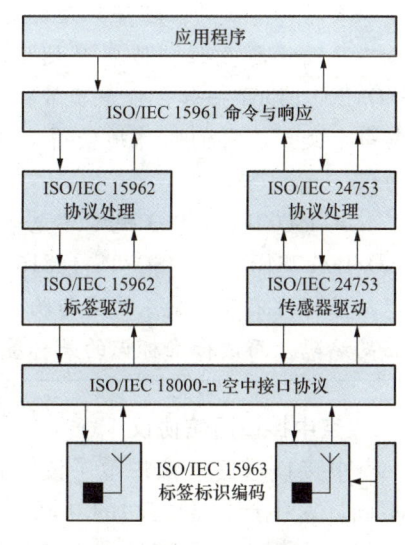

图4-1 ISO/IEC标准层次关系图

有空中接口协议、ISO/IEC 24753数据传输协议以及IEEE 1451标准。

1. 数据内容标准

数据内容标准主要规定了数据在标签、读写器到主机（也即中间件或应

用程序）各个环节的表示形式。由于标签能力（存储能力、通信能力）的限制，在各个环节的数据表示形式必须充分考虑各自的特点，采取不同的表现形式。另外主机对标签的访问可以独立于读写器和空中接口协议，也就是说读写器和空中接口协议对应用程序来说是透明的。RFID 数据协议的应用接口基于 ASN.1，它提供了一套独立于应用程序、操作系统和编程语言，也独立于标签读写器与标签驱动之间的命令结构。

- ISO/IEC 15961 规定了读写器与应用程序之间的接口，侧重于应用命令与数据协议加工器交换数据的标准方式，这样应用程序可以完成对电子标签数据的读取、写入、修改、删除等操作功能。该协议也定义了错误响应消息。

- ISO/IEC 15962 规定了数据的编码、压缩、逻辑内存映射格式，以及如何将电子标签中的数据转化为应用程序有意义的方式。该协议提供了一套数据压缩的机制，能够充分利用电子标签中有限数据存储空间以及空中通信能力。

- ISO/IEC 24753 扩展了 ISO/IEC 15962 数据处理能力，适用于具有辅助电源和传感器功能的电子标签。增加传感器以后，电子标签中存储的数据量以及对传感器的管理任务大大增加，ISO/IEC 24753 规定了电池状态监视、传感器设置与复位、传感器处理等功能。图 4-1 表明 ISO/IEC 24753 与 ISO/IEC 15962 一起，规范了带辅助电源和传感器功能电子标签的数据处理与命令交互。它们的作用使得 ISO/IEC 15961 独立于电子标签和空中接口协议。

- ISO/IEC 15963 规定了电子标签唯一标识的编码标准，该标准兼容 ISO/IEC 7816-6、ISO/TS 14816、EAN.UCC 标准编码体系、INCITS 256，以及保留对未来扩展。注意与物品编码的区别，物品编码是对标签所贴附物品的编码，而该标准标识的是标签自身。

2. 空中接口通信协议

空中接口通信协议规范了读写器与电子标签之间信息交互，目的是为了不同厂家生产设备之间的互联互通性。ISO/IEC 制定五种频段的空中接口协议，主要由于不同频段的 RFID 标签在识读速度、识读距离、适用环境等方面存在较大差异，单一频段的标准不能满足各种应用的需求。这种思想充分体现了标准统一的相对性，一个标准是对相当广泛的应用系统的共同需求，但不是所有应用系统的需求，一组标准可以满足更大范围的应用需求。

第四章 图说门禁系统

ISO/IEC 18000-1 信息技术	基于单品管理的射频识别，参考结构和标准化的参数定义。该标准规范了空中接口通信协议中共同遵守的读写器与标签的通信参数表、知识产权基本规则等内容。这样每一个频段对应的标准不需要对相同内容进行重复规定。
ISO/IEC 18000-2 信息技术	基于单品管理的射频识别，适用于中频 125~134kHz。该标准规定了在标签和读写器之间通信的物理接口，读写器应具有与 Type A（FDX）和 Type B（HDX）标签通信的能力；规定了协议和指令以及多标签通信的防碰撞方法。
ISO/IEC 18000-3 信息技术	基于单品管理的射频识别，适用于高频段 13.56MHz。该标准规定了读写器与标签之间的物理接口、协议和命令，以及防碰撞方法。关于防碰撞协议可以分为两种模式：模式1又分为基本型与两种扩展型协议（无时隙无终止多应答器协议和时隙终止自适应轮询多应答器读取协议）；模式2采用时频复用 FTDMA 协议，共有8个信道，适用于标签数量较多的情形。
ISO/IEC 18000-4 信息技术	基于单品管理的射频识别，适用于微波段 2.45GHz。该标准规定了读写器与标签之间的物理接口、协议和命令，以及防碰撞方法。该标准包括两种模式：模式1是无源标签，工作方式是读写器先讲；模式2是有源标签，工作方式是标签先讲。
ISO/IEC 18000-6 信息技术	基于单品管理的射频识别，适用于超高频段 860~960MHz。该标准规定了读写器与标签之间的物理接口、协议和命令，以及防碰撞方法。它包含 Type A、Type B 和 Type C 三种无源标签的接口协议，通信距离最远可以达到 10m。其中 Type C 是由 EPC global 起草的，并于2006年7月获得批准，它在识别速度、读写速度、数据容量、防碰撞、信息安全、频段适应能力、抗干扰等方面有较大提高。2006年递交了 V4.0 草案，它针对带辅助电源和传感器电子标签的特点进行了扩展，包括标签数据存储方式和交互命令。带电池的主动式标签可以提供较大范围的读取能力和更强的通信可靠性，不过其尺寸较大，价格也更贵一些。
ISO/IEC 18000-7	适用于超高频段 433.92 MHz，属于有源电子标签。规定了读写器与标签之间的物理接口、协议和命令，以及防碰撞方法。有源标签识读范围大，适用于大型固定资产的跟踪。

3. 测试标准

测试是所有信息技术类标准中非常重要的部分，ISO/IEC RFID 标准体系中包括设备性能测试方法和一致性测试方法。

（1）ISO/IEC 18046 射频识别设备性能测试方法。主要内容包括：标签性能参数及其检测方法，如标签检测参数、检测速度、标签形状、标签检测方向、单个标签检测及多个标签检测方法等；读写器性能参数及其检测方法如读写器检测参数、识读范围、识读速率、读数据速率、写数据速率等检测方法。在附件中规定了测试条件，全电波暗室、半电波暗室以及开阔场三种测试场。该标准定义的测试方法形成了性能评估的基本架构，可以根据 RFID 系统应用的要求，扩展测试内容。应用标准或者应用系统测试规范可以引用 ISO/IEC 18046 性能测试方法，并在此基础上根据应用标准和应用系统具体要求进行扩展。

（2）ISO/IEC 18047 对确定射频识别设备（标签和读写器）一致性的方法进行定义，也称空中接口通信测试方法。测试方法只要求那些被实现和被检测的命令功能以及任何功能选项。它与 ISO/IEC 18000 系列标准相对应。一致性测试，是确保系统各部分之间的相互作用达到的技术要求，也即系统的一致性要求。只有符合一致性要求，才能实现不同厂家生产的设备在同一个 RFID 网络内能够互连互通互操作。一致性测试标准体现了通用技术标准的范围，也即实现互联互通互操作所必须的技术内容，凡是不影响互联互通互操作的技术内容，尽量留给应用标准或者产品的设计者。

4. 实时定位系统（RTLS）

实时定位系统可以改善供应链的透明性，适用于船队管理、物流和船队安全等。RFID 标签可以解决短距离尤其是室内物体的定位，可以弥补 GPS 等定位系统只能适用于室外大范围的不足。GPS 定位、手机定位以及 RFID 短距离定位手段与无线通信手段一起可以实现物品位置的全程跟踪与监视。目前正在制定的标准有：

（1）ISO/IEC 24730-1 应用编程接口 API。它规范了 RTLS 服务功能以及访问方法，目的是应用程序可以方便地访问 RTLS 系统。它独立于 RTLS 的低层空中接口协议。

（2）ISO/IEC 24730-2 适用于 2450MHz 的 RTLS 空中接口协议。它规范了一个网络定位系统，该系统利用 RTLS 发射机发射无线电信标，接收机根据收到的几个信标信号解算位置。发射机的许多参数可以远程实时配置。

（3）ISO/IEC 24730-3 适用于 433MH 的 RTLS 空中接口协议。内容与第 2 部分类似。

5. 软件系统基本架构

2006 年，ISO/IEC 开始重视 RFID 应用系统的标准化工作，将 ISO/IEC 24752 调整为 6 个部分并重新命名为 ISO/IEC 24791。制定该标准的目的是对 RFID 应用系统提供一种框架，并规范了数据安全和多种接口，便于 RFID 系统之间的信息共享；使得应用程序不再关心多种设备和不同类型设备之间的差异，便于应用程序的设计和开发；能够支持设备的分布式协调控制和集中管理等功能，优化密集读写器组网的性能。该标准主要目的是解决读写器之间以及应用程序之间共享数据信息，随着 RFID 技术的广泛应用，RFID 数据信息的共享越来越重要。ISO/IEC 24791 标准各部分之间关系如图 4-2 所示。

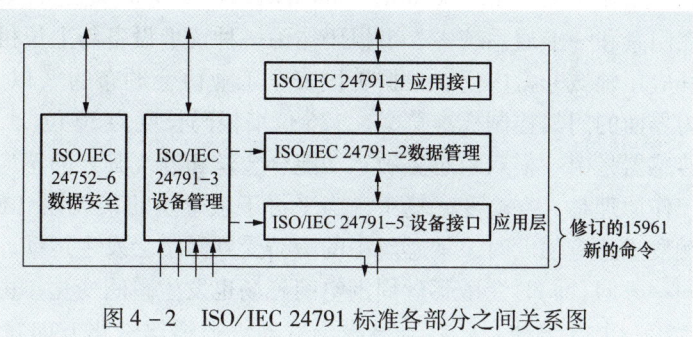

图 4-2　ISO/IEC 24791 标准各部分之间关系图

标准的具体内容如下：

ISO/IEC 24791-1 体系架构	给出软件体系的总体框架和各部分标准的基本定位。它将体系架构分成三大类：数据平面、控制平面和管理平面。数据平面侧重于数据的传输与处理；控制平面侧重于运行过程中对读写器中空中接口协议参数的配置；管理平面侧重于运行状态的监视和设备管理。三个平面的划分使得软件架构体系的描述得以简化，每一个平面包含的功能将减少，在复杂协议的描述中经常采用这种方法。每个平面包含数据管理、设备管理、应用接口、设备接口和数据安全五个方面的部分内容。目前已经给出标准草案。
ISO/IEC 24791-2 数据管理	主要功能包括读、写、采集、过滤、分组、事件通告、事件订阅等。另外支持 ISO/IEC 15962 提供的接口，也支持其他标准的标签数据格式。该标准位于数据平面，目前已经给出标准草案。
ISO/IEC 24791-3 设备管理	类似于 EPC global 读写器管理协议，能够支持设备的运行参数设置、读写器运行性能监视和故障诊断。设置包括初始化运行参数、动态改变的运行参数以及软件升级等。性能监视包括历史运行数据收集和统计等功能。故障诊断包括故障的检测和诊断等功能。该标准位于管理平面，目前正在制定过程中，还没有公布草案。
ISO/IEC 24791-4 应用接口	位于最高层，提供读、写功能的调用格式和交互流程。据估计类似于 ISO/IEC 15961 应用接口，但是肯定还需要扩展和调整。该标准位于数据平面，目前正在制定中，还没有看到草案。
ISO/IEC 24791-5 设备接口	类似于 EPC global LLRP 低层读写器协议，它为客户控制和协调读写器的空中接口协议参数提供通用接口规范，它与空中接口协议相关。该标准位于控制平面，目前正在制定中，还没有看到草案。
ISO/IEC 24791-6 数据安全	正在制定中，目前没见到草案。

注　本处大部分内容来自互联网，主要参阅了张有光先生的《全球三大 RFID 标准体系比较分析》和《ISO RFID 标准体系中的数据协议分析》。

4.1.2.3　Wiegand

Wiegand 是一种数据传输协议，中文被翻译为"韦根"或者"维根"，它是由美国安全工业协会 SIA（Security Industry Association）规定的读写接口控制协议。在门禁和一卡通系统中，韦根码作为一种读卡设备与上位机之间的通信介质，其应用领域非常广泛。根据美国安全工业协会颁布的《以 26 位韦根码读卡器为界面的门禁控制标准草案》，26 位韦根码长度为 26 位。

韦根传感器是由一根双稳态磁敏感功能合金丝和缠绕其外的感应线圈组成的。它的工作原理是：在交变磁场中，当平行于敏感丝的某极性（例如 n 极）磁场达到触发磁感应强度时，敏感丝中的磁畴受到激励会发生运动，磁化方向瞬间转向同一方向，同时在敏感丝周围空间磁场也发生瞬间变化，由此在感应线圈中感生出一个电脉冲。此后若该磁场减弱，敏感丝磁化方向将保持稳定不变，感应线圈也无电脉冲输出；但当相反极性（s 极）磁场增强触发磁感应强度时，敏感丝磁化方向又瞬间发生翻转，并在感应线圈中感生出一个方向相反的电脉冲。如此反复，韦根传感器便将交变磁场的磁信号转换成交变电信号。

Wiegand 接口界面由三条导线组成：

数据 0（Data 0）	暂定蓝色，通常为绿色。
数据 1（Data 1）	暂定白色，通常为白色。
GND	暂定信号地，通常为黑色。

这三条线负责传输 Wiegand 信号。D0、D1 在没有数据输出时都保持 +5V 高电平。若输出为 0，则 D0 拉低一段时间，若输出为 1，则 D1 拉低一段时间。如图 4-3 所示。

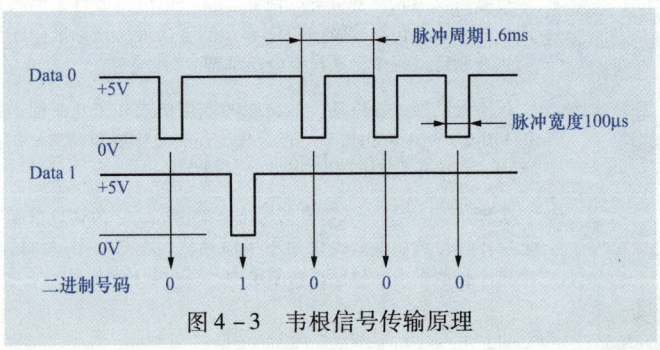

图 4-3　韦根信号传输原理

图 4-3 显示的是读卡器将数字信号以 bit 的方式发给门禁控制器的一个时序图。这个时序图的 Wiegand 指导方针是遵照 SIA 门禁控制标准协议，该协议

针对 26bit 的 Wiegand 读卡器（一个脉冲时间在 20～100μs 之间，脉冲的跳变时间在 200～20ms 之间）。Data1 和 Data0 信号是高电平（大于 Voh），直到读卡器准备发一个数据流过来。读卡器发出的是异步的低电平的脉冲（小于 Vol），通过 Data1 或者 Data0 线把数据流传送给门禁控制盒。Data1 和 Data0 脉冲不会交叠，也不会同步发生。

标准韦根输出是由 26 位二进制数组成，每一位的含义见表 4-2。

表 4-2　　　　　　　　　　　标准韦根输出

1	2							9	10															25	26
*	*	*	*	*	*	*	*	*	*	*	*	*	*	*	*	*	*	*	*	*	*	*	*	*	*
EP	FC								CC																OP

每段二进制数的含义如下：

● 第 1 位是 EP（Even Parity bit）偶校验位，EP 是由字段 1～13bit 位来判断的。如果是偶数个"1"，EP 为 1；相反则为 0。

● 第 2～9 位是 FC（Facility Code，0～255）机器代码，对应与电子卡 HID 码的低 8 位；其中第 2 位是 MSB（高位有效位）。

● 第 10～25 位是 CC（Card Code，0～65535）卡号，其中第 10 位是 MSB。

● 第 26 位是 OP（Odd Parity bit）奇校验位，OP 值由 14～26bit 决定的。如果是偶数个"1"，OP 值为 1，相反则为 0。

● 在标准 Wiegand 26 格式应用中，有 8 位的机器号、16 位的 ID 号。8 位的二进制代码可以表示 256（0～255）个机器号，16 位的二进制代码可以在每一个机器号中表示 65536（0～65535）个不同的 ID 号。

HID 号码即 Hidden ID code 隐含码，PID 号码即 Public ID code 公开码。PID 很容易在读出器的输出结果中找到，但 HID 在读出器的输出结果中部分或者全部隐掉。HID 是一个非常重要的号码，它不仅存在于卡中，也存在于读卡器中。如果卡中的 HID 与读卡器中的 HID 不同的话，那么这张卡就无法在这个读卡器上正常工作。

为了满足更多卡号的要求和避免卡号重复，Wiegand 有多种扩展格式，如 32、35、36、37、39、40 位，甚至是 80 多位。按照表 4-2 所示的方式，可以定义不同位数的机器代码和卡号，尽可能地避免了卡号重复的问题。

国际知名的卡片制造商 HID 公司的卡格式主要包括：26 位格式，HID 专有 37 位格式，含地址号的 HID 专有 37 位格式，企业 1000 格式（是一种 35 位格式），HID 长格式和 OEM 专有格式。

4.1.2.4 生物识别技术

生物识别技术就是通过计算机与光学、声学、生物传感器和生物统计学原理等高科技手段密切结合，利用人体固有的生理特性（如指纹、面孔、红膜等）和行为特征（如笔迹、声音、步态等）来进行个人身份的鉴定。

由于人体特征具有人体所固有的不可复制的唯一性，这一生物密钥无法复制，失窃或被遗忘，利用生物识别技术进行身份认定，安全、可靠、准确。而常见的口令、IC 卡、条纹码、磁卡或钥匙则存在着丢失、遗忘、复制及被盗用诸多不利因素。因此采用生物"钥匙"，您可以不必携带大串的钥匙，也不用费心去记或更换密码。而系统管理员更不必因忘记密码而束手无策。生物识别技术产品均借助于现代计算机技术实现，很容易配合电脑和安全、监控、管理系统整合，实现自动化管理。

生物识别的含义很广，大致上可分为身体特征和行为特征两类。身体特征包括指纹、掌型、视网膜、虹膜、人体气味、脸型、甚至血管、DNA、骨骼；行为特征则包括签名、语音、行走步态等。生物识别系统则对生物特征进行取样，提取其唯一的特征转化成数字代码，并进一步将这些代码组成特征模板，当人们同识别系统交互进行身份认证时，识别系统通过获取其特征与数据库中的特征模板进行比对，以确定二者是否匹配，从而决定接受或拒绝该人。

在门禁系统中使用最多的技术是指纹识别技术和掌纹识别技术，其他应用较少。

1. 指纹

手指上的指纹是人的一种重要身体特征，具有两大特点：一是两个不同手指的指纹纹脊的样式不同；二是指纹纹脊的样式终生不变。这两大特征决定了指纹可应用认证系统（包括门禁系统），尤其是应用在犯罪鉴别中。1788 年 Mayer 首次提出没有两个人的指纹完全相同，1823 年 Purkinie 首次把指纹纹形分成 9 类，1889 年 Henry 提出了指纹细节特征识别理论亨利系统（Henry System）来划分的。亨利系统将一个指纹的图形划分为：左环，右环，拱，涡和棚状拱。早期的指纹识别采用人工对比的方法，速度慢、效率低，随着技术的进步，计算机可以处理图像进行指纹分析，就形成了目前的自动指纹识别系统（Automated Fingerprint Identification System，AFIS）。指纹识别过程包括对指纹图像采集、指纹图像处理特征提取、特征值的比对与匹配等。

指纹取像设备主流的应用分成光学和晶体传感器两类。

• 光学取像设备具有悠久的历史，它的依据是光的全反射原理，光线照到压有指纹的玻璃表面，反射光线由 CCD 去获得，反射光的量依赖于压在玻璃表面指纹的脊和谷的深度和皮肤与玻璃间的油脂和水分。光线经玻璃射到谷的地方后在玻璃与空气的界面发生全反射，光线被反射到 CCD，而射向脊的光线不发生全反射，而是被脊与玻璃的接触面吸收或者漫反射到别的地方，这样就在 CCD 上形成了指纹的图像。

• 晶体传感器出现较晚，这些含有微型晶体的平面通过多种技术来绘制指纹图像。最常见的硅电容传感器通过电子度量被设计来捕捉指纹。在半导体金属阵列上能结合大约 100 000 个电容传感器，其外面是绝缘的表面，当用户的手指放在上面时，皮肤组成了电容阵列的另一面。电容器的电容值由于导体间的距离而降低，这里指的是脊（近的）和谷（远的）相对于另一极之间的距离。另一种晶体传感器是压感式的，其表面的顶层是具有弹性的压感介质材料，他们依照指纹的外表地形（凹凸）转化为相应的电子信号。其他的晶体传感器还有温度感应传感器，它通过感应压在设备上的脊和远离设备的谷温度的不同就可以获得指纹图像。

指纹识别技术的应用可以分为两类，即验证（Verification）和辨识（Identification）。

• 验证就是通过把一个现场采集到的指纹与一个已经登记的指纹进行一对一的比对（1:1），来确认身份的过程。作为验证的前提条件，指纹必须在指纹库中已经注册。指纹以一定的压缩格式存贮，并与其姓名或其标识（PIN，Personal Identification Number）联系起来。随后在比对现场，先验证其标识，然后，利用系统的指纹与现场采集的指纹比对来证明其标识是合法的。

• 辨识是把现场采集到的指纹同指纹数据库中的指纹逐一对比，从中找出与现场指纹相匹配的指纹。这也就是一对多匹配（1:N）。辨识主要应用于犯罪指纹匹配的传统领域中。

计算机处理指纹时只涉及了指纹的一些有限的信息，而且比对算法并不是精确匹配，其结果也不能保证100%准确。指纹识别算法应用的重要衡量标志是识别率，主要由两部分组成：

| 拒真率（False Reject Rate，FRR） | 其含义是对于正式使用者的排他率。 |
| 认假率（False Accept Rate，FAR） | 其含义是对于非正式使用者的认证率。 |

指纹识别的另外一个重要参数是拒登率（Error Registration Rate，ERR），指的是指纹设备出现不能登录及处理的指纹的概率，ERR 过高将会严重影响设备的使用范围，通常要求小于 1%。

在门禁系统中应用的产品是指纹仪，主要基于验证技术，通常情况下采用 1∶1 的方式进行识别，指纹仪多配置一个数字键盘或者一个读卡器用于输入一个 ID 号，然后进行匹配。指纹仪一般都支持标准 Wiegand 通信格式，可以和标准的门禁控制器相连接。集成了数字键盘、读卡器的指纹仪，可以实现多种开门方式，即卡、密码、指纹的多种组合。

2. 掌纹

掌纹几何学是基于这样一个事实：几乎每个人的手的形状都是不同的，而且这个手的形状在人达到一定年龄之后就不再发生显著变化。当用户把他的手放在手形读取器上时，一个手的三维图像就被捕捉下来。接下来，对手指和指关节的形状和长度进行测量。

根据用来识别人的数据的不同，手形读取技术可划分为下列三种范畴：手掌的应用，手中血管的模式以及手指的几何分析。映射出手的不同特征是相当简单的，不会产生大量数据集。但是，即使有了相当数量的记录，手掌几何学也不一定能够将人区分开来，这是因为手的特征是很相似的。与其他生物识别方法相比较，手掌几何学不能获得最高程度的准确度。当数据库持续增大时，也就需要在数量上增加手的明显特征来清楚地将人与模板进行辨认和比较。通常把扫描整个手形的手形仪称为掌形机或掌形仪，扫描两个手指的手形仪称为指形机。

掌纹扫描技术是一个相对精确的技术，但这项技术不能像手指、面部和虹膜扫描技术那样容易获得内容丰富的数据，对于生物识别技术的唯一性特征，可行的方法是看这在 1 对多的检索中所表现出的能力，即在使用者身份不确定的前提下确认使用者身份的能力。手扫描技术不能完成 1 对多的识别，因为手的相似性不太容易区分，但手扫描技术 FTE 率（无法录入率）相对较低，这是它的一个优势。手扫描技术中，如果指纹质量不高，FTE 率会很高，面部扫描如果没有足够的亮度，FTE 率也会偏高。

掌纹识别技术可以应用于门禁系统。

3. 视网膜

视网膜扫描技术是最古老的生物识别技术之一，通过研究就得出了人类眼球后部血管分布唯一性的理论，进一步的研究的表明，即使是孪生子，这种血管分布也是具有唯一性的，除了患有眼疾或者严重的脑外伤外，视网膜的结构形式在人的一生当中都相当稳定。视网膜是一些位于眼球后部十分细小的神经（1 英寸的 1/50），它是人眼感受光线并将信息通过视神经传给大脑的重要器官，它同

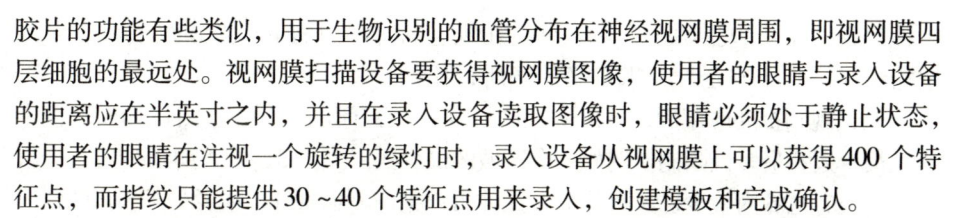

胶片的功能有些类似，用于生物识别的血管分布在神经视网膜周围，即视网膜四层细胞的最远处。视网膜扫描设备要获得视网膜图像，使用者的眼睛与录入设备的距离应在半英寸之内，并且在录入设备读取图像时，眼睛必须处于静止状态，使用者的眼睛在注视一个旋转的绿灯时，录入设备从视网膜上可以获得400个特征点，而指纹只能提供30～40个特征点用来录入，创建模板和完成确认。

由此可见，视网膜扫描技术的录入设备的认假率低于一百万分之一，当然其他一些生物扫描录入技术也能达到0.0001%的认假率（FAR），并且拒假率的水平也会不断提高。FAR拒假率是指系统不正确地拒绝一个已经获得权限的用户。使用视网膜录入技术的场合，例如一些军事设施，10%的拒假率是一个十分令人头疼的问题。即使是这样，它仍然是提供安全度的重要组成部分。

分析眼睛的复杂和独特特征的生物识别技术被划分为两个不同的领域，即虹膜识别技术和角膜识别技术。

4. 面孔

面孔识别系统通过分析脸部特征的唯一形状、模式和位置来辨识人。基本上有两个方法来处理数据：摄像机和热量绘图。标准摄像技术是建立在由摄像机捕捉到的脸部图像上。热量绘图技术分析皮肤下的血管热量发生模式。这项生物识别技术的吸引力在于它能够人机交互。然而这套系统存在不可靠性，例如它无法分辨出双胞胎或三胞胎。

5. 声音

声音的辨识是对基于生理学和行为特征的说话者嗓音和语言学模式的运用。它与语言识别不同，这项技术不对说出的词语本身进行辨识，而是通过分析语音的唯一特性，例如发音的频率来识别出说话的人。语音辨识技术使得人们可以通过说话的嗓音来控制能否出入限制性的区域。举例来说，通过电话拨入银行、数据库服务、购物或语音邮件，以及进入保密的装置。虽然语音识别是方便的，但由于非人性化的风险、远程控制和低准确度，它并不可靠。一个患上感冒的人有可能被错误的拒认从而无法使用该语音识别系统。

6. 签名

签名识别也被称为签名力学辨识（Dynamic Signature Verification，DSV），它是建立在签名时的力度上的。它分析的是笔的移动，例如加速度、压力、方向以及笔划的长度，而非签名的图像本身。签名力学的关键在于区分出不同的签名部分，有些是习惯性的，而另一些在每次签名时都不同。签名识别不适合用于门禁系统。

4.1.2.5 双人规则

门禁系统的双人规则是指两个持卡人同时符合预先设置的规则门被打开的

一种规则，主要包括两个人一先一后在规定的时间内刷卡、按指纹或者刷卡并按指纹，应用于安全性要求较高的场所，比如金库、财务室等。

双人规则扩展应用后，可以实现区域（一个封闭的场所，进出口均安装读卡器）最少人和最多人限制。例如一个区域的最少人限制为3，则表明最少要3个人刷卡（或者区域内最少已经有2个人）才可以把门刷卡打开，或者少于3人的情况下不允许出去。区域的最大人数限制则是为了控制一个区域内停留的最大人数。

4.1.2.6 双门互锁

双门互锁是指两道门具有互锁联动的功能，通常两道门最少需要安装两套读卡器、两套电锁，当一道门被打开时，另一道门不允许被打开，仅两道门都关上时，方能通过刷卡打开其中的任意一道门。双门互锁系统多用于银行等安全场所。

双门互锁系统通过扩展功能具有防尾随、紧急开门和紧急关门的功能。防尾随主要限制门的宽度，一次只能通过一个人；紧急开门用于紧急情况下（如火灾、地震等）通过按下特别的紧急按钮同时打开两道门；紧急关门用于紧急情况下（如劫持等）通过特别的按钮同时闭锁两道门，通过复位键可以恢复正常状态。

4.1.2.7 Anti-passback

Anti-passback（APB）中文被翻译为"防反传"、"反潜回"或者"防跟随"。APB应用于门禁系统中，必须是所有的门为进出刷卡，持卡人在设定的规则中不能两次以上进或者出。

APB分为严格防反传、时间防反传、不严格防反传和全局防反传。严格防反传是一种机械式的，防止没有正常退出就连续进入，使用这种功能后，要再次打开该区域的通道门，用户必须要首先在该区域的出口通道门处刷卡；时间防反传（又称为临时防反传）是规定用户在进入某区域后，在一定时间内不能再次进入该区域。当这个时间段过后，用户才可重新进入该区域；不严格防反传不会阻止持卡人重新进入某区域，它只给门禁服务器发出事件报警；全局防反传要求持卡人必须按照定义的路径连续读卡，方能在特定区域内通行。

4.1.2.8 IC卡

IC卡（Integrated Circuit Card）即集成电路（用于执行处理和/或存储功能的电子器件）卡。卡片内封装有集成电路，用以存储和处理数据。IC卡的发展经历了从存储卡到智能卡，从接触式卡到非接触式卡，从近距离到远距离的过程。ISO/IEC 7816标准定义的卡是接触卡，读卡机具必须和卡的触点接触才能和卡进行信息交换，所以磨损严重，容易受污染，使用寿命低，操作速度慢。非接触式卡（Contactless Card）又称射频卡（RF Card）、感应卡，采用无线电调制方式和读卡机具进行信息交换。ISO/IEC 10536定义的卡称为密耦合卡；ISO/IEC 14443 定义的卡是近耦合卡（PICC，proximity card），对应读卡机具简写为 PCD（proximity coupling device）；ISO/IEC 15693 对应的卡是遥耦合卡（VICC），对应的读卡机具简写为 VCD。VICC 比 PICC 具有更远的读卡距离，二者均采用 13.56MHz 工作频率，均具有防冲突机制。

4.2 门禁系统组成

4.2.1 门禁系统的组成

门禁系统组成如图 4-4 所示。

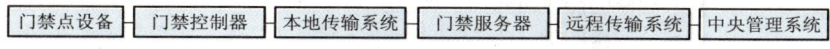

图 4-4　门禁系统组成图

4.2.2 门禁点设备

门禁点设备是指安装在门禁控制点的设备，主要包括读卡器、门锁、门磁、出门按钮、紧急玻璃破碎器、接口模块、逃生装置、闭门器、地弹簧、报警输入输出模块和报警探头等设备。门禁点设备组成如图 4-5 和图 4-6 所示。

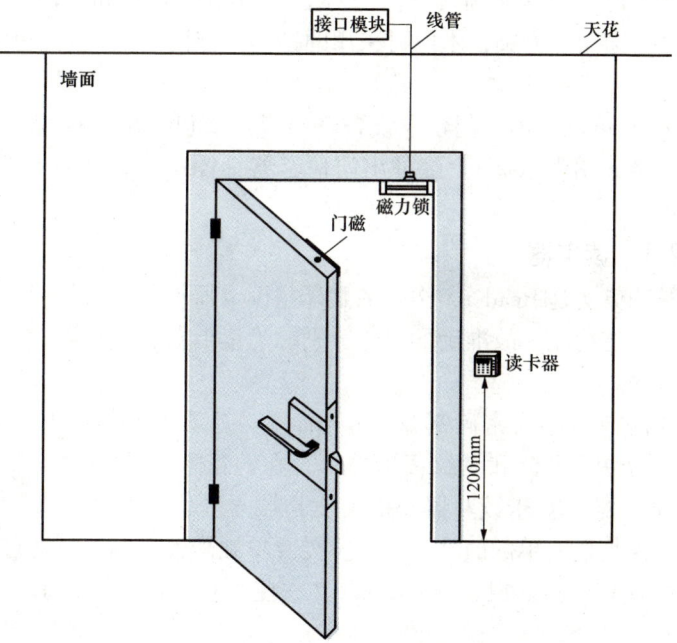

图 4-5　门禁点入口设备安装示意图

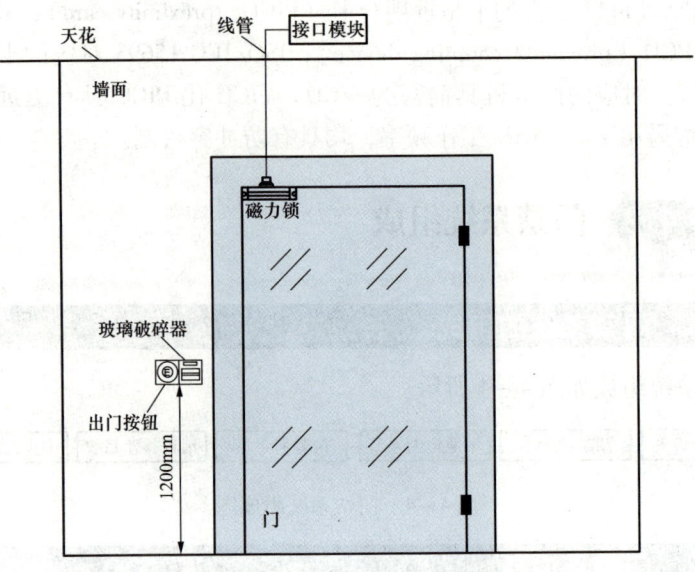

图 4-6　门禁点出口设备安装示意图

由图 4-5 可以看出，门禁点设备在门的入口主要包括读卡器和门锁。读卡器的安装高度一般为 1200mm 或与强电开关等高。锁的类型取决于门的类型，门的类型常见的是无框玻璃门（办公室应用最多）和木门。无框玻璃门适合采用电插锁和磁力锁，木门可采用的锁的类型比较多。关于锁的类型，后文有详述。

由图 4-6 可以看出，门禁点设备在出口主要包括出门按钮、紧急玻璃破碎器、蜂鸣器（图中未标）、红外出门请求器（图中未标）和门禁接口模块、电源等设备。

4.2.2.1　读卡器

读卡器的英文是 Reader，中文的翻译是读卡器不代表只是读卡，其实有的应用还有写卡的功能，故准确的说应分别称为读卡器和读写器，按照惯例本书通称为读卡器。

常见的读卡器分为密码键盘（Keypad）、磁条读卡器、ID 卡读卡器、IC 卡读写器、指纹读卡器和掌纹读卡器等，在门禁系统中应用最多的是密码键盘、ID 卡读卡器、IC 卡读写器和指纹读卡器。

密码键盘是最简单的门禁系统，不需要单独配置控制器，通过密码就可以打开门（电锁），可以外接门铃系统。在一些不重要的场所还有应用，安全性较差。

第四章 图说门禁系统

磁条读卡器多应用于银行的 ATM 提款室，可以识别各种磁条，在门禁系统中应用较少，目前也有卡式读卡器集成磁条读卡器的。

ID 卡读卡器的工作频率范围为 30～300kHz，典型工作频率有：125kHz（即 ID 卡常见的工作频率）和 133kHz。ID 卡读卡器的读卡距离通常在 10cm 左右，可以输出标准的韦根格式信号。ID 卡读卡器只能读不能写，分为带键盘的 ID 卡读卡器和不带键盘 ID 卡读卡器两种。

IC 卡读写器的工作频率一般为 3～30MHz，典型工作频率为 13.56MHz（即门禁系统 Mifare 卡常见的工作频率）。IC 卡读卡器的读卡距离也在 10cm 左右，可以输出标准的韦根格式信号。IC 卡读卡器可读可写，可以应用于消费系统、公交系统、计费系统，分为带键盘的 IC 卡读卡器和不带键盘 IC 卡读卡器两种。

指纹读卡器（也被称为指纹仪）是采用生物识别技术的读卡器，主要采用指纹对持卡人进行识别。指纹读卡器多集成键盘或卡式读卡器（Card Reader, ID 和 IC 卡读卡器）或二者兼有，集成键盘和卡式读卡器的目的为了实现 1∶1 或者 1∶n（$n<10$）的匹配，即识别唯一指定的持卡人（即输入的 ID 号或者卡号对应的持卡人）。指纹读卡器也可以输出标准的韦根格式信号，可以应用于门禁系统。

掌纹读卡器（也被成为掌纹仪）也是采用生物识别技术的读卡器，主要采用掌纹对持卡人进行识别。掌纹读卡器多集成键盘或卡式读卡器或二者兼有，集成键盘和卡式读卡器的目的为了实现 1∶1 或者 1∶n（$n<10$）的匹配，即识别唯一指定的持卡人（即输入的 ID 号或者卡号对应的持卡人）。掌纹读卡器也可以输出标准的韦根格式信号，可以应用于门禁系统。

ID 卡读卡器、IC 卡读写器、指纹读卡器和掌纹读卡器应用于门禁系统均采用标准的韦根通信方式，遵循韦根的接线方式。读卡器和门禁控制器的连线如图 4-7 所示。

由图 4-7 可以看出，门禁读卡器和控制器或接口模块采用 6 芯线连接，通常选用 Belden 8777（百通 6 芯屏蔽线）或者 RVV 6×0.5 线缆，也有门禁系统支持网线连接的。门禁读卡器和控制器的通信采用韦根格式，理论最远通信距离为 150m（500 英尺），超过 150m 需要借助总线接口模块，则传输距离可达到

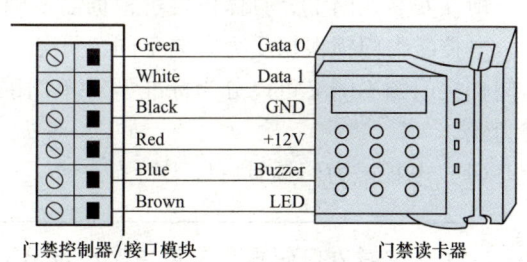

图 4-7 门禁读卡器和控制器/接口模块连线示意图

1200m。门禁系统6芯线的含义见下表。

端子号	接线颜色	功能说明
1	Green，绿色—Data 0，数据0	Wiegand 标准定义的数据0，暂定蓝色，通常为绿色
2	White，白色—Data 1，数据1	Wiegand 标准定义的数据1，暂定白色，通常为白色
3	Black，黑色—GND，接地	电源供应（-），接地线
4	Red，红色—+12V，电源	电源供应（+），通常为+12V
5	Blue，蓝色—Buzzer，蜂鸣器	蜂鸣器控制线，读卡提示用
6	Brown，橙色—LED，LED 灯	LED 指示灯控制线，显示不同的颜色表示读卡的结果

由上表可以看出，标准的 Wiegand 通信需要采用标准的 6 色线缆，要按照严格的规范来接线；而在实际工程应用中，也有不按照此规定接线的。

4.2.2.2 门锁

门禁系统采用的门锁属于电控门锁类型。电控门锁按工作原理的不同，基本可分为电控磁力门锁、电控阴极门锁、电控阳极门锁和电控执手门锁等几种类型。

1. 电控磁力门锁（Electromagnetic Locks）

电控磁力门锁又被称为电磁门吸，适用于各类平开门，可以是木门、金属门、玻璃门等。

电控磁力门锁由电磁体（门锁主体结构部分）和衔铁两部分组成，通过对电磁体部分的通电控制实现对门开启的控制。其中电磁体部分安装在门框上、衔铁安装在门上，具体位置可根据需要确定，一般安装在门框处。

电控磁力门锁根据受力方向不同，可分为直吸式磁力锁和剪力锁。电控磁力门锁按门的不同又可以分为标准型（单门磁力锁）、双门磁力锁和室外大门磁力锁。

（1）电控磁力门锁具有以下特点：

● 电控磁力门锁根据美国国家标准 ANSI A156.23 Electromagnetic Locks 分为三个等级，详见下表标准型电控磁力锁技术数据。

● 剪力锁的抗拉力要求在 2700~3000lbf（磅）[约 1225~1362kg]，适合隐蔽安装，常用于有外观要求的场所；剪力锁对门的质量和安装有较高的要求，对门及门框的缝隙要求为 <3mm（2700lbf 时）~6mm（3000lbf 时）。技术数据参见下表。

第四章 图说门禁系统

技术内容	一级	二级	三级
开启次数	≥100 万次	≥50 万次	≥250 万次
静态抗拉力	1500lbf 或约 681kg	1000lbf 或约 454kg	500lbf 或约 227kg
动态空冲击力	95J（焦耳）或约 95N·m	68J（焦耳）或约 68N·m	45J（焦耳）或约 45N·m
低电压下抗拉力（标准电压的85%）	1275lbf 或约 578.85kg	850lbf 或约 385.9kg	425lbf 或约 192.95kg
残余磁力	断电 1s 内残余磁力 <4lbf 或约 1.86kg		
过电压（125%）测试	通电 24h，电磁线圈不损坏		
工作环境温度	用于室内：0~49°C；其他：-30~66°C		

（2）电控磁力门锁使用要求：

- 电控磁力门锁用于门禁控制系统中，对通道、房间等的门进行进出控制和人员流动的管理，常与闭门器等门五金附件配合安装在常开防火门上。
- 电控磁力门锁要考虑消防要求，需通过国家消防检测机构的认可或国际认证，如 UL 10C（美国保险商实验室的防火认证）等。
- 电控磁力门锁在室外大门上安装时，还应具有防风雨的设计。
- 门禁控制系统需要监视磁力锁的工作状态，可根据不同需求，选择状态返回选项。

（3）电控磁力门锁选用要点：

• 使用场合	公共建筑中外门、内门、防火门、常开防火门等处。
• 使用的频率	开启次数和使用寿命。
• 锁具的材质	铝、黄铜、黑色金属、碳酸聚酯。
• 门的材质	铁门、木门、玻璃门
• 门的开启方式	单门单向、单门双向、双门双向、双门双向平开门。双向门建议采用剪力锁。

2. 电控阴极门锁（Electric Strikes）

电控阴极门锁又称电控锁扣，适用于单门单向平开门，可以是木门、金属门、玻璃门等。

电控阴极门锁可与逃生装置、插芯锁、筒型锁配套使用。电控阴极门锁安装在门框内，承担普通机械锁扣的角色，当电锁扣上锁时，锁舌扣在锁扣内，门关闭；当锁扣开锁时，锁舌可以自由出入锁扣，门打开。

电控阴极门锁一般用于门禁系统，受门禁系统的控制，安装时受控的锁扣位于门框内，较容易布线。

电控阴极门锁参考标准是美国国家标准 ANSI A156.31 Electric Strikes。

电控阴极门锁选用要点如下：

使用场合	公共建筑。
使用的频率	开启次数和使用寿命。
门的材质	铁门、木门。
门的开启方式	单门单向平开门。
功能选项	(1) 安全性功能：断电开门、断电关门。 (2) 门状态返回。 (3) 低电压报警。 (4) 进门声音报警。

3. 电控门锁（Electrified Locks）

电控门锁根据使用情况可以分为阳极锁、橱柜锁、电控插芯锁、电控筒型锁。电控锁的基本原理是通过控制锁舌的伸缩，进行门的开关控制。

根据使用要求，电控锁有断电锁门和断电开门选项：断电锁门用于安全要求大于人身安全的场所；断电开门则用于人身安全第一的场所。

电控插芯锁和电控筒型锁的外观和普通锁一致，控制简单，适用于控制要求简单、外观要求高的场所，其外饰可根据需求改变。

选用要点：

(1) 使用场合	办公建筑的室内门。
(2) 使用的频率	开启次数和使用寿命。
(3) 锁具的材质	铝、黄铜、黑色金属、碳酸聚酯。
(4) 门的材质	铁门、木门、玻璃门。
(5) 门的开启方式	单向或双向平开门，同时要注意安装空间的大小以及安装的位置。

注 "4.2.2.2 门锁"资料来源于国家建筑标准设计图集04J631《门、窗、幕墙窗用五金附件》。

门锁和门禁控制器的连线如图4-8所示。

4.2.2.3 门磁

门磁是用来判断门的开关状态的一种设备，安装在门和门框上。门磁的核心元件是干簧管，在防盗报警系统中已经有详细描述。通常每扇门都需要安装一对门磁，在实际应用中，很多锁具带有门磁信号功能，就不需要额外配置门

第四章 图说门禁系统

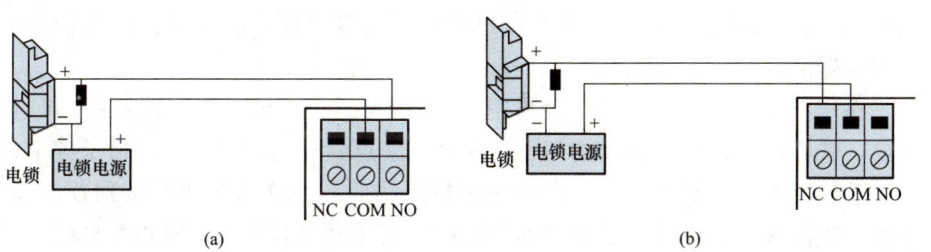

图 4-8 门锁和门禁控制器的连线
（a）通电开锁连接示意图；（b）断电开锁连接示意图
注 NC 表示常闭点；NO 表示常开点；COM 表示公共点。

磁了。

门磁和门禁控制器/接口模块的连线如图 4-9 所示。

4.2.2.4 出门按钮

准确地讲，应该称为出门请求设备，常见的包括：① 出门按钮，标准86底盒安装，安装高度和读卡器等高，属于开关型设备，按一下门就会被打开；② 红外出门请求探测器，相当于一个红外探测器，当有人走进门（有效范围内），门就会自动打开，不需要手动操作。在双向门禁系统中，不需要采用出门请求设备。

出门按钮和门禁控制器/接口模块的连线如图 4-10 所示。

图 4-9 门磁和门禁控制器连接示意图　图 4-10 出门按钮和门禁控制器连接示意图
注 GND 表示接地；DC 表示门磁端口；EXIT 表示出门按钮端口。

4.2.2.5 紧急玻璃破碎器

紧急玻璃破碎器和火灾报警破碎器原理相同，打碎玻璃即可直接开门，原理很简单，一片易碎玻璃片顶在一个开关上，玻璃片被打碎后，开关被激活，直接控制电锁电源的通或断，实现紧急开门功能，用于紧急情况逃生用。

4.2.2.6 接口模块

前文已经述及，采用 Wiegand 读卡器的最远传输距离为 150m，如果远距离传输，就必须借助 RS 485 总线接口模块，而接口模块就是提供门禁控制器到读卡器的总线 – Wiegand 通信转换。

在实际工程应用中，经常会采用 4、8、16 门甚至更多输入路数的门禁控制器，势必造成远距离传输的问题。而且门禁点到控制器的线缆包括了读卡器的 6 芯线、电锁控制线 2 芯、出门按钮控制线 2 芯，这么多线缆接到控制器，浪费大量的线缆，而且对管路增加了负担。有了接线模块，1 根 485 总线可以连接 32 个读卡器，所有门禁点的线缆也可以直接接到接口模块上，节省了成本，方便了施工人员。

4.2.2.7 逃生装置

逃生装置适用于木门、金属门、有框玻璃门等疏散门（逃生门）和防火门。要求在火灾及各种紧急情况下，保障建筑物内的大量人群能够迅速、安全逃离，一个动作即可逃出门外，使用者无需逃生装置的使用经验即可开启。

逃生装置通常由锁舌、推杠（或压杠）和门外配件三个基本部分组成。最常使用的逃生装置被称之为消防通道锁（Push Bar）。

4.2.2.8 闭门器和地弹簧

闭门器和地弹簧在门禁系统有着重要的作用，但经常被大家所忽视，门禁系统能否稳定的运行，要看门能不能正常良好地被关闭。

闭门器一般安装在单向开启的平开门扇上部，适用于木、金属等材质的疏散门、防火门和有较高使用要求的场所。闭门器由金属弹簧、液压阻尼组合作用，有齿轮齿条式闭门器和凸轮结构的闭门器两种。推荐选用质量可靠的闭门器用于门禁系统。

地弹簧适用于单向及双向开启的平开门扇下，也可视情况安装在门扇上边框。地弹簧可以分为单缸型、双缸型，或者地装式、顶装式，或者单项开启式、双向开启式。玻璃门选用地弹簧应与玻璃门夹或玻璃门条配套安装，其配套门夹的选取应保证地弹簧轴与门夹、门条轴相匹配。在办公室环境中，门禁系统经常应用于玻璃门，玻璃门适合安装地弹簧。地弹簧能否准确归位将直接影响门禁的使用效果，推荐配套使用磁力锁。

4.2.2.9 报警设备

目前大多数的门禁系统可以集成报警功能，即可接入报警设备，主流的门禁控制器均能够提供一定数量的报警探测器输入端口和报警输出端口。有的门禁系统同时支持报警扩展模块，以增加报警输入输出端口。

门禁系统中报警探测器的选用和工作原理同防盗报警系统，本处不予详述。

● 4.2.3 门禁控制器

门禁控制器（Controller）是门禁系统中的核心设备，用来连接读卡器和门禁系统服务器，起到桥梁的作用。按照可连接读卡器的数量分为 1（实际上是一个读卡器），2，4，8，16，32，64 门，甚至是 128 门控制器；按照和读卡器的连接方式可分为 Wiegand 控制器（如图 4-11 所示）、RS 422 控制器、RS 485 控制器（如图 4-12 所示）和 TCP/IP 控制器（如图 4-13 所示）；按照和门禁服务器的连接方式可以分为 RS 232、RS 422、RS 485 和 TCP/IP 控制器，严格意义上也不能这样划分。门禁控制器能够连接的门禁点设备包括读卡器、锁具、门磁、出门按钮、蜂鸣器、紧急玻璃破碎器、接口模块、逃生装置和报警探测器，详细的连接方式在门禁点设备中有详细描述。

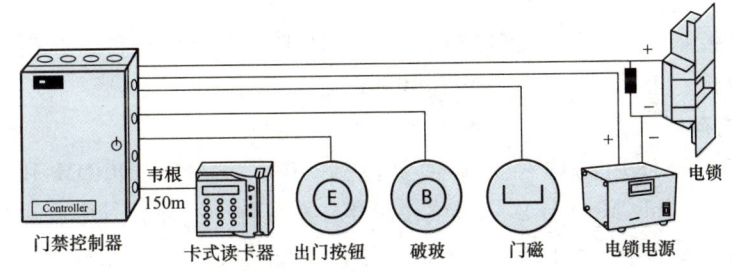

图 4-11　门禁控制器和读卡器韦根连接示意图

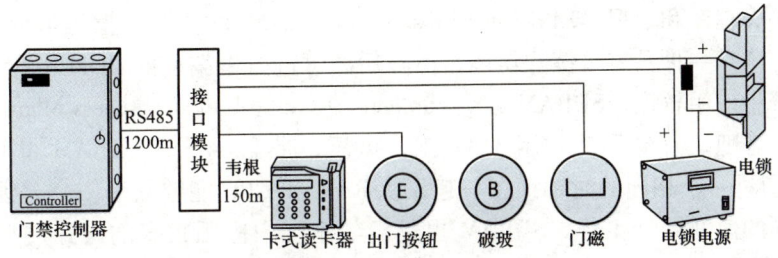

图 4-12　门禁控制器和读卡器总线连接示意图

由图 4-11、图 4-12 和图 4-13 可以看出，读卡器和门禁控制器之间的连接有多种方式。标准连接方式是 Wiegand 连接，关于韦根的接线方式详见图 4-7；采用 RS 485 方式连接读卡器需要增加总线接口模块，相当于一个韦根转 RS 485 的转换器，同时所有的出门按钮、破玻、门磁和电锁也可以直接连接到接口模块上，这样安装简单也比较节省线缆；采用 TCP/IP 连接要求门禁控制器和读卡器都同属网络型，可以直接接入局域网，读卡器和控制器均可通

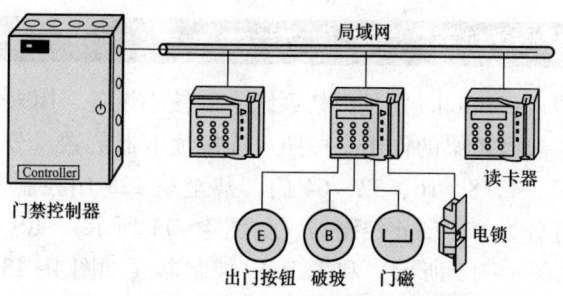

图 4-13 门禁控制器和读卡器网络连接示意图

过网络进行设置和配置 IP 地址,尤其是网络型读卡器本身集成了接口模块,这样就可以直接连接出门按钮、电锁等设备,这种连接方式是未来门禁系统发展的一个大趋势。

门禁控制器的主要参数包括:内存、持卡人、门禁事件、开门方式、集群、防反传、报警联动、工作电压和数据安全。

1. 内存

门禁系统使用的内存类型主要包括 ROM、RAM、EPROM 和 SDRAM。ROM(Read Only Memory)是只读存储器,系统程序固化在其中,用户不可更改,失电不受影响,在门禁控制器中用于写入门禁程序;RAM(Random Access Memory)是随机存储器,可以对存放在里面的数据进行修改和存取,在门禁系统中应用多是 CMOS 型的,耗电很少,通常用锂电池做后备,失电时也不会丢失程序和数据;EPROM(Erasable Programmable)是可擦可编程只读存储器,这是一种具有可擦除功能,擦除后即可进行再编程的 ROM 内存,在门禁系统中应用较多;SDRAM(Synchronous Dynamic Random Access Memory)是同步动态随机存储器,采用 3.3V 工作电压,带宽 64 位,SDRAM 将 CPU 与 RAM 通过一个相同的时钟锁在一起,使 RAM 和 CPU 能够共享一个时钟周期,以相同的速度同步工作,SDRAM 也是门禁系统中应用较多的内存类型之一,随着技术的进步,正在慢慢退出市场。

内存的大小决定了一个控制器能够存储多少个持卡人和读卡记录,常见的门禁控制器内存从 128KB~128MB 都有,持卡人数量和读卡记录是动态分配的,总数量有限制。

2. 持卡人

持卡人(Cardholder)最早应用于银行系统,指拥有银行卡的人。在门禁系统出现到发展的过程中,主流的应用都是基于卡(Card)和人(Holder),故称为持卡人。准确的持卡人定义应该是指拥有某些门禁权限的人或物。门禁权限可以通过卡、PIN 码或者指纹等来实现，拥有门禁权限也不代表就持有卡。常见的持卡人类型包括职员和访客两种，职员是指全职员工或者拥有长期门禁权限的相关人员，而访客是指拥有一个时间段门禁权限的外来人员。

3. 事件

事件（Event）是门禁系统中一个相当重要的功能，很多门禁系统的应用都是基于事件的。典型的事件包括刷卡（Access granted）、日期/事件变更（Date/time changed）、报警（Alarms）、数据修改（modifications to the database）等。每一个发生在门禁系统的动作（action）或由系统产生的动作都可以被认为是一个事件，这些动作可以被编程来产生一些由报告命令（Report command）调用的报告（Report）。一个动作（Action）、条件（Condition）或者发生在门禁系统中的事情都可以成为保存在事件数据库中记录信息的一部分。事件可以被用来触发各种辅助输出（如继电器），当特定系统事件发生时，能触发相应的动作。

事件发生后形成事件日志（Event Log），包括事件发生的时间、地点及其他信息。

4. 开门方式

读卡器种类繁多，有键盘式读卡器、卡式读卡器、生物识别读卡器，等等，这些种类繁多的功能集成在一个读写器上时，就可以产生多种开门方式，如密码开门、卡开门、密码＋卡开门、指纹开门、卡＋指纹开门、指纹＋密码开门、卡＋指纹＋密码开门等。

5. 集群和防反传

被编在一个或多个组中的控制器被称为一个集群（Cluster）。集群是用户定义的分组方式，可连接多个控制器，不同厂家的数量不一样，一般最大可支持 16 个控制器。每个集群配备一个通信路径控制器，作为集群和主机之间的主连接，这个控制器当主控制器发生故障或失去网络通信能力的时候提供一个替代的通信路径。主控制器和其他控制器没有质的区别，只是在占用附加内存的可能性方面有所差异。主控制器在集群中比其他控制器需要更多的内存，建议主控制器的内存配置被其他控制器大一些。

群组中的组员控制器不直接和主机进行通信，而是通过主控制器进行。组员控制器根据需要，能够通过主控制器和其他组员控制器直接通信，以进行输入/输出事件链接和反潜回控制。组群内的通信通过以太网上的 TCP/IP 协议进行。当指定的主控制器发生故障时，可以指定另一台控制器作为主控制器（组员控制器将从此通过这台替补主控制器进行通信）。

采用集群能够实现强大的内部全局反潜回功能，通常情况集权内的控制器之间的持卡人反潜回状态可以实现共享。全局反潜回功能能够在集群中的任何一台控制器上设置带有门禁的区域，把一台设备分区以跟踪持卡人的位置。反潜回的违规行为包括某一持卡人把一张卡交给另外一个人使用（系统接收到来自同一张卡的两个访问请求）和一个持卡人跟随另一个持卡人进入某一区域的尾随行为。当一个人在指定的期间内试图不止一次访问同一区域时，便称为反潜回的期间违规行为。

6. 报警联动

大多数的门禁系统能够实现报警联动功能，通常情况下，门禁控制器本身自带有一定数量的报警输入端口和报警输出端口，有的控制器支持防区扩展模块进行扩容增加输入、输出数量，有的门禁系统甚至是基于报警系统开发的，就能够实现更加强大的报警功能。

通过门禁控制器支持的报警输入、输出接口就能够实现报警联动功能，当报警探测器被触发，门禁系统可通过预先设置的规则或事件进行联动，如打开门、关闭门、调用监控录像、联动报警设备等。有的门禁系统支持通过门禁服务器的 RS 232 接口或者接口程序接收第三方报警系统的报警信号，属于更加高级的报警联动。

7. 工作电压

门禁系统中的主要用电设备包括门禁服务器、门禁控制器、读卡器和电锁。门禁服务器和门禁控制器通常工作电压是交流 220V，有的门禁控制器可以工作在交流 24V 或者直流 12V；读卡器和电锁通常工作电压为直流 12V。需要注意的是门禁系统电源的配置，读卡器需要比较小的电流但电锁的工作电流通常在 1A 左右，故需要为每道门配置单独的开关电源或者大功率直流 12V 电源，建议每道门配置的电源功率在 60W 左右（12V5A）。

8. 数据安全

随着越来越多的门禁系统支持局域网、广域网传输，使得门禁系统的数据暴露在网络之上，而门禁系统的数据一般是没有通过加密传输的，很容易被黑客获取到，故需要将门禁控制器和门禁服务器之间的传输数据进行加密，增加数据的安全性。

数据的加密方式有很多种，但这不在本书的讨论范围之内，故不予详细描述。

● 4.2.4　本地传输系统

本地传输系统相对远程传输系统而言，如果门禁服务器设在本地，则本地传输系统包括读卡器端到门禁控制器的传输线路、门禁控制器到门禁服务器的传输线路；如果门禁服务器设在异地（远程），则本地传输系统主要指读卡器端到门禁控制器的传输线路。

本地传输系统的线路包括控制线、电源线和信号线。

4.2.4.1 控制线

控制线包括门禁服务器至门禁控制器的控制线路、门禁控制器到读卡器的控制线路。一般门禁服务器之间通过局域网/广域网/互联网相连，如果门禁控制器属于网络型，则控制线路也采用局域网或者广域网相连。网络系统采用的线缆在此不予详细描述。

典型的门禁控制线路多是 RS 485 连接、RS 422 连接、RS 232 连接和 Wiegand 连接，有的门禁系统采用专用的总线格式，但原理相近。

通常门禁控制器和门禁服务器之间支持两种以上连接方式：RS 232 直连和 RS 485 或者 RS 422。通过 RS 232 连接的方式在读卡器数量和控制器数量不多的情况下采用，RS 232 通信方式常见的只用到三根线，即 TXD、RXD 和 GND，推荐采用 Belden 9855（22AWG，2 对双绞屏蔽线），传输距离为 50 英尺（约 15m）故不适合远距离传输；通过 RS 485 连接是最常见的连接方式，传输距离可达 4000 英尺（约 1200m），一根总线最多可连接 32 个控制器，推荐采用 Belden 9841（24AWG，1 对双绞屏蔽，RS 485 通信线缆）或者 Belden 9842（24AWG，2 对双绞屏蔽，RS 485 通信线缆）；通过 RS 422 连接也是总线连接方式，但已慢慢被淘汰，传输距离可达 4000 英尺（约 1200m），一个总线最多可连接 10 个控制器，推荐采用 Belden 9842（24AWG，2 对双绞屏蔽，RS 485 通信线缆）。RS 422 通常采用 4 芯线，也有采用 5 芯线的。门禁服务器和控制器之间的接线方式如图 4-14 所示。

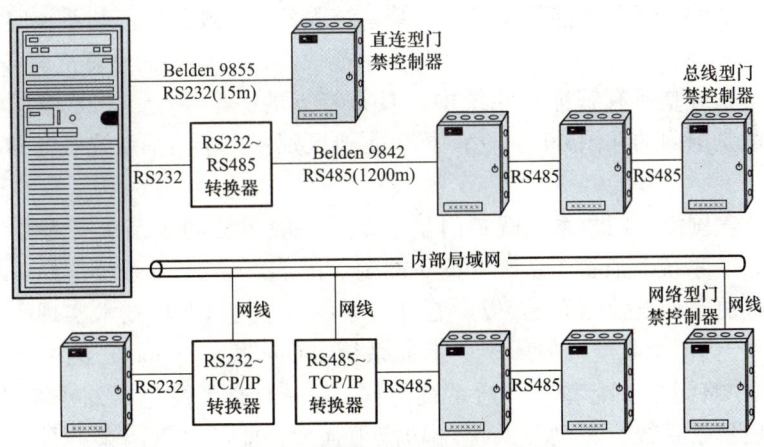

图 4-14 门禁服务器和门禁控制器连接示意图

门禁控制器和读卡器之间的控制线多采用 Wiegand 通信方式连接。Wiegand 通信采用 6 芯线，接线方式在前文有详细描述，如图 4-7 所示。Wiegand 传输距离只有 500 英尺（约 150m），故对线缆没有特别的要求，通常采用网线或 Belden 8777（22AWG，3 对双绞屏蔽线）。如果传输距离超过 500 英尺，很多厂家提供了接口转换模块，通过 RS 485 方式进行通信，传输距离可达 4000 英尺，所采用线缆和 RS 485 连接方式相同。

4.2.4.2 电源线

门禁系统的供电相对简单，门禁服务器、门禁控制器大多工作在 220VAC 或者 24VAC 电压，采用 RVV 3×1.0 以上规格线缆即可；读卡器端设备多工作在 12VDC 电压，采用 RVV 2×0.75 以上线缆供电即可。

4.2.4.3 信号线

信号线主要包括门锁、门磁、出门按钮、紧急玻璃破碎器、报警设备和控制设备的连线。门锁属于有源设备，故需要 2 芯的电源线和 2 芯的控制线，门锁一般和门禁控制器或者接口模块相连接，距离较近，故对线缆没有特别的要求，非屏蔽线缆即可满足要求。门磁属于无源设备，主要用于判断门的开合状态，采用 2 芯非屏蔽线缆即可，有的电锁带有门信号功能，则不需要单独建设门磁，但信号线不能省却。出门按钮和门磁一样，采用 2 芯非屏蔽线缆即可。紧急玻璃破碎器用于直接控制电锁的开关，距离很近，采用 2 芯非屏蔽线缆即可。报警设备的连线详见"防盗报警系统"中的相关说明。

● 4.2.5 门禁系统服务器

门禁系统服务器（在国内称为一卡通系统服务器）是门禁系统的核心，而门禁系统的大部分功能就是通过门禁系统服务器实现的。门禁系统服务器可以理解为安装有一套或多套（通常是多个模块）门禁软件的计算机服务器。

门禁系统是所有智能化系统中最具有特点的一个系统，它是有国情区别的，也就是国内的和国外的不太一样，主要区别就在于门禁系统服务器的功能和架构。

在欧美国家，门禁系统就是门禁系统，一般包括的子系统有考勤（简单的统计）子系统、消费子系统（简单的刷卡记录）、巡更子系统（Guard Tour，在线式巡更，功能较强大）、资产管理子系统（基于 RFID 技术实现资产的管理）；而国内门禁系统一般属于一卡通系统（One Key System）的一个子系统（在本书中将门禁系统和一卡通系统等同），一卡通系统包括的子系统较多，主要有门禁子系统、考勤子系统（功能很强大，能够实现复杂的排班、工作时间、三班倒等多种规则，适用国内的制造型企业）、消费子系统（功能很强大，可以按次、按金额实现消费统计）、通道管理子系统（如地铁卡、公交卡的应用，具有消费系统的部分功能）、电子巡更系统（可以是在线式也可以是离现式，一套软件进行管理，在线式巡更功能要较国外产品少）、停车场管理子系统（这是一个很具有中国特色的系统，可以单独管理运行，也可以通过一卡通服务器管理，国内门禁系统厂家有相当一部分是以停车场管理系统发展一卡通管理系统）。

由以上分析可以看出，国外门禁系统单从门禁系统来讲要好于国内产品，但从多个子系统的集成和应用来讲，国产门禁系统具有自己的国情特色，要优于国外门禁系统，更适合中国的国情。众所周知，中国是一个制造企业大国，工厂多、人员数量大，对考勤规则的应用也要求比较多，如要求能够实现复杂的排班、调班、设置不同时间的考勤规则（如对于某个员工正常的上班时间对另外一个人来讲可能是加班），最终要生成功能强大的考勤报表并能够准确计算出员工的工资，这是目前主流国外门禁系统无法实现的。如果采用国外门禁系统，则需要购买一套专门的考勤软件来处理读卡数据来满足这些要求。消费系统也是比较有中国特色的系统，国内的办公场所比较集中多设有公共餐厅、小区设有会所、工厂会设置员工餐厅，而这些都需要复杂的消费系统来实现，而国外的信用卡系统比较成熟，很少单独采用智能卡进行计费，故功能开发相对简单。停车场管理子系统更是一个典型中国特色的门禁系统应用，在国外业主一般有自己的私有车库或者在公共场所采用咪表或者月保收费，很少有这种大量车辆集中管理的需要，故门禁系统多不集成车辆管理功能，而国内的车辆数量和集中度都要较国外高，故停车场管理系统是多数门禁系统建设必须建设的一部分，尤其是小区、大厦的停车场。

从门禁系统的功能上来讲，也有一定的国情特色。欧美主流的门禁系统从功能和集成度上来讲要好于国产门禁系统，通常情况下，进口门禁系统多具有防反传（Anti-passback）、双人规则、双门互锁、电梯控制、证章制卡系统、访客管理、对讲、广播（Email 或者寻呼）、门禁服务器双机热备、安全加密通信和资产管理等功能，同时能够高度集成闭路监控电视系统、入侵报警系统、人力资源系统（ERP 系统）和消防系统等。这种高度的集成来源于国外的安防公司通常都是"Fire & Security"的综合体，同时从事消防和安防业务，而安防业务大多数都包括了门禁、报警和监控的产品，有个公司甚至还有 BAS 系统，集成度就更高。国内的门禁系统发展时间较短，通常具有的主要功能包括双人规则、双门互锁、电梯控制、防反传等，像证章制卡系统、访客管理、对讲、广播（Email 或者寻呼）、门禁服务器双机热备、安全加密通信和资产管理等功能是国产门禁系统所需要加强的或者需要新开发的。同时国产的门禁系统能够集成的系统主要是监控、报警和人力资源系统，但集成度不高，主要是国产的门禁系统厂家规模相对较少、涉及的业务范围也比较单一，随着国内安防业的发展和时间的推移，这种差距会越来越小。

国产门禁系统和进口门禁系统的另一个区别就是门禁软件的价格了，通常国产门禁属于一揽子生意，买一套门禁系统软件或者模块的价格与系统的规模没有多大关系，而进口门禁系统通常是按照授权（License）进行计费的，如读卡器的数量会被分为32、64、128、256、512个等多个等级，不同等级的门禁软件价格不一样，从32个读卡器升级到64个读卡器是需要单独付费的，另外按照授权计费的还有客户端数量、报警输入/输出数量、证章制卡系统、资产数量等多个因素。

门禁系统服务器软件的重要参数包括：读卡器数量、报警输入数量、报警输出数量、持卡人数量、资产数量、客户机数量、可定义客户机数量、图像捕捉显示、证章客户机、监控集成、陪同制管理、寻呼、巡更功能、第三方应用接口（典型的有双向串口通信、API、ODBC和Smart Link等接口）、资产管理、软件狗等。

门禁系统管理软件是需要运行在一定的软硬件平台之上的，常见的门禁系统支持的操作系统有Windows系统（操作简单，稳定性相对要差）、Linux系统（操作复杂，稳定性较好）和Unix系统（操作和配置非常复杂，但稳定性最好），应用最多的操作系统还是Windows和Linux。很多门禁系统都自带有专用数据库，不需要单独购买。也有门禁系统运行在SQL Server、MySQL、Oracle等数据库之上的，需要单独配置。选定了操作系统和数据库，就可以配置门禁系统硬件服务器了，尽可能选用专业级的服务器，前提是能够运行所需要的操作系统和数据库。

门禁管理软件运行在一台或者多台计算机服务器之上，能够实现双机热备，向上通过远程传输系统和中央管理系统连接，向下通过本地传输系统和门禁控制器相连接。门禁管理系统服务器和门禁控制器的连接方式如图4－11所示。

由图4－11可以看出，门禁服务器和门禁控制器的连接主要有RS 232直连、RS 485总线连接、TCP/IP连接和TCP/IP转换器连接几种方式。RS 232连接方式适合控制器数量小的系统，而且传输距离只有15m，故门禁控制器要和门禁服务器就近安装，如果多个直连型门禁控制器要和门禁服务器连接，需要借助多路串口服务器；RS 485连接方式适合大型门禁系统，且传输距离可达1200m（理论值），传输速度和稳定性要比RS 232要好一些，是目前最常见的连接方式；网络型门禁控制器可通过网络直接和门禁服务器相连接，不受传输距离的限制，是门禁系统的一个发展趋势，尤其是在全球联网应用中较多采用；如果控制器是直连型或者总线型门禁控制器，但需要通过网络进行传输时，可以借助 RS 232 转 TCP/IP 转换器和 RS 485 转 TCP/IP 转换器来实现。

● 4.2.6 远程传输系统

远程传输系统相对本地传输系统而言，在门禁系统应用中，当门禁服务器和门禁控制器分处异地或者门禁系统拥有中央管理系统的情况下需要进行远程传输，典型应用于跨国企业的全球门禁联网系统或国内大型公司的跨区域门禁系统中。

远程传输系统大多通过互联网或者企业的内部专网实现连接，如果在公网上传输门禁数据，需要建立企业自己的虚拟专用网络（VPN）或者对门禁系统数据传送进行加密。关于远程传送网络在闭路监控电视系统中有详述，本处不再予以论述。

● 4.2.7 中央管理系统

当建设了多套门禁系统（同一门禁品牌多个门禁系统服务器）需要集中管理时，就要采用门禁中央管理系统。

中央管理系统可以同时管理多个门禁系统服务器，从而实现真正意义上的大型联网门禁系统。相对采用一台门禁服务器来管理大型的门禁系统来说，这种架构更稳定、处理效率更高，尤其是针对那些大型跨国企业而言。

采用中央管理系统能够带来以下好处：

构建统一的中央数据库	可以实现集中管理卡片登录和全球通行权限工作，系统会自动分析持卡人信息以避免任何的数据冲突，并采用复制工具将中央数据库的信息传送到指定的门禁系统服务器上。
采用中央管理系统	用户可通过标准的网络浏览器访问中央管理系统，方便操作。
中央卡片和通行权限管理	中央管理系统使用完善的复制工具来保证中心服务器与区域服务器之间的个人和通行权限信息同步，同时确保所有持卡人记录是当前最新的并且数据库当中不包含有重复持卡人信息。
照片图像管理	中央管理系统会构建一个图像服务器，以支持中央服务器与区域服务器之间进行照片图像复制，加强集中管理。
全局通行权限	标准的门禁系统允许用户使用单一的通行权限来保证个人访问多个设施。全局通行权限可以设置为诸如"主入口"、"公共场所"等，当配置好应用到多个门禁系统中就可以节省时间。
数据安全性	建设中央管理系统就必须考虑数据传输的安全性，通常采用验证机制（用户名和密码）和加密机制（SSL等加密方式）来确保安全。

中央管理系统和区域门禁系统组网如图4-15所示。

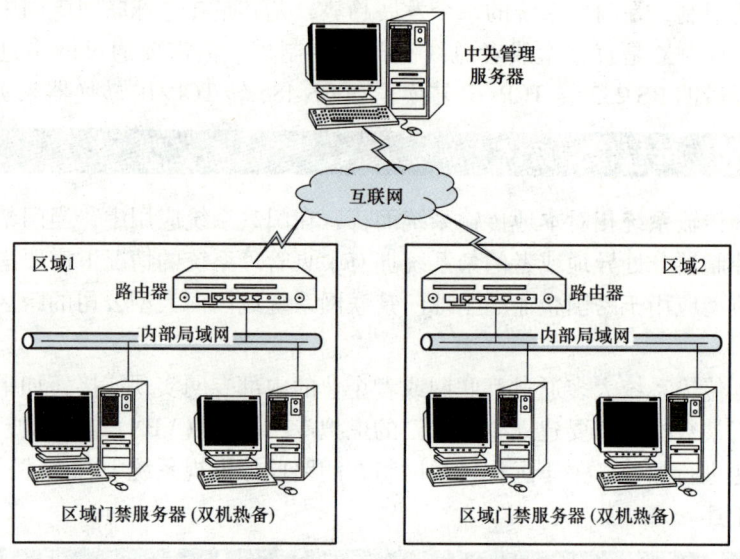

图4-15 中央管理系统和区域门禁服务器组网示意图

4.3 典型应用分析

前面从技术角度对门禁系统进行了详细的描述，本处主要用图来解说门禁系统，将从最小、最原始的门禁系统一直到最复杂、最大型、最先进的系统进行详细论述。

● 4.3.1 钥匙门禁系统

严格意义上来说，钥匙系统可以算是最原始的门禁系统，但在实际应用中钥匙系统并不会被归入门禁系统的范畴。钥匙具有先天性的缺陷：

容易被复制	一把普通的钥匙经过再配置，可以生成一把一模一样的替代品，存在安全隐患，且一些高级的开锁匠或技术高超的盗贼可以打开大多数类型的门锁。
易丢失	钥匙一旦丢失就存在被盗的危险，不可以"注销"掉这把丢失的钥匙，为了安全起见，只能更换整套门锁。
高精密的钥匙又存在很难破解的缺陷	很多高级汽车的钥匙很难被复制，一旦钥匙丢失，就很难再打开车门，高安全性可能把真正的主人拒之门外。

正式因为钥匙门禁系统的先天缺陷性,才促进了蓬勃发展的门禁市场。尽管门禁系统可以实现强大的管理功能,但是它还是需要一把门锁,一把不带"钥匙"的门锁。

● 4.3.2 密码式门禁系统

密码式门禁系统是最简单、也是最原始的门禁系统,在智能卡技术未出现之前就已经出现了。密码式门禁系统有两种实现方式:采用带密码键盘的门锁和采用独立式密码键盘的门禁系统。

带密码键盘的门锁很多门锁生产厂家都有生产,可以应用于宾馆、仓库、办公室等场所,适用于一些安全性要求不高的场所。

独立式密码键盘门禁系统和现在的卡式门禁系统的构成有些类似,包括密码键盘、可控电锁、出门按钮、门铃等设备,用户需要凭密码开门,密码多是4~8位,适用于小型的办公室、仓库、车间等场所,造价低廉、容易安装,在国内应用还比较多,具有一定的市场规模。密码式门禁系统比较简单,不是本书讨论的重点,故不予过多描述。

● 4.3.3 独立式门禁系统

独立式门禁系统是不采用门禁服务器系统的简单门禁系统,主要设备包括集成读卡器的门禁控制器、电锁、出门按钮、门磁、破玻和蜂鸣器等设备。独立式门禁系统适用于不需要联网、不需要记录刷卡信息、安全性要求不高的场所,安装、配置简单。系统组成如图4-16所示。

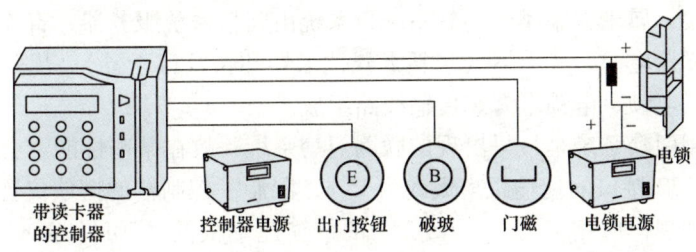

图4-16 独立式门禁系统连接示意图

在图4-16中,带读卡器的控制器是指控制器和读卡器二合一集成在一起,直接安装在门的入口处;控制器和出门按钮、破玻、门磁采用2芯控制线缆相连,控制器和电锁也是通过2芯控制线缆相连,电锁和控制器需要外界电源供电,采用2芯的电源线供电。在独立式门禁系统中没有门禁服务器,所以如果需要读取刷卡信息,需要将电脑直接和控制器相连,即可把控制器中的所有信息和电脑同步,从而能够实现门禁系统的其他功能,如设置持卡人信息、控制器信息和读卡器信息。

独立式的门禁系统连接图也可适用于带接口模块的读卡器系统。

● 4.3.4 直连型门禁系统

直连型门禁系统是指门禁控制器通过 RS 232 接口直接和门禁服务器相连接的门禁系统。系统组成如图 4-17 所示。

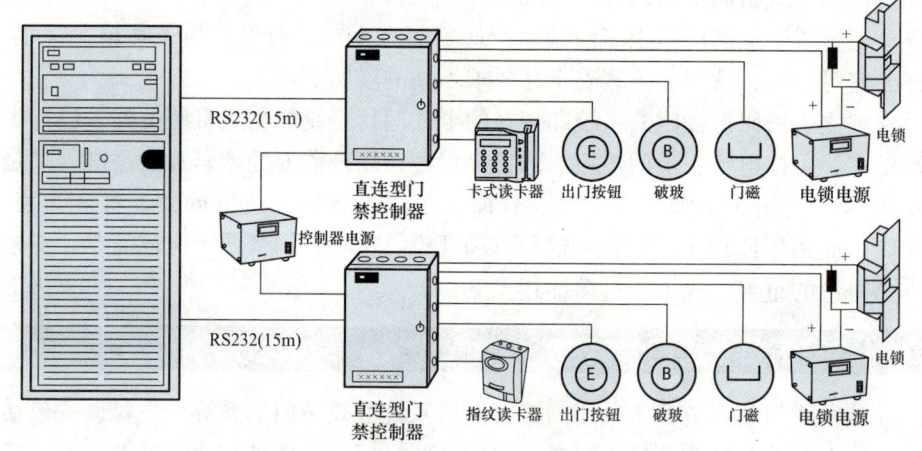

图 4-17 直连型门禁系统连接示意图

直连型门禁系统的典型特点就是门禁控制器和门禁服务器采用 RS232 接口进行连接,属于完整型的门禁系统。系统由门禁系统服务器、直连型门禁控制器、控制器电源、读卡器(包括卡式读卡器和指纹读卡器)、出门按钮、破玻、门磁、电锁、电锁电源和传输线路组成。

直连型门禁系统是最早出现的联网门禁系统,故在某些性能上会受到一些限制。RS 232 接口的传输距离大约为 15m,限制了控制器的摆放位置,不适合远距离、大规模应用。另外,RS 232 的传输速率很低(20kbit/s),不适合大容量系统门禁数据的传输,容易死机或丢失门禁数据。

● 4.3.5 总线型门禁系统

总线型门禁系统是指门禁控制器通过 RS 485 或其他总线通信协议和门禁服务器相连接的门禁系统。系统组成如图 4-18 所示。

总线型门禁系统是目前主流的应用方式,控制器之间、控制器和服务器之间通过 RS 485 方式进行通信,具有传输距离远(最远可达 1200m)、传输带宽

大 (10Mbit/s) 的特点，要优于直连型门禁系统的架构。总线型系统也属于完整的大型联网门禁系统，适用于各类企事业单位、工厂、机场、铁路等场所。总线型门禁系统相较直连型门禁系统而言多了 RS 232～RS485 转换器，同时门禁控制器采用总线接口进行互相连接。通常情况下门禁控制器具备 RS232 接口的也同时具备 RS485 接口，反之亦然。

由图 4-18 可以看出，第一台门禁控制器和门禁服务器的连接必须通过一个转换器，不可以直接将第一台门禁控制器通过 RS232 端口和门禁服务器相连接（虽然有的门禁系统支持这种连接）。RS 232 传输的速率太小，不适合一根总线上有多个门禁控制器产生大量门禁数据的门禁系统使用。同时在门禁系统的设计中需要注意总线传输距离 1200m（4000 英尺）是理论最大值，必须严格按照门禁系统的要求选用指定的 RS 485 工业通信电缆，并严格按照线路敷设要求进行埋管穿线方能够达到。在实际应用中，不建议传输距离超过 800m；一根总线上连接 32 个门禁控制器也是理论最大数量，在实际应用中（尤其是采用 16 门门禁控制器）建议连接 7～8 台。

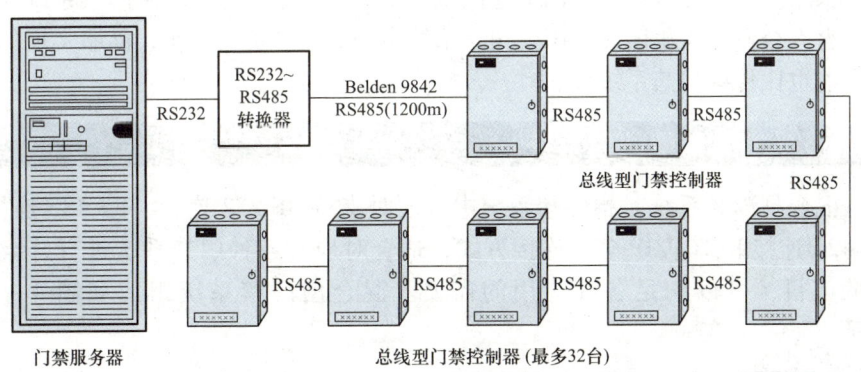

图 4-18　总线型门禁系统连接示意图

● 4.3.6　网络型门禁系统

网络型门禁系统是指门禁控制器通过 TCP/IP 或其他网络通信协议和门禁服务器相连接的门禁系统。系统组成如图 4-19 所示。

网络型门禁系统是一种新兴的门禁系统结构，不受距离限制（可实现全世界范围内的联网）、不受控制器数量限制（理论上可支持无穷多个控制器）、传输带宽大（最少支持 100Mbit/s），具有传统门禁系统不具备的优势，将会成为门禁系统的一种全新的发展趋势。

在网络型门禁系统中，门禁控制器的类型也不受限制，无论是直连型、总

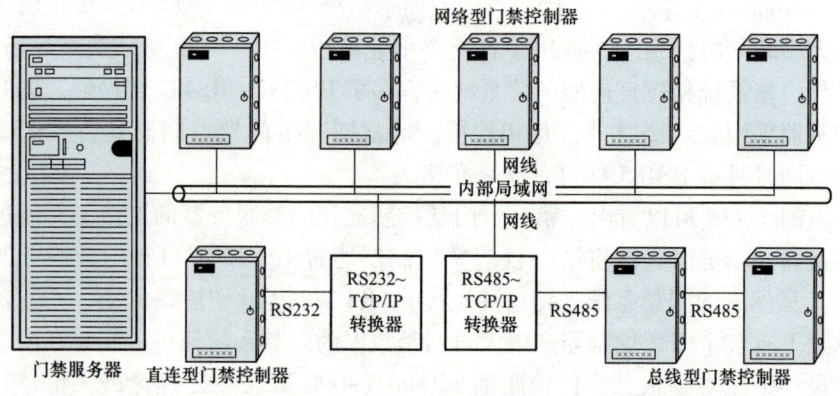

图4-19 网络型门禁系统连接示意图

线型和网络型门禁控制器均可以接入。直连型门禁控制器需要 RS 232 转 TCP/IP 协议转换器,总线型门禁控制器需要采用 RS 485 转 TCP/IP 协议转换器。

采用网络型门禁系统可以构建同城、全国乃至全世界的联网门禁系统,尤其适合大企业、大集团和跨国公司。系统组网灵活、可大可小,能够实现的门禁功能也比传统门禁系统多。

● 4.3.7 混合型门禁系统

混合型门禁系统是指门禁系统中可同时支持 RS 232 连接、RS 485 连接、RS 422 连接和 TCP/IP 多种连接方式,适合对现有各种门禁系统进行升级改造的项目,可以满足各种应用的需要。混合型门禁系统组成如图 4-14 所示。

● 4.3.8 双机热备门禁系统

一个稳定高效的门禁系统除了能够提供高质量的软硬件设备之外,还要能够提供多链路连接和支持双机热备的门禁服务器系统。典型的双机热备门禁系统组成如图 4-20 所示。

在双机热备系统中,同时拥有两台门禁系统服务器,其中一台服务器为主门禁服务器,另外一台为备份门禁服务器。所有的门禁数据会同时写入两台服务器,两台服务器之间采用专业备份软件共用一个 IP 地址来实现这项功能。采用双机热备系统,当任何一台服务器宕机都不会影响门禁系统的正常运行,也不会出现数据丢失的情况,增强了系统的稳定性,推荐大型门禁系统使用。

第四章 图说门禁系统

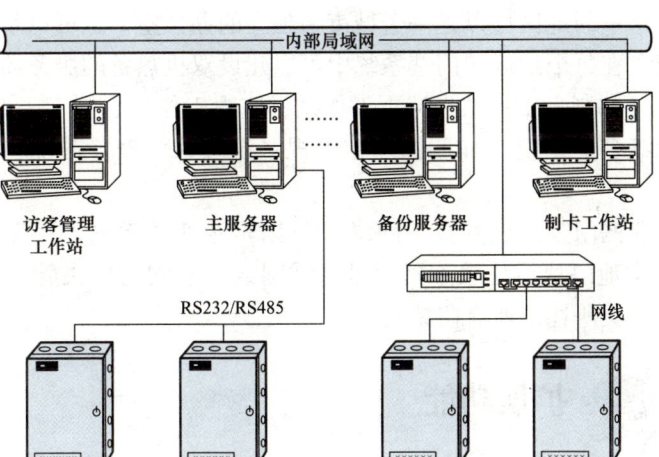

图4-20 双机热备门禁系统组成示意图

● 4.3.9 大型联网门禁系统

一个完整的、大型联网门禁系统应该包括中央管理系统、中央监视系统、远程传输系统、双机热备门禁服务器系统、制卡工作站、巡更系统、考勤系统、访客管理系统、资产管理系统、各种类型的门禁控制器和读卡器，并能够和闭路监控电视系统、入侵报警系统无缝集成在一起。典型的大型联网门禁系统组成如图4-21所示。

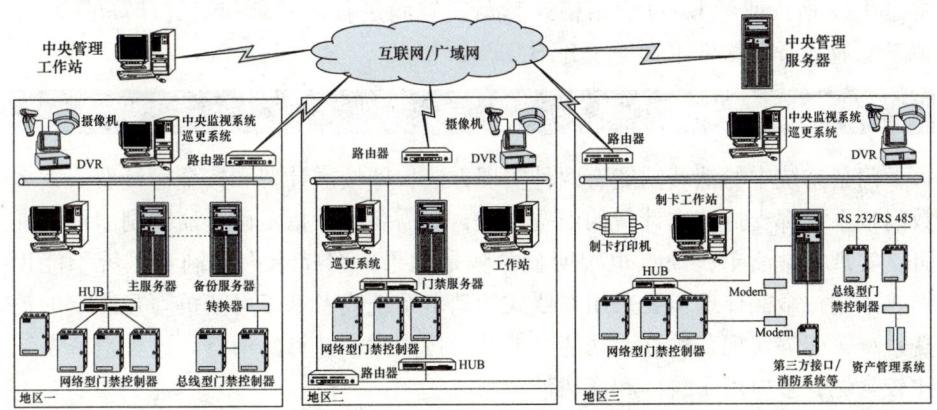

图4-21 大型联网门禁系统组成图

由图4-21可以看出，大型的联网系统相对而言要复杂得多，支持多个地区（如图中有地区一、地区二和地区三）多套门禁系统联网形成一个更大的门禁系统。这里的地区可以是一个城市中独立的办公室，也可以是一个城市或者一个国家。在每个地区的门禁系统中可以建设双机热备的服务器，可以建设多套工作站（如制卡工作站、巡更工作站、监视工作站、制卡工作站），可以集成其他无缝多个系统（如闭路监控电视系统、入侵报警系统、资产管理系统等）。

大型的联网门禁系统多基于网络（可以是企业内部网、广域网、互联网等）构建，本地门禁系统服务器通过广域网或互联网与中央管理服务器相连接，可实现前文所述的所有门禁功能。

4.4 扩展功能

基于门禁系统可以开发出很多扩展功能，包括考勤功能、消费功能、巡更功能、资产管理、电梯控制、人力资源系统集成、监控集成联动、报警集成联动、制卡证章管理和车辆管理等功能。

● 4.4.1 考勤功能

有了刷卡的信息就可以实现各种各样的考勤功能了。如前文所述，进口门禁品牌的考勤功能相对简单，而国产门禁系统自带的功能比较强大。但在项目的实际应用中，尤其是大型企业、工厂的考勤系统中，推荐选用专业的考勤软件来实现。专业的考勤软件只需要现有的门禁系统能够将刷卡记录导出（通常是TXT格式或者Excel表格格式）就能够满足各种考勤和工资计算的要求。关于专业的考勤软件本文不予介绍。

● 4.4.2 消费功能

门禁系统中的消费功能有两种实现方法，即按次计费和按金额计费。大多数门禁系统都支持按次计费的消费系统，只需要统计指定读卡器的刷卡记录即可，实现非常简单；缺点也很明显，就是如果一名持卡人误刷卡系统不能识别。采用按金额计费需要采用在线式的消费系统或者基于可读可写智能卡的消费系统，能够实现各种计费功能，尤其是按照金额计算的消费。这种消费系统比较常见，多应用于餐厅和商店消费系统。

因进口的很多门禁系统厂家并不生产读卡器或者不支持对智能卡进行写数据操作，故很难应用于按金额计费的消费系统，这也是很多高端门禁系统在国内应用中的一个障碍，相信未来会有所改观。

4.4.3 巡更功能

采用门禁系统实现巡更（Guard Tour）功能是典型的在线式巡更系统。在线式门禁巡更是由用户定义巡更人员在巡更时必须何时到达何地。读卡器和输入都可作为巡更点。巡更可定义为随机或顺序的，以保证整个区域在特定的，预设的时间处于监视中。门禁系统为用户提供配置系统巡检的手段，并指定何时何地巡更时，在指定巡更点或区域进行检查。

通常在门禁系统中巡更功能可以设置的参数和最终巡更系统会产生的报告参见 5.1.1。

4.4.4 资产管理

资产管理在门禁系统中属于高级应用。资产管理系统提供了一种有效便捷的方式来防止内部和外部的偷窃事件。通过在重要的需要防护的出入口创建控制点探测器，可以防止未经许可的贴有标签的物品被带出，否则将产生报警信号。系统不仅对探测区域提供周界保护，而且还可以探测出资产被移动到确定某个房间或其精确位置，快速得知它的进入或者取出是否合法，是否合乎之前的设定。

资产管理系统主要采用 RFID（射频识别技术，前文有详细描述），除了可以防止偷窃事件，还可以实现对建筑物内重要物品的定位和管理。RFID 标签系统通过韦根协议与门禁系统控制器相连接，经过资产管理软件模块和门禁管理软件模块的相互联动处理，实现双重身份的验证功能。除在门禁系统出入口处设置资产管理系统探测点外，用户也可在其他更广泛的区域内设置独立的探测点，用于对资产移动过程的精确定位。

（1）采用资产管理系统可以实现以下功能：

资产与雇员的管理	通过使用资产管理系统把资产与其合法的使用者结合起来。
资产的实时定位	通过门禁系统的电子地图可以实时显示资产的所在位置。
资产通行的历史报告	通过门禁系统的报表功能，可以方便地查询资产的历史移动情况。
自动的操作	人员可以按照正常的门禁系统刷卡出入，物品标签可以通过无线非接触方式自动检测。
灵活设置覆盖区域	可设置在门的区域，或覆盖更广阔的区域。
可同时读多标签	瞬间读取通过走廊或保护区域的标签，不需要雇员排队通过安全检测通道。
完善的资产管理政策	资产管理系统提供了一种有效便捷的方式，来防止内部的和外部的偷窃事件。

全球资产管理	全球资产管理是对企业重要资产的移动进行跟踪。使用灵活的控制点设置，资产管理系统可以方便地察觉和定位全球的资产。
资产定位跟踪	资产定位和跟踪可以是静态的物品或动态物品。系统可以立即确定一个贴有标签的资产移动位置，只要在设有"控制点"探测装置的区域，并显示电子地图。贴有标签的资产移动到探测区域时会提供出资产的具体所在位置的数据。

(2) 典型的 RFID 资产管理系统由三部分组成

标签（即射频卡）	由耦合元件及芯片组成，标签含有内置天线，用于和射频天线间进行通信。
阅读器	读取（在读写卡中还可以写入）标签信息的设备。
天线	在标签和读取器之间传递射频信号。

有些系统还通过阅读器的 RS232 或 RS485 接口与外部计算机（上位机主系统）连接，进行数据交换。

● 4.4.5 电梯控制

电梯控制是目前大多数门禁系统具备的扩展功能之一，主要通过两种方式实现，即输入输出模块和专用电梯控制模块实现。

实现电梯控制可以在电梯内或电梯外安装读卡器，如果在电梯外安装读卡器，则需要每层楼都安装。其原理是把电梯的楼层输入信号和输出信号分别接入门禁系统的输出信号和输入信号模块，合法持卡人通过刷卡，由门禁系统判断该持卡人可进入哪些楼层，然后自动打开对应的按钮或者可以直达指定楼层。

● 4.4.6 人力资源系统集成

门禁系统和人力资源系统的集成主要实现持卡人信息共享和授权同步，只有在人力资源系统中是一个合法的员工，方能够在门禁系统中成为有效的持卡人；同时人力资源系统中也可以包括持卡人的权限。门禁系统通过接口程序可以同步人力资源系统中持卡人的信息和通行权限。

这种应用适合大型的并建设有自己人力资源系统的公司，可有效地管理所有人员，尤其是员工变动频繁或者季节性招工的公司。

● 4.4.7 监控集成联动

门禁系统和监控系统的集成联动有两种实现方式：一种是和矩阵控制

系统相集成；另一种是和硬盘录像机相集成。采用和矩阵控制主机集成的方式，门禁服务器多通过 RS232 口直接和矩阵相连接，在门禁系统中写入矩阵的所有命令，通过 ASCII 码进行各种通信和控制，通过在门禁服务器中内置的视频卡可以调用监控系统的图像。采用硬盘录像机联动监控系统是一种更高级的方法，通过网络就可以连接。通常情况下门禁系统会支持固定厂家的硬盘录像机，可以实现图像的调用、切换和控制。当门禁点发生报警，可以录制一段录像或抓屏接图，使得门禁系统的管理更加直观和人性化。

4.4.8 报警集成联动

报警系统的集成相对而言要简单一些，大部分门禁控制器都自带有一定数量的报警输入和报警输出接口。有的门禁系统可以通过报警输入模块和报警输出模块进行扩容，可支持一定数量的报警输入输出信号；而有的门禁系统就是在报警主机的基础上开发的，报警集成功能就更加强大，甚至配有布撤防的操作键盘，就像入侵报警系统一样。

门禁系统可支持各种类型的报警探测器，如门磁、红外双鉴探测器、紧急按钮和烟感探测器等。当报警探测器被触发报警时，门禁系统可当作一个事件触发其他的控制，如关闭所有的门或打开所有的门，并给予报警提示，可以是文本信息、手机信息、电子地图显示或者警笛的警铃。

4.4.9 制卡证章管理

制卡系统也被称为证章管理系统，主要用来对空白的卡片进行表面加工和处理。大部分证章管理系统提供全功能的照片图像运用，可在任何的系统客户工作站上使用，支持多种操作系统。标准制卡系统功能包括个人窗口捕捉图像、图像输入、显示、签名捕捉、三证章编排、双面证章打印和多维条码。

4.4.10 车辆管理

采用门禁系统实现车辆管理是比较简单的应用，对于那些不复杂的停车场来说，可以通过门禁系统来实现，如可以控制车辆的进出，记录车辆进出的信息，通过车场最小和最大车辆数量限制实现满位控制功能。如果需要更加强大的车辆管理功能，就需要建设专业的停车场管理系统，这在本书的其他章节有详细描述。

4.5 技术发展趋势

门禁系统属于技术发展比较成熟的系统，在国外的应用比较普及，国内的门禁系统目前也在得到大面积的普及，功能也越来越强大。笔者认为，门禁系统的未来发展趋势包括网络化、联网化、RFID 应用普及化、集成、联动和生物识别技术。

● 4.5.1 网络化

网络化主要指门禁系统传输线路网络化，包括门禁控制器到门禁服务器的传输线路和门禁服务器到中央管理服务器的传输线路。

网络控制器、网络门禁很多年前就已出现，但真正能够做到全国化、全球化稳定联网就比较困难，所以说这是一个趋势。

● 4.5.2 联网化

国内常见的门禁系统大部分都是基于本地联网的，很少有企业基于全国、乃至全球联网。随着我国国力的增强和企业发展的全球化趋势，国内出现了很多全国性、全球性的公司，而要将企业的所有的总部、分公司、办事处、合作公司的门禁统一管理进行联网就是未来门禁系统的一个技术发展趋势。

在这种联网型门禁系统中，要求企业的各个组成机构要建立内部的 VPN 网络，这也是目前阻碍门禁系统联网发展的一个障碍。

● 4.5.3 RFID 应用

目前市面上的主流门禁系统都采用的是射频识别技术（Radio Frequency Identification），即采用的是射频卡，包括了低频段射频标签卡（其工作频率范围为 30~300kHz，典型工作频率 125kHz，ID 卡常见的工作频率）和中高频段射频标签卡（工作频率一般为 3~30MHz，典型工作频率为 13.56MHz，Mifare 卡常见的工作频率），而超高频与微波频段的射频标签卡（其典型工作频率为 433.92MHz，862~928MHz，2.45GHz，5.8GHz）。尚未在门禁系统中大面积应用。

ID 卡和 Mifare 卡典型的工作距离是 10cm，而超高频卡的工作距离可以达到 10m。超远的距离是实现资产管理、远距离车辆管理、人员远距离识别的先要条件，而 RFID 正好就是这样的技术，所以说 RFID 的应用也是门禁系统发展的一个技术趋势。

RFID 的典型应用就是资产管理系统，这在国内的应用还比较少，也是国产门禁系统需要加强的一部分功能之一。

● 4.5.4 集成和联动

通常情况下门禁系统的控制器都能接入一定数量的报警探测器，并能输出一定数量的报警信号，但属于比较初级的集成。真正的集成是门禁系统集成闭路监控电视系统、入侵报警系统和人力资源管理系统，通过软件接口（如 ODBC 和 API）的实现是比较好的集成方式，集成之后能够实现联动就是门禁系统的发展趋势。

在国内比较常见的集成和联动方式是通过 IBMS 系统进行，国内产品中门禁系统可以把人力资源管理系统、监控、报警系统集成的厂家很少，而国外的产品集成度要高一些，所以说集成和联动是国产门禁系统发展的一个技术趋势。

● 4.5.5 生物识别技术

可以应用于门禁系统的生物识别技术包括指纹、掌型、视网膜、虹膜和脸型。指纹仪（指纹读卡器）是门禁系统中最长见的生物识别产品，而把掌型、视网膜、虹膜和脸型技术应用于门禁系统将是一个长期的技术发展趋势。

第五章

Chapter 5

图说电子巡更系统

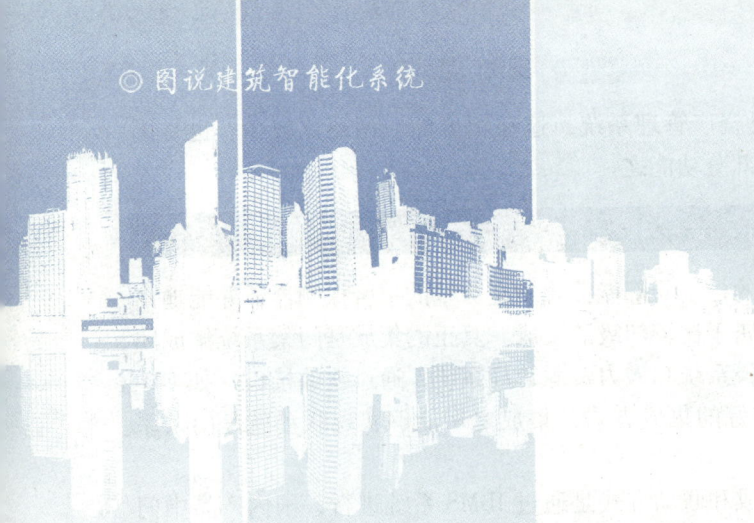

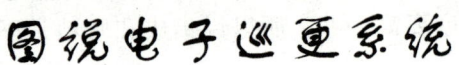

5.1 系统基础知识

5.1.1 什么是电子巡更系统

电子巡更系统（Guard tour system）是技术防范与人力防范结合的系统，要求巡逻人员（通常是值班保安人员）能够按照预先设定的巡更路线顺序并在规定的时间内完成对各巡更点的巡视，同时也保护巡更人员的安全。巡更系统可将巡逻人员在巡更巡检工作中的时间、地点及情况自动准确记录下来。它是一种对巡逻人员的巡更巡检工作进行科学化、规范化管理的全新产品。

电子巡检系统（Polling system）是电子巡更系统的一种更高的形式，是指在电子巡更的基础上添加智能化技术，加入巡检线路导航系统，可实现巡检地点、人员、事件等显示，并可手工添加其他信息（如温度、水表读数、电表读数、设备工作状态等），以丰富巡更的管理内容，便于管理者管理。

通常在电子巡更系统可以设置以下参数：

名　称	系统应允许用户指定巡检的唯一名称，在离开现场时进行标准对象名称验证。
描述	系统允许用户输入有关该巡检的描述和附加信息。
在线	将其用作控制巡回控制变更时间的机制。

第五章 图说电子巡更系统

最小完成时间	系统允许用户指定巡检需要的最少时间。如果在更短的时间内完成巡更，系统将提示巡检错误。
最大完成时间	系统允许用户指定巡检允许花费的最大时间。如果巡检时间比该字段指定的时间更长，将声明巡检错误。
取消巡检	如果巡检发生错误，系统允许用户标记终止巡更。
过早巡更事件	如果过早完成巡更发生错误，系统允许用户指定触发事件。
超时巡更时间	如果超过规定最大时间完成巡更发生错误，系统允许用户指定触发事件。
巡更点	在巡检计划中，要求巡逻人员在规定的时间所需到达的指定地点。系统允许用户显示该巡更所配置的巡更点列表。
巡检计划	根据用户的实际需要，为巡逻人员制定的在规定时间内对规定区域进行巡查的任务、计划列表。

最终巡更系统会产生以下报告：

巡更配置报告	列出系统中为所有已配置巡更的固定报告。
巡检和巡更点配置报告	列出系统中为每个配置的所有巡更点的固定报告。

● 5.1.2 电子巡更系统的分类

电子巡更系统按照在线方式可以分为在线式和离线式两种，详细分类如图 5-1 所示。

在线式巡更系统是指巡更人员正在进行的巡更路线和到达每个巡更点的时间在中央监控室内能实时记录与显示。在线式巡更系统又可被分为有线式和无线式两种。有线式比较典型的应用就是采用门禁系统实现，在第四章中有详细描述，本处不再描述；无线式巡更系统属于一种新型的应用，目前应用比较少，可以采用 GSM 网络、3G 网络、WiFi 热点和专用无线网络技术实现。无线式相比较有线式而言不需要布线，是未来巡更系统的一个发展趋势。

离线式巡更系统是目前的主流

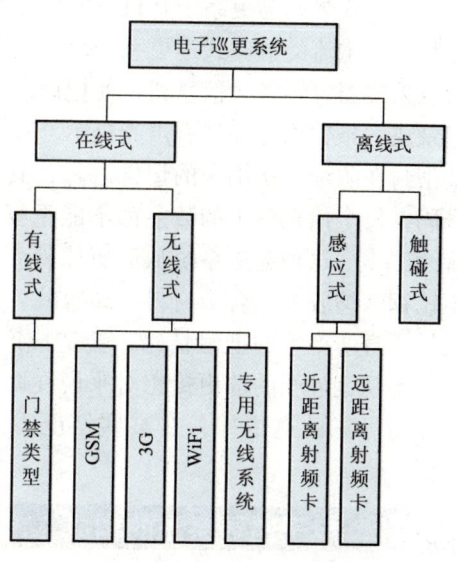

图 5-1 电子巡更系统分类图

应用，也是众多巡更厂家发展的重点方向。离线式巡更系统无需布线，巡更人员手持数据采集器到每个巡更点采集信息。其安装简易、性能可靠，适用于任何需要保安巡逻或值班巡视的领域。离线式巡更系统也存在一定的缺点，即巡更人员的工作情况不能随时反馈到中央监控室，但如果能够为巡更人员配备对讲机（或集成无线呼叫系统），就可以弥补它的不足之处。由于离线式巡更系统操作方便、费用较省，故大部分用户选择了离线式电子巡更系统。

离线式巡更系统又可分为感应式巡更系统和触碰式数码巡更系统两类。

感应式巡更系统采用射频技术（RFID，在第四章中有详细描述），属于无线、非接触式的系统。巡更人员手持巡更机至需要在读卡器读卡的有效距离之内就可以被正确识别，构造简单，操作方便，应用也比较广泛。但也存在一定的缺陷，就是耗电量比较大，需要经常为巡更机充电或更换电池。感应式巡更系统又可被分为近距离射频卡系统和远距离射频卡系统。近距离射频卡系统采用的卡片和技术与门禁系统相类似，感应距离在10cm之内；远距离射频卡系统采用高频段的 RFID 射频卡，感应距离可达10m，这样巡更人员就不需要刻意地去寻找巡更点，大大提高了保安人员的自由度，能够提供更多时间和精力去进行更多的巡逻工作。更加先进的远距离射频巡更系统还可以集成无线对讲系统，使之功能更加强大，甚至实现在线式远距离射频卡巡更，这种新型的巡更系统也必将成为一种发展趋势。

触碰式数码巡更系统是目前使用比较广泛，技术壁垒也较低的一种传统巡更系统。主流的触碰式巡更系统均采用美国 DALLAS 的信息钮，巡检时只要用信息采集器轻轻触碰信息钮，便把信息钮上的位置信息和触碰的时间信息自动记录成一条数据，并伴有声光提示，耗电量也非常低。DALLAS 信息钮是一个被密封在防蚀不锈钢中的记忆芯片，其密闭片中预置了一组64位数字的识别号码，每个信息钮中的数字都不能重复，可长期在 -25~80℃ 的恶劣环境下持续工作。这种巡更系统从巡更棒外壳材料上可分为三类，即塑胶、铝合金、不锈钢。塑胶及铝合金材料在高盐碱、抗干扰、抗冲击性等方面较弱，而巡更人员本身所产生的抵触情绪，会造成产品在使用过程中发生的故障率居高不下；不锈钢外壳的巡更棒相对来说在防水性、抗干扰及抗冲击能力上比较强，是较为可靠的巡更棒，在某些情况下还可以起到防身的作用，故障率相对较低。

● 5.2 电子巡更系统的构成

典型的最常用的离线式电子巡更系统由四部分构成，如图5-2所示。

第五章 图说电子巡更系统

巡更棒（又称为数据采集器、巡更器或巡更机）	由巡逻人员在巡更/巡检工作中随身携带，将到达每个巡更点的时间及情况记录下来，属于微电脑系统，用于读取信息钮内容，完成信息处理、储存和传输等功能。有的巡更棒还带有显示器和键盘，属于更高级的电子巡检系统巡检棒。
信息钮（又称为巡更点、信息标识器或巡检器）	安置在巡逻路线上需要巡更巡检地方的电子标识，可以是一张 IC/ID 卡、RFID 卡或者 DALAS 钮扣。
电脑传输器（又称为通信座或数据下载转换器）	用来将巡更棒中存储的巡更数据通过它下载到计算机中去，有的还兼有充电功能。
管理软件	分为单机版或大型行业网络版，通常包括应用软件和加密钥（或密码钥匙）。

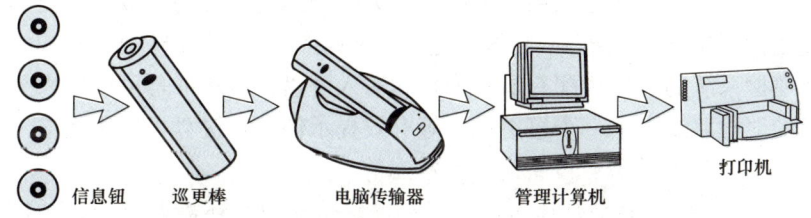

图 5-2　电子巡更系统组成图

5.3　典型应用分析

应用最多、最广泛的电子巡更系统类型是触碰式离线巡更系统和近距离非接触式巡更系统。典型应用于小区、大厦、工厂以及其他需要巡更的场所。

一般来讲，电子巡更系统是投资最小的智能化系统之一。通常情况下一个项目建设 3~5 套巡更棒、30~100 个巡更点较为理想，不需要布线和施工工作，简单安装即可，仅需安装管理软件并进行相应的设置工作。

5.4　技术发展趋势

在 20 世纪 80 年代之前，巡更人员都是采用签到方式或主动方式来实现对巡查的时间记录。90 年代初随着电子技术、智能卡技术和会计算机技术的发展而产生了电子巡更系统，随后也被引入中国。早期的系统采用碰触式钮扣，自动记录时间、卡号。90年代后期，随着感应技术的成熟，非接触感应巡更产品产生，逐渐占领市场。最近这几年又出现了智能化巡更系统和远距离射频巡更系统等。在国内市场上出现的全中文巡检机更是将电子巡更系统提高到另一个高度，可以实现巡检地点、人员、事件等中文显示，并且加入巡检线路导航系统，指导按正确路线巡逻，支持远程传输巡检记录，支持各种信息的输入。

笔者认为，电子巡更系统的未来发展趋势包括更高级的电子巡检系统、RFID 远距离巡更系统、无线通信技术、图像抓拍/信息采集系统和多元化市场发展。

● 5.4.1 更高级的电子巡检系统

电子巡更系统本身只是一套规范巡更人员巡逻路线、时间、值班安排的系统，对于巡逻人员巡逻的过程中发生的警情处理并不能够进行记录和提供有效帮助，如数据的记录、信号的记录、现场画面的记录等。而更高级的电子巡检系统就应运而生，电子巡检系统可以理解为电子巡更系统的升级，主要的变化在于巡更棒（或者巡更机）。传统的巡更棒比较简单，没有显示设备和输入设备；而巡检系统的巡检机配有显示屏幕和输入键盘，显示屏幕可以用来显示巡检人员的巡检路线、下一个巡更地点等有效提示信息，键盘可以用来输入各种信息（比如三表的读数、设备的工作状态等）。

所谓"巡检"，就是在读卡过后，不仅仅是巡视，还需要检查，并把巡检点碰到的各种问题显示并记录下来。巡检系统在各个巡检站点上分别安装一个内置编码的信息钮，巡检员持识读器到达该处检查完相关设施后，触碰信息钮，巡检机将记录到达地点及时间。管理人员可以将巡检机中的记录信息传至管理电脑中，在屏幕上可清晰显示出巡检员的巡检地点及到达时间。根据事先确定的巡检班次和时间要求，计算机软件将自动统计出的正点、误点及漏检报表显示在上位机系统软件中，并可通过打印机打印，为管理者提供重要管理信息。

巡检管理系统是对包括安全、设备巡检实行量化、动态管理的现代化手段，是促进相关部门实行科学化管理的重要步骤。巡检管理系统软件以维护部门日常管理为主线，根据巡检器中记录的数据对维护部门的巡检工作的完成情况进行考核，实现了维护部门日常管理的信息化，加强了维护部门管理的科学化、制度化，提高了维护部门整体管理水平。

● 5.4.2 RFID 射频识别和无线传输系统

RFID 射频识别技术应用于电子巡更系统是一种全新的技术，尤其是远距

第五章 图说电子巡更系统

离识别的射频卡，尚处于小规模的应用当中。典型的 RFID 巡更系统可以依托无线对讲网络或者 GSM/GPRS 网络构建一个非接触、在线式，集对讲、巡更、调度、录音、实时数据传输等多功能合一的高度集成电子巡更系统。

（1）基于无线对讲系统的电子巡更系统实现的原理非常简单，即在现有的无线对讲系统（如 Motorola 或者先锋的无线系统）中，在手持对讲机中集成读卡技术（在不破坏原有结构的前提下，通过专业的读卡芯片，采用特殊工艺，实现对讲、巡更、录音一体化设计），实现巡更管理功能。该系统的巡更点设备、管理端设备和传统巡更系统的区别不大。无线 RFID 巡更系统具备普通对讲机的所有功能，而且支持对巡更点信息钮的读取和传送。读取和上传有实时与离线式传输方式，离线时读取的信息在有无线信号覆盖的区域时自检确认后自动第一时间上传。

无线对讲机巡更系统的工作原理是采用无线异频中继形式来扩大对讲机的通信范围，对讲系统采用 1 个信道，在对讲机甲与对讲机乙之间由于距离比较远或受屏蔽阻挡而无法实现通信时采用异频中继方式，由此扩大了对讲机之间的通信距离。巡更系统采用 1 个信道，同时利用巡更对讲机的无线发射功能激活异型巡更钮（巡更卡），微波读取、识别并利用对讲系统开放的数字信令在 400MHz 高频下将该信息上传到基站控制中心存储（含录音），实现巡更实时在线、更科学、更便利、准确和规范的管理。无线对讲巡更系统主要由中转台、定向耦合合路器、定向耦合器、高增益天线、功率分配器、对讲主机（集成巡更机）和巡更卡组成。

（2）基于 GSM/GPRS 系统的电子巡更系统原理和基于无线对讲系统相类似，即巡更棒中集成 GSM 通信模块，可以通过 GPRS 上网。如果 3G 网络开通，也可以通过 3G 网络实时在线传送巡更数据。典型的 GSM/GPRS 巡更棒具有以下按键并能够实现如下功能：

感应辨识键	扫描标识，即时 GPRS 信号传输。当警卫到达指定哨所时，按此键感应并读取哨所电子标识资料，哨所电子标识资料透过 GPRS 传回监控中心。
通话键	GSM 双向语音通话。按通此键即可双方通话。
紧急求救键	自动启动监听，通话，录音功能。当警卫在巡逻时面临危急或突发情况时，只需按此键，装置将发送一个紧急求救信号给监控中心，监控系统将立即开通监听功能，并录下警卫方圆 3m 内所有通话声音，并透过 GSM 蜂窝定位显示该员位置，联络就近警察局或其他警卫支援。
监控中心的功能	安排及记录所有巡逻系统，分析所有发生事件；监听或联络未准时巡逻失职警卫，查询状况；以 SMS 简信通知其相关主管任何异常状况；当紧急求救信号传入时，开启监控录音功能做日后佐证，并联络就近公安机关或其他警卫支援。

随着技术的发展，无线 WiFi 技术也有可能会被应用于电子巡更系统，那将是另一个新的发展趋势。

5.4.3 图像抓拍、信息采集系统

图像抓拍和信息采集系统是电子巡更/巡检系统发展的另外两个技术趋势。

巡更棒或者巡检机集成摄像头应该是一个比较简单的集成方式，在手机中应用比较成熟，完全可以借鉴手机的发展方式发展巡更棒/巡检机。集成摄像头的巡更系统，巡检人员在任何需要的场所都可以自由地抓拍图像，为报警管理、警情处理提供了可靠的、直观的依据。问题就是后台的软件要支持图像的自动传输和处理。

信息采集系统主要应用于电子巡检系统，也是巡检系统的核心。具有信息采集功能的巡检系统，首先要求巡检机具有一个显示器和一个数字/字母输入键盘。显示器用来显示路线信息、巡更点信息、人员信息、采集到的数据信息等；数字/字母键盘可以输入各种各样的数据，如水表、电表、气表的读数、电梯的工作状态、机电设备的工作状态、给排水的水位。具有信息采集功能的巡检系统大大提高了巡更人员的巡更效率，也为科学物业管理提供了更多参考的信息，提高了物业管理的水平。

采用图像抓拍和信息采集是一种更高级的电子巡检系统，必将成为电子巡更系统新的技术趋势。

5.4.4 多元化市场发展

目前主流的电子巡更系统还主要应用于普通的生活、生产场所，具有通用性，如居住小区、写字楼、工厂等。但在实际工程应用中，每个不同的行业或场所需要特殊的"巡更系统"，如煤矿、边境、铁路、油田、机场、核电站等，它们有的要求能够采集图像信息，有的要求采集数据信息，有的要求采集状态信息，有的要求防爆，有的要求防腐蚀，那么针对不同的行业需要开发出不同的巡更产品，多元化市场发展必将成为巡更系统发展的一个趋势。多元化发展的巡更系统已不仅仅是简单的巡更了，而是科学管理的另外一个技术手段。

第六章

◎图说建筑智能化系统

图说停车场管理系统

6.1 系统基础知识

● 6.1.1 什么是停车场管理系统

停车场管理系统（Parking Lots Management System）属于一卡通系统，综合射频卡技术、自动控制技术、视频技术、音频技术、传感技术，以计算机网络为管理平台，利用车辆传感器、出入口控制设备、显示屏、自动发卡机、自动收卡机、电动道闸、摄像机等软硬件设备，对车辆出入停车场进行管理、记录、识别、控制，实现计费、保安、控制、防盗、查询、统计等功能，减少人工操作，实现智能化控制，提高整个停车场的管理水平和安全性。

（1）停车场分类。停车场可以被分为内部停车场、公用停车场和私人停车场三类。

内部停车场	主要面向固定的业主，也兼顾临时访客停车的需要，一般多用于小区、大厦的配套停车场、各单位/工厂的自用停车场。这类停车场的特点是：车流量大，收费情况复杂，面向固定的业主，要求使用寿命长，安全性要求严格，上下班高峰期车辆较多，可靠性要高，处理速度要快。
公用停车场	主要面向临时车辆的停放管理和收费工作，也有免费的公用停车场但比较少，常见于大型公共场所，如机场、火车站、汽车站、体育场馆、集贸市场等。访客多是临时性一次停车、车辆数量多、停车时间短。要求运营成本低、使用简单、设备稳定可靠，可满足商业收费的要求，安全性要求相对较低。

| 私人停车场 | 主要面向特定的业主和使用者，没有访客停车的需要，多用于别墅的私人车库，不需要计费，但要求安全性级别高、使用方便。 |

停车场管理系统主要应用于内部停车场和公用停车场的管理，私人停车场多采用车库的方式，不需要额外的停车场管理系统。

(2) 主流的停车场管理系统功能。具有以下特点和功能：

- 系统用户多分为固定用户和临时用户两种。固定用户采取提前缴费方式（按照一定时间段缴费），每次出场时不再收费，可直接放行；临时用户出场时根据停车的时间及当时费率缴费一次。
- 所有车辆凭卡进入，刷卡时间、出入地点及车辆等各项资料均自动在计算机上显示并记录。
- 所有车辆刷卡后经收费员或保安收费（临时用户）或确认（固定用户）后车辆出场。
- 系统具有分级管理功能，且人员操作该系统均有记录。
- 智能卡管理功能详尽。
- 系统具有满位提示功能，车辆达到饱和后临时车辆不允许进入。
- 计算机可自动记录各种信息、出入报告、卡片报告、报警报告，并可打印。
- 卡片感应距离多在10cm左右，远距离管理系统可达10m有效距离识别。
- 识别速度快，响应时间小于1s。
- 可靠性高，容易安装，防水、防尘，防护等级不低于IP65。
- 系统可灵活地与其他设备连接，控制诸如门、闸、灯光、警报或摄像机等；系统软件可方便地按用户要求定制，更可联入IBMS系统。
- 硬件设备采用模块化设计，控制系统预留有多种扩展接口，应用广泛，兼容性好。
- 一车一卡，杜绝一卡多车，防止车辆被盗和收费管理漏洞。
- 系统具有图像对比功能，实现可视化管理和车辆确认（车牌、车辆类型和颜色等信息确认）。
- 多种收费模式，并可按照业主或当地管理部门要求进行设置。
- 系统记录信息量大，不少于10 000条。

● 6.1.2 系统基础知识

6.1.2.1 停车卡的类型

停车卡根据使用的方式可以分为管理卡、月租卡、储值卡、特种卡和时租卡五种类型。其中时租卡是由入口票箱发出的票卡，停车费由停车时间决定，持此票卡在出口收款处前付款；付款后管理员收回此票卡，再重新放入入口发卡机内。

管理卡	又称为操作卡、系统卡，是停车场管理系统的收费操作管理人员的上岗凭证。收费操作员在上岗时持该卡在停车场管理系统中登记后才能使用本系统，而且只能在操作人员的权限内工作。
月租卡	又称为月保卡、年卡等，是停车场管理系统授权发行的一种智能卡，由长期使用指定停车场的车主申请并经相关管理部门审核批准，通过智能卡发行系统发行。该卡按月或一定时期内交纳停车费用，并在有效的时间段内使用该停车场停车。月租卡持有者可以在有效时间段内随时进出停车场，对于月租卡设有防迁回措施，可防止"一次入，多次出"或"多次入，一次出"，以保障车辆的安全和收费的准确性。
特殊卡	又称为免费卡，在一段时间内（如会议期间），持此卡人可以自由地出入停车场。注意有的停车场管理系统并不支持该类型的卡片。
储值卡	储值卡持有者事先付款，将金额存入卡中，停车时系统自动从卡中扣除停车费用。余额不足时必须再充值，否则无法继续使用。
时租卡	又被称为临时卡，是临时或持无效卡（非本系统使用卡、过期的月租卡、储值金额不足的储值卡）的车主到该停车场停车时的出入凭证。车主在停车场停车发生的停车费用必须支付现金，并在出场时将卡交回车场收费处。

6.1.2.2 图像对比系统

图像对比系统在停车场管理系统具有重要的地位，它具有车辆防盗和车辆出入图像记录的功能。一般由摄像机、镜头、防护罩、支架、聚光灯、视频处理卡（安装在装有停车场管理软件的电脑中）和图像处理软件组成。建议摄像机采用道路监控专用的、带强光抑制的摄像机，便于夜间捕捉清晰的图像；镜头采用自动光圈，便于图像信号自动调节；聚光灯为环境光线较暗的时间段或场所提供照明用；视频捕捉卡具有图像抓拍、压缩和存档的功能。

图像对比系统实现的原理是：摄像机安装在停车场出入口，当在车主读卡的瞬间（系统检测到车辆的存在时方可读卡），系统同时抓拍该车图像，并将图像存入电脑，道闸开启，车辆进入停车场，道闸回落；当车主在出口读卡的瞬间（临时车在临时读写器上读），同时系统抓拍该车出场图像，并存入电脑，系统马上调出先前所抓拍的图像，供值班人员进行进出车辆图像对比，并识别是否是同一辆车，相同则按回车键，道闸开启，车辆出场，道闸回落。

图像对比系统实现以下功能：

提高效率	减少车型及车牌的手工识别和读写时间,提高车辆出入的车流速度。
防止盗车	建设图像对比系统的车辆管理系统要求出场车辆同时匹配卡号、车牌号、车身颜色和车型方能放行,彻底达到防盗车的目的。
防止资金流失	所有进出的车辆均有进出图像存档,杜绝了谎报免费车辆或私自放行的现象。
一卡一车	严密控制持卡者进出停车场的行为,符合"一卡一车"管理原则。

在图像对比系统中,常见的图像对比画面有四车辆画面、三车辆画面和二车辆画面等3种。四车辆画面的系统同时显示入口图像、出口图像、入口抓拍图像和出口抓拍图像,如图6-1所示;三车辆画面的系统同时显示入口图像、出口图像和入口抓拍图像;二车辆画面的系统只显示入口抓拍图像和出口图像(或出口抓拍图像)。

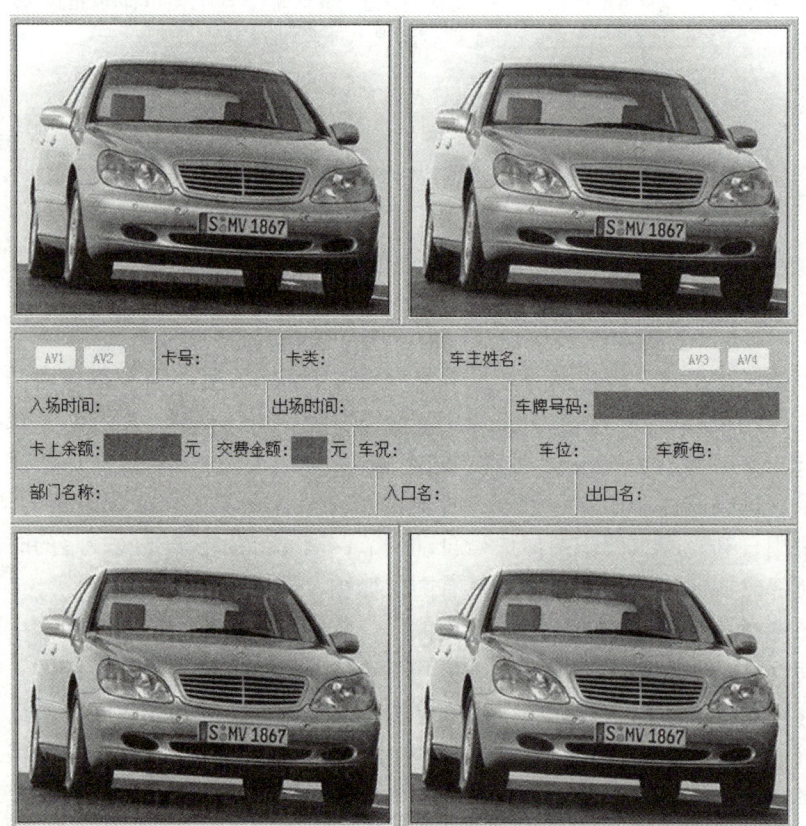

图6-1 四画面图像对比系统

6.1.2.3 防盗卡功能

防盗卡功能又称为"一车一卡"或"互锁式发卡计卡系统"。停车场管理系统中存在的一个常见问题，就是临时卡被善意或恶意盗窃，造成车库车辆计算错误、出现财产损失、引起车场管理混乱，所以必须予以重视，尤其是对无人值守入口系统。防盗卡需要硬件设备实现，原理是月卡读卡后，出卡机自动上锁，此时车主若想盗卡，按下取卡按钮，系统自动保护，不响应"取卡"命令，直至车主驱离入口道闸。同样，临时卡车主按下取卡按钮，系统提示"欢迎光临"后，出卡机自动上锁，此时车主若想盗卡，再次按下取卡按钮，系统自动保护，不响应"取卡"命令，直至车主驱离入口道闸。系统既实现了一车一卡，又达到了防盗卡功能，真正做到智能化无人管理。

6.1.2.4 防撞和防砸车系统

在车库车辆管理过程中，存在一些不确定因素，如有的车主未经刷卡强行出入、有时系统故障出现道闸砸到车等现象，这就需要防撞和防砸车系统。

防撞功能	是指在有车辆非法冲关或不小心冲到时，系统的挡杆因受外力，还可以横向90°弹开（向里向外均可），同时道闸还需采用可靠的弹力平衡机构，使道闸起落性能更好。如果采用非防撞系统，道闸被毁、车辆被刮伤的同时并不能够起到阻拦的作用，还容易造成经济损失。
防砸车功能	是指在车辆未完全离场时道闸回落砸到车辆的情况，虽然不常见但时有发生，为了更好地解决这个问题，就需要建设防砸车系统。实现的原理是在道闸下侧安装压力电波传感器，同时配合地感线圈双重防护，保证车辆在闸杆下停留，闸杆不落下，或即使闸杆轻碰到车辆道闸也会停止动作并自动启杆，有效地保证了车辆的安全。

6.1.2.5 纸票计费功能

虽然智能卡技术已经替代了传统的纸票计费系统，但在有的场合和环境下还需要该功能。纸票计费系统是指用发条码纸票来对车辆进行管理，入场时车主自行在读卡机内取出条码纸票，出场时值班人员用扫描器读取纸票内信息，根据该信息核对车牌及收取相应费用。

6.1.2.6 卡片有效期管理模式

停车场管理系统多支持两种卡片延期发行管理模式：

（1）**常规模式**：月卡的发行以及以后的延期操作，必须让用户持卡至发行管理中心写卡。

（2）**远程模式**：月卡除第一次发行必须在管理中心发行外，以后卡的延期操作用户只需远程通知即可,如电话通知、发送邮件等,特别适合通过银行直接扣款的月卡车。

6.1.2.7 身份识别、权限管理

停车场管理系统可以判别前来刷卡的车辆是否有入、出场权限,并能根据卡类(临时卡、月卡、储值卡、特殊卡等)由用户可自行设置为自动开闸或确认开闸。对于有多个出入口的停车场,可以设置某一车辆可以进出全部的出入口,也可以限制该车辆只能进出其中的几个出入口。

6.1.2.8 资金安全

停车场管理系统对道闸非法打开事件进行记录(如遥控开闸、手动开闸等),同时控制机会对非法开闸发出声音进行报警,使得任何一次、任何情况下的车辆进出都有据可查、可以监管,有效避免了因值班人员的疏忽或有意作弊而造成的资金流失。

6.1.2.9 收费模式

停车场管理系统一项重要的功能就是收费,收费标准一般参考当地管理部门的规定,也可以灵活设置,可以按任意时间、任意金额加载(初时 30min 免费,1h 内收费 X 元,每过 1h 收费 X 元,最高限额 X 元)。车辆的收费标准可由系统管理员通过软件自行设定,以"元"为收费的最低单位。设定好以后,再由管理电脑下载至出入口控制机内,实现现场收费操作。

6.1.3.0 报表

停车场管理系统通常情况下可以提供以下报表(有的厂家可提供定制的报告):① 车辆出入综合情况;② 场内时租车;③ 场内月租车;④ 场内车辆综合状况;⑤ 入场(日、月、年)报表及综合统计;⑥ 出场(日、月、年)报表及综合统计;⑦ 月租车辆出入情况;⑧ 时租车辆出入情况;⑨ 储值卡车辆出入情况;⑩ 交班记录;⑪ 操作员档案;⑫ 卡档案(月卡、时租、储值);⑬ 卡延期、卡充值及综合统计表;⑭ 卡回收;⑮ 时租、储值及月卡黑名单(综合记录统计表);⑯ 停车收费记录;⑰ 停车免费放行记录;⑱ 手动开闸记录统计表。

6.2 停车场管理系统组成

标准的一进一出停车场管理系统组成如图 6-2 所示。

第六章 图说停车场管理系统

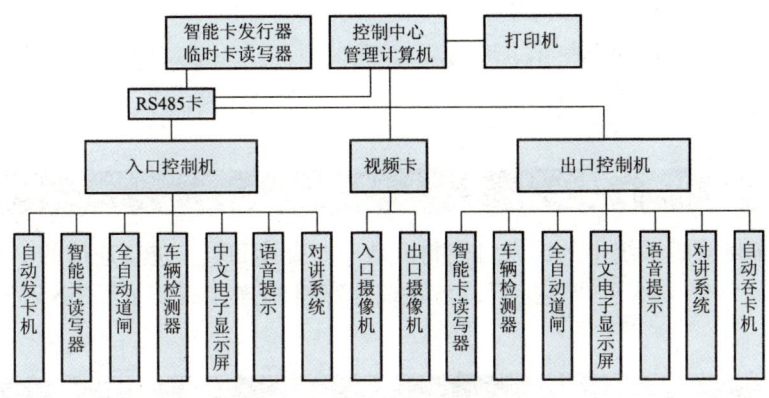

图 6-2　停车场管理系统组成示意图

●6.2.1　控制中心

　　控制中心是停车场管理系统的中枢，是一台安装有停车场管理软件、图像对比软件、数据库软件和视频卡的计算机（或服务器），负责运行管理软件，完成系统管理、收费处理、报表统计、参数设置等各项工作，运行图像处理软件，完成车辆图像抓拍、视频监控、图片对比等工作。

　　控制中心必须选用质量可靠的计算机，有的管理软件有加密狗，需要选用支持加密狗的计算机。如果控制电脑就近放置在出入口岗亭，建议配置 CRT 显示器，因为 CRT 显示器的亮度和视角要好过 LCD 显示器。

●6.2.2　打印机

　　打印机用来打印各种报表，属于系统必选的设备。如果是大型联网停车场管理系统，配置一台打印机就可以了。通常情况下选用针式打印机，也可以选用激光打印机或者其他类型的打印机，并没有特殊的限制。

●6.2.3　智能卡发行器

　　智能卡发行器又被用作临时卡发行器，和门禁系统中使用的卡式读卡器原理相同，主要由微控制处理器、RS232/RS485 通信收发模块天线、读卡器和电源模块组成，可以直接和电脑相连接。主要功能特点如下：

- 读卡距离为 10cm 以内。
- 通信接口多为 RS 485。
- 负责停车场管理系统智能卡的授权发行。

- 停车场系统的临时卡收费。
- 上、下班换班登记、考勤。
- 与电脑实时通信。

● 6.2.4　RS485 转换器

停车场管理系统中的出入口控制机是不能直接和电脑进行通信的，出入口控制机多为 RS 485 总线连接型，与管理计算机相连接需要依靠 RS 232 转 RS 485 转换器。

● 6.2.5　出入口控制机

出入口控制机是停车场管理系统中的核心设备，基本设备包括控制机箱（含停车场管理主控板）和读卡器，可选的设备包括中文电子显示屏、满位显示屏、语音提示报价器、对讲系统，如果是入口控制机选配自动出卡机、出口控制机选配自动吞卡机。

控制机箱多采用密封设计，防雨、防尘，外观多采用交通标准色，不锈钢制作。读卡器和门禁系统中的读卡器相同，用于识别各种车辆卡和操作卡。

（1）出入口控制机多具有以下特点：

- 采用超高亮 LED 发光管，白天夜间均可清晰显示提示信息。
- 采用超在规模集成电路和高性能单片机。
- 全中文滚动显示，内容丰富。
- 防雨式设计，可全天候工作，适应户外环境。
- 具有可实时控制管理功能。
- 直接控制开闸功能。
- 数字车辆检测器控制功能，感应到车辆后，系统方能运作，如读卡、开闸、放行等。
- 可在线运行，也可脱机运行。
- 可与监控计算机和其他控制设备实时通信，可实时将所读卡信息传递到监控计算机，监控计算机也可向其加载时间、收费标准等。
- 可与自动道闸实现联动，当读到有效卡时，可控制道闸自动打开。
- 对储值卡自动扣费；对临时卡自动计费；对有效月卡，在有效的时间范围内可无限次出入。
- 对临时卡进行自动回收。
- 语音提示功能：当读到有效卡时，发出应交纳的停车费额和礼貌用

第六章 图说停车场管理系统

语,读到无效卡时则用语音说明相关原因。

- 顾客在出口处可以通过对讲系统与停车场工作人员进行对话。

(2)出入口控制采用的连接线缆型号如下:

- RS-485通信线(用于控制机和管理计算机的通信)。
- 对讲信号线(2芯)。
- 地感输入线(2芯)。
- 电源线(3芯带接地)。
- 开闸控制信号输出线(8芯)。
- 闸状态信号线(2芯)。

● 6.2.6 自动发卡机/自动吞卡机

自动发卡机又称为临时卡发卡机,用于临时停车者或访客取卡进场。泊车者驾车至入口控制机前,数字车辆检测器自动检测车辆的存在,泊车者按键取卡(凭车取卡、一车一卡)并取卡读卡入场。自动出卡机可以实现出卡同时读卡功能,还可以防止临时卡被盗,如业主刷卡后不可取临时卡、取了临时卡后业主卡不能再次刷卡,有效防止车辆被盗和车辆安全,实现一车一卡功能。

自动吞卡机又称为自动收卡机,在停车场管理系统中应用较少。因为临时卡多存在收费的问题,需要手工收费,不能够实现自动收费,则在收费的同时手动刷卡就是一种更加合理的方式。当然也可以采用自动吞卡机,人工需要完成收费工作即可。自动吞卡机的原理和自动发卡机相似,在吞卡的同时可以实现刷卡计费功能。

● 6.2.7 智能卡读写器

智能卡读写器主要内置安装在出入口控制机中,和门禁系统中的读卡器原理完全相同,多为Wiegand格式的读写器。适用于停车场管理系统的读写器包括ID卡读卡器和IC卡读写器。

在远距离停车场管理系统中,采用特制的远距离RFID读写器(在第四章门禁系统中有详述)属于高频读写器系统。

● 6.2.8 全自动道闸

全自动道闸是指通过出入口控制机控制的通道阻挡放行设备,安装在停车场的出入口处,离控制机3m左右,可分为入口自动道闸和出口自动道闸。由控制机箱、电动机、离合器、机械传动装置（齿轮或者皮带传送）、电子控制和闸杆等设备组成。

机箱	结构牢固，可防雨水和喷溅水，适合室外工作。外壳可以用特制的钥匙方便地打开和拆下。特别设计一套卸荷装置，以防止外力损坏。采用色彩鲜明的国际标准化外形设计，具有较强的警示作用。
电动机	道闸专用直流电动机，具备开、关、停控制功能。另外还具备电机转速输出功能，便于控制系统对电机的运转情况加以检测和监控。
离合器	电动和手动两种工作方式，将电动机的驱动减速，从而驱动传动机构。在停电时，方便采用摇杆控制闸杆的起落。
传动部分	四连杆平衡设计，确保闸杆运行轻快、平稳、输入功率小，防止人为抬杆和压杆，将外部作用力通过传动机构巧妙卸载到机箱上。
电子控制部分	以光电开关替代行程开关作为定位控制，采用无触点控制，具备多种接口控制方式，包括按钮开关、红外或无线遥控、电脑监控，以弱电控制强电，内置单片机微电脑处理芯片，具备智能逻辑控制处理功能。

在停车场管理系统中，经常发生的就是自动道闸砸车或被冲关的问题，这关系到车辆的安全和车场设备的安全，一般常见的车辆管理系统分为三级防砸车和防冲撞机制。

第一级防砸车机制	当车辆正常驶过并停留在道闸栏杆下时，系统会自动探测到，不论车辆停留多长时间，闸杆也不会落下，不会因为停留时间过长挡杆下落而砸到车辆。
第二级防砸车机制	一般在停车场发生的砸车事件，都不是砸到第一辆车，而是砸到紧跟在后面的第二辆车。当第一辆车正常通过道闸栏杆时，后边的车辆欲跟进，而此时道闸已经探测到合法车辆正常通过，挡杆已开始下落，同时第二辆车刚好到达挡杆下，于是就发生了砸车事故。最好的解决方式就是在自动道闸上安装压力电波开关传感器。压力电波开关传感器主要应用于各种道闸，防止在意外情况下造成对人身及车辆等交通工具的损害，起到应有的保护作用。它通过极低的压力就能保证一个可靠的电路接触开关，并能配合四周的大气压力和温度变化。
第三级防砸车机制	当有车辆非法冲关时，可以采用具有弹性的闸杆（如高速公路中常见的闸杆），这种闸杆在受到外力的情况下可以横向90°弹开。

需要特别注意的是自动道闸的闸杆不可以过长，通常建议为2~6m，超过6m的特长道闸需要特别定做。

6.2.9 车辆检测器

车辆检测器俗称地感线圈，由一组环绕线圈和电流感应数字电路板组成，与道闸或控制机配合使用。线圈埋于闸杆前后地下 20cm 处，只要路面上有车辆经过，线圈产生感应电流信号，经过车辆检测器处理后发出控制信号控制机或道闸。闸杆前的检测器是输给主机工作状态的信号，闸杆后的检测器实际上是与电动闸杆连在一起，当车辆经过时起防砸功能。

地感线圈多采用 BV1.0 线缆绕制，一般埋设成矩形（1m×2m）或平行四边形（边仍为 1m×2m，边距 0.8 米），匝数一般为 5~10 匝，埋设深度一般 20cm 左右。

6.2.10 中文电子显示屏

中文电子显示屏多采用 LED 技术（发光二极管技术），包括满位显示屏也采用 LED 技术。在停车场管理系统中采用的 LED 屏为高亮度的、点阵式的显示屏，在户外阳光下，可清晰地显示各种文字信息和部分图片信息，主要用来显示各种欢迎信息、提示信息、收费信息、天气预报和物业管理等信息。在本书的其他章节有详细描述，本节只作简单介绍。

6.2.11 语音提示

语音提示配合中文电子显示屏使用，提供语音提示信息，在用户刷卡时给予温馨的问候（如"欢迎光临"）或者使用提示（如"请刷卡"），同时向用户提供停车时间和缴费金额，提高系统的服务质量，提供全方位服务。

6.2.12 对讲系统

对讲系统安装在出入控制机上面，属于可选设备，用于司机和停车场服务人员之间的通话，用户可以通过对讲系统询问相关的问题，服务人员给予相关的提示信息、指导和沟通。对讲设备多选用成熟的第三方产品，而非停车场厂家自己研发集成。

6.2.13 视频卡

视频卡和 PC 式硬盘路录像机中的视频处理卡是同一种产品，需要单独购买（由停车场管理系统厂家提供）。通常可处理两路图像：一路用于入口摄像机图像信息的处理；另一路用于出口摄像机图像信息的处理。通常停车场系统中使用的视频卡是 PCI 或其他接口，可以直接插入停车场管理计算机的主板上，由停车场管理系统的图像抓拍软件来处理所有的图像。

● 6.2.14 出入口摄像机

出入口采用的摄像机和闭路监控电视系统中的摄像机是一样的，在停车场管理系统中需要配置固定摄像机、镜头、防护罩、支架、立杆和聚光灯（主要提供夜间照明或昏暗环境下的照明）组成。摄像机推荐选用低照度、带强光抑制的道路监控专用摄像机，这样抓拍的图像才够清晰；镜头推荐选用广角镜头（焦距不大于2.8mm）。

6.3 典型应用分析

● 6.3.1 车辆管理流程

在每个厂家的停车场管理系统中，车辆的进出流程大同小异，只根据系统的建设情况和选用的功能模块的不同有所差异。停车场的工作流程主要分入场流程、出场流程、值班人员工作流程和管理员工作流程。

1. 车辆入场流程

车辆的入场分为固定卡持有者（月卡）车辆入场和临时泊车者（访客、临时卡）车辆入场。车辆入场流程如图6-3所示。

（1）固定卡持有者入场流程如下：

- 车辆驶入入口控制机旁，车辆探测器检测到车辆入场。
- 值班室电脑自动显示该车辆图像并抓拍入场图像。
- 司机人工读卡，若卡有效，则发出开闸信号。
- 道闸自动升起，车牌号、卡号被存入电脑。
- 司机开车入场。
- 进场后道闸自动关闭。

（2）临时泊车者入场流程如下：

- 司机将车驶入入口控制机前，车辆探测器检测到车辆入场。
- 电脑显示录入车牌框，入口控制机"取卡"灯亮，并给出文字、语音提示"请按取卡键"。
- 司机按动位于入口控制机盘面的"取卡"按钮取卡。
- 电脑读卡后，入口控制机用文字、语音提示"请取卡"，录入车牌被存入电脑。
- 司机取卡后,道闸杆自动开启,司机开车入场。
- 进场后道闸自动关闭。

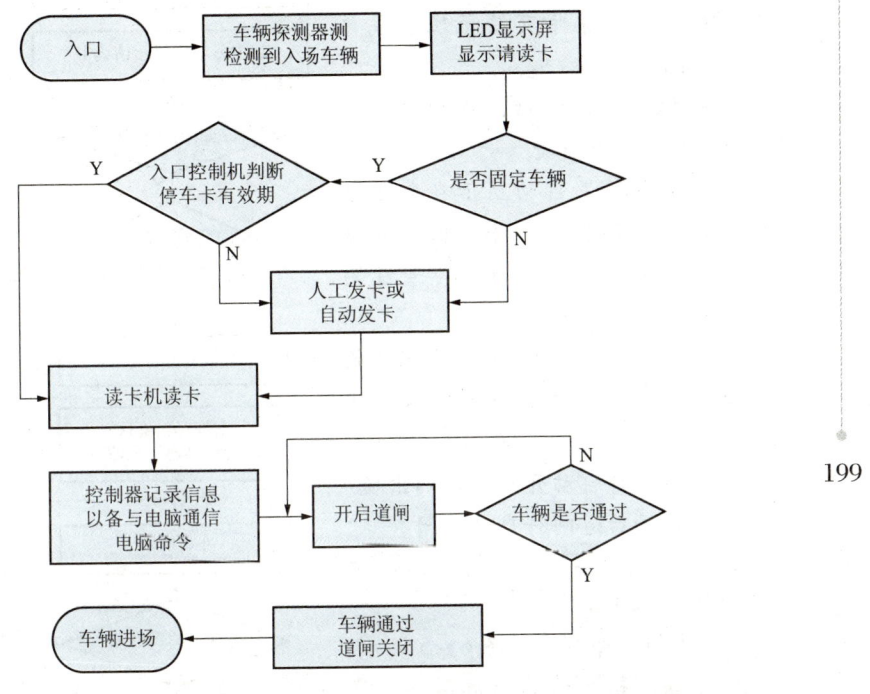

图6-3 车辆入场流程示意图

2. 车辆出场流程

车辆出场流程与入场流程相对应,原理相同,流程相近,也分为固定卡持有者(月卡)车辆入场和临时泊车者(访客、临时卡)车辆出场。车辆出场流程如图6-4所示。

(1) 固定卡持有者车辆出场流程如下:

- 司机将车辆驶出至车场出场读卡机旁。
- 司机人工读ID卡。
- 电脑自动记录,并调出该车辆的车牌号。
- 值班员经图像对比确认后,发出开闸信号。
- 道闸杆自动升起,司机开车离场。
- 出场后道闸杆自动关闭。

(2) 临时泊车者车辆出场流程如下：

● 司机将车辆驶出至车辆出场收费处旁。

● 司机将票卡交给值班员或自动吞卡机。

● 值班员读卡后，收费电脑根据收费程序自动计费。

● 计费结果自动显示在电脑显示屏及 LED 屏幕上，并给出语音提示，同时调出该车辆的车牌号及图像对比资料供值班员比较。

● 司机付款，电脑自动记录收款金额，值班员按下确认键后发出开闸信号。

● 道闸杆自动开启，车辆出场。

● 出场后道闸杆自动关闭。

3. 值班人员工作程序

值班人员工作程序如图 6-5 所示：

● 电脑开机等待后自动进入停车场电脑管理系统。

● 操作人员在键盘上输入自己的密码，登记完毕，则进入自己的功能项。

● 操作人员下班时，必须进行换班登记，鼠标点取"交班"项，电脑自动显示该班的收费情况，并自动打印报表。

● 下班人员上岗需重复上岗操作过程，方能开始操作管理。

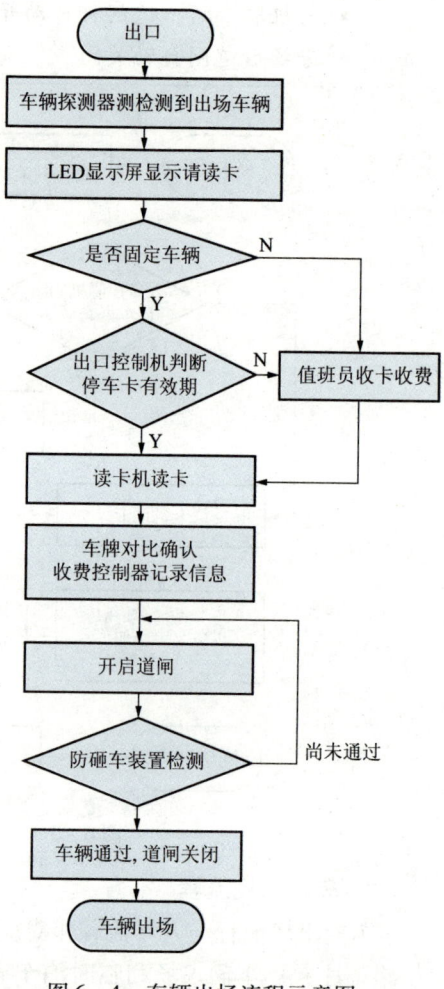

图 6-4 车辆出场流程示意图

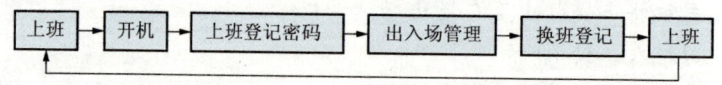

图 6-5 值班人员工作流程图

4. 管理人员工作程序

管理人员的工作程序如图 6-6 所示：

(1) 管理人员输入密码，进入管理人员功能项。

(2) 管理人员用鼠标点选各功能项，即可以完成查询、打印、更改密码、发行卡等。

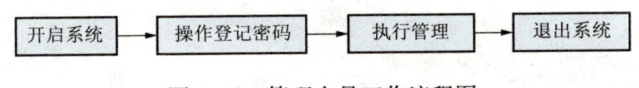

图 6-6　管理人员工作流程图

● 6.3.2　标准一进一出

停车场系统应用最广泛、使用最简单的就是一进一出的停车场管理系统。图 6-7 所示为典型的一进一出停车场管理系统（入口和出口在一起），适用于小区、大厦、工厂、公用场所等停车场。

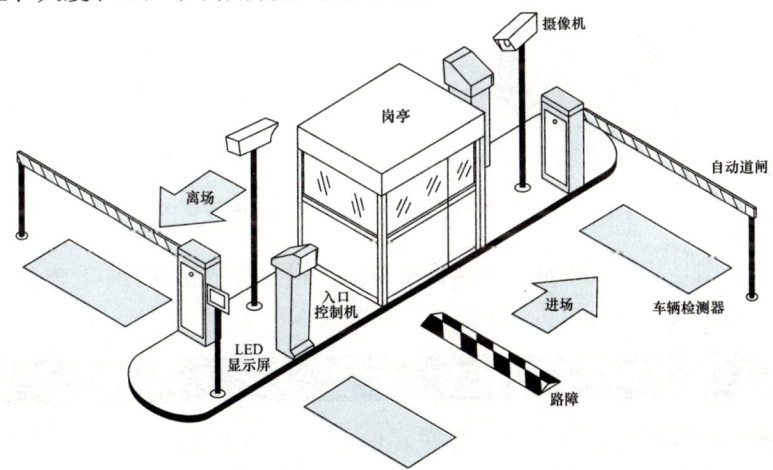

图 6-7　典型一进一出停车场管理系统组成图

由图 6-7 可以看出，入口和出口设于同一个地方，便于集中管理。从进场方向看，设备的摆放位置依次是中文信息显示屏（包括满位显示屏）、车辆检测器、入口控制机、路障、岗亭、车辆检测器、摄像机、自动道闸；从出场方向看，设备的摆放位置依次是出口控制机、岗亭、摄像机、车辆检测器和自动道闸。在大部分的停车场管理系统中，出入口控制机集成了 LED 显示屏、读卡器、出卡机/吞卡机、语音提示和对讲系统，不需要单独放置。有的停车场管理系统为了便于管理，将读卡器单独作为一个独立的设备竖立安装。

图 6-8 是标准一进一出停车场管理系统建设效果示意图，给读者以直观感受。

图6-8 典型一进一出停车场管理系统效果图

注：本图是从深圳市富士智能系统有限公司的网站和方案中获取的，车辆检测器是埋地安装的，故在效果图中看不到。

● 6.3.3 大型联网系统

一般在项目的实际应用中，停车场的出入口并不是唯一的，可能一进多出、多进一出和多进多出，为有效地管理所有的出入口，并保证车辆的通行和计费的准确性，就需要采用大型联网的停车场管理系统。

大型的联网型停车场管理系统多统一被归入一卡通系统建设，和门禁系统进行高度集成，停车场的每一个入口、出口就相当于门禁系统中的一个读卡器，停车场系统中的出入口控制机就相当于门禁系统中的门禁控制器。

大型联网型停车场管理系统组成如图6-9所示。停车场管理系统可以通过RS 485或者局域网络直接和一卡通系统服务器相连接，但停车场管理系统本身可以脱机运行，由本地的计算机进行管理工作和计费工作。

● 6.3.4 高速公路车辆收费管理系统

高速公路车辆收费管理系统是停车场管理系统中的一种扩展应用，它和民用停车场的区别是：车辆不停留，所有车辆均需要计费（一些特殊车辆除

第六章 图说停车场管理系统

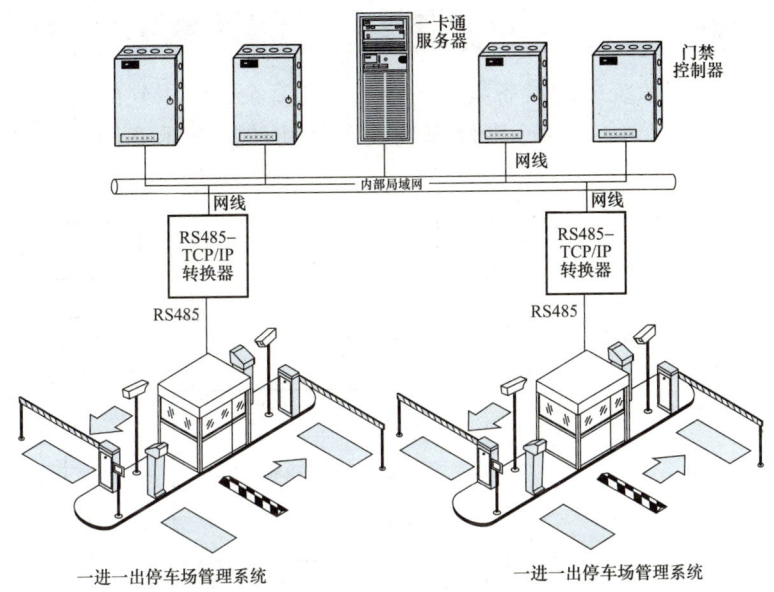

图6-9 大型停车场管理系统联网示意图

外），而且车辆的类型多为临时卡，要求通过速度快、计费准确。

高速公路车辆收费管理系统特别强调安全性，多采用弹性道闸，防止砸到车辆；强调收费准确，要求系统能够稳定准确的判断车辆的出入口并进行计费工作；对安全性要求不高，所以一般不作图像对比，只作图像的记录。

由于应用的侧重点不同，故民用停车场管理系统的生产厂家并不生产高速公路车辆管理系统，反之亦然。

● 6.3.5 远距离不停车收费管理系统

在门禁系统中分析讨论的 RFID 技术中的高频远距离读卡技术，如果应用到停车场管理系统中，就是远距离不停车收费管理系统。

远距离不停车收费系统是在原有的停车场管理系统基础之上增加专用射频卡（通常可以粘贴在车辆的玻璃上）、读写器、天线等设备，可以实现 10m 内感应到车辆并自动快速放行。采用这种系统，车辆在有效感应距离内（通常是 10m）就被感知到，道闸会自动打开，车辆可以快速通过，可以实现不停车收费；缺点就是没有时间进行图像对比和核实工作，故适用于安全性要求不高的停车场。

● 6.3.6 典型停车场管理系统设备连接图

停车场管理系统中的设备繁多，接线情况复杂，使用到的线缆类型也较多，本处给出典型的一进一出停车场设备之间的接线示意图，如图 6-10 所示。

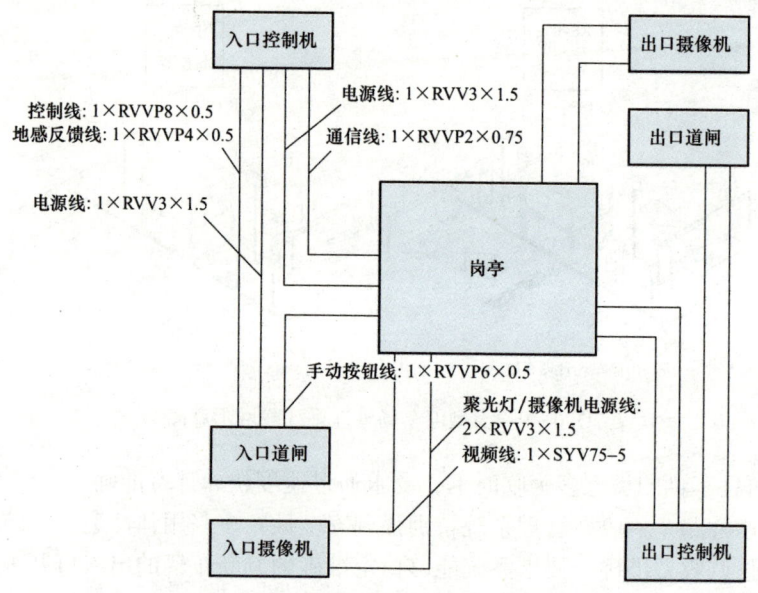

图 6-10 停车场管理系统设备接线示意图

由图 6-10 可见，所有设备的线缆最终都汇总到岗亭，它们有的提供手动控制的连接，有的连接到管理工作站。主要设备的接线方式及线缆如下：

（1）所有线缆均可采用 PVC 管或镀锌钢管敷设，取决于现场的实际情况。

（2）出入口摄像机到岗亭有两种线缆：一种是视频线，采用 SYV 75-5 同轴电缆接入到管理工作站的视频卡上；另一种是电源线，采用 RVV 3×1.5 从岗亭引出。

（3）连接自动道闸的有四根线：一根是出入口控制机对道闸的控制线，采用 RVVP 8×0.5；一根是地感线圈反馈线，采用 RVVP 4×0.5；一根是电源线，由出入口控制主机引出，采用 RVV 3×1.5；一根是手动控制按钮线缆，采用 RVVP 6×0.5。

（4）出入口控制机和岗亭的连线有两根：一根是电源线，由岗亭引出，采用 RVV 3×1.5；一根是 RS 485 控制总线，采用 RVVP2×0.75。

出口设备连线和入口设备连线相同，故图中没有再标注。

6.4 扩展应用及配套设备

基于停车场管理系统衍生出来或者配套的应用包括区位引导系统、车场划线系统、岗亭、阻车系统、通道管理系统和车牌识别系统。

● 6.4.1 区位引导系统

在传统的停车场中，泊车者入场后无法迅速地进入泊车位置停放车辆，尤其是对多层、大量车位的停车场而言，难度更大，泊车者只能在场内无序流动中人工寻找空余车位，不但占用场内出入主车道资源，甚至造成场内交通拥堵。有时候必须借助人力进行引导，影响效率、增加管理的成本。而区位引导系统就是针对此问题开发的一个有效的管理系统。

区位引导系统是停车场管理系统的一个子系统，可以独立运行，也可与计算机连接，主要由车辆方向判别器、区位控制器、数据处理器和显示屏等设备组成。由计算机处理总剩余车位数据和驱动显示。系统可随车辆的进出情况自动变更显示数据。

常见的区位引导系统具有以下特点：

- 对于各区域的剩余车辆数据，系统能够自动采集、自动显示。
- 系统数据由硬件设备独立完成，可不依赖计算机支持。
- 区域的显示数据可快速刷新，保证数据的及时性和准确性。
- 支持电脑数据采集以及电脑修正显示结果。
- 可显示总剩余车位数、各区剩余车位数，并给予停车导航提示信息。
- 每种显示数据都可以用多个显示屏同时显示，连接时只需把各显示屏的数据线简单地并联。

● 6.4.2 车场划线系统

有停车场管理系统就必须有车场划线系统，车场划线系统就是按照 GB 5768—1999《道路交通标志和标线》、GB 2894—1996《安全标志》、GN48-1989《道路标线涂料》等有关国家标准和部颁标准，根据停车场的现场环境条件，通过合理规范地设置一定的标志牌、结构件及地面涂线等交通安全设施，尽可能完善地对出入车场的车辆进行引导及控制，使车辆放置便捷有序，出入流通顺畅。车场划线系统一般独立于停车场管理系统建设，由物业管理公司等有关部门进行。

车场划线系统核心就是道路交通安全设施。道路交通安全设施使用图形符号和文字传递特定信息，从而有效管理交通。主要可分为三类：

反光标志牌	在车场进出口以及车场内适当位置安装标志牌，引导车辆正确行驶。交通标志有禁止标志、指示标志及其他标志。禁令标志包括限速标志、限高标志、禁鸣喇叭标志、禁止驶入标志、禁止非机动车辆等；指示标志包括停车场标志、入口标志、出口标志和指路标志等；其他标志包括导向标、警示反光板等。交通标志的安装方式可采取单柱式、悬臂式、门式及附着式等相结合，采用法兰、直埋等方法进行固定，其数量、规格、位置等按设计图并根据现场实际情况适当修改进行配置。
金属结构设施	在车场内适当安装一些金属结构件，包括用于安装反光标志牌的标准标志杆、"H"型悬牌吊架和保证车辆安全行驶的减速地挡、安全防护栏、固定防护桩等。安全防护栏在停车位靠墙方面安装，距离停车位后身约1m处，高度为130~150mm，可有效防止车辆在进入停车位时碰撞车后物体或墙壁，确保车辆安全停泊；减速地挡安装在车流交汇处、车场通道上下坡处，强制性减低车速，使车辆低速安全通过；固定防护桩置于在车辆弯道及通道口、门边和需要受防护的设施外侧，桩上贴有红、白色反光膜，具有良好的警示效果，可避免车辆碰撞或越界行驶，对车辆进行安全防范及引导；"H"型悬牌吊架用于吊悬标志牌，用膨胀螺钉固定于天花板或墙面。适用于通道上安装标志标杆后影响车辆通行的通道。
地面交通标线	在车场地面行车道上标划有各种线条、箭头等交通安全设施，和标志牌配合使用，管制和引导、规范疏导车流。选用优质道路专用涂料，机械喷涂、厚度均匀、色度清晰。标线包括停车位、通道边缘线、导向箭头、禁停黄色方格线、黄黑警示标等。通道边缘线是指在车场通道两侧划分车通道边缘线，规格为单实线和单虚线，线宽150mm，颜色为白色；小车车位标线是指引导车辆停泊，按国标规定的规格6000mm×2500mm进行划线，在施工过程中，可根据车场内具体设施情况适当调整，线宽为150mm，颜色为白色；导向箭头在车场通道适当位置标示，适当引导车辆行驶方向；黄色方格线是指在车场出入口及其他禁停地点划分禁停区，颜色为黄色，以避免车辆阻塞及碰撞。

6.4.3 岗亭

岗亭是停车场系统中不可缺少的设备，可以利用现有建筑物作岗亭，但最常见的岗亭还是定制的不锈钢岗亭，多放置于户外的车辆出入口通道的中间或者旁边。由于每个项目的具体需求和现场环境都不一样，故均需要定制。虽然也有标准产品销售，但很少和停车场管理系统配套销售，一般是单独购买。

常见的不锈钢岗亭的规格是 1200mm（宽）×1500mm（长）×2500mm（高），可以用来放置电脑桌、电脑、椅子、UPS 及其他设备。

● 6.4.4　阻车系统

阻车系统主要满足反恐的要求而设计的，主要分为柱形阻车系统和板形阻车系统。柱形阻车系统的工作原理是当未经授权车辆靠近警戒线一定距离（通常在 10m 左右），柱形阻挡障碍物会在极短时间内弹出地面，形成一个阻隔格栅墙，使车辆无法进入；板形阻车系统的工作原理是当未经授权车辆靠近警戒线一定距离，板形阻挡障碍物会在极短时间内弹出地面，形成一个有角度的障碍物，在阻挡板上有尖锐的刺入钢钉，可破坏车辆的轮胎，使得车辆无法进入，达到阻车目的。

阻车系统多用于机场、交通要塞、铁道周围、金库门口和一些需要防止炸弹袭击、自杀性袭击的场所，目前应用较少，属于停车场管理系统的一个延伸系统。

● 6.4.5　通道管理系统

通道管理系统主要是指人行通道，主要有三辊闸、翼闸等多种形式，严格意义上来讲，并不属于停车场管理系统。因通道管理系统的主要通道设备制造和停车场设备制造流程相当，多数停车场管理系统制造商都可以制造通道管理系统，故算作停车场管理系统的一个扩展应用。

通道管理系统主要用于人行通道，如小区出入口人行通道、大厦出入口、地铁出入口等场所。

● 6.4.6　车牌识别系统

车辆识别的最简单应用是图像对比系统，需要人眼来进行人工对比，智能化程度不高。而车牌识别系统可以实现计算机自动识别车牌的号码，能够自动识别各种类型的车牌，并可进行车牌号码自动对比，可有效提高车辆的管理水平、自动化水平和车辆的安全性。

车牌识别系统由采集单元（主要包括摄像机、镜头、护罩、支架、摄像机立杆、照明设备）、触发装置（通常是地感线圈）、处理设备（通常是计算机或者嵌入式计算机）和处理软件组成。车牌识别系统可以应用的范围包括车牌号码自动识别、车型自动识别及对比、道路收费站车牌号码自动识别、移动电子警察、集装箱号码及底盘号码自动识别，可广泛应用于停车场管理、集装箱码头、堆场、城市道路交通、高速公路收费、公安、交警以及边防等领域。

车牌识别系统应用于停车场管理系统可以实现以下功能：

- 自动检测、自动识别和验证通过出入口车辆的车牌号码，自动核对资料库，并且启动停车场出入口道闸。
- 可以准确辨认文字、数字排列的多个国家的车牌号码。
- 辅助实现车辆图像抓拍功能，保留画面以用作人工核对和记录之用。
- 当车辆驶出停车场时，如果车牌号码和车型不完全相符自动发出警报信息，以便保安人员及时处理。

第七章

◎图说建筑智能化系统

图说楼宇对讲系统

7.1 系统基础知识

7.1.1 什么是对讲系统

对讲系统是指借助技术手段和设备使人在肉眼不能相见的情况下进行通话、对讲的系统。正常情况下，两个人之间面对面的交流有效距离是5m（空旷的场所可以更远，有障碍物的场所可能会短一些），超过5m则需要借助第三方系统，即对讲系统。

常见对讲系统的分类如图7-1所示。

对讲系统按照接线方式可以分为有线对讲系统和无线对讲系统。

有线对讲系统可以分为固定电话系统、专业对讲系统和楼宇对讲系统。固定电话是最早出现也是应用最广泛的对讲系统，基本上不受距离和场所限制，也是众所周知的对讲系统；专业对讲系统是指应用到专门场所的对讲系统，常见的专业对讲应用包括银行窗口对讲系统、顾客评价对讲系统、内部对讲系统、电梯专用对讲系统、医院护理对讲系统和监狱对讲系统，这些对讲系统要求特殊，具有专业场所的特定需求；楼宇对讲系统是指应用于小区和大厦等楼宇场所的对讲系统，具有规模大、应用复杂等特点，是本书论述的重点，也是智能化系统中的核心应用之一。

无线对讲系统可以分为手机语音系统、专业无线对讲系统和呼叫对讲系

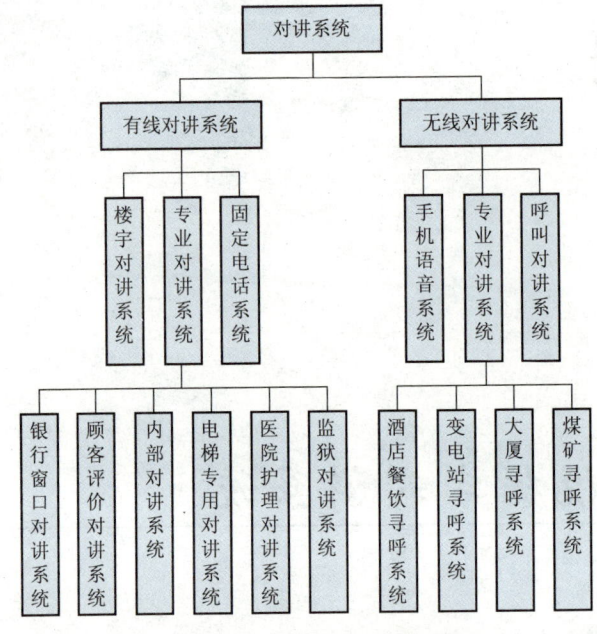

图 7-1 对讲系统分类

统。手机语音系统是目前人们日常生活中使用最多的无线对讲系统，随着 3G 甚至 4G 技术的出现，手机语音系统应用于智能化系统也指日可待；专业无线对讲系统是指有特定需求、应用于特定场所的对讲系统，如酒店餐饮寻呼系统、变电站寻呼系统和大厦寻呼系统等；呼叫对讲系统就是在工程施工中常见的无线对讲系统，核心设备是手持对讲机，工作在相同频率的手持对讲机可在一定距离范围内进行无线语音对讲，通过中转/中继台可覆盖更大范围，延伸无线对讲的传输距离。

因本书涉及的范围是"智能化系统"，故本书中仅单独论述楼宇对讲系统。

7.1.2 楼宇对讲系统的分类

楼宇对讲系统是对讲系统在楼宇中的一种典型应用。典型应用于住宅，可以是大面积的住宅小区，也可以是单栋的楼宇住宅。楼宇对讲系统是利用语音技术、视频技术、控制技术和计算机技术实现楼宇内外业主和访客之间的语音、视频对讲和通话的系统，通过扩展可实现信息发布、家电控制、安防报警、三表抄送、录音和录像等功能。

典型的楼宇对讲系统主要设备包括围墙机、中心管理机、门口机、室内分机、编解码设备、信号隔离设备和传输线缆等设备。

楼宇对讲系统可以划分为多种类型，如图 7-2 所示。

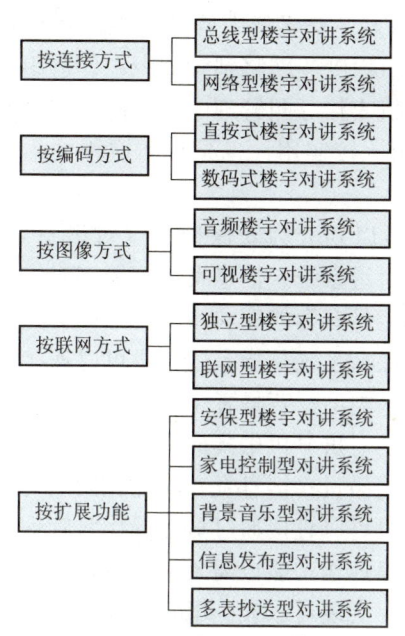

图 7-2　楼宇对讲系统的分类

由图 7-2 可知，楼宇对讲系统按照不同的方式可以划分为不同的种类：

（1）按照连接方式，可以划分为总线型楼宇对讲系统和网络型楼宇对讲系统。总线型楼宇对讲系统是目前国内应用最广泛、最成熟的系统，整套系统的联网建立在总线控制网络之上，也就是大家熟知的 RS 485 网络和 Lon Works 网络，也是本章节讨论的重点；网络型楼宇对讲系统是一种新型的对讲联网方式，所有设备的连接建立在局域网之上，即我们熟知的 TCP/IP 网络之上，是一种新的技术和新的应用，成熟性和稳定性需要进一步完善和提高，本书将给予一定的描述，也是楼宇对讲系统的一种发展趋势。

（2）按照编码方式，可以划分为直按式楼宇对讲系统和数码式楼宇对讲系统。直按式系统的特点是对讲门口主机的按键均为一键式，即访问哪位住户，直接按房间号码即可，不需要单独按数字键来组合房间号，比较方便，适用于楼层不高、住户不多的楼宇，使用比较方便；数码式系统的特点是对讲门口主机的按键为标准的数字键盘，访客访问业主需要准确地按下房间号方能够访问，系统容量大，功能可扩展，能够实现诸如密码开门等功能，是目前的主流应用。

（3）按照图像方式，可划分为音频楼宇对讲系统和可视楼宇对讲系统。音频楼宇对讲系统也称为非可视楼宇对讲系统，即系统中没有图像信号，门口主机不配置摄像头，室内分机不配置显示屏，成本低廉，适用于低档次、要求不高的楼宇使用；可视楼宇对讲系统相对非可视而言，整套系统配置视频设备，主要是围墙机、门口主机加装摄像头，室内分机配置显示屏，能够实现音视频对讲，具有更高的安全性和可视性，属于目前的主流应用。可视楼宇对讲系统又可以分为黑白可视系统和彩色可视系统。

（4）按照联网方式，可划分为独立型楼宇对讲系统和联网型楼宇对讲系统。独立型对讲系统可适用于独栋别墅、单体住宅楼宇，特点是不需要联网，独立使用，这种情况在国外应用较多，在国内较少；联网型楼宇对讲系统适用于大型住宅小区，通常情况下这种住宅小区建设有自己的对讲管理中心、多个出入口、拥有很多栋单体楼、业主户数比较多，需要集中管理和控制对讲系统，实现更强大的功能。如业主的室内分机可以呼叫转移到管理中心，适用于业主不在家的情况；业主也可以通过室内分机直接呼叫管理中心，进行相关问题的咨询和交流、报修各种设备。这种应用比较实用，也是目前应用的主流方式。

（5）楼宇对讲系统通过功能扩展，又可以划分为安保型楼宇对讲系统、家电控制型楼宇对讲系统、背景音乐型楼宇对讲系统、信息发布型楼宇对讲系统和多表抄送型楼宇对讲系统。这些扩展功能具有智能家居系统的一些特点和功能，有的功能需要第三方设备来实现。安保型系统是指室内分机可以连接各种类型的报警探测器，通常是4防区和8防区类型；背景音乐功能属于需要第三方扩展设备支持的，在一些新型的、先进的对讲分机中集成有这种功能，别墅型住宅应用较多，普通户型应用较少，造价昂贵；信息发布功能在国内的主流可视对讲系统中已经普遍支持，即室内分机可以直接通过显示屏接收管理处通过管理主机或者电脑发布的各种信息；多表抄送功能也需要第三方扩展设备支持，通常是室内分机集成多表抄送的模块，实现对水表、电表和气表的抄送计费功能，目前直接集成在对讲系统的抄表系统应用较少。

基于以上的描述可知，目前国内市场应用最多的对讲系统是总线型、数码式、可视、联网型、带信息发布功能的楼宇对讲系统，而网络型、安保型、家电控制型、背景音乐型是未来的技术发展趋势。

● 7.1.3 基础对讲知识

1. 家电控制

家电控制功能是室内分机的一种扩展功能，在国产高档室内分机和进口对讲产品中多具有该项功能。室内分机能够控制的家电设备主要包括灯光设备（日光灯和白炽灯，有的灯光设备还可以实现调光的功能）、电动设备（如电动窗帘和电动天窗等）、红外设备（主要包括空调、电视机和DVD机）和可控家电设备等。对于家电的控制需要第三方设备，如家电控制模块或控制开关等。

家电控制功能是家庭智能终端的一项基本功能，本书在家庭智能化及安防系统中有详细描述。

2. 安保型室内分机

室内分机经过扩展可以带有安防功能，即室内分机可以直接连接各种类型的报警探测器，实现报警功能。室内分机的安保功能发展比较成熟，在各种类型的室内分机中都可扩展该功能，但相对而言稳定性要差于专业的报警系统。

通常情况下，室内分机的防区多为 4 防区或 8 防区两种类型。4 防区的报警室内分机相对稳定性好一些，可以连接的报警探测器包括紧急按钮、红外探测器、窗门磁、燃气泄漏器、火灾探测器等。

安防报警功能也是家庭智能终端的一项基本功能，本书在家庭智能化及安防系统中有详细描述。

3. 信息发布

信息发布在小区智能化系统的建设中属于一项基本功能，可以通过 LED、楼宇电视、门口主机、室内分机和家庭智能终端实现，可以发布小区公共信息、物业管理信息、收费信息、天气预报等各种信息。在楼宇对讲系统中目前是一种主流的应用，信息发布可以显示在门口主机上（业主刷卡后显示屏会显示各种信息），也可以显示在室内分机上。室内分机显示信息可以通过视频复合技术显示在显示屏上，也可以单独显示在一个独立的屏幕上。

4. 啸叫及免提对讲

从美观角度考虑，越来越多的室内分机支持免提对讲，免提对讲少了手柄，一是美观，二是少了一根线，便于清理、不容易损坏。但免提对讲带来啸叫的问题，尤其是在别墅型对讲系统中，门口机离室内分机较近，很容易产生啸叫。

对讲系统中的啸叫产生有四个原因，即过载量、距离、角度、频率。消除啸叫要从产生啸叫的必要条件入手，只要能破坏其中一个条件，就可达到消除目的。第一种方法是采用调整距离法，适当增加设备之间的距离，可有效避免啸叫，这是对讲系统中常见的解决方法之一；第二种方法是频率均衡法，可以用频率均衡器补偿扩声曲线，把系统的频率响应调成近似的直线，使各频段的增益基本一致，提高系统的传声增益，需要在对讲设备内集成频率均衡器，这种应用较少；第三种方法是反馈抑制器法，这种方法应用于较高级的场所，如现场演唱的环境，在对讲系统中应用较少，需要额外的反馈抑制器；第四种方法是反相抵消法，反相抵消防止自激在高频放大电路比较常见，可以在音频放大电路中采用两个同规格的话筒分别拾取直达声和反射声，通过反相电路使反射声信号在进入功放前相位相互抵消，能有效防止啸叫自激。

5. 图像存储及录像

当业主不在家的时候，对讲系统如何实现对访客的管理就显得很有必要，而图像存储和录像就是一种比较好的解决方案。当访客呼叫业主的时候，如果业主不在家，室内分机可以自动保存访客的图像，以便业主回家后进行查询。有的厂家室内分机支持录像功能，不仅能够记录图像，还能够记录声音，相当于一部可录像的留言电话，大大方便了业主，是一项比较实用的功能。

如果是图像存储，可在室内分机中保存图像数据；如果是录像，就需要借助其他保存设备进行音视频数据的记录，如楼层间的图像存储设备。

6. 开门方式

对讲系统多数情况下配合门禁系统使用，也有单独使用而不采用门禁系统的。对讲系统带有简单的门禁功能，即业主可以凭住户号和密码进行开门，当访客访问业主时，经业主确认后也可以通过室内分机遥控开锁。

集成有门禁系统的对讲系统业主可以选择刷卡开门、密码开门多种方式，当然也有遥控开锁功能。

7. 外出/夜间自动管理

当业主外出或夜间不想被打扰的情况下，可以选择使用外出自动管理模式和夜间自动管理模式，即当有访客呼叫时，在相应模式下，可以将呼叫直接转移至管理中心，由管理中心提供相关服务，如留言、咨询等。管理中心可以通过计算机或者管理主机将相关信息发送至业主的室内分机上，或者通过电话进行通知。

8. 紧急报警

市面上主流的室内分机均保留紧急报警功能，不管对讲系统是否具有安保功能，业主都可以通过室内分机集成的报警按钮或者连接的报警按钮进行报警，这是一项非常实用的功能。但通常情况下并不具备防挟持功能。

9. 触摸屏技术

触摸屏技术是一种新型的人机交互输入方式，与传统的键盘和鼠标输入方式相比，触摸屏输入更直观。配合识别软件，触摸屏还可以实现手写输入。触摸屏由安装在显示器屏幕前面的检测部件和触摸屏控制器组成。当手指或其他物体触摸安装在显示器前端的触摸屏时，所触摸的位置由触摸屏控制器检测，并通过接口送到主机。按照触摸屏的工作原理和传输信息的介质，触摸屏可以分为电阻式、电容感应式、红外线式及表面声波式四种。

触摸屏技术应用到楼宇对讲系统中，就是室内分机可以通过触摸屏进行控制和操作，人机界面大大改善，一些高级的触摸屏室内分机相当于一台小型电脑，可以用来上网、查询资料、对讲、家电控制、报警，甚至可以用来打电话。可以预见，触摸屏技术将是室内分机的一种技术发展趋势。

第七章 图说楼宇对讲系统

7.2 楼宇对讲系统的功能及组成

● 7.2.1 楼宇对讲系统的功能

以下以常见的总线型楼宇对讲系统并结合国内主流对讲厂商的应用，介绍对讲系统的普遍功能。当然不同厂家的产品各有特点，不能一概而论，大体上具有以下功能和特点：

互联组网	系统采用标准总线结构，不同类型的室内分机（同一品牌）和不同楼栋的都可以通过总线系统互联组网。使系统组合灵活，便于扩充，能够满足用户的各种要求。
统一编址	系统采用4~6位编码，最大容量为9999~999 999，可满足各种类型的小区使用。系统内所有设备可以根据小区的实际情况灵活调整编址方式。通常同一个小区内最大可支持99台管理机，一台管理机可以管理99栋楼或者999台门口机，同一栋楼可并联100台门口机，一台门口机可连99层，每层99户室内分机，当然这些都是理论数字，实际工程中没有这么多。
密码设置	楼宇对讲系统中非可视或可视室内分机可以通过键盘随意设置或修改用户密码，做到一户一个密码。分机用户可用密码实施密码开锁或给自己家各报警防区实施布撤防，大大方便了业户。
可视对讲	大多数的门禁系统目前都升级到了可视对讲，当然也有非可视对讲系统的存在。可视对讲系统能够实现住户与管理处、住户与住户，以及不同楼栋住户之间的互相呼叫和通话。亦可以实现小区围墙机、门口主机、管理主机与住户室内分机的三重可视对讲功能。
管理模式	系统具有方便灵活的白天或夜间或外出管理模式，管理员能够通过管理机对任何一栋楼的门口机进行管理，即对各门口来访者呼叫进行干预。干预时，这栋楼的来访者对楼内用户的呼叫自动转移到管理机。经管理员许可后再由管理员转接，才能使来访者与用户通话。这种管理模式确保小区严格管理，满足不同层次物业管理者的要求。
闭路监控	楼宇各公共通道、门口都装有摄像头，能够一天24h监控和录像，当然前提是将摄像头接入监控系统中。管理人员通过管理主机中心的监视屏，能够切换监视各部位的情况。一旦出现警情，能够马上通知保安人员前往处理，做到防患于未然。
一卡通集成	对讲系统中围墙机、门口主机均可集成非接触式感应卡读卡器。楼宇内的业主一人一卡，凡持有已注册的卡片，就能通过刷卡开锁、进入、撤防等。使楼宇业主所持卡片在楼宇内一卡通行。通过刷卡，管理中心的电脑可以显示进入楼宇人员的照片资料等，以供管理员核查进入者的合法性。这样既方便了业主，又方便了楼宇的管理。
安防报警	对讲系统中安防报警功能主要通过室内分机实现。安保型室内分机主要分为两类：一类是自身带有1~4个防区的报警功能；另一类是自身带有8防区的报警功能。它们都具有延时防区和24h紧急防区，可外接窗门磁、红外双鉴探测器、烟雾探测器、燃气泄漏探测器、紧急按钮等报警探测器。管理主机或管理中心计算机能够记录报警地点、房号和防区等信息，管理中心的计算机还能够自动弹出报警点的电子地图。

三表抄送	户内水、电、气表采用脉冲式表，利用三表接口模块和抄表平台与系统总线相连接。采集的三表数据存储在三表接口和抄表平台的永久存储器内，楼宇管理者需要抄表时，可通过管理中心电脑十分方便地抄录，并通过打印机打印出来，使三表抄送更为方便、快捷。这虽然从理论上可以实现，但实际应用中比较少。
信息发布	通过对讲系统实现电子化信息发布、意见反馈及建议征询。具有多种信息发布方式：① 可通过 Internet 向住户分机发送短消息；② 管理中心可定时发送收费信息和不定时的非收费信息至住户分机；③ 可向小区内的大电子屏发布各类新闻消息，而个人信息可通过中心向室内机上发布；④ 可向门口主机发送信息。
留影留言功能	留影留言由管理中心通过向门口机或围墙机采集信号获取，必要时将信息发布到业主分机上。物业管理公司充分利用小区智能管理系统，为物业管理方和业主方建立了良好的沟通界面，很好地实现了智能化、网络化的物业管理。
遥控开锁功能	住户确认来访者后，按开锁可实现遥控开锁；管理员可通过管理机遥控开启各楼栋门口电锁；住户通过密码即可开启本楼栋大门，实现一户一码制。且住户能随时更改自己的密码，安全、方便；忘记密码可通过管理中心重新设置。
胁迫开锁功能	当住户采用胁迫码开锁时，管理处会报警，但门会正常打开，像没事发生一样，极大地保护住户的安全，又能将歹徒绳之以法。不法人员在主机上试图三次密码开锁时，管理中心也将自动打开监视屏监视。
紧急救护功能	如果住户有人生病需紧急救护，可按分机上的紧急按钮向管理中心报警求助，紧急按钮也可安装在老人床边或卧室内，方便紧急情况时报警求助，管理中心接到求救信息后，可立即与医疗救护单位联系，及时救护病人。

● 7.2.2 楼宇对讲系统的组成

楼宇对讲系统的种类繁多，大体上由核心设备、辅助设备和传输线路组成。因为总线型楼宇对讲系统是目前的主流应用，故本书以总线型楼宇对讲产品为主，辅助讲述网络化对讲产品。

7.2.2.1 核心设备

系统的核心设备包括楼宇对讲电脑管理系统（软件）、管理主机、围墙主机、门口主机和室内分机。

1. 电脑管理系统

楼宇对讲电脑管理系统是对讲系统的计算机管理平台，尤其在多功能对讲系统中具有不可替代的作用，通常可以运行在 Windows 软件平台上，充分利用了计算机的多任务处理功能，保证了网络通信和数据的安全处理。电脑管理系统在楼宇对讲的基础上，增加了家居自动报警系统、门禁、在线实时巡更、家电控制、手机短信等控制子系统，使小区管理中心能及时进行分析和查询记录，给住户和物业管理带来了极大的方便。有的电脑管理系统甚至可以替代管理主机独立使用，支持鼠标操作，甚至采用触摸屏系统。

通常电脑管理系统能够实现以下功能:
- 对楼宇对讲系统进行在线式综合管理。
- 信息管理:

- 小区管理处对公共通知、个人信息的编制和播发等;
- 自动转发住户通过 Internet 对室内分机发送的短信;
- 常用通知数据库。

- 控制业主家居报警探测器等。
- 对 IC 卡门禁控制系统进行集成管理、综合管理和共享数据库。
- 接收住户报警并根据事件分机联动处理。
- 适时对平台进行自动检测,各子系统如有故障自动报警。
- 对所有用户终端报警群呼。
- 进行系统网络设置(节点、通道、警种等)。
- 进行值班登记。
- 密码修改。
- 呼叫、安防对讲、监视、开锁。
- 托管服务。
- 托管录像短信管理。
- 远程布/撤防。
- 拍照录像。

2. 管理主机

管理主机通常设于小区物业管理中心,也有设于每栋楼大堂管理处的情况。管理主机通常分为主管理机和分管理机,即一个住宅楼宇可以设置多个管理主机,分管理机的功能要少一些。

管理主机通常具备以下功能:
- 管理主机通常由通话手柄、显示器(显示视频)、文字显示屏(显示文字)和操作键盘组成,如图 7-3 (a) 所示。
- 文字显示屏可以显示各种操作信息,有操作菜单提示。
- 显示器可以显示彩色/黑白可视,可监视楼栋出入口情况。
- 操作键盘可以进行各种操作和信息输入。
- 接收各分机呼叫,并显示来电号码。
- 可管理的门口主机最大容量超过 99 台。
- 可管理多个围墙机,便于多出入口的住宅小区使用,通常情况下不小于 3 个。
- 可设置管理类型,有白天和夜间两种工作模式。即:干预各门口机的呼叫,能显示门口主机呼叫的房号。
- 可接受门口主机呼叫并通话。
- 可接受室内分机呼叫并通话。
- 可三方通话。
- 可接受住户托管。
- 远程遥控撤防。
- 接收室内分机报警信息,显示报警的时间、地点、报警内容。
- 能随时查询历次报警记录。
- 能循环存储255组以上报警地址信息。
- 主机呼叫管理机时,可控制电控锁。
- 具有时钟显示和调整功能,可直观知道通话及报警时间。
- 对所有的门口机可起到监视、半自动监视和全自动监视功能。
- 免提功能。
- 图7-3所示为典型的三种管理主机外观。

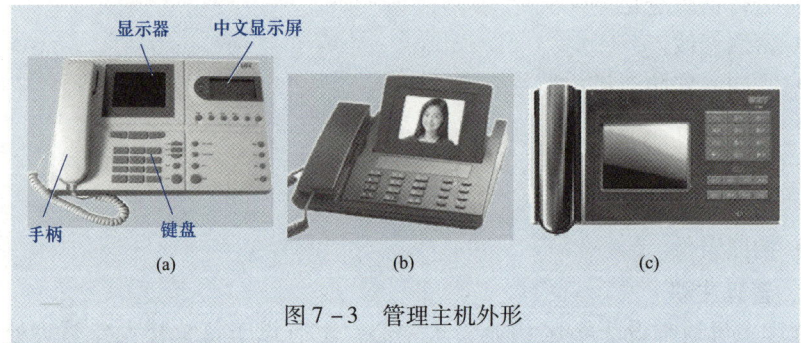

图7-3 管理主机外形

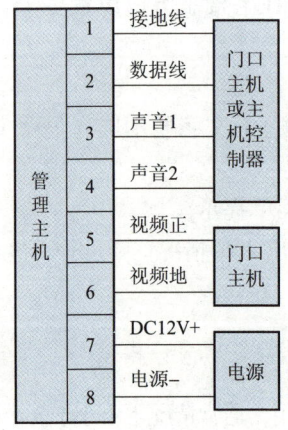

图7-4 管理主机典型接线图

典型的管理主机连接如图7-4所示,共有8个接线端口。其中1~4号接线端口用来连接门口主机或主机控制器,分别为接地线、数据线、声音1和声音2;5~6号接线端口用来连接门口主机的视频信号,分别是视频线和视频地;7~8号接线端口用来连接供电电源,分别是电源的正和负。有的管理主机为非可视型,则不需要连接视频线。

3. 围墙主机

围墙主机一般设于大型住宅小区的多个出入口,通常安装在围墙上面,所以称为围墙机。围墙主机的工作原理和门口主机有点相似,不同之处在于围墙主机可以呼叫住宅小区的任意一户,而门口主机仅能够呼叫单栋楼内用户。一般情况下楼宇对讲系统可支持多台围墙机,但有一定数量限制。

围墙主机外形如图 7-5 所示,通常具备以下功能:

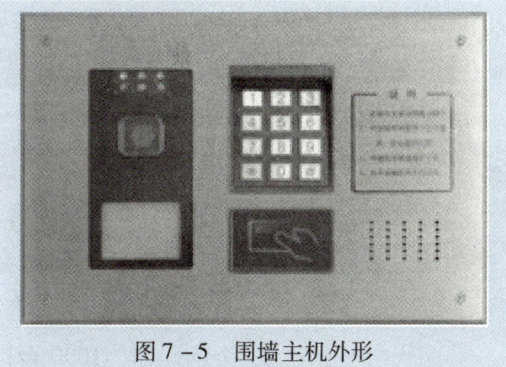

图 7-5 围墙主机外形

- 围墙机由摄像机、文字显示屏、操作键盘、读卡器、麦克风和扬声器等设备组成。
- 如为可视系统,则可以显示彩色/黑白图像,CCD 有夜视补偿功能,多配置红外灯实现。
- 围墙机的摄像头也可以被接入闭路监控系统中。
- 多为不锈钢结构,可室外安装。
- 按键键盘夜视,LCD 操作菜单提示。
- 系统容量超过 99 栋楼宇。
- 可视系统与非可视系统兼容。
- 可实现三方通话。
- 公共短信息显示功能。
- 可实现呼叫转移功能。
- 可拓展门禁功能,门禁密码开锁、IC/ID 卡开锁(预留内部安装空间)。
- 防撬、防盗报警功能,在遭遇拆卸时会向管理中心报警一次。

4. 门口主机

门口主机一般设于楼栋的出入口,通常安装在楼栋出入口的围墙上或单独定做立柱安装,是楼宇对讲系统的核心设备之一。

门口主机按照接入室内分机的规模可分为小门口机(通常用于别墅和一对一的对讲系统,有时候安装在住户的门口)和大门口机(通常用于多住户的楼栋);按照键盘按键的方式可分为直按式门口机和数码式门口机;按照触摸方式可分为触模式门口主机和非触模式门口主机;按照是否配有摄像头分为可视门口主机和非可视门口主机。如图 7-6 所示。

门口主机通常具备以下功能:

- 键盘操作,按键夜视。

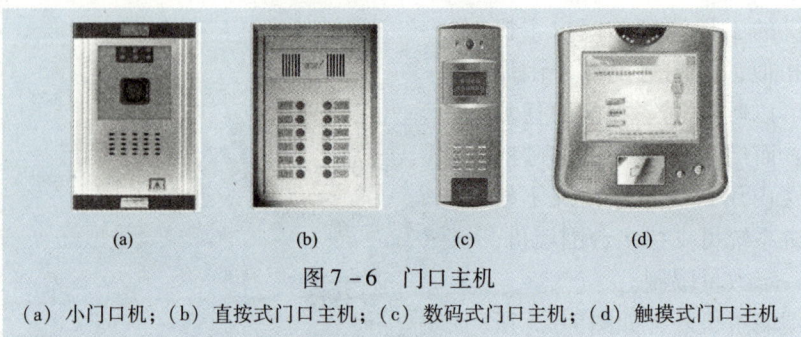

图 7-6 门口主机
(a) 小门口机；(b) 直按式门口主机；(c) 数码式门口主机；(d) 触摸式门口主机

- 最大容量超过 99 个解码器，1000 台以上室内分机。
- 可视系统与非可视系统相互兼容。
- 楼内双通道，在主机或围墙机与分机通话时，管理中心可呼叫该栋其他住户，其他机不能呼叫该栋。
- LCD 操作菜单提示。
- 软编码方式，不受楼宇结构影响。
- 可实现三方通话。
- 公共/私人短信息显示功能（即信息发布功能）。
- 呼叫转移。
- 密码开锁、IC/ID 卡开锁、指纹开锁等多种开锁方式。
- 胁迫开锁报警。
- 防撬、防盗报警功能，在遭遇拆卸时会向管理中心报警一次。
- 彩色/黑白可视，CCD 夜视补偿。
- 能与室内分机实现可视对讲。
- 接收室内分机遥控开锁。
- 可直接呼叫管理主机。
- 一栋楼可并接多台门口主机（适用于多个出入口或地下出入口的楼栋），多栋楼所有主机亦可互联。
- 可以利用分机密码实施开锁；同时给分机用户家里进行撤防。

门口主机主要由摄像头（镜头）、扬声器、装饰键、数码显示管、键盘、送话器（麦克风）和读卡器组成，如图 7-7 所示。门口主机和管理主机、室内分机相连接需要主机控制器（又被称为主机选择器），它们之间的接线如图 7-8 所示。

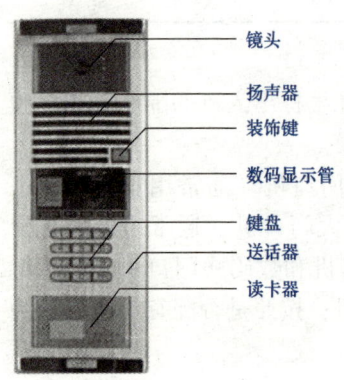

图 7-7 门口主机组成

第七章 图说楼宇对讲系统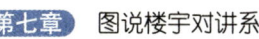

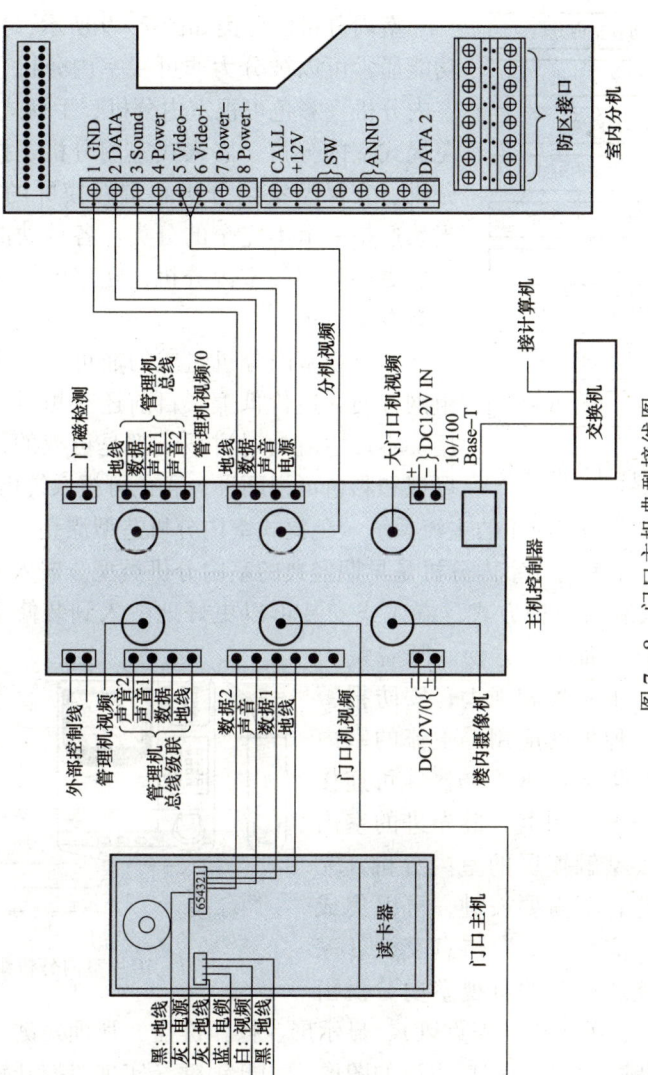

图 7-8 门口主机典型接线图

5. 室内分机

室内分机直接安装在业主的家里，通常是安装在入口的墙壁上。由于在室内安装，要考虑到业主的装修和整体的美观性，也就造就了样式各异、种类繁多的室内分机。

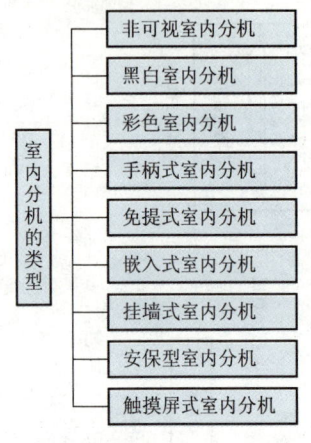

图7-9 室内分机的分类

室内分机的分类如图7-9所示，按照外形和功能通常可以被分为非可视室内分机、黑白可视室内分机、彩色可视室内分机、手柄式室内分机、免提式室内分机、嵌入式室内分机、挂墙式室内分机、安保型室内分机和带触摸屏的室内分机，当然这是一个不完全的分类。各种功能的组合可产生更多类型的室内分机，在家电控制功能章节将有专文论述。

非可视室内分机组成的非可视楼宇对讲系统组网方便、造价低廉，目前还有相当一部分的应用。不过主流的对讲系统都是可视的，分为黑白可视和彩色可视两种，彩色可视系统由于色彩好、功能强大而成为目前应用的主流系统。免提式室内分机造型漂亮、容易清洁而被广泛应用；而手柄式室内分机是早期经典的室内分机类型。嵌入式和挂墙式是室内分机安装的两种方式，嵌入式安装可以更好地融入到装修中，外形美观，挂墙式安装简单、方便。随着室内分机的功能逐步完善和强大，安防报警功能就属于一种扩展应用，主流的室内分机已经可以自带4~8个防区，可连接各种类型的报警探测器。最先进的室内分机就是带大型触摸屏的室内分机，完全触摸式操作，不需要按键，可以集成安防、对讲、信息发布、信息交流、家电控制等功能。典型的可视室内分机由

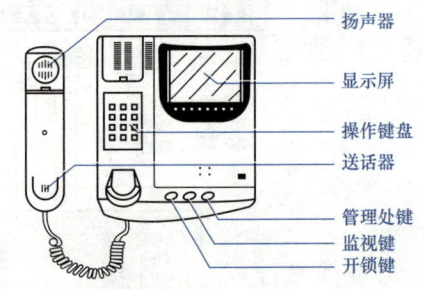

图7-10 室内分机组成

手柄、扬声器、送话器（麦克风）、显示屏、操作键盘、管理处键（可呼叫管理处）、监视键（可监视门口主机的图像）和开锁键（实现遥控开锁功能）组成，如图7-10所示。

常见的几种室内分机外观如图7-11所示。

以下以带8防区的、可视型室内分机为例，说明室内分机的接线端口，如图7-12所示，可以看出各个接线端口功能如下：

第七章 图说楼宇对讲系统

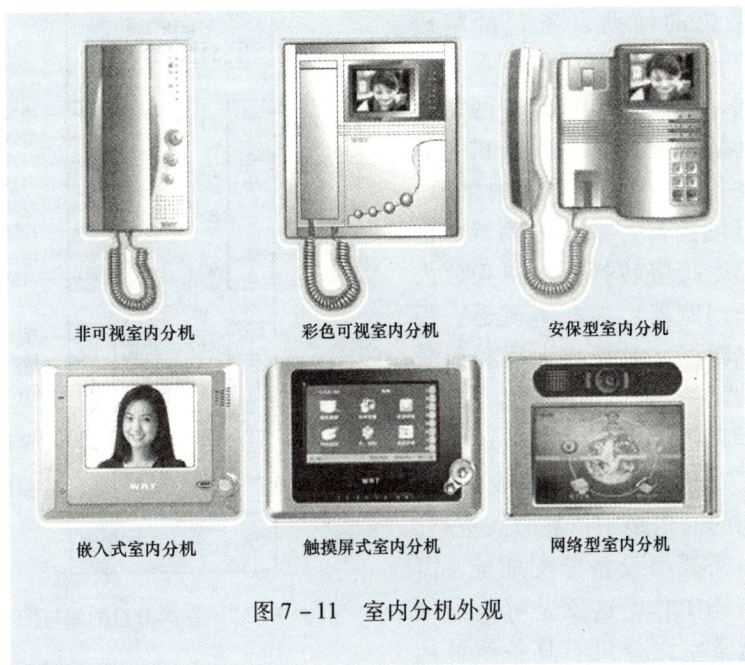

图 7-11 室内分机外观

- 左侧的 16 个端口用来连接报警探测器，共有 8 个防区（典型室内分机可带的最大防区）。
- 右侧的第 1 个端口是接地线。
- 右侧的第 2 个端口是数据总线。
- 右侧的第 3 个端口是声音线。
- 右侧的第 4 个端口是 12V 电源线。
- 右侧的第 5、6 端口是视频线和视频地线。
- 右侧的第 7、8 端口是显示器的电源线。
- 右侧的 Call、+12V 端口是连接小门口机的连接线。
- 右侧的 Switch 端口是开关量输出遥控控制电锁的开关。
- 右侧的 Alarm 端口是用来连接紧急按钮，不占用防区的端口。
- 右侧的 Data 2 是独立的报警线端口，需要单独设置。

7.2.2.2 辅助设备

楼宇对讲系统因生产厂家繁多，加之没有标准化产品，故辅助设备总类繁多，且名称多不一致，本处仅以总线型楼宇对讲系统为例，举典型对讲厂家的产品来讲解。大体上来说，楼宇对讲系统的辅助设备包括解码器、视频分配器、解码分配器、主机选择器、各类供电电源、网络连接器、网络适配器、小门口机、总线信号中继器、层间信号中继器、层间信号隔离器、系统分割器、信号转换器、报警转换器、视频放大器、视频调制器、视频解调器、视频调制解调器、射频放大器和射频分配/支器等。

1. 解码器

楼宇对讲系统采用总线结构，设备之间的通信必须依靠总线进行。总线通信需要给设备分配地址，需要进行解码工作，这就是解码器的作用。通常室内分机不具备编址功

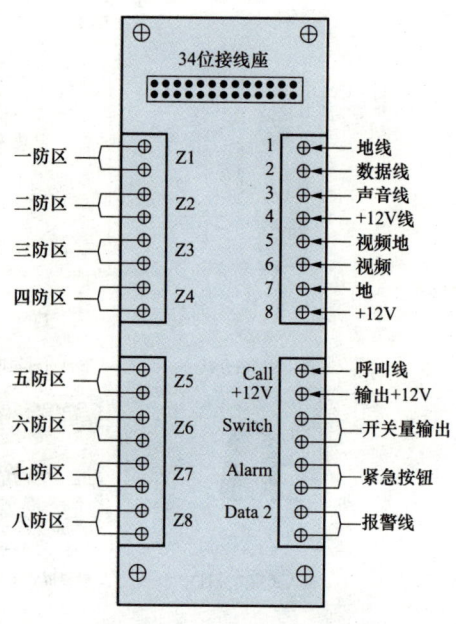

图7-12 室内分机的端口图

能，需要通过解码器进行编址和解码工作。解码器的规格有很多种，大多数支持2~8路解码，即最大支持8户住宅。在实际使用过程中，存在复式结构住址，我们经常将多台分机并接在一起，能够实现呼叫时同时响铃就是这个原理。

2. 视频分配器

视频分配器用于楼层间多户住宅的视频分配，其作用相当于有线电视系统中的分配器，主要是便于接线，同时能够起到视频隔离、放大的作用。

3. 解码分配器

解码分配器（见图7-13）是解码器和视频分配器的二合一产品，便于安装和布线。一台典型的解码分配器有8路解码和视频输出，可接多至8台分机，各路间相互独立，其中一路或几路损坏不影响其他端口使用。

图7-13 解码分配器

4. 主机选择器

门口主机选择器（见图7-14）配

套门口主机使用，并要求与门口主机统一编址。在系统内，它主要承担设备之间的数据信号的转换和中转及准确切换各设备之间的音频、视频通道，犹如系统内的"微型交换机"。

图 7-14　主机选择器

主机选择器具有以下功能特点：

（1）采用对讲总线，通信稳定可靠。
（2）声音电路相对独立，可实现系统内多组设备同时通话。
（3）自动完成关联设备的音、视频切换，是单元门口主机、分机、管理机及小区门口机等设备通信的"中心交换机"。
（4）具有访客留影、出入记录及信息存储功能。
（5）采用接插口方式连接，施工安装方便。

5. 各类供电电源

门禁系统中的电源主要包括管理主机电源、围墙机电源、门口主机电源和室内分机电源，和其他弱电系统中使用的电源相同，大多数工作电压为 12VDC，也有厂家的设备工作电压是 9~20VDC 之间的。

在配置电源有两点需要注意的：其一是室内分机电源所带分机的数量，理论上对讲厂家所提供的电源可供 8~12 台室内分机工作，在实际使用过程中，要充分考虑室内分机的工作电压、待机状态的工作电流和峰值的工作电流，计算出所需要的最小功率和最大功率，通常建议一台电源负载不超过 8 台室内分机；其二是电池，对讲系统属于重要的安防系统，尤其是集成门禁系统的对讲系统，后备电源必不可少，需要慎重选择后备电池，市面上的后备电池质量参差不齐，推荐选用质量可靠，有相关资质报告的电池为佳。根据笔者多年的经验，国产蓄电池的使用寿命约为 5 年，超过 5 年一定要建议业主及时更换电池，否则可能造成断电后不能工作的情况。

6. 网络连接器

网络连接器（见图 7-15）在主机、围墙机与分机和管理中心之间起着纽带作用，使音、视频传输更加稳定、清晰。楼内双通道，在主机或围墙机与分机通话时，管理中心可呼叫该栋其他住户。

有的对讲系统有网络连接器，有的对讲系统不需要，如果有建议一定要建设该设备。

7. 网络适配器

网络适配器（见图 7-16）在对讲系统主机与管理中心之间的信号传输中

起着桥梁作用。

单通道系统可用网络适配器,也可用网络交换机,但多通道系统一定用网络交换机。

采用网络适配器可以合理规划对讲系统的规模和联网,如可以将一个大的小区分成 8 个小的区域进行管理,便于接线和系统故障排查。

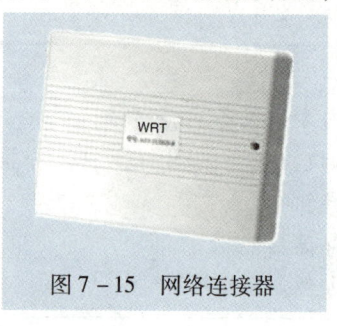

图 7-15　网络连接器

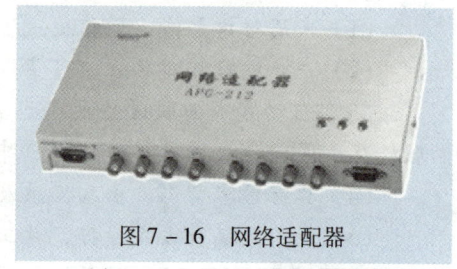

图 7-16　网络适配器

8. 小门口机

小门口机(见图 7-17)多用于别墅性住宅、一对一对讲系统和大型联网楼宇对讲系统中单户的门口机。小门口机的原理和大门口机的原理相同,区别在于小门口机属于一对一对讲。小门口机也可以用于联网系统。

小门口机具有以下特点:

- 单键呼叫,与室内可视分机实现可视对讲。
- 能串在楼宇对讲系统中,安装在住家户门口,作为子门口机使用。
- 能与互通可视分机单独使用,为带防区的独户型一对一可视对讲门铃。
- 小门口机呼叫分机后,住户提机通话时可以按开锁键控制小门口的电控锁开锁。
- 具备防雨功能,对外界适应能力强。
- 具有可视功能的小机门口会配有摄像头,并内置红外补光设备。

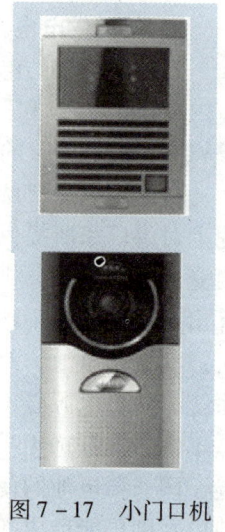

图 7-17　小门口机

9. 总线信号中继器

主要用于主机与主机、主机与管理机、边界与边界信号处理器之间的远距离信号中继,起到隔离信号故障、过滤无用信号、接力有用信号的作用。使用时不需要编码,一般约 15 个主机用一个。

10. 层间信号中继器

主要用于高层主干线的信号中继,起到隔离信号故障、过滤无用信号、接力有用信号的作用。使用时不需要编码、一般 15 层左右用一个。

11. 层间信号隔离器

主要用于层与层间设备的隔离,起到隔离信号故障、过滤无用信号的作用。使用时需要编码,与楼层号相同,一般每层一个。

12. 系统分割器

主要用于楼宇对讲系统与其他子系统之间的信号分隔,保障各子系统之间的信号不互相串扰。使用时不需要编码,每个系统用一个。

13. 信号转换器

主要用于将户内分机不经过门口主机,直接接入管理机总线,使系统组网更加灵活方便,多用于别墅联网。使用时总线信号转换器应编二三位楼号。

14. 报警转换器

主要用于将楼内报警数据以及联网的报警数据与楼宇对讲的数据分隔开,使系统对讲与报警做到独立走线,减少占线的情况。使用时报警转换器需编码,编成与楼栋号一致。

15. 视频放大器

视频放大器主要用于单元楼内及联网总线上的视频放大,采用高速电压反馈运算放大集成电路制成。视频放大器频率范围宽,功耗低,增益可调,具有高频补偿功能。常见的是 4 路视频放大器,每路可带 20~30 台可视分机。

16. 视频调制器

视频调制器是将视频信号转成射频信号的一个设备,一般用于远距离传送图像。视频调制器内置解码电路,与主机配合使用时通过编码可做到自动切换。

17. 视频解调器

视频解调器和视频调制器配套使用,用于射频系统,为将联网线上的射频信号转成视频信号的设备,一般用于远距离传送后终端信号视频解调。视频解调器多内置解码电路,与主机配合使用时通过编码可做到自动切换。

18. 视频调制解调器

视频调制解调器主要用于小区内有双向射频传送时,用于单元图像调制往总线传送及总线到单元图像解调。它同时具有视频调制器和视频解调器的功能。内置解码电路,与单元主机配合使用,可自动切换调制解调的过程。

19. 射频放大器

射频放大器主要用在联网总线上的射频信号的放大中继,多为定频放大器,有利于提高信号的信噪比。

20. 射频分配/支器

射频分配/支器用于线路的上分支接入或输出点的连接设备，起着线路阻抗匹配及故障隔离的功能。

7.2.2.3 传输线路

楼宇对讲系统从接线方式上可以分为总线型对讲系统和网络型对讲系统两大类。总线型对讲系统是目前市场上的主流应用；而网络传输是一种新技术，是一种技术发展趋势，也逐渐被应用于现代化智能化住宅中。

1. 总线传输

楼宇对讲管理系统的布线是住宅管理系统的重要组成部分，它犹如在住宅内建立一条"信息高速公路"，住宅内的各种信号在这条"信息高速公路"上畅通无阻，使整个住宅管理系统协调、稳定、可靠地运行。因此，布线显得十分重要。高质量的布线，能使系统运行稳定可靠；不合理布线会大大降低系统性能，使系统信息不畅、工作不可靠，甚至会造成整个系统瘫痪。所以应重视系统的布线。

以下以广州市安居宝科技有限公司的产品为例进行讲解，主要资料也来源于该公司相关资料。安居宝的楼宇对讲系统是典型的总线型对讲系统。

（1）系统总线。安居宝楼宇对讲管理系统采用总线式结构，通常采用四总线（为可视系统时，还要增加75Ω的视频线或射频线），主要分两大干线，即建筑群的干线（又称为管理层总线）和垂直干线（又称为用户层总线）。

用户层四总线的定义见表7-1；管理层四总线的定义见表7-2。

表7-1　　　　　　　　　　用户层四总线的定义

编　号	名　　称	线 缆 颜 色
1	地（GND）	黑
2	数据（DATA）	绿
3	声音（SOUND）	黄
4	+V（Power）	红

表7-2　　　　　　　　　　管理层四总线的定义

编　号	名　　称	线 缆 颜 色
1	地（GND）	黑
2	数据（DATA）	绿
3	声音1（SOUND1）	黄
4	声音2（SOUND2）	红

第七章　图说楼宇对讲系统

注意

当采用视频线传输时,若传输距离超过200m	则需要增加视频放大器;如果为双向视频传输时,则要布两条视频线。
当图像传输距离超过400m,并且分支较多时	则要采用射频方式传输;若为双向射频传输,则需要布双射频线。
当射频信号低于50dB时	增加射频放大器。

管理层总线的通信方式和声音工作状态(即是否带声音模块)应该设置为一样。
系统中的1号线(地线)禁止和大地相连。

（2）系统的结构。系统布线一般采用总线型与星形混合结构：建筑群之间和楼层之间采用总线结构；同一层间各分机采用总线型或星形结构。根据其系统结构，系统布线简要地划分三部分，如图7-18所示。

水平子系统
垂直干线子系统
建筑群干线子系统

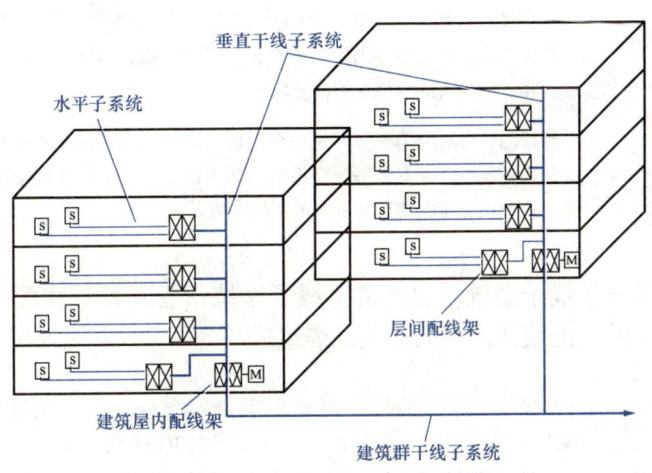

图7-18　楼宇对讲系统布线组成图

（3）水平子系统。水平子系统将垂直干线子系统经层间配线架连接并延伸到各户内分机。水平子系统布线主要有四芯总线、视频线、可视分机专用电源线。在非可视系统中，水平子系统布线采用总线型或星形均可，而在可视系统中应采用星形结构。

总线布线要求	由于水平子系统都在同一层，所以走线的距离较短，因此可采用四芯 RVVP 线。若采用可视分机，每台分机应增加两芯可视机显示器的电源线，每芯线径不小于 0.4mm^2。布线时要远离干扰源，如电力线、电话线等。走线时建议采用 PVC 管或 PVC 槽单独走线。
视频线布线要求	视频线要经过视频分配器后再连接延伸到各分机。视频线采用 75Ω 视频线。
电源要求	建议一层采用一台电源（在非可视系统中亦可多层公用一台电源，具体情况应视负载大小和线路长短而定）。若采用可视分机，每台分机应增加两芯可视机显示器的电源线，每芯线径不小于 0.4mm^2。配置原则请参考厂家各种机型实际工作电流及工程使用线材的阻抗和长度。

（4）垂直干线子系统。垂直干线子系统由建筑物内配线架到层间配线架之间的连接线缆组成。

总线布线要求	由于垂直干线是一栋楼内的主干线，因此用线要求相对较高，通常采用四芯线 RVV（最好采用屏蔽的 RVVP），如果是可视则采用六芯线，每芯线截面积不小于 0.75 mm^2 的电缆。如果楼层较低，亦可采用细一点的线径。建议线径：不小于 0.5mm^2。布线时要远离干扰源，如电力线、电话线等。走线时建议采用 PVC 管或 PVC 槽单独走线。
视频线布线要求	通常门口主机上的摄像机视频输出要经过视频放大器以后，再向各楼层传送（如楼层较低，每栋楼小于 14 户，亦可不接视频放大器）。视频放大器的安装位置应遵循到各分机的距离都比较近的原则，否则近距离的分机视频信号太强，远距离的分机视频信号较弱。
电源要求	建议门口主机与第一层共用一台电源，各层的电源间要求共地，但电源正要分开。注意：电源到每台分机的距离不能太远，不然线阻会使末端电压下降，因此电源应安装在其供电范围的中央。

（5）建筑群干线子系统。建筑群干线子系统由管理处总线配线架至各建筑物内（楼栋内）配线架之间的连接线缆组成。

总线布线要求	如果各建筑物之间跨度大、距离远、环境复杂，原则上采用上述四总线结构。若小区面积大，建议采用五芯带屏蔽的 RVVP 线，其中一芯线为备用线，每芯截面积不低于 1.0 mm^2 的电缆。并且采用 PVC 管单独走线，以最大限度减少干扰。布线时，各接线端应做好防水处理。如果系统中不连管理机，总线中的数据线到地线之间应加 100Ω 匹配电阻。
视频线布线要求	各门口机的视频信号，建议通过视频信号调制器调制后上射频线，一根射频线到管理处后，再经解调器解调后送到管理处监视器。射频线采用 75Ω 射频线。若住户需看到大门口机的图像，则需布两根射频线。

第七章 图说楼宇对讲系统

电源要求	通常建筑物干线不走电源线，仅需连接地、数据、声音三条线（双声音线为四条）。如果线路太长，需加信号中继器。信号中继器上的电源应从就近设备上取得。
视频控制线	可视系统中应有一芯截面积不小于 0.3 mm^2 的导线作为视频切换控制用。

2. 网络传输

基于网络传输，有两种实现方式：

纯 IP 网络系统	即室内分机、门口主机、围墙机和管理主机均为 IP 型，均可直接通过网线接入交换机通过局域网进行联网，每个设备均有独立 IP，系统中不需要辅助设备即可联网工作。这种系统组网最简单，就像用计算机组建一个局域网一样。
IP 和总线混合系统	即室内分机至门口主机，管理主机接入网络均采用总线方式，设备和采用的线缆完全同总线结构，和 IP 系统不同之处在于门口主机有 RJ45 网口可以直接接入局域网，管理主机和围墙机通过总线转以太网转换器接入局域网。也就是说，混合系统的建筑群干线系统采用 IP 网络，而垂直干线系统和水平子系统采用总线结构。

7.3 典型应用分析

● 7.3.1 独立型对讲系统

最简单的楼宇对讲系统应用就是独立型对讲系统。独立型对讲系统应用于独门独户、不需要联网的系统，常常应用于小型的个人住宅、办公室系统。

独立型对讲系统按照是否具有图像功能，分为非可视对讲系统和可视对讲系统。

(1) 独立型非可视对讲系统	如图 7-19 所示，由非可视小门口机、非可视室内分机、电锁、电源和线缆组成。
(2) 独立型可视对讲系统	如图 7-20 所示，由可视小门口机、可视室内分机、电锁、电源和线缆组成。

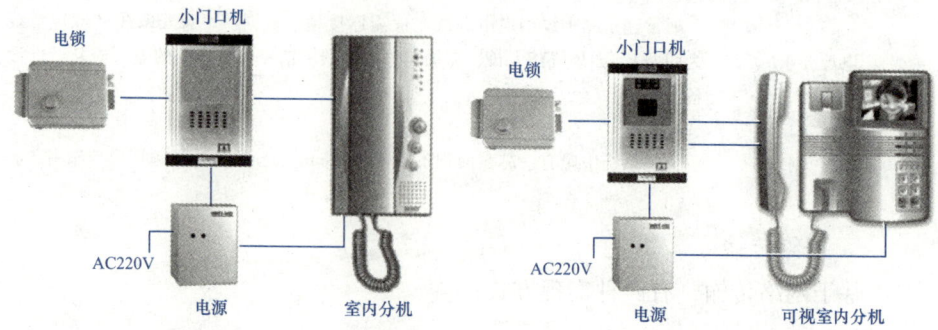

图7-19　独立型非可视楼宇对讲系统组成图

图7-20　独立型可视楼宇对讲系统组成图

由图7-19和图7-20可以看出，可视对讲系统比非可视对讲系统多了一根视频线，小门口机多了集成的摄像机，室内分机多了显示屏。在图7-20中，小门口机和电锁之间的连线采用2芯RVV线缆（线径不小于$1mm^2$）；小门口机、室内分机和供电电源的连线也采用2芯RVV线缆（线径不小于$0.5mm^2$）；小门口机和室内分机之间有两根线，一根是视频线，采用SYV 75-3同轴线缆（距离稍远可以采用SYV 75-5），一根是信号总线，采用4芯（有的是5芯）RVV线缆（如果距离较远，建议采用RVVP线缆）。如果是4芯信号线，则分别是地线、数据线、声音线和电源线；如果是5芯线，则分别是呼叫线、开锁线、地线、送话线和受话线，不同的系统有所区别。

● 7.3.2　别墅型对讲系统

如果别墅型对讲系统不联网，系统组成就如独立型对讲系统，本处所讲别墅对讲系统为联网型对讲系统。国内的别墅多为大型住宅小区所有，很少有独栋别墅的，与国外的情况不太一样。

联网型别墅型对讲系统由小门口机、电锁、电源、室内分机和联网设备组成。通常别墅都是多层的，故室内分机的数量也不止一台。别墅对讲系统的联网有两种实现方式：

（1）通过信号转换器串接在楼宇对讲系统中：这种方式是最常见也是应用最广的一种连接方式，系统组成如图7-21所示。

（2）通过主机控制器串接在系统中：这种应用往往是多层、多户别墅使用，如联排别墅，这种应用架构也适用于大型联网对讲系统的小门口应用，即每户住宅的门口再增设一台小门口机，系统组成如图7-22所示。

图7-16所示是典型的别墅对讲系统联网图，别墅可配置2台以上室内分

第七章 图说楼宇对讲系统

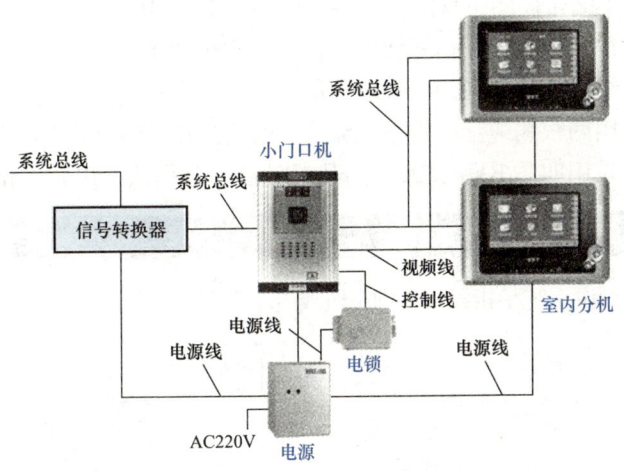

图 7-21 通过信号转换器联网的别墅型对讲系统组成图

机,室内分机采用并接的连接方式。小门口机和室内分机的连线有 2 根:一根是视频线,采用 SYV 75-3 同轴电缆;一根是信号总线,采用四芯 RVV 线缆(分别是地线、数据线、声音线和 +12V 线)。小门口机和楼宇对讲系统相连采用信号转换器。信号转换器和小门口机的连线同室内分机,信号转换器接入对讲系统总线采用四芯 RVV 线缆(分别是地线、数据线、声音 1 和声音 2)。所有设备通过两芯 RVV 电源线缆供电。

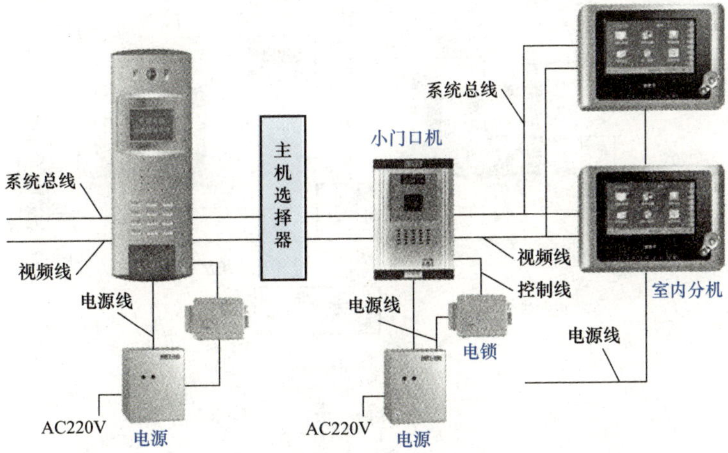

图 7-22 通过主机选择器联网的别墅型对讲系统组成图

图 7-22 所示的别墅型对讲系统常用于大型小区每户单独配置小门口的系统,适用于单栋别墅、可能有 3 户以上的联排别墅,既能够实现大门口机的对

讲，又能够实现小门口机的对讲。这种方式和图 7-16 所示系统的区别在于主机选择器和门口主机替代了信号转换器，门口主机和主机选择器、主机选择器和小门口机的接线方式和所采用的线缆同信号转换器和室内分机连接方式。门口主机接入总线采用两根线缆：一根是视频线，通常采用 SYV 75-7 同轴线缆；一根是系统总线，采用四芯 RVV 线缆（分别是地线、数据线、声音 1 和声音 2）。

● 7.3.3　单栋楼宇对讲系统

单栋楼宇对讲系统是指没有管理主机或者不需要联网的系统，如图 7-23 所示。

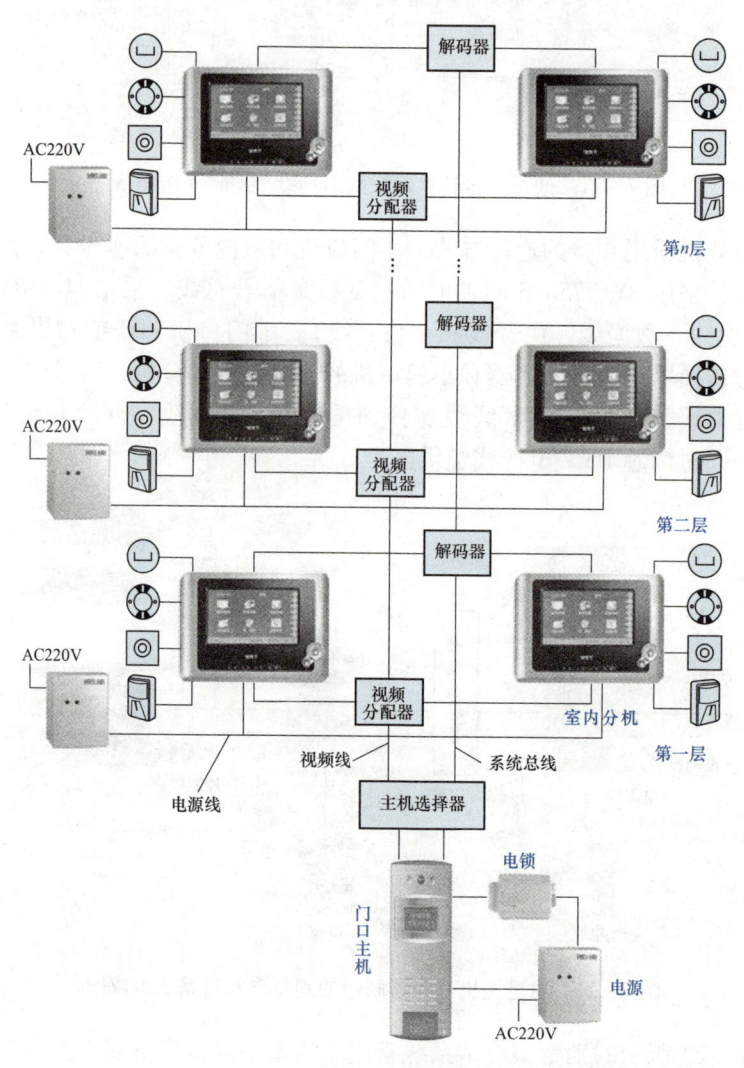

图 7-23　单栋楼宇对讲系统组成图

在单栋不需要联网的楼宇对讲系统中，主要设备包括门口主机、主机电源、电锁、主机选择器、视频分配器、解码器（又称为信号隔离器）、室内分机、分机电源、报警探测器（图7-23中从上至下依此为窗门磁、燃气泄漏器、紧急报警按钮和红外探测器）、信号线和视频线。

主机选择器用于连接门口主机，视频分配器用于分配视频，解码器用于给室内分机编制和解码使用。探测器的类型不受限制，只要是开关量探测器均可用于楼宇对讲的报警系统。报警探测器采用四芯信号线和室内分机相连接（可以采用普通电话线）。所有设备的接线方式和前面所述相同。

● 7.3.4　单栋楼多出入口对讲系统

对于一个独立的单元来讲，在首层可能有多个出入口或者有好几层地下室，此时要实现每个出入口都可以设置门口主机，就需要多路切换控制器。根据目前国内的主流应用，一个单元最大可以支持8台门口主机。图7-24所示为一个典型的4台门口主机的组成图。

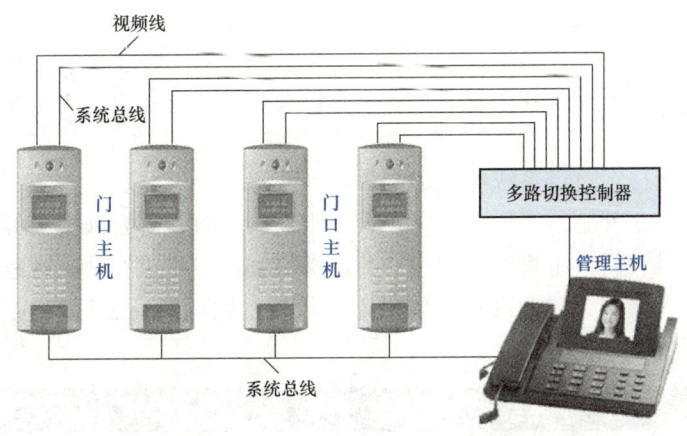

图7-24　多门口主机对讲系统组成图（4台）

由图7-19可以看出，4台门口主机通过系统总线和视频线与多路切换控制器相连，多路切换控制器通过视频线与管理主机相连、通过系统总线和视频线与楼层视频分配器、解码器相连。

● 7.3.5　大型联网系统

在国内的主流住宅小区应用中，多为大型多栋住宅楼群，少则1000多户，多则10 000多户，故多数情况下楼宇对讲系统是需要联网的。

在大型联网系统中，往往室内分机的数量在3000多台，门口主机几十台，小区有多个出入口需要设置围墙主机。通常住宅小区会设有物业管理中心或监控中心，这种小区规模大、距离远，系统复杂。单栋楼内的设备和连接方法同前面所述，大型联网系统包括的设备还有管理主机、围墙机、计算机电脑和联网设备。

围墙主机接入到楼宇对讲系统同门口主机的连接方法，管理主机接入系统通过系统总线和视频线接入，能够实现的功能如下：

● 管理主机能够呼叫任何一户室内分机，实现双向语音对讲，但双方无视频图像；管理主机可被围墙主机和门口主机呼叫（通过管理处按钮），管理主机可显示视频并进行双向语音对讲。

● 围墙主机能够呼叫任何一户室内分机，实现双向语音对讲，室内分机可监视围墙主机的视频；围墙主机可呼叫管理处但不能呼叫门口主机。

● 门口主机仅能够呼叫本栋楼内的室内分机（可显示视频图像），不能呼叫其他楼栋的室内分机；门口主机可通过管理处按钮呼叫管理处，实现双向语音通信，管理主机可显示门口主机视频图像。

● 室内分机可主动监视门口主机的图像，可被管理主机、围墙主机和门口主机呼叫，其中围墙主机和门口主机的视频可以显示在室内分机上。

大型联网楼宇对讲系统组成如图7-25所示。

由图7-25可见，当住宅社区较大、距离较远时，需要采用射频设备进行传输视频信号，门口主机到管理中心和围墙机到门口主机有两条视频线路，均需要采用射频调制、解调设备。如果距离较近，则可以省去所有的射频设备，直接连通即可。

● 7.3.6 纯IP对讲系统

传统的楼宇对讲系统是总线结构，设备繁多，构造复杂，而新型的网络IP楼宇对讲系统是一种最新的技术发展趋势，组建一个对讲网络就像组建一个计算机网络一样简单。

纯IP对讲系统由IP型室内分机、IP型门口主机、IP型围墙主机、IP型管理主机（有的需要通过转换器实现）和管理计算机组成。系统组成如图7-26所示。

在纯IP的对讲系统中，如果所有的设备均支持音视频，配有摄像机、麦克风、音箱等，则可以实现整个对讲系统的双向可视语音对讲，而且互相之间

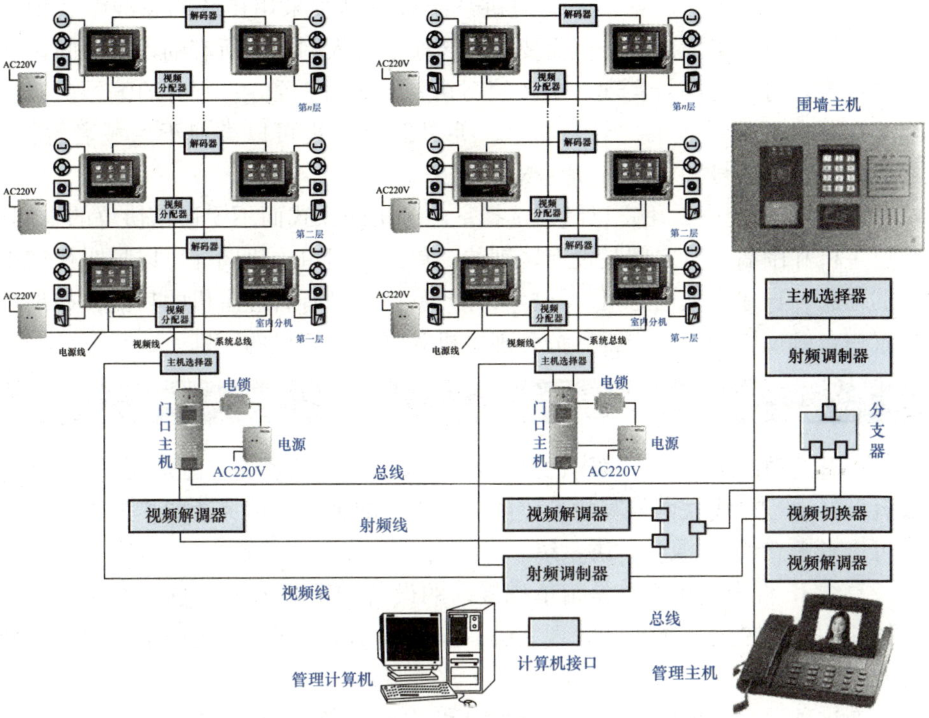

第七章 图说楼宇对讲系统

图 7-25 大型联网楼宇对讲系统组成图

的可视对讲不受总线限制，可任意呼叫，就像网络上两台计算机互相呼叫一样，非常方便。

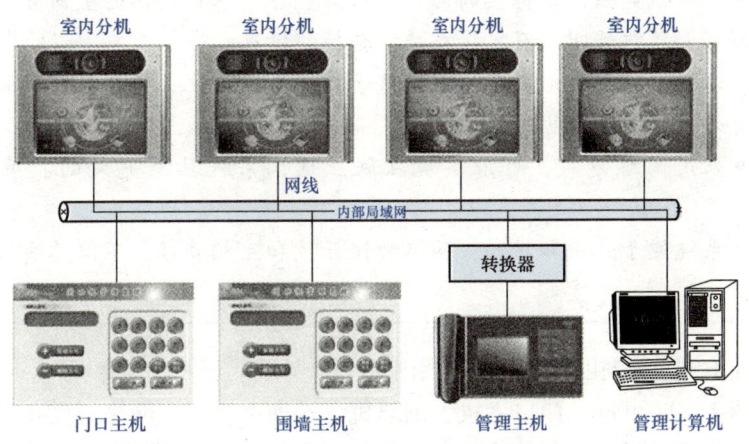

图 7-26 网络 IP 楼宇对讲系统组成图

由图 7-26 所示可见，IP 型对讲系统可以继续采用传统的总线型管理主机，操作简单、集成度高，但需要通过转换器接入网络。所有的设备之间访问均通过输入对方的编号实现（与传统对讲系统编号一致），所有的编号访问相当于计算机网路系统的"计算机名"形式访问，也可以类似于"域名解析"的方式将设备编号和设备 IP 地址对应起来。

在纯 IP 系统中，用户可随意选择室内分机的款式而不受通信协议的限制。门口主机和围墙主机之间是没有区别的，单元的门口主机同样可以呼叫住宅小区的任意一户住户室内分机。同样管理计算机也具有管理主机的功能，如果再配置一台触摸屏的话，很难区分管理主机和管理计算机的区别。

● **7.3.7 总线 IP 混合对讲系统**

在有的情况下，单体楼内已经建设了总线型对讲系统，但是还没有联网，或者已经通过总线联网但客户希望能够有更大的带宽、更灵活的扩展方式，此时可以考虑总线 IP 混合对讲系统。

总线 IP 混合对讲系统是指单栋楼内的设备和走线方式与总线型楼宇对讲系统相同，只是门口主机和管理主机、围墙机之间的连接通过网络实现的一种混合系统。

在这种混合系统中，同时具备总线和 IP 的优势：

● 不管网络情况如何，单栋楼内的对讲系统可以独立运行，不受外界干扰。

● 私密性更强，每栋楼的门口主机只能呼叫本栋楼内的室内分机，避免网络型可以随意呼叫、有可能被恶意骚扰的情况。

● 通过网络系统形成建筑群干线子系统的网络化，提高了系统的通信带宽，更好地保障了数据的畅通。

● 采用网络方式，可以实现互联互通，系统具有更大的扩展性和灵活性。

● 系统便于升级和扩容，网络协议开放和互相兼容，不像总线协议那样封闭。

总线 IP 混合对讲系统的组成如图 7-27 所示。

由图 7-27 可见，门口主机、围墙机、管理主机采用网络型设备，而楼内的设备均采用总线型，与传统的对讲系统相类似。同样，如果采用总线型管理主机，需要转换器转换接入。

第七章 图说楼宇对讲系统

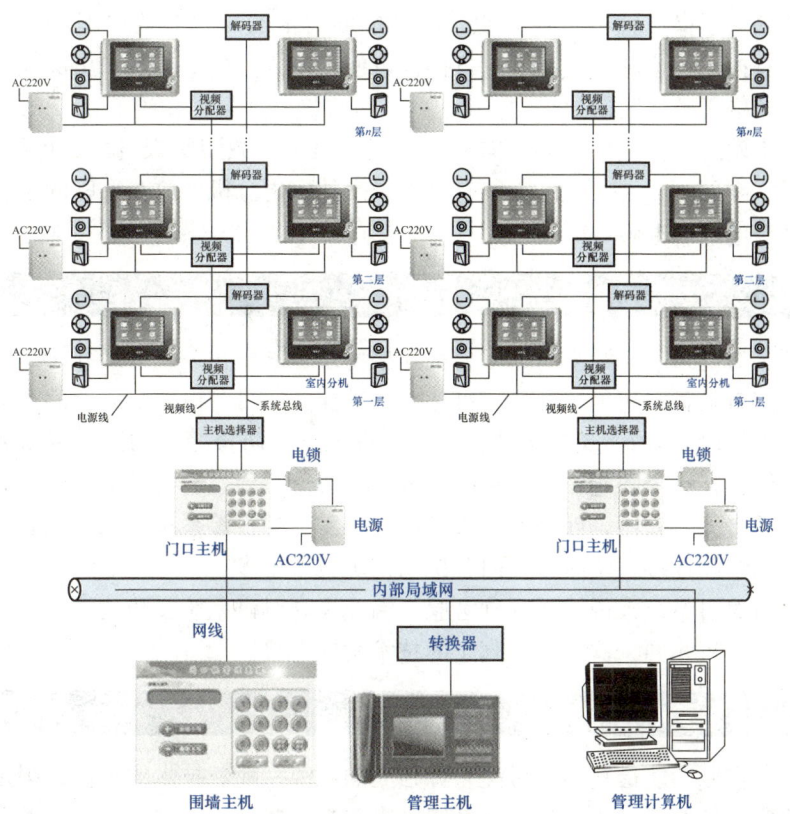

图 7-27 网络总线混合楼宇对讲系统组成图

 **技术发展趋势**

楼宇对讲系统发展了很多年，属于很成熟的系统，随着对讲系统的越来越普及和网络化，也出现了一些技术发展趋势。笔者认为，近几年楼宇对讲系统的技术发展趋势主要包括：大屏幕显示系统和触摸屏技术、安防功能稳定性提高、家电控制功能高度集成、网络化、电话对讲系统、图像记录和对讲产品互联互通。

● 7.4.1 大屏幕显示和触摸屏技术

对讲系统从非可视系统到可视系统，从小屏幕发展到大屏幕，从 4″、5″、6″、7″、9″甚至到更大的屏幕，一些最先进的产品的屏幕已经可以和计算机屏幕相媲美，说明彩色大屏幕系统必将是楼宇对讲系统的发展趋势。

屏幕大了操作就不是很方便，而触摸屏技术的出现有效地解决了这个问题，没有按键、全部通过屏幕进行操作也使得室内分机更美观、更漂亮，也可以更好地融于整体装修效果中。

未来发展的技术先进的室内分机可能就是一台微型平板电脑，可以对讲、打电话、上网、聊天、交友，很有可能未来的室内分机就放在家庭的小办公桌上，就像电话和电脑一样。

● 7.4.2 安防功能稳定性

楼宇对讲系统从诞生的那一天就和报警系统紧密相连，从最开始的非可视对讲系统就具备安防报警功能，可连接各种探头。目前市面上流行的总线型室内分机多可以支持4~8个防区，能够实现家庭安防报警的功能。但家庭安防报警始终存在一个问题，就是它的稳定性还有待考验，它的通信协议还和主流的报警平台无法联网，即目前通过室内分机实现的报警系统尚无法和公安系统的报警网络相连接。网络型室内分机的情况也差不多。

这对对讲系统来说就是一种考验，因此提高对讲系统安防功能的稳定性和专业报警主机相同，这是一种真正的技术发展趋势。

● 7.4.3 家电控制功能

家电控制功能最初出现时是一种独立的系统，随着技术的进步，很多对讲厂家将家电控制功能集成到对讲系统中来。在一些高档次的系统中，尤其是一些网络型对讲系统中，更是很高程度地集成了家电控制功能。

关于家电控制将在智能家居章节进行详细描述。常见的可以控制的家电包括空调、冰箱、电视机、DVD机、音箱、电动窗帘、电饭锅和灯光系统等，所有的家电控制除了室内分机之外，还需要一些第三方产品支持，如红外遥控器、射频遥控器、家电控制模块等。

严格意义上来讲，家电控制不算很先进的技术发展趋势，因为很多产品很早已经集成了该项功能。

● 7.4.4 网络化

众所周知，互联网是一个开放的网络，TCP/IP是一个开放的标准，所有基于此设计的系统和产品可以互联互通。同时，网络具备总线不具备的优势，即带宽大、同时可以多方通信而且互不干扰、系统容量几乎不受限制、可自由扩展和升级。

网络化的楼宇对讲系统使得整个系统构建简单、施工方便，设备之间互联互通，不会出现互相不兼容的情况。而且网络是双向通向的，很容易实现多方的可视双向对讲，很容易扩展家电控制、远程控制、信息发布、防盗报警等功能。

现在也出现了很多纯 IP 化的楼宇对讲系统，也逐渐被人们所认可，因此说网络化也是一种技术发展趋势。

● 7.4.5 电话对讲系统

可以想象，如果把 IP 电话应用于楼宇对讲系统，那将是一种什么样的情况？室内分机、门口主机、管理主机和围墙主机都变成了一部可视 IP 电话，小区内部通过按"内线号码"即可实现双向通话和可视对讲，也可以当作一台普通 IP 电话使用，那将是一种更加先进的楼宇对讲系统。

当然 IP 电话不能集成门禁、不能进行家电控制、不能实现防盗报警，但是如果楼宇对讲系统集成 IP 电话系统，那将会是一种很新的技术发展趋势。

● 7.4.6 图像记录

图像记录就是每次访客到访后按下门口主机、围墙主机后的呼叫按钮后，室内分机都能记录图像信息。目前很多室内分机都具备图像记录的功能，但如果能够实现录音、录影、留言等功能，是不是更好呢？系统保存的图像是不是可以更多一些？容量更大一些？这也是一种技术发展趋势。

● 7.4.7 对讲产品互联互通

市面上主流的总线楼宇对讲系统虽然都是通过"总线"进行通信，但多是企业内部的"总线"通信协议，互相之间并不能兼容。例如不可以随便拿 A 厂家的室内分机接入到 B 厂家的楼宇对讲系统中去使用，甚至用 A 厂家的 X 系统的产品接入到 A 厂家的 Y 系统中去也可能不能使用，因为不具备兼容性，这是造成楼宇对讲系统封闭的一个重要原因。

有人以为楼宇对讲系统 IP 化之后，设备之间就会互通了，因为大家都是采用 TCP/IP 协议，通过局域网进行连接。但实际情况不容乐观，目前市面上主流厂家的 IP 型对讲系统也是将总线协议转换成网络信号进行传输的，有个"加密"和"解密"的过程，造成了实际上楼宇对讲系统还是无法实现互相兼容。

如果楼宇对讲产品能够像计算机一样互联互通，肯定会成为最终 IP 型楼宇对讲系统的发展趋势。

第八章

图说智能家居系统

8.1 系统基础知识

8.1.1 什么是智能家居

智能家居最先出现在欧美发达国家，源于英文 Smart Home（也有翻译为智慧屋），也称为家庭智能化（Intelligent Home）、电子家庭（Electronic Home）、数字家园（Digital Family）、家庭自动化（Home Automation）、网络家居（Networks Home），名称很多，但表示的核心是一样的，在本书中统一称为"智能家居"或"智能家居系统"。

智能家居主要应用于住宅小区，是指将家庭中各种与信息相关的信息通信设备、家用电器和家庭安防设备，通过家庭总线技术连接到一个家庭智能系统上，进行集中或远程监视、控制和家庭事务性管理的系统。智能家居的核心设备是智能终端，也称为中央控制器、家庭终端、智能控制主机等。智能终端能够通过有线、无线的方式接收来自各个设备的信息，并能按照预先设置的规则通过有线、无线的方式发送控制指令，实现智能功能。

智能家居是以住宅为平台，兼备建筑、网络通信、信息家电、设备自动化，集系统、结构、服务、管理为一体，提供高效、舒适、安全、便利、环保的居住环境。智能家居建立在家庭产品自动化、智能化的基础之上，通过网络按拟人化的要求而实现的。智能家居可以定义为一个过程或者一个系统，利用

第八章 图说智能家居系统

先进的计算机技术、网络通信技术、综合布线技术、总线控制技术将与家居生活有关的各种子系统有机地结合在一起。与普通家居相比，由原来的被动静止结构转变为具有能动智能的工具，提供全方位的信息交换功能，帮助家庭与外部保持信息交流畅通。智能家居强调人的主观能动性，要求重视人与居住环境的协调，能够随心所欲地控制室内居住环境。因此，具有相当于住宅神经的家庭网络、能够通过这种网络提供的各种服务、能与 Internet 相连接是构成智能化家居的三个基本条件。

智能家居与家居信息化、家居自动化、家庭网络化、家庭安防等系统有一定的区别。智能家居是这几个系统的综合，当然即使缺少其中某些功能，也不影响我们称其为智能家居系统。专业的家庭安防系统可能需要单独建设，因为专业级的接警中心目前很少提供智能家居系统的接入功能。

随着计算机技术、网络技术、控制技术的发展和成熟，将信息通信设备、家用电器设备和安防报警设备各自独立的系统集成为一个大的系统应用于家庭住宅变成可能，就形成了住宅智能化的概念。人们生活水平的不断提高和对住宅居住环境舒适性的要求，使得智能家居得到大力普及和应用。

● 8.1.2 基础智能家居知识

8.1.2.1 什么是家电

智能家居很大一部分功能体现在家电控制上面，故需要了解一下什么是家电。家电就是家用电器（Household Electric Appliance）的缩写，是指在家庭及类似场所中使用的各种电器设备，又被称为民用电器、日用电器。

（1）家用电器的分类没有统一标准，按照"颜色"可以被分为白色家电、黑色家电、米色家电和小家电。

白色家电	是指可以替代人们家务劳动的产品。典型的白色家电有空调、电冰箱、洗衣机、电风扇、烘干机、洗碗机、消毒柜、电炉、电烤箱和电热水器等电器设备。
黑色家电	是指可为人们提供娱乐的产品。典型的黑色家电有电视机、影碟机、家庭音响、便携式摄像机、DVD 和 VCD 等电器设备。
米色家电	是指电脑信息产品。主要包括台式计算机、笔记本电脑、信息终端、路由器、交换机和多媒体配线箱等设备。
小家电	是指可以很方便移动使用的小型电器产品。主要包括电磁炉、电热水壶、电熨斗、电吹风、电动剃须刀、电饭煲、微波炉、电动牙刷、吸尘器等电器设备。

（2）随着技术的进步，基于传统技术的家用电器和计算机技术、信息技术相结合诞生了网络家电、信息家电和智能家电。

网络家电	是指利用数字技术、网络技术及智能控制技术将普通家用电器进行设计改进的新型家电产品。网络家电可以实现互联，组成一个家庭内部网络，同时这个家庭网络又可以与外部互联网相连接。目前认为比较可行的网络家电包括网络冰箱、网络空调、网络洗衣机、网络微波炉等。
信息家电	是指一种计算机、电信和电子技术与传统家电相结合的创新产品，由嵌入式处理器、相关支撑硬件（如显示卡、存储介质、IC卡或信用卡等读取设备）、嵌入式操作系统以及应用层的软件包组成。信息家电包括计算机、机顶盒、DVD、超级VCD、无线数据通信设备、视频游戏设备、网络电视、IP电话等。从广义的分类来看，信息家电产品实际上包含了网络家电产品，但信息家电更多的指带有嵌入式处理器的小型家用信息设备，而网络家电则指一个具有网络操作功能的家电类产品。
智能家电	是指在家电的网络化和信息化的基础上，加入人工智能技术，可以简单仿真人的思维活动。智能家电应能体现在三个方面：网络、互动和智能。典型的智能家电包括智能冰箱、智能洗衣机、智能微波炉和智能空调等。智能冰箱能够实现内部交流通信、外部交流通信、食物管理、电视、收音、数字化食谱等功能；智能洗衣机能够实现洗衣粉用量探测、水温检测及调节、故障保修、水流检测等功能；智能微波炉能够实现远程控制、网络菜单下载、时间及温度控制等功能；智能空调能够实现网络远程控制、调节温度、风力、开和关等功能。

8.1.2.2 什么是家电控制

家电控制就是借助于第三方软硬件设备对家用电器进行控制和操作的系统。传统的家电主要控制方式是开关和红外遥控器，每个设备对应的控制均包括电源开关控制。需要红外遥控器控制的设备主要包括电视机、DVD机、机顶盒和空调等设备。

在智能家居系统中，控制的方式远比传统方式先进，控制的方式多种多样，主要包括有线控制、无线控制和自动控制。

有线控制方式	是指通过线缆连接在家电上的硬件控制设备进行控制的一种方式。有线控制方式分为本地控制和远程控制两种，本地控制方式和传统的开关控制方式是一样的，不同的是智能家居系统多通过智能控制开关进行手动控制，操作更复杂、功能更强大；远程控制是指通过总线网络、局域网络或互联网进行远程控制的一种方式，所有网络家电、信息家电、智能家电和装有智能控制设备的家电设备均可通过远程网络进行控制，比如通过互联网上的计算机控制家中空调的开关和温度的调节。
无线控制方式	是指通过遥控器利用无线方式进行控制的一种方式。无线控制方式分为红外控制和射频控制两种，对应的设备为红外遥控器和射频遥控器。如果采用红外遥控器进行控制，通过学习红外指令利用一个智能红外遥控器能够控制所有利用普通红外遥控器的设备，大大减少了红外遥控器的数量，方便了操作；射频遥控器主要用于控制开关量设备（如灯光设备），射频技术的穿透力和传输距离都要比红外技术强大，可补充红外控制的不足。

自动控制方式	是指通过预先编程的方式设置设备工作的规则，设备会在设定的条件下自动开启并达到预设的状态，如设置每天早上8：00系统自动打开电动窗帘并播放背景广播。这种编程可在智能终端或家电设备上直接进行，或者通过网络进行编程，或者互联网下载预设的程序模式。

8.1.2.3 什么是红外遥控技术

红外线（Infrared Rays，IR）是一种光线，波长在750nm~1mm之间的电磁波。由于它的波长比红色光（750nm）还长，超出了人眼可以识别的（可见光）范围，所以人看不见它。红外线具有普通光的性质，常常被用作近距离视线范围内的通信载波，最典型的技术应用就是电视机的遥控器。

红外线遥控是利用近红外光传送遥控指令的，波长为0.76~1.5μm。用近红外作为遥控光源，是因为目前红外发射器件与红外接收器件的发光与受光峰值波长一般为0.8~0.94μm，在近红外光波段内，二者的光谱正好重合，能够很好地匹配，可以获得较高的传输效率及较高的可靠性。红外遥控是一种无线、非接触控制技术，具有抗干扰能力强、信息传输可靠、功耗低、成本低、易实现等显著优点，被诸多电子设备特别是家用电器广泛采用，并越来越多地应用到计算机系统中。

红外遥控的发射电路是采用红外发光二极管来发出经过调制的红外光波；红外接收电路由红外接收二极管、三极管或硅光电池组成，它们将红外发射器发射的红外光转换为相应的电信号，再送后置放大器。发射机一般由指令键（或操作杆）、指令编码系统、调制电路、驱动电路、发射电路等五部分组成。当按下指令键或推动操作杆时，指令编码电路产生所需的指令编码信号，指令编码信号对载体进行调制，再由驱动电路进行功率放大后由发射电路向外发射。接收电路一般由接收电路、放大电路、解调电路、指令译码电路、驱动电路、执行电路（机构）等几部分组成。接收电路将发射器发出的已调制的编码指令信号接收下来，并进行放大后送解调电路，解调电路将已调制的指令编码信号解调出来，即还原为编码信号，指令译码器将编码指令信号进行译码，最后由驱动电路来驱动执行电路，实现各种指令的操作控制（机构）。

红外传输是一种点对点的传输方式，无线，不能离得太远，要对准方向，且中间不能有障碍物，也就是不能穿墙而过，几乎无法控制信息传输的进度，故需要穿透墙壁控制或者远距离控制的时候不能采用。

8.1.2.4 什么是射频控制技术

射频（Radio Frequency，RF）就是射频电流，它是一种高频交流变化电磁波的简称。在电子学理论中，电流流过导体，导体周围会形成磁场；交变电流通过导体,导体周围会形成交变的电磁场,称为电磁波。在电磁波频率低于100kHz时,电磁波会被地表吸收,不能形成有效的传输,但电磁波频率高于100kHz时,电磁波可以在空气中传播,并经大气层外缘的电离层反射,形成远距离传输能力,把具有远距离传输能力的高频电磁波称为射频。

射频技术(Radio Frequency Identification,RFID)利用无线电波对记录媒体进行读写。射频识别的距离可达几十厘米至10m,且根据读写的方式,可以输入数千字节的信息,同时,还具有极高的保密性。将电信息源(模拟或数字)用高频电流进行调制(调幅或调频),形成射频信号,经过天线发射到空中;远距离将射频信号接收后进行反调制,还原成电信息源,这一过程称为无线传输,也就是射频遥控器的工作原理。

无线射频遥控器,基于无线射频技术开发,具有类似红外遥控器的各项功能,有效传输距离可以超过8m,且无方向性限制,很适合智能家居使用,主要用来控制灯光等开关型控制设备。

8.1.2.5 什么是场景

场景是指在某一特定时间和地点,由一定的人物、设备工作状态和人物活动所组成的生活画面。在智能家居中指所有智能家居设备在特定时间、特定模式下的一种工作状态,这种场景模式可能是指早上、中餐、晚餐、夜间、休息、影院、广播等模式,在不同的模式下,所有设备都处于不同的工作状态。例如影院模式,有的灯光被关闭、有的灯光被调暗,音箱被打开,电视机/DVD处于工作状态,电动窗帘也可能被关闭,这样就适合欣赏高品质的电影了。

8.1.2.6 什么是智能照明

智能照明是指智能家居控制系统通过无线网络进行通信,来实现对照明设备的智能化控制。照明设备经过智能化控制后,扩展了多种控制方法,如本地计算机、遥控器、手持设备、远程电话、远程网络计算机等,同时具有灯光亮度的强弱调节、灯光软启动、定时控制、场景设置等功能,并具有安全、节能、舒适、高效的特点。

传统的照明供电控制一般采用主电源经配电箱分成多路配电输出线,提供照明灯回路用电。由串接在照明灯回路中的开关面板直接通断供电线来实现对灯的控制。灯只有开、关,无逻辑时序及亮、暗调光控制,因而无法形成各种灯光亮度组合的场景及系统控制。

智能照明系统采用主电源经可编程控制模块后输出供照明灯用电,灯的开、关和调亮、调暗由可编程多功能按键面板控制,控制模块与按键面板之间通过一条低压控制总线相互连接起来。控制模块和按键面板内部有微处理器、

第八章 图说智能家居系统

存储器和控制总线的接口电路，它们完全处在低压情况下工作。所有控制器和面板都可通过编程实现对各灯路的亮度控制，于是就可产生不同的灯光场景和系统控制的效果。此外，控制模块支持无线射频网络的通信功能，使人们可以通过遥控器、计算机等多种方式对智能照明系统进行控制。

采用智能照明控制系统可以使照明系统工作在全自动状态，系统将按先设定的若干基本状态进行工作，这些状态会按预先设定的时间相互自动地切换。例如当一个工作日结束后系统将自动进入晚上的工作状态，自动并极其缓慢地调暗各区域的灯光；同时系统的移动探测功能也将自动生效，将无人区域的灯自动关闭，并将有人区域的灯光调至最合适的亮度。此外，还可以通过编程随意改变各区域的光照度，以适应各种场合不同场景的要求。

智能照明的前提条件是灯具可调光，这点非常重要，即灯具可在不同的电压等级上工作而不会发生启动不了的现象，如日光灯就不适合智能照明。

8.1.2.7 什么是家庭背景音乐

背景音乐系统也称为公共广播系统，后面有专门章节进行描述，多应用于住宅小区、办公大楼、酒店、餐厅，有的背景音乐系统还和消防广播系统混用。随着人们生活水平的提高，背景音乐系统也被应用于住宅内，称为家庭背景音乐系统，也可以称为家用中央音响系统。市面上出现了很多专业级的家庭背景音乐系统，不过多用在别墅型住宅中，造价比较昂贵。

家庭背景音乐系统有以下几种实现方法：

定压功放	公共场所的背景音乐都是采用定压功放的方式实现的。定压功放输出电压 70～110V，连接的喇叭都有一个变压器，将信号从 70～110V 电压降低为喇叭的工作电压。定压功放可实现长距离音频信号传输。由于定压功放是为公共场所而设计的，不需要立体声，所以常见的定压功放都不是立体声的，但有专门的控制台，由专人控制。在定压功放的基础上，如果要实现对音源的控制功能，包括选择碟机歌曲、选 FM 电台、选 MP3 歌曲、直接开启和关闭音源设备等功能，需要将一些控制系统集成进来。所需的设备包括红外学习器，遥控器，IR - RF 转换设备等，系统的复杂程度会大大增加。故这种方式实现的家庭背景音乐系统效果较差。
普通功放	普通功放对喇叭的电阻是有明确要求的，或者为 4Ω 或者为 8Ω 等。如果一个功放连接多个喇叭，电阻变低，电流变大，功放会烧掉。接入多个喇叭之后，也会降低音质。一般情况下，普通功放不能用于背景音乐。
家用中央音响	专门针对家庭应用而设计，具有立体声效果，可以人性化就地控制音源，就像开关灯具一样方便，可通过遥控器进行控制。典型的家庭中央音响系统由高保真立体声功放阵列、DVD 机、FM 收音机、MP3 播放器、计算机、房间喇叭、音响线、遥控器和控制开关/面板等组成。

家庭背景音乐系统可以融入智能家居系统中,由智能家居系统实现集中控制。

8.1.2.8 什么是防挟持

防挟持是家庭安防系统中一个重要的概念和功能,是指当住户被挟持或强迫将系统撤防时,可用防挟持码撤防,输入防挟持码后,系统表面上会撤防,不会发出报警声响,但实际上已经向控制中心报警。

防挟持功能适用于整个智能住宅的任何一级出入口,如大门出入口、车辆出入口、楼栋出入口和住宅出入口,可有效保护业主的人身、财产安全。

 ## 系统的组成及功能

● 8.2.1 系统组成

智能家居组成比较复杂、设备繁多,从功能上可以分为三大部分:即信息通信系统、家电控制系统和家庭安防系统;从联网设备组成可以分为住宅端设备、本地传输系统、本地控制中心、远程传输系统和远程控制设备,如图8-1所示。

图8-1 智能家居系统组成图

住宅端设备是智能家居系统的核心,也是重点论述的部分,以下章节即按照联网设备组成进行论述。

8.2.1.1 住宅端设备

住宅端设备是智能家居系统的核心,设备种类繁多,可灵活配置、相互组合,实现强大的智能化控制功能,能够改善住宅的居住环境,提高人们生活的质量。

住宅端设备按照实现的功能可以分为四类:

智能终端	是指具有家电控制功能、家庭安防功能、通信功能,带有显示屏、操作按钮的家庭用智能化主机,是智能家居的核心设备。
家电控制类	智能家居系统可以控制的家电设备主要包括电视机、空调、电风扇、电动窗帘、家庭影院系统(含DVD、功放、音响等)、背景音乐系统和灯光系统等设备,主要采用红外遥控器、射频遥控器、智能开关控制家电设备。无法采用红外遥控器控制的设备需要加装智能开关和智能插座进行控制。

第八章　图说智能家居系统

信息通信类	信息通信类设备主要包括电话、有线电视、宽带网络、网络摄像机、读卡器、对讲室内分机、操作键盘和三表抄送系统（一般情况下是三表抄送，水表、气表和电表）等。
安防报警类	安防报警类设备主要包括红外双鉴探测器（通常安装在客厅）、燃气泄漏探测器（安装在厨房）、紧急按钮（安装在主人房的床头）和窗门磁（安装在窗和门上）。

住宅端设备的组成如图8-2所示。

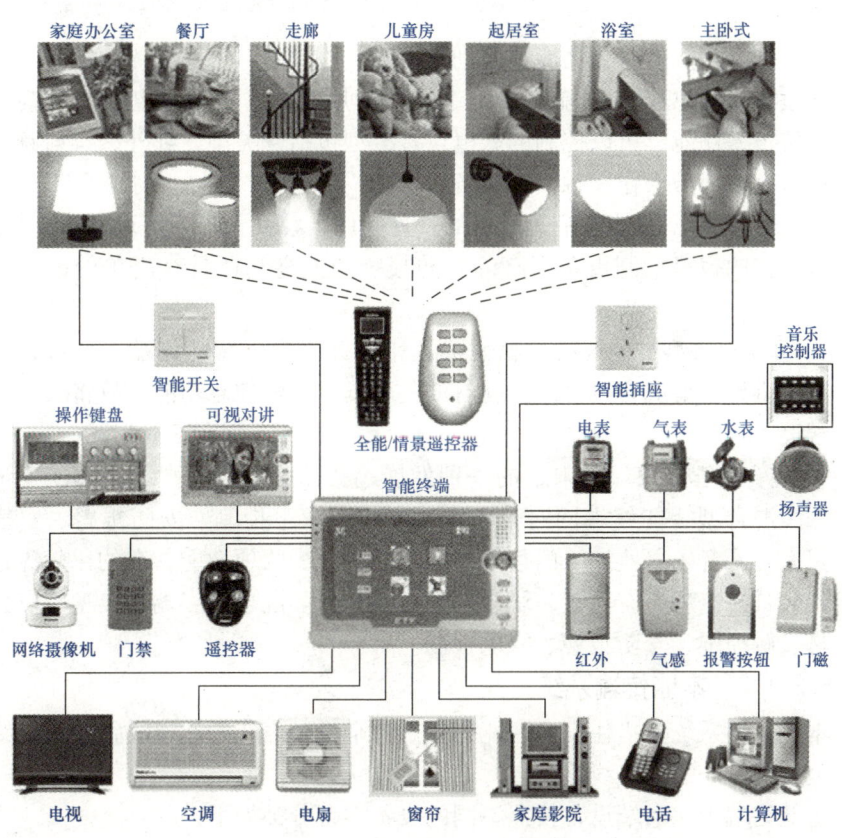

图8-2　住宅端设备组成图

这里重点介绍一下智能终端。智能终端是指安装在住宅内的，具有家电控制、安防报警、信息通信管理任意一项或多项功能的硬件终端设备（普通电话机、计算机除外），可扩充实现灯光控制、家庭背景音乐控制、监控、门禁、三表抄送等多项功能。按照这三项功能，智能终端可以分为家电控制型、安防报警型、可视对讲型和混合型等几种，如图8-3所示：

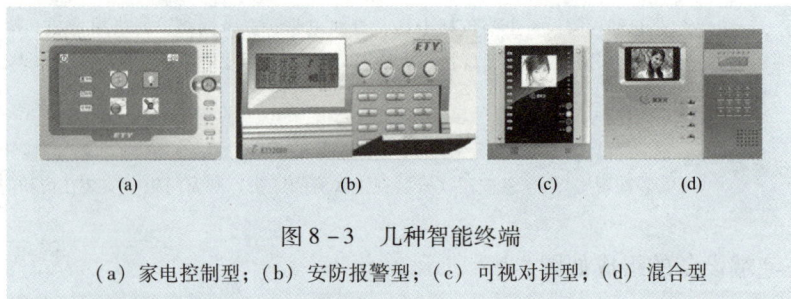

图 8-3 几种智能终端

(a) 家电控制型；(b) 安防报警型；(c) 可视对讲型；(d) 混合型

各类智能终端的主要功能和区别如下：

● 家电控制型智能终端是目前主流的应用之一，多数家电控制型终端多具备安防报警功能，可以控制的家电设备类型包括开关型、红外型、射频型三种，多带有大屏幕操作和触摸屏设备。

● 安防报警型智能终端是早期的一种应用，独立于可视对讲和家电控制，是一种纯粹的报警控制设备，有的安防报警智能终端还具有简单的家电控制功能。

● 可视对讲型智能终端严格意义上来讲并不属于智能终端，但考虑到很多可视对讲设备集成有报警功能，有的甚至具备家电控制功能，故将其归入智能终端设备。

● 混合型智能终端是未来的一种发展趋势，也是目前高端项目的主流应用之一。混合型智能终端同时具备可视对讲、家电控制、安防报警、三表抄送、家庭背景音乐、监控、门禁等多个功能中最少两项功能，有的比较先进的设备同时具备上述所有功能，属于一种高端设备。混合型终端的典型特点包括大屏幕、触摸屏、安防报警、家电控制。

8.2.1.2 本地传输系统

本地传输系统是指住宅内智能终端到各个设备之间的连接线路和智能终端到本地控制中心的连接线路。

智能终端到住宅端设备按照不同的设备类型分类如下：

家电控制设备	家电设备的控制分为有线、无线两种方式。有线方式是通过家庭总线进行控制，通常是两芯双绞线，原理和 RS 485 总线相同；无线控制方式主要通过红外遥控器和射频遥控器进行，必须有红外接收器或者射频接收器进行，而接收器也通过家庭总线连接。
安防报警设备	家庭安防报警设备主要包括窗门磁、红外探测器、微波探测器、烟感探测器、燃气泄漏探测器和紧急按钮等设备。与入侵报警系统中的探测器连接方法相同，有源设备通过四芯线相连接，无源设备通过两芯线连接，对线缆没有特别要求。

背景音乐设备	背景音乐设备本身是通过两芯音频线相连接的,但要做音频控制就需要控制设备,而控制设备也是通过家庭总线相连接,采用两芯双绞信号线。
抄表系统	抄表系统是一个专业的系统,表头和智能终端通过四芯信号线相连接,不同厂家对线缆的规格要求不同。
监控系统	监控设备主要是摄像机,分为网络摄像机和模拟摄像机两种。网络摄像机通过家庭局域网和智能终端相连接;模拟摄像机通过同轴电缆和智能终端相连接。所有的摄像机均需要两芯电源线供电。
门禁系统	门禁系统的设备一般很少直接接入智能终端,大多数情况下智能终端通过信号输出可以打开楼栋出入口电锁,实现远程遥控开锁功能。大多数对讲室内分机具有这种遥控开锁功能。

智能终端到本地控制中心通常有两种连接方式:

局域网络	大多数智能终端已经 IP 化,通过现有的住宅局域网就可以连通或者通过建设专用的局域网络进行连接。
总线网络	市面上还存在很多的总线型智能家居系统,这种系统通过专用总线方式相连接,系统总线采用两芯控制线缆,原理和 RS 485 或 Lon work 网络相同。在可视对讲系统中的系统总线为四芯,分别为地(GND)、数据(DATA)、声音 1(SOUND1)、声音 2(SOUND2)。如果智能家居系统中带有可视对讲系统,则总线为四芯,若再增加门禁控制功能,还需要两芯信号总线,当然视频线是必不可少的。

8.2.1.3 本地控制中心

本地控制中心是指位于住宅管理中心(通常设在物业管理中心或者保安监控室)的智能家居系统管理设备组成的控制平台,包括软硬件设备。常见的软硬件设备包括各种计算机服务器、交换机、智能家居系统管理软件、数据库软件、Web 服务软件、其他应用软件等。

计算机服务器是用来安装各种应用软件的,可能是一台也可能是多台;交换机用来构建局域网络;智能家居系统管理软件主要用于实现本地网络家电控制、报警信息接收处理、信息发布、信息采集、系统配置和管理等功能;数据库是用来存储各种数据,通常很多套应用软件系统可以运行在同一套数据库软件之上;Web 服务软件主要提供远程控制,管理所需要的各种服务,如远程布撒防、远程家电控制、远程视频监控等;其他应用软件是指不同品牌的产品可能会提供更多的应用服务而需要安装的软件,如三表抄送系统软件。

本地控制中心和智能终端的连接方式包括局域网和总线两种连接方式,如图 8 - 4 和图 8 - 5 所示。

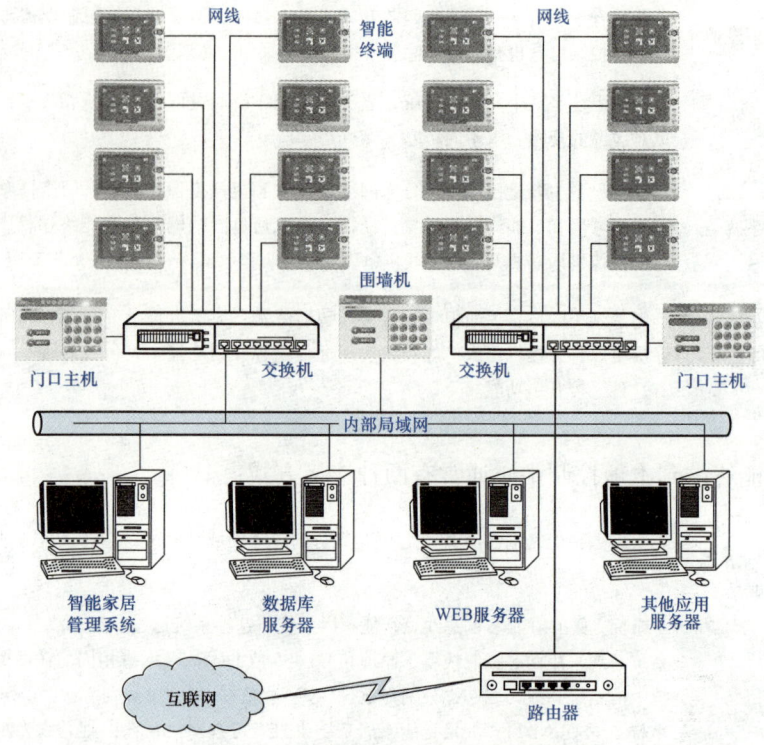

图 8-4 网络型智能终端系统联网图

如图 8-4 所示,本地控制中心的主要设备包括智能家居管理系统、数据库服务器、Web 服务器、其他应用服务器,通过路由器、防火墙等设备直接和互联网相连接,通过互联网可以实现远程的控制功能。在纯 IP 的智能终端系统中,所有的功能都可以通过智能终端实现,如可视对讲、家电控制、防盗报警等。智能终端通过住宅局域网络和本地控制中心相连接,一般来说是通过交换机。在纯 IP 的智能终端系统中也可以增加 IP 型的门口主机和围墙机,操作方法和传统的对讲系统是一致的。

另外一种联网方法是总线方式,如图 8-5 所示。由图 8-4 和图 8-5 可以看出,两种方式中本地控制中心端的设备是差不多的,区别在于智能终端至本地控制中心的传输线路。在采用总线型的系统中,智能终端通过 RS 485 总线方式接入 485 集线器,通过 485 集线器再接入到网关,网关就相当于一个 RS 485 转 TCP/IP 的转换器,将智能终端最终接入局域网系统。

在总线型智能终端系统中,功能受到了一定的限制,就目前的技术而言,可视对讲系统尚无法完全运行在总线网络上,尤其是视频信号。总线型智能终端多具备家庭防盗报警功能和部分家电控制功能，受传输带宽限制，运行在网络上的服务也比较少，故这种技术会慢慢被 TCP/IP 网络所取代。

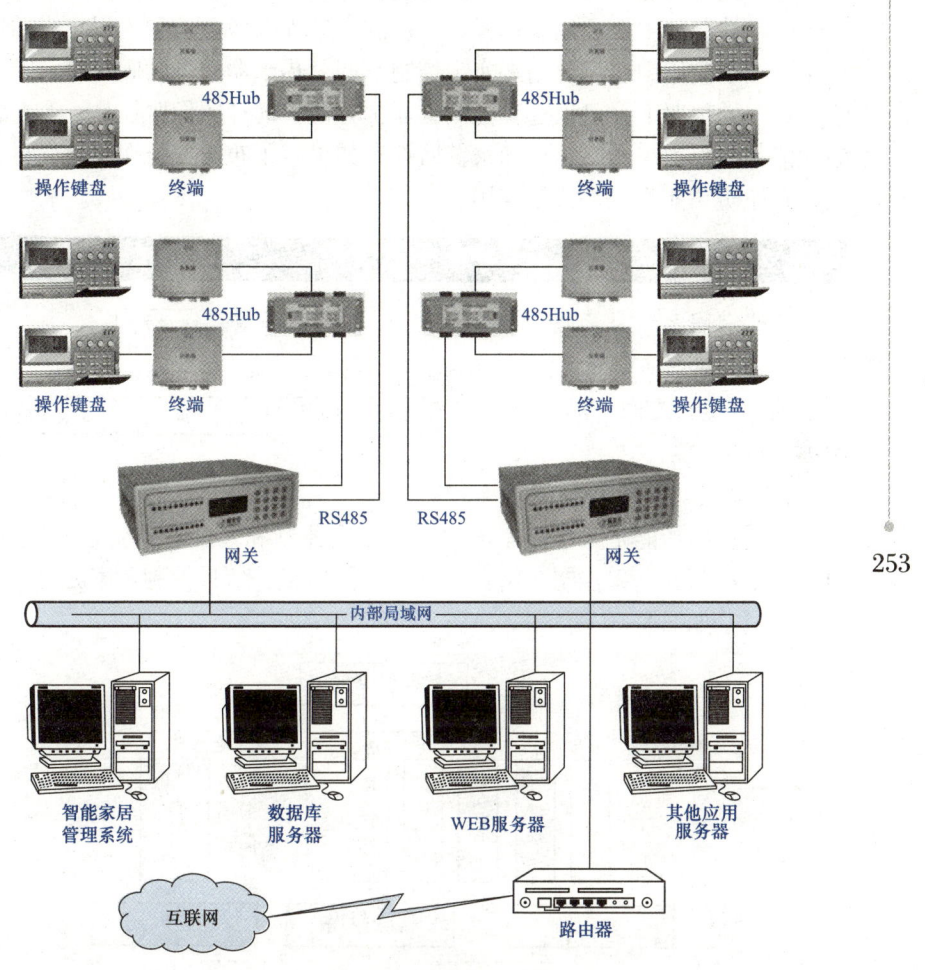

图 8-5　总线型智能终端系统联网图

8.2.1.4　远程传输系统

远程传输系统多指本地控制中心连接到互联网的线路，如图 8-4 和图 8-5 所示，就是路由器到互联网的传输线路。在闭路监控电视系统中关于这部分已经讲解的很详细，此处不描述。常见的远程传输系统包括 ADSL、DDN 专线、城域网、VPN 私有网络等。

8.2.1.5　远程控制设备

在智能家居系统中，远程控制设备比较简单，只要有一台可以连接互联网的计算机即可，可以安装客户端软件，也可以不安装客户端软件。大部分智能家居系统支持通过浏览器直接访问进行各种操作和控制功能。

远程控制的主要应用是远程家电控制、远程图像监控和远程布撤防。在远程家电控制应用中，主要用来实现控制空调、热水器、电动阀门等，尤其是忘了关煤气的情况下，可以远程控制，非常方便；远程图像监控是一个非常实用的功能，可以用来实时监控和报警监控；如果忘了布防安防探测器，可以通过远程布撤防功能实现，比较实用。

● 8.2.2 系统功能

智能家居系统从系统功能来讲，包括智能控制、家庭安防和信息通信三个方面。如图 8-6 所示。

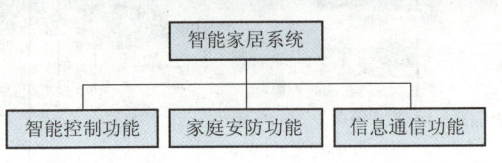

图 8-6 智能家居系统功能图

8.2.2.1 智能控制功能

智能控制功能主要包括家电控制、灯光控制和家庭背景音乐控制，具体，包括集中控制、远程控制、组合控制、条件控制、情景控制和家庭背景音乐控制等功能，如图 8-7 所示。

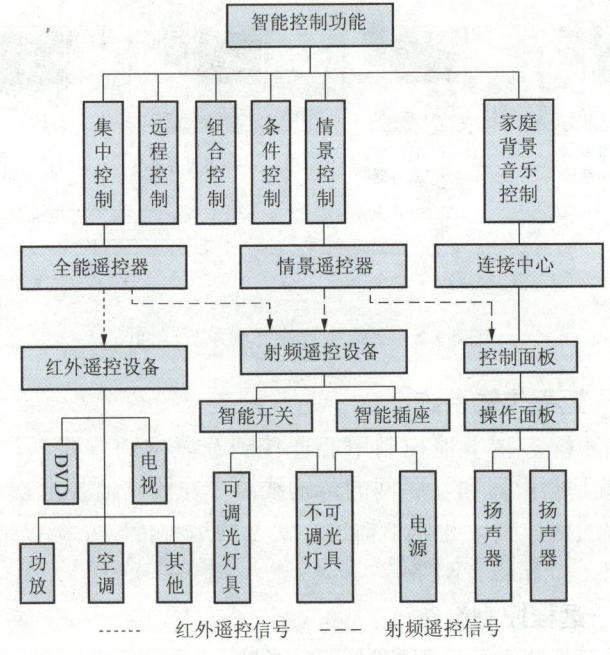

图 8-7 智能控制功能组成图

第八章　图说智能家居系统

由图 8-7 可以看出，各种控制功能的实现可以通过家庭总线手动/自动控制，也可以通过全能遥控器、情景遥控器、射频控制设备、智能开关、控制面板、操作面板来进行。各项功能具体说明如下：

集中控制	把住宅中所有遥控器的功能都集中在一个控制器上，使该控制器能够控制家中所有的遥控设备的控制方法。该功能的核心部件为全能遥控器（或智能中控器），通过学习电视机、VCD 机、DVD 机、功放、空调、遥控照明等多种设备的控制码，全能遥控器（或智能中控器）可以控制家庭中的所有遥控设备，从而无须再使用多个遥控器控制家用电器。
情景控制	使用一个键把要控制的所有照明灯/扬声器调整到指定状态的控制过程，其核心部件为情景遥控器（全能遥控器或智能终端）。情景遥控器学习需要控制照明灯/扬声器的状态编码，储存起来，当希望把灯光状态/扬声器工作状态调整到已经学习过的状态时，按情景遥控器上的指定按键，即可实现对灯光照明/背景音乐的情景控制。
组合控制	把任意几种家电设备的单独功能组合起来作为一个功能，实现一键对多个设备联动的控制方法。该功能的核心部件为全能遥控器（或智能终端），通过把学习到的其他设备的单独功能组合在一起，以单键实现多个设备的功能。
条件控制	指根据设定条件，控制一种或几种家电设备的动作的控制方式。该功能的核心部件为全能遥控器（或智能中控器），可设定条件为时间、居室温度和音响效果。在全能遥控器上设置控制条件，当系统监测到的条件满足设定要求时，全能遥控器（或智能中控器）发出信号，控制选定设备完成设置的功能。
远程控制	通过拨打家中的电话或登录 Internet，实现对家庭的所有家用电器、灯光、电源的远程控制。该功能的核心部件为智能终端，通过电话或 Internet，把控制信号发送到智能终端，智能终端控制电器完成动作。
家庭背景音乐控制	通过家庭总线系统，利用背景音乐系统连接中心、嵌入式功放、控制面板、操作面板，将传统的扬声器接入智能家居系统，可接入多种音源（包括收音机、DVD 机、CD 机、电视机、MP3 播放器），并可利用情景控制器实现多种场景设置，实现智能化控制功能。
	以上所述的功能不一定是所有智能终端都具有的功能，有的系统功能多一点，有的系统少一点，或者有些系统和上面所述的功能有所区别，但总体上来讲有共性，实现原理也差别不大。

255

8.2.2.2　家庭安防功能

家庭安防功能主要包括闭路监控电视系统、门禁系统、报警系统三个方面，功能组成如图 8-8 所示。

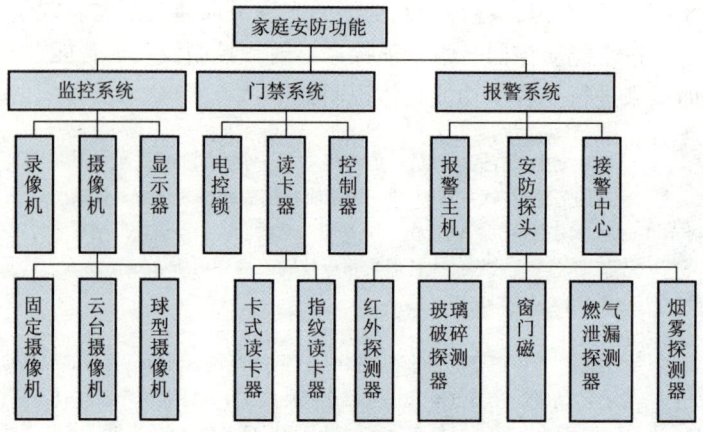

图 8-8　智能安防功能组成图

需要说明的是，在家庭监控系统中多采用网络摄像机，而且大多数情况下需要远程监控、本地录像，故在住宅环境中一般配置 1～4 台网络摄像机。在某些先进的智能家居系统中，可以由远程集中录像服务器进行录像，发生报警情况时可进行远程调用录像资料，起到防破坏的作用，多见于大型报警运营商的监控系统。家庭门禁系统多应用于住宅楼的楼栋出入口，集成在门口主机之内，也有部分高档次住宅提供独门独户的门禁系统，但比较少见。家庭防盗报警系统是一种最常见、最实用的智能家居应用，被广泛应用于住宅环境中。适合住宅使用的安防探测器主要包括窗门磁、被动红外探测器、微波探测器、烟感探测器、燃气泄漏探测器、紧急按钮和玻璃破碎探测器等。

8.2.2.3　信息通信功能

信息通信功能是智能家居系统重要功能之一，能够给人们的生活带来便利。信息通信功能的涵盖范围比较广，主要包括信息服务功能、可视对讲功能、三表抄送功能和多媒体通信功能。详细的功能组成如图 8-9 所示。

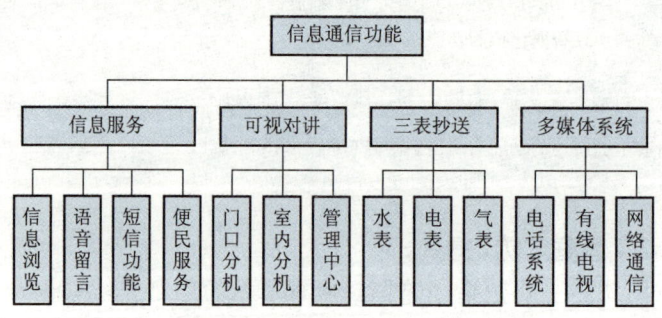

图 8-9　信息通信功能组成图

第八章 图说智能家居系统

固定电话、有线电视、互联网通信是最常见也是应用最广的信息通信功能，一般由家庭多媒体系统构建，通常体现在多媒体配线箱中。多媒体配线箱应用于高档次和面积较大的住宅当中，可以提供 4~8 个电话端口、8~16 个网络端口（可提供路由功能）、2~6 个有线电视端口和多个音视频（如 DVD、音箱系统）端口。信息服务功能视不同的智能终端有所区别，大体上来讲主要包括信息浏览功能（如查询物业管理费、电话号码等）、语音留言功能（多通过室内分机或智能终端实现）、短信功能（如发生报警情况给业主手机发送短信）和便民服务（提供社区购物、物业维修等）功能。可视对讲系统相比多媒体系统而言算是一种内部通信系统，是很多智能家居系统具备的基本功能之一。三表抄送系统严格意义上来讲不算是信息通信功能，但大多数智能终端能够实现三表的远程抄送和计费，故归入智能家居系统，在后文会有详细描述。

典型应用分析

智能家居系统的功能繁多、产品组成复杂，以下主要从几个大的功能方面来讲述几种典型的应用，再汇总起来描述多种综合应用。

8.3.1 家电控制系统

家电控制系统属于智能家居系统的核心功能之一，也是主流智能终端必备的功能之一。家电控制系统组成如图 8-10 所示。由图可见，家电控制功能直接由智能终端实现，通过家庭控制总线连接各种设备，虽然各个品牌的产品有所区别，但实现的原理相同。

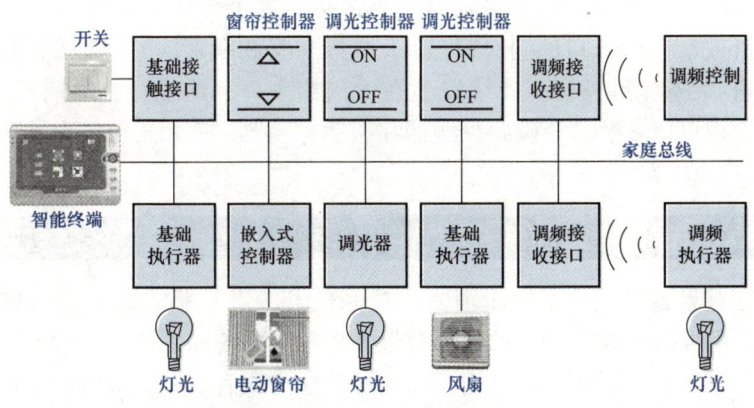

图 8-10 家电控制系统图

在典型的家电控制系统中，可以控制的设备主要包括灯光、电动窗帘、风扇、空调等设备。要控制这些设备，需要安装总线型控制器或执行器，对应的设备还有各种控制/执行面板，可以手动进行操作。通过加装调频接收接口，可以通过遥控器实现无线控制、场景控制等。

● 8.3.2 防盗报警系统

家庭的防盗报警系统可以单独建设，也可以集成到智能家居系统中。对于要求专业型防盗报警的，即报警信号接入专业报警中心，建议采用专业型系统，如第三章"防盗报警系统"所述；对于要求不是非常专业的防盗报警，即报警信号接入住宅安保中心（多是物业管理处或监控中心），则可以采用智能终端本身带有的防盗报警功能。这种系统的组成如图 8 – 11 所示。

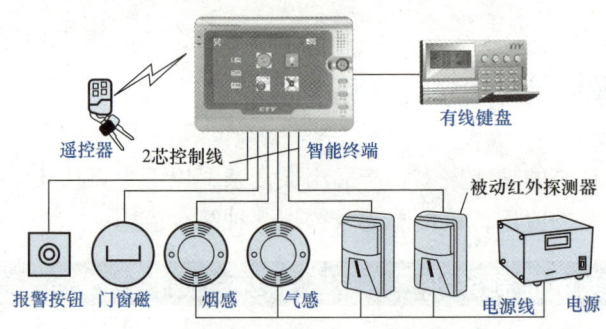

图 8 – 11 防盗报警系统组成图

在智能家居系统中实现防盗报警功能，可以通过智能终端，此外还可以配置遥控器实现无线布撤防、配置有线键盘实现不同地点的布撤防操作，也便于安装和布线。适合家庭使用探测器主要包括紧急报警按钮（安装在主卧室）、门窗磁（安装在出入口的门、窗上）、烟感（安装在客厅）、燃气泄漏器（安装在厨房）、被动红外探测器（安装在大门出入口，通常在客厅内）。如果条件允许，也可以安装玻璃破碎探测器和振动探测器，适用于对安全性要求较高的住宅。

● 8.3.3 背景音乐控制系统

家庭背景音乐系统不同于消防广播系统和公共广播系统，覆盖的面积更小、音质的要求更高。典型的家庭背景音乐控制系统如图 8 – 12 所示。

家庭背景音乐系统目前多用于高档次的住宅或者别墅，造价比较昂贵，通常是单独建设。但也有一部分智能家居系统能够集成背景音乐系统，并实现控

第八章　图说智能家居系统

制功能。在专业的家庭背景音乐系统中，通常包括控制中心、控制面板、操作面板和扬声器，当然音源是必不可少的，还包括 CD 机、DVD 机、电视机、收音机、功率放大器等设备。控制中心到扬声器的控制线路采用家庭总线，故也可以被智能终端所控制。

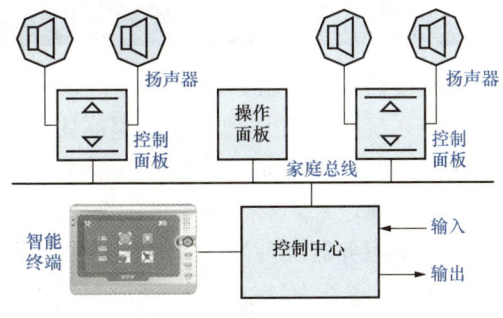

图 8 - 12　家庭背景音乐系统图

● 8.3.4　温度控制系统

温度控制系统主要用于调节住宅的温度，而住宅的温度调节主要依靠空调。空调的控制来源于两个方面，即温度的感应和设备的控制。温度控制系统如图 8 - 13 所示。

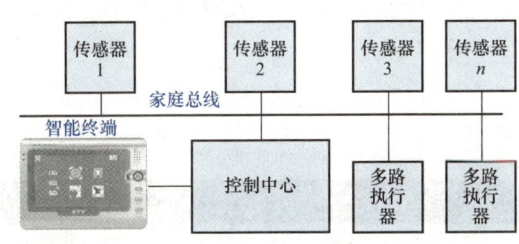

图 8 - 13　温度控制系统图

由图 8 - 13 可以看出，温度控制系统由控制中心、传感器和多路执行器组成。有的系统还包括控制面板、红外发射器、遥控面板等。传感器安装于需要控制的区域，每个区域最少安装一个温度传感器，用于测量房间温度并启动控制开关，进行局部温度改变；执行器用于操作电磁阀和循环泵（大型家庭中央空调系统中包含这些设备），需要安装执行器数量的多少根据安装电磁阀的型号和它们所运行的系统环境而定，执行器可以控制电磁阀的打开和关闭、控制抽风扇，并可自动控制多挡速度。如果是简单的一体式空调机，通过安装红外发射器和遥控面板就能够实现集中控制或者无线遥控器控制。

● 8.3.5　可视对讲系统

可视对讲系统在第七章"图说楼宇对讲系统"中有详细描述，可以单独建设，也可以集成到智能终端中。如果采用纯 IP 的智能家居系统，可视对讲系统可以通过局域网进行组网和连接，集成也比较简单；如果采用总线型智能家居系统，则可视对讲的实现原理同楼宇对讲系统，需要单独敷设视频线和控制线，唯一的区别就是室内分机被集成到智能终端中去。

● 8.3.6 闭路监控系统

家庭闭路监控系统在第二章"图说闭路监控电视系统"中"2.3.16 家庭远程监控系统"中有详细论述，家庭闭路监控电视系统实现的原理、方法和其他类型的监控系统完全一致，区别在于家庭监控系统中的摄像机数量较少，除了本地录像之外还有远程录像的要求。通常家庭远程监控需要采用网络摄像机或者视频服务器实现网络连接，需要申请宽带网络。目前比较理想的宽带方式是 ADSL，随着 3G 的普及，通过无线传输视频图像也会成为可能。

在家庭中设有网络摄像机之后，通过智能终端可以直接查看摄像机的图像，并且通过智能家居管理系统能够实现远程监控功能。

● 8.3.7 门禁系统

门禁系统本来与智能家居系统的关联度不高，但在住宅环境中，门禁读卡器多嵌入式安装在可视对讲系统的门口主机中，并且智能终端、室内分机均具备遥控开锁的功能，即智能家居系统能够控制门禁系统中电锁的开关，故将门禁系统也列入智能家居系统中来。

门禁系统可以完全独立建设，电锁可以接入智能终端的控制信号，但门禁系统本身并不集成到智能家居系统中去。

● 8.3.8 多媒体控制箱

多媒体控制箱在综合布线系统中和智能家居系统中很常见，是一个集成有小型交换机/集线器、路由器、电话线路分配器、有线电视分支/分配器的控制箱。多媒体组成及接线如图 8-14 所示。

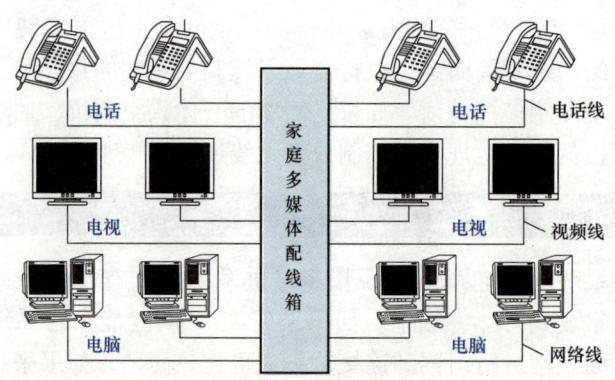

图 8-14 多媒体组成接线图

第八章 图说智能家居系统

在现代智能化的住宅中，大多数住宅都需要多个电话接入口、有线电视接入口和网络接入口，以方便在多个房间、任何区域自由的接入，这就诞生了多媒体控制箱的要求。多媒体控制箱也可以被称为多媒体配线箱，通常情况下具有 2 路外线电话输入、8 路内线电话输出、8 路网络输出口、4~8 路有线电视输出口，有的多媒体配线箱还可以配置交换机、三表抄送模块、家电控制模块、机电控制模块等。其最终目的是提供接线的便利，相当于综合布线系统中的配线箱。

● 8.3.9 三表抄送系统

三表抄送系统是一个专业的系统，要求系统能够稳定、准确地运行。在智能家居系统中，很多厂家的智能终端也能够实现三表抄送功能，如图 8-15 所示，这是一个典型的 IP 型智能终端的抄表系统原理图。

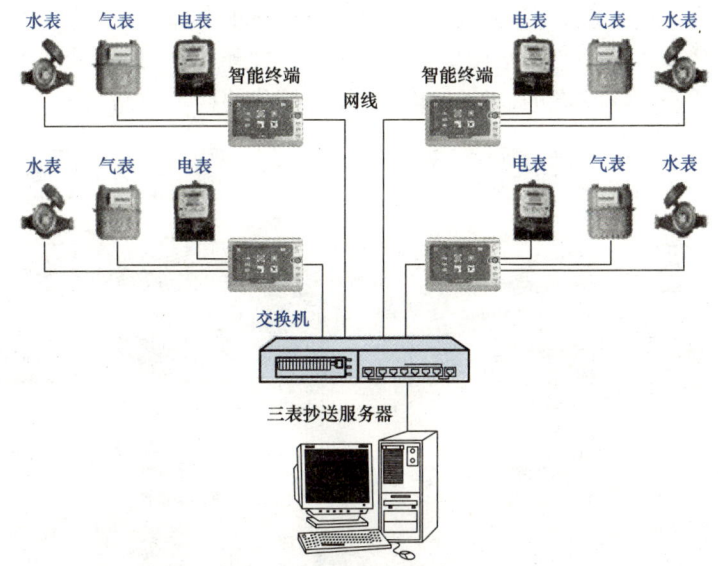

图 8-15 三表抄送系统原理图

在住宅环境中，三表抄送系统主要用于水表、气表和电表三表的计费远程抄送。有的抄表系统还能够实现热量表（中央空调）的计费，这就成为四表抄送；同时，有的住宅系统也未必对三种表全部抄送。故三表抄送系统是一种通用的叫法，不一定就是对三表的计费。

由图 8-15 可见，各种表头通过抄表线缆连接至智能终端，通常是 4 根线，智能终端的接线联网方式和智能家居系统相同，可以采用 IP 网络，也可以采用总线网络。

● 8.3.10 机电设备控制

在现代化智能建筑中少不了楼宇设备控制系统，而对于小区住宅环境中，机电设备不如办公大楼那么复杂，设备数量也要少很多，如果建设专业的楼宇设备控制系统，势必造成浪费，则采用智能家居系统实现机电设备控制就是一种比较理想的方式。

住宅小区机电设备控制采用智能家居系统实现的组成如图8-16所示，系统可以监视和控制的设备主要包括电梯、给排水设备、公共照明设备和交配电系统，每种设备根据实际情况配备不同数量的数据采集模块（相当于楼控系统中的DDC），数据采集模块通过RS 4855接入485集线器，再通过485集线器接入到智能家居系统中的网关，网关通过网络和智能家居管理系统服务器相连接，实现机电设备控制。

在智能家居系统后台管理服务器中，可以显示电梯的运行状态、给排水设备的工作状态，控制给排水设备的开关状态，打开或关闭公共照明设备，对交配电设备进行运行状态的监控，相当于一个简化的楼宇控制系统。

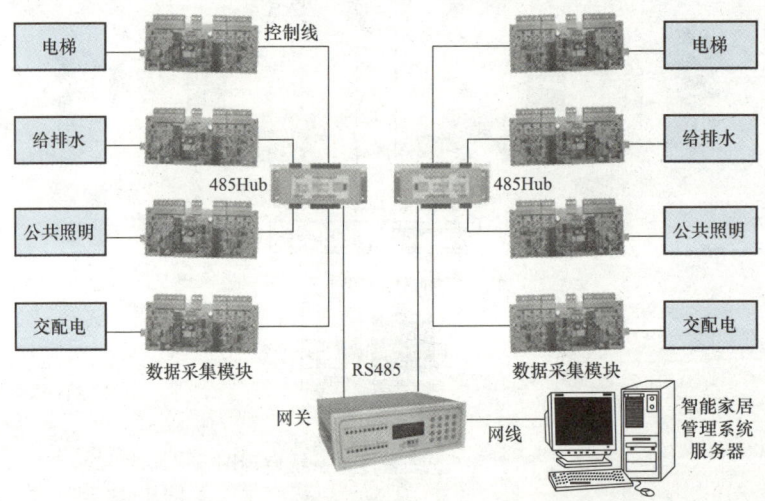

图8-16 机电设备控制系统图（采用智能家居系统实现）

● 8.3.11 混合型应用

在本书8.3.1~8.3.10中分析了各种功能的智能家居应用，在实际的项目建设中，项目不可能建设所有的功能或者子系统，而只会建设其中的一个功能或多个功能或系统。最常见也是最适合住宅环境应用的主要包括家电控制系

第八章　图说智能家居系统

统、防盗报警系统、可视对讲系统、门禁系统和多媒体配线系统。

对于混合型的系统组成，可以结合图8-2、图8-4和图8-5来理解。

8.4 技术发展趋势

智能家居系统是最近几年出现的新系统，不论是在国内还是在国外，发展历史都比较短，可谓百家争鸣。相对而言，国外的产品功能上更加专业、造型上更加漂亮，当然国内的智能家居系统发展也比较快，正在逐渐缩小与世界一流品牌的差距。总体来讲，智能家居系统的发展趋势主要包括：大屏幕显示系统和触摸屏技术、网络化应用、全能遥控器、家庭背景音乐系统的普及、温度控制系统的普及、场景控制复杂化和智能化及远程控制技术。

● 8.4.1　大屏幕显示和触摸屏技术

智能家居系统从黑白系统到彩色系统，从小屏幕发展到大屏幕，从4″到5″、6″、7″、9″甚至到更大的屏幕，尤其是可视对讲系统也可以被集成到智能家居系统中去，对屏幕的要求就更高了，所以说彩色大屏幕系统必将是智能家居系统的发展趋势。

智能家居系统的大屏幕发展趋势和可视对讲系统大屏幕发展趋势是一样的，因为二者趋同化，已经很难分清是对讲系统集成智能家居系统还是智能家居系统集成对讲系统，故触摸屏技术也是智能家居系统的发展趋势，触摸屏终端没有按键，全部通过屏幕进行操作，使得智能终端更美观、更漂亮，也可以更好地融于整体装修效果中，尤其是集成对讲室内分机的智能终端，减少了设备的数量。

未来发展的技术先进的智能终端可能就是一台微型平板电脑，可以实现对讲、打电话、上网、聊天、交友、家电控制、防盗报警、音乐控制和收听、三表抄送等功能。

● 8.4.2　网络化应用

网络化应用在智能终端出现的第一天就与其紧密相连，准确讲这并不是一种发展趋势，但市场上还是存在很多总线型的智能终端，或者是采用总线加网络技术实现的智能终端。

尽管在一段时间内，总线型的智能终端还会存在，但最终的发展趋势必将是智能终端IP话、网络化。当然在住宅内的设备和智能终端相连接还主要采用家庭总线的方式实现，尚不能实现完全网络化。

● 8.4.3 全能遥控器

在日常生活中，家庭中通常有很多个遥控器，如电视机遥控器、机顶盒遥控器、DVD机遥控器、空调遥控器、智能终端布撤防遥控器和灯光控制遥控器，等等，虽然说无线遥控器已经给人们生活带来了方便，但到处寻找遥控器并不是一件让人愉快的事，如果能够将家庭的所有遥控器集中到两个（一个红外全能遥控器和一个射频全能遥控器）甚至一个遥控器（集成红外和射频技术的全能遥控器）上面实现所有的设备控制，那必将是一种发展趋势。

市面上已经出现了很多带有红外学习功能的全能遥控器，相信有一天也会出现集成红外和射频两种技术的全能遥控器，那样人们的日常生活将会更加舒适。

● 8.4.4 家庭背景音乐系统的普及

家庭背景音乐系统是一种非常昂贵、非常高级的应用，因为要达到专业音响效果，故对设备的要求比较严格，目前造价比较高。专业的家庭背景音乐系统动则10多万元投资，不是普通消费者所能承受的，故也多用于别墅住宅。

随着技术的进步和更多厂家的进入，也随着人们生活质量的不断提高和对高品质生活的追求，相信适合中产阶级的家庭背景音乐系统也会出现。所以说家庭背景音乐系统得到普及是智能家居系统发展的一个趋势。

● 8.4.5 温度控制系统的普及

在现代化的办公写字楼里，没有温度控制系统是非常难以接受的。在办公环境中做到冬暖夏凉是每一位上班族的最基本办公环境要求，但目前在家庭住宅环境中人们还没有意识到这一点，主要原因在于家庭实现温度控制多需要中央空调系统和温度控制系统，造价比较昂贵，故很少有个人投资做这些系统。

随着人们生活质量的提高和个人收入的增加，一部分人首先有这些应用的需求，对应的产品就会出现。随着产能的增加和成本的下降，温度控制系统相信在不久的将来也会得到普及，当然速度可能不会太快。

● 8.4.6 场景控制复杂化和智能化

智能化设备越多，操作面板、控制面板、遥控器也就越多，非但不能给人带来智能的感觉，而且会带来操作上的麻烦，有的时候甚至调试了半天也没有达到需要的效果，而场景控制器就是满足这种需要的产品。

当前市面上主流的场景应用是灯光控制，实际上场景控制还可以应用于窗帘控制、背景音乐控制、防盗报警控制、温度控制等。随着系统和功能的增加，场景控制的复杂化就成了必然的发展趋势。而怎么能够在繁杂的组合中实现一键操作，智能化就是未来的发展趋势。未来的场景控制器应该能够同时设定多个系统的多个功能同时联动，如在观看一场 DVD 电影时，要求系统能够打开所有的家电设备（电视机、DVD 机、功放）、将灯光调整到合适的照度、实现家中布防工作模式、调整家庭影院区域的温度、打开对应的扬声器等，而这些功能仅仅需要按下一个场景控制键"影院模式"，这就是未来场景控制器的发展趋势。

8.4.7　远程控制技术

远程控制技术原本不是一个技术发展趋势，但远程控制的手段增加了，如新型的 3G 手机应用，在以前的系统可能未必考虑，还有一些新型的无线网络应用技术，随着这些新技术的出现，能够实现远程控制的方法多了，而能不断融合新的技术，实现多种多样的远程控制也算是一种技术发展趋势。

第九章

图说公共广播系统

 **系统基础知识**

● 9.1.1 什么是公共广播系统

长期以来，公共广播系统并没有针对性的国家或行业标准，在实际设计、应用和实施的过程中，主要参考的相关国标和行业标准是 GB 50116—1998《火灾自动报警系统设计规范》和 JGJ 16—2008《民用建筑电气设计规范》(行业标准，原标准是 JGJ/T 16—1992《民用建筑电气设计规范》)，故公共广播系统的概念比较模糊，经常和背景音乐系统、消防广播系统混淆。不过按照在 2008 年 5 月信息产业部电子工程标准定额站发文（信电定字［2008］34号）《公共广播系统工程技术规范》征求意见稿讨论会议纪要可知，针对公共广播系统的国家标准很快就会出台。

在《公共广播系统工程技术规范》征求意见稿中给出了公共广播系统的详细定义：

公共广播 (Public Address, PA)	由使用单位自行管理的，在本单位范围内为公众服务的声音广播。用于进行业务广播、背景广播和紧急广播等。
公共广播系统 (Public Address System)	为公共广播覆盖区服务的所有公共广播设备、设施及公共广播覆盖区的声学环境所形成的一个有机整体。

第九章 图说公共广播系统

公共广播设备 (Public Address Equipment)	组成公共广播系统的全部设备的总称。主要是广播扬声器、功率放大器、传输线路及其他传输设备、管理/控制设备（含硬件和软件）、寻呼设备、传声器和其他信号源设备。
突发公共事件 (Public Emergency)	突然发生，造成或者可能造成重大人员伤亡、财产损失、生态环境破坏和严重社会危害，危及公共安全的紧急事件。包括自然灾害、事故灾难、公共卫生事件及社会安全事件，如火警、地震、重大疫情传播和恐怖袭击等。
紧急广播 (Emergency Broadcast)	为应对突发公共事件而发布的广播。
业务广播 (Business Announcement)	公共广播系统向其服务区播送的、需要被全部或部分听众认知的日常广播，包括发布通知、新闻、信息、语音文件、寻呼、报时等。
背景广播 (Background Broadcast)	公共广播系统向其服务区播送的、旨在渲染环境气氛的广播，包括背景音乐和各种场合的背景音响（包括环境模拟声）等。

由以上的定义可知，公共广播包括了业务广播、背景广播和紧急广播，故公共广播系统的概念要大于背景广播和紧急广播而不能等同。而在实际的应用中，人们经常将公共广播系统和背景广播系统等同，背景广播系统也经常被称为背景音乐系统。在《火灾自动报警系统设计规范》中，对应的广播系统名称为火灾应急广播，和《公共广播系统工程技术规范》中的紧急广播相类似。不过在设计时还要区别对待，要针对广播系统的应用选择适用的标准，显然紧急广播的概念要大于火灾应急广播的概念。

● 9.1.2 公共广播系统基础知识

1. 声源和声波

声音是由物体的机械振动而形成的，把音频电流送入扬声器，扬声器的纸盆发生振动而发声。发生声音的振动源叫作"声源"，振动着的鼓皮、琴弦、扬声器都是声源。由声源发出的声音，必须通过媒质才能传送到人们的耳朵。空气是最常见的媒质，其他媒质如水、金属、木材等都能传播声音，其传播能力甚至比空气还要好。没有媒质的帮助，人们就无法听到声音。

当声源振动时，它将带动邻近媒质的质点发生振动，而这些质点又会牵动它们自己周围的质点，于是声源的振动就被扩散开来并传播出去。由声源引起的媒质的振动形成"声波"。声波的形成和传播的过程同水波很相似。

2. 声压和声强

在媒质中传播的声波，所到之处会引起媒质局部压强发生微小的变化，尽管这种变化非常微小，但仍可用仪器测量出来。这种由声扰动引起的逾量压强叫做"声压"。声压的符号为 p，标准单位为帕斯卡（Pa），即牛顿/米²（N/m²），声压的另一个单位为微巴（μbar）：$1Pa = 10μbar$。

声压可作为声音强弱的一种量度。仅可听闻的 1kHz 的声音，其声压约为 20Pa，这个声压值叫做"闻阈"值，又称声压阈常数。另一方面，震耳欲痛的声音，其声压约为 20Pa，这个声压值叫做"痛阈"值。

声音强弱的另一个量度叫做"声强"。声强是指声波的平均能流密度，其符号为 I，单位为 W/m²，即指通过单位截面的平均声波功率。闻阈声强为 10^{-12} W/m²，痛阈声强为 10W/m²。如果声源均匀地向四周辐射声波，则由于声能在球面上分散，声强将与距离的平方成反比，即距离加倍时声强减至原来的 1/4。声强随离声源距离的增加按平方反比的规律减小，叫作平方反比定律。该定律对粗略估计扬声器周围的声音强弱有一定的指导意义。

3. 扩声和功放

把原发声或经过处理的声音信号放大之后重放出更大的声音来，就叫作扩声。为了扩声，需要声电变换、电声变换、修饰、编辑和调度等环节，而其核心环节则是声频放大器。声频放大器是一种用电子器件放大声音信号的设备，有前置放大器和功率放大器之分。前置放大器用于小信号放大，并有选择、切换信号源的功能。功率放大器简称功放，用于放大声音信号的功率，以便驱动扬声器重放出声音。

4. 额定传输电压

传输线路始端的额定电压，也即是传输线路配接的广播扬声器（或其他终端器件）的标称输入电压即为额定传输电压。当广播扬声器为无源扬声器，且传输距离大于 100m 时，额定传输电压宜选用 70、100V；当传输距离同传输功率的乘积大于 1km·kW 时，额定传输电压可选用 150、200、250V。在智能化系统的实际应用中，最常见的传输电压是 70V 和 100V。

5. 广播优先级

广播信号源播出的优先等级即为广播优先级。当有多个信号源拟对相同的广播分区进行广播时，优先级别高的信号能自动覆盖优先级别低的信号。如发生火灾情况时，火灾报警的紧急广播优先级就比背景广播的优先级级别高。

6. 传声器优先

由一个或一个以上的传声器具有最高的广播优先级。主要用于紧急广播和各种通知信息。

7. 热备用

专指紧急广播系统的一种待机方式。系统平时作为业务广播系统或背景广播系统运行,在突发公共事件警报信号触发下,自动转换为紧急广播系统。

8. 一键到位
只需操作一个键(或一个按钮、或一个开关),就能进入指定工作状态,如紧急广播状态。

9. 寻呼
寻人、寻物或寻求帮助的广播;或根据现场需要临时向指定的广播区发布的广播。

10. 寻呼台站
独立于广播主机以外的,可以进行分区寻呼操作的设备。

11. 强插
强行用某些广播内容覆盖正在广播的其他信号;或强行唤醒处于休眠状态的公共广播系统,发布紧急广播。

12. 分区管理
把公共广播服务区分割成若干个广播分区。各个广播分区可分别选通、关闭或全部选通、关闭。

13. 矩阵分区
一种以矩阵方式管理的分区方法。各个广播分区不仅可以分别选通或关闭,而且可以同时在两个或多个分区播放不同的信号。

14. 分区强插
有选择地向某个或多个广播分区进行强插而不影响其他广播分区的运行状态。

15. 无源终端/有源终端
公共广播传输线路的负载称为终端。这些终端包括广播扬声器和包含广播扬声器的组件。不需要电源供给的终端称为无源终端;需要电源供给的终端称为有源终端。

9.2 系统的组成及功能

● 9.2.1 系统的分类

公共广播系统的种类繁多,应用广泛,主要分类如图 9-1 所示。

由图 9-1 可见,公共广播系统主要可以按照传输媒介、使用性质、复杂程度、使用场合和使用环境分类,可广泛应用于各种类型的场合和环境。

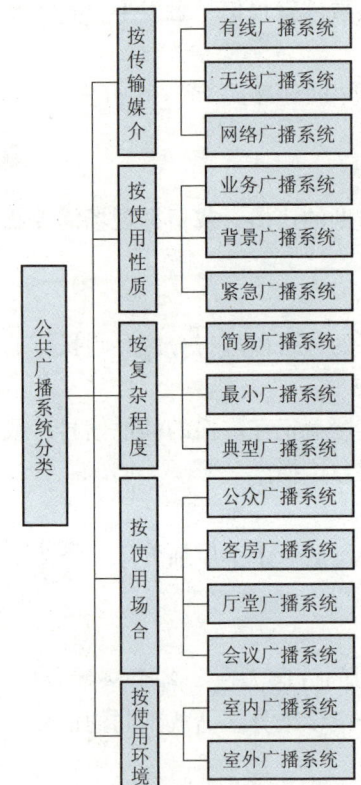

图9-1 公共广播系统分类图

9.2.1.1 按传输媒介分类

公共广播系统按照传输媒介分类如图9-2所示。

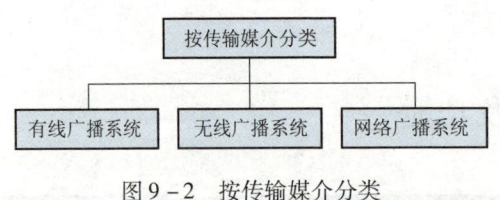

图9-2 按传输媒介分类

有线广播系统是目前应用最广泛，也是最成熟的系统，它的传输和终端设备相比较其他类型的系统最为简单和可靠。终端不依赖电网供电，信号传输非常稳定、抗干扰能力最好，技术上最成熟。无线广播系统的原理和调频收音机系统相类似，相当于调频广播系统（如校园网内的无线调频系统），构造简单、灵活，终端设备的分布不受布线情况的影响，但构建成本高、操作性不强而应用较少。网络广播系统是一种新技术、新应用，基于网络传输音频信号，原理类似于电话会议系统，后端音源设备、前端扬声器和传统的方式相类似，只是传输部分没有采用音频线缆而是基于网络进行传输，可以在更大范围内灵活构建一套公共广播系统，传输距离基本上不受限制。可以分区域实现不同的广播播放和双向语音传输，是未来的一种技术发展趋势。

9.2.1.2 按使用性质分类

前面有述，在《公共广播系统工程技术规范》征求意见稿中，将公共广播系统按照使用性质分为业务广播系统、背景广播系统和紧急广播系统，如图9-3所示。

通常业务广播系统和背景广播系统混合在一起使用，也被笼统地称为公共广播系统或背景音乐系统，和消防紧急广播系统相对应。业务广播的优先权比背景广播高，消防广播的优先权比业务广播高。除了极少数有特别需求的场合，消防紧急广播系统也通常和背景广播系统混合在一起使用。

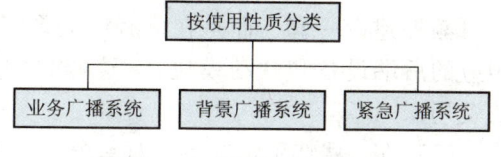

图9-3 按使用性质分类

1. 业务广播系统

业务广播系统的典型特点是播放的广播内容不是固定的或者随意的，而是在不同时间、不同场合播放不同的广播内容，而且大多数情况下是广播员广播而不是机器广播，所以需要保证足够的信噪比和清晰度，一定要受众能够清晰地听到。

业务广播系统适合于机场、火车站、汽车站、学校等场所，播报车次、航班信息、学校的广播体操、通知、广播寻人、寻物等都属于业务广播。

2. 背景广播系统

背景广播系统属于服务性广播，也称为背景音乐系统。通常这种广播系统的大多数时间用于播放背景音乐，它的主要作用是掩盖环境噪声并创造一种轻松和谐的气氛，若不留意去听，就不容易辨别其声源位置。背景音乐的音量都比较小，不能影响现场人群的谈话。背景音乐所播放的曲目应是令人愉悦的，或是令人轻松的，而且背景音乐具有随机性，不限制在什么时间和什么场合播放什么音乐，适用于住宅小区、大厦、宾馆、餐厅、购物中心、大型公共场所等。

3. 紧急广播系统

紧急广播系统常常被用于火灾事故广播（又称为消防广播）和重大事故广播。紧急广播系统的主要作用是火灾、事故报警，在紧急状态下用以指挥、疏散人群（迅速撤离危险场所）。系统要求扩声系统能达到需要的声场强度，以保证在紧急情况发生时，能听到清晰的警报或疏导的语音。

紧急广播只是在有事故发生时启用，所以它和人身安全有密切关系，具有以下特点：

(1) 紧急报警信号应在广播系统中具有最高优先权；应能强行打开相应的广播区；应便于紧急报警值班人员操作；传输电缆和扬声器应具有防火特性；在电网断电的情况下也要保证报警广播实施。

(2) 在有业务广播系统或背景广播系统的情况下，紧急广播系统通常不再额外建设一套，而是在已有广播系统的基础上进行扩充（通常是增加相应的后端设备和联动模块）。这样总的投资会下降，同时也减少了维护的费用。

(3) 在一些特别情况下，对紧急广播系统的可靠性要求非常苛刻，非要独立成系统不可。但作为独立成系统的消防广播，存在着维护的问题：由于该系统仅仅在极少数发生灾害的情况下启用，因而长期处于守候状态，这样，即使系统已出现故障，也无法知道。因此要求定期进行检验和维护，而定期的检验和维护很难做到，这就面临一些困难。

9.2.1.3 按复杂程度分类

公共广播系统按照复杂程度分类如图9-4所示。

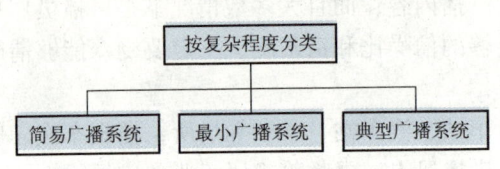

图9-4 按复杂程度分类

1. 简易系统

简易系统就是最简单的系统，包含音源、功率放大器、传输线路、扬声器，就好比家庭影院中的音响系统，没有定时、分区等环节，也没有同消防中心的联动接口，甚至没有话筒，可用作小范围的背景音乐广播或业务广播，如售楼部的背景音乐系统。

2. 最小系统

最小系统指实现公共广播系统最典型、最基本的功能的系统，在简易系统的基础上增加了分区、定时控制、警报联动等环节。正常模式时，系统在可编程定时器的管理下运行，实行了无人值守；一旦消防中心向系统发出警报信号时，通过联动接口强行启动有关环节（无论程序处于何种状态），同时强行切入所有分区插入紧急广播，而不管它是否处于关闭状态。最小系统一般都将功放和前置放大器分开，系统的组合、操控更为方便。另外还可能配置监听器，以便监听送往各个分区的信号是否正常。

3. 典型系统

典型系统指被大多数场所采用的广播系统，包含广播系统所有的功能，适用于各种场所。它在最小系统之上增加了消防矩阵、分区现场音量调节、分区强插、分区寻呼、电话接口以及主/备功放切换、应急电源等环节，系统的连接也与最小系统有些区别。典型系统包括业务广播、背景广播和紧急广播的全部功能。

典型系统经过设备的调整可以形成一个大型的广播系统。

9.2.1.4 按使用场合分类

公共广播系统按照使用场合分类如图 9-5 所示。

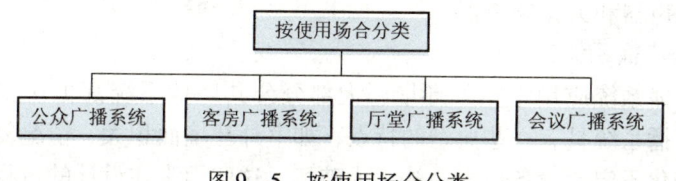

图 9-5 按使用场合分类

1. 公众广播系统

公众广播系统主要应用于公共场所，如车站、机场、码头、公路、商场、走廊、停车场和教室等，这种系统主要用于语音广播，因此清晰度是需要优先保证的。这种系统在平时也被用于背景音乐播放，在出现紧急情况时，又可用于紧急广播。

2. 客房广播系统

客房广播系统常常应用于酒店、宾馆，包含客房音响广播和紧急广播，常由设在客房中的床头柜控制。客房广播含有多套内容，可供自由选择。在紧急广播时，自动切换为紧急广播。

3. 厅堂广播系统

厅堂广播系统属于专业性的系统，要求比背景音乐要高，通常是一个封闭的场所，要求音质好、效果好，涉及建筑声学问题。一般由专业的扩声系统完成，有专业的设备，很少由公共广播系统实现，但也有极个别系统采用公共广播系统实现。

4. 会议广播系统

会议广播系统通常和视频会议、同声传译、会议表决、大屏幕投影等系统配套使用，通常会单独建设。但考虑到也有背景音乐和紧急广播的需求，有时候也会采用公共广播系统实现。

9.2.1.5 按使用环境分类

公共广播系统按照使用环境分类如图 9-6 所示。

1. 室内广播系统

室内广播系统适用于室内环境,如大厦的内部、酒店的内部、餐厅内,等等。室内广播一般对音质要求较高,要考虑建筑的声学问题,主要存在啸叫、回声、混响时间长等问题。要解决好这些问题,需要进行一些专业的处理。

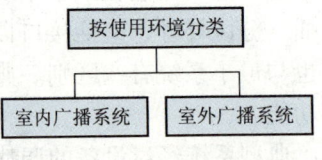

图 9-6 按使用环境分类

室内广播系统由于安装的环境较好、安全性也比较高,可以采用一些高质量的柱式扬声器和天花扬声器。

2. 室外广播系统

室外广播系统应用于室外环境,大部分公共广播系统都工作在这种环境下。室外广播系统具有一些典型的特点,如室外环境面积大、情况复杂、天气情况恶劣变化不定,设备也容易被认为破坏,这些因素在设计的过程中就需要考虑。

通常考虑到室外扬声器分布较远的情况,选择 70VAC 或者 110AC 电压进行音频传送可传送较远的距离;室外的扬声器也多考虑可以在雨天、低温、高温环境工作,安装牢固而不容易被盗。通常在室外环境地面上安装扬声器,不适宜安装太过昂贵的设备。

考虑到室外环境的绿化和整体规划问题,室外扬声器的种类也比较繁多,如有喇叭型、树桩型、动物型等,一则和环境搭配,二则不容易被发现,也是出于安全和美观的考虑,尤其是在高档次小区中显得格外重要。

● 9.2.2 系统的功能

9.2.2.1 系统基本功能

虽然公共广播系统的应用千差万别,但以下功能是最基本和最重要的一些功能(包含但不限于):

- 所有公共广播系统均应能实时发布语声广播,且传声器优先。
- 系统应该可以实现业务广播、背景广播和紧急广播多种广播形式。
- 用传声器实时发布语声广播是所有公共广播系统最基本的功能。
- 具有播放日常公共广播及状态、重要和应急公告等功能的介质。
- 支持 10 个以上(含 10 个)分区,可独立进行广播播放,在有些应用中支持组团分区域广播。

第九章 图说公共广播系统

- 支持三种以上音源，如卡式放音座、数字调频调谐器、CD/DVD 机、麦克风等，可对整个覆盖范围播放背景音乐和公共广播。
- 可提供和应急系统联动功能，实现紧急广播，当发生紧急情况或事故时，可自动触发语音系统对相应区域进行语音提示，并可由人工通过麦克风进行广播播放。
- 能够同时向不同的位置传送不同的呼叫。
- 具有向所有或选定位置播放背景音乐的功能。
- 配有自动公告播放装置，以用于播放日常状态和应急公告。
- 所有主要功能应依赖同一品牌的系统予以提供。对于任何人而言，该系统都应简单易用，符合操作逻辑。
- 从任何输入端至任何输出端的音频路由，系统应能够自由设定。
- 能根据优先设置，对呼叫及其他活动进行控制和执行。
- 对于声音状况恶劣的区域，系统应能根据不同的环境噪声进行音量调节。
- 满足区域寻呼功能。
- 满足主/备功放机切换功能。
- 系统设置多种音频接口，可以单独使用或与其他音频系统相互连接。

9.2.2.2 紧急广播系统的基本功能

紧急广播系统的功能要求要比业务广播系统和背景广播系统高，应具备以下功能（包含但不限于）：

- 控制中心报警系统应设火灾应急广播，集中报警系统宜设置火灾应急广播。
- 应设置火灾应急广播备用扩音机，其容量不应小于火灾时需同时广播的范围内火灾应急广播扬声器最大容量总和的 1.5 倍。
- 当公共广播系统有多种用途时，紧急广播应具有最高级别的优先权。系统应能在手动或警报信号触发的 10s 内，向相关广播区播放警示信号（含警笛）、警报语声文件或实时指挥语声。
- 以现场环境噪声为基准，紧急广播的信噪比应等于或大于 12dB。
- 紧急广播系统设备应处于热备用状态，或具有定时自检和故障自动报警功能。
- 紧急广播系统应具有应急备用电源（220V 或 24V），主/备电源切换时间不应大于 1s；应急备用电源应能支持 20min 以上的紧急广播。如果以电池为备用电源,系统应有自动充电装置。
- 发布紧急广播时,音量应能自动调节至不小于应备声压级界定的音量。
- 当需要手动发布紧急广播时,应能一键到位。
- 单台广播功率放大器失效不应导致整个广播系统失效。
- 单个广播扬声器失效不应导致整个广播分区失效。
- 热备用系统平时作为业务广播系统或背景广播系统经常运行,能够随时暴露系统故障,便于及时处理。如果系统不是处于热备用状态,则必须定时自检,以便及时发现并排除故障,以免应急时贻误时机。
- 在突发公共事件发生时,有些广播分区和个别广播扬声器可能处于关闭或低音量状态,紧急广播设备应能在紧急信号触发下,自动开启有关广播区并调节至最大(与应备声压级相当的)音量。

火灾应急广播与公共广播合用时,应符合下列要求:
- 火灾时应能在消防控制室将火灾疏散层的扬声器和公共广播扩音机强制转入火灾应急广播状态。
- 消防控制室应能监控用于火灾应急广播时的扩音机的工作状态,并应具有遥控开启扩音机和采用传声器播音的功能。
- 床头控制柜内设有的服务性音乐广播扬声器,应有火灾应急广播功能。

9.2.2.3 网络广播系统的基本功能

网络广播系统相较于传统的有线广播系统,功能更加强大,除具备有线广播系统应具有的基本功能之外,还应具备以下功能:

- 实现可控制、定时、定点、定节目、编程广播、全智能无人值守功能。
- 定点(对点)广播:对任意终端分区进行定点广播,广播时自动调整音量,而不干扰其他广播分区的正常广播。
- 独立广播(对本区广播):任意终端服务器均可连接麦克风或音乐源(通过选择器插口)独立地对终端分区进行广播,而不干扰其他终端分区广播。
- 编组广播(同功能组别广播):对同一功能的终端进行编组广播,而不干扰其他广播分区的正常广播。
- 矩阵广播(多音源广播):系统能够同时传输5套以上节目,系统可以控制选择任意音源向指定分区或房间播放。

第九章 图说公共广播系统

• 定时广播（无人值守自动广播）：将每天不同时段需要播放的音乐和区域通过系统编程，事先设定好播放程序，即可实现全天候自动广播，无需专人值守，完全做到自动化控制。

● 9.2.3 系统的组成及设计

9.2.3.1 电声性能指标

公共广播系统在各广播服务区内的电声性能指标应符合表 9-1 的规定。

表 9-1　　　　　公共广播系统电声性能指标

性能指标 分类	应备声压级	声场不均匀度（室内）	漏出声衰减	系统设备信噪比	扩声系统语言传输指数 STIPA
业务广播（一级）	≥83dB	≤10dB	≥15dB	≥70dB	≥0.55
业务广播（二级）		≤12dB	≥12dB	≥65dB	≥0.45
业务广播（三级）		—	—	—	≥0.40
背景广播（一级）	≥80dB	≤10dB	≥15dB	≥70dB	—
背景广播（二级）		≤12dB	≥12dB	≥65dB	—
背景广播（三级）		—	—	—	—
紧急广播（一级）	≥86dB	—	≥15dB	≥70dB	≥0.55
紧急广播（二级）		—	≥12dB	≥65dB	≥0.45
紧急广播（三级）		—	—	—	≥0.40

公共广播系统如果配置在室内，相应的建筑声学特性宜按照 GB/T 50356《剧场、电影院和多用途厅堂建筑声学设计规范》和 JGJ/T 131《体育馆声学设计及测量规程》的规定执行。

9.2.3.2 系统构建

公共广播系统的构建应根据用户需要、系统规模及投资等因素确定系统的用途和等级。可根据实际情况选用无源终端方式、有源终端方式或无源终端和有源终端相结合的方式构建。

由定压式广播功率放大器驱动功率传输线路，直接激励无源广播扬声器放声的系统，是典型的无源终端系统，如图 9-7 所示。

经由信号传输线路激励有源广播扬声器放声的系统，是典型的有源终端系统，如图 9-8 所示。

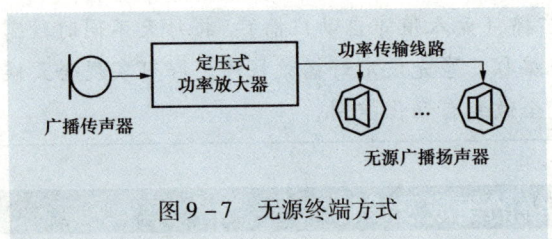

图9-7 无源终端方式

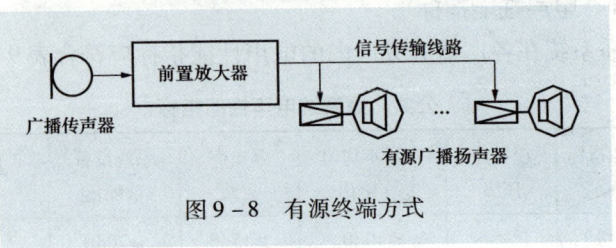

图9-8 有源终端方式

在具有主控中心和分控中心的系统中,分控中心通常是主控中心的有源终端;而由某些分控中心管理的子系统则可以选用图9-7所示的无源终端方式或图9-8的有源终端方式构建。这就是一种有源终端和无源终端相结合的系统,如图9-9所示。

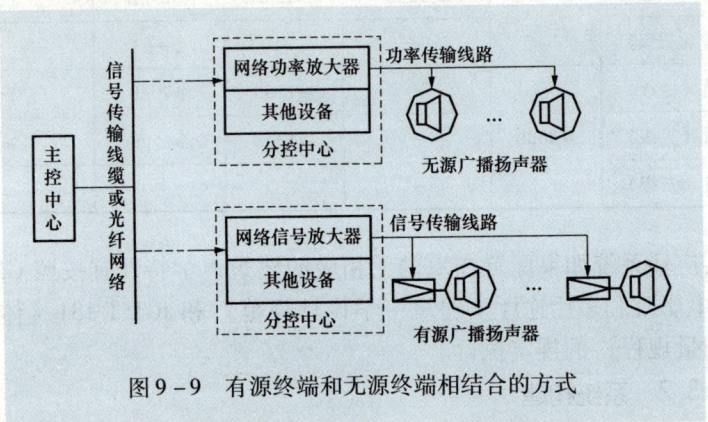

图9-9 有源终端和无源终端相结合的方式

广播分区的设置应符合下列规定:

- 紧急广播系统的分区应与消防分区相容。
- 大厦可按楼层分区,场馆可按部门或功能块分区,走廊通道可按结构分区。
- 管理部门与公众场所宜分别设区。
- 重要部门或广播扬声器音量有必要由现场人员任意调节的场所,宜单独设区。
- 每一个分区内广播扬声器的总功率不宜太大，应同分区器的容量相适应。

公共广播系统监控中心应符合下列规定：

- 三级系统的监控中心可以由系统的广播功率放大器或广播前置放大器充当。
- 一级和二级系统应配置性能满足相关规范规定的监控主机。
- 必要时，可设置主控中心和若干分控中心。分控中心可以是二级监控主机或寻呼台站。

9.2.3.3 系统组成

9.2.3.3.1 系统组成

公共广播属于扩声工程的一种应用，而扩声工程涉及了电声学、建筑声学、乐理声学等多种科学的边缘学科。每一种扩声工程的设备都可以分为信号源设备、信号处理设备、传输线路和广播扬声器四个部分，故公共广播系统也不例外。传统的公共广播系统采用音频电缆进行传输，也是广播系统的核心技术。虽然公共广播已经可以通过网络进行构建，但原理相通，故以下主要基于传统系统进行论述。

1. 信号源设备

信号源设备主要包括调谐器（收音系统），CD/DVD 机和卡座等，此外传声器、麦克风、电子乐器等也可以归入信号源设备。

2. 信号处理设备

信号处理设备主要包括调音台、前置放大器、功率放大器、输入矩阵、监听器、分区器、定时器、警报器、均衡器、报警矩阵、电源时序器等其他各种信号处理设备。信号处理设备的首要任务是信号放大，其次是对信号的修饰、混合或选择。

3. 传输线路

在常规情况下，公共广播信号通过布设在广播服务区内的有线广播线路、同轴电缆或五类线缆、光缆等网络传输。公共广播信号也可用无线传输，但不应干扰其他系统的运行，且必须接受当地有关无线电广播（或无线通信）法规的管制。

4. 广播扬声器

广播扬声器是公共广播系统的终端设备，系统建设的最终效果取决于扬声器的效果。扬声器需要和项目的要求相匹配，同时也要考虑工作环境的协调性。礼堂、剧场、歌舞厅音量和音质要求高，故扬声器一般用大功率音箱；而公共广播系统，由于对音量和音质要求不高，大多采用几瓦的小功率扬声器系统。由于公共广播的传输距离远，损耗大，通常要求扬声器系统的灵敏度足够高。

9.2.3.3.2 公共广播设备

公共广播系统的设备种类繁多，大体上可以分为基本设备、周边设备和广播扬声器设备。基本设备是组成广播系统不可或缺的设备，包括各种广播话筒和信号源设备、广播前置放大器、广播功放；周边设备则不是组成广播系统所必须的，用于扩展系统的功能；广播扬声器是用于放音的设备，主要包括各种天花扬声器、音柱、壁挂音箱、号角、喇叭和草地音箱等设备。

1. 公共广播基本设备

公共广播系统的基本设备主要包括广播话筒、广播音源、广播前置放大器、广播功放等设备。

（1）广播话筒。广播话筒按照放置的方法可以分为手握式话筒和座式话筒两种：手握式话筒一般悬挂在广播系统机柜的紧急设备上；座式话筒一般放在工作台桌上。按照使用场合可以分为两类：一类话筒放在广播机房内；另一类则可离广播机房较远，这类话筒通常带有分区寻呼功能，称为远程寻呼话筒。同时，按照传输方式可以分为有线话筒和无线话筒。无线话筒多用于演播系统、会议系统和一些交流活动上。

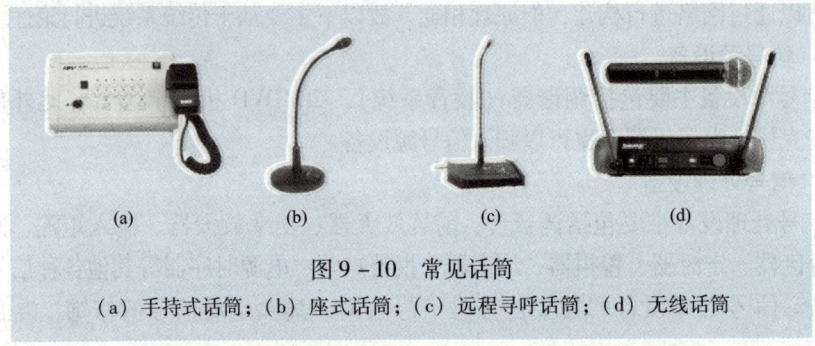

图9-10 常见话筒
(a) 手持式话筒；(b) 座式话筒；(c) 远程寻呼话筒；(d) 无线话筒

（2）信号源。公共广播系统的信号源主要包括调谐器（收音系统）、CD/DVD机和卡座等设备，广播话筒也可以当作信号源。另外，把计算机作为一种信号源也是可以的，毕竟现在有很多网络广播系统。

（3）广播前置放大器。广播前置放大器用于对话筒、节目源等信号进行混合或选择，是指把音频（AUX、MIC）信号放大至功率放大器所能接受的输入范围。前置放大器有两个功能：一是要选择所需要的音源信号，并放大到额定电平；二是要进行各种音质控制，以美化声音。

第九章 图说公共广播系统

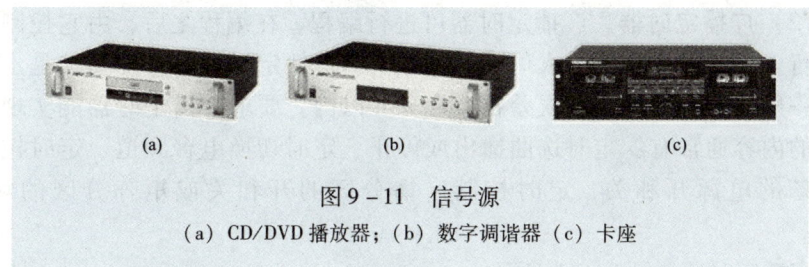

图 9-11 信号源
（a）CD/DVD 播放器；（b）数字调谐器 （c）卡座

前置放大器的基本组成有：音源选择、输入放大器和音质控制等电路。音源选择电路的作用是选择所需的音源信号送入后级，同时关闭其他音源通道；输入放大器的作用是将音源信号放大到额定电平，通常是 1V 左右；音质控制的作用是使音响系统的频率特性可以控制，以达到高保真的音质，或者根据聆听者的爱好，修饰与美化声音。

广播前置放大器如图 9-12 所示。

（4）广播功率放大器。广播功率放大器又称为广播功放，用于对音频信号进行功率放大，推动扬声器发声。与一般音响系统中的功放的最大不同是，它带有音频输出变压器，能将输出电压提升为高压输出（通常是 70V 或 100V），更便于远距离传输。

广播功率放大器如图 9-13 所示。

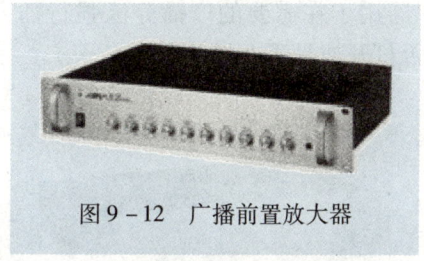

图 9-12 广播前置放大器

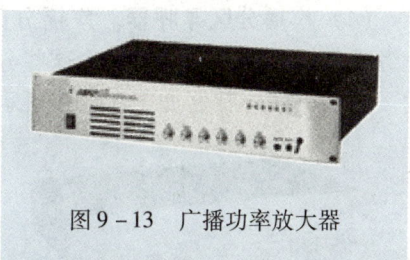

图 9-13 广播功率放大器

2. 广播周边设备

公共广播系统的周边设备主要包括广播分区器、定时器、监听器、分区寻呼器、警报信号发生器、固化节目播放器、均衡器、市话接口、警报矩阵、强插驱动电源、后备电源、防雷器、音量控制器和主备切换器等。

（1）**广播分区器**。公共广播系统通常需要划分成多个广播分区，以便能够对其中的一个或多个分区进行局部广播，或避免对不需要广播的区域造成干扰或影响，分区器就能够实现这些功能。广播分区器常见的有简易功率分区器、典型功率分区器、功率矩阵分区器、信号矩阵分区器等。

广播分区器如图 9-14 所示。

(2) **广播定时器**。广播定时器可进行编程，在编程之后，由它控制系统的运行。定时器是实现无人值守的关键。对广播定时器的基本要求是走时准确，一般要求一年的走时误差在 1~2min 以内。要求广播定时器能实现定时控制的内容通常有：定时选曲播出或停止、定时切换电台频道、定时控制受控设备的电源开和关、定时控制广播分区的开和关或矩阵分区的切换，等等。

广播定时器如图 9-15 所示。

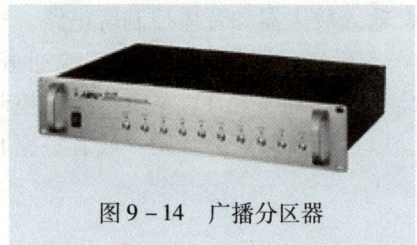
图 9-14　广播分区器

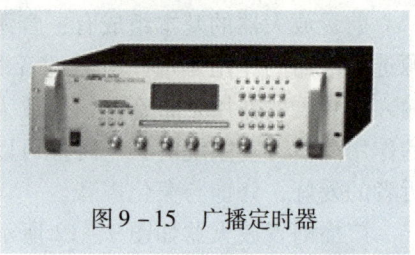
图 9-15　广播定时器

(3) **广播监听器**。广播监听器可对每个广播分区线路上的功率信号进行选择监听。一些高档的广播监听器能同时分别显示多个分区甚至全部分区的音量电平。

广播监听器如图 9-16 所示。

(4) **广播分区寻呼器**。广播分区寻呼器用于在需要的广播分区强行插入业务性广播或紧急广播，不论这些分区是否打开或是否在播放背景音乐。

广播分区寻呼器如图 9-17 所示。

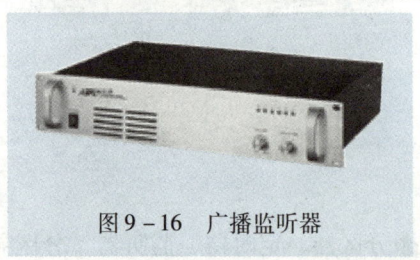
图 9-16　广播监听器

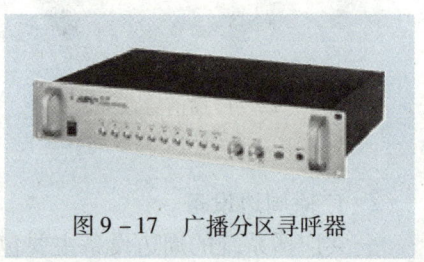
图 9-17　广播分区寻呼器

(5) **警报信号发生器**。当公共广播系统兼作为消防/紧急广播时才需要此设备。需要预先录制好语音文件（如紧急疏散指挥信号），一旦有灾害/紧急情况发生，能自动播放语音内容。通常它还预置有消防警笛声，并能现场通过消防紧急话筒发布命令。

警报信号发生器如图 9-18 所示。

(6) **固化节目播放器**。固化录音播放器也是一种节目源，它使用先进的集成电路存储器作为节目的存储介质，具有抗振、抗磨损、寿命长、节目选段快捷等优点。在公共汽车报站的应用上，基本都用语音芯片作存储介质。

（7）**广播均衡器**。均衡器在广播系统中是很有用的设备，它能补偿扬声器和声场的缺陷，能有限度地抑制现场扩声的啸叫，能针对不同的节目内容对音质进行适当的修饰补偿，如使音乐的高低频更丰富，使语音更清晰，等等。

（8）**市话接口**。市话接口用于将市话接入到公共广播系统，通常具有自动摘机和自动挂机的功能，甚至能通过电话机的按键对广播系统进行简单的控制。广播系统通常将电话接口设置一定的优先级（如优先于背景音乐），便于其进行业务性广播或火灾事故性广播。

市话接口如图 9 – 19 所示。

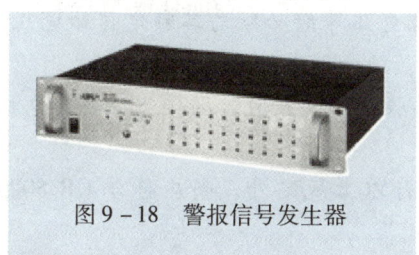

图 9 – 18　警报信号发生器

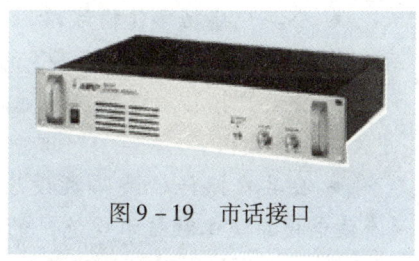

图 9 – 19　市话接口

（9）**警报矩阵**。当公共广播系统兼作为消防/紧急广播时才需要此设备。主要用于与消防控制中心连接，能适应消防系统的不同的类型控制信号，并转换为广播系统能识别的消防控制信号。可预设与警报分区同时告警的相邻分区（即矩阵功能）。警报矩阵输出的控制信号通常要同时控制分区器、驱动音控器的电源设备及控制其他与告警相关的设备的电源。

（10）**强插驱动电源**。强插驱动电源提供了强行打开音控器或三线制切换开关的电源，一般为 24V DC。

（11）**后备电源**。后备电源就是不间断电源（UPS），用于广播应用级别比较高的场所，要求能够在市电停电后给广播系统供电，平时和 UPS 一样可以自动充电和放电。

（12）**防雷器**。防雷器在整个智能化系统中都是需要考虑的，尤其是户外设备引入中控中心的设备，为了保护设备不被损坏，需要将广播线缆接入防雷器上。

（13）**广播音量控制器**。在一些广播分区需要进行音量控制的时候，需要对扬声器的音量进行控制，即需要建设音量控制器，多应用于室内环境。音量控制器有二线制、三线制、四线制、六线制等用法。

（14）**主备切换器**。在一些重要的公共广播系统中，为了保证系统的可靠性，需要建设两套功率放大器，一个主功放，一个备用功放。当主功放出现问题时，系统可以自动切换到备用功放上，当然也可以手动切换。

9.2.3.3.3 公共广播传输线路

公共广播系统的传输线路关系到最终的广播系统，需要合理地选用线材和正确的施工和安装。需要遵循以下要求或规范：

- 室外广播传输线缆应穿管埋地或在电缆沟内敷设；室内广播传输线缆应穿管或用线槽敷设。
- 公共广播的功率传输线路不应与通信线缆或数据线缆共管或共槽。
- 除用电力载波方式传输的公共广播线路外，其他公共广播线路均严禁与电力线路共管或共槽。
- 公共广播功率传输线路，其绝缘电压等级必须与其额定传输电压相容；其接头不应裸露；电位不等的接头必须分别进行绝缘处理。
- 公共广播传输线缆应尽量减少接驳；如要接驳，则接头应妥善包扎，并放在检查盒内。
- 公共广播传输线路敷设除应执行以上规定外，尚应符合 GB 50200《有线电视系统工程技术规范》的规定。
- 公共广播室外传输线路的防雷施工，应符合 GB 50343《建筑物电子信息系统防雷技术规范》的规定。

长距离、大功率传输必须认真考虑线路衰耗、高频损失等问题。当传输里程大于3km，且终端功率在千瓦级以上时，用五类线缆、同轴电缆或光缆作为广播信号（俗称弱电信号）传输线，由有源终端放声，不仅便于保障传输质量，且利于节约投资。

由于公共广播系统的功率传输线路通常比厅堂扩声系统的传输线路长得多，所以通常使用高电压/小电流的方式传输。在这种情况下，广播功率放大器和广播扬声器一般都属"定压式"而不是"定阻式"的。"定压式"系统的额定电压级差大致为3dB。

公共广播传输线路可能有多种。有驱动无源广播扬声器用的声频电功率传输线；有传输数据或低电平信号用的信号传输线或网络。就公共广播工程的使用效果而言，只要其应备声压级符合相关规范的规定，则线路衰减可不予限定。但是，推荐一个衰减标准，会为线路设计提供方便。

传输距离、负载功率、线路衰减和传输线路截面积之间的关系，可按以下公式计算

$$S = \frac{2\rho LP}{U^2(10^{\gamma/20}-1)}$$

式中 S——传输线路截面积（mm²）;

ρ——传输线材电阻率（$\Omega \cdot$ mm²/km）;

L——传输距离（km）;

P——负载扬声器总功率（W）;

U——额定传输电压（V）;

γ——线路衰减（dB）。

当今公共广播服务区的覆盖范围日益扩大，成千瓦、上千米的线路十分寻常。如果把线路衰减定得过于严格，将会大大增加工程负担。当传输线采用铜导线、额定传输电压为100V、线路衰减为3dB，且广播扬声器沿线均布时，上面的公式可简化为

$$S \approx 5LP$$

式中 S——传输线路截面（mm²）;

L——传输距离（km）;

P——负载扬声器总功率（kW）。

由以上公式，可以计算在110V传输电压的情况下，不同功率和不同距离的系统所需要的电缆规格（截面积），如表9-2所示。

表9-2　　不同负载功率不同传输距离所需要电缆的截面积对应表　　　　m²

负载功率	60W	120W	250W	350W	450W	650W	1000W	1500W
100m 内	0.03	0.06	0.13	0.18	0.23	0.33	0.50	0.75
250m 内	0.08	0.15	0.31	0.44	0.56	0.81	1.25	1.88
500m 内	0.15	0.30	0.63	0.88	1.13	1.63	2.50	3.75
1000m 内	0.30	0.60	1.25	1.75	2.25	3.25	5.00	7.50

在实际工程项目应用中，大多选用1.5~2.5m²的音频线缆。

9.2.3.3.4　广播功率放大器的选用

广播功率放大器不同于HI-FI功放，其最主要的特征是具有70V和100V恒压输出端子。这是由于广播线路通常都相当长，必须用高压传输才能减小线路损耗。

广播功率放大器最重要的指标之一是额定输出功率。在项目的实际应用中,应选用多大的额定输出功率,需视广播扬声器的总功率而定。对于公共广播系统来说,只要广播扬声器的总功率小于或等于功放的额定功率,而且电压参数相同,即可随意配接,但考虑到线路损耗、老化等因素,应适当留有余量。按照《公共广播系统工程技术规范》征求意见稿要求,功率放大器选用应符合以下要求:

- 驱动无源终端的广播功率放大器宜选用定压式功率放大器。定压式功率放大器的标称输出电压应与广播线路额定传输电压相同。
- 非紧急广播用的广播功率放大器,额定输出功率应不小于其所驱动的广播扬声器额定功率总和的1.3倍。
- 紧急广播用的广播功率放大器,额定输出功率应不小于其所驱动的广播扬声器额定功率总和的1.5倍;全部紧急广播功率放大器的功率总容量,应满足所有广播分区同时发布紧急广播的要求。

一般情况下,广播功率放大器容量的选用应按以下公式计算

$$P = K_1 \times K_2 \times \sum P_0$$

其中
$$P_0 = K_i \times P_i$$

式中 P——功放设备输出总电功率(W);

P_0——每一分路(相当于分区)同时广播时最大电功率(W);

P_i——第 i 分区扬声器额定容量(W);

K_i——第 i 分区同时需要系数;

K_1——线路衰耗补偿系数,一般取 1.26~1.58;

K_2——老化系数,一般取 1.2~1.4。

对于 K_i:服务性广播客房节目取 0.2~0.4;背景音乐系统取 0.5~0.6;业务性广播取 0.7~0.8;火灾事故广播取 1.0。

一般来说,公共广播系统都应该严格遵守以上规则进行设计。

9.2.3.3.5 扬声器的设计与选用

原则上应视环境选用不同品种规格的广播扬声器。例如在有天花板吊顶的室内,宜用嵌入式的、无后罩的天花扬声器。这类扬声器结构简单,价钱相对便宜,又便于施工。主要缺点是没有后罩,易被昆虫、鼠类啃咬。在仅有框架吊顶而无天花板的室内(如开架式商场),宜用吊装式球型音箱或有后罩的天花扬声器。由于天花板相当于一块无限大的障板,所以在有天花板的条件下使用无后罩的扬声器也不会引起声短路。而没有天花板时情况就大不相同,如果仍用无后罩

第九章　图说公共广播系统

的天花扬声器，效果会很差。这时原则上应使用吊装音箱。若嫌投资大，也可用有后罩的天花扬声器。有后罩天花扬声器的后罩不仅有一般的机械防护作用，而且在一定程度上起到防止声短路的作用。在无吊顶的室内，则宜选用壁挂式扬声器或室内音柱。在室外，宜选用室外音柱或号角。室外音柱和号角不仅有防雨功能，而且音量较大。由于室外环境空旷，没有混响效应，选择音量较大的品种是必须的。在园林、草地，宜选用草地音箱。草地音箱不仅防雨水，而且造型优美，且音量和音质都比较讲究。在装修讲究、顶棚高阔的厅堂，宜选用造型优雅、色调和谐的吊装式扬声器。在防火要求较高的场合，宜选用防火型的扬声器。这类扬声器必须是全密封型的，其出线口能够与阻燃套管配接。

几种常见的广播扬声器如图 9-20 所示。

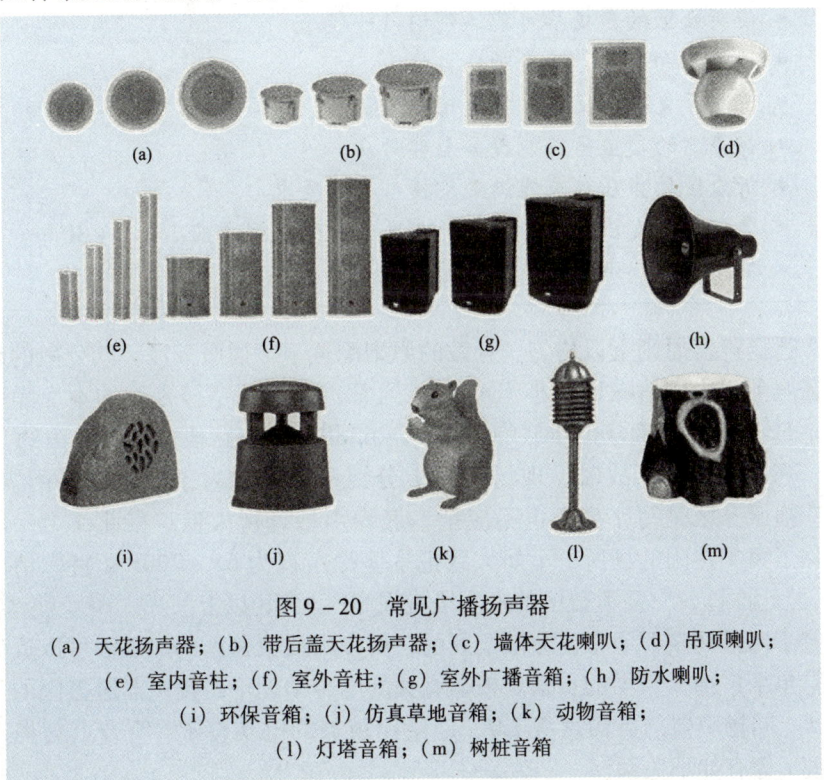

图 9-20　常见广播扬声器
（a）天花扬声器；（b）带后盖天花扬声器；（c）墙体天花喇叭；（d）吊顶喇叭；
（e）室内音柱；（f）室外音柱；（g）室外广播音箱；（h）防水喇叭；
（i）环保音箱；（j）仿真草地音箱；（k）动物音箱；
（l）灯塔音箱；（m）树桩音箱

由图 9-20 可以看出，广播扬声器的种类繁多，各式各样，可充分满足不同场合的需要。

广播扬声器布点宜符合下列规定：

● 广播扬声器宜根据分片覆盖的原则，在广播服务区内分散配置。

- 广场以及面积较大且高度大于4m的厅堂等块状广播服务区，也可根据具体条件选用集中式或集中分散相结合的方式配置广播扬声器。
- 广播扬声器的安装高度和安装角度应符合声场设计的要求。
- 室外广播扬声器应具有防潮和防腐的特性。
- 广播扬声器的外型、色调、结构及其安装架设方式应与环境相适应。
- 当广播扬声器为无源扬声器，且传输距离大于100m时，宜选用具有线间变压器的定压式扬声器。其额定工作电压应与广播线路额定传输电压相同。
- 用于火灾隐患区的紧急广播扬声器应由阻燃材料制成（或具有阻燃后罩）；同时，广播扬声器在短期喷淋的条件下应能工作。
- 使听众区的声场尽可能达到均匀一般。
- 视听方向一致，声音听感自然。
- 有利于克服声反馈，提高传声增益。
- 扬声器的覆盖角应能覆盖全部听众。
- 听众区的声压级应能满足总技术条件要求。
- 各扬声器发出的声音到达听众区各点的时间差应小于5～30ms。
- 便于安装、调试和维护。

广播扬声器原则上以均匀、分散的原则配置于广播服务区。其分散的程度应保证服务区内的信噪比不小于15dB。通常，高级写字楼走廊的本底噪声约为48～52dB，超级商场的本底噪声约58～63dB，繁华路段的本底噪声约70～75dB。考虑到发生事故时，现场可能十分混乱，因此为了紧急广播的需要，即使广播服务区是写字楼，也不应把本底噪声估计得太低。据此作为一般考虑，除了繁华热闹的场所，不妨大致把本底噪声视为65～70dB（特殊情况除外）。照此推算，广播覆盖区的声压级宜在80～85dB以上。

鉴于广播扬声器通常是分散配置的，所以广播覆盖区的声压级可以近似地认为是单个广播扬声器的贡献。根据有关的电声学理论，扬声器覆盖区的声压级 SPL、同扬声器的灵敏度级 LM、馈给扬声器的电功率 P、听音点与扬声器的距离 r 等有如下关系

$$SPL = LM + 10\lg P - 20\lg r \text{(dB)}$$

天花扬声器的灵敏度级在88～93dB之间，额定功率为3～10W。以90dB/8W匡算，在离扬声器8m处的声压级约为81dB。以上匡算未考虑早期反射声群的贡献。在室内，早期反射声群和邻近扬声器的贡献可使声压级增加2～3dB。根据以上近似计算，在天花板不高于3m的场馆内，天花扬声器大体可

以互相距离 5～8m 均匀配置。如果仅考虑背景音乐而不考虑紧急广播，则该距离可以增大至 8～12m。另外，国家标准火灾事故广播设计规范有以下一些硬性规定："走道、大厅、餐厅等公众场所，扬声器的配置数量，应能保证从本层任何部位到最近一个扬声器的步行距离不超过 25m。在走道交叉处、拐弯处均应设扬声器。走道末端最后一个扬声器距墙不大于 12m。每个扬声器额定功率不应小于 3W。"

室外场所基本上没有早期反射声群，单个广播扬声器的有效覆盖范围只能取上面匡算的下限。由于该下限所对应的距离很短，所以原则上应使用由多个扬声器组成的音柱。馈给扬声器群组的信号电功率每增加一倍（前提是该群组能够接受），声压级可提升 3dB。请注意"一倍"的含义。由 1 增至 2 是一倍；而由 2 必须增至 4 才是一倍。另外，距离每增加一倍，声压级将下降 6dB。根据上述规则，不难推算室外音柱的配置距离。

9.2.3.3.6 广播分区

一个公共广播系统通常划分成若干个区域，由管理人员（或预编程序）决定哪些区域须发布广播、哪些区域须暂停广播、哪些区域须插入紧急广播等等。分区方案原则上取决于客户的需要。通常可参考下列规则：

（1）大厦通常以楼层分区，商场、游乐场通常以部门分区，运动场馆通常以看台分区，住宅小区、度假村通常按物业管理分区，等等。

（2）管理部门与公众场所宜分别设区。

（3）重要部门或广播扬声器音量有必要由现场人员任意调节的宜单独设区。

总之，分区是为了便于管理，凡是需要分别对待的部分，都应分割成不同的区。同时根据项目的实际需要，也可以灵活设置分区。

9.3 典型应用分析

● 9.3.1 简易型公共广播系统

简易型公共广播系统就是最简单的系统，基本设备包括信号源、功放、麦克风和扬声器，如图 9-21 所示。

由图 9-21 可见，简易型的公共广播系统和家庭音箱系统差不多：信号源可以是 CD 机、调谐器、卡座、麦克风的一种或多种组合，没有严格的要求和规定；扬声器的数量也比较少。这种系统一般仅用来发布语音广播（如通知、讲话等）和简单的背景音乐播放。

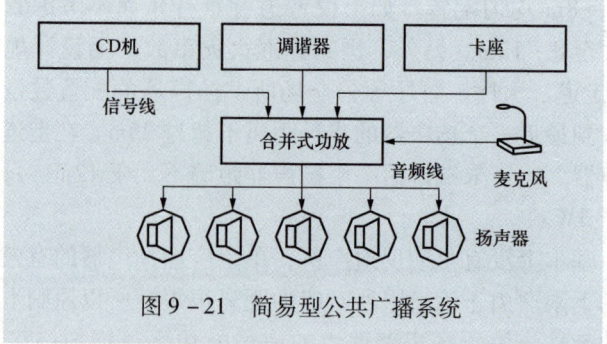

图 9-21 简易型公共广播系统

● 9.3.2 带前置放大器的简易型公共广播系统

简易型公共广播系统可以增加前置放大器。前置放大器用于混合或选择音源信号，同时功放可以采用纯后级功放而不是合并式功放，系统构建更灵活、功能更强大。这种系统的组成如图 9-22 所示。

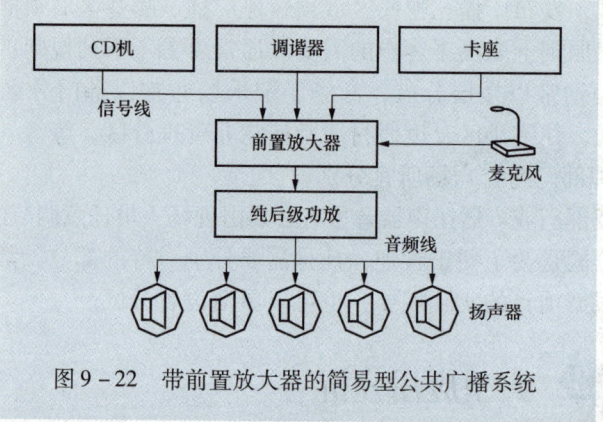

图 9-22 带前置放大器的简易型公共广播系统

● 9.3.3 最小的公共广播系统

最小的公共广播系统就是具备所有基本功能的广播系统，系统组成如图 9-23 所示。

与简易系统相比较增加了警报发生器、消防信号的接入、电源时序器和广播分区。正常情况播放背景广播，在消防系统发出警报信号后，通过警报发生器实现紧急广播功能。为了增强控制和管理，功率放大器和前置放大器分开了，另外配置了十分区监听器，可以监听分区广播的播放情况。

第九章 图说公共广播系统

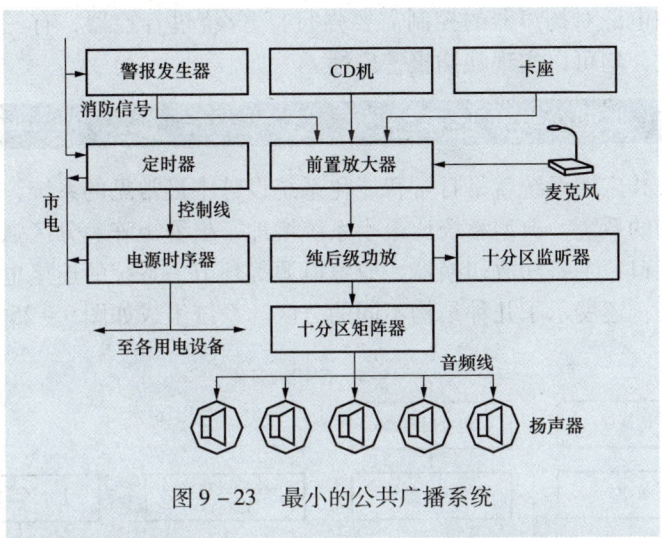

图 9-23 最小的公共广播系统

9.3.4 带分区强插的公共广播系统

最小公共广播系统虽然具有消防和应急广播功能，但其强插控制不理想。其一，警报不能分区发布，一旦发生警报，所有分区都同时进入警报状态。这对于规模不大的系统是适宜的；但对于规模较大的系统则不妥，全面发布警报可能引起混乱。其二，警报可以强行打开那些在平时处于关闭状态的分区，但不能打开那些被现场音控器关闭了的分区。带分区强插的公共广播系统组成如图 9-24 所示。

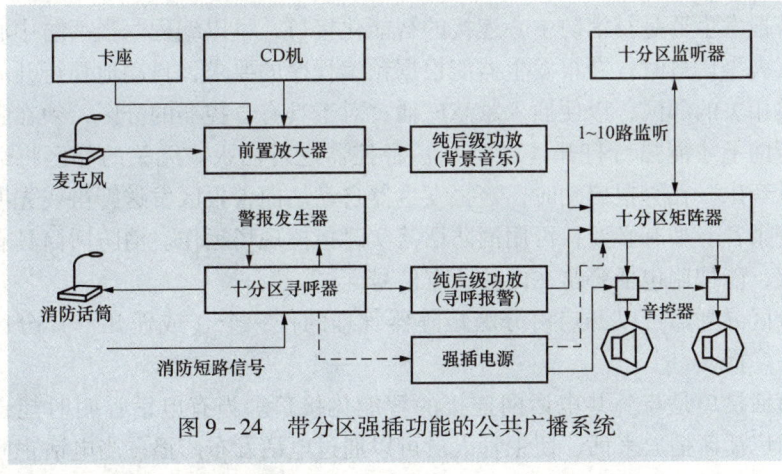

图 9-24 带分区强插功能的公共广播系统

由图 9-24 可见，系统增加了十分区寻呼器和强插电源，也增加了音量控制器。强插电源对扬声器的控制需要强行打开/绕过音控器，有三线制和四线制两种制式，均可以实现强插报警广播。

● 9.3.5 典型公共广播系统

典型公共广播系统就是日常智能化系统设计中最常见的系统，属于音频线缆直接连接的系统。典型系统比最小系统增加了报警矩阵、分区强插、分区寻呼、电话接口、主备功放切换器、应急电源等环节，系统的连接也作了相应的调整。此外，还展示了几种结构不同的分区。系统组成如图 9 – 25 所示。

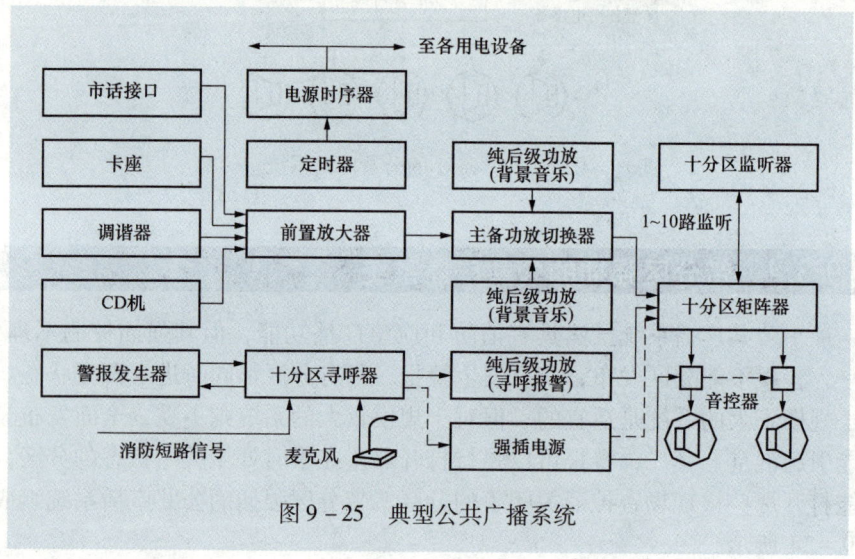

图 9 – 25　典型公共广播系统

警报发生器是与消防中心连接的智能化接口，可以编程。当消防中心发出某分区火警信号时，警报发生器能根据预编程序的要求，自动地强行开放警报区及其相关的邻区，以便插入紧急广播；对于具有音控器的分区，须在强插电源的帮助下才能强行打开（或绕过）音控器进行插入。无关的邻区将继续播放背景音乐。在警报启动时，警报发生器自动地向警报区发送警笛或先期固化的告警录音。如有必要，可用消防话筒实时指挥现场运作。消防话筒具有最高优先权，能抑制包括警笛在内的所有信号。

分区寻呼器可以开启由分区矩阵器管理的任一个（或任几个）分区，插入寻呼广播。

市话接口是与公共电话网连接的智能化接口。当有电话呼叫时能自动摘机，向广播区播放来话，使主管人员可以通过电话发布广播。当电话主叫方挂机时，系统亦会自动挂机。

第九章 图说公共广播系统

主备功放切换器可以提高系统的可靠性,当主功放故障时,能自动切换至备用功放。在图 9-25 中有两台主功放,分别支持背景广播和寻呼/报警广播。备用功放一台,随时准备自动接管报警任务。该备用功放也可支持背景音乐。

应急电源属在线式,能在市电停电后支持系统运行 10~30min(可根据实际需要调整后备时间)。

● 9.3.6 数字公共广播系统

数字公共广播系统主要分为简单型数字公共广播系统和数字可寻址公共广播系统两种。数字广播系统是一种过渡性系统,主要是增加了数字控制主机和可寻址模块,图 9-26 所示是一种简单型数字广播系统。

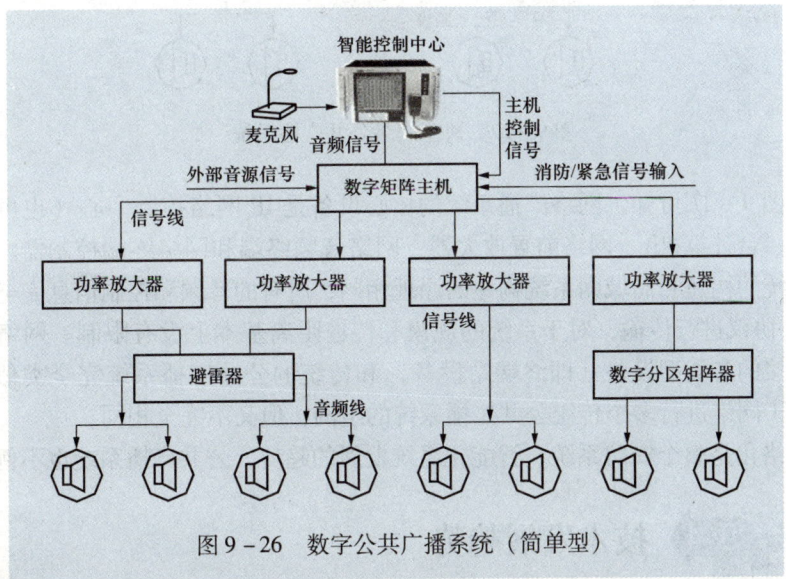

图 9-26 数字公共广播系统(简单型)

在简单型数字广播系统中主要增加了智能控制中心设备。智能控制中心相当于一台计算机,能够实现触摸屏操作,所有可编程的机器都可以通过中央控制主机来编程和控制,同时控制中心能够对系统进行时间校正、权限控制、记录查询消防信息和音频转换等功能。在可寻址数字广播系统中,增加了可寻址模块、数字可寻址软件和 485 控制总线。这两种系统最终都会被网络公共广播系统所取代。

● 9.3.7 网络公共广播系统

网络公共广播系统是公共广播系统发展的一种新的趋势,相当于目前的远程会议系统或远程音频系统，与计算机网络实现音频传输和对讲的原理相同。典型的网络广播系统如图 9-27 所示。

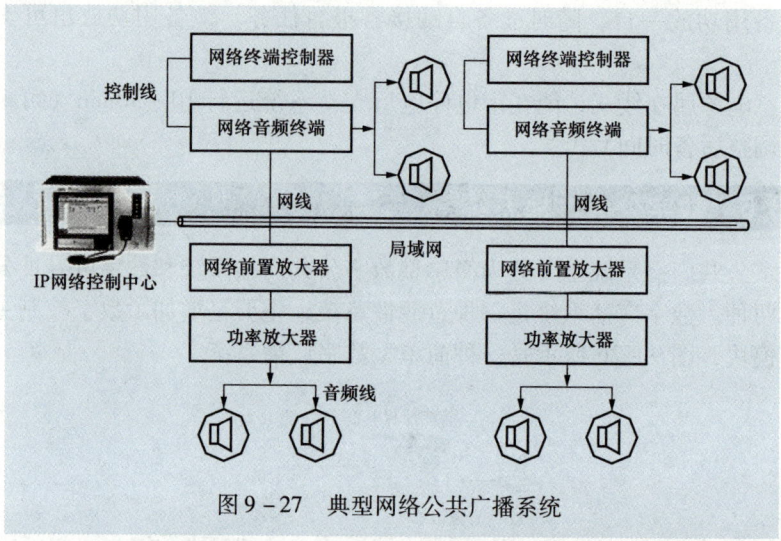

图 9-27 典型网络公共广播系统

由图 9-27 可知，网络广播系统的核心设备是 IP 网络控制中心（也可以被认为是一台计算机）、网络前置放大器、网络音频终端和网络终端控制器。网络广播系统的构建和局域网系统构建的原理相同，所有的音频和控制信息完全通过 TCP/IP 协议进行传输，对于系统的规模和传输距离基本上没有限制。网络设备之后连接的各类型设备（即终端站设备）和传统的公共广播系统完全类似，相当于基于网络进行多个传统公共广播系统的组网，但又不完全相同。

网络化是整个安防系统、智能化系统发展的趋势，公共广播系统也不例外。

9.4 技术发展趋势

公共广播技术发展趋势可以从两个方面来理解：一方面是基于传统的公共广播系统进行改进，增加新的功能或做一些改进，如增强集成度、加强人机操作界面，使之更人性化；另一方面是朝智能化、网络化发展，使公共广播系统的覆盖面更广、更加复杂，以适应不断发展的网络化需求和智能化需求。本处主要探讨的技术发展趋势包括智能化、网络化、无线传输、基于有线电视传输和可寻址控制。

9.4.1 智能化

智能化发展就是计算机化、数字化发展，就是采用计算机技术对所有的设备进行管理和控制,前面所述的数字公共广播系统就属于这种类型。

智能化、数字化公共广播系统的核心就体现在智能控制主机,可能本身就是一台计算机或者是一台定制的工控机,能够连接各种信号源,能够连接和控制各类型的广播设备。这种系统相对于传统的公共广播系统更加灵活,构建和操作起来都比较简单。

● 9.4.2 网络化

网络化指的是音频传输、控制线路的网络化,即整套公共广播系统构建在基于 TCP/IP 技术的局域网或者广域网之上。在传统的公共广播系统中,信息是靠模拟功率信号传输的,控制设备集中于机房。网络化广播至少解决了传统公共广播系统的以下三个问题:

- 功率传输线路不仅需要较大的线路截面,而且不便于实现多路传输(不便于实现线路复用)。
- 模拟信号不便于实现多点控制,不便于实现各个终端之间的互动。
- 现代智能建筑内部要求建立数据网、视频网和声频网,可以实现三网合一。

网络化公共广播系统将更加适用那些大型的、需要联网的系统,而且未来的扩建、升级和改造都比较方便和灵活,可以说网络化将是公共广播系统发展的必然技术趋势。

● 9.4.3 无线传输

目前的公共广播系统大多数是基于有线线缆进行传输的,造价昂贵,构建复杂,也不够灵活。而无线广播系统本身就是一种技术非常成熟的系统,如常见的 FM 收音系统(调频广播)。构建无线公共广播系统的原理和广播电台相类似,不同的是无线调频公共广播系统的覆盖范围更小、频段管理严格(需要采用一些公用频道或者需要申请)。

无线调频公共广播系统的优点非常突出,就是不需要布线;缺点也很明显,如传输信号容易受天气、地形、电波干扰等影响,无线传输多是单向的,故无法满足双向对讲要求,保密性较差。

考虑到无线组网的灵活性和成熟性,故开发无线传输的广播系统也是一种技术发展趋势。

● 9.4.4 基于有线电视网传输

除了基于无线调频传输是一种可以采用的传输技术之外,有线电视传输技术也可以被应用于公共广播系统。众所周知,有线电视系统通过一根同轴电缆可以同时传输几十套视频节目和音频节目(收音广播),是一种比较理想的公共广播传输技术,能够传输音频信号和视频信号。

在一些需要可以选择播放不同音乐、又需要播放对应视频的公共广播系统来说,这种技术是最合适不过了。开发出基于有线电视传输技术的广播系统,可满足一些特定的需求,这也是一种技术发展趋势。

● 9.4.5 可寻址控制

可寻址广播系统与智能广播系统一样,都是基于传统有线广播的改进系统。传统有线广播的布线结构通常是星形的,可寻址广播系统将布线结构变为总线形(干线式),使线路的设计、施工、管理等都大大简化。真正的可寻址广播系统的控制是互动的,广播终端是无源的,不受电网牵制。任意一个广播终端如果不正常,广播机房会立即得到通知。故其可靠性非常高,进而令维护工作变得很轻松。

可寻址控制系统和智能化系统相组合产生出新类型的公共广播系统,也将是一种技术发展趋势。

注:本章节的部分内容、文字和图片参考了 DSPPA(迪士普)和 T-KOKO(宇龙腾高)的技术手册和技术资料,在此予以注明并表示感谢。

第十章

图说LED大屏幕显示系统

10.1 系统基础知识

● 10.1.1 什么是LED

在某些半导体材料的P-N结中，注入的少数载流子与多数载流子复合时会把多余的能量以光的形式释放出来，从而把电能直接转换为光能。P-N结加反向电压，少数载流子难以注入，就不发光。这种利用注入式电致发光原理制作的二极管叫发光二极管，通称LED。LED是Light Emitting Diode的缩写。

LED是一种固态的半导体器件，它可以直接把电转化为光。LED的心脏是一个半导体的晶片，晶片的一端附在一个支架上，一端是负极，另一端连接电源的正极，使整个晶片被环氧树脂封装起来。半导体晶片由两部分组成：一部分是P型半导体，在它里面空穴占主导地位；另一端是N型半导体，里面主要是电子。这两种半导体连接起来的时候，它们之间就形成一个"P-N结"。当电流通过导线作用于这个晶片的时候，电子就会被推向P区，在P区里电子跟空穴复合，然后就会以光子的形式发出能量，这就是LED发光的原理。而光的波长也就是光的颜色，是由形成P-N结的材料决定的。

50年前人们已经了解半导体材料可产生光线的基本知识，第一个商用二极管产生于1960年。最早应用半导体P-N结发光原理制成的LED光源问世于20

世纪 60 年代初。当时所用的材料是 GaAsP，发红光（$\lambda_p = 650nm$），在驱动电流为 20mA 时，光通量只有千分之几个流明，相应的发光效率约 0.1lm/W。70 年代中期，引入元素 In 和 N，使 LED 产生绿光（$\lambda_p = 555nm$）、黄光（$\lambda_p = 590nm$）和橙光（$\lambda_p = 610nm$），光效也提高到 1lm/W。到了 80 年代初，出现了 GaAlAs 的 LED 光源，使得红色 LED 的光效达到 10lm/W。90 年代初，发红光、黄光的 GaAlInP 和发绿、蓝光的 GaInN 两种新材料的开发成功，使 LED 的光效得到大幅度的提高。在 2000 年，前者做成的 LED 在红、橙区（$\lambda_p = 615nm$）的光效达到 100lm/W，而后者制成的 LED 在绿色区域（$\lambda_p = 530nm$）的光效可以达到 50lm/W。

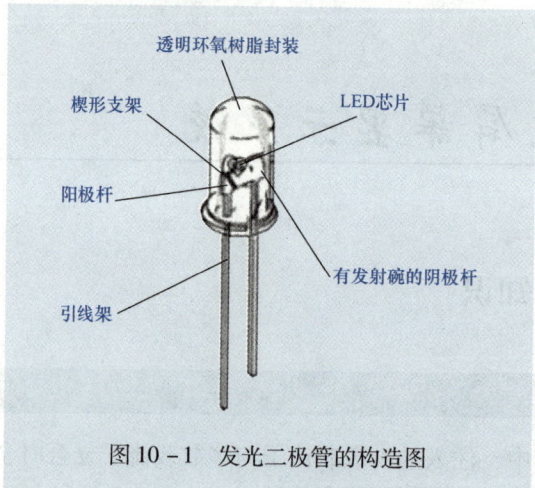

图 10-1 发光二极管的构造图

典型的发光二极管的构造如图 10-1 所示。

由图 10-1 可见，常见发光二极管的组成部分主要包括 LED 芯片、阳极杆、有发射碗的阴极杆、引线架、楔形支架和透明环氧树脂。

LED 的发光颜色和发光效率与制作 LED 的材料和工艺有关，目前广泛使用的有红、绿、蓝三种。由于 LED 工作电压低（仅 1.5~3V），能主动发光且有一定亮度，亮度又能用电压（或电流）调节，本身又耐冲击、抗振动、寿命长（10 万 h），所以在大型的显示设备中，目前尚无其他的显示方式能与 LED 显示方式匹敌。

把红色和绿色的 LED 放在一起作为一个像素制作的显示屏叫双基色屏或伪彩色屏；把红、绿、蓝三种 LED 管放在一起作为一个像素的显示屏叫三基色屏或全彩屏。

LED 显示屏如果想要显示图像，则需要构成像素的每个 LED 的发光亮度都必须能调节，其调节的精细程度就是显示屏的灰度等级。灰度等级越高，显示的图像就越细腻，色彩也越丰富，相应的显示控制系统也越复杂。在当前的技术水平下，256 级灰度的图像，颜色过渡已十分柔和，图像还原效果比较令人满意。

资料显示，LED 光源比白炽灯节电 87%、比荧光灯节电 50%，而寿命比白炽灯长 20~30 倍、比荧光灯长 10 倍。LED 光源因具有节能、环保、长寿命、安全、响应快、体积小、色彩丰富、可控等系列独特优点，被认为是节电降耗的最佳实现途径。

LED 的特点：

● 多变幻	LED 光源可利用 LED 通断时间短和红、绿、蓝三基色原理，在计算机技术控制下实现色彩和图案的多变化，是一种可随意控制的"动态光源"。
● 寿命长	LED 光源无灯丝、工作电压低，使用寿命可达 5 万～10 万 h，也就是 5～10 年时间。
● 环保	生产中无有害元素，使用中不发出有害物质，无辐射，同时 LED 也可以回收再利用。
● 高新尖	与传统光源比，LED 光源融合了计算机、网络、嵌入式等高新技术，具有在线编程、无限升级、灵活多变的特点。
● 体积小	LED 基本上是一块很小的晶片被封装在环氧树脂里面，所以它非常小，非常轻。
● 耗电量低	LED 耗电非常低，一般 LED 的工作电压是 2～3.6V，工作电流是 0.02～0.03A。这就是说：它耗电量不超过 0.1W。
● 坚固耐用	LED 被完全封装在环氧树脂里面，比灯泡和荧光灯管都坚固；灯体内也没有松动的部分。这些特点使得 LED 不易损坏。

● 10.1.2 LED 的分类

LED 的分类如图 10-2 所示，可以按照以下方式分类：

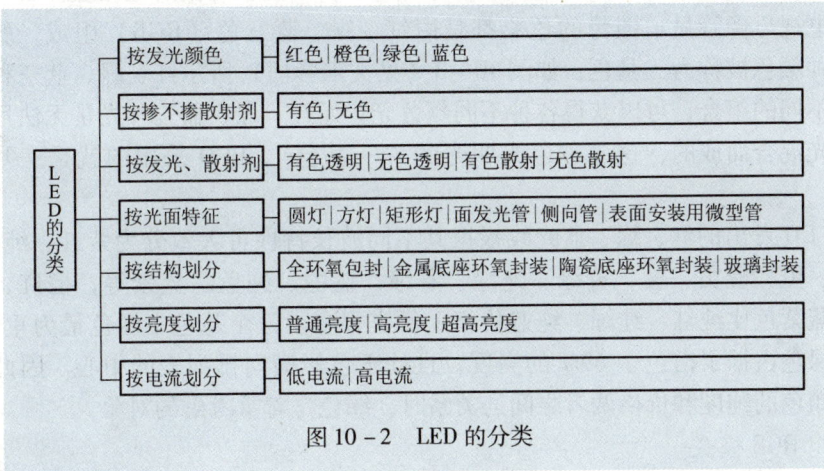

图 10-2　LED 的分类

● 按发光管发光颜色	可分成红色、橙色、绿色、蓝光等，其中绿色又可细分为黄绿、标准绿和纯绿。另外，有的发光二极管中包含两种或三种颜色的芯片。

● 按发光二极管出光处掺或不掺散射剂	可以分为有色还是无色。
● 按照发光管发光颜色结合散射剂	可分成有色透明、无色透明、有色散射和无色散射四种类型。散射型发光二极管不适合做指示灯用。
● 按发光管出光面特征	分为圆灯、方灯、矩形、面发光管、侧向管、表面安装用微型管等。圆形灯按直径分为 $\phi2$、$\phi4.4$、$\phi5$、$\phi8$、$\phi10mm$ 及 $\phi20mm$ 等。国外通常把 $\phi3mm$ 的发光二极管记作 T-1；把 $\phi5mm$ 的记作 T-1 (3/4)；把 $\phi4.4mm$ 的记作 T-1 (1/4)。由半值角大小可以估计圆形发光强度角分布情况。
● 按发光二极管的结构	分全环氧包封、金属底座环氧封装、陶瓷底座环氧封装及玻璃封装等结构。
● 按发光强度	分为普通亮度的 LED（发光强度小于 10mcd）、高亮度的 LED（光强度在 10~100mcd 之间）、超高亮度的 LED（发光强度大于 100mcd）。
● 按工作电流	分高电流 LED（工作电流在十几至几十毫安）、低电流 LED（工作电流在 2mA 以下，亮度与普通发光管相同）。

● 10.1.3 LED 系统基础知识

1. 三原色和三基色

三原色是美术上的概念，指红、黄、蓝，因为这三种颜色的配合可以调出除了黑白以外的几乎所有颜色，故称为三原色。三基色是指的电视显像管的技术，电视显像管显示图像的色彩都是由红、绿、蓝三色（RGB）组成，所以这三种颜色被称为三基色，如图 10-3（见文末彩插）所示红、绿、蓝三种光通过不同的组合，可以获得各种不同颜色光。而红、绿、蓝三种光是无法用其他色光混合而成的，这三种色光叫光的"三基色"。LED 采用的就是三基色原理。

LED 发出的红、绿、蓝光线根据其不同波长特性可大致分为紫红、纯红、橙红、橙、橙黄、黄、黄绿、纯绿、翠绿、蓝绿、纯蓝、蓝紫等，橙红、黄绿、蓝紫色比纯红、纯绿、纯蓝价格上便宜很多。三个基色中绿色最为重要，因为绿色占据了白色中 69% 的亮度，且处于色彩横向排列表的中心。因此在权衡颜色的纯度和价格两者之间的关系时，绿色是着重考虑的对象。

2. RGB 模式

RGB 是色光的色彩模式。R 代表红色（Red），G 代表绿色（Green），B 代表蓝色（Blue），三种色彩叠加形成了其他的色彩。因为三种颜色都有 256 个亮度水平级，所以三种色彩叠加就形成 1670 万种颜色，也就是真彩色，通过它们足以再现绚丽的世界。在 RGB 模式中，由红、绿、蓝相叠加可以产生其他颜色，因此该模式也叫加色模式。LED 大屏幕显示系统多采用这种模式。

就编辑图像而言，RGB 色彩模式也是最佳的色彩模式，因为它可以提供全屏幕的 24bit 的色彩范围，即真彩色显示。但是，如果将 RGB 模式用于打印就不是最佳的了，因为 RGB 模式所提供的有些色彩已经超出了打印的范围之外，因此在打印一幅真彩色的图像时，就必然会损失一部分亮度，并且比较鲜艳的色彩肯定会失真。这主要因为打印所用的是 CMYK 模式，而 CMYK 模式所定义的色彩要比 RGB 模式定义的色彩少很多，因此打印时，系统自动将 RGB 模式转换为 CMYK 模式，这样就难免损失一部分颜色，出现打印后失真的现象。

3. 配色和白平衡

白色是红绿蓝三色按亮度比例混合而成，当光线中绿色的亮度为 69%，红色的亮度为 21%，蓝色的亮度为 10% 时，混色后人眼感觉到的是纯白色。但 LED 红绿蓝三色的色品坐标因工艺过程等原因无法达到全色谱的效果，而控制原色包括有偏差的原色的亮度得到白色光，称为配色。当为全彩色 LED 显示屏进行配色前，为了达到最佳亮度和最低的成本，应尽量选择三原色发光强度成大致比例为 3:6:1 的 LED 器件组成像素。白平衡要求三种原色在相同的调灰值下合成的仍旧为纯正的白色。

4. 发光强度

光的衡量单位有发光强度单位坎德拉、光通量单位流明和照度单位勒克斯。

在每平方米 101 325 牛顿的标准大气压下，面积等于 $1/60 cm^2$ 的绝对"黑体"（即能够吸收全部外来光线而毫无反射的理想物体）在纯铂（Pt）凝固温度（约 2042K 或 1769℃）时，沿垂直方向的发光强度为 1 坎德拉（Candela，符号为 cd）。发光强度为 1cd 的点光源在单位立体角（1 球面度）内发出的光通量为 1 流明（Lumen，符号为 lm）。光照度可用照度计直接测量。光照度的单位是勒克斯，是英文 Lux 的音译，符号写为 lx。被光均匀照射的物体，在 $1m^2$ 面积上得到的光通量是 1lm 时，它的照度是 1lx。

光的衡量单位在智能化系统中是个重要的概念，一般主动发光体采用发光强度单位坎德拉（cd），如白炽灯、LED 等；反射或穿透型的物体采用光通量单位流明（lm），如 LCD 投影机等；而照度单位勒克司（lx），一般用于闭路监控等领域。三种衡量单位在数值上是等效的，但需要从不同的角度去理解。例如：如果说一部 LCD 投影机的亮度（光通量）为 1600lm，其投影到全反射屏幕的尺寸为 60in（$1m^2$），则其照度为 1600lx，假设其出光口距光源 1cm，出

光口面积为 $1cm^2$，则出光口的发光强度为 1600cd。而真正的 LCD 投影机由于光传播的损耗、反射或透光膜的损耗和光线分布不均匀，亮度将大打折扣，一般有 50% 的效率就很好了。

单个 LED 的发光强度以 cd 为单位，同时配有视角参数。发光强度与 LED 的色彩没有关系。单管的发光强度从几个 mcd ~ 5000mcd 不等。LED 生产厂商所给出的发光强度指 LED 在 20mA 电流下点亮，最佳视角上及中心位置上发光强度最大的点。封装 LED 时顶部透镜的形状和 LED 芯片距顶部透镜的位置决定了 LED 视角和光强分布。一般来说，相同的 LED 视角越大，最大发光强度越小，但在整个立体半球面上累计的光通量不变。当多个 LED 较紧密规则排放，其发光球面相互叠加，导致整个发光平面发光强度分布比较均匀。

对于 LED 显示屏这种主动发光体，一般采用 cd/m^2 作为发光强度单位，并配合观察角度为辅助参数，其等效于屏体表面的照度单位勒克司；将此数值与屏体有效显示面积相乘，得到整个屏体的在最佳视角上的发光强度。假设屏体中每个像素的发光强度在相应空间内恒定，则此数值可被认为也是整个屏体的光通量。一般室外 LED 显示屏须达到 $4000cd/m^2$ 以上的亮度才可在日光下有比较理想的显示效果。普通室内 LED，最大亮度在 700 ~ $2000cd/m^2$ 左右。

5. LED 的色彩与工艺

制造 LED 的材料不同，可以产生具有不同能量的光子，借此可以控制 LED 所发出光的波长，也就是光谱或颜色。历史上第一个 LED 所使用的材料是砷（As）化镓（Ga），其正向 P-N 结压降（VF，可以理解为点亮或工作电压）为 1.424V，发出的光线为红外光谱。另一种常用的 LED 材料为磷（P）化镓，其正向 P-N 结压降为 2.261V，发出的光线为绿光。基于这两种材料，早期 LED 工业运用 $GaAs_{1-x}P_x$ 材料结构，理论上可以生产从红外光一直到绿光范围内任何波长的 LED，下标 x 代表磷元素取代砷元素的百分比。一般通过 P-N 结压降可以确定 LED 的波长颜色。其中典型的有 $GaAs_{0.6}P_{0.4}$ 的红光 LED，$GaAs_{0.35}P_{0.65}$ 的橙光 LED，GaAs0.14P0.86 的黄光 LED 等。由于制造采用了镓、砷、磷三种元素，所以俗称这些 LED 为三元素发光管。而 GaN（氮化镓）的蓝光 LED、GaP 的绿光 LED 和 GaAs 红外光 LED，被称为二元素发光管。目前最新的工艺是用混合铝（Al）、钙（Ca）、铟（In）和氮（N）四种元素的材料制造的四元素 LED，可以涵盖所有可见光以及部分紫外光的光谱范围。

6. LED 集束管

为提高亮度，增加视距，将两只以上至数十只 LED 集成封装成一只集束管，作为一个像素。这种 LED 集束管主要用于制作 LED 大屏幕，又称为像素筒。

7. 色温

色温指的是光波在不同的能量下，人类眼睛所感受的颜色变化。在色温的计算上，是以开尔文（Kelvin）为单位。光源发射光的颜色与黑体在某一温度下辐射光色相同时，黑体的温度称为该光源的色温。黑体辐射的 0°Kelvin = −273℃，作为计算的起点。将黑体加热，随着能量的提高，便会进入可见光的领域，例如在 2800°K 时，发出的色光和灯泡相同，便认为灯泡的色温是 2800°K。可见光领域的色温变化，由低色温至高色温是由橙红到白再到蓝。

色温是测量和标志波长的数值。光波长不同，呈现出光的颜色不同，所以光源的色温对彩色摄影的影响非常大，尤其是自然光，随着时间、季节、地理位置的变化，其色温都会发生变化。

当太阳光在无云大气中，水平线上方 40°照射时，色温是 5500K，1983 年世界组织公布以此作为标准日光。

光源色温不同，光色也不同。色温在 3300K 以下有稳重的气氛，温暖的感觉；色温在 3000~5000K 为中间色温，有爽快的感觉；色温在 5000K 以上有冷的感觉。不同光源的不同光色组成最佳环境，如：

• 色温 >5000K	光色为清凉型（带蓝的白色），冷的气氛效果。
• 色温在 3300~5000K	光色为中间（白），爽快的气氛效果。
• 色温 <3300K	光色为温暖（带红的白色），稳重的气氛效果。

高色温光源照射下，如亮度不高则给人们有一种阴气的气氛；低色温光源照射下，亮度过高会给人们有一种闷热感觉。在同一空间使用两种光色差很大的光源，其对比将会出现层次效果；光色对比大时，在获得亮度层次的同时，又可获得光色的层次。

8. 显色性

光源的显色性由显色指数来表明，它表示物体在光下颜色比基准光（太阳光）照明时颜色的偏离能较全面反映光源的颜色特性。

显色分两种：

忠实显色	能正确表现物质本来的颜色需使用显色指数（Ra）高的光源，其数值接近 100，显色性最好。
效果显色	要鲜明地强调特定色彩，表现美的生活，可以利用加色法来加强显色效果。

采用低色温光源照射，能使红色更鲜艳；采用中色温光源照射，使蓝色具有清凉感；采用高色温光源照射，使物体有冷的感觉。

● 10.1.4 LED 大屏幕显示系统

LED 显示屏（LED Panel）是指通过一定的控制方式，用于显示文字、文本、图形、图像、动画、行情等各种信息以及电视、录像信号并由 LED 器件阵列组成的显示屏幕。由电路及安装结构确定的并具有显示功能的元件组成 LED 显示屏的最小单元。典型的 LED 显示屏如图 10-4 所示。

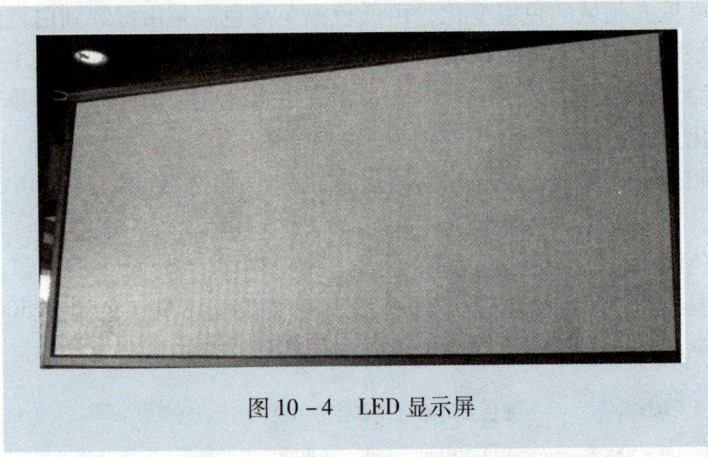

图 10-4 LED 显示屏

按照相关标准，LED 显示屏可以分为伪彩色 LED 显示屏（pseudo-color LED panel）和全彩色 LED 显示屏（all-color LED panel）。伪彩色 LED 显示屏包括单基色显示屏和双基色显示屏，是在 LED 显示屏的不同区域安装不同颜色的单基色 LED 器件构成的 LED 显示屏；全彩色 LED 显示屏是由红、绿、蓝三基色 LED 器件组成并可调出多种色彩的 LED 显示屏。

LED 电子显示屏由几万~几十万个半导体发光二极管像素点均匀排列组成。利用不同的材料，可以制造不同色彩的 LED 像素点。目前应用最广的是红色、绿色、蓝色。LED 显示屏分为图文显示屏和视频显示屏，均由 LED 矩阵块组成。图文显示屏可与计算机同步显示汉字、英文文本和图形；视频显示屏采用微型计算机进行控制，图文、图像并茂，以实时、同步、清晰的信息传播方式播放各种信息，还可显示二维、三维动画、录像、电视、VCD 节目以及现场实况。LED 显示屏显示画面色彩鲜艳，立体感强，静如油画，动如电影，广泛应用于车站、码头、机场、商场、医院、宾馆、银行、证券市场、建筑市场、拍卖行、工业企业管理和其他公共场所。LED 显示屏可以显示变化的数字、文字、图形图像；不仅可以用于室内环境，还可以用于室外环境，具有投影仪、电视墙、液晶显示屏无法比拟的优点。

LED 显示屏之所以受到广泛重视而得到迅速发展，与它本身所具有的优点分不开。这些优点概括起来是：亮度高、工作电压低、功耗小、小型化、寿命长、耐冲击和性能稳定。LED 的发展前景极为广阔，目前正朝着更高亮度、更高耐气候性、更高的发光密度、更高的发光均匀性、可靠性、全色化方向发展。

LED 大屏幕显示系统是一个集计算机网络技术、多媒体视频控制技术和超大规模集成电路综合应用技术于一体的大型的电子信息显示系统，具有多媒体、多途径、可实时传送的高速通信数据接口和视频接口。计算机网络技术的使用使显示制作、处理、存储和传输更加安全、迅速、可靠。采用网络系统控制技术，可以和计算机网络联网。

LED 显示屏是发光二极管主要应用面之一，近年来发展迅速，目前 LED 显示屏制作技术先进，售价低，面积大，亮度高，应用广泛。

10.2 系统的组成及分类

● 10.2.1　LED 显示屏术语

1. 色彩

将红色或绿色或蓝色 LED 单独作为一个像素制作的显示屏叫单色屏，通常多采用红色 LED 制作单色屏；将红色和绿色 LED 放在一起作为一个像素制作的显示屏叫双色屏或彩色屏；将红、绿、蓝三种 LED 管放在一起作为一个像素的显示屏叫三色屏或全彩屏。

2. 像素

制作室内 LED 屏的像素尺寸一般是 2～10mm，常常采用把几种能产生不同基色的 LED 管芯封装成一体。室外 LED 屏的像素尺寸多为 12～26mm，每个像素由若干个各种单色 LED 组成，常见的成品称像素筒。双色像素筒一般由 3 红 2 绿组成，三色像素筒用 2 红 1 绿 1 蓝组成。无论用 LED 制作单色、双色或三色屏，想显示图像需要构成像素的每个 LED 的发光亮度都必须能调节，其调节的精细程度就是显示屏的灰度等级。灰度等级越高，显示的图像就越细腻，色彩也越丰富，相应的显示控制系统也越复杂。一般 256 级灰度的图像，颜色过渡已很柔和，而 16 级灰度的彩色图像，颜色过渡界线十分明显。所以，彩色 LED 屏当前都要求做成 256 级灰度的。

3. 显示速度

显示速度是指 LED 显示屏更新和转换画面的速度，通常用帧/s 来表示。

4. 接口

常见的接口包括 VGA 输入接口、DVI 输入接口、标准视频输入（RCA）

接口、S 视频输入、视频色差输入接口、BNC 端口和 RS232C 串口。

5. 通信距离

一般 LED 显示屏的信号输入是微机或其他设备，显示屏离信号输入设备都有一段距离，所以要求 LED 显示屏必须支持远距离信号的输入并还原，基本所有的 LED 显示屏都支持 10m 以上的信号输入。

6. 寿命

通常 LED 显示屏都在室外使用，所以要求 LED 显示屏能适应户外多变的使用环境。LED 显示屏在抗老化和无故障运行方面要比其他显示设备都要稍胜一筹，一般正常无故障的使用时间都可以达到 10 000h 以上。

● 10.2.2 系统组成

LED 大屏幕显示系统由视频信号源、播出计算机、控制器、功放、音箱、显示屏和传输线路组成。

视频信号源	指录像机、LD 影碟机、VCD 机、电视机、摄像机等视频设备或这些设备的组合。视频信号源向计算机提供 LED 大屏幕显示的视频信号，大屏幕在视频显示状态显示的内容同这些信号源的电视图像完全对应。该系统可播放 LD、VCD 影碟机，摄像机，录像机、有线电视及其他视频信号源，AVI、MPEG 等视频压缩文件节目，播放二维、三维动画节目，显示 BMP、PCX 等文件图像，以多种色彩、字型和物质方式显示中西文字信息。
播出计算机	是 LED 显示系统的控制中枢。计算机内含通信卡、视频卡、高档 VGA 显示卡；安装播出软件及播出控制软件。计算机一方面负责待显示内容的信息收集，并将待显示的内容按大屏幕要求的特定格式和一定的播出顺序在计算机 VGA 监视器上显示；另一方面将计算机 VGA 监视器上显示的画面通过通信卡向控制器发送。视频卡的作用是在视频显示状态将视频信号源的模拟视频信号转换为数字信号，同时动态在 VGA 监视器上显示。
控制器	接受来自通信卡的信号，将所接受的信息自动分配到大屏幕的每个显示单元，并向显示屏屏体提供完成显示所需要的各种控制信号，使显示屏屏体可再现层次丰富、动态感强的画面。
功放、音箱	根据现场情况设计音频功放及户外音箱的功率和分布，以便达到最好的听觉效果。
显示屏屏体	由 LED 显示模块、框架、电源和各种信号连线构成。室内显示屏的最基础的单元为发光二极管（LED）；室外显示屏的基础单元为一组发光二极管（通常称为像素管）。各发光单元在控制器发出的控制信号的控制下，按照播出画面所要求的方式发光，所有发光单元的组合就构成了绚丽多彩的画面。

● 10.2.3 LED 显示屏的分类

LED 显示屏的分类如图 10-5 所示。

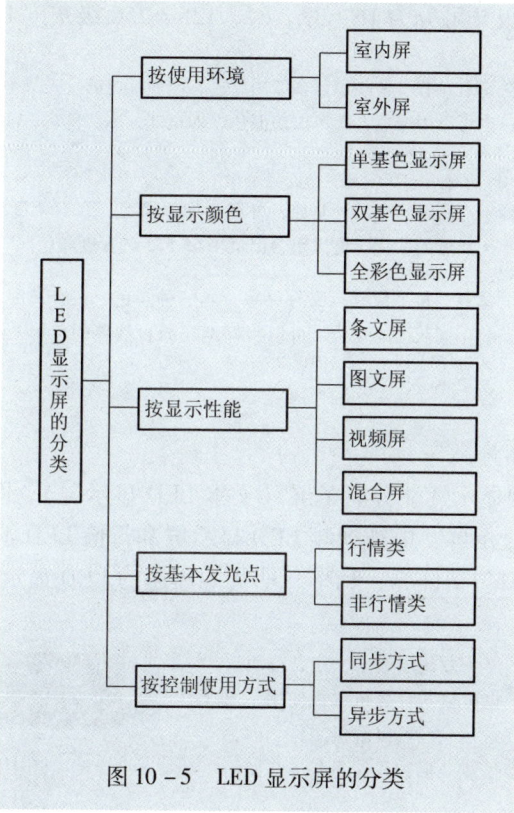

图 10-5 LED 显示屏的分类

1. 按使用环境分类

LED 显示屏按使用环境分为室内 LED 显示屏和室外 LED 显示屏。

● 室内屏	主要用于室内，在制作工艺上首先是把发光晶粒做成点阵模块（或数码管），再由模块拼接为一定尺寸的显示单元板，根据用户要求，以显示单元板为基本单元拼接成用户所需要的尺寸。根据像素点的大小，室内屏分为 φ3、φ3.75、φ5、φ8mm 和 φ10mm 等规格。
● 室外屏	主要用于室外，在制作工艺上首先是把发光晶粒封装成单个的发光二极管，称之为单灯。用于制作室外屏的单灯一般都采用具有聚光作用的反光杯来提高亮度。再由多只 LED 单灯封装成单只像素管或像素模组，而由像素管或像素模组成点阵式的显示单元箱体，根据用户需要及显示应用场所，以一个显示单元箱体为基本单元组成所需要的尺寸。箱体在设计上应密封，以达到防水防雾的目的，使之适应室外环境。根据像素点的密度，室外屏分为 4096、2500、2066、1600 点和 1024 点等规格。

2. 按显示颜色分类

LED 显示屏按显示颜色分为单基色 LED 显示屏（含伪彩色 LED 显示屏）、双基色 LED 显示屏和全彩色（三基色）LED 显示屏，如图 10-6 所示（见文末彩插）；按灰度级又可分为 16、32、64、128、256 级灰度 LED 显示屏等。

• 单基色	每个像素点只有一种颜色，多数用红色，因为红色的发光效率较高，可以获得较高的亮度；也可以用绿色；还可以是混色，即一部分用红色，一部分用绿色，一部分用黄色。
• 双基色	每个像素点有红、绿两种基色，可以叠加出黄色。在有灰度控制的情况下，通过红、绿不同灰度的变化，可以组合出最多 65 535 种灰度颜色。
• 全彩色	也称三基色，每个像素点有红、绿、蓝三种基色。在有灰度控制的情况下，通过红、绿、蓝不同灰度的变化，可以很好地还原自然界的色彩，组合出 16 777 216 种颜色。

3. 按显示性能分类

LED 显示屏按显示性能分为条屏（文本 LED 显示屏）、图文 LED 显示屏，计算机视频 LED 显示屏，电视视频 LED 显示屏和行情 LED 混合显示屏等。行情 LED 显示屏一般包括证券、利率、期货等用途的 LED 显示屏。

条屏系列	这类显示屏主要用于显示文字，可用遥控器输入，也可以与计算机联机使用，通过计算机发送信息。可以脱机工作。因为这类屏幕多做成条形，故称为条屏，如图 10-7 所示。	图 10-7 条屏
图文屏系列	这类显示屏主要用于显示文字和图形，一般无灰度控制。它通过与计算机通信输入信息。与条屏相比，图文屏的优点是显示的字体字型丰富，并可显示图形；与视屏相比，图文屏最大的优点是一台计算机可以控制多块屏，且可以脱机显示。	
视屏系列	这类显示屏屏幕像元与控制计算机监视器像素点呈一对一的映射关系，有 256 级灰度控制，所以其表现力极为丰富。配置多媒体卡，视屏还可以播放视频信号。视屏开放性好，对操作系统没有限制，软件也没有限制，能实时反映计算机监视器的显示。	
混合屏系列	数码屏是最廉价的 LED 显示屏，广泛用于证券交易所股票行情显示、银行汇率、利率显示、各种价目表等。多数情况下，在数码屏上加装条屏来显示欢迎词、通知、广告等。支持遥控器输入。	

4. 基本发光点

非行情类 LED 显示屏中，室内 LED 显示屏按采用的 LED 单点直径可分为 φ3、φ3.75、φ5、φ8mm 和 φ10mm 等显示屏；室外 LED 显示屏按采用的像素直径可分为 φ19、φ22mm 和 φ26mm 等 LED 显示屏。

行情类 LED 显示屏中按采用的数码管尺寸可分 2.0（0.8）❶、2.5（1.0）、3.0（1.2）、4.6（1.8）、5.8（2.3）、7.6cm（3）等 LED 显示屏。

5. 按控制或使用方式

按控制或使用方式分为同步和异步方式。

- 同步方式是指 LED 显示屏的工作方式基本等同于电脑的监视器，它以至少 30 场/s 的更新速率点，对应地实时映射电脑监视器上的图像。通常具有多灰度的颜色显示能力，可达到多媒体的宣传广告效果。

- 异步方式是指 LED 屏具有存储及自动播放的能力，在 PC 机上编辑好的文字及无灰度图片通过串口或其他网络接口传入 LED 屏，然后由 LED 屏脱机自动播放。一般没有多灰度显示能力，主要用于显示文字信息，可以多屏联网。

● 10.2.4 驱动芯片的种类

LED 显示屏主要是由发光二极管及其驱动芯片组成的显示单元拼接而成的大尺寸平面显示器。驱动芯片性能的好坏对 LED 显示屏的显示质量起着至关重要的作用。随着 LED 市场的蓬勃发展，许多有实力的 IC 厂商，包括日本的东芝（TOSHIBA）、索尼（SONY），美国的得州仪器（TI）、台湾的聚积（MBI）和点晶科技（SITI）等，都开始生产 LED 专用驱动芯片。

LED 驱动芯片可分为通用芯片和专用芯片两种。所谓通用芯片，其芯片本身并非专为 LED 而设计，而是一些具有 LED 显示屏部分逻辑功能的逻辑芯片（如串—并移位寄存器）；而专用芯片是指按照 LED 发光特性而设计专门用于 LED 显示屏的驱动芯片。LED 是电流特性器件，即在饱和导通的前提下，其亮度随着电流的变化而变化，而不是靠调节其两端的电压而变化。因此，专用芯片一个最大的特点就是提供恒流源。恒流源可以保证 LED 的稳定驱动，消除 LED 的闪烁现象，是 LED 显示屏显示高品质画面的前提。有些专用芯片还针对不同行业的要求增加了一些特殊的功能，如亮度调节、

---

❶ 括号内的数值单位为英寸（in）。

错误检测等。

通用芯片	一般用于 LED 显示屏的低档产品，如户内的单色屏，双色屏等。
专用芯片	专用芯片具有输出电流大、恒流等特点，比较适用于电流大、画质要求高的场合，如户外全彩屏、室内全彩屏等。专用芯片的关键性能参数有最大输出电流、恒流源输出路数、电流输出误差（bit-bit，chip-chip）和数据移位时钟等。

● 10.2.5 LED 大屏幕显示系统发展历史

LED 大屏幕显示系统的发展历史大致如下：

（1）1990 年以前，是 LED 显示屏的成长形成时期。一方面，受 LED 材料器件的限制，LED 显示屏的应用领域没有广泛展开；另一方面，显示屏控制技术基本上是通信控制方式，客观上影响了显示效果。这一时期的 LED 显示屏在国外应用较广，国内很少，产品以红、绿双基色为主，控制方式为通信控制，灰度等级为单点 4 级调灰，产品的成本比较高。

（2）1990~1994 年，这一阶段是 LED 显示屏迅速发展的时期。进入 90 年代，全球信息产业高速增长，信息技术各个领域不断突破，LED 显示屏在 LED 材料和控制技术方面也不断出现新的成果。蓝色 LED 晶片研制成功，全彩色 LED 显示屏进入市场。电子计算机及微电子领域的技术发展，在显示屏控制技术领域出现了视频控制技术，显示屏灰度等级实现 16 级灰度和 64 级灰度调灰，显示屏的动态显示效果大大提高。LED 显示屏在平板显示领域的主流产品局面基本形成，产业成为新兴的高科技产业。

（3）1995~2004 年，LED 显示屏的发展进入一个总体稳步提高，产业格局调整完善的时期。1995 年以来，LED 显示屏产业内部竞争加剧，形成了许多中小企业，产品价格大幅回落，应用领域更为广阔。产品在质量、标准化等方面出现了一系列新的问题，有关部门对 LED 显示屏的发展予以重视并进行了适当的规范和引导，目前这方面的工作正在逐步深化。

（4）2005 年以来，LED 大屏幕显示系统得到大面积普及，随着产业的扩大和技术的成熟，行业内出现了专业化的分工，也催生了骨干企业的产生和发展。大屏幕显示系统的应用越来越广泛，尺寸越来越大，技术参数越来越高，寿命也有所增加。

● 10.2.6 如何选用 LED 大屏幕显示系统

选用 LED 大屏幕显示系统应考虑以下因素：

第十章　图说LED大屏幕显示系统

配色和混色	大屏是由大量的发光二极管组成的，必须对所用发光二极管的光电参数进行设计、计算和测试，才能达到良好的白平衡。简单的估算和凭肉眼感觉判断是不可能有好效果的。这里涉及发光二极管的选用和驱动设计，不仅影响屏幕的光电性能，而且影响可靠性。特别是在室内全彩屏的设计中，热设计应引起足够的重视，否则效果和可靠性都会成问题。
色差校正	由于色坐标的差异，电视视频信号的色域与 LED 的色域存在差别，造成播出的电视节目颜色显得不真实。因此，色坐标的校正十分重要。校正的转换计算比较复杂，难以用软件完成，从各厂家的产品来看，尽管大家都声称有这种色校正功能，恐怕都没有真正做到色校正。
一致性	全彩大屏的最大难点就是一致性，或者说最容易被观众觉察的毛病就是一致性不好，屏幕显得一块深一块浅，俗称马赛克现象，是最令人反感的。造成一致性不好的原因是多方面的，包括选用的发光二极管、驱动电路、结构设计和施工等。但是除非所用发光二极管的离散性太大，否则一致性的问题主要是设计和施工问题。
灰度等级	国内外众多大屏的经验证明，灰度级必须足够高。目前高档产品普遍为同屏显示 1024 级、10.7 亿色。国内大多是 256 级，差距甚远。
数字处理能力	要得到优质图像，必须有高质量的视频信号源。对于一般的大屏用户，所能得到的最好信号就是广播电视信号，DVD、VCD 等只是家用级的。因此对输入信号进行数字处理、提升图像质量就是必不可少的了。数字处理系统的处理能力集中体现在处理位数和处理速度上，运用 DSP 或高档 FPGA 是必然趋势。
可靠性和寿命	可靠性是显示屏的生命，无论是用于形象工程，还是用于商业运行，稳定可靠都是至关重要的。可靠性指标由平均无故障时间（MTBF）和平均修复时间（MTTR）来表述。MTBF10000h 是一个非常高的指标，实际上也不一定需要。

 **典型应用分析**

● 10.3.1　LED大屏幕显示系统的应用

LED 大屏幕显示系统主要应用于证券交易、机场航班动态信息显示、港口车站旅客引导信息显示、体育场馆信息显示、道路交通信息显示、调度指挥中心信息显示、业务宣传信息显示和广告信息显示等。

证券交易、金融信息显示	这一领域的 LED 显示屏占到了前几年国内 LED 显示屏需求量的 50% 以上，目前仍为 LED 显示屏的主要需求行业。上海证券交易所、深圳证券交易所及全国上万家证券、金融营业机构广泛使用了 LED 显示屏。

机场航班动态信息显示	民航机场建设对信息显示的要求非常明确，LED 显示屏是航班信息显示系统 FIDS（Flight information Display system）的首选产品。首都机场、上海浦东国际机场、海口美兰机场、珠海机场、厦门高崎机场、深圳黄田机场、广州白云机场及全国数十家新建和改扩建机场都选用了国产的 LED 显示屏产品。
港口、车站旅客引导信息显示	以 LED 显示屏为主体的信息系统和广播系统、列车到发提示系统、票务信息系统等共同构成客运枢纽的自动化系统。北京站、北京西站、南昌站、大连港等国内重要火车站和港口都安装了国内厂家提供的产品和系统。
体育场馆信息显示	LED 显示屏已取代了传统的灯泡及 CRT 显示屏。第四十三届世乒赛主场地天津体育中心首次采用了国产彩色视频 LED 显示屏，受到普遍好评；上海体育中心、大连体育场等许多国内重要体育场馆也相继采用 LED 显示屏作为信息显示的主要手段。
道路交通信息显示	随着智能交通系统（ITS）的兴起，在城市交通、高速公路等领域，LED 显示屏作为可变情报板、限速标志等，替代国外同类产品，得到普遍采用。
调度指挥中心信息显示	电力调度、车辆动态跟踪、车辆调度管理等，也在逐步采用高密度的 LED 显示屏。
邮政、电信、商场购物中心等服务领域的业务宣传及信息显示	遍布全国的服务领域均有国产 LED 显示屏在信息显示方面发挥作用。
广告媒体新产品	除单一大型户内、户外显示屏作为广告媒体外，国内一些城市出现了集群 LED 显示屏广告系统；列车 LED 显示屏广告发布系统也已在全国数十列旅客列车上得到采用并正在推广。

● 10.3.2 典型室外全彩色大屏幕系统的设计

10.3.2.1 系统组成

典型的户外全彩色大屏幕系统组成如图 10-8 所示。

由图 10-8 可见，户外全彩色大屏幕显示系统由节目源（可以是卫星电视节目、闭路电视节目、录像机、DVD 影碟机或摄像机）、音视频切换矩阵、背景音箱、显示器、全彩屏控制器、LED 显示屏、电源、本地控制计算机和远程计算机组成。

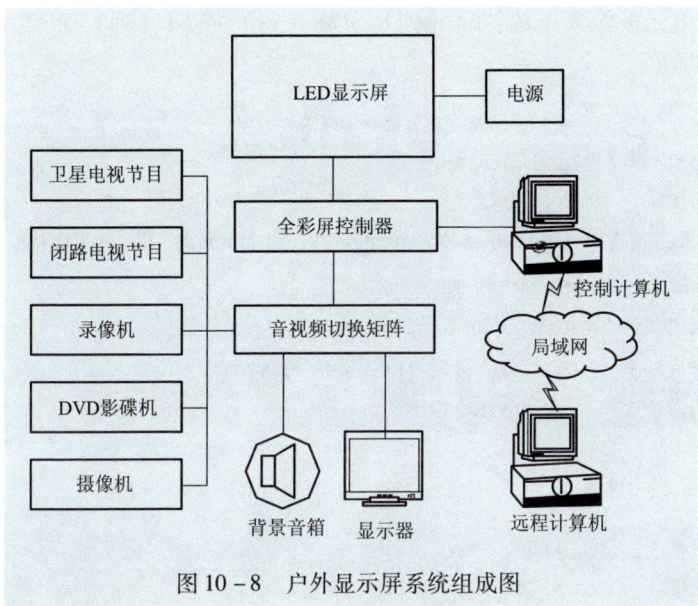

图 10-8 户外显示屏系统组成图

10.3.2.2 系统参数

作为室外全彩色大屏幕，其关键技术指标有：

- 足够高的亮度。
- 观看距离及视角。
- 良好的色还原度。
- 足够高的灰度能力。
- 足够高的扫描刷新速率。
- 足够高的视频信号处理能力。

典型的室外全彩色大屏幕，应该满足以下全部或多个要求：

（1）LED 灯参数。

红色 LED	亮度在 120～140mcd 之间，波长在 620～625nm。
绿色 LED	亮度在 300～500mcd 之间，波长在 510～525nm。
蓝色 LED	亮度在 70～100mcd 之间，波长在 465～470nm。

（2）像素。

像素间距	5～10mm。
像素组成	1R1G1B。

(3) 单元板像素点数：64（列）×48（行）或 64（列）×32（行）。
(4) 屏幕。

显示尺寸	4:3 或 16:9 规格，根据实际需要选用。
屏幕面积	由显示尺寸决定。
屏幕厚度	20cm 左右。
屏幕解析度	320×240、640×480 多种规格，由单元板进行组合的规格大部分均可实现。
屏幕密度	10 000～20 000 点/m^2。
屏幕亮度	1000～3000cd/m^2。
亮度调节	连续可调、手动/自动/定时三种调节方式。
整屏平均功耗	500～1000W/m^2。

(5) 系统指标。

屏幕水平视角	≥120°。
屏幕垂直视角	≥120°。
观看距离	5～100m。
灰度等级	红、绿、蓝各256级。
灰度校正	两次γ校正，红、绿、蓝灰度非线性纠偏后各8bit，纠偏编码各16bit。
图像调节	亮度、对比度、色调、色饱和度、灰度校正系数、色彩范围、图像变倍等。
图像处理	视频降噪、快速运动补偿、边缘锐化、边缘平滑、色坐标空间变换与控制、灰度变换。
系统控制方式	具有纯视频工作和计算机控制两种方式。
驱动方式	恒流源驱动。
显示颜色	最多16 777 216 种。
换帧频率	≥100Hz。
刷新频率	480Hz。
连续工作时间	无限制。
屏体寿命	>100 000h。
无故障时间	>10 000h。
离散失控点	<1/10 000，无常亮点。
屏幕平整度	达到C级标准。
防护性能	防盐雾、防潮、防虫、防尘、防腐蚀、防雷击、防电磁干扰、阻燃。
电器防护	过电流、断路、短路、过电压、欠电压。
报警性能	温湿度及烟雾报警、过电流、断路、短路、过电压、欠电压。
输入信号、接口	PAL/NTSC/SECAM/VGA/SVGA/XGA/DVI（for data）、S-VIDEO、YUV 等各种音视频信号、计算机信号。

10.3.2.3 系统功能

1. 显示功能

- 实时整屏显示真彩色视频图像，实现现场转播。
- 转播广播电视及卫星电视，播放录像机、影碟机等视频节目。
- 能纯视频显示计算机所能显示的一切内容，并能多任务、多窗口显示。
- 可播放 SDI 数字视频信号。
- 播放来自各种设备的视频信号，并能随时切换不同的视频源。8 路视频源可通过多媒体视频矩阵开关同时监控与切换，并可对视频画面进行缩小或放大操作。
- 具有同时播放左右不同比例的视频及文字的功能。
- 播出方式有单行左移、多行上移、左右拉、旋转、缩小、放大、反白、翻页、移动、旋转、飘雪、滚屏、闪烁等 20 多种方式，并可依据客户要求增加特定的播放方式。
- 可播放不同格式的图形、图像文件，如 BMP、TGA、TEXT、GIF 等。
- 能播放二、三维动画，并支持用压缩卡采集的 AVI 信号。具有方便的界面接口，丰富的材料库，形体库和先进的渲染技术，使广告创意成为逼真的现实。
- 满足文艺表演的使用要求。
- 支持声卡及 CD-ROM 等多媒体设备，可播放 WAV/MID 等声音文件。

2. 应急处理功能

- 各种信息发布可在联网状况下工作。当网络出现故障时，编辑机和播放机可互联为对等网，脱离广域网独立工作。编辑机中存有网络故障前广域网中存有的各种库文件、静态信息和动态信息。同时，编辑机可进行手工信息录入，确保 LED 显示屏信息发布系统正常工作。
- LED 显示系统的各种自动调整均可切为手动调整。这样，各种自动调整的闭环系统可强切为开环系统，以防止闭环系统中的某个环节故障导致整个系统的瘫痪，如亮度自动调整、信息自动发布系统等。
- 显示屏核心部分均实行双机备份工作，如显示屏播放系统中的播放机、视频处理板、信号条理接口板，显示屏控制系统中的主控箱等。在上述核心部分发生故障时，可在极短的时间内恢复系统的正常工作。

3. 自检测功能

● 能对显示屏体内的电源、温度、烟雾、控制信号（主要是同步信号）进行检测，若异常，则切断电源，发出警告。

10.4 技术发展趋势

在如今的信息化社会中，作为人体视觉信息的传播媒体显示产品得到迅速的发展，常见的显示产品包括 CRT 显示器、LCD 显示器、LED 显示器、等离子显示器、DLP 显示器、投影机等。而 LED 作为重要的显示技术之一，也得到大量的发展和应用，除用作照明设备、大屏幕显示系统之外，还逐渐被用于计算机的显示屏幕。

目前 LED 大屏幕显示系统朝着高亮度、全彩化、标准化、规范化、结构多样化等多个方面发展，也是 LED 大屏幕显示系统的技术发展趋势。

1. 高亮度、全彩化

蓝色及纯绿色 LED 产品自出现以来，成本逐年快速降低，已具备成熟的商业化条件。基础材料的产业化使 LED 全彩色显示产品成本下降，应用加快。以全彩色户外 $\phi26mm$ 显示屏为例，1996 年的产品市场价格每平方米在 12 万元左右，2008 年已降至 5 万~8 万元。LED 产品性能的提高，使全彩色显示屏的亮度、色彩、白平衡均达到比较理想的效果，完全可以满足户外全天候的环境条件要求。同时，由于全彩色显示屏价格性能比的优势，预计在未来几年的发展中，全彩色 LED 显示屏在户外广告媒体中会越来越多地代替传统的灯箱、霓虹灯、磁翻板等产品，体育场馆的显示方面，全彩色 LED 屏更会成为主流产品。全彩色 LED 显示屏的广泛应用会是 LED 显示屏产业发展的一个新的增长点。

2. 标准化、规范化

材料、技术的成熟及市场价格基本均衡之后，LED 显示屏的标准化和规范化将成为 LED 显示屏发展的一个新趋势。近几年业内的发展，市场竞争在传统产品条件下是以价格作为主要的竞争手段，几番价格回落调整达到基本均衡，产品质量、系统的可靠性等将成为主要的竞争因素，这就对 LED 显示屏的标准化和规范化有了较高要求。业内一些骨干企业已开始在企业实施 ISO9000 系列标准，国家也制定《LED 电子显示屏通用规范》，故标准化、规范化将是 LED 大屏幕显示系统的一个技术发展趋势。

3. 产品结构多样化

信息化社会的形成，信息领域愈加广泛，LED 显示屏的应用前景更为广阔。预计大型或超大型 LED 显示屏的主流产品局面将会发生改变，适合于服务行业特点和专业性要求的小型 LED 显示屏会有较大提高，面向信息服务领域的 LED 显示屏产品门类和品种体系将更加丰富，部分潜在市场需求和应用领域将会有所突破，如公共交通、停车场、餐饮、医院等综合服务方面的信息显示屏需求量将有更大的提高，大批量、小型化的标准系统 LED 显示屏在 LED 显示屏市场总量中将会占有多数份额。而 LED 大屏幕显示技术应用于计算机的显示屏也是一个值得关注的技术发展趋势。

4. 产品单位成本大幅度下降

世界光电子产业的发展推动应用领域的变化发展，相信随着 LED 产业的发展，会有更多的资金投向 LED 的研究和生产，因此现有超高亮度、蓝色、绿色 LED 的技术为少数厂商垄断将会突破，预计产品成本会随着大规模生产而有大幅度的下降，从而促进市场再开发，应用的再拓展，尤其是将 LED 显示技术应用于民用市场之后，这个趋势将会更加明显。

第十一章

图说等离子拼接显示系统

 **系统基础知识**

● **11.1.1 什么是等离子体**

物质一般呈现固态、液态、气态和等离子体态四种状态，如图 11-1 所示（见文末彩插）。

如果把固态的冰加热到一定程度，它就会变成液态的水，如果继续升高温度，液态的水就会变成气态，如果继续升高温度到几千度以上，气体的原子就会抛出身上的电子，发生气体的电离化现象，这种电离化的气体就叫做等离子体（Plasma），呈现为等离子体态。

等离子体是由克鲁克斯在 1879 年发现的，1928 年美国科学家欧文·朗缪尔和汤克斯首次将"等离子体（Plasma）"一词引入物理学，用来描述气体放电管里的物质形态。严格来说，等离子是具有高位能动能的气体团，等离子的总带电量仍是中性，借由电场或磁场的高动能将外层的电子击出，结果电子不再被束缚于原子核，而成为高位能高动能的自由电子。

等离子体是物质的第四态，即电离了的"气体"，它呈现出高度激发的不稳定态。在宇宙中，等离子体是物质最主要的正常状态，几乎 99% 以上的物质都是以等离子体态存在。

在日常生活中也可以经常看到等离子态的物质。如在日光灯和霓虹灯的灯管里、在眩目的白炽电弧里，都能找到它的踪迹。另外，在地球周围的电离层里，在极光、大气中的闪光放电和流星的尾巴里，也能找到等离子体。用人工方法，如核聚变、核裂变、辉光放电及各种放电，都可以产生等离子体。

● 11.1.2 等离子体技术知识

11.1.2.1 等离子的原理

等离子体通常被视为物质除固态、液态、气态之外存在的第四种形态。等离子体与气体的性质差异很大，等离子体中起主导作用的是长程的库仑力，而且电子的质量很小，可以自由运动，因此等离子体中存在显著的集体过程，如振荡与波动行为。等离子体中存在与电磁辐射无关的声波，称为阿尔文波。

11.1.2.2 等离子体的性质

等离子体态常被称为"超气态"，它和气体有很多相似之处，如没有确定形状和体积，具有流动性，但等离子也有很多独特的性质。

11.1.2.3 电离

等离子体和普通气体的最大区别是它是一种电离气体。由于存在带负电的自由电子和带正电的离子，有很高的电导率，和电磁场的耦合作用也极强：带电粒子可以同电场耦合，带电粒子流可以和磁场耦合。描述等离子体要用到电动力学，并因此发展起来一门叫做磁流体动力学的理论。

11.1.2.4 组成粒子和等离子体的分类

和一般气体不同的是，等离子体包含两到三种不同组成粒子，即自由电子、带正电的离子和未电离的原子。这使得我们针对不同的组分定义不同的温度，即电子温度和离子温度（见图11-2）。轻度电离的等离子体；离子温度一般远低于电子温度，称之为"低温等离子体"；高度电离的等离子体，离子温度和电子温度都

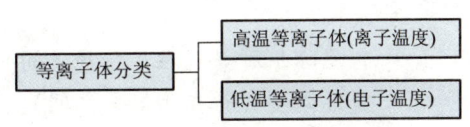

图11-2 等离子体分类

很高，称为"高温等离子体"。高温等离子体只在温度足够高时发生，太阳和恒星不断地发出这种等离子体；低温等离子体是在常温下发生的等离子体（虽然电子的温度很高），可以被用于等离子电视、等离子显示器、氧化、变性等表面处理或者在有机物和无机物上进行沉淀涂层处理。

11.1.2.5 速率分布

一般气体的速率分布满足麦克斯韦分布，但等离子体由于与电场的耦合，

可能偏离麦克斯韦分布。

11.1.2.6 常见的等离子体

等离子体是存在最广泛的一种物态，常见的等离子体有：

（1）人造等离子体，包括：

- 等离子显示器和电视。
- 荧光灯、霓虹灯灯管中的电离气体。
- 核聚变实验中的高温电离气体。
- 电焊时产生的高温电弧，电弧灯中的电弧。
- 火箭喷出的气体。
- 在生产集成电路时用来蚀刻电介质层的等离子体。
- 等离子球。

（2）地球上的等离子体，包括：

- 火焰（上部的高温部分）。
- 闪电。
- 球状闪电。
- 大气层中的电离层。
- 极光。

（3）宇宙中的等离子体，包括：

- 太阳风。
- 行星际介质（存在于行星之间）。
- 星际介质（存在于恒星之间）。
- 星系间介质（存在于星系之间）。
- 吸积盘。
- 星云。

11.1.2.7 等离子体的应用

等离子体在日常生活中主要被用于等离子电视、等离子显示器和等离子拼接墙，其中等离子拼接墙是本章要重点阐述的。另外等离子体技术也被用于工业用途。

11.1.3 什么是等离子显示器

等离子显示器（Plasma Display Panel，缩写 PDP）也称为等离子显示屏，是一种平面显示屏幕，光线由两块玻璃之间的离子射向磷质而发出。放出的气体并无水银成分，而是使用惰性气体氖及氙混合而成，这种气体是无害气体。

等离子显示器甚为光亮（亮度可以达到 $1000cd/m^2$ 以上），可显示更多种颜色，也可制造出较大面积的显示屏，最大对角可达 200cm（80in）。等离子显示屏的对比度亦高，可制造出全黑效果，对观看电影尤其适合。显示屏厚度通常为 6cm（2.5in）左右，连同其他电路板，厚度常常在 10cm（4in）左右。

PDP 不同于其他传统电视或液晶的显示方式，等离子的发光原理是在真空玻璃管中注入惰性气体或水银气体，利用加电压方式，使气体产生等离子效应，放出紫外线，激发三基色红蓝绿（RGB）的发光体，不经由电子枪扫描或背光的明暗所产生的光，而是每个个体独立发光的，产生不同于三基色的可见光，并利用激发时间的长短来产生不同的亮度。等离子电视就是在等离子显示器上装上频道选台器的机器。使用寿命约 5 万～6 万 h。随着使用的时间延长，亮度衰退。

等离子显示屏于 1964 年由美国伊利诺大学两位教授 Donald L. Bitzer 及 H. Gene Slottow 发明。原本只可显示单色，通常是橙色或绿色。80 年代个人电脑刚刚普及，等离子显示器当时曾一度被拿来用作电脑屏幕。这是由于当时的液晶显示发展仍未成熟，只能进行黑白显示，对比低且液晶反应时间太长的原因所致。直到薄膜晶体管液晶显示器（TFT-LCD）被发明，等离子显示器才逐渐退出电脑屏幕市场而进入电视显示、大屏幕显示领域。

11.1.4 等离子显示器基础知识

1. 基本工作原理

等离子显示器的基本工作原理和 CRT 与日光灯有些相像。基本上等离子显示器是由多个放电小空间排列而成，每一个放电小空间称为 Cell，而每一个 Cell 是负责红绿蓝三色当中的一色，故等离子显示器所显示的具有多重色调的颜色是由三个 Cell 混合不同比例的原色而混成的。而这个混色的方式，跟液晶屏幕所用到的混色方式是相近的。

每一个 Cell 的架构是利用类似日光灯的工作原理。也就是可以把它当成是体积相当小巧的紫外光日光灯，当中使用解离的氦（He）、氖（Ne）、氙（Xe）等种类的惰性混合气体。当高压电通过的时候，会释放出电能，触发

Cell 当中的气体，产生气体放电，发出紫外光。当 Cell 受到高压刺激产生紫外光之后，利用紫外光再去刺激涂布玻璃上的红、绿、蓝色磷光质，进而产生所需要的红光、绿光与蓝光等三原色。透过控制不同的 Cell 发出不同强度的紫外光，就可以产生亮度不一的三原色，进而组成各式各样的颜色。

由于等离子屏幕是透过紫外光刺激磷光质发光，因此它跟 CRT 一样，属于自体发光，跟液晶屏幕的被动发光不同，因此它的发光亮度、颜色鲜艳度与屏幕反应速度都跟 CRT 相近。

2. 面板的组成结构

等离子显示器的面板主要由前板制程和后板制程两部分构成。

靠近使用者面的是前板制程，其中包括玻璃基板、透明电极、Bus 电极、透明诱电体层、氧化镁涂层；远离使用者面的是后板制程，其中包括荧光体层、隔墙、下板透明诱电体层、寻址电极、玻璃基板。负责发光的磷光质并不是在靠近使用者的那一面，而是在比较内部的部分。

由于控制电路必须要夹在前板制程与后板制程当中，因此在面板的组合过程当中，需要将前后板准确对齐，并且与控制电路作好搭配，确保在发光上不会有问题。在这个步骤当中，液晶面板需要有背光模组，但是 PDP 却不需要，因为它属于自体发光。

单单只有面板也不够，还要有高压驱动电路，再搭配上功能不同的控制电路，才能够达到屏幕的基本需求，比如等离子电视机多配有专属的电视盒。

等离子显示器的面板组成结构如图 11-3 所示。

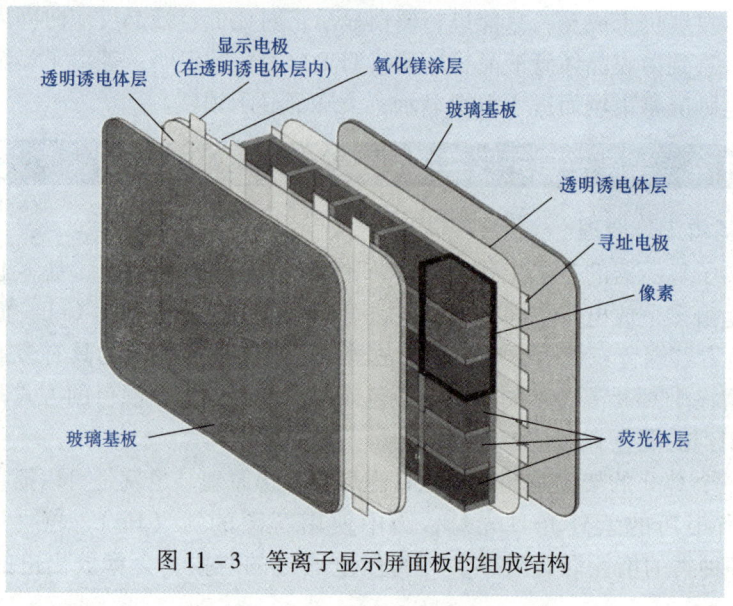

图 11-3 等离子显示屏面板的组成结构

3. 等离子显示器屏幕尺寸

指等离子屏幕对角线的长度，一般用英寸（1in＝2.54cm）来表示，等离子显示器在 30~80in 之间，目前市面上最大的等离子显示器可达 103in。基于 CRT 无法突破显示大尺寸的障碍，LCD 做到大尺寸价格将会非常昂贵。目前等离子可以轻易地做到更大的尺寸和很薄机身。从技术发展的角度看，在 30~80in 之间，等离子显示器有着明显的优势，并将主导大屏幕显示器的发展趋势。

4. 分辨率

分辨率是等离子显示器包括其他显示器的基础技术指标，目前市场上的等离子电视依照分辨率不同，分为标准分辨率和高分辨率两种。标准分辨率为 852×480，高分辨率为 720p 和 1080p（1920×1080）。

5. 对比度和亮度

发光物体表面发光强弱的物理量称为亮度，物理学上用 L 表示，单位为坎德拉每平方米（cd/m^2）。亮度是衡量等离子显示器发光强度的重要指标，对于等离子来说，高亮度也就意味着等离子对于其工作环境的抗干扰能力更高。等离子由于各个发光单元的结构完全相同，屏幕亮度非常均匀，没有亮区和暗区。一般等离子的亮度都在 $500cd/m^2$ 以上，显示的画面清晰艳丽，有些高档的等离子亮度可以达到 $1000cd/m^2$ 以上。

对比度是黑与白的比值，也就是从黑到白的渐变层次。比值越大，从黑到白的渐变层次就越多，从而色彩表现越丰富。等离子的对比度对视觉效果的影响非常关键，对比度越大，图像越清晰醒目，色彩也越鲜明艳丽；而对比度小，则会让整个画面都灰蒙蒙的。高对比度对于图像的清晰度、细节表现、灰度层次表现都有很大帮助。目前顶级等离子产品的对比度可以达到 10 000:1。

6. 视角

等离子显示器的可视角度都比较好，大多数都超过 160°，对于一般的应用不会造成什么观看障碍。

7. 等离子显示器的特点

见 11.2.2.1。

11.2　等离子拼接显示系统

● 11.2.1　什么是等离子拼接显示器

受制于单屏最大面积的限制（通常不超过 110in），如果需要更大面积的显示器（或更多规格），就需要将多个相同规格的显示器进行拼接。将多块等离子显示器拼接在一起形成一个更大面积的显示器就是等离子拼接显示器（Multi PDP，MPDP，也称为等离子无限拼接大屏幕），每块显示器既可独立显示又可以组合显示，系统所显示的画面也可以跨屏，自由拉伸，相当于一块屏幕。典型的等离子拼接显示器如图11-4所示。

图11-4 等离子拼接显示器

拼接屏规格为 $M \times N$，其中 M 为行数，N 为列数。常见的包括 1×2、2×2、2×3、2×4、3×3、3×8、4×4、4×7、6×12 等多种规格，如图11-5所示。

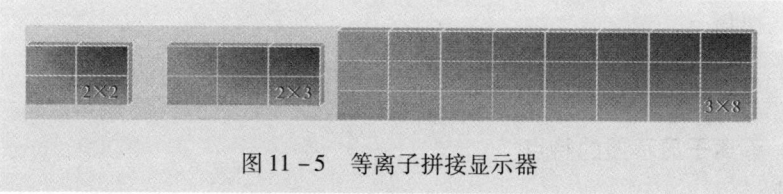

图11-5 等离子拼接显示器

由图11-5可见，等离子拼接大屏幕组合非常灵活，可以组合成各种各样的规格以满足实际应用的需要。如 1×2 规格的拼接大屏幕常用于广告展示；2×2、2×3 规格的拼接大屏幕常用于小型的会议室系统或监控系统；2×4、3×3、3×8 规格的拼接大屏幕多用于大型的室内场合，如广场、地铁、演唱会、指挥中心等；4×4、4×7 以上规格的拼接大屏幕多用于专业场所，如公安指挥中心、电力控制中心等。目前市面上能够见到的最大规格大屏幕是 $6 \times$

12 规格的，将来肯定会向更大规格发展。

除了上面所述多种拼接规格之外，等离子拼接大屏幕还可以组合成其他各种规格，如 3×4、3×5、3×6、3×7、3×9、4×5、4×6、4×8、5×5、5×6、5×7、5×8、5×9、6×6、6×7、6×8、6×9、6×10 和 6×11，等等。

等离子拼接显示器由于出色的视频显示效果，广泛应用于广告宣传、企业展示、产品推广、信息演示、舞台背景、会议显示屏、大型接待场所背景等。图 11-6（见文末彩插）所示为多种拼接规格的实际应用效果图。

目前市面上应用于拼接显示系统的等离子显示器大多数规格为 42in。

● **11.2.2 系统特点**

11.2.2.1 等离子显示器的特点

要分析等离子拼接显示器的特点，首先来看看等离子显示器的特点：

1. 高分辨率

PDP 拥有更高的分辨率。PDP 显示 XGA、SVGA、VGA 等分辨率的电脑信号，同时可以显示 DTV 或高清晰的 HDTV 信号。多个 PDP 拼接之后，能够显示更高分辨率的信号。

2. 画面无闪烁

PDP 每一个像素点由独立电极控制，并配备双倍扫描电路，因此即使是普通的电视信号或 VCR 录像带，也能呈现精细完美的画面。

3. 精确的色彩还原能力

高端等离子显示器通常能显示高达 10 737 万种以上的色彩，提供了完美的色阶，辅以丰富灰阶，能够呈现色彩更饱满、更艳丽的画面。

4. 宽屏显示模式

等离子显示器屏幕比例多为 16:9，而非传统的 4:3，这是为用户欣赏大多数 DVD 影碟以及显示未来的 HDTV（画面比例 16:9）信号而准备的。当然，也可以通过选择 4:3 格式观赏普通电视节目信号。

5. 完美的纯平面显示

PDP 等离子显示器是真正的纯平面显示器，完全无曲率的大画面，即使边角部分也绝无变形和失真。

6. 亮度均匀

大多数其他主流显示技术都存在屏幕亮度不均匀的现象（如投影、液晶、CRT 等），而由于 PDP 独特的显示原理，等离子显示器的亮度非常均匀，不会出现边角部分发暗的情况。

7. 超薄的机身设计

PDP 在拥有超大显示面积的同时，机身超薄，方便安置在任何场所和位置。超轻超薄的优点使等离子显示器成为室内大屏幕显示的最佳设备之一。

8. 超宽观看角度

PDP 自身带有发光源，无需外部光源来发光，这种主动发光的特性使 PDP 的可视角度极为宽广，在水平和垂直双方向上都大于 160°。

9. 全制式接收

等离子显示器能接驳多数常用视频信号源，包括复合视频（NTSC/PAL/SECAM）、标准 AV 信号（Video & Audio）、DVD/HDTV 以及计算机输出的 VGA 信号。

11.2.2.2 等离子拼接大屏幕的特点

了解等离子显示器之后，再来了解一下等离子拼接大屏幕的特点：

1. 美观、大方，富有现代感

等离子单元的特点决定了等离子拼接显示器的最基本特点是美观、大方、富有现代感。

2. 显示面积的可扩展性

显示单元可无限拼接，灵活扩展，拼接方式多种多样，可拼为 $1×2$、$2×2$、$2×3$、$M×N$（$M≥1$，$N>1$），前文有详细论述。

等离子拼接显示单元的正面和背面如图 11 -7 所示。

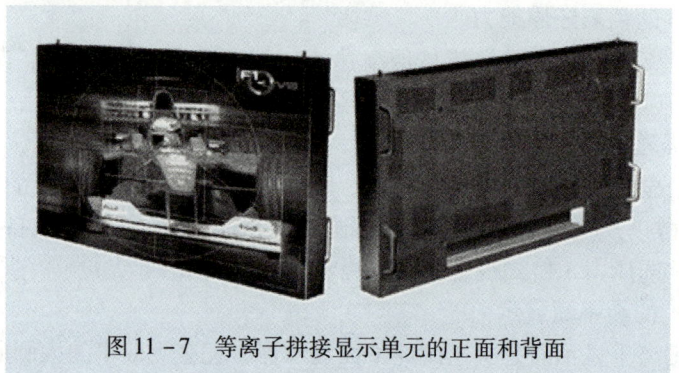

图 11 -7 等离子拼接显示单元的正面和背面

3. 单元拼接缝隙 ≤2mm

常见的 42in 等离子拼接单元，通过采用独特的工艺生产，可去除普通等离子面板四周 3~4cm 宽的玻璃边，即所谓的"显示死区"，屏幕边缘每一个像素点都可清晰显示。拼接后，各显示单元之间缝隙小于等于 2mm（见图 11 -8），实现最佳的等离子拼接效果，大屏幕画面完美无缺。

第十一章 图说等离子拼接显示系统

传统拼接缝隙80mm

拼接缝隙≤2mm

图 11-8　等离子拼接显示器的拼接缝隙

4. 优异的显示性能

等离子无限拼接大屏幕的亮度可高达 $1000cd/m^2$，并拥有极高的亮度均匀性；对比度高达 10 000:1，画面清晰亮丽，色彩饱和度及还原度高；支持 VGA ~ UXGA、WXGA 区间高分辨率信号。拥有双方向 160°超宽广视角，如图 11-9 所示，满足全方位观赏需要。

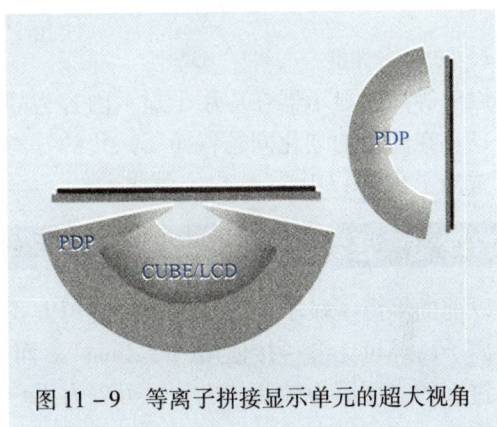

图 11-9　等离子拼接显示单元的超大视角

5. 稳定运行寿命超长

目前的等离子显示单元采用先进的供电系统、优良的散热设计，确保长时间稳定运行，故障率低，寿命超长（使用寿命通常超过 80 000h）；每个显示单元间拥有完美的色彩一致性，且长时间工作后图像质量（亮度均匀性、色彩一致性、拼接效果等）不会发生明显变化，无需定期调试；无热变形，长期使用不会出现表面内凹或者外凸现象。等离子的技术和构造决定了没有易损部件和耗材，因此维护、维修成本也比较低。

6. 超薄机身

超薄机身设计（如 42in 显示单元厚度在 7.54cm 左右，幕墙整体安装厚度不超过 18cm），使该屏幕墙占地面积极小，适合壁挂，从而适合在任何面积的场所安装。屏幕采用高质防爆玻璃经多层镀膜处理，防眩光、防反射，热变形小。

等离子体拼接大屏幕和传统显示幕墙的机身厚度对比如图 11-10 所示。

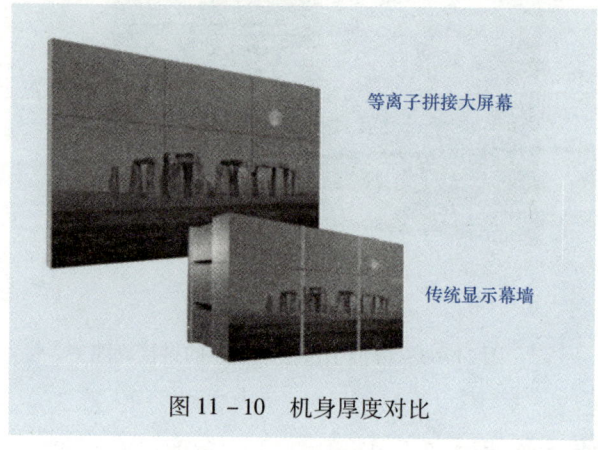

图 11-10　机身厚度对比

7. 防灼伤性能

以前等离子显示器在应用于显示内容为静态或重复播放同一画面的控制室中时，存在严重的老化问题；而新一代的等离子产品配备了 BIC 技术，将老化问题减低了 90% 以上。

● 11.2.3　系统功能

以前的等离子显示大多都为单机使用方式，随着科技的发展和进步，到目前等离子已经可无缝拼接使用（≤2mm），而且能够得到很好的显示效果。等离子拼接的应用因为较薄的机体，可以为用户节约更大使用空间，拼接组合也简单快捷，使用等离子拼接墙可以说是较少的投资得到极好的显示效果，性价比较高。

等离子拼接大屏幕可以同时显示几个相同或不同的动态（视频）和静态（计算机数据）画面，能保证信息显示的多样化。

等离子拼接大屏幕显示系统具有以下比较特殊的功能（包含但不限于）：

1. 全屏显示，高分辨率应用

等离子拼接大屏幕可用来显示较大规格图像、文本信息，适用于需要高分辨率应用的场合，如图 11-11 所示。

2. 多路实时视频信号显示

等离子拼接大屏幕的最大特点是图像显示的应用，可同时显示多路实时视频信号，如图 11-12 所示。

图 11 – 11　全屏显示

图 11 – 12　多路实时视频信号显示

3. 网络信号的显示

等离子拼接大屏幕除了可用于显示视频信号之外，还可以显示计算机信号，用来显示多个计算机的屏幕，这些计算机可以是连接在网络上的任何一台计算机或者服务器。

等离子拼接大屏幕可以用来显示程序的界面、可以打开网页进行浏览。总之，普通计算机显示器可以显示的信号都可以在等离子拼接大屏幕上显示，如图 11 – 13 所示。

4. 各类信号混合显示

等离子拼接大屏幕除了可以单独显示视频信号和网络信号之外，还可以混合显示各种信号，如同屏显示地图、摄像机视频、计算机信号，如图 11 – 14 所示。

图 11-13　多路网络信号显示

图 11-14　各类信号混合显示

5. 信号处理系统功能

等离子拼接大屏幕对信号源进行完善的处理，包括转接、分配、切换、倍频、分割、多屏拼接等，达到信号资源共享的目的，使显示系统能轻易地获取任意一个或多个所需的信号，满足各种不同功能的需要。它是整个多媒体展示系统灵活性、安全性的有力保证。各种视频信号、音频信号和计算机信号通过 AV 或 RGB 两种矩阵进行共享连接，可以分别显示在 PDP 大屏幕及不同的显示终端上。

6. 灵活的显示方式

等离子拼接大屏幕具有灵活的屏幕分割显示方式，可自由组合拼接单元，显示不同的应用，如图 11-15～图 11-20 所示。

第十一章 图说等离子拼接显示系统

图 11-15　每个显示单元显示不同的信号

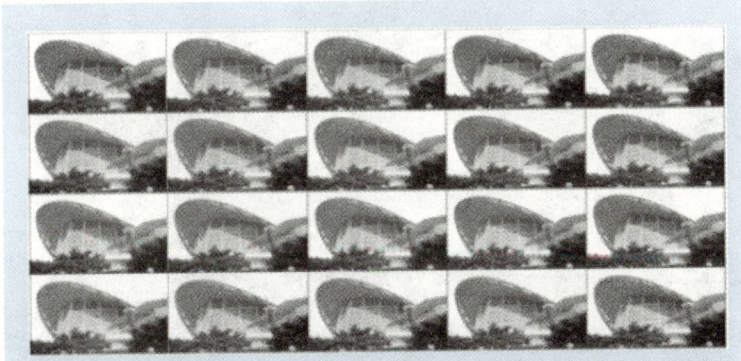

图 11-16　每个显示单元显示相同的信号

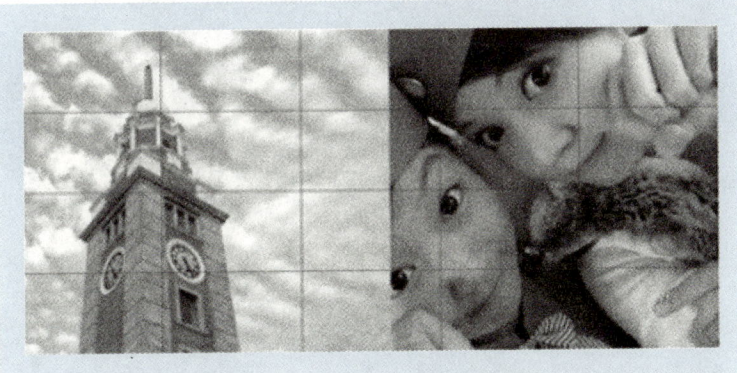

图 11-17　分割显示 2 路信号

图 11-18　局部分割显示单路信号（1）

图 11-19　局部分割显示单路信号（2）

图 11-20　局部分割显示单路信号（3）

第十一章 图说等离子拼接显示系统

由图 11-15~图 11-20 可以看出,等离子拼接大屏幕的显示方式是非常灵活的,当然信号的显示也可自由跨屏显示,不一定是一个完整的显示单元。

● 11.2.4 系统组成架构

等离子拼接显示系统的组成如图 11-21 所示。

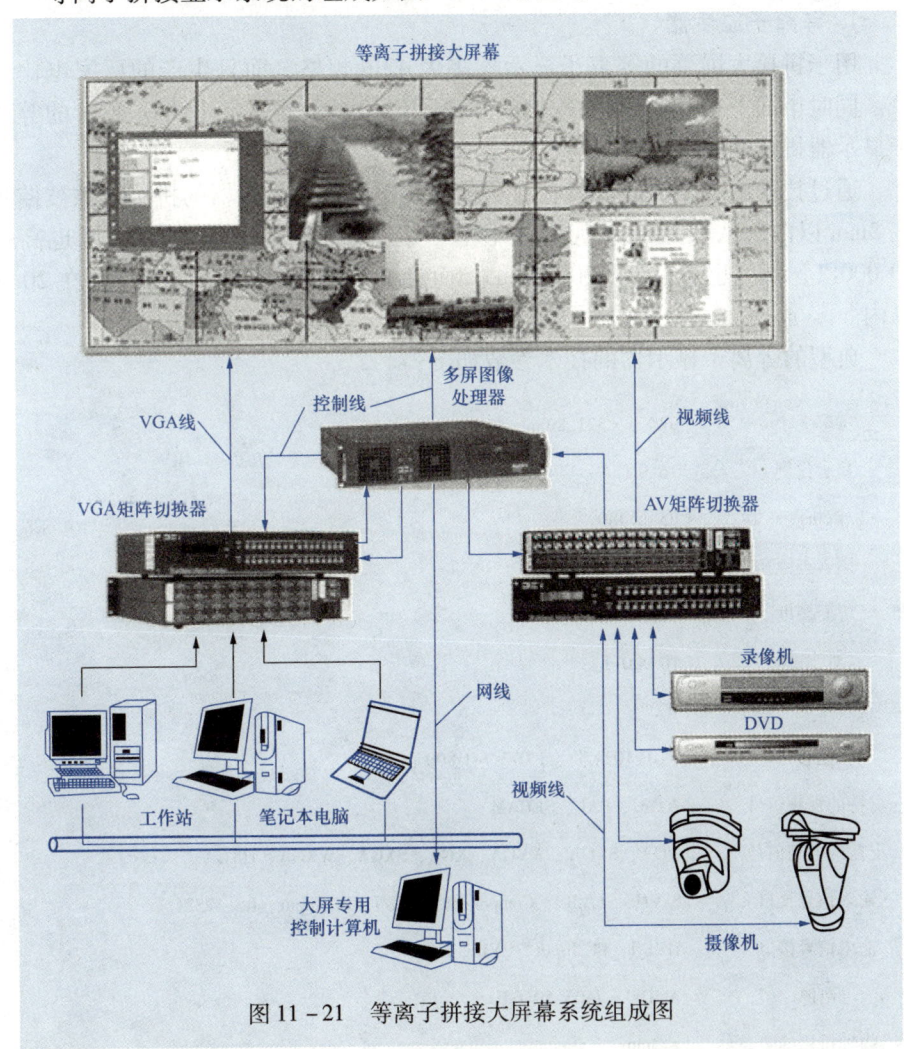

图 11-21 等离子拼接大屏幕系统组成图

等离子拼接显示系统除了等离子显示器之外,还包括多屏图像处理器(有的被称为屏幕拼接处理器)、VGA 矩阵切换器(用于连接计算机信号和其他具有 VAG 信号输出的设备)、AV 矩阵切换器(用于连接音视频信号)、大屏专用控制计算机(用来处理所有的信号)和其他外围设备(如录像机、

DVD 机、摄像机、投影机、有线电视、工作站和笔记本等)。

● 11.2.5 系统主要设备

等离子拼接显示系统的组成在前文已经论述过了,本处主要介绍等离子显示器、多屏图像处理器、矩阵切换器等核心设备及显示墙应用管理系统软件。

1. 等离子显示器

用于拼接大屏幕的等离子显示器多为 42in 规格,而且生产的厂家也比较少。同时市面上也有 84 英寸规格的等离子拼接显示器,它由 4 块 42in 的等离子显示器拼接而成。

通过技术的不断升级和换代,目前的拼接等离子显示器的拼接缝隙被控制在 2mm 以内,从较远距离观看基本上不影响观看效果,同时对比度也高达 10 000:1,亮度也可达到 1000cd/m^2,而且安装的整体厚度也可控制在 20cm 以内。

典型的等离子显示器的技术参数如下:

屏幕大小	924.6×521.8mm,42in。
显示比例	16:9。
解析度	853×480。
图素点距	1.08mm×1.08mm。
屏面亮度	1000cd/m^2。
对比度	10 000:1。
视角	160°。
色彩	RGB 1024 阶,1 073 741 800 色。
支持的视频信号	NTSC、PAL、SECAM。
支持的电脑信号	VGA、SVGA、WVGA、XGA、SXGA、WXGA、UXGA。
输入信号接口	S-VHS、CVBS、Component、DVI/I、PC Input、RS-232C。
输出信号接口	DVI/I、PC Input、CVBS。
电源	AC100~240V 50/60Hz。
物理拼接缝隙	≤2mm。

2. 多屏图像处理器

多屏图像处理器(见图 11-22)是等离子大屏幕拼接系统中的一个核心硬件设备,也是其他显示器拼接系统的核心设备。多屏图像处理器能对输入到

第十一章 图说等离子拼接显示系统

处理器的多路视频信号、RGB 信号、网络上的计算机信号进行分别处理显示。通过多屏图像处理器，把输入到大屏幕的信号，通过分段分割特别处理高达 72 个等离子显示单元上拼接成一个完整的逻辑画面，方便电子地图及其他信息以完整的形式显示出来。

多屏图像处理器多采用先进的大屏幕显示技术（视频窗口）和虚屏技术，可以在大屏幕显示墙上以任意位置，任意大小开窗口显示多路视频图像和整幅完整的计算机及网络拼接图像。由于采用了虚屏技术，所有的视频窗口、图形窗口、文本窗口可以在整个显示墙上任意拖动，任意缩放。

图 11-22　多屏图像处理器

将某一路图像信号送入专用的外置图形拼接处理器，通过内部的模拟数字切换后，利用专用软件分区域切割，再经数字/模拟转换后，输出多路（分区域）图像信号送入各区域等离子单元显示大幅拼接图形。作用是将单个等离子单元不能显示的大幅画面通过多台等离子单元拼接完成大幅画面显示。

典型的多屏图像处理器具有以下特点：

显示方式直观	模拟方式只能以显示单元的物理边框为边界，通过矩阵切换器和显示单元的内置处理器来实现显示不同尺寸和内容的画面，必须事先根据通道、图像拼接尺寸（$M \times N$）、显示属性（分辨率、场频、相位）的组合预先调试成不同的显示模式，实际使用中很不方便；多屏图像处理器则把需要显示的计算机画面作为一个普通窗口，以任意大小、位置显示的方式显示在大屏幕墙上，通过鼠标就能简单、直观地选择要显示的工作站画面，对画面进行缩、放、拖、移等操作。
显示的空间广阔	传统的模拟信号在较远的距离根本无法直接传送，即使在较近的几十米范围内还必须特别注意信号频率、电缆和分配器的匹配选择，否则画面会出现模糊、重影的现象；多屏图像处理器则不限空间，只要是连接在同一个局域网上，使用 TCP/IP 协议，不论距离多远，都能将工作站的画面传送到监控中心现场。
显示模式灵活	通过视频插入技术实现多个视频图像和计算机画面的同屏混合显示，通过调整位置、大小、层次来实现满足显示需求，为用户提供了灵活的显示模式和巨大的信息量。
特有的远程网络软件	实现大屏幕墙的远程、多点控制，对大屏幕墙的各种类型窗口（视频窗口、网络窗口、RGB 窗口及其他应用窗口）的通过模拟界面进行开启、大小、位置、层次、关闭操作，并可将以上信息保存到模式文件中，直接进行文件调用或被集中控制器通过 RS232 调用。

独有的视频叠加功能	可以同时在同一显示单元上叠加多个视频窗口，视频画面流畅，无抖动、黑屏现象，而且可对多个视频窗口进行动态管理。支持多个网口配置，各个网络之间互不相连，确保用户系统的安全可靠性。
控制功能	可以通过局域网内任意 PC 实现远程控制、操作大屏幕图形控制器。可在大屏幕的任意位置，采用任意比例显示所有的图形和文字信息，并可根据操作者需要定义显示模式，在大屏上任意显示，任意开窗、跨屏、放大、缩小、漫游、叠加等。

典型的多屏图像处理器符合表 11 - 1 规定的技术参数要求。

表 11 - 1　　　　　　　多屏处理器技术参数要求

图形显示功能	图形存储器	每个显示通道 32MB 以上
	输出数量	2 ~ 24 个
	显示墙配置	任何矩阵列
	分辨率	每个输出通道 640 × 480 ~ 1600 × 1200 像素
	色彩深度	每像素 16 位
	指示器	硬件指示器
	输出信号	DIV - 1 连接器（适合模拟和数字，包括 DVI - 1 ~ HD15 适配器）
视频输入	输入	12 个以上合成 BNC 或 6 个以上 S - Video 微型 DIN
	输入格式	NTSC、PAL 或 SECAM
	缩放和显示	窗口大小最大可达 16 000 × 16 000 像素，每个显示通道有多个视频窗口
	捕捉格式	640 × 480（NTSC）/768 × 575（PAL）
RGB 输入	输入	多达 10 个 HD15 输入
	格式	具有任何同步类型（合成、单独、绿色同步）的 RGB
	像素速率	高达 160MHz 的像素
	像素格式	样片 24bpp
	缩放和显示	窗口大小最大可达 16k × 16k 像素，每个显示通道有多个 RGB 窗口
网络接口	以太网	集成 10/100/1000Mbit/s 以太网（100BaseT）RJ45 端口
输出	串口	1 个以上高速 16550 端口，RS232C、DB25 连接器
	并口	1 个以上高速端口，ECP/EPP、DB25 连接器
	音频	波表合成，麦克风接入，输入线，输出线

3. 矩阵切换器

典型的矩阵切换器包括 RGB 矩阵切换器、VGA 矩阵切换器和 AV 矩阵切换器。其中 RGB 矩阵切换器和 VGA 矩阵切换器的原理相同，区别不大，均用于计算机显示信号的显示。

（1）专业的 RGB 矩阵切换器（见图 11-23）：是专门为计算机显示信号以及高分辨率 RGB 图像信号的显示切换而设计的高性能智能矩阵开关设备，用于将各路电脑信号输出通道中的任一通道上。该系列产品广泛用于大屏幕投影显示工程、监控调度中心、指挥控制中心、多媒体会议室等场合。RGB 矩阵切换器是具有高可靠性的智能设备，设计中采用容错技术，并可以自我判断故障点、启用备用电路，并采用了高抗干扰能力的通信接口电路，保证了通信的可靠性，具 RS232 通信功能，用户可以方便地完成演示过程中的信号切换。而且大部分产品带有断电现场切换记忆保护、LCD 液晶显示等功能，具备 RS232 通信接口，可以方便与电脑、遥控系统或各种远端控制设备配合使用。

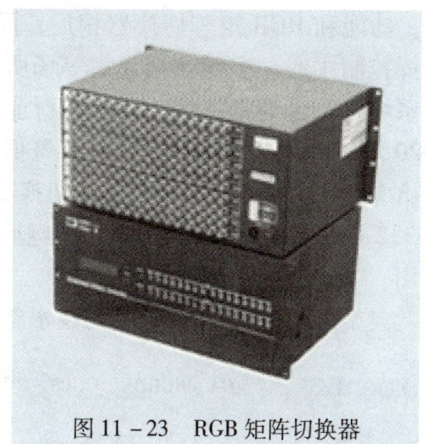

图 11-23　RGB 矩阵切换器

典型的 RGB 矩阵切换器的技术参数：

RGB 模拟通道		带宽 385MHz。
输入电平		2Vp-p。
阻抗		75Ω。
输入接口		5BNC（RGBHV）。
输出接口		5BNC（RGBHV。
音频通道	带宽	100kHz;
	输入阻抗	高阻;
	输出阻抗	50Ω。
控制方式		面板手动控制、RS-232 控制。
传输距离		50~100m。
支持分辨率		1600×1200。

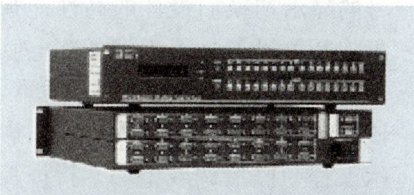

图 11-24　VGA 电脑信号矩阵切换器

（2）专业的 VGA 电脑信号矩阵切换器（见图 11-24）：是专门为计算机显示信号以及高分辨率 VGA 图像信号的显示切换而设计的高性能化信号切换设备，在该产品没有推出市场之前经常采用 RGB 矩阵切换器代替，功能和 RGB 矩阵切换器相近，同样适用于大屏幕显示、监控调度中心、指挥控制中心、多媒体会议室等场所。VGA 矩阵切换器的 RGBHV 分量视频体系结构符合高带宽矩阵路由的行业标准，支持视频分辨率最高达到并超过 1920×1440（75Hz 时），并具有极低的串扰和 350MHz 的视频带宽。大多数 VGA 矩阵切换器带有断电现场切换记忆保护、LCD 液晶显示等功能，具备 RS232 通信接口，可以方便与电脑、遥控系统或各种远端控制设备配合使用。

典型的 VGA 矩阵切换器的技术参数：

支持的格式	VGA、RGBHV、GGBS、RGsB、RsGsBs 或 HDTV。
分辨率	1600×1200（MAX）。
阻抗	75Ω（视频/行场输出）；510Ω（行场输入）。
电平	0.7Vp-p（R/G/B）；1Vp-p（Y）；0.3Vp-p（C/PbPr/CbCr）；5VTTL（行场）。
电压范围	±1.5V。
介入增益	0dB。
带宽	350MHz（-3dB）。
反射损耗	-50dB（5MHz，输入）；-34dB（5MHz，输出）。
三色信号隔离度	85dB（5MHz，输入）；58dB（5MHz，输出）。
通信接口	波特率 1200~115 200bit/s（缺省 9600bit/s）。
数据格式	8 位数据/1 位停止位/无校验位。
切换时间	200ns。
控制方式	使用前面板按键，通过 RS-232 接口远程控制，使用红外线遥控器（可选）。

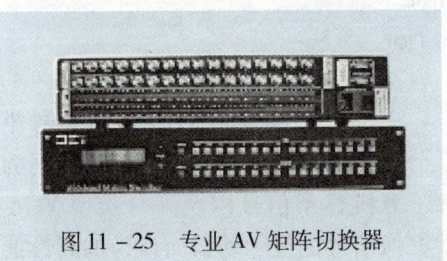

图 11-25 专业 AV 矩阵切换器

（3）专业 AV 矩阵切换器（见图 11-25）：是专门为音、视频信号的显示切换而设计的高性能智能矩阵开关设备，用于将各路电脑信号置于输出通道中的任一通道上，该系列产品广泛用于大屏幕投影显示工程、监控调度中心、指挥控制中心、多媒体会议室等场合。具有高可靠性的智能设备，设计中采用容错技

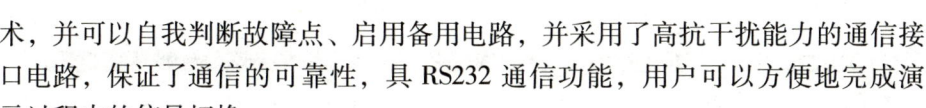

术,并可以自我判断故障点、启用备用电路,并采用了高抗干扰能力的通信接口电路,保证了通信的可靠性,具 RS232 通信功能,用户可以方便地完成演示过程中的信号切换。

典型的 AV 矩阵切换器的技术参数如下:

输入接口	视频:BNC;
	音频:RCA。
输出接口	视频:BNC;
	音频:RCA。
视频单元	带宽:385MHz;
	输入电平:2Vp-p;
	阻抗:75Ω。
音频单元	带宽:100kHz;
	输入阻抗:高阻;
	输出阻抗:47Ω。
控制方式	面板手动控制,RS-232 控制,遥控键盘(选装)。

4. 显示墙应用管理系统软件

除了选择优秀的大屏幕显示单元与拼接处理器外,大屏幕控制软件的集成是至关重要的,它直接体现一个大屏幕系统的功能。作为系统好用与否、操作界面直观完整与否、集成功能全面强大与否、控制集中还是分散等,是衡量一个系统成败的关键。

显示墙应用管理系统软件把整个大屏幕系统的控制功能都集成起来,通过非常简单的计算机操作界面,几乎可全盘控制整个显示系统。基于 TCP/IP 网络协议,可实现对大屏幕拼接墙的多用户远程操作、显示模式管理、信号源管理等强大功能。该软件安装在用户的专用控制 PC 上,使得 PDP 墙的操控方便快捷,操作界面友好直观。

大屏管理软件多为基于 TCP/IP 网络的多用户实时操作,可实现对多种信号源定义、调度和管理,实现任意信号源窗口模式组合的定义、编辑,可自定义多种显示模式灵活调用,支持多点远程控制,硬件设备控制模块插件,可不断扩充系统功能。

典型的显示墙应用管理系统软件界面如图 11-26 所示。

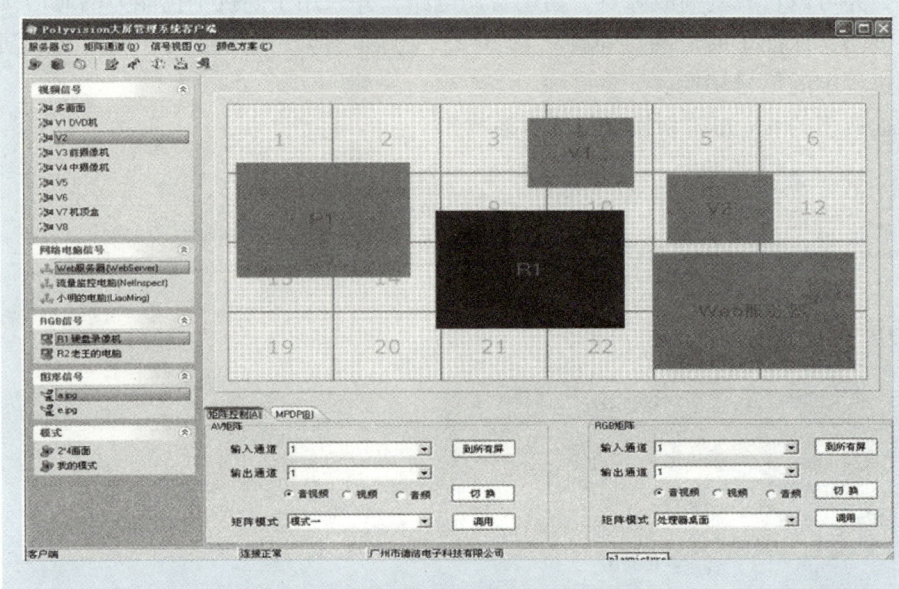

图 11-26 典型显示墙应用管理软件界面

显示墙应用管理系统软件通常还具有计算机网络分控功能：

网络控制功能	支持 Client/Server 结构，所有的操作控制功能都可以在网络上的任意一台计算机上完成，增强了控制的灵活性和方便性。
多用户控制	多个用户可以同时对大屏幕进行操作，可以对大屏幕的相同位置放置各自不同的显示内容窗口，并且可以实现互操作，即 A 用户可以关闭、移动、缩放 B 用户打开的窗口，反之亦然。
远程异地操作功能	控制计算机具有大屏幕虚拟控制窗口，能自如地完成对组合屏显示的远程异地操作。不同网络分控计算机可以同时进行操作，所有操作界面相同，信息一致，且信息实时通过网络更新，排除因不同分控计算机同时操作大屏幕而引起的误操作。
直观、图形化的全中文集成操作界面	在统一的图形操作界面下，通过简单的鼠标操作，就可以完成对集成系统中各项参数、预案的设置、调用，用户只需要关心最终的显示效果，而无需关心中间的视频切换过程、等离子单元切换过程等繁杂的工作。
预案设置、调用功能	无论是视频信号还是计算机信号，都可以预先设置、存储、调用显示预案，所有工作都在同一个图形控制界面下完成。所有信号种类、通道、制式、显示位置、显示大小等都可以被设成一个预案，下次需要这个组合显示时，轻点对应的预案名，对在虚拟大屏幕窗口弹出来的虚拟显示确认后，点击"登录"键，便可在大屏幕上"复原"该组合显示。预案可以根据需要无限设置。

第十一章 图说等离子拼接显示系统

本地鼠标转交成远程鼠标功能	可以将网络控制计算机上的鼠标传递成大屏控制器的鼠标，真正做到操作"单一化"。
屏幕共享显示	提供 Windows NT 网络上工作站间的屏幕共享软件，实现任意工作站在大屏上共享显示；并且通过网络共享显示。用大屏控制器的鼠标和键盘可以对工作站进行操作和协同操作。

等离子拼接显示系统的设备除了上述设备之外，还有其他一些辅助设备，如长线驱动转换器（主要用于 VGA 信号和 RGB 信号的延伸，使之可以长距离传输）、控制计算机和工作站（属于标准的第三方硬件设备，只要满足系统要求的配置即可）、拼接支架（用于安装等离子显示器）、机柜（安装控制设备）和线缆（包括各种音视频线缆、VGA 线缆、控制线和电源线等）。

 **典型应用分析**

等离子拼接显示系统的应用非常广泛，几乎所有需要大屏显示的室内环境都可以使用，典型应用于视频监控和电力调度中心，如图 11 - 27 和图 11 - 28 所示。

图 11 - 27　闭路监控电视系统控制中心

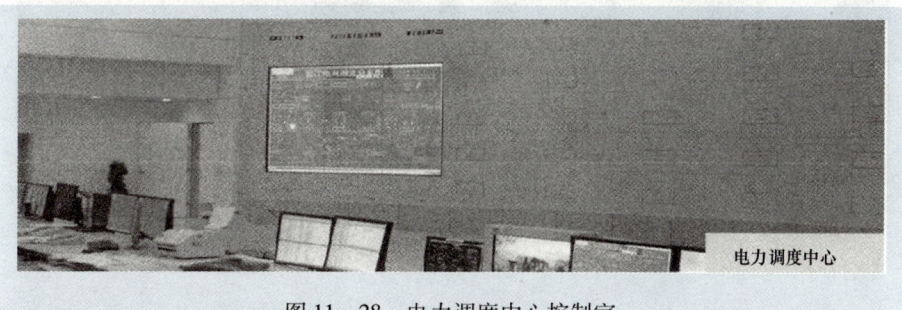

图 11 - 28　电力调度中心控制室

等离子拼接显示系统除了应用于监控系统和电力调度中心之外，还应用于企业形象展示、电视台、指挥中心、接待室等场所，如图 11-29~图 11-32 所示。

图 11-29　企业形象展示

图 11-30　电视台信号显示

第十一章 图说等离子拼接显示系统

图 11-31　指挥中心信息显示

图 11-32　接待室背景画展示

11.4　技术发展趋势

大屏幕技术本身就是一种发展趋势,而等离子拼接显示系统就是其中一个重要的应用。等离子拼接显示器的技术发展趋势包括:拼接缝隙更小,拼接面积更大,使用寿命更长。

1. 拼接缝隙更小

等离子拼接显示器的拼接缝隙虽然已经小于 2mm 了,但与 DLP 无缝拼接相比还有很大的提升空间,而实现无缝拼接将是未来等离子拼接显示器的最大技术发展趋势。

2. 拼接面积更大

目前市面上最大的拼接显示系统的显示屏个数是 72 台，还不能完全满足所有显示的需要；同时现有的拼接屏幕多为 42 英寸，未来将会出现更大面积、更大规格的等离子显示器用于拼接墙，故拼接面积更大也是一种技术发展趋势。

3. 使用寿命更长

等离子显示器的使用寿命随着技术的发展，由原来的 40 000h 发展到 60 000h，再到现在的 80 000h，相信还有很大的提升空间，尤其是当使用寿命提高后，整体的建设成本也会降低，故出现寿命更久的等离子显示器也是一种技术发展趋势。

第十二章

图说DLP拼接显示系统

12.1 系统基础知识

● 12.1.1 什么是DLP

DLP 是 Digital Light Processing 的缩写，中文意思是数字光学处理。DLP 技术是由美国得州仪器公司 Larry Hornbeck 博士于 1987 年发明、专门用于投影和显示图像的全数字技术。DLP 技术以数字微镜装置（DMD）或称作 DLP 芯片的光学半导体为基础。

DLP 芯片由标准存储单元组成，在其上固定有数百万片彼此铰接规则排列的微镜。DLP 投影系统工作状态下，红、绿、蓝三种光交替打到微镜上，通过相应的开关动作将视频或图形信号馈入底层存储芯片。微镜的开关速率可达每秒 5000 次。微镜反射的光直接通过透镜投影到屏幕上形成图像。高亮度场合使用的投影仪，三个 DLP 芯片分别用于红、绿、蓝三种颜色。来自照明灯的光源经透镜分三种颜色直接投射到相应的 DLP 芯片。每个 DLP 芯片像素反射的光经过组合形成图像。

DLP 技术已被广泛用于满足各种追求视觉图像优异质量的需求。它还是市场上的多功能显示技术，也是唯一能够同时支持世界上最小的投影机（低于 2 磅）和最大的电影屏幕（高达 75 英尺）的显示技术。这一技术能够使图像达到极高的保真度，给出清晰、明亮、色彩逼真的画面。

DLP 技术可广泛用于投影和图像显示，包括：

• 商务投影仪	用于营销、销售和技术培训演示。
• 家庭影院/娱乐	可在大屏幕上放映影片、收看电视节目、玩电游、欣赏数字照片等。
• 电视墙	如通信公司和公共机构指控中心中使用的大型视频设备，多为 DLP 拼接显示墙。
• 商业娱乐	如音乐会、企业产品推介活动、颁奖仪式及大型公众娱乐活动。
• 其他应用	可用于各种需要快速、简便、准确调制光信号的场合。

本章探讨的主要是 DLP 拼接显示系统，同时对于 DLP 投影机系统给予适当的描述。

DLP 技术的优点非常明显。DLP 技术可使商务投影仪、家庭影院、数字电视和大型会场投影仪显示的图像更加清晰亮丽。由于 DLP 投影系统为数码科技，因此投影仪可在整个生命周期内保证优异的画质，提高常用显示系统性能的可靠性。DLP 技术以半导体器件为基础，因此，制造商可以借助这一技术开发体积小、质量轻、外形超薄的显示系统。当前采用 DLP 技术的便携式投影仪的亮度可达 2000lm，而重量仅为 2 磅。新一代宽屏 DLP 高清电视的厚度仅为 7 英寸。

在 DLP 技术之上，TI 公司又开发了 DLP Cinema 技术，也采用数字微镜装置半导体。DLP 系统一般采用单芯片，而 DLP Cinema 投影系统采用三个芯片，图像亮度更高，可给出 35 万亿种色觉感受。DLP Cinema 和 DLP 技术都具有极高的数码精度。由于具备像素快速切换功能，因此，两种系统都可复制高速运动图像，采用反射光显示的图像同样清晰明快。两种技术的要区别在于优化方式不同。与图片泛黄的道理一样，"电影"与"视频"在视觉感受上也存在着很大的差异。TI 沿着两个方向对 DLP 技术进行了开发：对于 DLP Cinema 技术，主要目的是使显示的图像符合电影放映的需要，更加准确地还原电影拍摄的效果；而对于 DLP 技术，则突出家庭娱乐和商务应用时，视频图像和图形显示的优异画质。

● 12.1.2 什么是 DMD

DMD 是 Digital Micromirror Device 的缩写，中文意思是数字微镜器件。DMD 是一种以 DLP 技术为核心的半导体器件。DLP 技术包括驱动 DMD、优化显示图像所需的所有功能，也是 DLP 拼接显示系统的核心。图 12-1 所示就是 TI 公司的典型 DMD。

第十二章　图说DLP拼接显示系统

DLP 芯片是迄今为止是世界上最先进的光开关器件之一，含有 48~131 万个规则排列相互铰接的微型显微镜。每个显微镜的大小仅相当于头发丝的 1/5。因为 DLP 芯片的显微镜以微型铰链固定，故可沿 DLP 投影系统光源向前（ON）或向后（OFF）倾斜，在投影面上形成或亮或暗的像素。输入半导体器件的图像比特流代码控制显微镜的接通或关闭，开关次数每秒可达几千次。当显微镜频繁接通关闭时，镜片反射浅灰色像素；

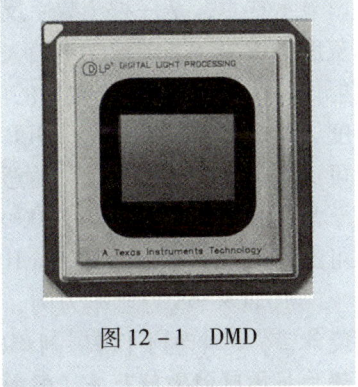

图 12-1　DMD

呈常闭状态的显微镜反射深灰像素。通过这种方法，DLP 投影系统中的显微镜可反射 1024 像素的灰色阴影，从而将输入 DLP 芯片的视频或图像信号转换成层次丰富的灰度图像。DMD 排列如图 12-2 所示。

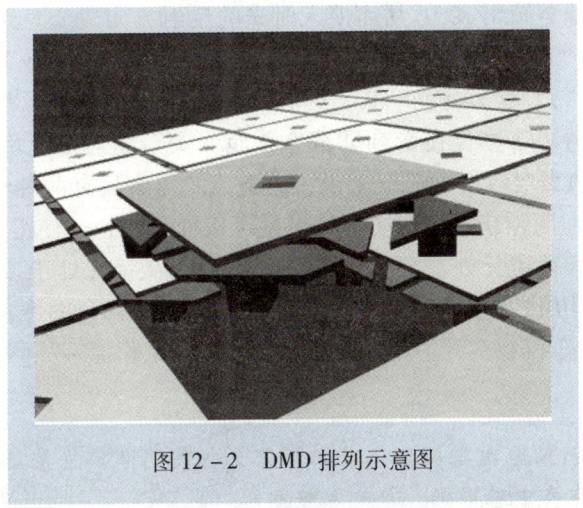

图 12-2　DMD 排列示意图

DLT 投影系统照明灯产生的白光穿过色轮打到 DLP 芯片平面上。色轮将光滤为红、绿、蓝。单片 DLP 投影系统利用经色轮过滤后的光至少可以生成 1670 万种颜色。采用三片的 DLP Cinema 投影系统可生成的颜色不少于 35 万亿种。每个显微镜的开关状态与三个基本色块相协调。例如，投身紫像素的显微镜只负责在投影面上反射红蓝光；人的肉眼可将这两种快速闪动的光混在一起，在投影的图像上看到混合后的颜色。

DMD 只有 EPROM 那么大，每一个微镜对应一个像素点，DLP 投影机的物理分辨率就是由微镜的数目决定的。DLP 投影机是一种继 LCD 后发展起来的投影显示技术，是一种全数字反射式投影技术。首先，数字技术的采用使图像的灰度等级提高，图像噪声消失，画面质量稳定，数字图像非常精确。其次是反射优势，反射式 DMD 器件的应用，使成像器件的总光效大大提高，对比度、亮度、均匀度都非常出色。DLP 投影机清晰度高、画面均匀、色彩锐利，三片机可达到很高的亮度，且可随意变焦，调整十分方便。

常见的 DMD 分辨率有 800×600、1024×768、1280×720，部分机型分辨率可达到 1280×1024、1920×1080（HDTV）。

以 1024×768 分辨率为例，在一块 DMD 上共有 1024×768（786 432）个小反射镜，每个镜子代表一个像素，每一个小反射镜都具有独立控制光线的开关能力。小反射镜反射光线的角度受视频信号控制，视频信号受数字光处理器 DLP 调制，把视频信号调制成等幅的脉宽调制信号，用脉冲宽度大小来控制小反射镜开、关光路的时间，在屏幕上产生不同亮度的灰度等级图像。

这些微镜片在数字驱动信号的控制下能够迅速改变角度，一旦接收到相应信号，微镜片就会倾斜 10°，从而使入射光的反射方向改变。处于投影状态的微镜片被示为"开"，并随数字信号而倾斜 +10°；如果微镜片处于非投影状态，则被示为"关"，并倾斜 -10°。与此同时，"开"状态下被反射出去的入射光通过投影透镜将影像投影到屏幕上；而"关"状态下反射在微镜片上的入射光被光吸收器吸收。本质上来说，微镜片的角度只有两种状态："开"和"关"。微镜片在两种状态间切换的频率是可以变化的，这使得 DMD 反射出的光线呈现出黑（微镜片处于"关"状态）与白（微镜片处于"开"状态）之间的各种灰度。DLP 投影仪主要通过两种方法来产生彩色图像，它们分别被用在单片 DMD 投影仪和三片 DMD 投影仪中。DMD 工作原理如图 12-3 所示。

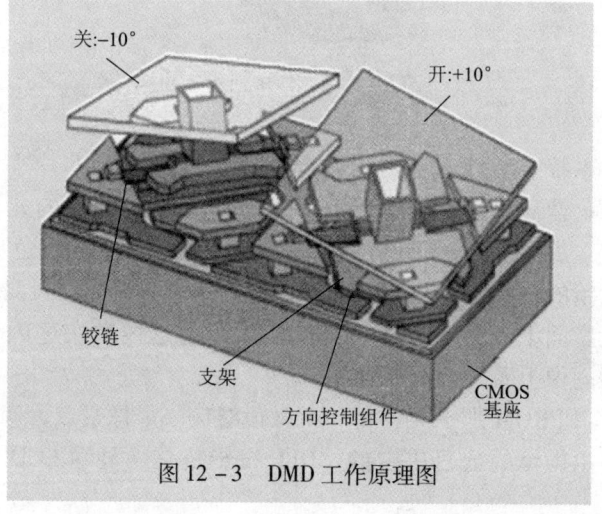

图 12-3　DMD 工作原理图

12.1.3 DLP 技术知识

1. DLP 投影机的分类

DLP 技术主要应用于投影机,利用投影机技术可以被应用于大屏幕及拼接系统,但投影机是 DLP 的唯一工作方式。DLP 投影机可以分为三种,如图 12-4 所示。

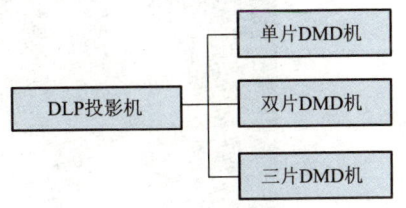

图 12-4 DLP 投影机的分类

单片 DMD 机	主要应用在便携式投影产品和 DLP 显示器。
两片 DMD 机	应用于大型拼接显示墙。
三片 DMD 机	应用于超高亮度投影机。

单片 DLP 投影机内部只安装一片 DMD 芯片。这片 DMD 芯片是由许多个(由分辨率决定数量)微小的正方形数字微镜器件按行列紧密排列在一起贴在一块硅晶片的电子节点上,每一个微镜对应着生成图像的一个像素。因此 DMD 装置的微镜数目决定了一台 DLP 投影机的物理分辨率。微镜由对应的存储器控制在 +10°角和 -10°角两个位置上切换转动。

在单片 DLP 投影系统中,通过一个以 60r/s 高速旋转的滤色轮来产生投影图像中的全彩色,颜色是通过在光源与 DMD 之间安装一个色轮来产生的。色轮通常被分为四个区域:红区、绿区、蓝区和一个用来增加亮度的透明区域。由于透明区域会减弱色彩的饱和度,所以在某些型号的投影仪中可能会被禁用或者干脆省略掉。DMD 芯片与色轮的转动保持同步,这样,当色轮中蓝色部分位于光源前面的时候,DMD 就显示画面中蓝色的部分。红色和绿色的情况也非常类似。红、绿、蓝三种画面按照顺序以非常高的速度被投射出来,观察者就能看见合成的"全彩色"画面了。在早期的型号中,每显示一帧画面,色轮只旋转一周。后期的型号中,色轮按照帧速率的 2~3 倍旋转。其中也有一些型号同时将色轮上的颜色区域重复两次,这意味着红绿蓝三色序列图像将在一帧之中重复 6 次。

单片 DMD 机的组成和工作原理如图 12-5 所示。

两片 DLP 投影机内部使用了两片 DMD,红色光单独使用一片 DMD,而蓝色光和绿色光共同使用另一片 DMD。与单片 DLP 投影系统一样,使用高速旋转的滤色轮来产生投影图像中的全彩色。滤色轮由洋红和黄色两色块组成。当洋红色块通过光路时,光线中的红色和蓝色光可以通过,而绿色光被滤掉。

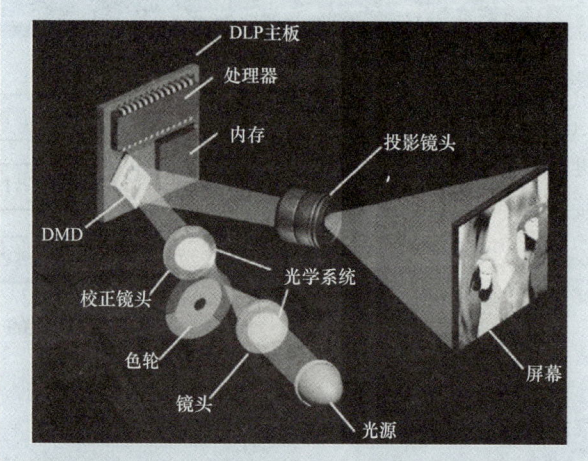

图 12-5 单片 DMD 机组成及工作原理图

红色和蓝色光经分色镜被分开，红色光到达红色 DMD 表面，而蓝色光被折射到蓝色和绿色共用的 DMD 表面上，这样红色光和蓝色光被 DMD 反射并投射到投影幕上。而当滤色轮中的黄色色块通过光路时，光线中的红色和绿色光通过，蓝色光被滤掉，红色和蓝色光经分色镜分离，分别到达两片 DMD，经反射被投射到投影幕上，在投影幕上形成了一幅全彩色图像。

三片 DLP 投影机内部使用了三片 DMD，每一片 DMD 分别反射红绿蓝（RGB）三原色中的一种，而不再使用滤色轮。光源发出的光被棱镜分离成三路，这三路光线经过滤光分别成为红、绿、蓝三种颜色，然后分别照射到相应的 DMD 芯片上。最后，三束经过 DMD 芯片调制的光线借助棱镜再重新合并成一路光线，并通过镜头投射到屏幕上。三片 DLP 系统能够显示 35 万亿种颜色，相比之下，单片 DLP 系统却只能够显示 1670 万种颜色。使用三片 DMD 芯片制造的投影机亮度最高可达到 12000（ANSI）lm。它抛弃了传统意义上的会聚，可随意变焦，调整十分便利，只是分辨率不高，不经压缩分辨率只能达到 1280×1024。

采用三片 DMD 的 DLP 投影机适用于画面质量或亮度要求极高的场合，如电影院，或采用 3-DMD-芯片配置系统显示动、静优质画面的大型会议厅。

三片 DMD 机的组成和工作原理如图 12-6 所示。

2. 反射式投影技术

DLP 投影机采用的技术是全数字反射式投影技术，其优点前面已有介绍，此处不再详述。

第十二章 图说DLP拼接显示系统

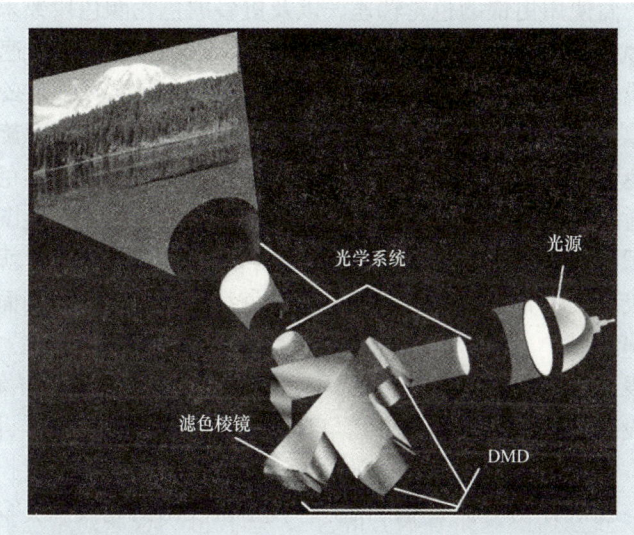

图 12-6 三片 DMD 机的组成及工作原理图

3. DLP 的彩虹效应

"彩虹效应"（见图 12-7）是单片 DLP 投影仪所特有的现象。单片 DLP 投影仪使用一个色轮来控制颜色，那么在任一特定时刻，屏幕上出现的其实只有一种颜色。如果人的目光在投影屏幕前快速晃动，那么合成画面的组合颜色（任一个特定时刻的红绿蓝三种颜色的画面）将会是对肉眼可见的。单片 DLP

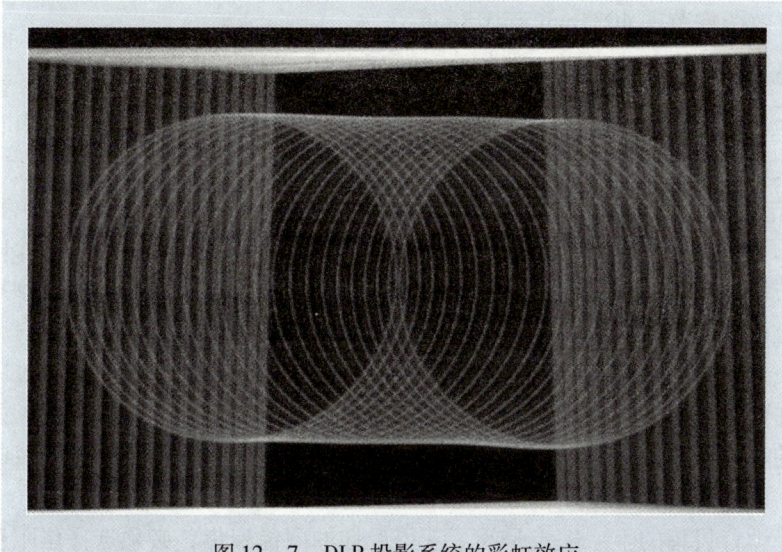

图 12-7 DLP 投影系统的彩虹效应

投影仪的生产商使用更快的色轮转速，以及更多的色轮颜色段数来消除这一先天缺陷，这就是现在市场上所看到的2倍速、3倍速或者4倍速色轮了。例如，一个六段色轮（红绿蓝红绿蓝）以2倍速的转速转动，那么其带来的结果将是4倍速色轮。另外一种方法是将分段色轮变为阿基米德螺旋色轮，这样的色轮使颜色在屏幕的上下移动。普通的分段式色轮在颜色与颜色的转换之间会有一个短暂的暂停，这就意味着如果色轮的颜色段数越多投影图像就会越暗一些（反之段数越少图像越明亮）。使用了螺旋色轮，微镜器件就会在同一时刻在屏幕上投射出不止一种颜色，每一种颜色都随着色轮的转动而上下移动。

4. 正投和背投

屏幕从投影方式分为正面投影屏幕（反射式）和背面投影屏幕（透射式）二大类。正投就是投影机的安装位置与观众在屏幕的同侧，投影机发出的光线投射到屏幕，在屏幕上形成图像，然后光线再反射到人眼睛。背投就是投影机的安装位置与观众分别位于屏幕的两侧，投影机发出的光线从屏幕的一侧直射到屏幕，光线透过屏幕进入观众眼睛。正投屏幕可做成任意尺寸，但需要控制环境光才能得到很好的观看效果，非常适用于具有很多观众的暗室环境。背投屏幕在尺寸不如正投，但不需要控制环境光，比较适用于观众不多，环境光线和照明很好的环境。

正投屏幕不受尺寸的限制（可定制），但会受环境光的影响造成画面对比度的严重下降。背投屏幕画面整体感较强，不受环境光的影响，能正确反映信息质量，所以画面色彩艳丽，形象逼真，目前最大的单张光学背投幕有200英寸，有效图像范围4034mm×3018mm。

从光学结构分类：

正投屏幕	弯曲屏幕（金属弧型幕）和平面屏幕（玻珠幕/金属软幕/纯白幕）。
背投屏幕	硬质背投幕（透射幕）和软质背投幕（透射幕）。

光学背投屏幕依靠微细光学机构来完成投影光能的分布，是目前公认效果最好的显示方式。菲涅耳（Fresnel）透镜技术广泛应用在光学屏幕的制造工艺上，这种技术结构可以将入射光汇聚成平行光线，在一定的视角范围内屏幕的亮度一致。柱面透镜的技术也广泛应用在光学屏幕的制造工艺上，通过屏幕正面的柱面透镜结构，可以控制水平方向和垂直方向的光线分布，具有扩大视角范围的功能，客户可以根据实际的应用环境，设计投影光路与屏幕焦点的最大夹角，以取得最佳的光路覆盖角范围。

光学背投幕的唯一缺点是为了获得最佳的图像聚焦，必须选择焦距范围与之匹配的投影机镜头（对投影距离有要求）。大部分光学背投屏幕都具备多种

第十二章 图说DLP拼接显示系统

焦距可选,覆盖了大多数投影机的镜头焦距范围。

正是由于背投的技术特点决定了背投式系统对屏幕的要求没有那么高,适合于无缝拼接,从而促使了 DLP 大屏幕拼接系统的产生和发展。

5. 投影机的光源

灯泡作为投影机的唯一消耗材料,是选购投影机时必须考虑的重要因素。目前投影机普遍采用的是金属卤素灯泡、UHE 灯泡、UHP 灯泡这三种光源。

金属卤素灯泡的优点是价格便宜,缺点是半衰期短,一般使用 1000h 左右亮度就会降低到原先的一半左右。并且由于发热高,对投影机散热系统要求高,不宜做长时间(4h 以上)投影使用。

UHE 灯泡的优点是价格适中,在使用 4000h 以前亮度几乎不衰减。由于功耗低,习惯上被称为冷光源。UHE 灯泡是目前中档投影机中广泛采用的理想光源。UHP 灯泡的优点是使用寿命长,一般可以正常使用 4000h 以上,并且亮度衰减很小。

UHP 超高压弧光灯(见图 12-8 和图 12-9)是由 Philips 首创的,这种"灯泡"的直径在 1.3~1.0mm 之间,灯泡内充满了高压水银蒸汽。这种超高压弧光灯可以产生更小光源。它的效率比一般的金属氧化物灯泡高,一个 100W 的超高压弧光灯传送到显示屏的光可以比普通的 250W 金属氧化物灯更多。这种优点所带来的优势在显示屏更小的情况下会更加明显。

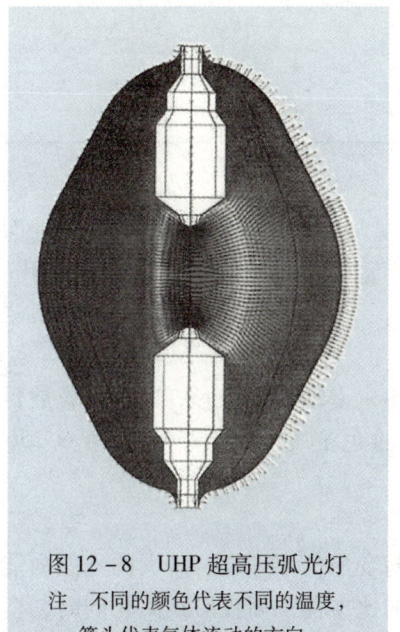

图 12-8 UHP 超高压弧光灯
注 不同的颜色代表不同的温度,箭头代表气体流动的方向。

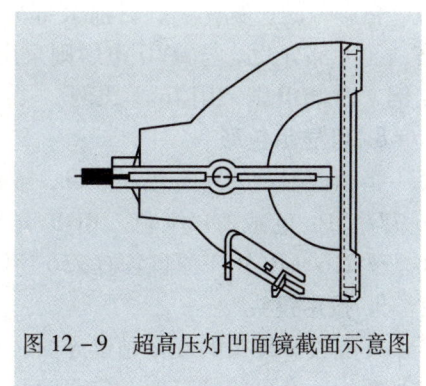

图 12-9 超高压灯凹面镜截面示意图

超高压灯功率一般在 100～200W 之间，寿命一般在 3000～6000h 之间。为了防止前面提到的使用一段时间之后光源亮度降低的情况，一般会在高压水银蒸汽中混入部分氧气和卤素，它们可以帮助去处附着在灯泡壁上的钨并且让它们再次沉积到电极（也就是灯丝）上。这样就保证了灯泡在使用寿命期间的亮度没有太大的衰减。

随着投影机使用一段时间，光源输出量会随着电极（灯丝）形状的改变而改变。同时在电极之间的离子浓度也在不停的变化之中，这样会在屏幕上得到一块比其他的地方亮或者暗的区域。其中的部分问题可以通过光学系统（Optics）来矫正。

市面上的 DLP 大屏幕拼接显示系统大多数使用的是 UHP 灯泡（超高压汞灯），一般工作寿命在 6000h 左右，故 DLP 投影系统需要一年左右更换一次灯泡。

6. 投影分辨率

影像构成所使用的图素数目，通常以整个屏幕影像的宽度以及高度内所有的图素数目来表示。图素数目愈高，分辨率也愈高。常见的 DLP 投影机的分辨率有 4 种：

- VGA：640×480；
- SVGA：800×600；
- XGA：1024×768；
- SXGA：1280×1024。

7. 视觉比例

指影像的长宽比例。目前大部分的电视与计算机影片采用 4∶3 的画面规格，而大部分戏院与 DVD 电影则采用 16∶9 宽屏幕显示。DLP 系统多采用 4∶3 比例，而 PDP 则采用 16∶9 比例。

8. 可显示色彩

指画面显示的所有色彩数目，或每个图素呈现的位色彩。典型色彩数目是 16 777 216 色或 24 位色。RGB 光谱里的色彩数目是 256×256×256 = 16 777 216（RGB 三原色各有 256 色阶）。

9. 投影镜头

一般投影镜头的规格是以光圈、焦距与变焦倍率来定。愈大的光圈愈能接收光源，而有更佳的亮度；焦距愈小，投射比愈佳；而投影距离相同时，变焦倍率愈大，投影尺寸也愈大。

10. 灯泡寿命

灯泡寿命指投射影像能维持至少50%亮度的原始影像的保证投影期间。

● 12.1.4　什么是DLP显示器

DLP显示器就是采用DLP投影技术而制成的显示器。由于采用背投技术，故可以进行无缝拼接，多应用于拼接大屏显示系统。同时由于单显示器造价昂贵，远远超过等离子和液晶电视显示器的价格，故很少应用于民用市场的电脑显示器和电视机。常见的DLP显示器的规格包括50、60、67、80、84、100、120″和150″，可视面积也比较大。

● 12.1.5　DLP显示器基础知识

1. 大屏幕的尺寸

大屏幕的尺寸包括显示设备尺寸和可视显示尺寸。

大屏幕显示尺寸	指显示设备的可见部分的对角线尺寸。国际惯例以英寸为单位来计量。
大屏幕可视尺寸	指显示设备可以显示图像部分对角线尺寸。

以普通显示器为例：15″CRT显示器的显像管的对角线为15英寸，它的可视尺寸在13.8英寸左右。19″LCD液晶显示器的液晶板的对角线为19英寸，它的可视尺寸在18英寸左右。

显示设备通常以对角线的长度来衡量，以英寸（1英寸=2.54cm）为单位，长和宽之比有两个尺寸，即4:3的显示设备和16:9的显示设备。常见的显示器和电视机多为4:3的显示设备，而等离子、高清液晶电视多为16:9的显示设备。一般情况下，同样尺寸的4:3显示设备的面积比16:9显示设备的面积要大。

各种比例的大屏幕显示尺寸换算表见表12-1和表12-2。

表12-1　　　　　　　4:3大屏幕显示设备尺寸换算表

对角线		4	3	面积
4:3（英寸）	对角线（mm）	宽（mm）	高（mm）	（m²）
14	355.60	284.48	213.36	0.06
15	381.00	304.80	228.60	0.07
17	431.80	345.44	259.08	0.09
18	457.20	365.76	274.32	0.10
19	482.60	386.08	289.56	0.11

续表

对角线 4:3（英寸）	对角线（mm）	4 宽（mm）	3 高（mm）	面积 （m²）
20	508.00	406.40	304.80	0.12
21	533.40	426.72	320.04	0.14
25	635.00	508.00	381.00	0.19
29	736.60	589.28	441.96	0.26
34	863.60	690.88	518.16	0.36
38	965.20	772.16	579.12	0.45
42	1066.80	853.44	640.08	0.55
43	1092.20	873.76	655.32	0.57
44	1117.60	894.08	670.56	0.60
50	1270.00	1016.00	762.00	0.77
51	1295.40	1036.32	777.24	0.81
60	1524.00	1219.20	914.40	1.11
61	1549.40	1239.52	929.64	1.15
62	1574.80	1259.84	944.88	1.19
67	1701.80	1361.44	1021.08	1.39
72	1828.80	1463.04	1097.28	1.61
84	2133.60	1706.88	1280.16	2.19
90	2286.00	1828.80	1371.60	2.51
100	2540.00	2032.00	1524.00	3.10
120	3048.00	2438.40	1828.80	4.46
130	3302.00	2641.60	1981.20	5.23
150	3810.00	3048.00	2286.00	6.97
160	4064.00	3251.20	2438.40	7.93
180	4572.00	3657.60	2743.20	10.03
200	5080.00	4064.00	3048.00	12.39

表12-2　16:9大屏幕显示设备尺寸换算表

对角线 16:9（英寸）	对角线（mm）	16 宽（mm）	9 高（mm）	面积 （m²）
14	355.60	309.93	174.34	0.05
15	381.00	332.07	186.79	0.06

第十二章 图说DLP拼接显示系统

续表

对角线 16:9（英寸）	对角线（mm）	16 宽（mm）	9 高（mm）	面积（m²）
17	431.80	376.35	211.69	0.08
18	457.20	398.48	224.15	0.09
19	482.60	420.62	236.60	0.10
20	508.00	442.76	249.05	0.11
21	533.40	464.90	261.51	0.12
25	635.00	553.45	311.32	0.17
29	736.60	642.00	361.13	0.23
34	863.60	752.69	423.39	0.32
38	965.20	841.24	473.20	0.40
42	1066.80	929.80	523.01	0.49
43	1092.20	951.93	535.46	0.51
44	1117.60	974.07	547.92	0.53
50	1270.00	1106.90	622.63	0.69
51	1295.40	1129.04	635.08	0.72
60	1524.00	1328.28	747.16	0.99
61	1549.40	1350.42	759.61	1.03
62	1574.80	1372.56	772.06	1.06
67	1701.80	1483.25	834.33	1.24
72	1828.80	1593.94	896.59	1.43
84	2133.60	1859.59	1046.02	1.95
90	2286.00	1992.42	1120.74	2.23
100	2540.00	2213.80	1245.26	2.76
120	3048.00	2656.56	1494.32	3.97
130	3302.00	2877.94	1618.84	4.66
150	3810.00	3320.70	1867.90	6.20
160	4064.00	3542.08	1992.42	7.06
180	4572.00	3984.84	2241.47	8.93
200	5080.00	4427.60	2490.53	11.03

2. 音、视频信号的类型

常见视频信号的类型有 6 种：

- 复合视频（Composite Video）；
- 超级视频（Super Video）；
- 模拟分量视频（RGBHV Video）；
- VGA 视频（Video Graphics Array）；
- 工作站视频（IBM PowerPC/Sun Color）；
- 数字串行视频（Signal Digital Interface）等视频格式。

常见音频信号的类型有 4 种：

- 非平衡模拟音频（Unbalance Audio）；
- 平衡式模拟音频（Analog Balance Audio）；
- 非平衡数字音频（Digital Unbalance Audio）；
- 平衡式数字音频（Digital Balance Audio）等格式。

常用接头有 BNC 接头、莲花（RCA）接头、15 针 HD 型接头、直型（TRS）接头、卡龙（XLR）接头。

3. DLP 背投显示应用的几种形式

DLP 背投显示器可以根据各种应用的需求，进行不同的组合，主要有以下几种形式：

单机单屏单画面背投显示应用模式	由一台 DLP 投影机、一块背投屏和反射系统以及结构构成的单机单画面投影显示系统，是最简单的背投影系统。它将信号源（视频或电脑图文）送入投影机，通过投影机投射到投影屏幕上，广泛应用于商务演示、多媒体教学、会议室等场合。
单机单屏多画面背投显示应用模式	在单机单屏的基础上，配合多画面图像处理器构成的多画面投影显示系统。目前投影机的亮度和分辨率很高，使得它可以投射到很大尺寸的幕上，在特定的场合下，用一台投影机和多画面图像处理器构成的单屏多画面显示，既可满足多个信号显示的需要，又节省空间和节省投资。多画面图像处理器的工作原理类似于计算机视窗的显示，只是计算机视窗显示的多个画面是操作系统生成的，而投影显示中的多个画面是外部输入的。
多机单屏背投显示应用模式	由多台投影机、一块背投屏（仅限于散射屏幕）和反射系统以及结构构成的背投显示系统，加上图像处理器实现单、多画面显示。这种应用模式用于简单的拼接，在宽屏幕视频显示中应用较多。

多机多屏背投显示应用模式	多机多屏应用是指将多个独立的背投系统放在一起，各个投影显示画面之间是相互独立没有联系的，不使用图像处理器，只要将所有输入信号进行同步后直接输出到每台投影机上就可以了。每个显示画面仅仅能在自己的区域显示，不跨越投影屏边界，对投影屏之间的连接没有技术要求。
背投 DLP 拼接显示墙	背投影显示墙是由多台投影机、多个投影屏及图像控制器构成的大屏幕显示系统，一般用于一个画面的超大屏幕显示或特技显示以及多个画面的多窗口显示（区别于多屏显示）。所有输入信号全部通过图像控制器处理后分配输出到每台投影机上，每个显示画面可以跨越投影屏边界。通常但不是必须，应保证图像单元之间最小的缝隙。

本书重点论述的就是背投 DLP 拼接显示墙系统，即多台投影机、多台投影幕进行无缝拼接。

● 12.1.6　DLP 投影系统的组成

由图 12-5 和图 12-6 可以看出，DLP 投影系统的主要设备包括光源、DMD、镜头（包括棱镜）、光学系统、色轮（三片式系统没有）、DLP 处理器、内存和屏幕。

1. 光源（Light sourcc）

当把一个光源放到一个凹面镜之内的焦点，光源发射出来的部分光线会投射到凹面镜上并且发生反射，这些经过反射的光线会汇聚在另外一个焦点。凹面镜的这种特性同凸透镜类似，都可以用于汇聚光线从而使得尽可能多的光线都传送到光学系统中，这样屏幕因为得到更多的光能而显得更亮。

当然上面提到的光源是理想状态下的点光源，而实际的光源即使做的非常小也无法达到理想状态下"点"的程度。也就是说，实际的光源是由无数个点光源组成，它们之中绝大多数都没有精确位于凹面镜的焦点上而是仅仅在焦点的附近，这样大部分的点光源的反射光线将会汇聚在另外一个焦点之外的地方。也就是说当光源越大，在第二个焦点得到的光线的汇聚性就越差，就越不像是一个点而是一个区域。

在投影机中所使用的光源在大致结构上同常见的灯泡是一样的，也是由"灯丝"和"灯泡"组成，"灯泡"内充满了某种气体。这种"灯泡"很小，只有1mm 或者更宽一些，而灯泡内的"灯丝"使用的是金属卤化物作为光源。同普通白炽灯泡一样，金属卤化物灯丝在使用一段时间之后也会逐渐挥发并附着于灯泡的壁上（主要成分是钨），这样就减少了光源的亮度和寿命。

2. 光学系统（Optics）

在投影机中，光学系统是光线从光源到 DMD 的通道，这个部分可以进一步提高光源效率和稳定性。

光学系统的一个任务是将从光源发出并且经过椭圆形凹面镜汇聚的光线进一步集中到 DMD 芯片中；另外一个任务是使光源亮度更加统一。一般情况下，大多数的"灯泡"发出的光都是中间的亮度高，越到边缘部分它的亮度就越暗，因此在矩形的显示屏上，往往会发现边角图像的亮度比中心的亮度低。

解决这个问题的一个方法就是利用一系列的微透镜将光源发出的光从原来中间亮边缘暗的圆形光转变为亮度均匀的矩形光；另一个方法就是让光线通过一个矩形的修正棒（ROD）。

3. 色轮（Color Filter）

由于 DLP 采用 DMD 微镜片反射技术，在色彩处理中，单片和两片 DMD 方式均采用色轮来完成对色彩的分离和处理。一般来说，色轮是红、绿、蓝、白等分色滤光片的组合，可将透过的白光进行分色，并通过高速马达使其转动，然后顺序分出不同单色光于指定的光路上，最后经由其他光机元件合成并投射出全彩影像。

从物理结构来看，色轮的表面为很薄的金属层。金属层采用真空膜镀技术，镀膜厚度根据红、绿、蓝三色的光谱波长相对应，白色光通过金属镀膜层时，所对应的光谱波长的色彩将透过色轮，其他色彩则被阻挡和吸收，从而完成对白色光的分离和过滤。

在单片 DMD 投影系统中，输入信号被转化为 RGB 数据，数据按顺序写入 DMD 的 SRAM，白光光源通过聚焦透镜聚集在色轮上，通过色轮的光线然后成像在 DMD 的表面。当色轮旋转时，红、绿、蓝光顺序地射在 DMD 上。

在两片 DMD 投影系统中，为了提高亮度并弥补金属卤化物的红色不足，色轮采用两个辅助颜色——品红和黄色。品红片段允许红光和蓝光通过，同时黄色片段可通过红色和绿色。而三片 DMD 则采用分色棱镜，无需分色轮。

目前常见的色轮技术有以下 4 种：

三段色轮	RGB 由 R 红、G 绿、B 蓝三段色组成，不同厂家的产品，其红、绿、蓝的开口角度的设计各不相同。一般红色开口角度较大，这样可以弥补图像红色的不足。采用该色轮技术的前提条件是投影机光机部具有比较足够的光亮度，否则可能会带来图像的亮度问题。同时，使用三段色轮技术的色彩还原性相对来说比较好。
四段色轮	RGBW 由 R 红、G 绿、B 蓝、W 白四段色组成，加白段色主要是为了进一步提高投影机亮度，一般可比三段色轮提高 20% 左右。

六段色轮	由 RGBRGB 共 6 段颜色组成的色轮，随着色轮转速相应提高（180Hz），单位时间内处理画面更多。因此，这种设计有效地减少了运动图像和边缘的彩虹效应，视频动态效果更好，图像的色彩更丰富、更艳丽。但由于六色分段分隔较多，集光柱通过各色段之间时光损耗也较多，因此，投影机的光亮度往往比较低，因此，也有少数投影机厂家开始设计采用 7 段色轮 RGBRGBW 技术，以提高投影机亮度和减少画面的闪烁。该技术主要针对家用消费和视频要求较高的应用。
增益型色轮	SCRSCR（Sequential Color Recapture）也称连续色彩补偿技术，其基本原理与以上色轮技术相似，不同之处在于色轮表面采用阿基米德原理螺旋状光学镀膜，集光柱（光通道）采用特殊的增益技术，可以补偿部分反射光，使系统亮度有较大提高（约 40%）。但该色轮的处理技术相对较复杂，目前只有极少数投影机厂家在产品中采用。

4. 屏幕（Screen）

屏幕实际上已经不是投影机内的部分了，但是作为一个完整的投影显示系统却是必不可少的组件。一般的屏幕投影方式分为前投影和背投影两种。DLP 系统采用的是一种半透明的屏幕。

● 12.1.7 DLP 投影系统和其他投影技术的比较

投影机自问世以来发展至今已形成三大系列，即 LCD（Liquid Crystal Display，液晶投影机）、DLP（Digital Lighting Process，数字光学处理投影机）和 CRT（Cathode Ray Tube，阴极射线管投影机）。

1. LCD 投影技术

LCD 投影技术自 20 世纪 90 年代起发展，其显影原理类似幻灯机，由高亮度卤素灯泡照射 LCD 面板，再将影像穿透面板后，经过投射镜头组的聚焦及放大影像后，投射于屏幕上显示影像。投影机内部有 3 片 LCD 面板，各片分别负责 RGB 三色的显像，将此 3 原色经重叠影像后投射出彩色的影像。LCD 投影技术的投射过程主要是将灯泡的光源，通过滤镜、分光镜，再于折射镜头将影像投射至屏幕上。LCD 投影机也是目前投影机市场上的主要产品。液晶是介于液体和固体之间的物质，本身不发光，工作性质受温度影响很大，其工作温度为 -55 ~ +77℃。投影机利用液晶的光电效应，即液晶分子的排列在电场作用下发生变化，影响其液晶单元的透光率或反射率，从而影响它的光学性质，产生具有不同灰度层次及颜色的图像。

LCD 是目前比较成熟的投影技术，不过由于受到产品性能的特性，在面临 DLP、LCOS 的竞争下，有以下主要技术问题仍待克服：

● 亮度不足	由于受开口率的限制，光利用率低，此外单片式又加上彩色滤光片吸收的光源，光利用率低于 10%，因此在亮度上仍有很大的改善空间，目前厂商以加大芯片尺寸来克服。
● 尺寸、重量	相对 DLP 而言，LCD 投影机就显得体积大，重量也较重，使得 LCD 在超可携投影机市场受到 DLP 的侵蚀。DLP 大多在 2kg 以下，而 LCD 大多超过 2kg。
● 黑白对比	LCD 由于其液晶显影会有漏光的现象，因此无法做出真实的黑色。黑白对比不佳将影响画质的立体感，这必须藉由液晶排列来改善遮光效果。这点对家庭视讯应用上显得相当重要。
● 散热问题	由于高亮度卤素灯泡的温度高，散热问题对灯泡的寿命影响相当大，而因应散热而产生的风扇噪声，对往家庭电影院发展的走向也是亟待解决的问题。

　　液晶本身的物理特性，决定了它的响应速度慢，随着时间的推移性能有所下降。1995 年以日本公司为首的 LCD 生产厂家研制出多晶硅（Poly-Silicon）的技术，使得投影显示系统有更多的选择。多晶硅技术采用柱状点阵，及在 LCD 液晶板的前面加上了一组微凸透镜，将平行入镜光转变为交叉光，这样就解决了单晶硅 LCD 技术光路的透射效率低的问题，光线的透射率高达 95%，因此在同等光源的情况下提高了亮度。

　　随着 LCD 显示技术的发展，市场上出现了将半导体与 LCD 技术相结合的反射式液晶投影新技术：LCOS（Liquid Crystal on Silicon）。LCOS 面板最大的特色在于基底的材质是单晶硅，因此拥有良好的电子移动率，而且单晶硅可形成较细的线路，是比较容易实现高解析度的投影结构，反射式成像也不会因光线穿透面板而大幅降低光利用率，因此光效率提升。LCOS 最大的优点是解析度可以很高，在携带型资讯设备的应用上，此优点比较突出。缺点是模组的制程较为繁琐，各生产阶段优良率控制不易，成本难以有竞争力。目前只能停留在需要高解析度的特定用途中，如液晶投影器。

2. CRT 投影技术

　　CRT 投影机所采用技术与 CRT 显示器类似，是最早的投影技术。它的优点是寿命长，显示的图像色彩丰富，还原性好，具有丰富的几何失真调整能力。由于技术的制约，无法在提高分辨率的同时提高流明，直接影响 CRT 投影机的亮度值，到目前为止，其亮度值始终徘徊在 300lm 以下，加上体积较大和操作复杂，已经被淘汰。

3. DLP 投影技术

　　DLP 投影技术在前文中已经描述了很多，它是一种全数字式反射式投影技术，是现在高速发展的投影技术。它的采用使投影图像灰度等级、图像信号噪声比大幅度提高，画面质量细腻稳定，尤其在播放动态视频时图像流畅，没有像素结构感，形象自然，数字图像还原真实精确。DLP 投影技术广泛用于桌面投影机、商务投影机、电影院放映，尤其在大屏幕投影拼接显示领域一直处理领导地位。

DLP 技术在消费者、商业及投射显示工业应用上提供更高的投影质素。与已有的投影技术比较，DLP 具备三项主要优点。

（1）DLP 固有的数码性质能达成全无雪花的精确影像质素，灰度比例与彩色重播更佳，同时也可使 DLP 位于数码影视投射结构的最后一环。

（2）DLP 的效率较液晶显示（LCD）技术更高，因为它采用 DMD 反射原理工作不需要极光。

（3）微镜的紧密间隙令投射的影像产生更细致的无缝画面，分析力特别高。

在电影投射、电脑幻灯片放映互动、多人及全球性合作等各方面，DLP 在达成数码视像沟通上是最好的选择之一。

与此同时，市面上也出现了一些其他的新的投影显示技术，如 GLV 显示技术。针对液晶技术投影机的不足，美国斯坦福大学和 Silicon Light Machine 公司研发的专利技术"栅状式光阀"（Grating Light Valve，GLV），正逐渐受到业界的关注，未来将发展成下一代数字投影机的主流技术。GLV 技术的原理和数字微镜装置（DMD）晶片有些类似，也是以微机电原理（Micro-Electromechanical System，MEM）为基础，靠光线反射来决定影像的显现与否。GLV 的光线反射元件由一条条带状的反射面所组成，依据基板上提供的电压，进行极小幅度的上下移动，决定光线的反射与偏折，再加上其反射装置的超高切换速度，以达成影像的再生。该技术尚处于研发阶段，没有形成产业。

12.2　DLP 拼接显示系统

● 12.2.1　什么是 DLP 拼接显示器

和等离子拼接显示器原理相同，DLP 拼接显示器主要用于大型需要显示更大面积显示器的场合，由多台 DLP 显示器构成。DLP 显示器是最早应用于大屏拼接、也是最成熟的技术之一。DLP 拼接显示器的最大优势是全数字显示和无缝拼接（拼接缝隙是目前所有拼接显示器中最小的），特别适用于那些需要显示高精度、大容量数字信号的场所，如电力系统的调度系统、公安的指挥系统等。典型的 DLP 拼接大屏幕显示器如图 12-10 所示。

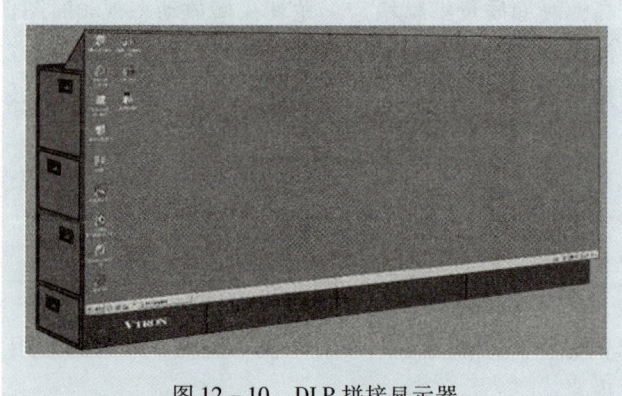

图 12 - 10 DLP 拼接显示器

拼接屏规格和等离子拼接显示器规格相近，也为 $M \times N$，常见的有 1×2、2×2、2×3、2×4、3×3、3×8、4×4、4×7、6×12、6×16、16×16 等多种规格。DLP 拼接系统相较等离子拼接显示器，可以拼接更大的显示屏，目前的技术最大可以拼接 256 个 DLP 显示单元（即 16×16 规格）。

● 12.2.2 系统特点

DLP 拼接显示系统由于采用了领先的全数字反射投影技术，故具有很多其他大屏幕显示技术所不具备的独特特点。

1. 全数字反射式投影技术

DLP 投影机的技术是反射式投影技术。反射式 DMD 器件的应用使得 DLP 投影机拥有反射优势，对比度和均匀性都非常出色，图像清晰度高、画面均匀、色彩锐利，并且图像噪声消失，画面质量稳定，精确的数字图像可不断再现，而且历久弥新。DLP 大屏幕系统的另一个优点是图像流畅、反差大。这些视频优点使其成为高端控制中心显示系统的首选。目前大多数 DLP 投影机的对比度可做到 600∶1 ~ 800∶1，画面的视感冲击强烈，没有像素结构感，形象自然。

2. 颗粒感弱

DLP 显示系统还有一个优点是颗粒感弱。在 XGA（1024×768）格式分辨率上，DLP 投影机的像素结构比 LCD 弱，只要相对可视距离和投影图像画面大小调得合适，已经看不出像素结构。

3. 响应时间短

DLP 显示系统有着极快的响应时间，可以在显示一帧图像时将独立的像素开关很多次（5000 次/s）。DLP 显示系统利用一块显示板通过逐场过滤方式产生真彩图像，所有这些发生速度极快，以至人的眼睛无法察觉。循序出现的不同颜色的图像在大脑中重新组合起来形成一个完整的全彩色的图像。

4. 画面效果更加逼真

DLP 投影机投影出来的图像中的每一个像素都对应 DMD 数字微镜装置上的一个细微反射镜片，而细微镜片以方形阵列紧密排列在一起的，它们之间的间隔距离大约不到 1μm，这种紧密排列的细微反射镜片组使得那些电脑中的图像投影到显示屏幕上拥有了逼真的色彩。而且 DLP 投影机也不是只简单地把电脑中的图像投影到屏幕上，它还把每一次要投影的图像先进行数字化处理，使得待投影的图像变为 8~10 位每色的灰度级图像。接着再将这些数字化后的灰度级图像发送到 DMD 数字微镜装置中，在这个装置中这些灰度级的图像和来自投射光源并经过滤色轮精确过滤的彩色光融合在一起，直接输出到投影屏幕上。

5. 画面清晰、色彩锐利

画面清晰、色彩锐利是 DLP 投影机的又一个功能特点。DLP 投影机中的 DMD 数字微镜是由将近 50 万片的细微反射镜片排列而成，构成 DLP 图像像素的微镜面之间的距离间隔不到 1μm，这样使 DLP 投影系统和 LCD 透射式投影系统成像原理相比，DLP 投影机能得到更高的光效率。

6. 性能更加稳定可靠

DMD 是 DLP 显示系统的核心部件，它的性能稳定直接决定了投影机整体性能的可靠稳定，因此在生产研制 DMD 装置的过程中，制造商对组成 DMD 的材质进行了严格的筛选，并对 DMD 装置的整体性能进行了各种严格的测试。测试的最终结果表明，DMD 在各种恶劣的测试条件下，包括将它放在热、冷、振动、爆炸、潮湿以及许多其他苛刻的条件下进行检测，其内部的所有材质都表现出较强的稳定性。而且还证明了在模拟操作环境中，DMD 芯片已经被测试了超过 1G 次循环，相当于 20 年的连续使用寿命。

DLP 大屏系统比较大的缺点是灯泡使用寿命较短，需要每年更换一次。

7. 极致色彩技术

在 DLP 大屏幕显示系统应用中，随着使用者对色彩要求的提升，投影技术也不断创新。目前市场上开始出现能够实现六色处理的投影技术，即"极致色彩"技术。这项新技术成功突破三基色处理的传统理念，使用多达六种色彩的处理方式，在红、绿、蓝的基础上，添加黄、青和品红等补色。补色的添加，可以加大色彩配比的数量，大幅提升色彩的丰富度，创造出超过 200 万亿种不同色彩，相当于高端等离子电视的 300 倍。

在实际应用中如果可以很好地处理 RGB 三原色之外的补色，对呈现自然界色彩的中间色将有很大的帮助，包括提升色彩的亮度与饱和度，可使最终的色彩表现更加真实。极致色彩技术采用了浮点运算，从模拟到数字转换的过程中，需要很高的精度，才能更接近于自然界到模拟界中的连续变化。因为任何数字化的处理都会有这种量化的误差，而浮点运算从本质上讲比定点运算的精度要高很多，因此采用浮点运算的极致色彩技术对最终的色彩表现，包括整个信号处理的精度都会有很大的提升。

8. 双灯切换系统

为了确保 DLP 拼接显示系统可以稳定地工作，大部分制造商为 DLP 显示器配置了双灯切换系统。双灯切换工作结构并不只是增加一个灯泡那么简单，其核心技术包括故障自动检测、双灯精确定位、参数存储等。双灯切换工作结构既解决了投影显示单元的灯泡备份，又能保持良好的显示性能，因此这种方式是控制室投影显示墙的最完美解决方案。

双灯切换系统保证了系统的稳定性和可靠性，降低了使用的风险。

9. 图像镶嵌技术

图像镶嵌技术是图像融合技术的一种，一般指的是同种类型图像的融合。它把多幅具有重叠信息部分的图像衔接在一起，得到一幅完整的、范围更大的图像，并且去除其中的冗余信息。图像镶嵌的评价标准是镶嵌后得到的图像，不但要具有良好的视觉效果，而且还要尽可能地保持图像光谱特征。通俗地说，就是镶嵌的图像越"无缝"，效果就越好。当然，这里的"无缝"不是绝对意义上的，而是人眼分辨力以内的"无缝"。

一般情况下，进行图像拼接时，在拼接的边界上不可避免地会产生拼接缝。这是因为两幅待拼接图像在灰度上的细微差别都会导致明显的拼接缝。而在实际的成像过程中，这种细微差别很难避免。因此图像镶嵌技术的难点就在于准确寻找图像之间的位置关系，并把两幅以上的图像平滑地衔接在一起，获取一幅全局的图像。

拼接缝消除的方法有很多，其中用得较多的方法有中值滤波法、利用小波变换的方法、加权平均法等。通常 DLP 拼接显示系统的缝隙小于 0.5mm，几乎无缝，好于等离子拼接显示系统。

10. 全数字化结构

DLP 一体化显示单元具有其独家专有的数字 RGB 输入端口，同时系统中的多屏处理器可以连接现在流行的各种局域网，支持基于 TCP/IP 协议图像显示和数据传输。

11. 支持 HDTV 显示全分辨率显示

DLP 显示系统支持 1080p、1080i、720p 等各种格式的高清视频，可以直接输入播放 HDTV、EVD、HD-DVD、高清硬盘录像机等各种高清视频信号；能够实时显示 RGB 电脑信号及通过网络方式的监控信号和动态画面，完全满足各种各样的显示需求。

12. 显示单元拼接缝隙更小

DLP 显示单元多针对大屏幕拼接系统使用，故其设计、生产都是严格按照拼接要求进行，采用最先进的屏幕组装及安装固定技术，整张屏幕一体化安装在显示单元箱体上，在屏幕表面无任何金属钩针、金属包边、螺丝钉等有碍视觉的固件，显示画面完整、美观，各箱体之间组合拼接缝隙小于 1.0mm。

● 12.2.3 系统功能

DLP 拼接显示系统是一种发展成熟的大屏幕显示系统，具有全数字、分辨率高、高亮度、高对比度、高色彩饱和度、高色彩均匀度、拼接缝隙小等特点。DLP 拼接显示系统适用于任何需要图像显示的场所，尤其适用于电力系统调度中心、控制中心、指挥中心、应急中心的图像显示。

DLP 拼接显示系统可以显示文本信息、数字信号和视频信息等，可保证信息显示的多样化。

DLP 拼接显示系统具有以下比较特殊的功能（包含但不限于）：

1. 全屏显示，高分辨率应用

可以把拼接显示墙作为统一的逻辑屏来显示高分辨率的系统应用程序，实现全屏显示和分辨率的叠加，如显示超高分辨率的大型完整的网络画面等。

典型的 DLP 显示单元分辨率为 1024×768，经过拼接后的显示墙可以获得更大的分辨率，不同的拼接可获取不同的分辨率，如表 12-3 所示。

表 12-3　　DLP 拼接大屏幕显示系统分辨率对比表

拼接规格	显示单元分辨率	拼接后分辨率
3×2	1024×768	3072×1536
3×3	1024×768	3072×2304
3×6	1024×768	3072×4608
3×8	1024×768	3072×6144
3×16	1024×768	3072×12 288
6×16	1024×768	6144×12 288
16×16	1024×768	16 384×12 288

由表 12-3 可以看出，经过拼接，DLP 显示系统的分辨率可高达 16 384×12 288。典型的 3×2 规格 DLP 拼接显示器如图 12-11 所示。

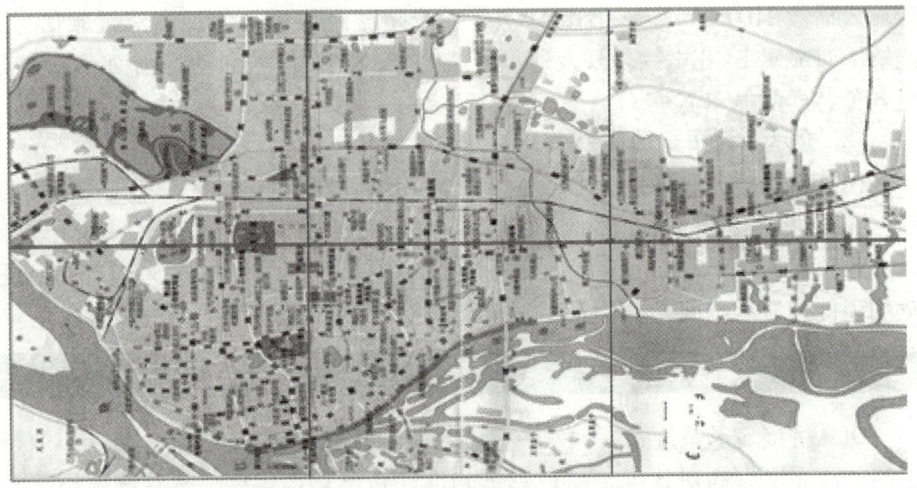

图 12 - 11 DLP 拼接显示器全屏显示效果（3×2 规格）

2. 多路视频信号显示

支持全制式视频输入信号，视频监控信息、摄像机、录像机、大小影碟机、彩色实物投影仪等各类视频信号源均可接入多屏处理器，信号经处理后以窗口的形式在投影显示墙上任意位置放大、缩小、跨屏移动等。多路视频显示如图 12 - 12 所示。

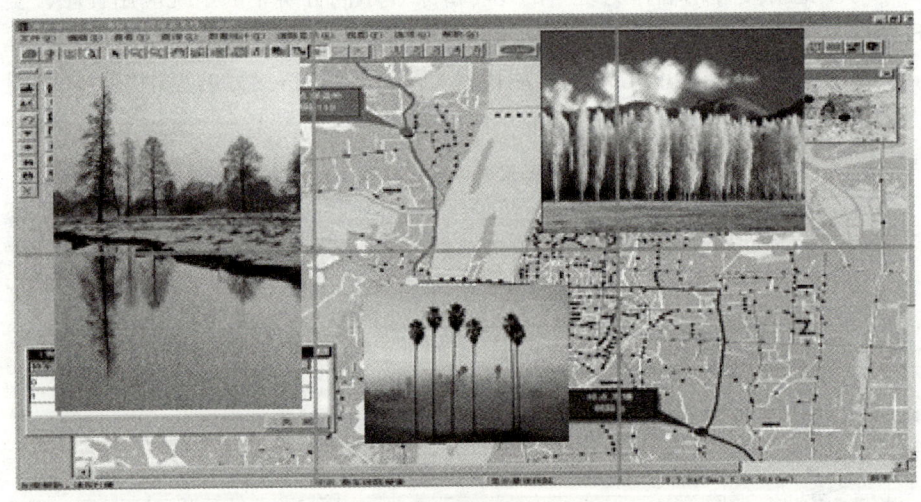

图 12 - 12 多路视频信号显示

3. RGB 信号显示

独立的 RGB 信号可以通过系统处理器采集处理后以窗口的形式在投影显

示墙上快速显示；并且显示窗口可以任意缩放，跨屏移动及全屏显示等。采用系统独有的快速 RGB 显示技术使 RGB 信号可以快速实时显示，并且做到显示速度不受显示窗口大小的影响。RGB 信号显示如图 12 – 13 所示。

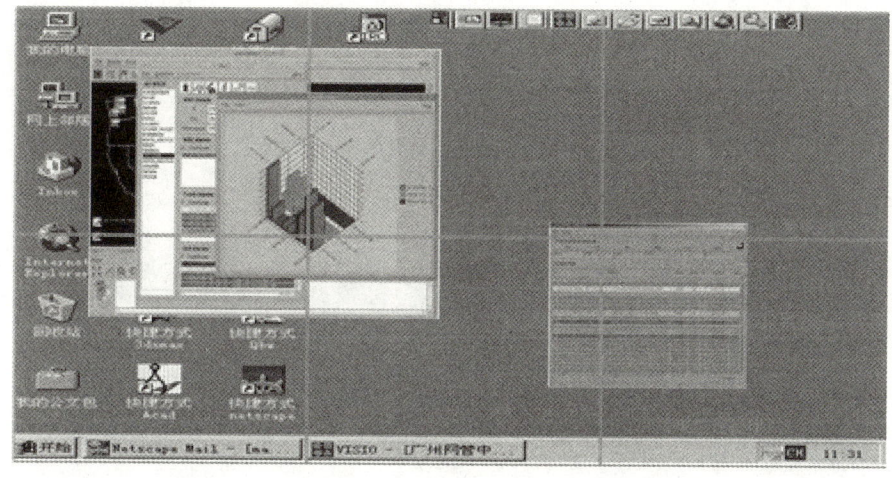

图 12 – 13　RGB 信号显示示意图

4. 网络信号的显示

系统处理器采用了网络抓屏技术（类似 PCAnywhere 系统），使网络信号的显示达到实时。网络抓屏技术通过网络方式连接，使信号显示更加灵活方便，网络上的电脑图像可在大屏幕上任意位置、任意比例快速显示；各种计算机工作站数量没有限制，扩容只需将要上墙显示的计算机联入网络即可。网络信号显示如图 12 – 14 所示。

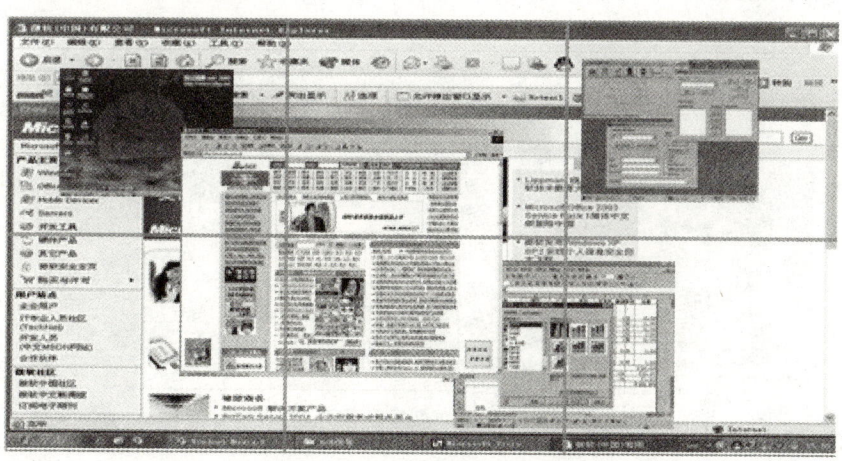

图 12 – 14　网络信号显示示意图

5. 各类信号混合显示

多屏处理器具有处理超高分辨率拼接的计算机网络图形信号、视频信号和 RGB 信号的跨屏显示和不同类型信号叠加显示的功能，其中任一路信号窗口均可任意缩小、放大、跨屏或全屏显示。各类信号混合显示如图 12-15 所示。

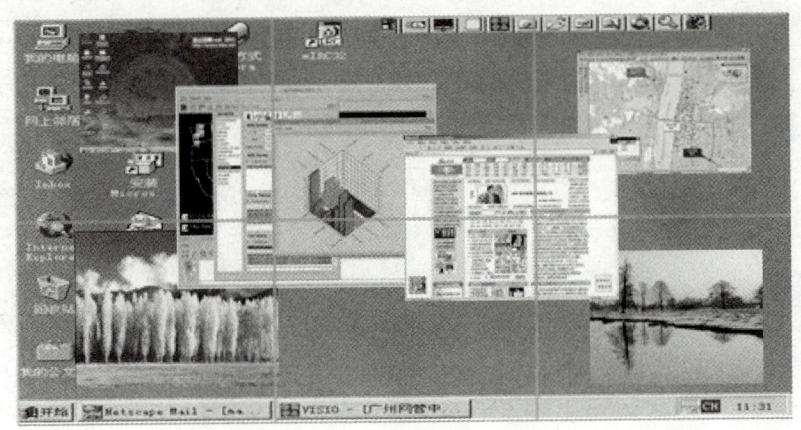

图 12-15　各类信号混合显示

6. RGB、视频信号直通显示

通过并利用显示单元配置的信号处理板，可将多路 RGB、视频信号，在全屏范围内以单屏方式或 $M \times N$ 方式（即 2×2、2×3）直通放大显示。配置此图像处理卡的显示单元支持完全无损的显示 1080p、1080i、720p 等各种格式的高清晰度视频信号，可以直接输入播放 HDTV、EVD、HD-DVD、高清硬盘录像机等各种高清晰度视频信号。RGB、视频信号直通显示如图 12-16 所示。

图 12-16　RGB、视频信号直通显示

12.2.4 系统组成架构

完整的 DLP 拼接显示系统主要由以下部分组成：

- 多个 DLP 显示单元。
- 显示单元框架。
- 信号处理系统。
- 多屏处理器。
- 矩阵切换控制器。
- 节目源设备。
- 计算机。
- 服务器。
- 显示墙应用管理系统软件。
- 计算机接口设备等。

DLP 拼接显示系统还有一些辅助设备，包括：

- KVM 服务器。
- 网络远程控制软件系统。
- 打印机。
- 音响系统。
- 信号线。
- 视频线。
- 音频线。
- 机柜。
- 操作台。

典型的 DLP 拼接显示系统组成如图 12-17 所示。

DLP 拼接显示系统是由多台（2~256 台）DLP 显示单元、信号处理系统、多屏处理器、矩阵切换设备、计算机和应用管理软件等设备构成的大屏幕显示系统，一般用于一个画面的超大屏幕显示或特技显示以及多个画面的多窗口显示。输入信号全部通过图像处理设备处理后分配输出到每台显示单元上，每个显示画面可以跨越投影屏边界。

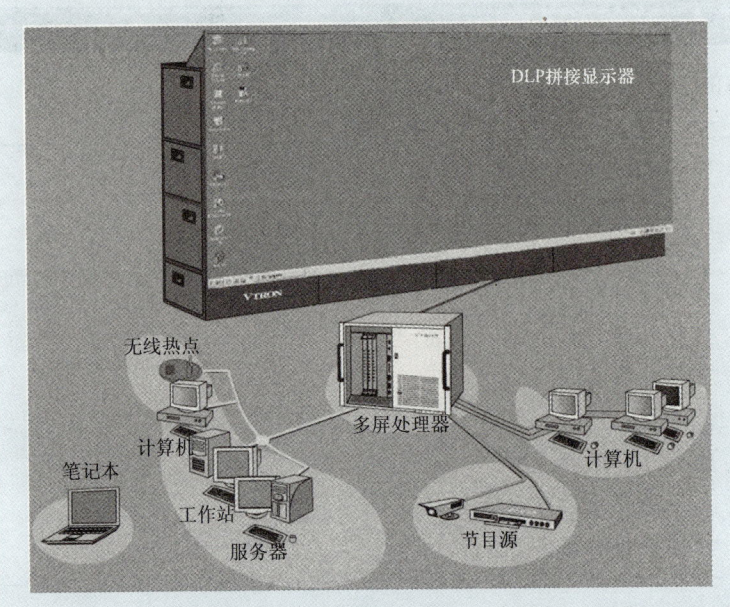

图 12-17 DLP 拼接显示系统组成图

● 12.2.5 系统主要设备

DLP 拼接显示系统的核心设备主要包括 DLP 显示单元、多屏处理器、矩阵切换控制器、节目源设备和显示墙应用管理系统软件等。

1. DLP 显示单元

DLP 显示单元是 DLP 拼接显示系统核心设备之一,显示单元质量的好坏直接影响大屏的显示效果。通常用于大屏幕拼接的 DLP 显示单元是专门为大规模组合拼接显示系统设计的超薄型产品。它的品种丰富、配置灵活、具有高性价比。通常都是采用 TI 最新的 DLP 数字技术,配以最新的信号处理、图像处理、数字色彩控制等一系列信号处理技术、先进的光学和机械系统设计、针对性的屏幕技术、无缝拼接技术,以及模块化的结构设计和先进的安装工艺,使得 DLP 拼接显示系统优于其他大屏幕显示技术。

常见的 DLP 显示单元规格有 50、60、67、80、84、100、120 英寸和 150 英寸,最小的 50 英寸、最大的 150 英寸。

用于 DLP 拼接显示系统的显示单元大多数具有以下产品特点:

第十二章　图说DLP拼接显示系统

双灯热备份功能（部分产品没有）	采用双灯显示单元可保证系统的稳定可靠、不间断运行，可以选择单、双灯的工作模式。
极致色彩技术	极致色彩（Brilliant Color）技术是TI专为提升DLP光学引擎的光学效率而设计的，其作用是提高投影机的对比度和显示效果。目前被大多数拼接显示系统所采用。
多重防尘结构	防尘是对电子设备保护的一种方式，通常DLP显示单元多采用密闭式设计结构，同时背投箱采用空气过滤技术，有效防止灰尘进入，可以确保系统在一些特殊环境下（如煤矿、隧道监控等）长期稳定工作。
画中画显示功能	通常DLP显示单元都具备多路视频或者RGB信号的多画面或者画中画显示功能。
DCC数字色彩控制技术	DCC数字色彩控制技术确保显示拼墙中不同显示单元的彩色重现具有高度的一致性，多色域独立调整功能可以对R、G、B、C、M、Y、W进行独立的调整。
12bit灰度等级	在图像显示中灰阶均匀过渡，有效消除亮度跳跃现象。
支持多种信号输入	支持现有多种视频信号、模拟RGB信号、数字RGB信号、HDTV信号输入，可显示1080p、1080i、720p等多种格式的高清视频画面。
超薄设计+贴墙安装	DLP显示单元用于拼接系统，故需要进行超薄设计以节省安装空间，而贴墙安装更能有效节省安装空间。

另外DLP显示单元对工作环境有比较高的要求，如温度、湿度和灰尘状况。DLP显示单元常见的技术参数如下：

显示模式	DLP技术。
分辨率	多为1024×768像素。
机芯亮度	1200/600（ANSI）lm（典型值）。
机芯对比度	1800∶1或更高。
均匀度	>95%。
拼缝	<0.5mm。
整屏拼接平整度	<0.3mm。

信号接口	输入	处理器信号：模拟RGB和数字RGB；
		视频信号：YCrCb输入、S-Video、Video；
		RGB：数字RGB、模拟RGB。
	输出（环接）数字RGB。

MTBF：30 000h。
控制口：RS232C、RS485。

2. 多屏处理器

拼接技术主要有两种，一种是传统的大屏幕显示墙硬拼接技术，另一种是采用边缘融合技术的投影机无缝拼接技术。DLP 显示单元拼接缝隙小于 0.5mm，属于无缝拼接技术，而无缝拼接的主要设备就是多屏处理器。

如图 12-18 所示，多屏处理器相当于一台微型的嵌入式计算机，通常运行在 Linux 操作系统下，提供大幅面高分辨率的 X-Windows 图形显示环境，使活动视频、RGB 信号和来自网络的计算机桌面或窗口等各种类型的图像信号均可以在显示墙上完美重现。

图 12-18 多屏处理器

多屏处理器通常具有以下特点和优势：

单一逻辑屏	采用开放式模块化结构，可以将所有图像通道输出的画面合拼成为一个高分辨率无缝单一逻辑屏，活动视频信号、RGB 信号和来自网络的计算机画面等各类图文信息均可在此高分辨率逻辑桌面上以开窗口的方式在任意位置、以任意大小显示。
网络功能	支持以太网接口，支持 TCP/IP 等常用网络协议，允许通过网络实现访问和控制，同时又不会改变现有网络环境。
RGB 信号输入显示	多屏处理器可以开窗显示多路数字或模拟的 RGB 输入信号，输入信号的分辨率从 640×480~1600×1200，刷新频率支持 60~85Hz。RGB 窗口可以在逻辑屏上任意移动、放大缩小或相互叠加，并且图像显示无滞后现象。
活动视频输入显示	多屏处理器可以实时开窗显示 NTSC/PLAL/SECAM 等制式复合视频信号，每个视频窗口都可以在逻辑屏上任意移动、放大、缩小，并且每个显示单元通道可以同时显示多个显示窗口。
远程控制接口	在 TCP/IP 网络环境中，为方便用户使用，大多数的多屏处理器可以为活动视频、RGB 和网络应用等输入显示提供丰富的远程控制接口。
显示墙应用管理系统	支持通过显示墙应用管理系统实现对多屏处理器的集中管理和控制，其友好的人机界面使对整个系统的控制方便快捷，用户只需通过简单的点击和拖放即可实现各种类型信号在显示墙上显示的操控。

3. 节目源设备

DLP 拼接显示系统几乎支持目前所有主流的音视频设备，如 DVD、CD、摄像机、麦克风、计算机音视频信号、有线电视、数码录摄像机等。当输入的音视频设备超过一定数量，就需要矩阵切换控制器。

4. 矩阵切换控制器

矩阵切换控制器主要有 RGB 矩阵切换器和 VGA 矩阵切换器两种，如图 12 - 19 所示。

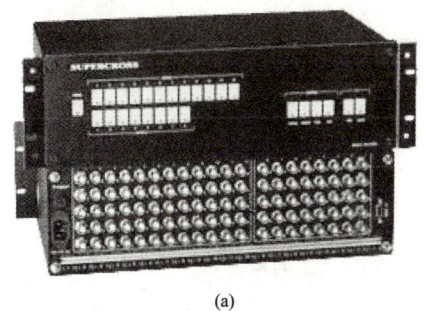

(a)　　　　　　　　　　　　　　(b)

图 12 - 19　矩阵切换控制器
（a）RGB 矩阵切换器；（b）VGA 矩阵切换器

最早应用于拼接显示器系统的矩阵切换控制器为 RGBHV（分别代表/红/绿/蓝/水平/垂直五个信号），因为标准的 VGA 信号也是采用了五针接口，故可将 VGA 信号变换为 RGBHV 信号。随着拼接显示系统多显示 VGA 信号，RGB 矩阵切换控制器逐渐被 VGA 矩阵切换器所取代。

5. 显示墙应用管理系统软件

显示墙应用管理系统软件是实现拼接显示系统所有功能的重要支持平台之一。它通常包括很多软件功能模块，如显示墙拼接管理系统、软件开发包、网络显示模块、虚拟扩展浏览模块、显示单元控制模块、专用调试控制模块和软边控制模块等。

显示墙应用管理系统软件多为拼接墙显示系统开发具有针对性的应用管理系统，其主要功能是为用户提供对拼接墙显示系统上的各类应用窗口的控制和管理以及对显示引擎的控制，并可以实现对矩阵、摄像头和多功能设备等相关外围设备的联动控制。通常这套软件都是大屏拼接系统供应商硬件产品配套的，可与多屏处理器配合工作，支持多个客户端同时连接和操作，提供简便友好、可定制的人机操作界面，使得对显示拼墙的操控方便快捷，操作直观，彻底改变了传统显示拼墙操作复杂的缺陷。

市面上大多数显示墙应用管理系统软件具有以下功能或特点：

多用户操作和管理	支持网络上多个用户同时对显示墙的控制操作，并提供多用户管理功能，包括：添加、修改、删除用户、用户登录和退出、定制用户权限区域等。
设备管理	可以对各种信号源设备，包括VIDEO、RGB、VLINK信号源等进行多级分类定义、管理和拖动；可以对周边设备，包括矩阵、摄像头控制器、多功能设备等多种多样的硬件设备进行定义、管理和联动控制。
多处理器管理	支持同时对多台处理器（多个显示墙）的控制操作，控制相互独立。可同时控制各种型号的处理器。这一功能特别适合显示墙分功能区域，不同类型应用通过处理器集中显示与控制。
摄像机控制	包括摄像机转动速率和方向，图像放大缩小，焦距拉近推远等。
显示引擎控制	包括开/关显示引擎，显示机芯的状态信息，包括灯泡的工作时间、机芯的工作时间及状态、灯泡的切换（双灯引擎）。
矩阵控制	可以对供应商指定的多屏处理器外接的视频、RGB等多种类型矩阵进行联控；可以方便地支持自定义矩阵类型。
窗口管理	支持VIDEO、RGB、VLINK信号图像窗口及处理器应用窗口的各种操作，包括窗口开/关、属性设置、自由移动缩放、叠加等。
多显示拼墙管理	支持多显示拼墙同时工作，控制相互独立，各自功能完善，互不影响。
模式管理	可以将一个或多个显示拼墙上显示的一个或多个窗口、一个或多个多屏处理器应用定义为显示模式，并对其进行存储设置与调用操作。
预案管理	可以设置和进行预案管理功能，并提供多种执行预案模式，包括自动执行、手动执行、循环次数等。
运行信息管理	可以显示当前拼墙上显示的窗口和应用列表，对窗口进行操作，包括窗口属性查看、关闭、置顶、存为模式等，定义模式切换时的智能操作、应用窗口的停止等。
界面管理	软件界面可由用户根据习惯进行定制，包括各种设置列表的显示/隐藏、列表相互位置关系、通用操作、颜色设置及扩展工具设置等。

显示墙应用管理系统软件的界面如图12-20所示。

第十二章　图说DLP拼接显示系统

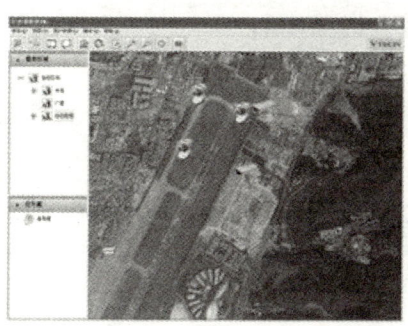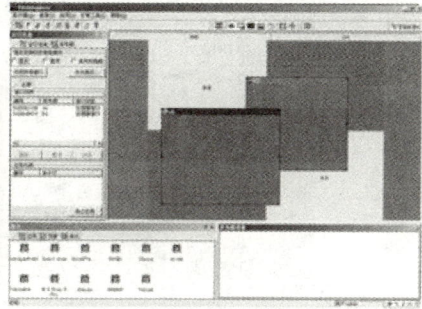

图 12 – 20　显示墙应用管理系统软件界面

 典型应用分析

本节以一个典型的电力系统控制中心为例说明如何设计一个 3×2 拼接规格的 DLP 拼接显示系统，同时附上一些其他工程的参考设计样例。

● 12.3.1　系统组成

整套大屏幕投影显示系统主要由以下部分组成：

- 50 英寸 3×2 DLP 显示单元。
- 信号处理板。
- 多屏处理器。
- 矩阵切换控制器。
- 节目源设备。
- 计算机。
- 服务器。
- 显示墙应用管理系统软件。
- 计算机接口设备等。

通过以上配置的整套投影拼接墙显示系统都能够很好地连接和显示用户的有关信息，可根据需要任意显示各种动、静态的视频和数字图文信息。系统组成如图 12 – 21 所示。

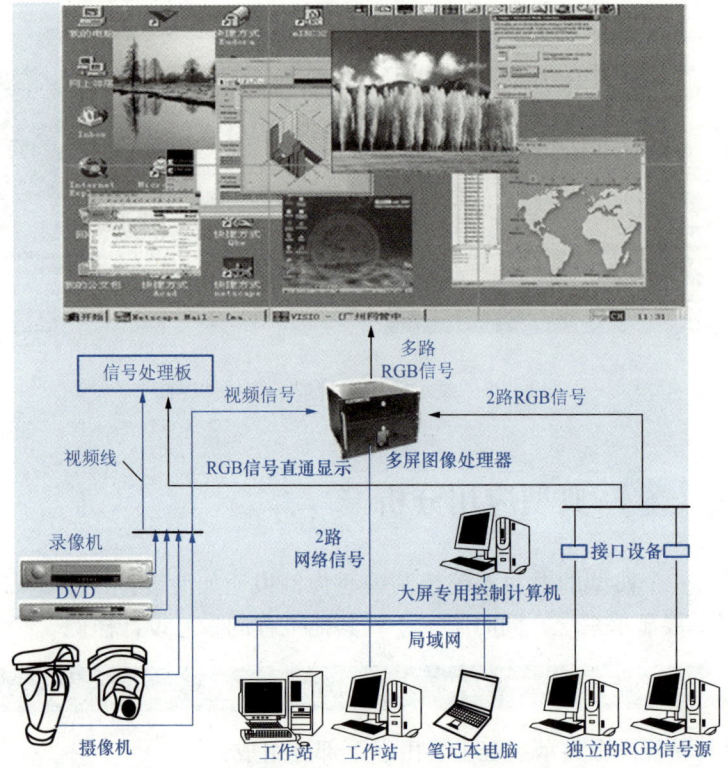

图 12-21 DLP 拼接显示系统组成图

● 12.3.2 DLP 大屏规格

本设计方案以普通型（当然也有超薄型）显示单元举例，由 50 英寸一体化显示单元以 3×2 方式拼接而成显示屏规格如下：

单屏尺寸	50 英寸
单屏面积	1000mm（宽）×750mm（高）= 0.75m²
整屏面积	1000mm（宽）×3×750mm（高）×2 = 3000mm（宽）×1500mm（高）= 4.5m²
单屏厚度	640mm

DLP 拼接显示墙规格如图 12-22 所示。

图 12-22 所示是 3×2 方式拼接而成显示屏，整体高 2400mm、宽 3000mm，单屏面积为 1000mm×750mm，底座的安装高度为 900mm。

第十二章 图说DLP拼接显示系统

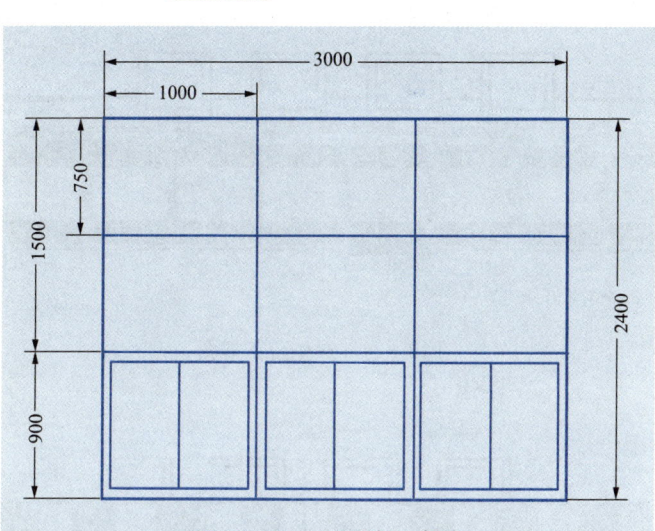

图 12-22 显示墙尺寸图

DLP 拼接显示墙和操作台尺寸图及位置关系如图 12-23 所示。由图可见，屏幕的厚度为 640mm、操作台和显示墙的最小距离应保持在 3000mm 左右，操作人员的视角刚好可以覆盖整个屏幕为宜。人视角的中心应该和大屏幕的中心齐平，这样操作人员才不会觉得视角疲劳。

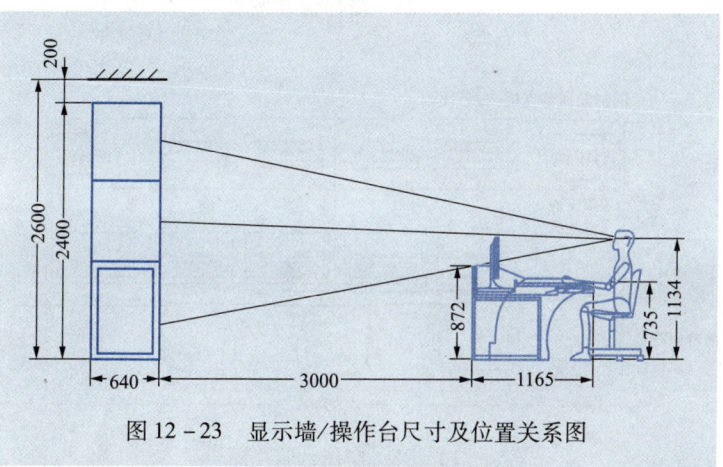

图 12-23 显示墙/操作台尺寸及位置关系图

● 12.3.3 操作台设计

操作台主要用来放置计算机、操作键盘、电话等设备，其设计也比较重要，应该便于操作人员操作，同时应该符合相关规范和标准。针对 3×2 拼接显示系统的操作台如图 12-24、图 12-25 和图 12-26 所示。

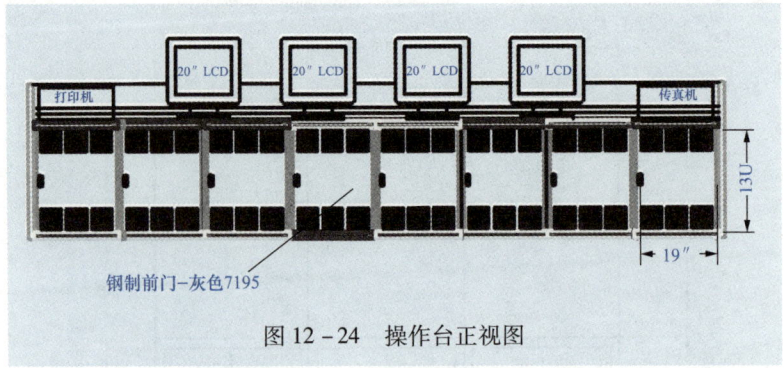

图 12-24 操作台正视图

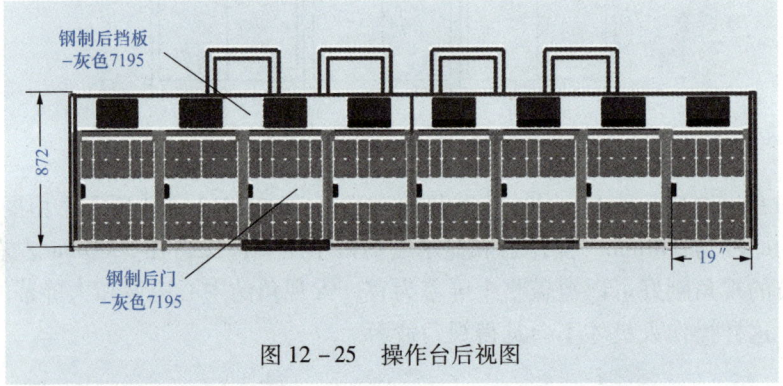

图 12-25 操作台后视图

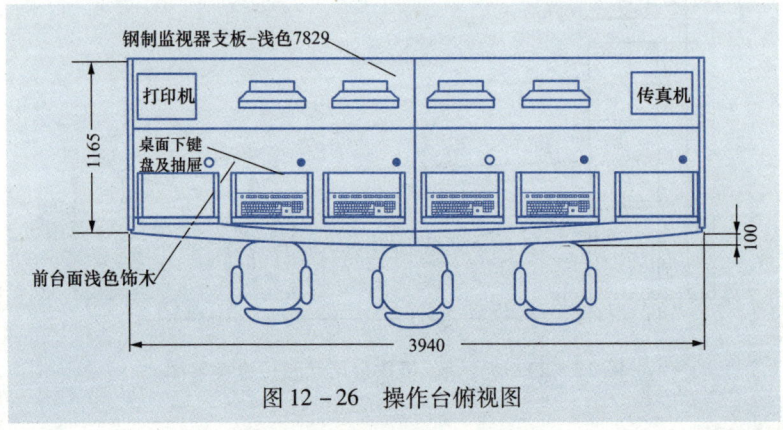

图 12-26 操作台俯视图

在图 12-24～图 12-26 中可以看出，本次操作台设置高度为 872mm、长度 3940mm，适合大屏幕观看，台面可以放置 4 台 20 英寸的显示器，对应的 4 个可以抽拉式的键盘。另外台面还预留位置，可以放置打印机、传真机和电话，方便沟通和交流。

操作台的设计一般根据项目的需要进行设计，多属于定制化产品，可以根据项目的投资额、业主要求灵活调整和设计，以满足项目操作和管理为宜。

● 12.3.4 控制中心平面图设计

整套设计好的设备在控制中心分布如图 12-27 所示。

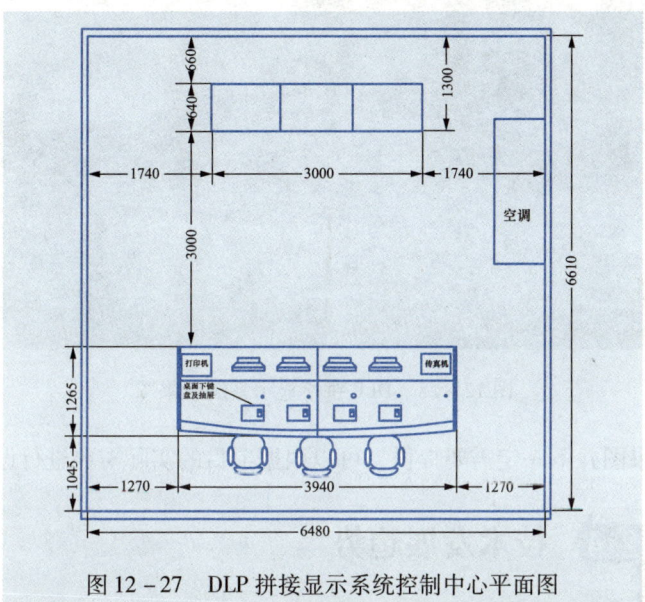

图 12-27 DLP 拼接显示系统控制中心平面图

控制中心的面积根据拼接显示器的规格而定，通常 3×2 规格的控制中心面积建议不低于 40m²，图 12-27 中所设计的控制中心面积为 42m² 左右。通常情况下要求显示设备和控制设备位于控制中心的居中位置，便于工作和设备维修。DLP 大屏幕对工作环境是有一定要求的，故通常建议控制中心应该配置空调系统、防静电系统、防雷系统、除湿系统、接地系统、照明系统、电力系统和消防系统等。

● 12.3.5 其他配套系统和效果图

一套完整的 DLP 拼接显示系统已经设计完成了。主要的设备在前面也给予了详细的描述，此处不多描述。和 DLP 大屏配套的系统还可以包括矩阵切换控制系统、KVM 共享管理系统、音响系统、中央控制系统、语音通信系统，因不属于大屏幕拼接系统的范畴，本处也不予论述。

设计好的 3×2 拼接显示系统效果图如图 12-28 所示。

图 12 - 28 DLP 拼接显示系统效果图

一般效果图并不一定需要提供，可以根据项目的实际需要进行设计和提供。

 技术发展趋势

大屏幕技术本身就是一种发展趋势，DLP 拼接显示系统和等离子拼接系统同属于大屏幕显示系统，各有优势。对于 DLP 拼接显示系统而言，技术发展趋势包括 DLP 投影技术逐步取代其他投影技术、分辨率更高、成本更低、拼接面积更大、灯泡使用寿命更长等。

1. DLP 投影技术发展趋势

DLP 技术的发展趋势本身就影响了 DLP 拼接显示系统的趋势，DLP 是一种新兴并发展比较快的技术，随着成本的降低会逐步取代 LCD 和 CRT 投影和显示技术。

反射式液晶 LCoS 是一种新兴的 LCD 反射技术，虽然可靠性尚未经过认证，但对 DLP 技术来讲已经是一种挑战。而 PDP 等离子显示技术用于大屏幕拼接将会和 DLP 技术形成竞争和互补的关系。

随着 DMD 技术的发展，DLP 投影及大屏幕技术将会朝着更高分辨率、更高清晰度、更高照度发展。

2. 分辨率更高

目前用于大屏幕拼接的 DLP 显示单元分辨率多为 1024×768，市面上的 DMD 已经出现了 1280×720、1280×1024、1920×1080（HDTV）等几种分辨率的产品，故更高分辨率的显示单元被应用 DLP 拼接显示系统将会成为一种技术发展趋势。

3. 拼接面积更大

目前市面上最大的显示单元是 150 英寸，拼接的显示单元个数是 256 台，似乎可以满足目前的各种应用要求，但不排除未来出现超过 150 英寸规格的显示单元和更多拼接显示单元的系统，毕竟计算机技术的发展是很快的。

4. 成本更低

市面上大多数的 DLP 拼接显示系统的造价还是比较高的，平均每台显示单元的建设成本在 10 万元人民币左右，远远高于等离子拼接系统和 LED 显示系统，相信还有很大的价格降低空间。随着规模化生产和大量应用，生产成本最终会越来越低。

5. 灯泡寿命更长

虽然 DMD 芯片的理论工作时间很长，但是需要使用点光源（即灯泡）进行照明，使得本来已经成本很高的系统维护成本更高。基本上每个显示单元每年都需要更换一次灯泡，如果拼接规格很大，则需要更换的灯泡数量也很多，费用比较昂贵，故新技术的发展推动灯泡具有更长的寿命也将成为一种发展趋势。

第十三章 图说防雷接地系统

13.1 系统基础知识

13.1.1 什么是雷电

雷电（Thunder）有时候也称为闪电，是大气中发生的剧烈放电现象，具有大电流、高电压、强电磁辐射等特征，通常在雷雨云（积雨云）情况下出现。雷雨云通常产生电荷，底层为阴电，顶层为阳电，而且还在地面产生阳电荷，如影随形地跟着云移动。阳电荷和阴电荷彼此相吸，但空气却不是良好的传导体。阳电奔向树木、山丘、高大建筑物的顶端甚至人体之上，企图和带有阴电的云层相遇；阴电荷枝状的触角则向下伸展，越向下伸越接近地面。最后阴阳电荷终于克服空气的阻障而连接上。巨大的电流沿着一条传导气道从地面直向云涌去，产生出一道明亮夺目的闪光。一道闪电的长度可能有数百千米至数千千米。

闪电的平均电流是 3 万 A，最大电流可达 30 万 A。闪电的电压很高，约为 1 亿~10 亿 V。一个中等强度雷暴的功率可达 1000 万 W，相当于一座小型核电站的输出功率。放电过程中，由于闪道中温度骤增，使空气体积急剧膨胀，从而产生冲击波，导致强烈的雷鸣。

雷电对人体的伤害，有电流的直接作用和超压或动力作用，以及高温作用。当人遭受雷电击的一瞬间，电流迅速通过人体，重者可导致心跳、呼吸停止，脑组织缺氧而死亡。另外，雷击时产生的是火花，也会造成不同程度的皮肤烧灼伤。雷电击伤，亦可使人体出现树枝状雷击纹，表皮剥脱，皮内出血，也能造成耳鼓膜或内脏破裂等。

在电闪雷鸣的时候，由于雷电释放的能量巨大，再加上强烈的冲击波、剧变的静电场和强烈的电磁辐射，常常造成人畜伤亡、建筑物损毁，引发火灾以及造成电力、通信和计算机系统的瘫痪事故，给国民经济和人民生命财产带来巨大的损失。在20世纪末联合国组织的国际减灾十年活动中，雷电灾害被列为最严重的十大自然灾害之一。雷电全年都会发生，而强雷电多发生于春夏之交和夏季。

● 13.1.2　什么是雷电反击

雷电的反击现象通常指遭受直击雷的金属体（包括避雷针、接地引下线和接地体），在引导强大的雷电流流入大地时，在它的引下线、接地体以及与之相连接的金属导体上会产生非常高的电压，对周围与之连接的金属物体、设备、线路、人体之间产生巨大的电位差，这个电位差会引起闪络。在接闪瞬间与大地间存在着很高的电压，这电压对与大地连接的其他金属物品发生放电（又叫闪络）的现象叫反击。此外，当雷击到树上时，树木上的高电压与他附近的房屋、金属物品之间也会发生反击。要消除反击现象，通常采取两种措施：一是作等电位连接，用金属导体将两个金属导体连接起来，使其接闪时电位相等；二是两者之间保持一定的距离。

● 13.1.3　雷电的分类

根据雷电的不同形状，大致可分为片状、线状和球状三种形式；从雷云发生的机理来分，有热雷、界雷和低气压性雷；从危害角度考虑，雷电可分为直击雷、感应雷（包括静电感应和电磁感应）。本章主要论述和智能化系统相关的直击雷和感应雷。

1. 直击雷

在雷暴活动区域内，雷云直接通过人体、建筑物或设备等对地放电所产生的电击现象，称之为直接雷击（见图13-1）。此时雷电的主要破坏力在于电流特性而不在于放电产生的高电位。雷电击中人体、建筑物或设备时，强大的雷电流转变成热能。雷击放电的电量大约为25～100C。据此估算，雷击点的

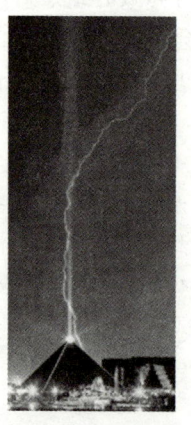

图 13-1 直击雷

发热量大约 500~2000J。该能量可以熔化 50~200mm³ 的钢材。因此雷电流的高温热效应将灼伤人体，引起建筑物燃烧，使设备部件熔化。

雷电流在闪击中直接进入金属管道或导线时，沿着金属管道或导线可以传送到很远的地方。除了沿管道或导线产生电或热效应，破坏其机械和电气连接之外，当它侵入与此相连的金属设施或用电设备时，还会对金属设施或用电设备的机械结构和电气结构产生破坏作用，并危及有关操作和使用人员的安全。雷电流从导线传送到用电设备，如电气或电子设备时，将出现一个强大的雷电冲击波及其反射分量。反射分量的幅值尽管没有冲击波大，但其破坏力也大大超过半导体或集成电路等微电子器件的负荷能力，尤其是它与冲击波叠加形成驻波的情况下，便成了一种强大的破坏力。

2. 感应雷

感应雷的破坏也称为二次破坏。雷电流变化梯度很大，会产生强大的交变磁场，使得周围的金属物体产生感应电流，这种电流可能向周围物体放电。感应雷主要分为静电感应雷和电磁感应雷。

静电感应雷	带有大量负电荷的雷云所产生的电场将会在架空明线上感生出被电场束缚的正电荷。当雷云对地放电或对云间放电时，云层中的负电荷在一瞬间消失了，那么在线路上感应出的这些被束缚的正电荷也就在一瞬间失去了束缚，在电势能的作用下，这些正电荷将沿着线路产生大电流冲击，从而对电气设备产生不同程度的影响。
电磁感应雷	雷击发生在供电线路附近，或击在避雷针上会产生强大的交变电磁场，此交变电磁场的能量将感应于线路并最终作用到设备上，对用电设备造成极大危害。对于弱电系统来讲，危害最大的就是这种电磁感应雷。

● 13.1.4 浪涌

在智能化系统的设备运行过程中，对系统和设备造成危害的并不是直击雷，而是电磁感应雷。主要是由于雷击发生时在电源和通信线路中感应的电流浪涌引起的，一方面由于电子设备内部结构高度集成化，从而造成设备耐压、耐过电流的水平下降，对雷电的承受能力下降，另一方面由于信号来源路径增多，系统较以前更容易遭受雷电波侵入。

浪涌电压主要通过电源线和信号线等途径窜入弱电设备。

电源浪涌	电源浪涌通常并不仅仅因为雷击,当电力系统出现短路故障、开关切换时都会产生电源浪涌。供电线路一般都很长,不论是线路浪涌还是雷击引起的浪涌,发生的概率都很大。电源浪涌是弱电系统最大的危害之一。
信号系统浪涌	信号系统浪涌电压的主要来源是感应雷击、电磁干扰、无线电干扰和静电干扰。金属物体受到这些干扰信号的影响,会使传输中的数据产生误码,影响数据的准确性和传输速率。

● 13.1.5 雷电及浪涌的危害形式

雷电以及浪涌的危害形式主要有:

- 直击雷;
- 静电感应;
- 电磁感应;
- 雷电侵入波;
- 地电位反击;
- 电磁脉冲辐射;
- 操作过电压;
- 静电放电。

● 13.1.6 雷电及浪涌防护的方法

根据 IEC 组织提出的 DBSG 的基本方法,电子信息系统雷电及浪涌的防护应当采取六大技术措施:

1. 直击雷防护;
2. 屏蔽和隔离;
3. 合理布线;
4. 等电位连接;
5. 共用接地;
6. 安装使用电涌保护器。

对应的解决方案如下:

1. 直击雷防护

直击雷的防护主要采用接闪器技术和引下线技术实现：

• 接闪器技术	使用金属接闪器（包括避雷针、避雷线、避雷带、避雷网）以及用作接闪的金属屋面和金属构件等设备，安装在建筑物顶部或使其高端比建筑物顶端更高，吸引雷电并把雷电电流传导到大地中去，防止雷电电流经过建筑物，从而使建筑物免遭雷击，起到保护建筑物的作用。
• 引下线技术	引下线是连接接闪器与接地装置的金属导体，把接闪器拦截的雷电电流引入大地的通道。引下线数量的多少直接影响分流雷电流的效果，引下线多，每根引下线通过的雷电电流就少，其感应范围及强度就小。

2. 屏蔽和隔离

屏蔽是减少电磁干扰的基本措施，用金属网、箔、壳、管等导体把需要保护的对象包围起来，从物理意义上说，就是把闪电的脉冲电磁场从空间入侵的通道阻隔起来。通常像有线电视、闭路监控电视系统中的同轴电缆、RVVP型号的带屏蔽层的信号线都具有屏蔽功能。在敷设管槽时采用镀锌钢管和镀锌线槽也具有一定的屏蔽。

除了采取屏蔽措施之外，另外一个有效的办法就是采取隔离措施，如设备及管线远离雷电源，尽可能使弱电设备和弱电线路远离强电设备和强电线路。

3. 合理布线

合理布线主要利用防反击技术，现代化的建筑物内离不开照明、动力、安防系统、弱电系统和计算机等电子设备的线路，必须考虑防雷设施与各类管线的关系。合理布线也是防雷工程的重要措施。

从防雷角度上考虑，强电电源线不要与弱电系统线缆同槽敷设安装，各种弱电系统插座、接头应与电源插座保持一定距离；如果强弱电线缆共管共槽，最少应该保持30cm的距离。这也是为什么摄像机、读卡器、报警探测器等弱电设备的工作电源常常是12VDC和24VAC的原因，主要是从防雷的角度考虑。

4. 等电位连接

等电位连接是指将分开的装置、导电物体用等电位连接导体或电涌保护器连接起来，以减小雷电流在它们之间产生的电位差。等电位连接是防雷措施中极为关键的一项。完善的等电位连接，也可以消除地电位骤然升高而产生的"反击"现象。

5. 共用接地

接地系统是用来将雷电流导入大地，防止人受到电击或财产受到损失。

之所以要采用共用接地,其一是共用一个地可以节省成本、提高效率,另外一个原因是对弱电系统来讲单独建设一个专业的接地体没有必要。如果弱电设备所在的地方没有可以共用的接地体,例如说摄像机,就需要单独建设接地体。

6. 安装使用电涌保护器

对弱电系统来讲最直接、最有效的防雷方法就是安装电涌保护器,然后接地。电涌保护器安装在设备的一端,直接和共用接地系统相连接(或单独建设接地体),它的作用是把循导线传入的雷电过电压波在电涌保护器处经电涌保护器分流入地,这样就保护了设备。

在一个设计完善的智能化系统(弱电系统)中,应该充分考虑防雷系统工程,而这六项措施都应该考虑。但通常在建筑物设计和电气工程设计时已经考虑了直击雷防护、屏蔽和隔离、合理布线,故智能化系统的防雷主要采用加装防雷器和接地(包括等电位连接)处理。

13.2 防雷系统原理及设计

● 13.2.1 防雷系统术语

在防雷系统中,关于电涌保护器有以下相关技术名词:

1. 保护模式

用于描述配电线路中电涌保护器保护功能的配置情况。在交流配电系统中有 L-L、L-PE、L-N、N-PE 四种保护模式;在直流配电系统中有 V + – V –、V + – PE、V – – PE 三种保护模式。

2. 最大持续运行电压 U_c

可以连续施加在电涌保护器上的交流电压有效值和直流电压最大值,该值即电涌保护器的额定电压值。对于内部没有放电间隙的电涌保护器,该电压值表示最大可允许加在电涌保护器两端的工频交流均方根(r.m.s)值。在这个电压下,电涌保护器必须正常工作,不可出现故障;同时该电压连续加载在电涌保护器上,不会改变电涌保护器的工作特性。

3. 冲击放电电压 U_{imp}

在电涌保护器的输入端子或输入端子与接地端子间施加 1kV/μs 的冲击电压时,在施加冲击电压的端子间的峰值电压。

4. 标称导通电压 U_n

在施加恒定 1mA 直流电流时,不含串联间隙的电涌保护器线路端子和公共接地端子间的放电电压；含串联间隙的电涌保护器，在增加直流电压时若发生放电，将直流电流调整到1mA时电涌保护器的端电压。

5. 标称放电电流 I_n

电涌保护器不发生实质性破坏而能通过规定次数、规定波形的最大限度的冲击电流峰值，又称冲击通流容量。本书中电流波形为 $8/20\mu s$。

6. 最大放电电流 I_{max}

电涌保护器不发生实质性破坏而能通过电流波形为 $8/20\mu s$ 的电流波1次冲击的电流极限值，又称极限冲击通流容量。它一般是标称放电电流 I_n 的2倍以上。

7. 残压 U_{res}

放电电流通过电涌保护器时，电涌保护器规定端子间出现的电压峰值。

8. 限制电压 U_l

施加规定幅值、规定波形的冲击波时，在电涌保护器规定端子间测得的电压峰值。限制电压是残压的特例。

9. 漏泄电流 I_l

并联型电源电涌保护器在施加75%的标称导通电压 U_n 时，流过电源电涌保护器的电流。

10. 插入损耗 a_e

由于在传输系统中插入一个电涌保护器所引起的损耗。给定频率时，在被测信号电涌保护器接入线路前后在电涌保护器插入点处测得的功率之比。插入损耗通常用分贝表示。

11. 数据传输速率

信号电涌保护器接入传输数字信号的被保护系统传输线后，插入损耗不大于规定值的上限数据传输速率，单位为 bit/s。

12. 传输频率 f_G

信号电涌保护器接入传输模拟信号的被保护系统传输线后，插入损耗不大于规定值的上限模拟信号频率。

13. 交流续流

含并联间隙的电源电涌保护器被雷电过电压击穿放电，雷电过电压消失后电源电涌保护器并联间隙仍让来自馈电回路的交流电流流通的现象叫交流续流。

14. 电压保护水平 U_p

电涌保护器被触发前，在它的两端出现的最高瞬间电压值。

15. 额定频率 f_n

厂家设计该设备在正常工作下的频率。

● 13.2.2　什么是电涌保护器

电涌保护器的中文叫法很多，如浪涌保护器、防雷器、避雷器等，但英文叫法只有一个，即 Surge Protection device，简写为 SPD。防雷器是大家约定俗成的一种叫法，也比较流行。

国际上对防雷保护系统、设备的分类主要有 Lightning Protection（雷电保护类型）、Surge Protection（过电压浪涌/电涌保护类型）和 Safety Equipment（高压操作安全设备）三种。和弱电系统紧密关联的就是 SPD，即防雷器。

电涌保护器是电子设备雷电防护中不可缺少的一种装置，其作用是把窜入电力线、信号传输线的瞬时过电压限制在设备或系统所能承受的电压范围内，或将强大的雷电流泄流入地，保护被保护的设备或系统不受冲击而损坏。

电涌保护器的类型和结构按不同的用途有所不同，但它至少应包含一个非线性电压限制元件。用于电涌保护器的基本元器件有放电间隙、充气放电管、压敏电阻、抑制二极管和扼流线圈等。

1. 电涌保护器的分类

（1）电涌保护器按工作原理分类，如图 13-2 所示。

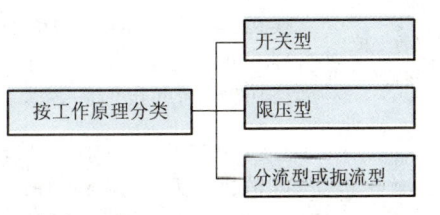

图 13-2　电涌保护器按工作原理分类

开关型	其工作原理是当没有瞬时过电压时呈现为高阻抗，一旦响应雷电瞬时过电压，其阻抗就突变为低值，允许雷电流通过。用作此类装置的器件有放电间隙、气体放电管、闸流晶体管等。
限压型	其工作原理是当没有瞬时过电压时为高阻抗，但随电涌电流和电压的增加其阻抗会不断减小，其电流电压特性为强烈非线性。用作此类装置的器件有氧化锌、压敏电阻、抑制二极管、雪崩二极管等。
分流型或扼流型	用作此类装置的器件有扼流线圈、高通滤波器、低通滤波器、1/4 波长短路器等。 分流型：与被保护的设备并联，对雷电脉冲呈现为低阻抗，而对正常工作频率呈现为高阻抗； 扼流型：与被保护的设备串联，对雷电脉冲呈现为高阻抗，而对正常的工作频率呈现为低阻抗。

（2）电涌保护器按用途分类如图 13-3 所示。

```
                    ┌─── 电源保护器
        按用途分类 ──┤
                    └─── 信号保护器
```

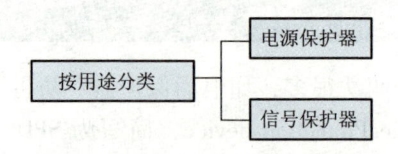

图 13 - 3 电涌保护器按用途分类

• 电源 保护器	包括交流电源保护器、直流电源保护器、开关电源保护器等。像摄像机、读卡器、门禁主机、停车场现场设备等户外现场设备和机房供电设备需要加装电源保护器。
• 信号 保护器	包括低频信号保护器、高频信号保护器、天馈保护器等。像云台摄像机视频线、室外控制信号线和数据线需要加装信号保护器。

2. 电涌保护器的基本元器件及其工作原理

放电间隙 （又称保护 间隙）	它一般由暴露在空气中的两根相隔一定间隙的金属棒组成。其中一根金属棒与所需保护设备的电源相线 L1 或中性线（N）相连，另一根金属棒与接地线（PE）相连接，当瞬时过电压袭来时，间隙被击穿，把一部分过电压的电荷引入大地，避免被保护设备上的电压升高。
气体放电管	它是由相互离开的一对冷阴板封装在充有一定的惰性气体（Ar）的玻璃管或陶瓷管内组成的。为了提高放电管的触发概率，在放电管内还有助触发剂。这种充气放电管有二极型的，也有三极型的。
压敏电阻	它是以 ZnO 为主要成分的金属氧化物半导体非线性电阻，当作用在其两端的电压达到一定数值后，电阻对电压十分敏感。它的工作原理相当于多个半导体 P-N 结的串并联。
抑制二极管	抑制二极管具有箝位限压功能，它是工作在反向击穿区。由于它具有箝位电压低和动作响应快的优点，特别适合用作多级保护电路中的最末几级保护元件。
扼流线圈	扼流线圈是一个以铁氧体为磁芯的共模干扰抑制器件，它由两个尺寸相同、匝数相同的线圈对称地绕制在同一个铁氧体环形磁芯上，形成一个四端器件。它对于共模信号呈现出大电感，具有抑制作用；而对于差模信号呈现出很小的漏电感，几乎不起作用。扼流线圈使用在平衡线路中能有效地抑制共模干扰信号（如雷电干扰），而对线路正常传输的差模信号无影响。
1/4 波长 短路器	它是根据雷电波的频谱分析和天馈线的驻波理论所制作的微波信号电涌保护器，这种保护器中的金属短路棒长度是根据工作信号频率（如 900MHz 或 1800MHz）的 1/4 波长的大小来确定的。此并联的短路棒长度对于该工作信号频率来说，其阻抗无穷大，相当于开路，不影响该信号的传输；但对于雷电波来说，由于雷电能量主要分布在 $n+$ kHz 以下，此短路棒对于雷电波阻抗很小，相当于短路，雷电能量即被泄放入地。

● 13.2.3 雷电感应详解

雷电感应是指闪电时，在附近导体上产生的静电感应和电磁感应，它可能使金属部件之间产生火花。主要的危害包括静电感应、电磁感应、雷电波沿线侵入和地电位反击。

1. 静电感应

由于雷云的作用，使附近导体上感应出与雷云相反的电荷，在导体上的感应电荷如得不到释放，就会产生很高的感应电磁，当感应电磁达到一定的电压值时，将向周围的金属部件放电，从而产生火花。静电感应对人体危害较小，但可引发易燃易爆场所的消防事故，将造成热敏电子设备的损坏或假性损坏，如数据丢失、系统死机等。

感应雷击过电压如图 13-4 所示。

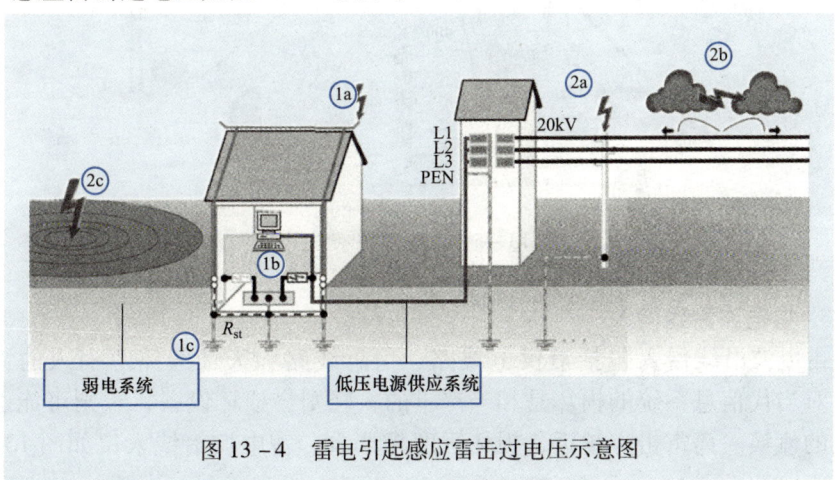

图 13-4　雷电引起感应雷击过电压示意图

关于图 13-4 说明如下：

- 1a—直击雷或邻近雷击在外部防雷系统，如保护框架电缆上；
- 1b—闭合环路感应产生过电压；
- 1c—浪涌点留在接地电阻 R_{st} 上引起电压降；
- 2a—远处雷电击在远处架空传输线缆上；
- 2b—雷云之间的放电通过架空线缆引起感应雷电波及过电压；
- 2c—在野外雷电击中通信线缆。

2. 电磁感应

电磁感应是指由于雷电流迅速变化在其周围空间产生瞬变的强电磁场，使附近导体上产生很高的电动势。研究表明，电磁感应是现代雷电灾害的主要形式，以雷击点为中心 3km 范围内都可能因电磁感应产生过电压。电磁感应示意图如图 13-5 所示。

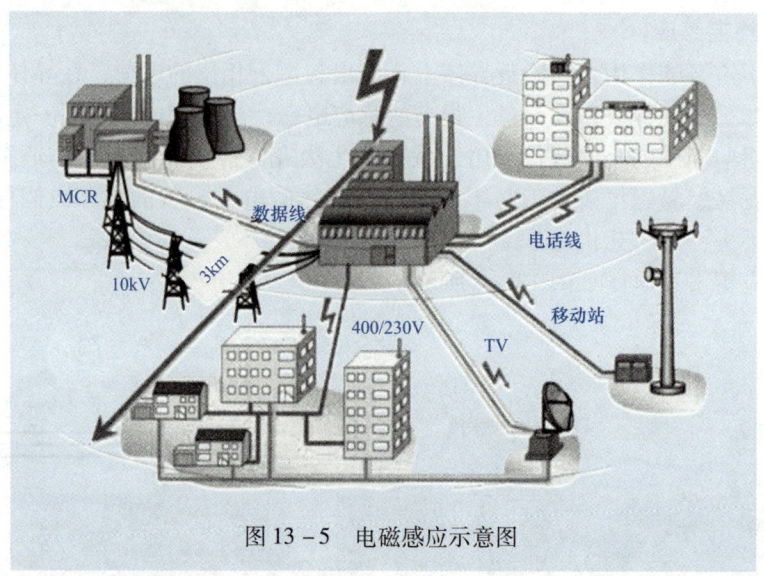

图 13-5　电磁感应示意图

3. 雷电波沿线侵入

雷电波沿线侵入包括沿供电线路、信息线路和天馈线路等引入的雷电流，对当代信息系统的损坏是相当严重的，轻则会损坏设备，重则可能引起系统的瘫痪。离雷击点越近，损坏程度越严重。雷电波沿线入侵如图 13-6 所示。

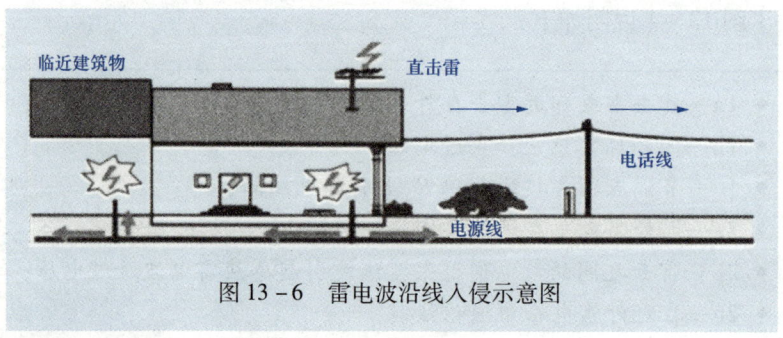

图 13-6　雷电波沿线入侵示意图

4. 地电位反击

当雷电击中接闪器时，强大的雷电流在极短的时间内（微秒级）流入大地，如果引下线的接地电阻达不到要求值时，将使引下线入地点周围的地电位迅速提升，由于设备外壳及设备接地端与大地相连，大地的高电压又引入到设备的外壳及接地点，从而向设备的供电线和信号线跳火，而造成设备损坏。地电位反击如图13-7所示。

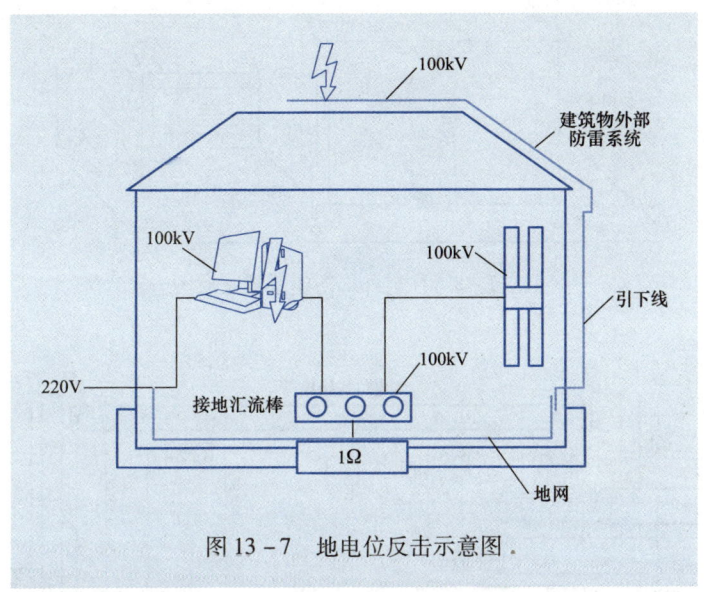

图13-7 地电位反击示意图

● 13.2.4 雷电防护措施

雷电防护是一项系统的综合工程，仅做局部保护或仅安装电涌保护器作用十分有限。

13.2.4.1 外部防雷

外部雷击保护包括安装接闪系统、引下线系统、接地系统，主要为了保护建筑物免受雷击引起火灾事故及人身安全事故。典型的住宅外部防雷系统如图13-8所示。

13.2.4.2 内部防雷

内部防雷主要保护建筑物内部的设备，常见的做法包括等电位连接、安装使用电涌保护器和屏蔽与隔离。

1. 等电位连接

等电位连接的主要功能是：消除LPZ的所有设备中的危险而潜在的电位差和减小磁场。为了彻底消除雷电引起的毁坏性电位差，就特别需要实行等电位连接。等电位连接如图13-9所示。

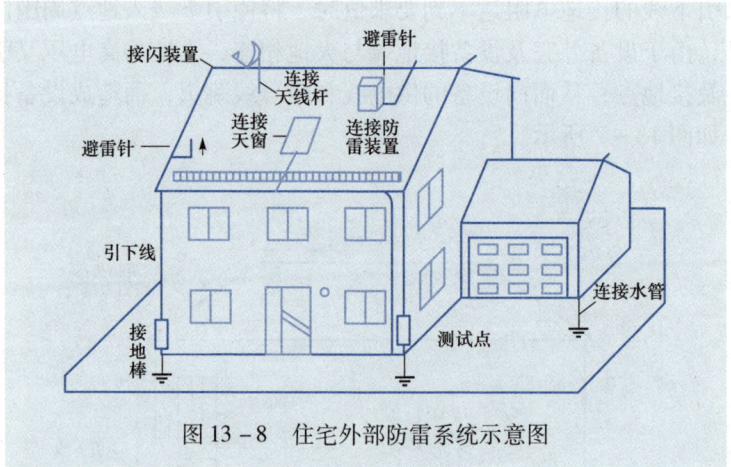

图 13-8　住宅外部防雷系统示意图

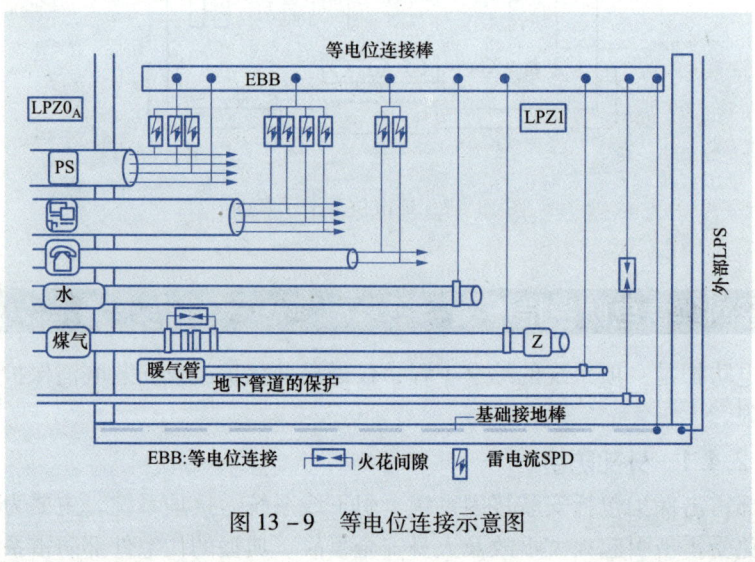

图 13-9　等电位连接示意图

要把所有金属部件多重连接，如 LPZ 的电磁屏蔽、钢筋混凝土、升降机、起重机、金属门窗构件以及用于保护接地的导体等，都必须与大地相连接。电源线、信号线、金属管道等都要通过电涌保护器或直接用导线进行等电位连接，各个内保护区的界面同样要以此进行局部等电位连接，同时各个局部等电位连接要互相连接，并最后与大地相连。为了消除过电压对导线的干扰，对所有金属部件和进入 LPZ 防雷区的电缆进行等电位连接是最重要的保护措施。为了这个目的，所有的进线必须尽可能地在建筑物入口处进行等电位连接，电源和数据线路需经 SPD 连接于等电位上，连接导体截面积应保证最大泄流承载能力。

2. 安装使用电涌保护器

电涌保护器的作用，就是在极短的时间内将被保护系统连入等电位系统中，使设备各端口等电位，同时将电路上因雷击而产生的大量脉冲能量经电涌保护器泄放到大地，降低设备的各接口端的电位差，从而起到保护设备的作用。对于设备（或系统），必须在各进出线路安装相应的电涌保护器，一旦线路上感应过电压（或遭遇雷击），由于电涌保护器的作用，设备（或系统）的各端口电压大致达到相等水平（即等电位），从而保护设备（或系统）免遭损坏。终端设备的雷电保护如图13-10所示。

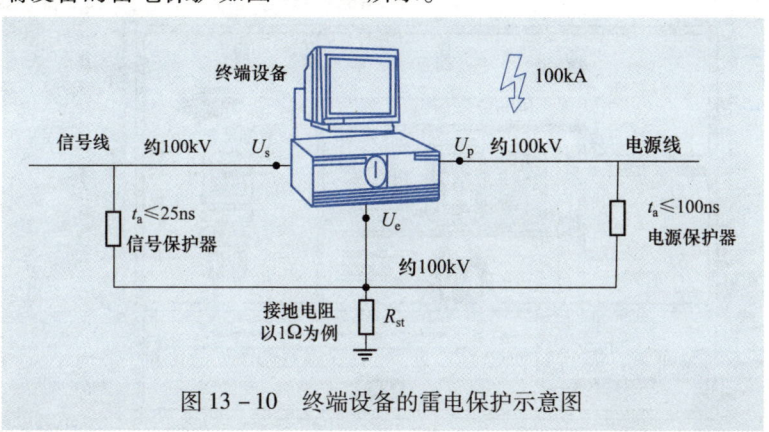

图 13-10 终端设备的雷电保护示意图

3. 屏蔽和隔离

按照规范要求做好供电线路、信息线路的屏蔽工作，是雷电防护工作最简单有效的措施。事实表明，只要将需要做雷电防护的系统内线路做好全程屏蔽，遭受雷灾的可能性是极小的。

● 13.2.5 防雷分区

一个欲保护的建筑物或建筑群（防护区域），根据 GB 50057—1994 和 IEC61312-1（DIN VDE 0185-103）雷电保护区的概念划分分区，从 EMC（电磁兼容）的观点来看，由外到内可分为多级保护区：

LPZ0$_A$ 区	区内的各物体都可能遭到雷击和导走全部雷电流；区内的电磁场强度没有衰减。
LPZ0$_B$ 区	区内的各物体不可能遭到大于所选滚珠半径对应的雷电流直接雷击，但区内的电磁场强度没有衰减。
LPZ1 区	区内的各物体不可能遭到雷击，流经各导体的电流比 LPZ0$_B$ 区更小；区内的电磁场强度可能衰减，这取决于屏蔽措施。

| LPZn+1 后续防雷区 | 当需要进一步减小流入的电流和电磁场强度时，应增设后续防雷区，并按照需要保护的对象所要求的环境区选择后续防雷区的要求条件。因为由外部防雷装置、钢筋混凝土及金属服务管道构成的屏蔽对所要求的环磁场有衰减作用，所以建筑物越往里，受到的干扰影响程度越低。注：$n=1、2\cdots$，常见的分区是 LPZ2 和 LPZ3。|

防雷分区如图 13-11 所示。

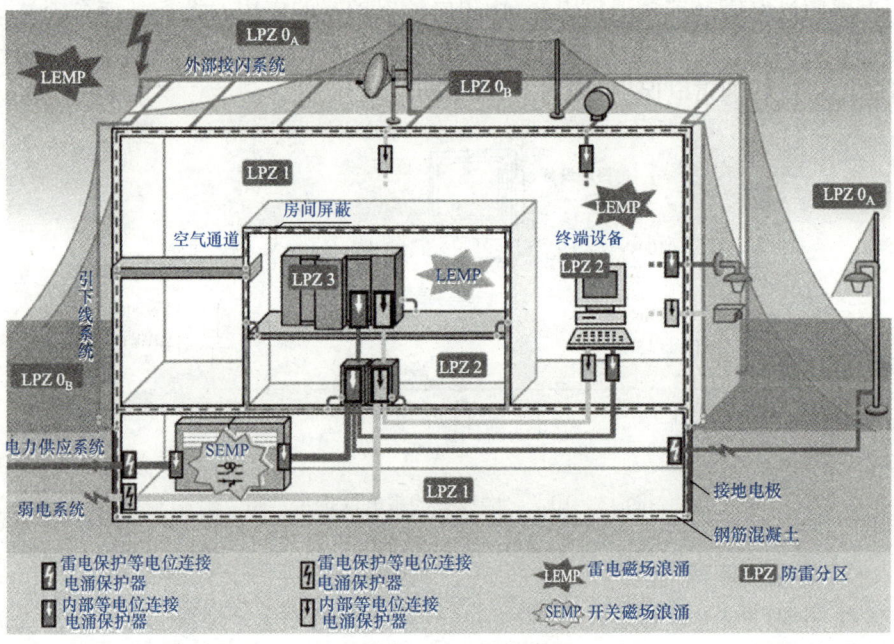

图 13-11　防雷分区图

● 13.2.6　电涌保护器的选型原则

1. 防雷地区的分类

地区雷暴日等级宜划分为少雷区、多雷区、高雷区和强雷区，并符合下列规定：

• 少雷区	年平均暴雷日在 20 天及以下的地区。
• 多雷区	年平均暴雷日大于 20 天、不超过 40 天的地区。
• 高雷区	年平均暴雷日大于 40 天、不超过 60 天的地区。
• 强雷区	年平均暴雷日超过 60 天以上的地区。

不同强度的雷区建设防雷系统也有所区别，要因地制宜。

2. 电源系统 SPD 的选型原则

如果电气设备由架空线供电，或由埋地电缆引入供电，应在电源进线处安装 SPD。但有重要的电子设备安装于建筑物内时，应在电源进线处和电子设备供电处根据设备耐过电压的能力装设多级 SPD。

（1）SPD 标称放电电流参考值，见表 13-1 和表 13-2。

表 13-1　　　　　LPZ0$_A$ 区 SPD 标称放电电流参考值

LPZ0$_A$ 区	一类防雷建筑电源的第一级保护总进线的配电箱前	二类防雷建筑电源的第一级保护总进线的配电箱前	三类防雷建筑电源的第一级保护总进线的配电箱前
SPD（8/20μs）	≥80kA	≥60kA	≥40kA

表 13-2　　　　　LPZ0$_A$ 区以外 SPD 标称放电电流参考值

LPZ0$_A$ 区	电源的第二级保护 UPS 或分配电箱前	电源的第三级保护重要设备配电系统前	电源的第四级保护电子设备工作电源前
SPD（8/20μs）	≥40kA	≥20kA	≥10kA

（2）信息系统电源线路电涌保护器标称放电电流的标准，可根据表 13-3 要求选型。

表 13-3　　　　信息系统电源线路电涌保护器标称放电电流的标准

保护分级	LPZ0 区与 LPZ 区交界处 第一级标称放电电流（kA）8/20μs	LPZ1、LPZ2、LPZ3 之间的交界处 第二级标称放电电流（kA）8/20μs	第三级标称放电电流（kA）8/20μs	第四级标称放电电流（kA）8/20μs	直流电源标称放电电流（kA）8/20μs
A 级	≥80	≥40	≥20	≥10	≥10
B 级	≥60	≥40	≥20		
C 级	≥50	≥10			
D 级	≥50				

注　直流配电系统中根据线路长度和工作电压选用标称放电电流≥10kA 适配的 SPD。

按照以上选型原则，当 SPD 的 I_n 有冲突时，取最大值。例如：二类防雷建筑物内 A 级防护的电子信息系统，第一级防护 SPD 的标称放电电流 I_n 应取 80kA，而不是取 60kA。

3. 建筑物电子信息系统雷电防护等级选型原则

建筑物电子信息系统宜按表13-4选择雷电防护等级。

表13-4　　　　建筑物电子信息系统雷电防护等级的选择表

雷电防护分机	电子信息系统
A级	（1）大型计算机中心、大型通信枢纽中心、国家金融中心、银行、机场、大型港口、火车枢纽站 （2）甲级安全防范系统、如国家文物、档案库的闭路电视监控和报警系统 （3）军火库弱电系统、大型电子医疗设备、五星级宾馆
B级	（1）中型计算机中心、中型通信枢纽中心、移动通信基站、大型体育场馆弱电系统、证券中心 （2）雷达站、微波站、高速公路监控和收费系统 （3）中型电子医疗系统设备 （4）四星级宾馆
C级	（1）小型通信枢纽、电信局 （2）大中型有线电视系统设备、安防系统 （3）三星级及以下宾馆
D级	除上述A、B、C级以外一般用途的电子信息系统设备

4. SPD 连接导线的最小截面积

SPD 连接导线的最小截面积应符合表13-5的规定。

表13-5　　　　电涌保护器连接导线最小截面积　　　　　　mm²

防护等级	SPD 连接铜导线截面积	SPD 接地端连接铜导线截面积
第一级	16	25
第二级	10	16
第三级	6	10
第四级	4	6

5. 空气开关

SPD 应配有空气开关或熔断器，额定工作电流一般取 SPD 通流容量的 1/1000，同时比电源回路前一级的空气开关的额定电流小。在实际工作中，第一级 SPD 前端配 100A 的空气开关或熔断器；第二级 SPD 前端配 63A 的空气开关或熔断器；第三级 SPD 前端配 32A 的空气开关或熔断器。

6. SPD 的安装

为防止配电线由于雷电流引起空气开关跳闸，SPD 一般并联安装在各配电柜空气开关的电源输入侧。二端口 SPD 的选择，应考虑其负载功率不能超过二端口 SPD 的额定功率,并留有一定的余量。

7. 导线的选择

电涌保护器连接导线应平直,其长度不宜大于 0.5m。当电压开关型电涌保护器至限压型电涌保护器之间的线路长度小于 10m、限压型电涌保护器之间的线路长度小于 5m 时,在两级电涌保护器之间应加装退耦装置。当电涌保护器具有能量自动配合功能时,电涌保护器之间的线路长度不受限制。电涌保护器应有电流保护装置,并宜有劣化显示功能。

8. 配电线路各种设备耐冲击过电压额定值

配电线路各种设备耐冲击过电压额定值见表 13-6。

表 13-6　　　　配电线路各种设备耐冲击过电压额定值

设备位置	电源处的设备	配电线路和最后分支线路的设备	用电设备	特殊需要保护的电子信息设备
耐冲击过电压类别	Ⅳ类	Ⅲ类	Ⅱ类	Ⅰ类
耐冲击过电压额定值 (kV)	6	4	2.5	1.5

9. 接地电阻

电涌保护器的接地电阻要求不大于 4Ω。

● 13.2.7　天馈系统 SPD 的选型原则

天馈系统也就是同轴型信号线路,最常见的系统,包括有线电视系统的视频线、闭路监控电视系统中的视频线均为同轴电缆,即属于天馈系统。SPD 的选型原则如下:

(1) 同轴型 SPD 的插入损耗、驻波比、阻抗、功率应满足信号传输的要求,其接口应与被保护设备兼容。

(2) 天馈线路电涌保护器的性能参数见表 13-7。

表 13-7　　　　天馈线路电涌保护器性能参数

名　称	数　值	名　称	数　值
插入损耗 (dB)	≤0.5	特性阻抗 (Ω)	应满足系统要求
电压驻波比	≤0.13	传输速率 (bit/s)	应满足系统要求
响应时间 (ns)	≤10	工作频率 (MHz)	应满足系统要求
平均功率 (W)	>1.5 倍系统平均功率	端口形式	应满足系统要求

说明:同轴型号 SPD 的标称放电电流应不小于 5kA。

● 13.2.8 信号系统 SPD 的选型原则

信号系统就是非同轴型系统,它的 SPD 的选型原则如下:

● 电子信息系统信号线路电涌保护器的选择,应根据线路的工作频率、传输介质、传输速率、传输带宽、工作电压、接口形式和特性阻抗等参数,选用驻波比和插入损耗小的、适配的电涌保护器。

● 非同轴型信号 SPD 的标称放电电流不小于 3kA。

● 13.2.9 弱电子系统防雷系统设计

1. 智能楼宇低压配电系统雷电浪涌保护方式

智能楼宇低压配电系统雷电浪涌保护参考图 13-12 进行,设备选型见表 13-8。

SPD保护级别	第一级保护	第二级保护	第三级保护	第四级保护
SPD安装位置	大楼总配电柜	分配电柜	信息机房配电箱	特殊需要保护的重点设备

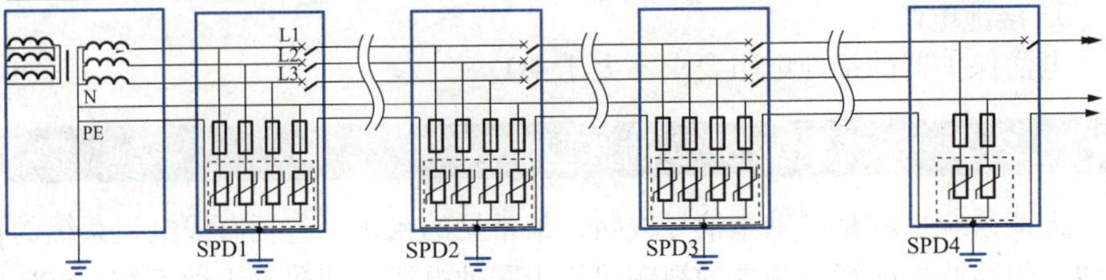

图 13-12 智能楼宇低压配电系统防雷系统结构图

表 13-8 设 备 选 型 表

编号	名称	设计要求
SPD1	电源电涌保护器	标称电压 380V,标称放电电流 $I_n \geq 80kA/$线 (8/20μs),最大放电电流 $I_{max} \geq 200kA/$线 (8/20μs)
SPD2	电源电涌保护器	标称电压 380V,标称放电电流 $I_n \geq 40kA/$线 (8/20μs),最大放电电流 $I_{max} \geq 100kA/$线 (8/20μs)
SPD3	电源电涌保护器	标称电压 380V,标称放电电流 $I_n \geq 20kA/$线 (8/20μs),最大放电电流 $I_{max} \geq 40kA/$线 (8/20μs)
SPD4	电源电涌保护器	标称电压 220V,标称放电电流 $I_n \geq 10kA/$线 (8/20μs),最大放电电流 $I_{max} \geq 20kA/$线 (8/20μs)

2. 住宅小区单元一户一表对应配电箱雷电浪涌保护方式

住宅小区单元一户一表对应配电箱雷电浪涌保护方式参考图 13-13 进行，设备选型见表 13-9。

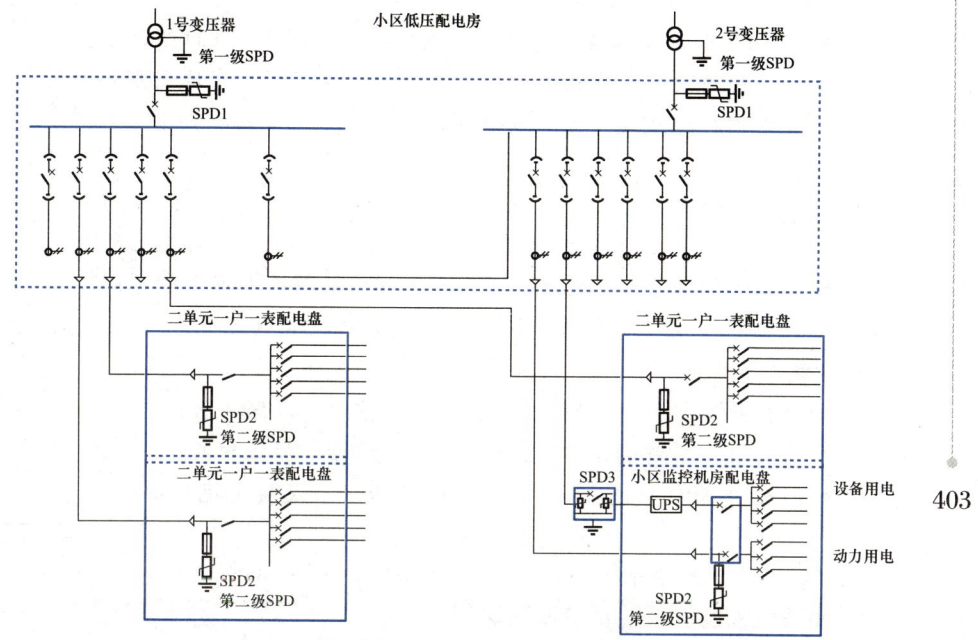

图 13-13 住宅小区单元一户一表对应配电箱防雷系统结构图

表 13-9 设 备 选 型 表

编号	名称	设计要求
SPD1	电源电涌保护器	标称电压 380V，标称放电电流 $I_n \geq 100$kA/线（8/20μs），最大放电电流 $I_{max} \geq 200$kA/线（8/20μs）
SPD2	电源电涌保护器	标称电压 380V，标称放电电流 $I_n \geq 50$kA/线（8/20μs），最大放电电流 $I_{max} \geq 100$kA/线（8/20μs）
SPD3	电源电涌保护器	标称电压 220V，标称放电电流 $I_n \geq 20$kA/线（8/20μs），最大放电电流 $I_{max} \geq 40$kA/线（8/20μs）

3. 计算机网络系统机房雷电浪涌保护方式

计算机网络系统防雷设计应根据整个系统的雷电防护等级来确定 SPD 的标称放电电流。分两个方面进行：

(1) 电源防护：

- 在计算机网络系统的总配电柜或信息机房配电箱安装电源电涌保护器，作为第一级雷电防护；
- 在 UPS 电源输入端安装电源电涌保护器，实现 C + D 级防护；
- 在各终端设备电源输入端安装电源电涌保护器，实现 E 级精细防护；
- 在汇总接地线处安装等电位连接箱（接地汇流排）防护。

(2) 信号防护：

- 在 ADSL 信号专线或其他宽带接入端安装信号电涌保护器；
- 在卫星接收（如果有的话）天馈线的接收端（或信息接收卡端）安装天馈线电涌保护器；
- 在网络交换机的多路 RJ45 接口安装信号电涌保护器；
- 在计算机前端的单路 RJ45 接口安装信号电涌保护器；
- 在信号 SPD 接地线前端安装等电位电子开关抗干扰防护。

典型的计算机网络系统防雷系统结构如图 13 - 14 所示。

4. 闭路电视监控系统雷电浪涌保护方式

闭路电视监控系统几乎在每个安防系统、智能化系统和弱电系统中出现，而监控设备的前端也大多处于户外位置，是需要重点进行防雷保护的系统，也是主要的防雷应用之一。典型的闭路电视监控系统的防雷系统结构如图 13 - 15 所示。

在闭路电视监控系统中，有相当数量的摄像机安装在户外，而且多为相对空旷的区域，如周界、主要道路、草地、出入口、建筑物的外围；而对于特定行业特定应用的监控系统，则面临着更大的雷电威胁，如变电站、港口、机场、码头、边境等场所。

室外摄像机是需要重点保护的设备，通常是模拟摄像机。室外模拟摄像机主要有两类：固定摄像机和带云台摄像机（包含高速球型摄像机）。固定摄像机需要保护的是视频线和电源线，分别安装视频防雷器和电源防雷器（也可以安装二合一防雷器）；云台摄像机需要保护的是视频线、电源线和信号线，安装三合一防雷器（视频、信号和电源三合一，也可以单独安装）。如果是网络摄像机，仅需安装信号防雷器和电源防雷器。

标准的监控防雷需要在传输线缆的两端安装防雷设备，前端设备安装了防雷

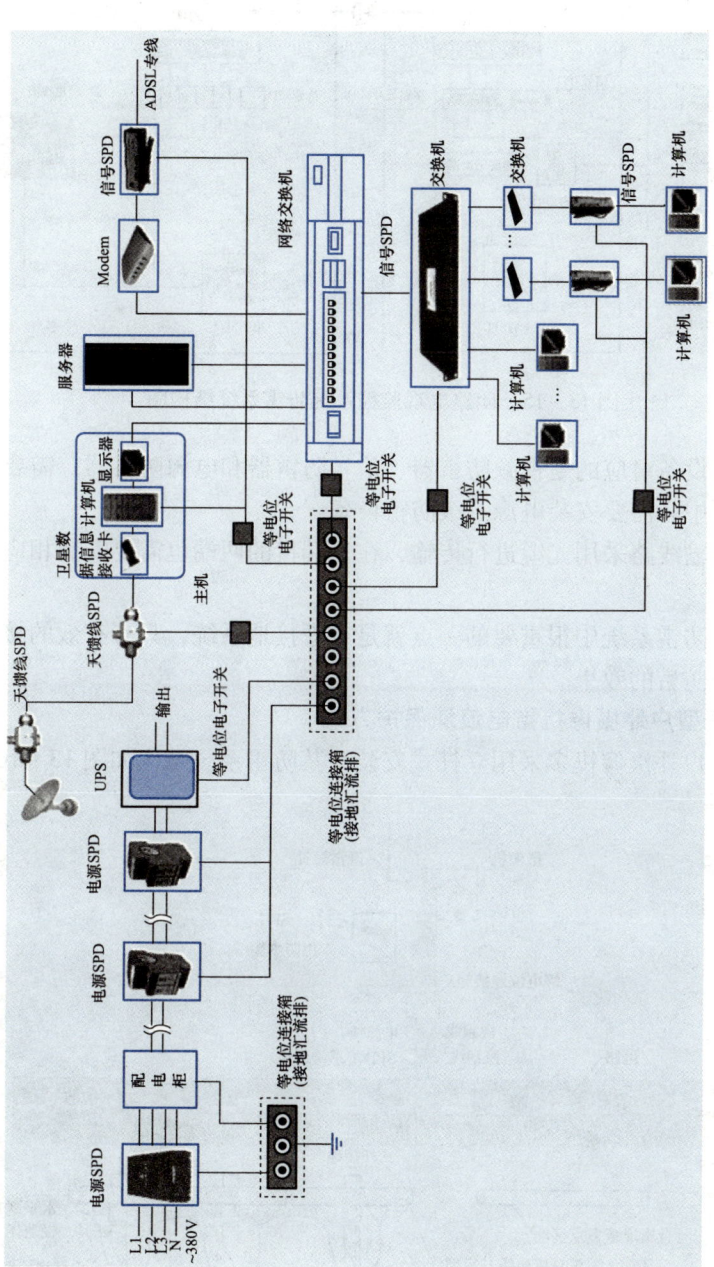

图 13-14 计算机网络系统防雷系统结构图

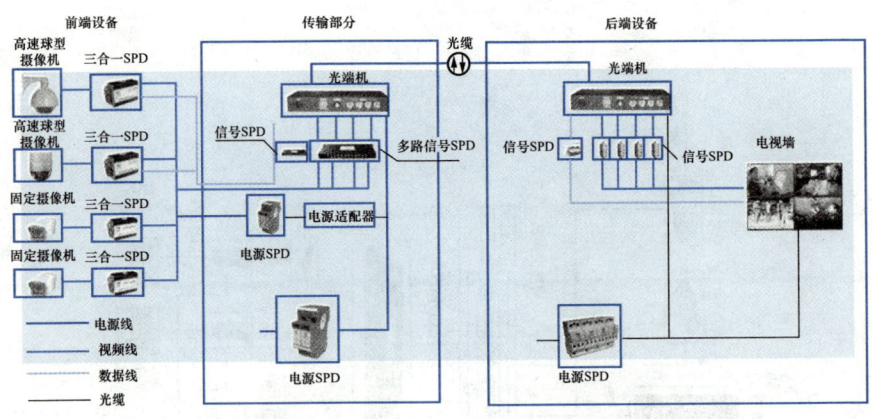

图 13-15 闭路电视监控系统防雷系统结构图

设备，后端设备对应的是视频防雷器、信号防雷器和电源防雷器。需要说明的是，在控制中心需要安装电源三级防雷设备。

如果传输线路采用光缆进行传输，在光端机的两端也需要安装相应的防雷装置。

在监控防雷系统中很重要的一点就是考虑接地系统，只有有效的接地系统才能够达到防雷的效果。

5. 立杆型户外摄像机雷电浪涌保护方式

典型的户外摄像机多采用立杆式安装，其防雷系统结构如图 13-16 所示。

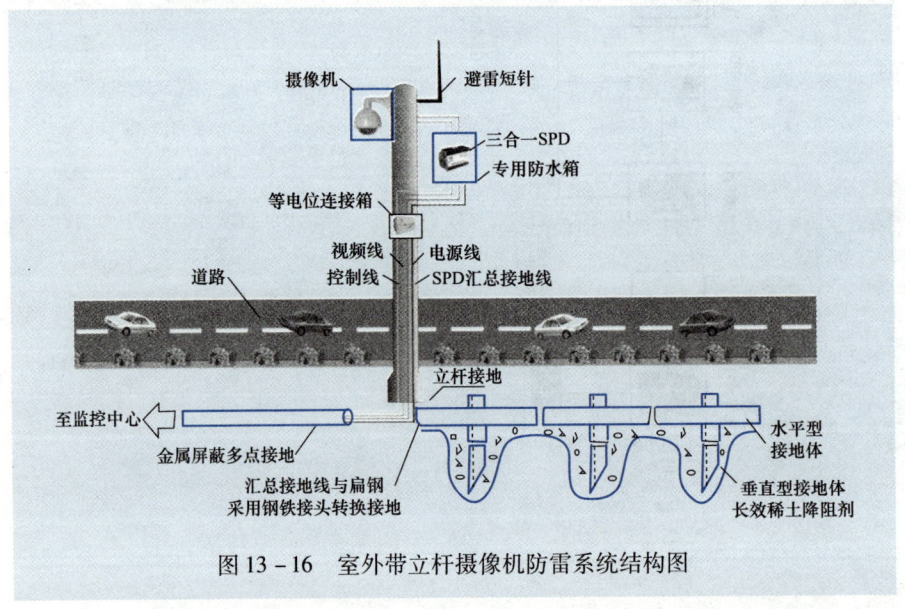

图 13-16 室外带立杆摄像机防雷系统结构图

由图 13-16 可知：立杆要加装避雷短针和立杆接地系统；在摄像机端安装二合一或三合一 SPD；采用室外防雷专用防水箱安装防雷设备；还需要安装等电位连接箱，以保证整套监控系统处于等电位连接保护；各类线缆在接入监控中心时要考虑金属屏蔽多点接地。

13.3 接地系统设计

13.3.1 接地系统基本概念

1. 地

接地系统中的"地"主要分为电气地和逻辑地。

电气地	大地是一个电阻非常低、电容量非常大的物体，拥有吸收无限电荷的能力，而且在吸收大量电荷后仍能保持电位不变，因此适合作为电气系统中的参考电位体。这种"地"是"电气地"，并不等于"地理地"，但却包含在"地理地"之中。"电气地"的范围随着大地结构的组成和大地与带电体接触的情况而定。
逻辑地	电子设备中各级电路电流的传输、信息转换要求有一个参考的电位，这个电位还可防止外界电磁场信号的侵入，常称这个电位为"逻辑地"。这个"地"不一定是"地理地"，可能是电子设备的金属机壳、底座、印刷电路板上的地线或建筑物内的总接地端子、接地干线等。逻辑地可与大地接触，也可不接触；而"电气地"必须与大地接触。

2. 接地

将电力系统或电气装置的某一部分经接地线连接到接地极称为"接地"。"电气装置"是一定空间中若干相互连接的电气设备的组合。"电气设备"是发电、变电、输电、配电或用电的任何设备，包括弱电设备，例如电机、变压器、电源、摄像机、读卡器、对讲主机、保护装置、布线材料等。电力系统中接地的一点一般是中性点，也可能是相线上某一点。

3. 流散电阻、接地电阻和冲击接地电阻

接地极的对地电压与经接地极流入地中的接地电流之比，称为流散电阻。

电气设备接地部分的对地电压与接地电流之比，称为接地装置的接地电阻，即等于接地线的电阻与流散电阻之和。一般因为接地线的电阻甚小，可以略去不计，因此，可认为接地电阻等于流散电阻。

为了降低接地电阻，往往用多根的单一接地极以金属体并联连接而组成复合接地极或接地极组。由于各处单一接地极埋置的距离往往等于单一接地极长度而远小于 40m，此时，电流流入各单一接地极时，将受到相互的限制，而妨

碍电流的流散。换句话说，即等于增加各单一接地极的电阻。这种影响电流流散的现象，称为屏蔽作用。

上面所述的接地电阻，系指在低频、电流密度不大的情况下测得的，或用稳态公式计算得出的电阻值。这与雷击时引入雷电流用的接地装置的工作状态是大不相同的。由于雷电流是个非常强大的冲击波，其幅度往往达到几万甚至几十万安培。这样，使流过接地装置的电流密度增大，并受到由于电流冲击特性而产生电感的影响，此时接地电阻称为冲击接地电阻，简称冲击电阻。由于流过接地装置电流密度的增大，以致土壤中的气隙、接地极与土壤间的气层等处发生火花放电现象，这就使土壤的电阻率变小、土壤与接地极间的接触面积增大，结果相当于加大接地极的尺寸，降低了冲击电阻值。

● 13.3.2 接地的分类

1. 按接地的作用分类

按接地的作用一般分为保护性接地和功能性接地两种。

（1）保护性接地：

防电击接地	为了防止电气设备绝缘损坏或产生漏电流使平时不带电的外露导电部分带电而导致电击，将设备的外露导电部分接地，称为防电击接地。这种接地还可以限制线路涌流或低压线路及设备由于高压窜入而引起的高电压；当产生电器故障时，有利于过电流保护装置动作而切断电源。这种接地，也是狭义的"保护接地"。
防雷接地	将雷电导入大地，防止雷电流使人身受到电击或财产受到破坏。
防静电接地	将静电荷引入大地，防止由于静电积聚对人体和设备造成危害。特别是目前电子设备中集成电路用得很多，而集成电路容易受到静电作用产生故障，接地后可防止集成电路的损坏。
防电蚀接地	地下埋设金属体作为牺牲阳极或阴极，防止电缆、金属管道等受到电蚀。

（2）功能性接地：

工作接地	为了保证电力系统运行，防止系统振荡，保证继电保护的可靠性，在交直流电力系统的适当地方进行接地，交流一般为中性点，直流一般为中点。在电子设备系统中，称除电子设备系统以外的交直流接地为功率地。
逻辑接地	为了确保稳定的参考电位，将电子设备中的适当金属件作为"逻辑地"，一般采用金属底板作逻辑地。常将逻辑接地及其他模拟信号系统的接地统称为直流地。
屏蔽接地	将电气干扰源引入大地，抑制外来电磁干扰对电子设备的影响，也可减少电子设备产生的干扰影响其他电子设备。

| 信号接地 | 为保证信号具有稳定的基准电位而设置的接地，例如检测漏电流的接地、阻抗测量电桥和电晕放电损耗测量等电气参数测量的接地。|

2. 按接地形式分类

接地极按其布置方式可分为外引式接地极和环路式接地极；若按其形状，则有管形、带形和环形几种基本形式；若按其结构，则有自然接地极和人工接地极之分。

用来作为自然界地极的有：上下水的金属管道，与大地有可靠连接的建筑物和构筑物的金属结构，敷设于地下而其数量不少于两根的电缆金属包皮及敷设于地下的各种金属管道。但可燃液体以及可燃或爆炸的气体管道除外。

用来作为人工接地极的，一般有钢管、角钢、扁钢和圆钢等钢材。如在有化学腐蚀性的土壤中，则应采用镀锌的上述几种钢材或铜质的接地极。

● 13.3.3 接地措施

弱电系统的接地措施包括防雷接地、工作接地、安全保护接地、屏蔽接地与防静电接地、共用接地和等电位连接。

1. 防雷接地

为把雷电流迅速导入大地，以防止雷害为目的的接地叫防雷接地。建筑物内有建筑电气设备和大量的电子设备与布线系统，如通信自动化系统、火灾报警及消防联动控制系统、楼宇自控系统、综合布线系统、闭路电视监控系统、门禁系统、防盗报警系统和机房系统等。从已建成的大楼看，大楼的各层顶板、底板、侧墙、吊顶内几乎被各种布线布满。其中电子设备及布线系统一般均属于耐压等级低，防干扰要求高，最怕受到雷击的部分。不管是直击、串击、反击雷、雷电感应及雷电波侵入，都会使电子设备受到不同程度的损坏或严重干扰。

2. 工作接地

将变压器中性点直接与大地作金属连接，称为工作接地。接地的中性线（N线）必须用铜芯绝缘线，不能与其他接地线混接，也不能与PE线连接。

3. 安全保护接地

安全保护接地就是将电气设备不带电的金属部分与接地体之间作良好的金属连接。即将大楼内的电气设备以及设备附近的金属构件、金属管等用PE线连接起来，但严禁将PE线与N线连接。这些措施不仅是保障智能建筑电气系统安全、有效运行的措施，也是保障非智能建筑内设备及人身安全的必要手段。

4. 屏蔽接地与防静电接地

电磁屏蔽及其正确接地是电子设备防止电磁干扰的最佳保护方法。具体措施包括：① 可将设备外壳与 PE 线连接；② 穿导线或电缆的金属管、电缆的金属外皮和屏蔽层的一端或两端与 PE 线可靠连接；③ 重要电子设备室的墙、顶板、地板的钢筋网及金属门窗也应多点与 PE 线可靠连接。

防静电干扰也很重要。防静电接地要求在洁静干燥环境中，所有设备外壳、金属管及室内（包括地坪）设施必须均与 PE 线多点可靠连接。

5. 共用接地系统

智能建筑的建筑物防雷接地、电气设备（含电子设备）的接地、屏蔽接地及防静电接地应采用一个总的共用接地装置。共用接地装置优先采用大楼的钢筋混凝土内的钢筋、金属物件及管道等自然接地体，其接地电阻应小于等于 1Ω。若达不到要求，可增加人工接地体或采用化学降阻法，使接地电阻小于等于 1Ω。

6. 等电位连接

等电位连接（Equipotential Bonding）导体是将电气设备与外部导体进行连接，以达到相同或相近电位的电气连接器件。电涌保护器为保护带电导体的其中一大类。在接地系统中应首先考虑等电位连接，而后进行接地工作。

等电位连接的目的，在于减小需要防雷的空间内各金属部件和各系统之间的电位差，防止雷电反击。将机房内的主机金属外壳、UPS 及电池箱金属外壳、金属地板框架、金属门框架、设施管路、电缆桥架、铝合金窗进行等电位连接，并以最短的线路连到最近的等电位连接带或其他已做了等电位连接的金属物上，且各导电物之间应尽量附加多次相互连接。

● 13.3.4 接地系统设计原则

根据商业建筑物接地和接线要求的规定：弱电系统接地的结构包括接地线、接地母线、接地干线、主接地母线、接地引入线和接地体六部分，在进行系统接地的设计时，可按这六个要素分层次地进行设计。

1. 接地线

接地线是弱电系统各种设备与接地母线之间的连线。所有接地线均为铜质绝缘导线，其截面积应不小于 8mm^2。当弱电系统采用屏蔽线缆（如同轴视频电缆）布线时，设备的接地可利用电缆屏蔽层作为接地线连至等电位连接箱或接地体。若布线的电缆采用穿钢管或金属线槽敷设时，钢管或金属线槽应保持连续的电气连接，并应在两端具有良好的接地。

2. 接地母线（层接地端子）

接地母线是建筑内水平布线系统接地线的公用中心连接点。每一层的楼层配线柜均应与本楼层接地母线相焊接；与接地母线同一配线间的所有综合布线用的金属架及接地干线均应与该接地母线相焊接。接地母线均应为铜母线，其最小尺寸应为6mm（厚）×50mm（宽），长度视工程实际需要确定。接地母线应尽量采用电镀锡，以减小接触电阻；如不是电镀，则在将导线固定到母线之前必须对母线进行清理。

3. 接地干线

接地干线是由总接地母线引出，连接所有接地母线的接地导线。在进行接地干线的设计时，应充分考虑建筑物的结构形式、建筑物的大小以及布线的路由与空间配置，并与布线电缆干线的敷设相协调。接地干线应安装在不受物理和机械损伤的保护处，建筑物内的水管及金属电缆屏蔽层不能作为接地干线使用。当建筑物中使用两个或多个垂直接地干线时，垂直接地干线之间每隔三层及顶层需用与接地干线等截面积的绝缘导线相焊接。接地干线应为绝缘铜芯导线，最小截面积应不小于16mm^2。当在接地干线上，其接地电位差大于1V（有效值）时，楼层配线间应单独用接地干线接至主接地母线。

4. 主接地母线（总接地端子）

一般情况下，每栋建筑物有一个主接地母线。主接地母线作为弱电布线接地系统中接地干线及设备接地线的转接点，其理想位置宜设于外线引入间或建筑弱电井。主接地母线应布置在直线路径上，同时考虑从保护器到主接地母线的焊接导线不宜过长。接地引入线、接地干线、直流配电屏接地线、外线引入间的所有接地线，以及与主接地母线同一弱电井的所有弱电布线用的金属架均应与主接地母线良好焊接。当外线引入电缆配有屏蔽或穿金属保护管时，此屏蔽和金属管也应焊接至主接地母线。主接地母线应采用铜母线，其最小截面尺寸为6mm（厚）×100mm（宽），长度可视工程实际需要而定。与接地母线相同，主接地母线也应尽量采用电镀锡以减小接触电阻；如不是电镀，则主接地母线在固定到导线前必须进行清理。

5. 接地引入线

接地引入线指主接地母线与接地体之间的连接线，宜采用40mm（宽）×4mm（厚）或50mm×5mm的镀锌扁钢。接地引入线应作绝缘防腐处理，在其出土部位应有防机械损伤措施，且不宜与暖气管道同沟布放。

6. 接地体

接地体分自然接地体和人工接地体两种。当弱电系统采用单独接地系统时，接地体一般采用人工接地体，并应满足以下条件：

- 距离工频低压交流供电系统的接地体不小于15m。
- 距离建筑物防雷系统的接地体不应小于2m。
- 接地电阻小于4Ω。

在有的项目中，弱电系统和强电系统或建筑物采用联合接地系统，通常接地电阻小于1Ω。接地体一般利用建筑物基础内钢筋网作为自然接地体，采用联合接地系统具有以下几个显著的优点：

- 当建筑物遭受雷击时，楼层内各点电位分布比较均匀，工作人员及设备的安全能得到较好的保障。同时，大楼的框架结构对中波电磁场能提供10～40dB的屏蔽效果。
- 容易获得较小的接地电阻。
- 可以节约金属材料，占地少。

备注：本章内容部分图片取材于DEHN + SÖHNE公司电涌保护产品目录，在此表示感谢。

第十四章

◎ 图说建筑智能化系统

图说楼宇自动化系统

14.1 系统基础知识

● 14.1.1 什么是楼宇自动化系统

楼宇自动化系统也称为楼宇自动化控制系统，简称楼控系统，英文全称是 Building Automation System，缩写为 BAS。楼宇自动化系统采用的是计算机集散控制。所谓计算机集散控制，就是分散控制集中管理。分散控制器通常采用直接数字控制器（DDC），利用上位计算机进行画面的监控和管理；前端的设备主要包括各种传感器、变频器和执行器。

楼宇自动化系统由以下三个部分组成：

（1）建筑设备运行管理的监控，包括：

- 暖通空调系统的监控（Heating，Ventilation and Air Conditioning，HVAC）；
- 给排水系统监控；
- 供配电与照明系统监控。

（2）火灾报警与消防联动控制，电梯运行管制。

（3）安全防范系统，包括：

- 闭路监控电视系统；
- 防盗报警系统；
- 一卡通系统（包括门禁系统）；
- 电子巡更系统；
- 公共广播系统。

BAS 是一个集成度很高的大系统，内部子系统错综复杂、设备繁多，诸多的设备和系统之间有着内在的相互联系，于是就需要一个完善的自动化管理系统。建立这种综合的管理平台，以实现对各类设备进行综合管理、调度、监视、操作和控制。

楼宇自动化系统被广泛应用于大厦、小区、工厂、交通、机场和场馆等多种建筑物，是建筑智能化的重要组成部分。它和通信自动化（Communication Automation System）、办公自动化（Office Automation System）、消防自动化（Fire Automation System）、保安自动化（Security Automation System）并称 5A，即所谓的 5A 智能建筑。

在 BAS 的基础之上又可发展和扩充为 BMS（Building Management System，楼宇管理系统）和 IBMS（Intelligent Building Management Systems，智能化楼宇管理系统）。BMS 可以认为集成了 BAS、SAS 和 FAS 的系统；IBMS 可以认为是 BMS 和 OAS、CAS 集成的系统。在实际应用中，BAS、BMS 和 IBMS 被当作一个概念，即楼宇自动化系统。

● 14.1.2　基础 BAS 知识

14.1.2.1　现场总线技术

现场总线（Fieldbus）是连接智能现场设备和自动化系统的数字式、双线传输、多分支结构通信网络。现场总线使得现场仪表之间、现场仪表和控制室设备之间构成网络互连系统，实现全数字化、双向、多变量数字通信，为整个工业系统（包含楼宇自动化系统）全数字化运行奠定了基础。

现场总线的本质特征：

现场通信网络	现场总线是用于过程自动化和制造自动化的现场仪表或现场设备互连的现场通信网络，是 CIPS/CIMS（计算机集成过程系统/计算机集成制造系统）的最底层。
现场设备互连	各种现场设备（传感器、变送器、执行器、智能仪表和 PLC 等）通过一对传输线互连，成为现场总线的各个节点。

互操作性	由于现场设备种类繁多，没有任何一家制造商可以提供一个工厂所需的全部现场设备。在现场总线中允许不同厂家的现场设备既可互连，也可互换，并可以统一组态构成用户所需要的性能价格比最优的控制回路。
分散功能块	FCS 把传统的集散控制系统（DCS）控制站的功能块分散地分配给各现场仪表，从而构成虚拟控制站。
通信线供电	允许现场仪表直接从通信线上摄取能量。
开放式系统	现场总线为开放式互连网络，它既可与同层网络互连，也可与不同层网络互连，还可以实现网络数据库共享。

目前国际上有 40 多种各具特色的现场总线，但没有任何一种现场总线能覆盖所有应用面。在智能建筑领域，现场总线和通信协议主要有：

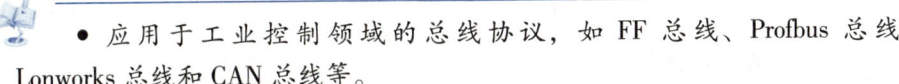

- 应用于工业控制领域的总线协议，如 FF 总线、Profbus 总线、Lonworks 总线和 CAN 总线等。
- 针对楼宇自动化系统的总线和通信协议，如美国的 BACnet、CEBus 和欧洲的 EIB 等。

1. FF（Foundation Fieldbus）基金会现场总线

FF 是在过程自动化领域得到广泛支持和具有良好发展前景的技术。1994 年，由美国 Ficher-Rosemount、Smar 等 120 多个成员合并成立了基金会现场总线，它覆盖了世界上著名的 DCS 与 PLC 厂商，它以 ISO/OSI 开放系统互连模型为基础，取其 1、2、7 层（物理层、数据链路层和应用层）外，还增加了用户层作为通信模型。

基金会现场总线分低速 H1 和高速 H2 两种通信速率：H1 其传输速率为 31.25kbit/s，通信距离可达 1900m，H1 总线经网桥可直接连接高速以太网；H2 传输速率为 1Mbit/s 和 2.5Mbit/s，其通信距离可达 750m 和 500m。

将 FF 的功能应用于高速以太网（HSE）即为 FF HSE。

2. LonWorks（LON 总线）现场总线技术

LonWorks 是由美国 Echelon 公司推出，并由它与摩托罗拉、东芝公司共同倡导的总线技术。它采用 ISO/OSI 模型的全部 7 层通信协议，采用了面向对象的设计方法，通过网络变量把网络通信设计简化为参数设置，其通信速率从 300bit/s～1.5Mbit/s 不等，直接通信距离可达 2700m。

LonWorks 技术所采用的 LonTalk 协议被封装在名为 Neuron 神经元芯片中而得以实现。

3. PROFIBUS（Process Filed Bus）过程现场总线

PROFIBUS 由西门子公司为主的十几家德国公司共同推出，它采用了 ISO/OSI 模型的物理层、数据链路层和应用层 1、2、7 层，传输速率 9.6kbit/s ~ 12Mbit/s，最大传输距离（在 12Mbit/s）100m，可用中继器延长至 10km，最多可挂接 127 个站点。

4. CAN（Control Area Network）控制局域网现场总线

CAN 是由德国 BOSCH 公司推出，开始用于汽车内部测量与执行部件之间的数据通信。它广泛运用在离散控制领域，取 OSI 的物理层、数据链路层、应用层的通信模型。通信速率最高可达 1Mbit/s/40m，最远可达 10km/5kbit/s，可挂接设备数为 110 个。

CAN 的信号传输采用短帧结构（每帧的有效字节数为 8 个），受干扰的概率低。当节点严重错误时，具有自动关闭的功能，可以切断该节点与总线的联系，因此具有较强的抗干扰能力。

5. BACnet 通信协议

BACnet 是 A Data Communication Protocol for Building Automation and Control Network 的简称，是一种为楼宇自控网络制定的数据通信协议。1987 年，美国暖通空调工程师协会组织（ASHARE）的标准项目委员会召集了全球 20 多位业内著名专家，经过 8 年半时间，在 1995 年 6 月正式通过全球首个楼宇自控行业通信标准 BACnet，标准编号为 ANSI/ASHARE Standard135 - 1995；同年 12 月成为美国国家标准；并且还得到欧盟委员会的承认，成为欧盟标准草案。

BACnet 是一个标准通信和数据交换协议。各厂家按照这一协议标准开发与楼宇自控网兼容的控制器与接口，最终达到不同厂家生产的控制器都可以相互交换数据，实现互操作性。换言之，它确立了在不必考虑生产厂家、不依赖任何专用芯片组的情况下，各种兼容系统实现开放性与互操作性的基本规则。目前世界上已有数百家国际知名的厂家支持 BACnet，其中包括楼宇自控系统厂家、消防系统厂家、冷冻机厂家、配电照明系统厂家和安保系统厂家等。

BACnet 采用了面向对象的技术，它定义了一组具有属性的对象（Object）来表示任意的楼宇自控设备的功能，从而提供了一种标准的表示楼宇自控设备的方式。同时 BACnet 定义了四种服务原语来传递某些特定的服务参数。目前 BACnet 共定义了 18 个对象、123 个属性和 35 个服务。由于一个楼宇自控系统中并不是所有的设备都有必要支持 BACnet 所有的功能，BACnet 协议还定义了 6 个性能级别和 13 个功能组。

BACnet 定义的 18 个对象见表 14 - 1。

表 14-1　　　　　　　　BACnet 的 18 个对象

编号	对象名称	应用举例
01	模拟输入（Analog Input）	模拟传感器输入
02	模拟输出（Analog Output）	模拟控制量输出
03	模拟值（Analog Value）	模拟控制设备参数，如设备阀值
04	数字输入（Binary Input）	数字传感器输入
05	数字输出（Binary Output）	继电器输出
06	数字值（Binary Value）	数字控制系统参数
07	命令（Command）	向多设备、多对象写多值，如日期设置
08	日历表（Calendar）	程序定义的事件执行日期列表
09	时间表（Schedule）	周期操作时间表
10	事件登记（Event Enrollment）	描述错误状态事件，如输入值超界或报警事件
11	文件（File）	允许访问（读/写）设备支持的数据文件
12	组（Group）	提供单一操作下访问多对象、多属性
13	环（Loop）	提供访问一个"控制环"的标准化操作
14	多态输入（Multi-state Output）	表述多状态处理程序的状况，如制冷设备开、关和除霜循环
15	多态输出（Multi-state Output）	表述多状态处理程序的期望状态，如制冷设备开始冷却、除霜的时间
16	通知类（Notification Class）	包含一个设备列表，配合"事件登记"对象将报警报文发送给多设备
17	程序（Program）	允许设备应用程序开始和停止、装载和卸载，并报告程序当前状态
18	设备（Device）	其属性表示设备支持的对象和服务以及设备商和固件版本等信息

注　关于现场总线技术部分内容选自《兵工自动化》2002 年第 21 卷第 4 期《现场总线技术与应用》，作者魏余芳、曾蓉。

14.1.2.2　什么是 PLC

可编程控制器，简称 PLC（Programmable logic Controller），是指以计算机技术为基础的新型工业控制装置。在 1987 年国际电工委员会（International Electrical Committee）颁布的 PLC 标准草案中对 PLC 做了如下定义："PLC 是一种专门为在工业环境下应用而设计的数字运算操作的电子装置。它采用可以编制程序的存储器，用来在其内部存储执行逻辑运算、顺序运算、计时、计数和算术运算等操作的指令,并能通过数字式或模拟式的输入和输出,控制各种类型的机械或生产过程。PLC 及其有关的外围设备都应该按易于与工业控制系统形成一个整体,易于扩展其功能的原则而设计"。

从结构上分,PLC 分为固定式和组合式(模块式)两种。固定式 PLC 包括 CPU 板、I/O 板、显示面板、内存块、电源等,这些元素组合成一个不可拆卸的整体;模块式 PLC 包括 CPU 模块、I/O 模块、内存、电源模块、底板或机架,这些模块可以按照一定规则组合配置。

PLC 是楼宇自动化系统发展的基础,实际应用中,很多简单的楼控系统可以通过 PLC 实现。

14.1.2.3 什么是 HVAC

HVAC 是 Heating,Ventilation and Air Conditioning 的英文缩写,中文意思为供热通风与空调工程。HVAC 是和楼控系统密切相关的,在有的公司的产品划分中,楼控产品就归入 HVAC 系统。

14.1.2.4 数字量和模拟量

在工业自动化控制中,经常会遇到开关量、数字量、模拟量、离散量、脉冲量等各种概念,在楼宇自动化系统中也包括了这些参数,尤其是模拟量和数字量。

开关量	指的是触点的"开"与"关"的状态,一般在计算机设备中也会用"0"或"1"来表示开关量的状态。开关量分为有源开关量信号和无源开关量信号。有源开关量信号指的是"开"与"关"的状态是带电源的信号,专业叫法为阶跃信号,可以理解为脉冲量,一般有 220VAC、110VAC、24VDC、12VDC 等信号;无源开关量信号指的是"开"和"关"的状态时不带电源的信号,一般又称为干触点。在电阻测试法为电阻 0 或无穷大。
数字量	很多人会将数字量与开关量混淆,也将其与模拟量混淆。数字量在时间和数量上都是离散的物理量,其表示的信号则为数字信号。数字量是由 0 和 1 组成的信号,经过编码形成有规律的信号,量化后的模拟量就是数字量。
模拟量	模拟量的概念与数字量相对应,但是经过量化之后又可以转化为数字量。模拟量是在时间和数量上都是连续的物理量,其表示的信号为模拟信号。模拟量在连续的变化过程中任何一个取值都是一个具体有意义的物理量,如温度、电压、电流等。
离散量	离散量是将模拟量离散化之后得到的物理量。即任何仪器设备对于模拟量都不可能有个完全精确的表示,因为它们都有一个采样周期,在该采样周期内,其物理量的数值都是不变的,而实际上的模拟量则是变化的。这样就将模拟量离散化,成为了离散量。
脉冲量	脉冲量就是瞬间电压或电流由某一值跃变到另一值的信号量。在量化后,其变化持续有规律就是数字量,如果其由 0 变成某一固定值并保持不变,其就是开关量。

第十四章 图说楼宇自动化系统

在楼宇自动化系统中用到的数字量和模拟量包括：

AI（Analog Input）模拟量输入	可用作仪表的检测输入，如温度、压力等，一般为电阻值、0~10V 或 4~20mA 的直流信号。
AO（Analog Output）模拟量输出	用于操作控制阀、执行器等，如电动阀、三通阀、风门执行器等。设备需要外部电源，输出为 0~10VDC 或 4~20mA 的信号。
DI（Digital Input）数字量输入	即触点、液位开关、限位开关的闭合与断开，一般用作检测设备状态、报警触点、脉冲计数等。
DO（Digital Output）数字量输出	用于控制风机，水泵等设备的启停，用于控制开关阀门的启停，亦可作为三位调节型执行机构。

14.1.2.5 常见模拟量

模拟量按信号类型分为电流型（4~20mA，0~20mA）和电压型（0~10V、0~5V 和 -10~10V）等。

14.1.2.6 晶闸管

晶闸管又叫可控硅。自从 20 世纪 50 年代问世以来已经发展成了一个大的家族，它的主要成员有单向晶闸管、双向晶闸管、光控晶闸管、逆导晶闸管、可关断晶闸管、快速晶闸管，等等。最常使用的是单向晶闸管，也就是常说的普通晶闸管。它是由四层半导体材料组成的，有三个 PN 结，对外有三个电极。晶闸管和二极管一样是一种单方向导电的器件。晶闸管的特点是"一触即发"，但是如果阳极或控制极外加的是反向电压，晶闸管就不能导通。控制极的作用是通过外加正向触发脉冲使晶闸管导通，却不能使它关断。

14.1.2.7 热敏电阻

热敏电阻是开发早、种类多、发展较成熟的敏感元器件。热敏电阻由半导体陶瓷材料组成，利用的原理是温度引起电阻变化。由于半导体热敏电阻有独特的性能，所以在应用方面，它不仅可以作为测量元件（如测量温度、流量、液位等），还可以作为控制元件（如热敏开关、限流器）和电路补偿元件。热敏电阻广泛用于楼宇自动化系统、家用电器、电力工业、通信等各个领域。

14.1.2.8 霍尔元件

霍尔元件是应用霍尔效应的半导体。而霍尔效应是指置于磁场中的静止载流导体，当它的电流方向与磁场方向不一致时，载流导体上平行于电流和磁场方向上的两个面之间产生电动势差，这种现象称霍尔效应。

14.1.2.9 什么是湿度

在计量法中规定，湿度定义为"物象状态的量"。日常生活中所指的湿度为相对湿度，用%RH表示。总言之，即气体中（通常为空气中）所含水蒸气量（水蒸气压）与其空气相同情况下饱和水蒸气量（饱和水蒸气压）的百分比。

湿度测量从原理上划分有二、三十种之多。但湿度测量始终是世界计量领域中著名的难题之一。一个看似简单的量值，深究起来，涉及相当复杂的物理—化学理论分析和计算，初涉者可能会忽略在湿度测量中必须注意的许多因素，因而影响传感器的合理使用。常见的湿度测量方法有动态法（双压法、双温法、分流法）、静态法（饱和盐法、硫酸法）、露点法、干湿球法和电子式传感器法。

湿度很久以前就与生活存在着密切的关系，但用数量来进行表示较为困难。对湿度的表示方法有绝对湿度、相对湿度、露点、湿气与干气的比值（质量或体积）等等。

- 绝对湿度是指每立方米的空气中含有水蒸气的质量。
- 相对湿度（Relative Humidity，RH）是指水蒸气在空气中达到饱和的程度，饱和时为100%RH。当绝对湿度不变时，温度越高，相对湿度越小。当空气中的含水量没有达到饱和状态，实际含水量与饱和含水量的比值就是相对湿度。相对湿度达到100%，水就不会再自然蒸发了。温度不同，饱和水量也不同：温度越高，容纳的水越多；温度降低了，空气中不能再容纳原来那么多的水，就会出现凝露。
- 凝露是当空气湿度达到一定饱和程度时，在温度相对较低的物体上凝结的一种现象。

湿度是普遍存在的，而凝露只是湿度达到一定程度时的一种特殊现象。

14.1.2.10 功率因数

功率因数（Power Factor）是实际消耗的功率与电力供给容量之比值。所以功率因数越高，电力在传输过程中即可减少无谓的损失并提高电力的利用率。

14.1.2.11 什么是Modbus

Modbus是MODICON公司于1979年开发的一种通信协议，是一种在工业领域被广为应用的开放、标准的网络通信协议。Modbus经过大多数公司的实际应用，逐渐被认可，成为一种标准的通信规约，只要按照这种规约进行数据通信或传输，不同的系统就可以通信。目前，在 RS232/RS485 通信过程中，更是广泛采用这种规约。

常用的 Modbus 通信规约有两种：一种是 Modbus ASCII；另一种是 Modbus RTU。一般来说，通信数据量少而且主要是文本的通信采用 Modbus ASCII 规约；通信数据量大而且是二进制数值时，多采用 Modbus RTU 规约。在实际的应用过程中，为了解决某一个特殊问题，人们喜欢自己修改 Modbus 规约来满足自己的需要。事实上，人们经常使用自己定义的规约来通信，这样能解决问题，但不太规范。更为普通的用法是，少量修改规约，但将规约格式附在软件说明书一起，或直接放在帮助中，这样就方便了用户的通信。

14.1.2.12 什么是 Plug-in

插件（Plug-in，又称 addin、add-in、addon 或 add-on），简单说，就是电脑程序。通过和应用程序（例如网页浏览器、电子邮件服务器）的互动，提供一些所需要的特定的功能。应用程序之所以支持插件的使用是有很多原因的，主要的一些原因包括使得第三方的开发者可以对应用程序进行扩充，精简，或者将源代码从应用程序中分离出来，去除因软件使用权限而产生的不兼容。

14.1.2.13 什么是 DDE

DDE（Dynamic Data Exchange）是一种动态数据交换机制。使用 DDE 通信需要两个 Windows 应用程序，其中一个作为服务器处理信息，另外一个作为客户机从服务器获得信息。客户机应用程序向当前所激活的服务器应用程序发送一条消息请求信息，服务器应用程序根据该信息做出应答，从而实现两个程序之间的数据交换。

14.1.2.14 什么是 OPC

OPC 全称是 OLE for Process Control，它的出现为基于 Windows 的应用程序和现场过程控制应用建立了桥梁。在过去，为了存取现场设备的数据信息，每一个应用软件开发商都需要编写专用的接口函数。由于现场设备的种类繁多，且产品不断升级，给用户和软件开发商带来了巨大的工作负担。通常这样也不能满足工作的实际需要，系统集成商和开发商急切需要一种具有高效性、可靠性、开放性、可互操作性的即插即用的设备驱动程序。在这种情况下，OPC 标准应运而生。OPC 标准以微软公司的 OLE 技术为基础，它的制定是通过提供一套标准的 OLE/COM 接口完成的，在 OPC 技术中使用的是 OLE 2 技术。OLE 标准允许多台微机之间交换文档、图形等对象。

COM 是 Component Object Model 的缩写，是所有 OLE 机制的基础。COM 是一种为了实现与编程语言无关的对象而制定的标准，该标准将 Windows 下的对象定义为独立单元，可不受程序限制地访问这些单元。这种标准可以使两个应用程序通过对象化接口通信，而不需要知道对方是如何创建的。例如，用户可以使用 C++语言创建一个 Windows 对象，它支持一个接口，通过该接口，用户可以访问该对象提供的各种功能，用户可以使用 Visual Basic、C、Pascal、Smalltalk 或其他语言编写对象访问程序。在 Windows NT4.0 操作系统下，COM 规范扩展到可访问本机以外的其他对象，一个应用程序所使用的对象可分布在网络上，COM 的这个扩展被称为 DCOM（Distributed COM）。通过 DCOM 技术和 OPC 标准，完全可以创建一个开放的、可互操作的控制系统软件。OPC 采用客户/服务器模式，把开发访问接口的任务放在硬件生产厂家或第三方厂家，以 OPC 服务器的形式提供给用户，解决了软、硬件厂商的矛盾，完成了系统的集成，提高了系统的开放性和互操作性。

OPC 服务器通常支持两种类型的访问接口，即自动化接口（Automation interface）和自定义接口（Custom interface），它们分别为不同的编程语言环境提供访问机制。自动化接口通常是为基于脚本编程语言而定义的标准接口，可以使用 Visual Basic、Delphi、PowerBuilder 等编程语言开发 OPC 服务器的客户应用。而自定义接口是专门为 C++等高级编程语言而制定的标准接口。OPC 现已成为工业界系统互联的缺省方案，为工业监控编程带来了便利，用户不用为通信协议的难题而苦恼。

14.2　BAS 系统组成

● 14.2.1　BAS 系统组成概述

BAS 系统的组成如图 14-1 所示。

由图 14-1 可见，一个典型的楼宇自动化系统包括各类型的服务器（楼控服务器、OPC 服务器、Web 服务器、远程访问服务器、BACnet 服务器和数据库服务器）、客户机（本地客户机和远程客户机）、DDC、末端设备控制器、扩展模块和转换模块等。

楼宇控制系统通过网关，可以和冷冻机、锅炉、灯光、消防系统、安防系统、办公自动化系统、通信自动化系统进行集成和联动。

● 14.2.2　三层网络架构

典型的楼宇自动化系统采用三层网络架构，如图 14-2 所示。
这三层网络架构分别是：

第十四章 图说楼宇自动化系统

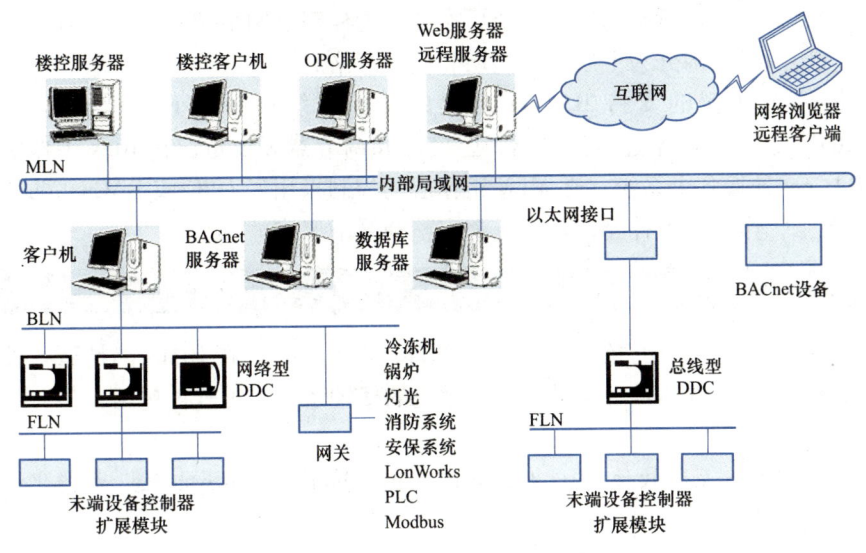

图 14-1 BAS 系统组成图

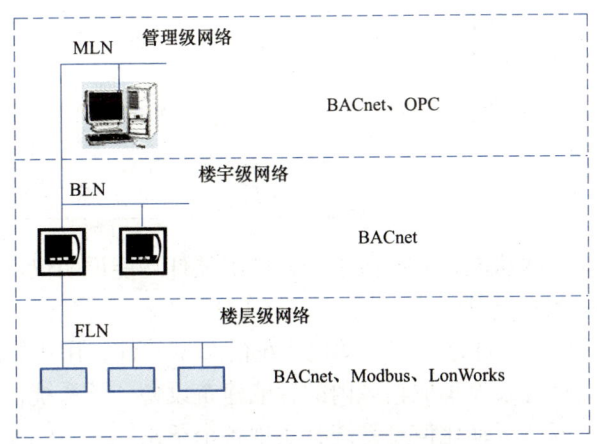

图 14-2 典型 BAS 系统的三层网络架构

• 管理级网络 MLN （Management Level Network）	用来连接各种类型的服务器、工作站设备，通常通信基于 TCP/IP 以太网，将服务器、操作终端和远程访问客户连接在一起。
• 楼宇级网络 BLN （Building Level Network）	用来连接各种类型的控制器，通信路由器和控制器单元都连接在这一层中。总线集线器可以拓展网络距离，同时也可使网络除总线连接外，还支持星形和树形拓扑结构。
• 楼层级网络 FLN （Floor Level Network）	是控制设备层，所有的智能 I/O 模块都连接在 FLN 网络上。

423

当然，不一定所有的楼控系统厂家都是这样定义网络架构的，如有的厂家将这三层网络架构分为上层、中间层和底层网络。

在一个典型的支持 BACnet 协议的楼控系统中，在 FLN 工作层采用 LonMark 或 BACnet 来连接控制器、感应器和调节器等设备，在 BLN 工作层采用 BACnet 连接各个系统，在 MLN 工作层的控制采用了 OPC 或 BACnet 两个协议，各个工作层互为补充，建立一个完整的网络架构。

● 14.2.3 楼控系统管理软件

楼宇自动化系统的核心就是软件平台，BAS、BMS 和 IBMS 都是靠各种各样的管理软件实现各种各样的功能。常见的楼控系统管理软件包括：

- IBMS 系统软件（Intelligent Building Management Systems，智能化楼宇管理系统）；
- BMS 系统软件（Building Management Systems，楼宇管理系统）；
- 组态软件；
- 编程配置软件；
- 本地编程配置软件；
- OPC 服务器和客户端；
- 远程通告；
- 能源管理。

不同厂家的软件功能是有所区别的，以下软件功能说明仅供参考。

1. IBMS/BMS 系统软件

IBMS/BMS 系统软件是楼宇自动化系统的基础软件，用于管理和控制各种设备。它不仅能够有效地集成辖区内的智能建筑设备、子系统，还能有效地整合办公自动化、网络自动化信息系统，实现各个子系统之间的互联、互操，实现建筑控制网络与办公信息网络一体化，解决好各类设备、各个子系统间的接口、协议、系统平台、应用软件之间的差异性，共同组成一个完整协调的集成系统，做到优化管理、控制、运行，便于维护，创造节能、高效、舒适、安全的建筑环境。

IBMS/BMS 系统软件多采用开放的标准化平台，遵循现有的工业标准，强调系统的开放性；系统内嵌对 LonWorks、BACnet 协议的支持，针对其他子系统采用 OPC 标准进行通信；支持 Windows、Linux、Unix 等多种操作系统。

IBMS/BMS 系统软件广泛采用主流和开放的技术标准和设计模式，提供开

第十四章 图说楼宇自动化系统

放的、平台级的应用编程接口和管理工具，使得系统在集成新的应用和采用新的运行平台时，具有良好的可扩展性。

典型的 IBMS/BMS 软件界面如图 14-3 所示。

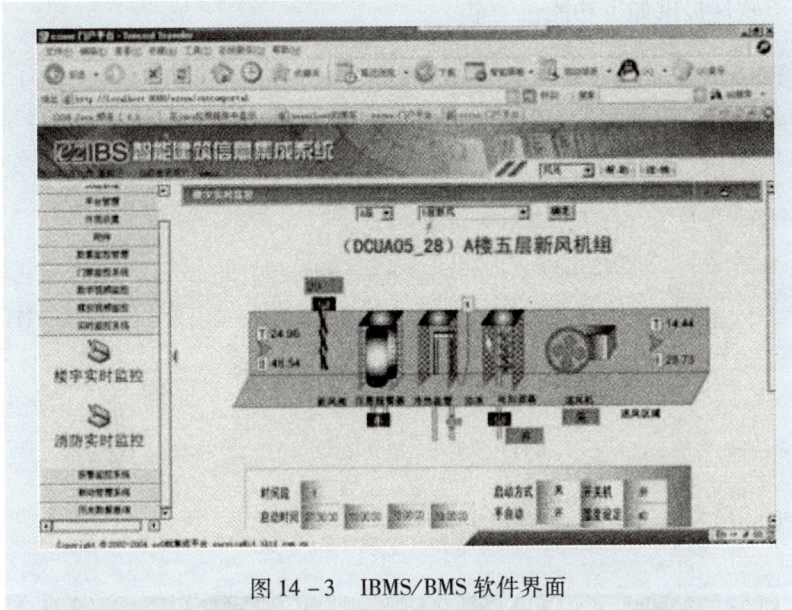

图 14-3　IBMS/BMS 软件界面

典型的 IBMS/BMS 系统软件提供以下功能：

基本功能	监视功能（图形、趋势、报警）； 控制功能（程序、命令、日程）； 管理功能（用户、设备、报警、报表、备份）； 支持 Web 客户访问； 支持多种通信接口； 服务器数据冗余； 短信寻呼管理； 时间计划表。
附加功能	数据开放（OPC 技术、BACnet 支持、LonWorks 支持）； 远程通告； 历史数据管理； 能源管理； 系统集成，提供 OPC、BACnet 接口、LonWorks 接口； 设备、能源管理。

425

2. 组态软件

通过组态软件，经授权的操作员可以通过直观、动态的彩色图形界面对建筑设备进行日常操作，远程用户可以通过 TCP/IP 监视和控制建筑设备。

组态软件提供如下功能：

显示组态	图形化配置和 DDC 运行状况。
通信组态	可配置多种通信方式，同时运行，协调工作。
用户组态	支持分级、分区域、分操作的多种用户授权方式，权限管理完善。
报警组态	支持用户定义的可分组的报警功能。
报表组态	方便灵活地定义各种历史报表，支持自动打印。
历史数据记录功能	支持 5 年以上的历史数据记录容量，支持手动备份，包括历史运行数据、报警记录、用户操作记录等。
历史曲线显示功能	无需定义、一目了然。
网络通信	支持多套软件互相通信，网络化操作。

典型的组态软件界面如图 14-4 所示。

图 14-4　组态软件界面

3. 编程配置软件

编程配置软件主要功能包括：

- 管理控制网络、现场实时数据和多个工作站的通信；
- 用于操作站编程和配置系统网络；
- 构建楼控通信网络；
- 集中配置 DDC 通道属性、通信参数；
- 远程下载控制程序；
- 绑定网络变量；
- 提供数据转发服务，可以通过网络同时和多台计算机通信；
- 导出配置信息。

典型的编程配置软件界面如图 14-5 所示。

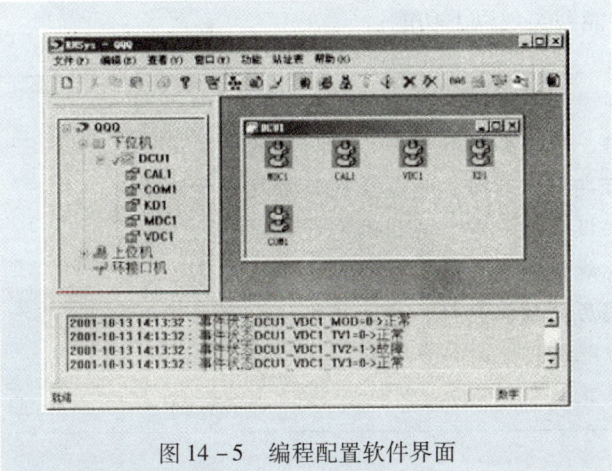

图 14-5 编程配置软件界面

4. 本地编程配置软件

通过本地现场配置软件工具，用户可以用手操器或笔记本电脑在现场操作和维护系统；当与现场控制设备连接时，工程师可以修改和下载控制程序。

本地编程配置软件可以实现以下功能：

- 用于笔记本电脑在现场编程和配置；
- 发起 DDC 内部安装；
- 监视 DDC 内部通信；
- 现场配置 DDC 通道属性、通信参数；
- 现场下载控制程序；
- 记录宏命令，批量执行宏命令对 DDC 进行自动配置。

5. OPC 服务器和客户端

基于 Windows 集成的构架，使用 OPC 组成 OPC 客户端，并在第三方工作站上组建 OPC 服务器。OPC 客户端和 OPC 服务器之间通过以太网协议 TCP/IP 实现通信。

6. 远程通告

远程通告允许将楼控系统软件警报和系统事件信息发布给各种不同的通告设备，如文字寻呼机、数字寻呼机、电子邮件和电话。

7. 能源管理

能源管理通过组织楼控系统的历史使用数据，以建立对楼宇内装有监测能量使用情况的细分测量设备的区域能量使用日常装载文件、消耗以及成本分配报告。

能源管理能够实现以下功能：

- 宏观、微观水平上做出能量报告；
- 存档、管理并查取大量数据信息的功能；
- 按日期和能源种类分类生成日常耗用量清单；
- 提供报告期内能量耗用的总计额；
- 跟踪能量消耗并附有年月日的工作情况信息；
- 利用历史数据分析、诊断并优化设备运作；
- 租户账单；
- 预算跟踪。

● 14.2.4 DDC

直接数字控制是指利用计算机的分时处理功能直接对多个控制回路实现多种形式控制的多功能数字控制系统。在这类系统中，计算机的输出直接作用于控制对象，故称直接数字控制，英文缩写 DDC（Direct Digital Control）。直接数字控制系统是一种闭环控制系统。在系统中，由一台计算机通过多点巡回检测装置对过程参数进行采样，并将采样值与存于存储器中的设定值进行比较，再根据两者的差值和相应于指定控制规律的控制算法进行分析和计算，以形成所要求的控制信息，然后将其传送给执行机构，用分时处理方式完成对多个单回路的各种控制。

直接数字控制系统具有在线实时控制、分时方式控制及灵活性和多功能性三个特点。

第十四章　图说楼宇自动化系统

在线实时控制	在线控制指受控对象的全部操作（反馈信息检测和控制信息输出）都是在计算机直接参与下进行的，无需系统管理人员干预，又称联机控制。实时控制是指计算机对于外来信息的处理速度，足以保证在所容许的时间区间内完成对被控对象运动状态的检测和处理，并形成和实施相应的控制。一个在线系统不一定是实时系统，但是一个实时系统必定是在线系统。
分时方式控制	直接数字控制系统是按分时方式进行控制的，即按照固定的采样周期时间对所有的被控制回路逐个进行采样，并依次计算和形成控制输出，以实现一个计算机对多个被控回路的控制。计算机对每个回路的操作分为采样、计算、输出三个步骤。为了增加控制回路（采样时间不变）或缩短采样周期（控制回路数一定），以满足实时性要求，通常将三个步骤在时间上交错地安排。
灵活和多功能控制	直接数字控制系统的特点是具有很大的灵活性和多功能控制能力。系统中的计算机起着多回路数字调节器的作用，通过组织和编排各种应用程序，可以实现任意的控制算法和各种控制功能，具有很大的灵活性。直接数字控制系统所能完成的各种功能最后都集中到应用软件里。

DDC 主要应用于楼宇自动化系统，也是楼宇自动化系统的核心硬件设备之一。其原理是通过模拟量输入通道（AI）和开关量输入通道（DI）采集实时数据，然后按照一定的规律进行计算，最后发出控制信号，并通过模拟量输出通道（AO）和开关量输出通道（DO）直接控制对象设备。

DDC 的种类繁多，大体上可以按连接方式、按点数数量、按功能、按输入输出进行划分。DDC 的分类如图 14-6 所示。

1. 按连接方式划分

DDC 按和楼控服务器的连接方式可以划分为网络型 DDC、总线型 DDC 和混合型 DDC，如图 14-7 所示。

- 总线型 DDC 是应用最多的类型，一些旧的、比较成熟的楼控系统都支持总线型 DDC。总线可以是 CAN 总线、LonWorks 总线或支持 BACnet 的总线。总线型 DDC 和楼控服务器相连需要通过一个 RS232 转 RS485 的总线转换器。

- 网络型 DDC 是一种新型的控制器，正逐步取代总线型控制器。网络型 DDC 支持 TCP/IP 协议，通过网络和楼控服务器相连。网络型 DDC 和末端设备控制器、扩展模块连接方式同总线型控制器，可以通过 LonWorks、BACnet 或 Modbus 方式连接。另外，有的网络型控制器支持拨号（调制解调器）方式和楼控服务器相连接。

- 混合型 DDC 是指同时支持总线型连接和网络型连接。

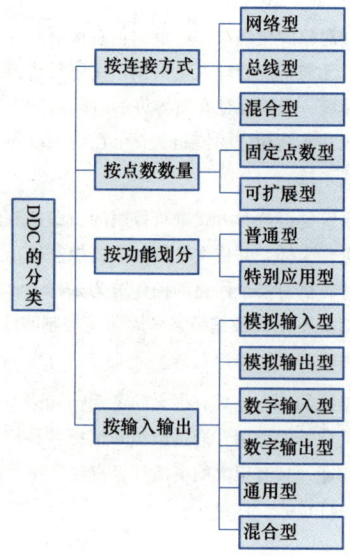

图14-6 DDC的分类

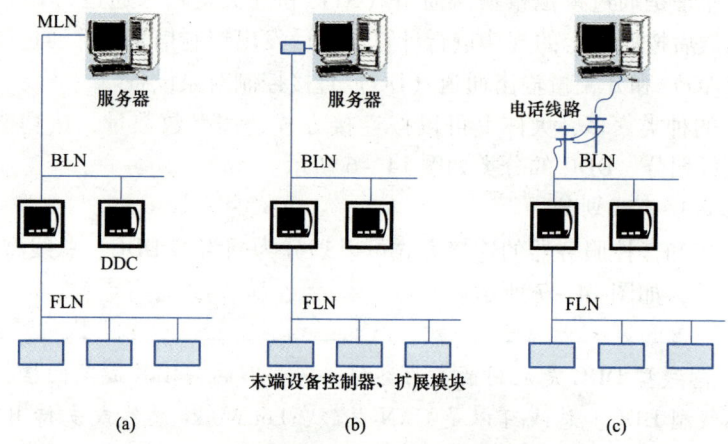

图14-7 DDC和楼控服务器的连接方式
(a)网络型；(b)总线型；(c)混合型

2. 按点数数量划分

DDC按点数数量可以划分为固定点数型DDC和可扩展型DDC。

- 固定点数型是指DDC的输入输出点数量已经被固定，不能通过扩展模块进行扩容的DDC。
- 可扩展型是指DDC的输入输出点数量可以进行扩充，本身自带少数

第十四章 图说楼宇自动化系统

输入输出点或者不带,可以通过扩展总线或者楼层级总线连接扩展模块或者扩展控制器进行输入输出扩容,配置比较灵活。

3. 按功能划分

DDC 按功能可以划分为普通型 DDC 和特别应用型 DDC。普通型 DDC 可以应用于各种场所、各类型的设备或系统;而特别应用型 DDC 是专门为特别应用设计,事先设计好设备的输入输出量并集成有特定的功能,如专门针对风机盘管或某种类型空调的 DDC。

4. 按输入输出划分

DDC 按输入输出可以分为:

模拟量输入(AI)型 DDC	只有模拟量输入。
模拟量输出(AO)型 DDC	只有模拟量输出。
数字量输入(DI)型 DDC	只有数字量输入。
数字量输出(DO)型 DDC	只有数字量输出。
通用型(UI/UO)型 DDC	即输入、输出数一定,但可以自由定义输入量/输出量是数字型还是模拟型,通用性很强,适合不确定的场所使用。
混合型(AI/AO/DI/DO)型 DDC	是最常见的 DDC 类型,同时具有模拟量和数字量,而且有多种规格的输入/输出可选。

常见的几种 DDC 如图 14-8 所示。

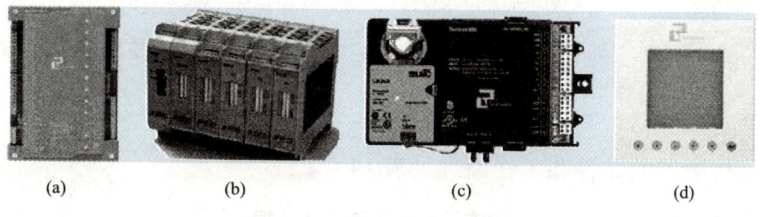

图 14-8 常见的几种 DDC
(a)总线型 DDC;(b)可扩展型 DDC;(c)VAV DDC;(d)特别应用型 DDC

● 14.2.5 传感器

广义来讲,传感器(Sensor)是一种能把物理量或化学量转变成便于利用的电信号的器件。国际电工委员会(IEC)的定义为:"传感器是测量系统中的一种前置部件,它将输入变量转换成可供测量的信号"。传感器是包括承载体和电路连接的敏感元件,而传感器系统则是组合有某种信息处理(模拟或数字）能力的传感器。传感器是传感器系统的一个组成部分，它是被测量信号输入的第一道关口。传感器是楼宇自动化系统重要的末端设备之一，主要用于输入信号。

传感器系统的工作原理如图 14-9 所示，进入传感器的信号幅度是很小的，而且混杂有干扰信号和噪声。为了方便随后的处理过程，首先要将信号整形成具有最佳特性的波形，有时还需要将信号线性化，该工作是由放大器、滤波器以及其他一些模拟电路完成的。在某些情况下，这些电路的一部分是和传感器部件直接相连的。整形后的信号随后转换成数字信号，并输入到微处理器。

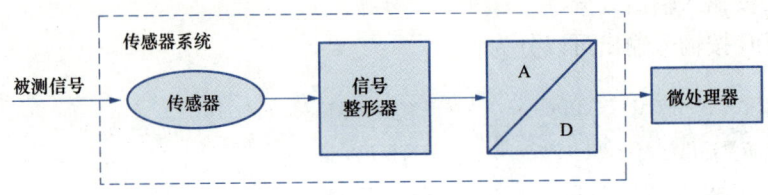

图 14-9 传感器工作原理图

传感器可分为有源的和无源的两类。有源传感器能将一种能量形式直接转变成另一种，不需要外接的能源或激励源；无源传感器不能直接转换能量形式，但它能控制从另一输入端输入的能量或激励能。

传感器以输出信号为标准可分为：

模拟传感器	将被测量的非电学量转换成模拟电信号。
数字传感器	将被测量的非电学量转换成数字输出信号（包括直接和间接转换）。
膺数字传感器	将被测量的信号量转换成频率信号或短周期信号的输出（包括直接和间接转换）。

常见传感器的品种和工作原理见表 14-2。

表 14-2　　　　　　　　　传感器的品种和工作原理

传感器品种	工作原理	可被测定的非电学量
力敏电阻、热敏电阻	阻值变化	力、质量、压力、加速度、温度、湿度、气体
电容传感器	电容量变化	力、质量、压力、加速度、液面、湿度
感应传感器	电感量变化	力、质量、压力、加速度、旋进数、转矩、磁场
霍尔传感器	霍尔效应	角度、旋进度、力、磁场
压电传感器、超声波传感器	压电效应	压力、加速度、距离
热电传感器	热电效应	烟雾、明火、热分布
光电传感器	光电效应	辐射、角度、旋转数、位移、转矩

在楼宇自动化系统中经常用到的传感器包括温度传感器、湿度传感器、压力传感器、压差传感器、气体传感器和液面传感器等。几种常见的传感器如图14-10所示。

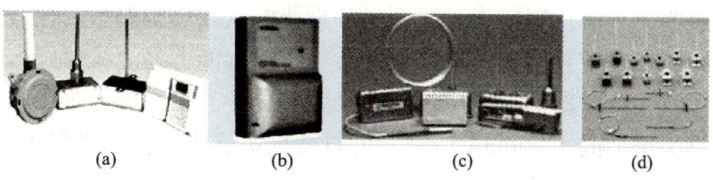

图14-10　几种常见的传感器

（a）热敏电阻温度传感器；（b）气体传感器；（c）室内外湿度传感器；（d）风道温度传感器

● 14.2.6　变送器

当信号变换器与传感器做成一体时，就称为变送器（Transmitter）。国家标准对变送器的定义为使输出为规定标准信号的装置。

变送器模拟输出信号通常在以下范围内：

输出电流

4～20mA（优选值）

0～20mA

0～1mA

0～10mA

-1～0～1mA

-10～0～10mA

输出电压

0～1V

0～10V

-1～0～1V

-10～0～10V

0～5V

-5～0～5V

用于楼宇自动化系统的变送器主要包括温度变送器、湿度变送器、压力变送器和电量变送器。

1. 温度变送器

温度变送器一般由测温探头（热电偶或热电阻传感器）和两线制固体电子单元组成。采用固体模块形式将测温探头直接安装在接线盒内，从而形成一体化的变送器。一体化温度变送器一般分为热电阻和热电偶型两种。温度变送器具有结构简单、节省引线、输出信号大、抗干扰能力强、线性好、显示仪表简单、固体模块抗振防潮、有反接保护和限流保护、工作可靠等优点。温度变送器的输出为统一的 4～20mA 信号，可与微机系统或其他常规仪表匹配使用。也可按要求做成防爆型或防火型测量仪表。

2. 湿度变送器

狭义概念的湿度传感器是指湿度的敏感元件，现在泛指各种不能直接在现场使用的湿度传感器件或电路板。通常其输出不是标准的 0～5V 或 4～20mA 信号，无电源保护，无外围电路。传统意义的湿度变送器是指 0～5V、0～10V 或 4～20mA 输出的湿度传感器，现在泛指各种可以在现场直接使用的湿度传感器产品。在实际应用中，湿度传感器和湿度变送器的差异并不是很大。

3. 压力变送器

压力变送器也称压差变送器，主要由测压元件传感器、模块电路、显示表头、表壳和过程连接件等组成。它能将接收的气体、液体等压力信号转变成标准的电流电压信号，以供给指示报警仪、记录仪、调节器等二次仪表进行测量、指示和过程调节。其测量原理是：流程压力和参考压力分别作用于集成硅压力敏感元件的两端，其差压使硅片变形（位移很小，仅微米级），以使硅片上用半导体技术制成的全动态惠斯登电桥在外部电流源驱动下输出正比于压力的毫伏级电压信号。由于硅材料的弹性极佳，所以输出信号的线性度及变差指标均很高。工作时，压力变送器将被测物理量转换成毫伏级的电压信号，并送往放大倍数很高而又可以互相抵消温度漂移的差动式放大器。放大后的信号经电压电流转换变换成相应的电流信号，再经过非线性校正，最后产生与输入压力成线性对应关系的标准电流电压信号。压力变送器根据测压范围可分为一般压力变送器（0.001～20MPa）和微差压变送器（0～30kPa）两种。

4. 电量变送器

电量变送器是一种将被测电量参数（如电流、电压、功率、频率、功率因数等信号）转换成直流电流、直流电压并隔离输出模拟信号或数字信号的装置。新型变送器国际标准输出的模拟信号电流值为 4～20mA。

几种常见的变送器如图 14-11 所示。

变送器与传感器既有区别又有联系，具体如下：

第十四章 图说楼宇自动化系统

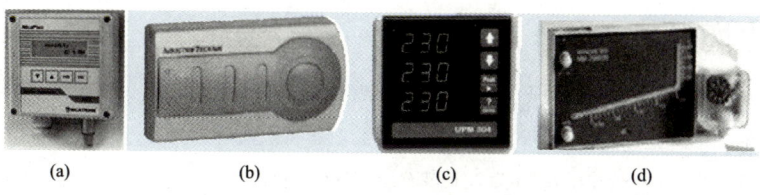

图 14-11 几种常见的变送器
（a）湿度变送器；（b）室内温湿度变送器；（c）电量变送器；（d）压力变送器

- 传感器是能够接受规定的被测量并按照一定的规律转换成可用输出信号的器件或装置的总称，通常由敏感元件和转换元件组成。当传感器的输出为规定的标准信号时，则称为变送器。
- 变送器的概念是将非标准电信号转换为标准电信号的仪器，传感器则是将物理信号转换为电信号的器件。

● 14.2.7 阀门和执行器

阀门和执行器在楼宇控制系统中总是成对出现的，有的厂家的阀门和执行器是配套销售的。

14.2.7.1 阀门

"阀"的定义是在流体系统中，用来控制流体的方向、压力、流量的装置。阀门是使配管和设备内的介质（液体、气体、粉末）流动或停止、并能控制其流量的装置。

阀门可以按照以下方式分类：

（1）按作用和用途分类：

截断阀	截断阀又称闭路阀，其作用是接通或截断管路中的介质。截断阀包括闸阀、截止阀、旋塞阀、球阀、蝶阀和隔膜等。
止回阀	止回阀又称单向阀或逆止阀，其作用是防止管路中的介质倒流。水泵吸水管的底阀也属于止回阀类。
安全阀	安全阀的作用是防止管路或装置中的介质压力超过规定数值，从而达到安全保护的目的。
调节阀	调节阀包括调节阀、节流阀和减压阀，其作用是调节介质的压力、流量等参数。
分流阀	分流阀包括各种分配阀和疏水阀等，其作用是分配、分离或混合管路中的介质。
排气阀	排气阀是管道系统中必不可少的辅助元件，广泛应用于锅炉、空调、石油天然气、给排水管道中。往往安装在制高点或弯头等处，排除管道中多余气体、提高管路使用效率及降低能耗。

(2) 按公称压力分类:

真空阀	指工作压力低于标准大气压的阀门。
低压阀	指公称压力 PN≤1.6MPa 的阀门。
中压阀	指公称压力 PN 为 2.5、4.0、6.4MPa 的阀门。
高压阀	指工称压力 PN 在 10~80MPa 之间的阀门。
超高压阀	指公称压力 PN≥100MPa 的阀门。

(3) 按工作温度分类:

超低温阀	用于介质工作温度 $t<-100℃$ 的阀门。
低温阀	用于介质工作温度 $-100℃≤t≤-40℃$ 的阀门。
常温阀	用于介质工作温度 $-40℃≤t≤120℃$ 的阀门。
中温阀	用于介质工作温度 $t>120℃$ 的阀门。
高温阀	用于介质工作温度 $t>450℃$ 的阀门。

(4) 按驱动方式分类:

自动阀	是指不需要外力驱动,而是依靠介质自身的能量来使阀动作的阀门,如安全阀、减压阀、疏水阀、止回阀、自动调节阀等。
动力驱动阀	电动阀:借助电力驱动的阀门。 气动阀:借助压缩空气驱动的阀门。 液动阀:借助油等液体压力驱动的阀门。 以上几种驱动方式的组合,如气—电动阀等。
手动阀	借助手轮、手柄、杠杆、链轮,由人力来操纵动作的阀门。当阀门启闭力矩较大时,可在手轮和阀杆之间设置轮或蜗轮减速器。必要时,也可以利用万向接头及传动轴进行远距离操作。

(5) 按公称通径分类:

小通径阀门	公称通径 DN≤40mm 的阀门。
中通径阀门	公称通径 DN 在 50~300mm 之间的阀门。
大通径阀门	公称阀门 DN 在 350~1200mm 之间的阀门。
特大通径阀门	公称通径 DN≥1400mm 的阀门。

(6) 按结构特征分类:

截门阀	启闭件（阀瓣）由阀杆带动沿着阀座中心线作升降运动。
旋塞阀	启闭件（闸阀）由阀杆带动沿着垂直于阀座中心线作升降运动。
旋塞阀	启闭件（锥塞或球）围绕自身中心线旋转。
旋启阀	启闭件（阀瓣）围绕座外的轴旋转。
蝶阀	启闭件（圆盘）围绕阀座内的固定轴旋转。
滑阀	启闭件在垂直于通道的方向滑动。

（7）按连接方法分类：

螺纹连接阀门	阀体带有内螺纹或外螺纹，与管道螺纹连接。
法兰连接阀门	阀体带有法兰，与管道法兰连接。
焊接连接阀门	阀体带有焊接坡口，与管道焊接连接。
卡箍连接阀门	阀体带有夹口，与管道夹箍连接。
卡套连接阀门	与管道采用卡套连接。
对夹连接阀门	阀门与两头管道用螺栓直接穿夹在一起连接。

在楼宇自动化系统中经常用到的阀门包括电磁阀、电动阀、蝶阀和球阀，以下重点介绍。

1. 电磁阀

电磁阀（Solenoid Valve）是用来控制流体的自动化基础元件，属于执行器；并不限于液压、气动。电磁阀用于控制液压流动方向，工厂的机械装置一般都由液压缸控制，就会用到电磁阀。

电磁阀里有密闭的腔，在不同位置开有通孔，每个孔都通向不同的油管；腔中间是阀，两面是两块电磁铁，哪面的磁铁线圈通电，阀体就会被吸引到哪边，通过控制阀体的移动来挡住或漏出不同的排油的孔；而进油孔是常开的，液压油就会进入不同的排油管，然后通过油的压力来推动油缸的活塞，活塞又带动活塞杆，活塞杆带动机械装置动。这样通过控制电磁铁的电流就控制了机械运动。

电磁阀从原理上分为三大类：

直动式电磁阀	通电时，电磁线圈产生电磁力把关闭件从阀座上提起，阀门打开；断电时，电磁力消失，弹簧把关闭件压在阀座上，阀门关闭。在真空、负压、零压时能正常工作，但通径一般不超过25mm。

分布直动式电磁阀	它是一种直动和先导式相结合的原理,当入口与出口没有压差时,通电后,电磁力直接把先导小阀和主阀关闭件依次向上提起,阀门打开。当入口与出口达到启动压差时,通电后,电磁力先导小阀上升,主阀下腔压力上升,上腔压力下降,从而利用压差把主阀向上推升;断电时,先导阀利用弹簧力或介质压力推动关闭件,向下移动,使阀门关闭。
先导式电磁阀	通电时,电磁力把先导孔打开,上腔室压力迅速下降,在关闭件周围形成上低下高的压差,流体压力推动关闭件向上移动,阀门打开;断电时,弹簧力把先导孔关闭,入口压力通过旁通孔迅速腔室在关阀件周围形成下低上高的压差,流体压力推动关闭件向下移动,关闭阀门。

电磁阀用于液体和气体管路的开关控制,是两位 DO 控制。只能用作开关量和小管道控制,常见于 DN50 及以下管道,往上就很少了。

2. 电动阀

电动阀(Electrically Operated Valve)简单地说就是用电动执行器控制阀门,从而实现阀门的开和关。其可分为上下两部分,上半部分为电动执行器,下半部分为阀门。电动阀分两种:一种为角行程电动阀,由角行程的电动执行器配合角行程的阀使用,实现阀门 90°以内旋转,控制管道流体通断;另一种为直行程电动阀,由直行程的电动执行器配合直行程的阀使用,实现阀板上下动作,控制管道流体通断。电动阀通常在自动化程度较高的设备上配套使用。

电动阀通常由电动执行机构和阀门连接起来,经过安装调试后成为电动阀。电动阀使用电能作为动力来接通电动执行机构驱动阀门,实现阀门的开关、调节动作,从而达到对管道介质的开关或是调节目的。电磁阀是电动阀的一个,它是利用电磁线圈产生的磁场来拉动阀芯,从而改变阀体的通断,线圈断电,阀芯就依靠弹簧的压力退回。

电动阀多用于液体、气体和风系统管道介质流量的模拟量调节,是 AI 控制。在大型阀门和风系统的控制中也可以用电动阀做两位开关控制。电动阀可以有 AI 反馈信号,可以由 DO 或 AO 控制,多见于大管道和风阀等。

3. 蝶阀

蝶阀(Butterfly Valve)又叫翻板阀,是一种结构简单的调节阀,同时也可用于低压管道的开关控制。采用关闭件(阀瓣或蝶板),围绕阀轴旋转来达到开启与关闭的一种阀,在管道上主要起切断和节流用。蝶阀启闭件是一个圆盘形的蝶板,在阀体内绕其自身的轴线旋转,从而达到启闭或调节的目的。蝶阀全开到全关通常小于 90°,蝶阀和蝶杆本身没有自锁能力,为了蝶板的定位,要在阀杆上加装蜗轮减速器。采用蜗轮减速器不仅可以使蝶板具有自锁能力,使蝶板停止在任意位置上,还能改善阀门的操作性能。

蝶阀可以按照以下的方式分类：
（1）按结构形式分类：

- 中心密封蝶阀；
- 单偏心密封蝶阀；
- 双偏心密封蝶阀；
- 三偏心密封蝶阀。

（2）按密封面材质分类：

软密封蝶阀	密封副由非金属软质材料对非金属软质材料构成。 密封副由金属硬质材料对非金属软质材料构成。
金属硬密封蝶阀	密封副由金属硬质材料对金属硬质材料构成。

（3）按密封形式分类：

强制密封蝶阀	弹性密封蝶阀：密封比压由阀门关闭时阀板挤压阀座，阀座或阀板的弹性产生。 外加转矩密封蝶阀：密封比压由外加于阀门轴上的转矩产生。
充压密封蝶阀	密封比压由阀座或阀板上的弹件密封元件充压产生。
自动密封蝶阀	密封比压由介质压力，自动产生。

（4）按连接方式分类：

- 对夹式蝶阀；
- 法兰式蝶阀；
- 支耳式蝶阀；
- 焊接式蝶阀。

4. 球阀

球阀（Ball Valve）是由旋塞阀演变而来的。它具有相同的旋转90°动作，不同的是旋塞体是球体，有圆形通孔或通道通过其轴线。球面和通道口的比例应该是这样的，即当球旋转90°时，在进、出口处应全部呈现球面，从而截断流动。球阀只需要用旋转90°的操作和很小的转动力矩就能关闭严密。完全平等的阀体内腔为介质提供了阻力很小、直通的流道。通常认为球阀最适宜直接做开闭使用，但近来的发展已将球阀设计成使它具有节流和控制流量之用。球阀的主要特点是本身结构紧凑，易于操作和维修，适用于水、溶剂、酸和天然气等一般工作介质，还适用于工作条件恶劣的介质，如氧气、过氧化氢、甲烷和乙烯等。球阀阀体可以是整体的，也可以是组合式的。球阀在管路中主要用来做切断、分配和改变介质的流动方向。球阀是近年来被广泛采用的一种新型阀门，其价格低廉，操作、维修方便。

球阀按结构形式可以分为：

浮动球球阀	球阀的球体是浮动的，在介质压力作用下，球体能产生一定的位移并紧压在出口端的密封面上，保证出口端密封。
固定球球阀	球阀的球体是固定的，受压后不产生移动。固定球球阀都带有浮动阀座，受介质压力后，阀座产生移动，使密封圈紧压在球体上，以保证密封。通常在球体的上、下轴上装有轴承，操作扭矩小，适用于高压和大口径的阀门。
弹性球球阀	球阀的球体是弹性的。球体和阀座密封圈都采用金属材料制造，密封比压很大，依靠介质本身的压力已达不到密封的要求，必须施加外力。这种阀门适用于高温高压介质。

14.2.7.2 执行器

执行器（Final Controlling Element）是自动化技术工具中接受控制信息并对受控对象施加控制作用的装置。在过程控制系统中，执行器由执行机构和调节机构两部分组成。调节机构通过执行元件直接改变生产过程的参数，使生产过程满足预定的要求。执行机构则接受来自控制器的控制信息，把它转换为驱动调节机构的输出（如角位移或直线位移输出）。它也采用适当的执行元件，但要求与调节机构不同。执行器直接安装在生产现场，有时工作条件严苛。其能否保持正常工作直接影响自动调节系统的安全性和可靠性。

执行器的分类如下：

- 执行器按所用驱动能源分为气动、电动和液压执行器三种。
- 按输出位移的形式，执行器有转角型和直线型两种。
- 按动作规律，执行器可分为开关型、积分型和比例型三类。
- 按输入控制信号，执行器分为可以输入空气压力信号、直流电流信号、电触点通断信号、脉冲信号等几类。

几种常见的阀门和执行器如图14-12所示。

第十四章 图说楼宇自动化系统

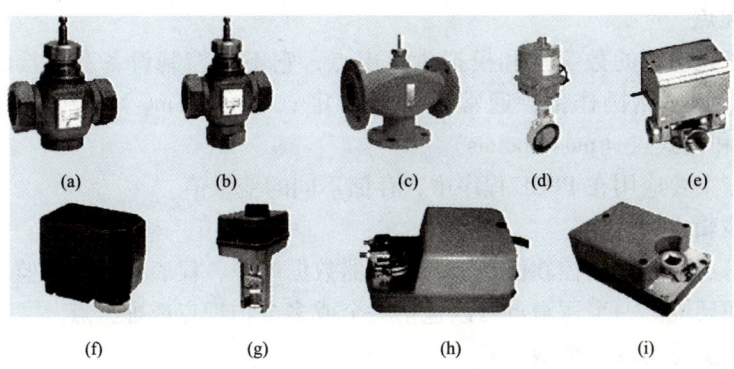

图 14-12 几种常见的阀门和执行器
(a) 二通水阀；(b) 三通水阀；(c) 三通水阀；(d) 蝶阀；(e) 区域阀；
(f) 电动执行器；(g) 电动执行器；(h) 风阀执行器；(i) 风阀执行器

 点表的设计和配置

● 14.3.1 点的类型和分类

点是楼宇自动化系统的一个重要的参数，也是楼控系统方案设计的基础要素之一。点也是楼控管理软件监视和控制的一个设备或一个值，如温度传感器或温度设定值。

楼控系统的点分为三种类型：

- 物理点 (Physical Points)；
- 虚点 (Virtual Points)；
- 逻辑点 (Logical Points)。

1. 物理点

物理点是与现场控制器端口直接连接的一系列设备，物理点分为输出点和输入点，类型分为模拟量和数字量，即四个基本点：

- Digital Input (DI)：数字输入点。
- Digital Output (DO)：数字输出点。
- Analog Input (AI)：模拟输入点。
- Analog Output (AO)：模拟输出点。

2. 虚点

虚点是虚拟的数字量和模拟量输出点，它不与控制设备有直接的物理连接。虚点可存储操作值，通常被用作设定点（set points）、触发点（trigger points）和模式点（mode points）。

虚点主要应用在 PPCL 程序中，存储不同的变量值。

3. 逻辑点

逻辑点存在于楼控软件和现场控制器数据库中，代表楼控软件监视和控制的设备和环境。一个逻辑点可以包括一个或多个物理点或虚点。

逻辑点分为以下类型：

基本点	LAI，LAO，LDI，LDO。
复合点	LOOAL，LOOAP，LFSSL，LFSSP，L2SP，L2SL。
特殊点	LPACI（脉冲），LENUM（SSTO 模式）。

● 14.3.2 常见设备的点表示意图

在楼宇自动化系统设计过程中，相对比较困难的就是获取各类设备的原理图和统计点表，以下给出一些常见设备、常见系统的原理图，因不同厂家的不同型号的设备原理有所区别，因此所提供原理图供参考。

14.3.2.1 图例

表 14-3 所示是楼宇自动化系统中经常使用到的一些设备的图例，对于理解原理图有很大的帮助。

表 14-3　　　　　常见的几种楼控设备图例

图例	说　　明	图例	说　　明
T	温度传感器	⋈	阀门（通用）
H	湿度传感器	⋈	球阀
TH	温湿度传感器		蝶阀
P	压力传感器	M	电磁执行机构
PT	压力/静压传感器		电动蝶阀
ΔP	压差传感器		调节型二通水阀
PdS	风压差开关		调节型风阀
FS	水流开关		离心风机
LS	液位开关		水泵
DPS	空气压差开关		

14.3.2.2 空调机组原理图

1. 两管空调机组（无加湿）

两管空调机组（无加湿）原理图如图 14-13 所示。

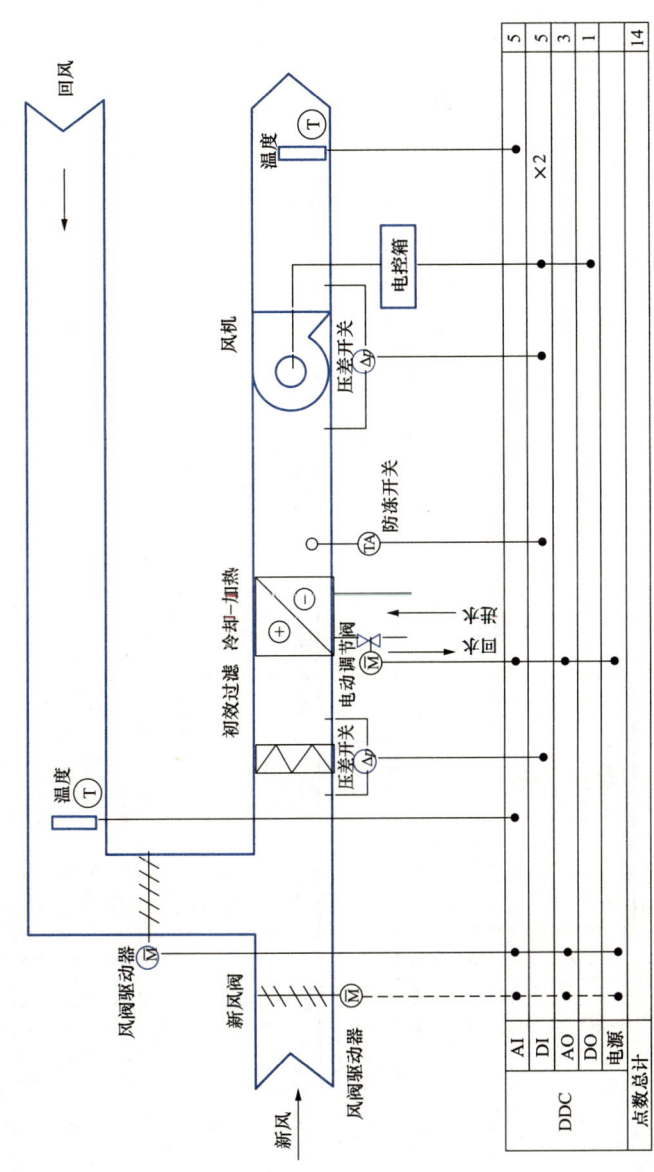

图 14-13 两管空调机组（无加湿）原理图

2. 两管空调机组（加湿）

两管空调机组（加湿）原理图如图 14-14 所示。

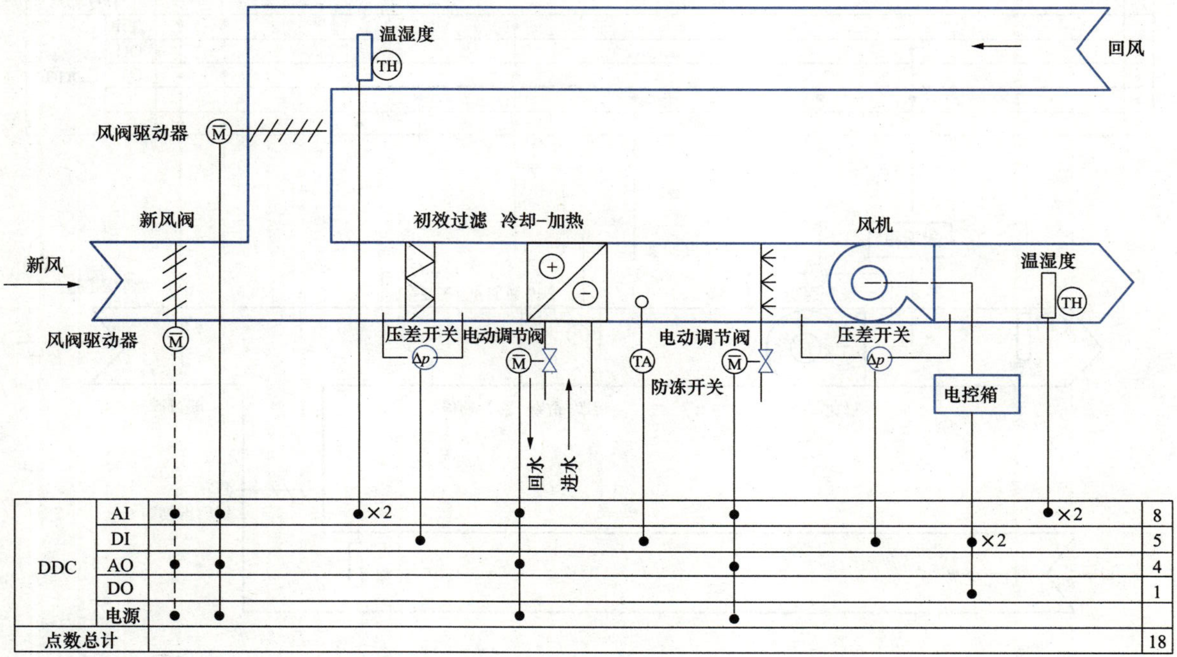

图 14-14 两管空调机组（加湿）原理图

3. 四管制变风量空调机组（加湿）

四管制变风量空调机组（加湿）原理图如图14-15所示。

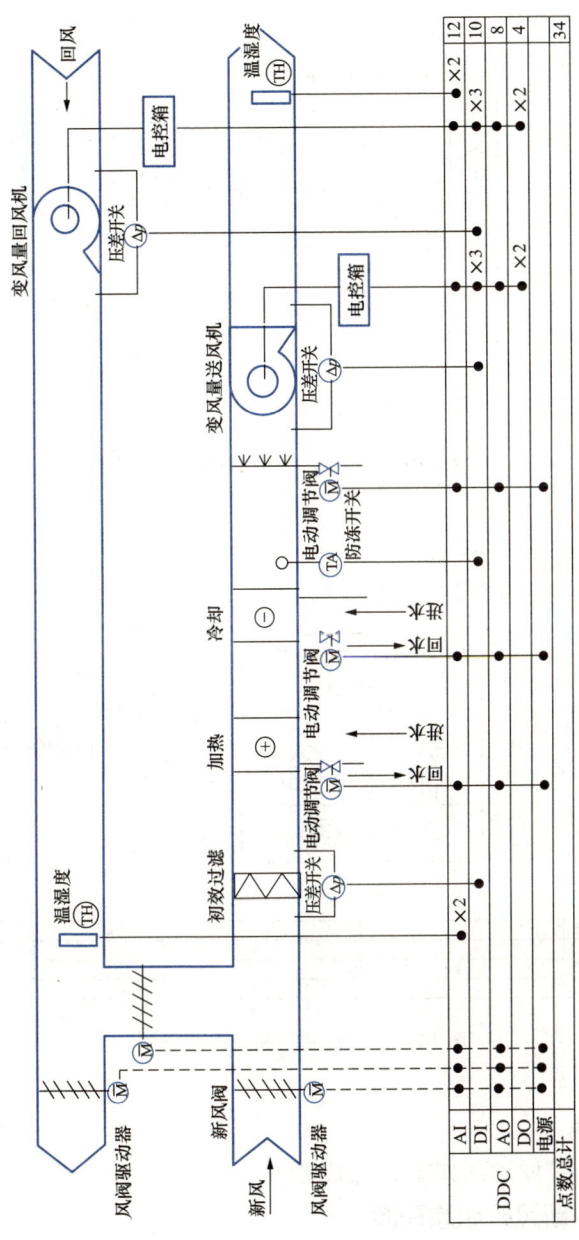

图14-15 四管制变风量空调机组（加湿）原理图

4. 定风量空调机组

定风量空调机组监控原理图如图 14-16 所示。

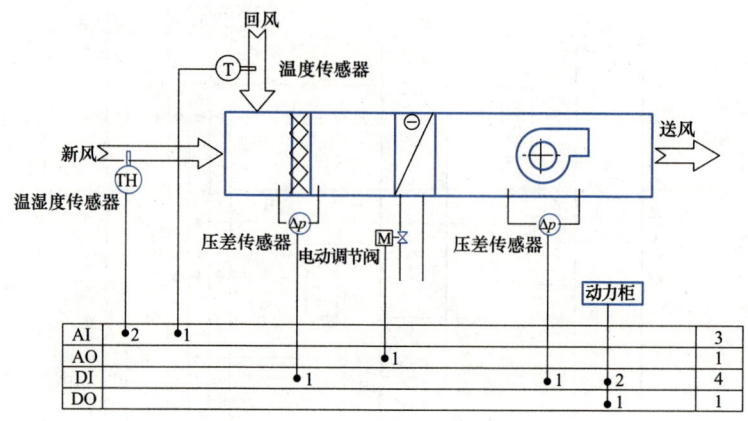

图 14-16　定风量空调机组监控原理图

5. 精密空调

精密空调监控原理图如图 14-17 所示。

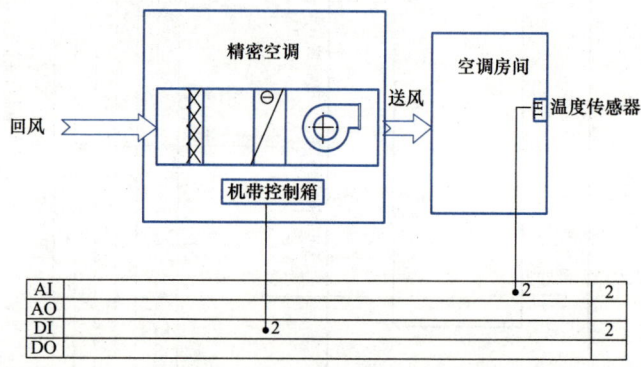

图 14-17　精密空调监控原理图

6. VAV 末端

VAV 末端监控原理图如图 14-18 所示。

14.3.2.3　新风机组原理图

1. 新风机组（无加湿）

新风机组（无加湿）原理图如图 14-19 所示。

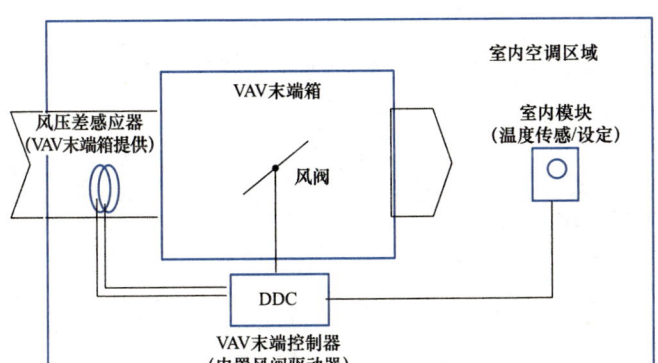

图 14-18 VAV 末端监控原理图

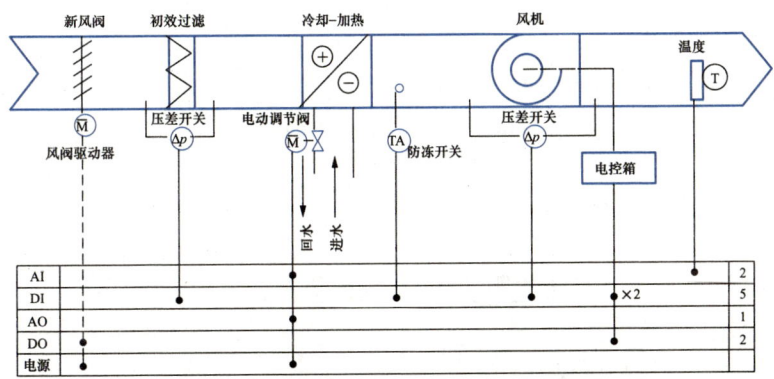

图 14-19 新风机组（无加湿）原理图

2. 新风机组（加湿）

新风机组（加湿）原理图如图 14-20 所示。

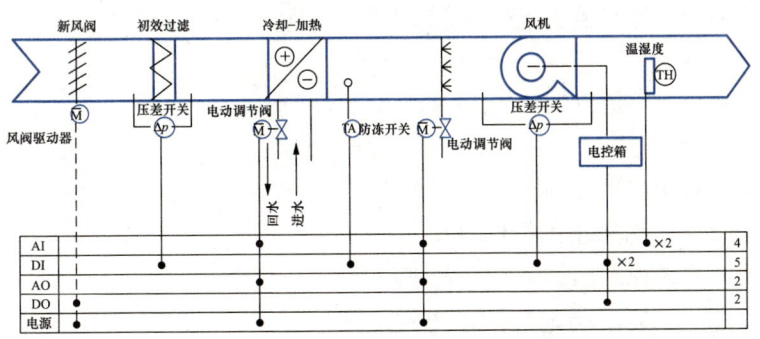

图 14-20 新风机组（加湿）原理图

3. 四管制变风量新风机组（加湿）

四管制变风量新风机组（加湿）原理图如图 14-21 所示。

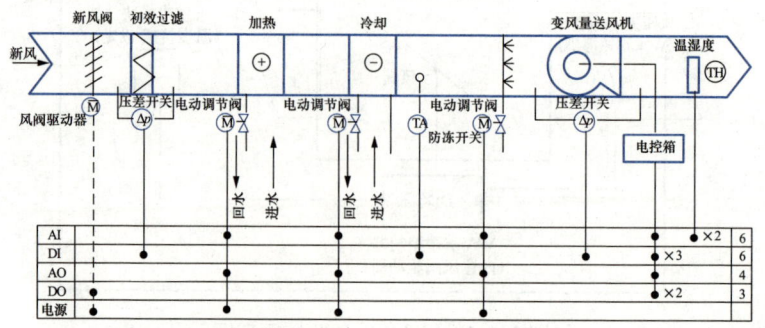

图 14-21　四管制变风量新风机组（加湿）原理图

4. 风机控制

风机控制原理图如图 14-22 所示。

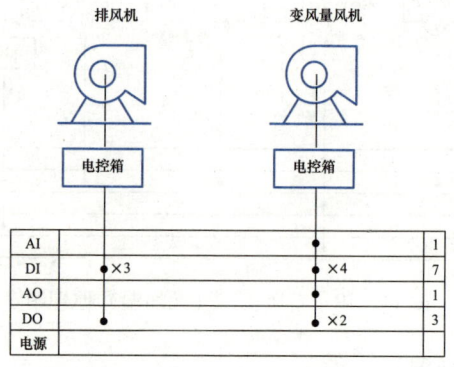

图 14-22　风机控制原理图

14.3.2.4　冷热源及交换站原理图

1. 冷水系统

冷水系统监控原理图如图 14-23 所示。

2. 热交换系统

热交换系统原理图如图 14-24 所示。

14.3.2.5　给排水系统原理图

给排水系统原理图如图 14-25 所示。

14.3.2.6　变配电与照明系统原理图

变配电与照明系统原理图如图 14-26 所示。

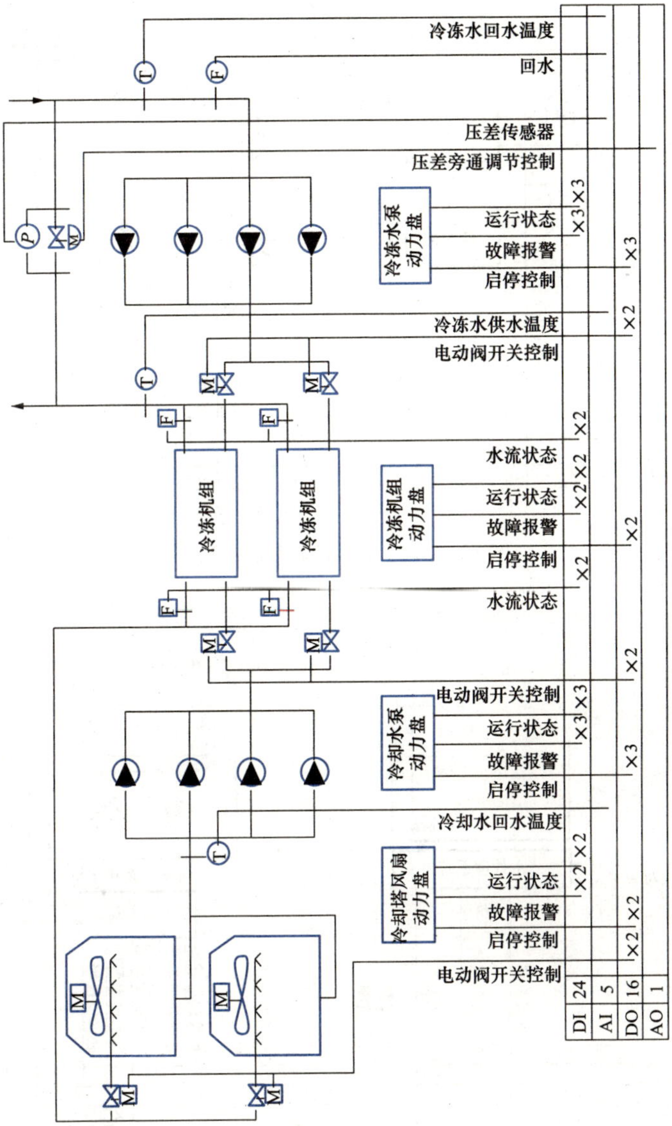

第十四章 图说楼宇自动化系统

图 14-23 冷水系统原理图

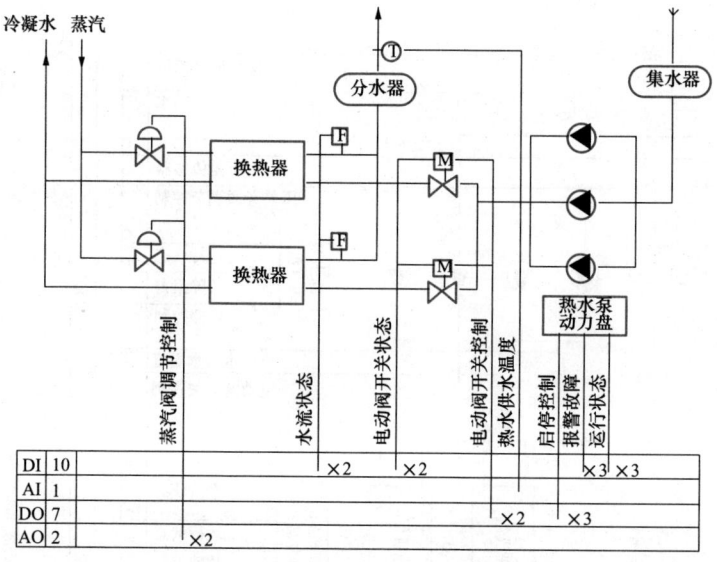

图 14-24 热交换系统原理图

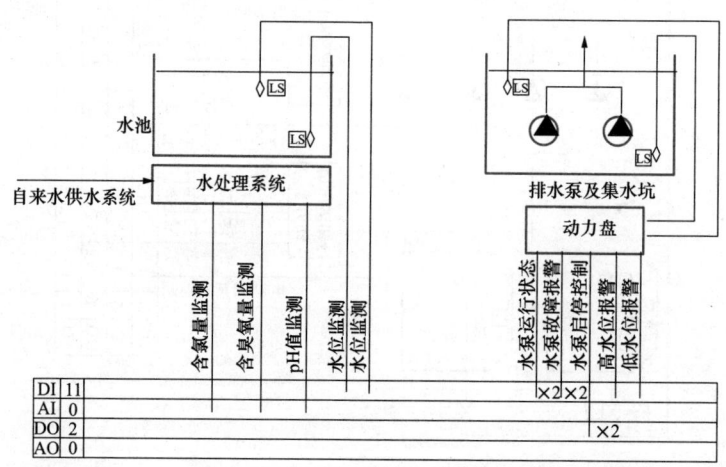

图 14-25 给排水系统原理图

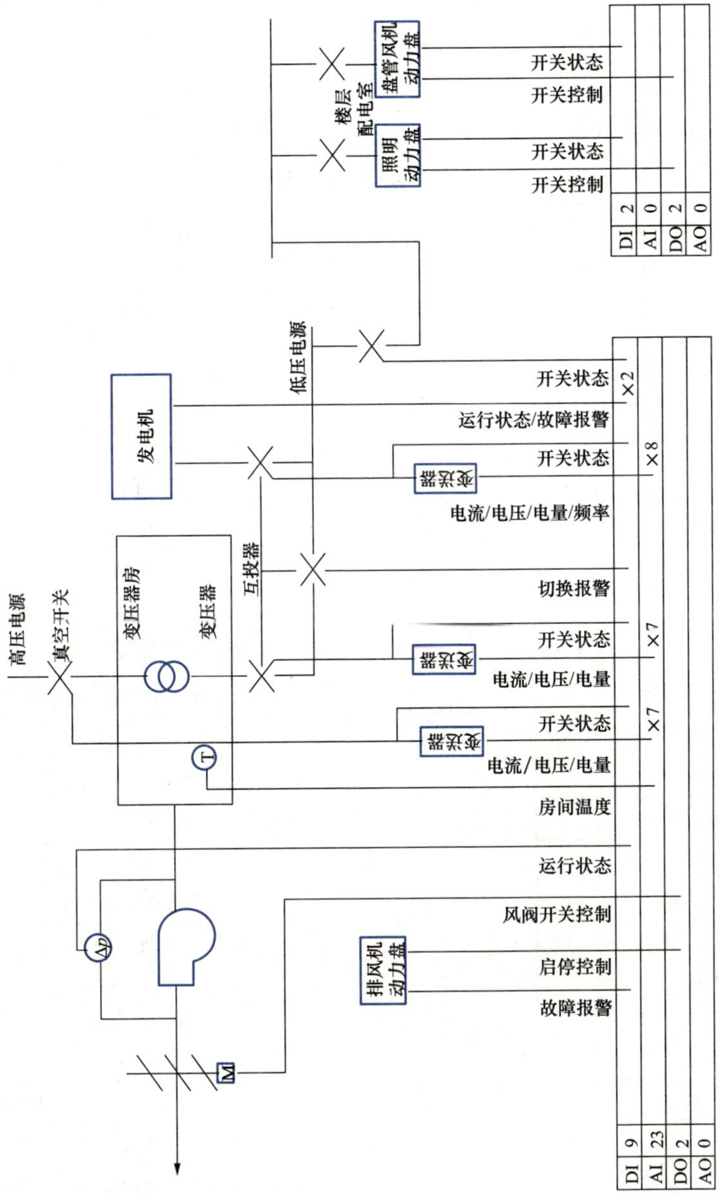

第十四章 图说楼宇自动化系统

图 14-26 变配电与照明系统原理图

14.3.3 点表的设计

对于楼宇自动化系统而言，点表的设计是比较复杂和困难的。以下给出一些常见设备和常见系统的点表，供参考。

1. 新风机组点表

新风机组点表如表 14-4 所示。

表 14-4　　　　　新 风 机 组 点 表

设　备	DI	AI	DO	AO	末　端　设　备
新风机组（无加湿）					
新风温度		1			风道温度传感器
送风温度		1			风道温度传感器
新风门驱动器			1		开关型风门驱动器
过滤器淤塞报警	1				过滤器压差开关
低温报警	1				防冻开关
盘管水阀				1	DN40 二通阀
风机启停			1		动合（常开）无源触点（在启动柜内）
风机运行状态	1				动合（常开）无源触点（在启动柜内）
风机手/自动状态	1				动合（常开）无源触点（在启动柜内）
风机运行故障报警	1				动合（常开）无源触点（在启动柜内）
新风机组（干蒸汽加湿）					
新风温湿度		2			TVI 风管温湿度变送器
送风温湿度		2			TVI 风管温湿度变送器
新风门驱动器			1		开关型风门驱动器
过滤器淤塞报警	1				过滤器压差开关
低温报警	1				防冻开关
盘管水阀				1	DN50 二通阀
加湿				1	DN20 电磁阀
风机启停			1		动合（常开）无源触点（在启动柜内）
风机运行状态	1				动合（常开）无源触点（在启动柜内）
风机手/自动状态	1				动合（常开）无源触点（在启动柜内）
风机运行故障报警	1				动合（常开）无源触点（在启动柜内）
新风机组（水加湿）					
新风温湿度		2			TVI 风管温湿度变送器
送风温湿度		2			TVI 风管温湿度变送器

第十四章 图说楼宇自动化系统

续表

设　备	DI	AI	DO	AO	末　端　设　备
新风门驱动器			1		开关型风门驱动器
过滤器淤塞报警	1				过滤器压差开关
低温报警	1				防冻开关
盘管水阀				1	DN50 二通阀
加湿			1		动合（常开）无源触点（在启动柜内）
风机启停			1		动合（常开）无源触点（在启动柜内）
风机运行状态	1				动合（常开）无源触点（在启动柜内）
风机手/自动状态	1				动合（常开）无源触点（在启动柜内）
风机运行故障报警	1				动合（常开）无源触点（在启动柜内）
新风机组（送风机变频/干蒸汽加湿）					
新风温湿度		2			TVI 风管温湿度变送器
送风温湿度		2			TVI 风管温湿度变送器
新风门驱动器			1		开关型风门驱动器
过滤器淤塞报警	1				过滤器压差开关
低温报警	1				防冻开关
盘管水阀				1	DN50 二通阀
加湿				1	DN20 电磁阀
主回路启停控制			1		变频风机电控箱
变频器启停控制			1		变频风机电控箱
主回路状态反馈	1				变频风机电控箱
变频器状态反馈	1				变频风机电控箱
变频器故障反馈	1				变频风机电控箱
手/自动开关状态反馈	1				变频风机电控箱
变频器转速反馈		1			变频风机电控箱
变频器转速控制				1	变频风机电控箱
新风机组（送风机变频/水加湿）					
新风温湿度		2			TVI 风管温湿度变送器
送风温湿度		2			TVI 风管温湿度变送器
新风门驱动器			1		开关型风门驱动器
过滤器淤塞报警	1				过滤器压差开关
低温报警	1				防冻开关
盘管水阀				1	DN50 二通阀

续表

设备	DI	AI	DO	AO	末端设备
加湿			1		动合（常开）无源触点（加湿器控制柜）
主回路启停控制			1		变频风机电控箱
变频器启停控制			1		变频风机电控箱
主回路状态反馈	1				变频风机电控箱
变频器状态反馈	1				变频风机电控箱
变频器故障反馈	1				变频风机电控箱
手/自动开关状态反馈	1				变频风机电控箱
变频器转速反馈		1			变频风机电控箱
变频器转速控制				1	变频风机电控箱
排风机					
风机启停			1		动合（常开）无源触点（在启动柜内）
风机运行状态	1				动合（常开）无源触点（在启动柜内）
风机手/自动状态	1				动合（常开）无源触点（在启动柜内）
风机运行故障报警	1				动合（常开）无源触点（在启动柜内）

2. 空调机组点表

空调机组点表如表 14-5 所示。

表 14-5　　　　　空 调 机 组 点 表

设备	DI	AI	DO	AO	末端设备
空调机组（单风机、无加湿、无排风）					
新风温度		0			风道温度传感器
送风温度		0			风道温度传感器
回风温度		0			风道温度传感器
过滤器淤塞报警	0				过滤器压差开关
低温报警	1				防冻开关
盘管水阀				1	DN65 二通阀
风机启停			1		动合（常开）无源触点（在启动柜内）
风机运行状态	1				动合（常开）无源触点（在启动柜内）
风机运行故障报警	1				动合（常开）无源触点（在启动柜内）
风机手/自动状态	1				动合（常开）无源触点（在启动柜内）
新风门驱动器				1	调节型风门驱动器
回风门驱动器				1	调节型风门驱动器

续表

设　　备	DI	AI	DO	AO	末　端　设　备
空调机组（单风机、干蒸汽加湿、无排风）					
新风温湿度		2			TVI 风管温湿度变送器
送风温湿度		2			TVI 风管温湿度变送器
回风温湿度		2			TVI 风管温湿度变送器
过滤器淤塞报警	1				过滤器压差开关
低温报警	1				防冻开关
盘管水阀				1	DN50 二通阀
加湿				1	DN20 电磁阀
风机启停			1		动合（常开）无源触点（在启动柜内）
风机运行状态	1				动合（常开）无源触点（在启动柜内）
风机运行故障报警	1				动合（常开）无源触点（在启动柜内）
风机手/自动状态	1				动合（常开）无源触点（在启动柜内）
新风门驱动器				1	调节型风门驱动器
回风门驱动器				1	调节型风门驱动器
空调机组（单风机、水加湿、无排风）					
新风温湿度		2			TVI 风管温湿度变送器
送风温湿度		2			TVI 风管温湿度变送器
回风温湿度		2			TVI 风管温湿度变送器
过滤器淤塞报警	1				过滤器压差开关
低温报警	1				防冻开关
盘管水阀				1	DN50 二通阀
加湿			1		动合（常开）无源触点（加湿器控制柜）
风机启停			1		动合（常开）无源触点（在启动柜内）
风机运行状态	1				动合（常开）无源触点（在启动柜内）
风机运行故障报警	1				动合（常开）无源触点（在启动柜内）
风机手/自动状态	1				动合（常开）无源触点（在启动柜内）
新风门驱动器				1	调节型风门驱动器
回风门驱动器				1	调节型风门驱动器
空调机组（双风机、无加湿、有排风）					
新风温度		1			风道温度传感器
送风温度		1			风道温度传感器
回风温度		1			风道温度传感器

续表

设　　备	DI	AI	DO	AO	末　端　设　备
过滤器淤塞报警	1				过滤器压差开关
低温报警	1				防冻开关
盘管水阀				1	DN50 二通阀
风机启停			2		动合（常开）无源触点（在启动柜内）
风机运行状态	2				动合（常开）无源触点（在启动柜内）
风机运行故障报警	2				动合（常开）无源触点（在启动柜内）
风机手/自动状态	2				动合（常开）无源触点（在启动柜内）
新风门驱动器				1	调节型风门驱动器
回风门驱动器				1	调节型风门驱动器
排风门驱动器				1	调节型风门驱动器
空调机组（双风机、干蒸汽加湿、有排风）					
新风温湿度		2			TVI 风管温湿度变送器
送风温湿度		2			TVI 风管温湿度变送器
回风温湿度		2			TVI 风管温湿度变送器
过滤器淤塞报警	1				过滤器压差开关
低温报警	1				防冻开关
盘管水阀				1	DN50 二通阀
加湿				1	DN20 电磁阀
风机启停			2		动合（常开）无源触点（在启动柜内）
风机运行状态	2				动合（常开）无源触点（在启动柜内）
风机运行故障报警	2				动合（常开）无源触点（在启动柜内）
风机手/自动状态	2				动合（常开）无源触点（在启动柜内）
新风门驱动器				1	调节型风门驱动器
回风门驱动器				1	调节型风门驱动器
排风门驱动器				1	调节型风门驱动器
空调机组（双风机、水加湿、有排风）					
新风温湿度		2			TVI 风管温湿度变送器
送风温湿度		2			TVI 风管温湿度变送器
回风温湿度		2			TVI 风管温湿度变送器
过滤器淤塞报警	1				过滤器压差开关
低温报警	1				防冻开关
盘管水阀				1	DN50 二通阀

续表

设　备	DI	AI	DO	AO	末　端　设　备
加湿			1		动合（常开）无源触点（加湿器控制柜）
风机启停			2		动合（常开）无源触点（在启动柜内）
风机运行状态	2				动合（常开）无源触点（在启动柜内）
风机运行故障报警	2				动合（常开）无源触点（在启动柜内）
风机手/自动状态	2				动合（常开）无源触点（在启动柜内）
新风门驱动器				1	调节型风门驱动器
回风门驱动器				1	调节型风门驱动器
排风门驱动器				1	调节型风门驱动器
空调机组（变频风机、干蒸汽加湿、无排风）					
新风温湿度		2			TVI 风管温湿度变送器
送风温湿度		2			TVI 风管温湿度变送器
回风温湿度		2			TVI 风管温湿度变送器
过滤器淤塞报警	1				过滤器压差开关
低温报警	1				防冻开关
盘管水阀				1	DN50 二通阀
加湿				1	DN20 电磁阀
主回路启停控制			1		变频风机电控箱
变频器启停控制			1		变频风机电控箱
主回路状态反馈	1				变频风机电控箱
变频器状态反馈	1				变频风机电控箱
变频器故障反馈	1				变频风机电控箱
手/自动开关状态反馈	1				变频风机电控箱
变频器转速反馈		1			变频风机电控箱
变频器转速控制			1		变频风机电控箱
新风门驱动器				1	调节型风门驱动器
回风门驱动器			1		调节型风门驱动器
空调机组（变频风机、水加湿、无排风）					
新风温湿度		2			TVI 风管温湿度变送器
送风温湿度		2			TVI 风管温湿度变送器
回风温湿度		2			TVI 风管温湿度变送器
过滤器淤塞报警	1				过滤器压差开关
低温报警	1				防冻开关

续表

设　备	DI	AI	DO	AO	末　端　设　备
盘管水阀				1	DN50 二通阀
加湿			1		动合（常开）无源触点（加湿器控制柜）
主回路启停控制			1		变频风机电控箱
变频器启停控制			1		变频风机电控箱
主回路状态反馈	1				变频风机电控箱
变频器状态反馈	1				变频风机电控箱
变频器故障反馈	1				变频风机电控箱
手/自动开关状态反馈	1				变频风机电控箱
变频器转速反馈		1			变频风机电控箱
变频器转速控制				1	变频风机电控箱
新风门驱动器				1	调节型风门驱动器
回风门驱动器				1	调节型风门驱动器

3. 冷热源及交换站点表

冷热源及交换站点表如表 14-6 所示。

表 14-6　　　　　　冷热源及交换站点表

设　备	DI	AI	DO	AO	末　端　设　备
冷冻站（一级泵）控制系统					
冷却塔					
设备启停			3		冷却塔控制箱
运行状态	3				冷却塔控制箱
故障报警	3				冷却塔控制箱
手/自动状态	3				冷却塔控制箱
供水电动蝶阀		3	6		DN150 蝶阀
回水电动蝶阀		3	6		DN150 蝶阀
冷却水泵					
设备启停			4		冷却水泵控制箱
运行状态	4				冷却水泵控制箱
故障报警	4				冷却水泵控制箱
手/自动状态	4				冷却水泵控制箱
水流开关	4				水流开关
冷却水供/回水温度		2			10K 水道温度传感器

第十四章 图说楼宇自动化系统

续表

设 备	DI	AI	DO	AO	末 端 设 备
冷水机组					
设备启停			3		冷水机组控制箱
运行状态	3				冷水机组控制箱
故障报警	3				冷水机组控制箱
手/自动状态	3				冷水机组控制箱
冷冻水电动蝶阀		3	6		DN150 蝶阀
冷冻水泵					
设备启停			4		冷冻水泵控制箱
运行状态	4				冷冻水泵控制箱
故障报警	4				冷冻水泵控制箱
手/自动状态	4				冷冻水泵控制箱
水流开关	4				水流开关
冷冻水供/回水压力		2			水道压力变送器
冷冻水供水流量		1			流量计
压差旁通阀				1	DN100 二通阀
补水箱					
溢流液位报警	1				液位开关
停泵液位报警	1				液位开关
启泵液位报警	1				液位开关
补水泵					
设备启停			2		补水泵控制箱
运行状态	2				补水泵控制箱
故障报警	2				补水泵控制箱
手/自动状态	2				补水泵控制箱
水流开关	2				水流开关
冷冻站（风冷机组）控制系统					
风冷机组					
设备启停			3		风冷机组控制箱
运行状态	3				风冷机组控制箱
故障报警	3				风冷机组控制箱
手/自动状态	3				风冷机组控制箱
冷冻水电动蝶阀		3	6		DN150 蝶阀

459

续表

设　备	DI	AI	DO	AO	末　端　设　备
水流开关	3				水流开关
冷冻水泵					
设备启停			4		冷冻水泵控制箱
运行状态	4				冷冻水泵控制箱
故障报警	4				冷冻水泵控制箱
手/自动状态	4				冷冻水泵控制箱
冷冻水供/回水压力		2			TVI 水道压力传感器
冷冻水供水流量		1			流量计
压差旁通阀				1	DN100 二通阀
补水箱					
溢流液位报警	1				液位开关
停泵液位报警	1				液位开关
启泵液位报警	1				液位开关
补水泵					
设备启停			2		补水泵控制箱
运行状态	2				补水泵控制箱
故障报警	2				补水泵控制箱
手/自动状态	2				补水泵控制箱
换热站（间连型）					
一次供水温度		1			水道温度变送器（高温）
一次供水压力		1			TVI 水道压力传感器
一次供水阀门				1	DN80 二通阀
一次回水温度		1			水道温度变送器（高温）
一次回水压力		1			TVI 水道压力传感器
二次供水温度		1			水道温度变送器（高温）
二次供水压力		1			TVI 水道压力传感器
二次回水泵					
设备启停			2		补水泵控制箱
运行状态	2				补水泵控制箱
故障报警	2				补水泵控制箱
手/自动状态	2				补水泵控制箱
水流开关	2				水流开关

第十四章 图说楼宇自动化系统

续表

设　　备	DI	AI	DO	AO	末　端　设　备
补水箱					
溢流液位报警	1				液位开关
停泵液位报警	1				液位开关
启泵液位报警	1				液位开关
补水泵					
设备启停			2		补水泵控制箱
运行状态	2				补水泵控制箱
故障报警	2				补水泵控制箱
手/自动状态	2				补水泵控制箱
水流开关	2				水流开关

4. 给排水系统点表

给排水系统点表如表 14-7 所示。

表 14-7　　　　　　给 排 水 系 统 点 表

设　　备	DI	AI	DO	AO	末　端　设　备
生活水箱					
溢流液位报警	1				液位开关
启泵液位报警	1				液位开关
停泵液位报警	1				液位开关
水泵启停			2		动合（常开）无源触点（在启动柜内）
风机运行状态	2				动合（常开）无源触点（在启动柜内）
风机运行故障报警	2				动合（常开）无源触点（在启动柜内）
风机手/自动状态	2				动合（常开）无源触点（在启动柜内）
集水坑					
溢流液位报警	1				污水液位开关
启泵液位报警	1				污水液位开关
停泵液位报警	1				污水液位开关
水泵启停			2		动合（常开）无源触点（在启动柜内）
风机运行状态	2				动合（常开）无源触点（在启动柜内）
风机运行故障报警	2				动合（常开）无源触点（在启动柜内）
风机手/自动状态	2				动合（常开）无源触点（在启动柜内）

续表

设 备	DI	AI	DO	AO	末 端 设 备
消防水池					
溢流液位报警	1				液位开关
启泵液位报警	1				液位开关
停泵液位报警	1				液位开关
变频给水控制					
溢流液位报警	1				液位开关
启泵液位报警	1				液位开关
停泵液位报警	1				液位开关
恒速泵					
水泵启停			3		动合（常开）无源触点（在启动柜内）
风机运行状态	3				动合（常开）无源触点（在启动柜内）
风机运行故障报警	3				动合（常开）无源触点（在启动柜内）
风机手/自动状态	3				动合（常开）无源触点（在启动柜内）
变频泵					
主回路启停控制			1		变频泵电控箱
变频器启停控制			1		变频泵电控箱
主回路状态反馈	1				变频泵电控箱
变频器状态反馈	1				变频泵电控箱
变频器故障反馈	1				变频泵电控箱
手/自动开关状态反馈	1				变频泵电控箱
变频器转速反馈		1			变频泵电控箱
变频器转速控制				1	变频泵电控箱
供水压力		1			TVI 水道压力传感器

5. 变配电及公共照明系统点表

变配电及公共照明系统点表如表 14-8 所示。

表 14-8　　　　　　变配电及公共照明系统点表

设 备	DI	AI	DO	AO	末 端 设 备
电梯状态监测					
运行状态	1				电梯控制箱
上行	1				电梯控制箱
下行	1				电梯控制箱

第十四章 图说楼宇自动化系统

续表

设 备	DI	AI	DO	AO	末 端 设 备
故障报警	1				电梯控制箱
扶梯状态监测					
运行状态	1				电梯控制箱
故障报警	1				电梯控制箱
公共照明					
照明启停控制			1		照明控制箱
照明状态	1				照明控制箱
照明故障报警	1				照明控制箱
照明手/自动状态	1				照明控制箱
变压器					
超温报警	1				温度报警接口
高压进线					
故障报警	1				开关辅助无源触点
开关状态	1				开关辅助无源触点
高压出线					
故障报警	1				开关辅助无源触点
开关状态	1				开关辅助无源触点
低压出线					
电度计量		1			
功率因数监测		1			
电压监测		3			三相三线变送器
电流监测		3			
故障报警	1				开关辅助无源触点
开关状态	1				开关辅助无源触点

14.4 技术发展趋势

● 14.4.1 网络化

网络化对每一种智能化子系统来讲都是一种技术的发展趋势，楼宇自动化系统也不例外。楼宇自动化系统从发展之初就是基于现场总线技术的一种智能化系统，而大型的 BMS 系统和 IBMS 系统需要集成其他的智能化子系统，比较好的方式就是通过网络进行互联和集成。目前在管理级网络和楼宇级网络已经实现网络化，但还有很多系统是基于 CAN 总线或 LonWorks 总线的，相信不久的将来都会过渡到网络系统中来。

● 14.4.2 能源管理服务

市面上应用的大多数楼宇自动化系统主要用于各类耗能设备的管理，加之 BA 系统本身的特点可以很好地获取各种能源数据，就引申带来了很多能源管理的需要。虽然很多系统本身具备能源管理服务，但实际应用中，很多管理人员和应用操作人员并不能应用好这些数据，故而需要专业的能源管理服务公司进行经营。

在世界范围内很多大型的楼控系统厂家都能够提供远程的、集中管理式的能源服务，这些专业的能源管理服务中心会定期生成各种类型的系统运行数据和报告，提供专业的能源管理服务和咨询服务，相信这也是国内楼控应用的发展趋势之一。

● 14.4.3 节能

楼宇控制系统从诞生的那天起就具有"节能"的功能，早期的建筑物大多数机电设备、空调设备、给排水设备都是手动控制的，能耗非常大，建设了楼控系统后就能够进行自动化管理，提高设备的利用效率，通过设置各种规则和时间表进行控制，达到节能的目的。

传统意义上的节能是针对现有系统、现有设备进行的，并不能综合考虑能源的价格、利用方式和时间段。而新型的节能服务是一种全新的系统，是独立于楼宇自动化系统的。在楼控系统的建设之初或改造的阶段，会综合分析现有设备和系统的运行情况，对比各种能源的价格，如电费、税费、天然气等的能耗价格，而且在不同的时间段、不同的地区这些价格是不一致的，怎样组合可以达到最少的能耗成本，这就是节能的本质。另外，例如将高能耗的白炽灯改造为低能耗的节能灯、将大型的机组换成小型的机组、给各种机电设备加装变频器，这些都是节能的手段。

基于智能建筑运行的成本越来越高、能源的价格越来越高的趋势，节能必将是楼宇自动化系统的发展趋势。

第十五章

图说弱电管道系统

15.1 系统基础知识

● 15.1.1 什么是弱电管道

在电气工程中，需要敷设线缆的场所就需要敷设线缆的管道，弱电系统也不例外。弱电管道就是弱电系统所使用的管、槽、井等管道系统，主要分为室内弱电管道系统和室外弱电管道系统。室内弱电管道系统主要由弱电管（PVC管或镀锌钢管）、弱电线槽（镀锌线槽或PVC线槽）和弱电管井组成；室外弱电管道主要由弱电井（人孔或手孔）、弱电路由管道组成。

● 15.1.2 什么是人（手）孔

人孔，顾名思义就是人可以在里面施工的"孔"，有时候也称为人井；而手孔就是人不可以站在里面施工但伸手可以施工的"孔"，有时候称为手井。人孔和手孔通称为弱电井。

人（手）孔的概念最早应用于通信工程，也就是大多数弱电系统和通信管道共用弱电井的原因，多由建设方投资建设，很少由弱电总包商建设。

以通信管块容量分，即人孔可容纳宽360mm、高250mm（标准的六孔直径90mm水泥管块，简称标准块）断面管块数量，分为大、中、小三类，其中：

- 大号人孔适合8块标准块以上的通信管道使用（也适用于弱电系统）；
- 中号人孔适合5~8块标准块以上的通信管道使用；
- 小号人孔适合4块标准块以下的通信管道使用。

通信管道所设置人孔的大小，应以通信管道的终期容量设置，不应只考虑本期建设或长远规划的通信管道容量。

以人孔的通向可以分为：

•	直通人孔	适用于直线通信管道中设置的人孔。
•	三通人孔	用于直线通信管道上有另一方向分歧通信管道，而在其分歧点上设置的人孔或局前人孔。
•	四通人孔	用于纵、横两条通信管道交叉点上设置的人孔或局前人孔。
•	斜通人孔	适用于非直线（或称弧形、弯管道）折点上设置的人孔，分为15°、30°、45°、60°、75°共五种。这种斜通人孔的角度，可适用±7.5°的范围以内。

手孔没有严格的要求，有多种规格可选，可根据项目的实际需要建设，通常可以分为以下三类：

•	小号手孔	400mm（长）×600mm（宽）×700mm（深）。
•	单页手孔	800mm（长）×600mm（宽）×1200mm（深）。
•	双页手孔	800mm（长）×1200mm（宽）×1200mm（深）。

弱电管道的以下位置应设置人（手）孔：

- 管道分歧点。
- 交叉路口。
- 直线段每隔80~100m，最大不得超过150m。
- 道路坡度较大的转折处。
- 管道穿越桥梁、铁路、明渠等，在其两侧宜设置人（手）孔。

主干管道弯曲时的弯曲半径不宜小于36m。同一段内，不应有S形弯曲或U形弯曲。

人（手）孔的规格，应按远期管孔数确定：

- 管孔不大于 3 孔的管道及放置落地式交接箱的位置，用手孔。
- 管孔为 4~8 孔时用小号人孔。
- 管孔为 9~23 孔时用中号人孔。
- 管孔为 24~42 孔时用大号人孔。
- 超过 43 孔时，可另行设计。

人孔的形状应按分歧状况、管道交互偏转角确定：

- 在直线管道上或两段管道的偏转角小于 22.5°时采用直通型人孔。
- 两段管道的偏转角在 22.5°~67.5°之间时，采用斜通型人孔。
- 两段管道的偏转角在 67.5°~90°之间，或管道作 T 字形分歧处，采用三通型人孔。
- 管道作十字形分歧处，采用四通型人孔。

● 15.1.3　镀锌钢管和 PVC 管

为提高钢管的耐腐蚀性能，对一般钢管（黑管）进行镀锌就形成了镀锌钢管。镀锌钢管分热镀锌和冷镀锌两种。

- 热镀锌管是使熔融金属与铁基体反应而产生合金层，从而使基体和镀层二者相结合。热镀锌是先将钢管进行酸洗，去除钢管表面的氧化铁，然后在通过氯化铵或氯化锌水溶液或氯化铵和氯化锌混合水溶液槽中进行清洗，再送入热浸镀槽中。热镀锌具有镀层均匀、附着力强、使用寿命长等优点。
- 冷镀锌就是电镀锌，镀锌量很少，只有 $10~50 g/m^2$，其本身的耐腐蚀性比热镀锌管差很多。正规的镀锌管生产厂家，为了保证质量大多不采用电镀锌（冷镀）。

推荐在工程施工中尽量采用热镀锌钢管，当然也可以采用冷镀锌钢管。镀锌钢管按照直径通常可以划分为 $\phi 20$、$\phi 25$、$\phi 32$、$\phi 40m$ 等多种规格，长度通常为 3~5m。

PVC 的全称是 Polyvinyl Chloride，主要成分为聚氯乙烯，另外加入其他成分来增强其耐热性、韧性、延展性等。这种表面膜的最上层是漆，中间的主要成分是聚氯乙烯，最下层是背涂粘合剂。PVC 可分为软 PVC 和硬 PVC

(UPVC)。其中硬 PVC 大约占市场的 2/3，软 PVC 占 1/3。软 PVC 一般用于地板、天花板以及皮革的表层。硬 PVC 不含柔软剂，因此柔韧性好，易成型，不易脆，无毒无污染，保存时间长，多用于弱电系统中的管道中。

用 PVC 材料制造而成的管就是 PVC 管，而应用于弱电系统的就是硬聚氯乙烯管（UPVC）。PVC 之所以能被广泛地应用于弱电系统，有两个很重要的原因：一是 PVC 所具有的独特的性能，防雨、耐火、抗静电、易成型；二是 PVC 低投入高产量的特点。与镀锌钢管相比，PVC 管造价低廉，而且易于施工。

PVC 管的规格也比镀锌钢管多，从 φ20mm～φ150mm 多种规格都有，而且有适用于电信系统的蜂窝管（即一个大管中有很多个小管）。超过 φ60 的 PVC 管多用于室外弱电管道。

● 15.1.4 镀锌线槽和 PVC 线槽

同镀锌钢管一样，镀锌线槽是镀锌处理的金属线槽，同样具有镀锌钢管的特性，适用于室内的各种弱电管道，如应用于弱电竖井中的弱电管道、地下室的架空管道等。镀锌线槽的规格也多种多样，常见的规格（mm×mm）有 50×50、50×100、100×100、100×150 等，可根据项目的实际需要选用。同时镀锌线槽也有很多配件，使得多根线槽可以连接形成一个总体。

PVC 材料除了可以用作 PVC 管之外，也可以制作成 PVC 线槽，具有和 PVC 管一样的性能：耐热、有韧性、可延展等。PVC 线槽也有多种规格可选，同镀锌线槽差不多。

在项目中是应该采用镀锌钢管（线槽）还是 PVC 管（线槽）取决于项目的实际需要。如果投资资金充足，优先选用镀锌钢管（线槽），因为金属管道容易对弱电线缆形成一种屏蔽保护，同时还可以用于等电位连接。在一些人防工程或特殊环境下，必须采用镀锌钢管（线槽）。

15.2 室外弱电管道系统

● 15.2.1 室外弱电管道设计

室外弱电管道的设计目前主要遵循通信管道的设计方法和设计规范，但由于使用的场合和敷设线缆的种类不同，设计方面也有一些区别，应分别对待。

1. 管道的路由选择

室外管道的路由和整个弱电系统的建设有关，凡是需要敷设线缆（包括电缆和光缆）的地方都需要室外管道。某些特殊环境需要采用架空布线，如工厂或者石油码头。弱电管道的建设适用于小区、工厂、学校、码头、市政工程等场所。

室外管道从中心（网络中心、监控中心、控制中心等）开始延伸到建筑的各个角落，以满足建筑计算机网络系统、综合布线系统、闭路监控电视系统、一卡通系统、报警系统、背景音乐系统、楼宇控制系统等需要户外敷设管线的系统。弱电管道的路由一般选择在建筑的主要道路上或草地上。但由于建筑的主干道上的地下管线很多，诸如下水管、污水管、供水管、煤气管等，同时道路相对较窄，因此将弱电管道的路由选择在靠近建筑物的绿化带是一种比较好的方法。

当弱电管道必须和其他管线交叉时，应尽量选择较少的交越点。即将分支管道集中起来，在一、二处进行交越，交越后，分支管道再向各个方向分散，尽量避免多处交叉的现象出现。在交叉的处理过程中，要考虑弱电管道和其他管道的各自埋深，以及相互之间的间隔距离，要求能够满足相关的标准规定。

弱电系统适合和有线电视网络、电信网络共管共槽，可以将弱电管道系统和这两个系统统一规划和建设。通常情况下，弱电管道和强电管道应分别建设，不可以建设在一起，如分别建设在主干道的两侧，以避免干扰。

2. 管道容量和孔径的选择

大多数弱电管道系统都选择将各个中心设置在一个建筑单体内，如计算机网络中心、监控中心、控制中心、消防中心等，这样便于弱电系统的维护和管理。

出入中心的管道的容量要根据目前所需要敷设线缆的种类、数量来确定，管孔的含线率为50%左右，并且要考虑留有40%左右的裕量，以满足系统扩展的需要，如工厂分期建设一期工程、二期工程，有的住宅小区也是分期建设的。在考虑管道容量时，要结合目前弱电各系统的组成来决定所需敷设线缆的数量和走向。不同系统的线缆，如光缆、通信电缆、广播、有线电视电缆、监控用视频，应分别敷设在不同的管孔内。

3. 管道材料

管道的材料一般采用UPVC管（硬质PVC管），只有在一些车辆进出口、穿插道路和管道埋深达不到规定的场所才考虑采用钢管。现在已不再采用混凝土的水泥管作为地下通信管道的用材。

4. 孔径的选择

在建筑的主干路由和分支路由上，应采用统一规格的管材，一般为ϕ110mm型UPVC，有的系统为便于穿线采用蜂窝管。对于各个弱电系统从管道分支出去的地下管线，由于穿放的线缆种类单一、数量少，可以用 φ40mm 的钢管，如室外背景音乐点、室外监控点等。由于布点分散，当从主干管道分支至这些布点处时，地下管线可以采用 φ40mm 的钢管，并且可以缩小这些管线的埋深。

5. 人孔与手孔的选择

弱电管道与电信管道的区别之一就是在人孔（手孔）内没有或很少有线缆的接头，而且接头的尺寸较小。由于范围不大，从系统的安全性和稳定性来考虑，除了电话通信电缆分支和总线结构的系统需要在室外进行接续外（如室外属于同一广播分区的广播点），各个弱电子系统中的室外线缆尽量不要有接头。在实际的工程设计中，若无法避免接续，可以考虑尽量将接头设置在临近的建筑物的弱电间或桥架内。虽然这样要增加线缆的长度，但从接头的防潮角度来说，是非常有利的。

人孔和手孔的选择遵循 15.1.2 的标准进行。

6. 管道的基础、坡度和防水处理

（1）管道的基础。管道基础的好坏直接影响到整个管道的质量，尤其是管道建设在车行道下，如出现下沉而使管孔错位甚至管道断裂等现象，大部分都是由于管道基础出现下沉而引起的。因此，在室外弱电管道设计中，对管道基础的设计要充分重视。

对于土质较硬且埋深较深的管道，若管道敷设在人行道下且管孔数量不大于 12 孔，可以采用细土夯实或灰土做基础，以节省工程造价。对于土质较软，地下水位较高的地区，应采用混凝土基础。只有在沉陷性较大的土壤中建筑管道或有较大的跨越宽带的情况下才采用钢筋混凝土基础。

（2）管道的坡度。为了让管道内的水能够流到人孔（手孔）内，避免由于管孔内有积水而使线缆始终浸泡在水中，管道必须要有一定的坡度。

管道的坡度值要取得适中，并要结合道路路面的坡度走向。坡度取得太大，会增加管道的埋深，增加工程的投资，同时会造成人孔（手孔）的深度加大；坡度取得过小，则起不到作用。适合的坡度在 0.2%～0.4%。

管道的坡度有一字形和人字形两种，可以根据具体情况选定。当地面的坡度大于 0.3% 时，管道的坡度取地面的坡度；若地面道路的坡度小于 0.3% 时，管道坡度取 0.3%，个别较长的段长，坡度取 0.25%，管道的坡度为一字坡，坡度的取向同道路的坡度走向。当管道的段长较长时，可以选择采用人字坡，这样可以减少工程量，节省投资。

（3）管道的防水。在管道设计中，管道的防水应引起足够的重视。由于弱电系统内其他的管线较多，且相互之间靠得很近，因此，必须要考虑管道的防水。对于较大容量的管道（如8孔及以上），可以采用全程水泥包封的方式，人孔（手孔）内墙面涂抹5层防水砂浆进行防水。同时要做好排水工作。

● 15.2.2 人(手)·孔设计

1. 人（手）孔、通道的地基与基础

人（手）孔、通道的地基应按设计规定处理，如系天然地基，必须按设计规定的高程进行夯实、找平。原则如下：

- 人（手）孔、通道采用人工地基，必须按设计规定处理。
- 人（手）孔、通道基础支模前，必须校核基础形状、方向、地基高程等。
- 人（手）孔、通道基础的外形、尺寸应符合设计图纸规定，其外形偏差应不大于±20mm，厚度偏差应不大于±10mm。
- 基础的混凝土标号、配筋等应符合设计规定。浇灌混凝土前，应清理模板内的杂草等物，并按设计规定的位置挖好积水罐安装坑，其大小应比积水罐外形四周大100mm，坑深比积水罐高度深100mm；基础表面应从四周向积水罐做20mm泛水。
- 设计文件对人（手）孔、通道地基、基础有特殊要求时，如提高混凝土标号、加配钢筋、防水处理及安装地线等，均应按设计规定办理。

2. 墙体

墙体的设计原则如下：

- 人（手）孔、通道内部净高应符合设计规定，墙体的垂直度（全部净高）允许偏差应不大于±10mm，墙体顶部高程允许偏差应不大于±20mm。
- 墙体与基础应结合严密、不漏水，结合部的内外侧应用1:2.5水泥砂浆抹八字角，基础进行抹面处理的可不抹内侧八字角。抹墙体与基础的内、外八字角时，应严密、贴实、不空鼓、表面光滑、无欠茬、无飞刺、无断裂等。
- 砌筑墙体的水泥砂浆标号应符合设计规定；设计无明确要求时，应

使用不低于 M7.5 水泥砂浆。
- 通信管道工程的砌体，严禁使用掺有白灰的混合砂浆进行砌筑。
- 全部净高、通道墙体的预埋件应符合下列规定：
  - 电缆支架穿钉的预埋：
    - 穿钉的规格、位置应符合设计规定，穿钉与墙体应保持垂直；
    - 上、下穿钉应在同一垂直线上，允许垂直偏差应不大于 5mm，间距偏差应小于 10mm；
    - 相邻两组穿钉间距应符合设计规定，偏差应小于 20mm；
    - 穿钉露出墙面应适度，应为 50~70mm，露出部分应无砂浆等附着物，穿钉螺母应齐全有效；
    - 穿钉安装必须牢固。
  - 拉力（拉缆）环的预埋：
    - 拉力（拉缆）环的安装位置应符合设计规定，一般情况下应与对面管道底保持 200mm 以上的间距；
    - 露出墙面部分应为 80~100mm；
    - 安装必须牢固。
- 管道进入人（手）孔、通道的窗口位置，应符合设计规定，允许偏差应不大于 10mm；管道端边至墙体面应呈圆弧状的喇叭口；人（手）孔、通道内的窗口应堵抹严密，不得浮塞，外观整齐、表面平光。
- 管道窗口外侧应填充密实、不得浮塞、表面整齐。
- 管道窗口宽度大于 700mm 时，或使用承重易变形的管材（如塑料管等）的窗口外，应按设计规定加过梁或窗套。

3. 人（手）孔上覆及通道沟盖板

人（手）孔上覆及通道沟盖板建设应符合以下原则：

- 人（手）孔上覆（简称上覆）及通道沟盖板（简称盖板）的钢筋型号、加工、绑扎，混凝土的标号应符合设计图纸的规定。
- 上覆、盖板外形尺寸、设置的高程应符合设计图纸的规定，外形尺寸偏差应不大于 20mm，厚度允许最大负偏差不应大于 5mm，预留的位置及形状应符合设计图纸的规定。
- 预制的上覆、盖板两板之间缝隙应尽量缩小，其拼缝必须用 1:2.5 砂浆堵抹严密，不空鼓、不浮塞，外表平光，无欠茬、无飞刺、无断裂等。人（手）孔、通道内顶部不应有漏浆等现象。

第十五章 图说弱电管道系统

- 上覆、盖板混凝土必须达到设计规定的强度以后,方可承受荷载或吊装、运输。
- 上覆、盖板底面应平整、光滑、不露筋、无蜂窝等缺陷。
- 上覆、盖板与墙体搭接的内、外侧,应用1:2.5的水泥砂浆抹八字角。但上覆、盖板直接在墙体上浇灌的可不抹角。
- 八字抹角应严密、贴实、不空鼓、表面光滑、无欠茬、无飞刺、无断裂等。

4. 口圈和井盖

口圈和井盖建设应符合以下要求:

- 人(手)孔口圈顶部高程应符合设计规定,允许正偏差应不大于20mm。
- 稳固口圈的混凝土(或缘石、沥青混凝土)应符合设计图纸的规定,自口圈外缘应向地表做相应的泛水。
- 人孔口圈与上覆之间宜砌不小于200mm的口腔(俗称井脖子);人孔口腔应与上覆预留洞口形成同心圆的圆筒状,腔内、外应抹面。口腔与上覆搭接处应抹八字角。八字抹角应严密、贴实、不空鼓、表面光滑、无欠茬、无飞刺、无断裂等。
- 人(手)孔口圈应完整无损,必须按车行道、人行道等不同场合安装相应的口圈,但允许在人行道上采用车行道的口圈。
- 通信管道工程在正式验收之前,所有装置必须安装完毕,齐全有效。

5. 铺设管道

(1) 一般要求。

- 为了增强管道的强度和防水性能,可在管道周围加包封。管道包封可采用现场浇灌混凝土的施工方法,要求在铺管完毕随即浇灌,使混凝土包封与管道基础密切结合。包封厚度为80mm。
- 铺设管道、接续完成后到停止抽水的具体延长时间,根据水势而定:如水的流动很小,涨势很慢,抽4h;如水的流动很明显,涨势较快,抽8~12h;如水的流动很快,冲刷较大,抽24h。

(2) 塑料管道铺设。

- 根据 PVC 管胶粘剂的特性要求，在温度低于 -5℃时胶粘剂会失去效力，使管子连接不够严密，因此，规范规定：施工环境温度不宜低于 -5℃。
- 由于小孔径多孔管的管间间隔较小，管孔比较密集，虽然占用断面较小，但给穿放电缆带来麻烦，因此，应将管块间留出一定的间隔，以便于穿放电缆。管块进入人孔之前采用专用支架固定，使管块稳定牢固。
- 由于聚氯乙烯管重量较轻，一般情况可按以下原则铺设：
  - 土质较好（如黏土、砂质黏土）、无地下水时，在夯实的素土上铺一层 50mm 厚的细土，即可在其上铺管；
  - 土质较好，但有地下水时，可先铺一层 100mm 厚的砂土垫层，整平后即可铺管；
  - 沟底为岩石时，应先铺 100mm 厚的砂土，然后铺管；
  - 当沟底的土质比较差时，又有水，特别是流沙或淤泥地段，应先抛石夯实，然后铺设 80mm 厚的混凝土基础，再在基础上加 50mm 厚的砂垫层，最后在其上铺管。

6. 塑料管的连接

- 单孔波纹塑料管的接续有承插弹性密封圈连接和直接承插粘接或套管粘接，根据目前施工情况，单孔管建议采用承插弹性密封圈连接。
- 多孔管采用固定支架接续方式，一般随管材配套提供。
- 塑料管接头件主要技术性能应符合以下要求：
  - 接头连接力：≥4300N。
  - 气密闭性能：≥1.6MPa。
  - 橡胶密封圈应耐磨、耐老化、耐腐蚀、耐环境应力开裂。
  - 塑料管接头件应能重复开启使用，便于拆装。
- 塑料管与接头件、塑料管与端头膨胀塞间的连接密封性能应符合以下要求：
  - 塑料管与接头件间的连接密封性能：剪取两段长 300mm±5mm 塑料管，按使用要求连接到相应的接头件上，在常温 20℃时充入 50kPa 水压，保持 24h，塑料管无渗漏为合格。
  - 塑料管与端头膨胀塞间的连接密封性能：剪取长约 1m 塑料管并垂直放置，塑料管底端安装端头膨胀塞，由塑料管上面开口端加满自来水，静置保持1h，端头膨胀塞在塑料管下端口处无渗漏为合格。

- 塑料管与端头护缆膨胀塞间的连接密封性能：剪取长约1m塑料管并垂直放置，塑料管底端安装端头护缆膨胀塞，由塑料管上面开口端加满自来水，静置保持1h，护缆膨胀塞在塑料管下端口处无渗漏为合格。

● 15.2.3 人（手）孔施工图纸

人（手）孔的规格有很多种，本书提供6种常见规格的人（手）孔施工图纸供参考。

常见人孔的三种规格：

- 小号四通人孔，5020mm×5180mm×2000mm；
- 小号三通人孔，3880mm×2230mm×2000mm；
- 小号直通人孔，3480mm×1760mm×1800mm。

常见手孔的三种规格：

- 双页手孔，800mm×1200mm×1200mm；
- 单页手孔，800mm×600mm×1200mm；
- 小号单页手孔，600mm×400mm×700mm。

1. 小号四通人孔施工图

小号四通人孔施工平面和断面图如图15-1和图15-2所示。

由图15-1和图15-2可以看出，四通型人孔在水平交叉的四个方向均有出线孔，故称为四通。

2. 小号三通人孔施工图

小号三通人孔施工平面和断面图如图15-3和图15-4所示。

三通人孔和四通人孔的最大区别是少了一个孔，同时长度和宽度也小一些。

3. 小号直通人孔施工图

小号直通人孔施工平面和断面图如图15-5和图15-6所示。

由图15-5和图15-6可以看出，直通就是一进一出型人孔，体积也要更小一些。

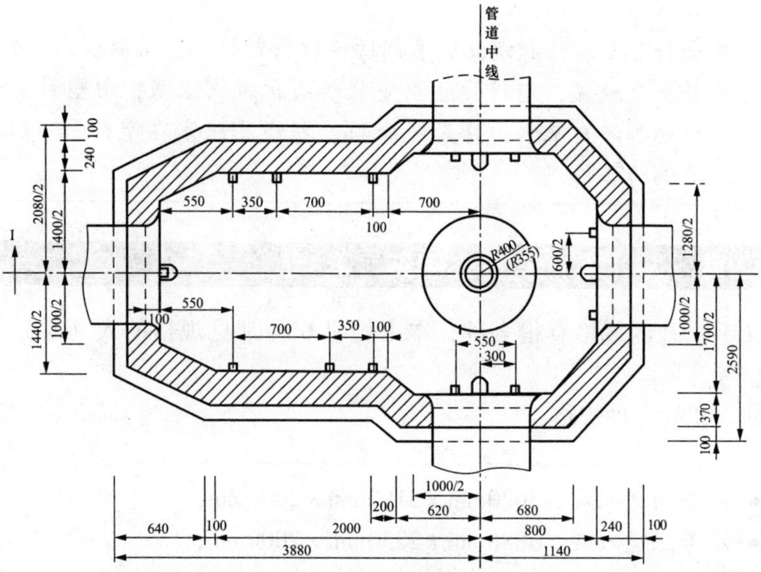

图 15-1 小号四通型人孔平面图（单位：mm）

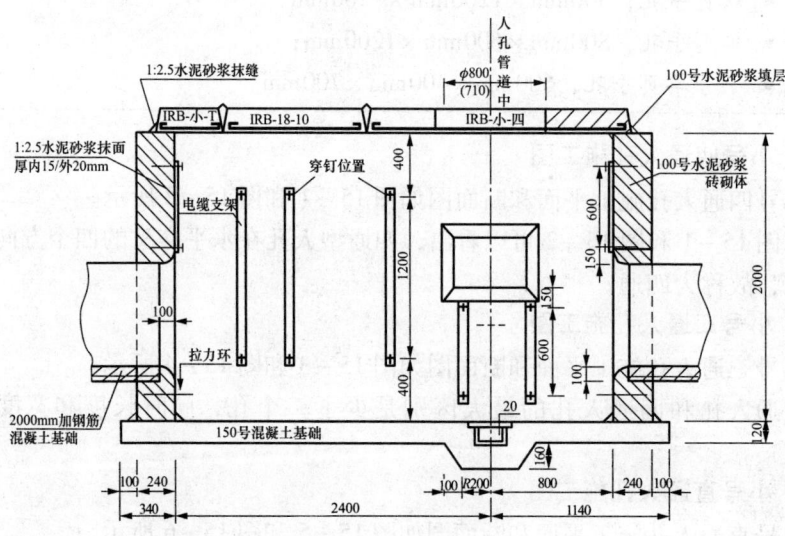

图 15-2 小号四通型人孔断面图（单位：mm）

第十五章 图说弱电管道系统

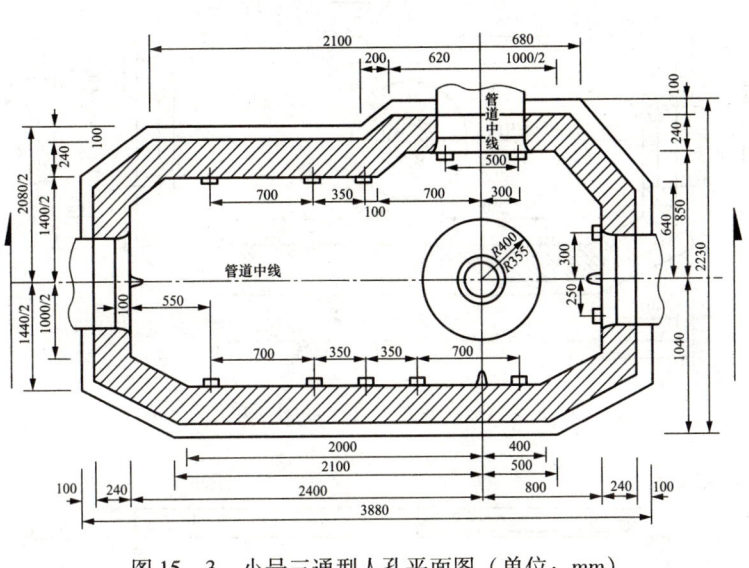

图 15-3 小号三通型人孔平面图（单位：mm）

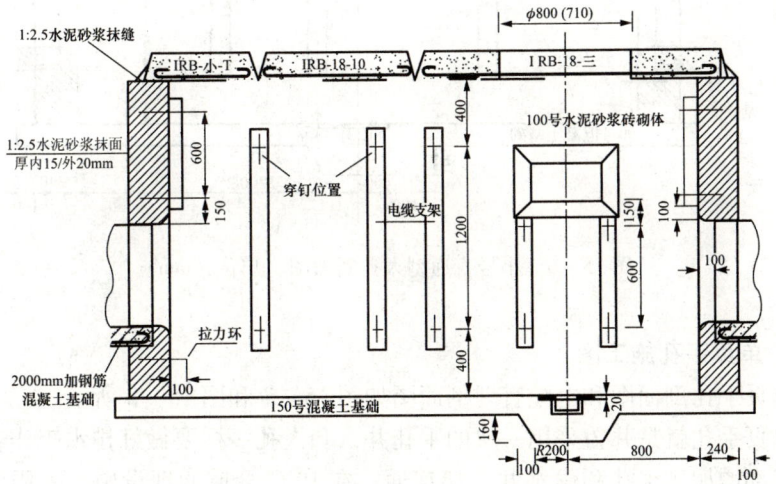

图 15-4 小号三通型人孔断面图（单位：mm）

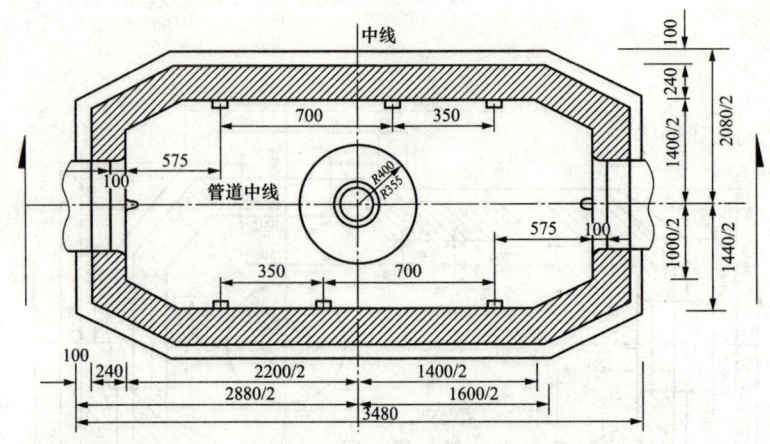

图 15-5 小号直通型人孔平面图（单位：mm）

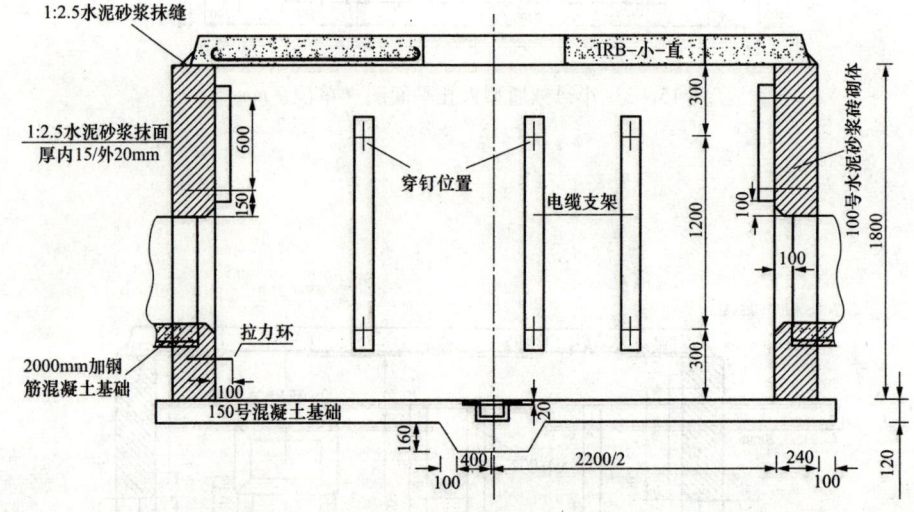

图 15-6 小号直通型人孔断面图（单位：mm）

4. 单页手孔施工图

单页手孔剖面图和电缆直埋剖面图如图 15-7 和图 15-8 所示。

单页手孔就是井盖采用一块的手孔井，和人孔一样要做好排水工作，故需要在底部增加排水孔和雨水井直接连通。在 PVC 管道的埋设中，采用回填土的方式进行处理。电缆直埋管沟通常采用斜坡处理，在一些地下水资源比较丰富的地方还需要埋沙处理。单页手孔多用于支节点管道。

第十五章 图说弱电管道系统

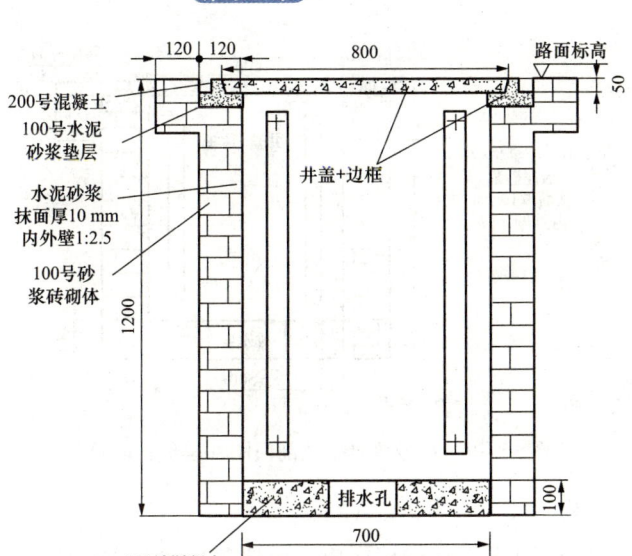

图 15-7 单页手孔剖面图（单位：mm）

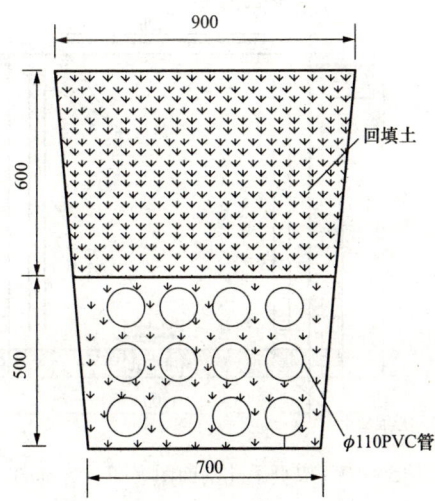

图 15-8 电缆直埋剖面图（单位：mm）

5. 小号单页手孔施工图

小号单页手孔剖面图如图 15-9 所示。

小号单页手孔就是比单页手孔小一些的手孔，可根据项目的需要进行设计。一般用于管道的末端，适用于别墅或小型配线间管道。

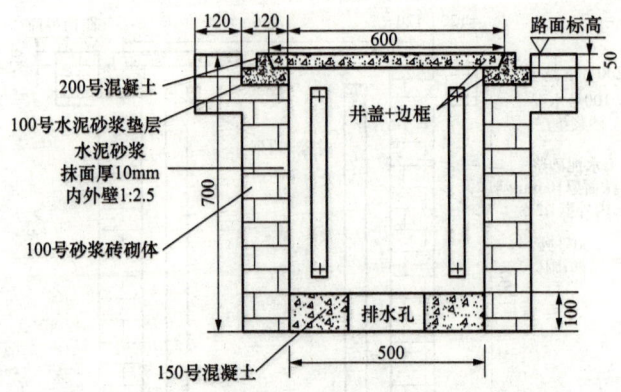

图 15-9 小号单页手孔剖面图（单位：mm）

6. 双页手孔施工图

双页手孔由两个单页手孔拼接而成，要比单页手孔大一倍，主要用于弱电管道的主要分支节点，穿线的数量要大于单页手孔。

双页手孔的剖面图如图 15-10 所示。

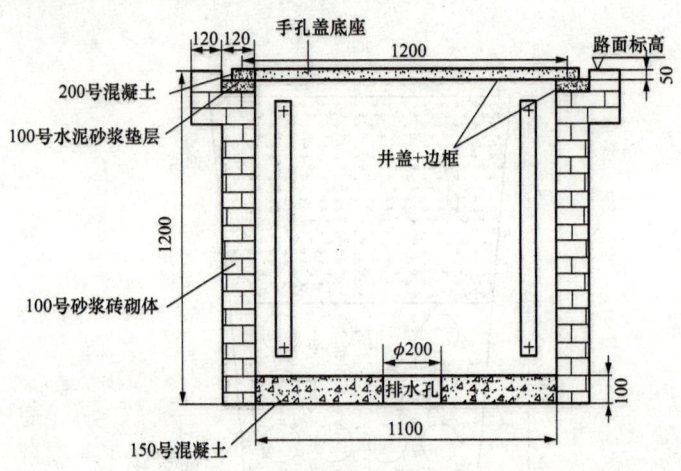

图 15-10 双页手孔剖面图（单位：mm）

15.3 室内弱电管道系统

15.3.1 电缆桥架系统

电缆桥架是指电缆梯架、电缆托盘及金属线槽。电缆桥架主要有钢制、铝合金制及玻璃钢制等。钢制桥架表面处理分为喷漆、喷塑、电镀锌、热镀锌、粉末静电喷涂等工艺。弱电系统采用的是镀锌金属线槽。

电缆桥架的安装主要有沿顶板安装、沿墙水平和垂直安装、沿竖井安装、沿地面安装、沿电缆沟及管道支架安装等。安装所用支（吊）架可选用成品或自制。支（吊）架的固定方式主要有预埋铁件上焊接、膨胀螺栓固定等。

施工时要按已批准的设计进行，一般要求如下：

1. 电缆桥架安装与布线

（1）电缆桥架的安装遵循以下原则：

- 桥架是布线系统工程中的辅助设施，它是为敷设缆线服务的，一般用于线缆路由集中且线缆条数较多的段落。桥架必须按技术标准和规定施工。

- 桥架的规格尺寸、组装方式和安装位置均应按设计规定和施工图的要求。封闭型桥架顶面距天花板下缘不应小于0.8m，距地面高度保持2.2m以上，若桥架下不是通行地段，其净高度可不小于1.8m。安装位置的上下左右保持端正平直，偏差度尽量降低，左右偏差不应超过50mm；与地面必须垂直，垂直度的偏差不得超过3mm。

- 在设备间和干线交接间中，垂直安装的桥架穿越楼板的洞孔及水平安装的桥架穿越墙壁的洞孔，要求其位置配合相互适应，尺寸大小合适。在设备间内如有多条平行或垂直安装的桥架时，应注意房间内的整体布置，做到美观有序，便于缆线连接和敷设，并要求桥架间留有一定间距，以便于施工和维护。桥架的水平度偏差不超过2mm/m。

- 桥架与设备和机架的安装位置应互相平行或直角相交，两段直线段的桥架相接处应采用连接件连接，要求装置牢固、端正，其水平度偏差不超过2mm/m。桥架采用吊架方式安装时，吊架与桥架要垂直形成直角，各吊装件应在同一直线上安装，间隔均匀、牢固可靠，无歪斜和晃动现象。沿墙装设的桥架，要求墙上支持铁件的位置保持水平、间隔均匀、牢固可靠，不应有起伏不平或扭曲歪斜现象。水平度偏差也应不大于2mm/m。

- 为了保证金属桥架的电气连接性能良好，除要求连接必须牢固外，节与节之间也应接触良好，必要时应增设电气连接线（采用编织铜线），并应有可靠的接地装置。如利用桥架构成接地回路时，必须测量其接头电阻，按标准规定不得大于$0.33 \times 10^{-3}\Omega$。

- 桥架穿越楼板或墙壁的洞孔处应加装木框保护。缆线敷设完毕后，除盖板盖严外，还应用防火涂料密封洞孔口的所有空隙，以利于防火。桥架的油漆颜色应尽量与环境色彩协调一致，并采用防火涂料。

电缆桥架的安装如图 15-11 所示。

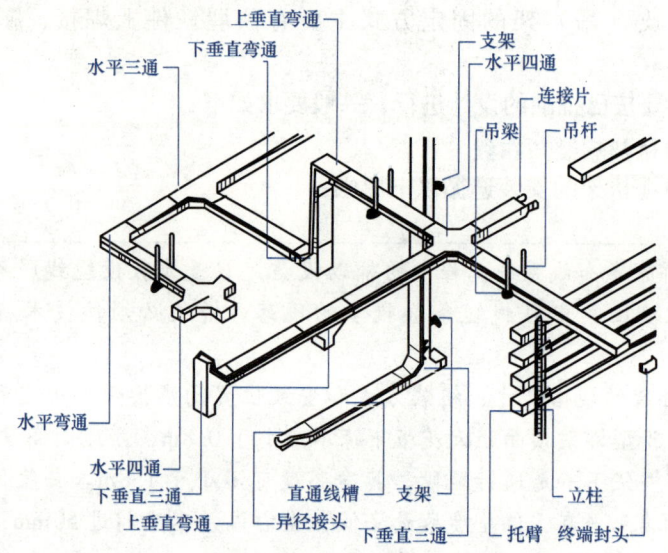

图 15-11　电缆桥架安装示意图

（2）电缆桥架的布线遵循以下原则：

● 在室内采用电缆桥架布线时，其电缆不应有黄麻或其他易燃材料外护层。

● 在有腐蚀或特别潮湿的场所采用电缆桥架布线时，应根据腐蚀介质的不同采取相应的防护措施，并宜选用塑料护套电缆。

● 电缆桥架水平安装时，宜按荷载曲线选取最佳跨距进行支撑，跨距一般为 1.5~3m。垂直敷设时，其固定点间距不宜大于 2m。

● 几组电缆桥架在同一高度平行安装时，各相邻电缆桥架间应考虑维护、检修距离。

● 在电缆桥架上可以无间距敷设电缆，电缆在桥架内横断面的填充率：电力电缆不应大于 40%；控制电缆不应大于 50%。

● 下列不同电压、不同用途的电缆，不宜敷设在同一层桥架上：
　■ 1kV 以上和 1kV 以下的电缆；
　■ 同一路径向一级负荷供电的双路电源电缆；

- 应急照明和其他照明的电缆;
- 强电和弱电电缆。如受条件限制需安装在同一层桥架上时,应用隔板隔开并保持一定的距离。

● 电缆桥架与各种管道平行或交叉时,其最小净距应符合表 15-1 的规定。

● 电缆桥架不宜安装在腐蚀性气体管道和热力管道的上方及腐蚀性液体管道的下方,否则应采取防腐、隔热措施。

● 电缆桥架内的电缆应在下列部位进行固定:垂直敷设时,电缆的上端及每隔 1.50~2m 处;水平敷设时,电缆的首、尾两端、转弯及每隔 5~10m 处。

● 电缆桥架内的电缆应在首端、尾端、转弯及每隔 50m 处有编号、型号及起、止点等标记。

● 电缆桥架在穿过防火墙及防火楼板时,应采取防火隔离措施。

表 15-1　　　　　电缆桥架与各种管道的最小净距表　　　　　　　m

管 道 类 别	平 行 净 距	交 叉 净 距
一般工艺管道	0.4	0.3
具有腐蚀性液体（或气体）管道	0.5	0.5
热力管道（有保温层）	0.5	0.5
热力管道（无保温层）	1.0	1.0

2. 金属线槽的安装与布线

(1) 金属线槽的安装应遵循以下原则:

● 金属线槽安装前,要根据图纸确定出始端和终端的位置,找出水平或垂直线,用粉袋弹线定位,并根据线槽固定的要求,分匀档距标出支吊架的位置。线槽的标高要根据现场情况确定:一方面要便于以后的敷管和布线,又不影响别的单位施工;另一方面要美观整齐。

● 金属线槽敷设时,吊点和支持点的距离,应根据工程具体条件确定。一般在直线段固定间距不应大于 3m,在线槽的首端、终端、分支、转角、接头及进出接线盒处不应大于 0.5m。

● 在吊顶内敷设线槽时,用吊架悬吊安装,吊杆用四号角钢制作。对较小的线槽,用 L 形支架固定;而较大的线槽,用 U 形支架固定。角钢上部通过膨胀螺栓固定在楼板上,角钢与线槽之间用拉钉连接固定。

- 吊装金属线槽在吊杆安装好以后，进行线槽的组装。应先安装干线线槽，后安装支线线槽。金属线槽的连接应无间断，直线段连接应采用连接板，用垫圈、弹簧垫圈、螺栓螺母紧固，连接处间隙应紧密、平直。在线槽的两个固定点之间，线槽与线槽的直线段连接点只允许有一个。
- 线槽安装位置应符合施工图规定，左右偏差视环境而定，最大不超过50mm。
- 线槽水平度偏差不应超过2mm/m。
- 垂直线槽应与地面保持垂直，并无倾斜现象，垂直度偏差不超过3mm。
- 线槽节与节间用接头连接板拼接，螺钉应拧紧。两线槽拼接处水平偏差不应超过2mm。
- 当直线段桥架超过30mm或跨越建筑物时，应有伸缩缝。连接宜采用伸缩连接板。
- 线槽转弯半径不应小于其槽内的线缆最小允许弯曲半径的最大者。
- 盖板应紧固，并且要错位盖槽板。
- 支吊架应保持垂直，整齐牢固，无歪斜现象。

(2) 金属线槽布线应遵循以下原则：

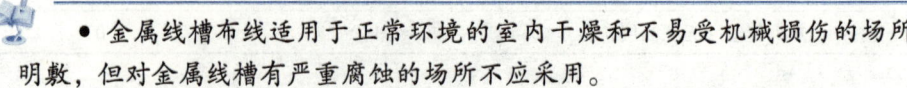

- 金属线槽布线适用于正常环境的室内干燥和不易受机械损伤的场所明敷，但对金属线槽有严重腐蚀的场所不应采用。
- 同一回路的所有相线和中性线，应敷设在同一金属线槽内。同一路径无防干扰要求的线路，可敷设于同一金属线槽内，线槽内电线或电缆的总截面（包括外护层）不应超过线槽内截面的20%，载流导线不宜超过30根。控制、信号或与其相类似的线路，电线或电缆的总截面不应超过线槽内截面的50%，电线或电缆根数取下限。
- 金属线槽垂直或倾斜安装时，应采取防止电线或电缆在线槽内移动的措施。
- 由金属线槽引出的线路，可采用金属管、硬质塑料管、半硬塑料管、金属软管或电缆等布线方式。电线或电缆在引出部分不得遭受损伤。
- 线槽应平整、无扭曲变形，内壁应光滑、无毛刺。
- 金属线槽应可靠接地或接零，但不应作为设备的接地导体。

典型的线槽可以铺设的双绞线根数见表15-2所示。

表 15-2　　　　　　金属线槽双绞线容量对比表　　　　　　　　　根

线槽规格	3类4对	5类4对	3类25对	3类50对	3类100对	5类25对
25×25	8	7	1	0	0	0
25×50	17	15	3	1	0	2
75×25	27	24	5	3	1	3
50×50	36	32	7	4	2	5
50×100	74	66	16	10	5	12
100×100	150	134	33	22	11	25
75×150	169	151	38	25	13	28
100×200	301	269	68	45	23	52
150×150	339	303	77	51	27	58

15.3.2 地面布线系统

地面布线系统由线槽、分线盒、分线箱、出线箱、各种连接件、密封件、线槽安装附件及电源头等组合而成，为现代化建筑的布线系统提供了电路的立交桥、出口和维修站，其使用灵活方便，地面接口设备随时能打开面盖，接上所修的插头，不用时盖上面盖与地面齐平。

典型的地面布线系统如图 15-12 所示。

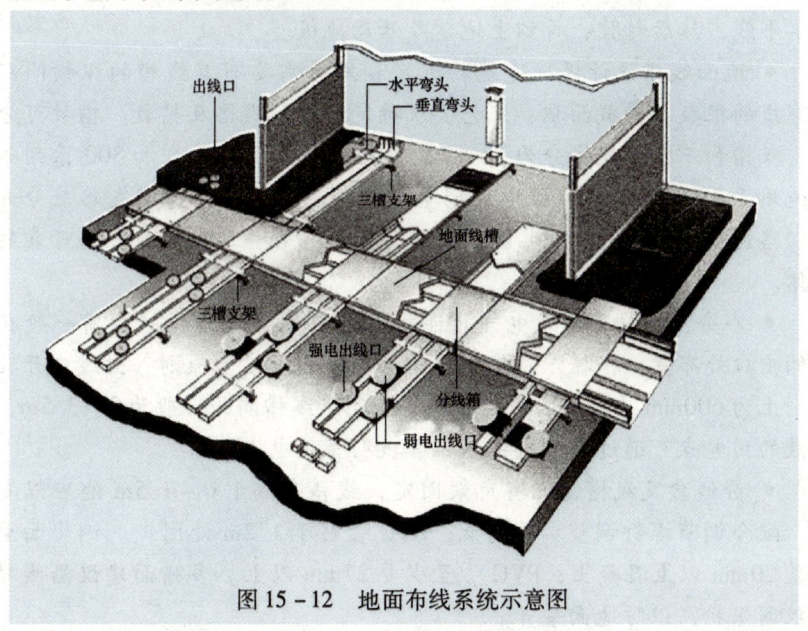

图 15-12　地面布线系统示意图

地面布线系统的安装和布线应遵循以下原则：

- 垫层敷设线槽高度为 40~65mm，宽度为 50~400mm。根据不同规格，线槽采用不同厚度的金属镀锌板成型，表面处理可为镀锌镍合金，结构合理，与混凝土附着力强。过线箱采用上述同样材质加工成型，强弱电接换采用密封、方便的屏蔽装置，任意线路走向，可分出地面线槽支路。布线容量大，特别适用于明干槽和暗支槽的混合布线系统中。

- 过线箱与线槽及线槽之间采用双层夹板固定，且具备调节功能，用来调节水平和固定地面；线槽侧面有 50mm 长连接装置，起到与垫层混凝土的水平拉力作用。

- 所有线槽和过线箱的接口处均采用密封胶边垫装置，避免灰尘进入，盖板与盖板的平面接口处采用 PVC 胶贴，也可用密封胶密封，以防泥浆渗入。

- 从墙面过来的各种管路，由于预埋钢管渗入线槽侧面，线槽侧面可预留敲落孔或现场采用手提式开孔器定位开孔，钢管与线槽的接口用线槽变形接头进行连接。

- 施工安装过程中首先要调整线槽符合水平高度的位置，必须将结构层的表面处理干净平整，防止线槽地板与表面层不平而空鼓。

- 统一水平线，准确标上记号，线槽盖板必须与水泥砂浆面层处于同一水平线，然后封胶，再铺上地毯或活动地板。

- 地面线槽设计根据建筑物近期和发展需要布置线槽的纵横间距，根据穿线的根数、横截面积和工艺要求确定线槽的规格及槽数。槽数可分为单槽、双槽和三槽，规格分为 50、70、100、150、250 系列和 300 系列等。线槽适用于 380/220V 以下强电和弱电敷线。原则上不同房间支路应分开，强电回路应配有防漏电保护措施，并使地面线槽在施工中连成一个可靠的接地整体。

- 在分支、转弯角及电气箱连接附近应设置分线盒，线槽一般在高密度的出口处布置。根据示意位置使用标准线槽长度为原则，出线口开孔间距原则上为 600mm，也可根据实际需要开孔。线槽间距一般为 2~3.5m，零星分散的用电点可通过变形接头用钢管敷引至用电点。

- 分线盒及线槽需配有角架固定，线槽每隔 1.0~1.5m 处应以支架固定，配合调节螺钉调整水平高低；PVC 管则于 1.2m 处固定。钢管面至少需覆盖 20mm 以上混凝土；PVC 管至少要 27mm 以上。多槽面建议沿线槽体设钢丝网保护，以防地面裂开。

- 地面线槽安装时，靠近分线盒及线槽末端之出线口应以出线栓指示铜盖标示，铜盖之铜螺钉应与粉面平，以利找出线栓，其余出线栓用出线栓铜盖。

- 线槽、分线盒及其附件的各个连接部位，应具有一定的连接强度；对于有缝隙的连接处应做密封处理，以防砂浆渗入。

- 同一路径有不同回路绝缘导线可设于同一线槽内，但必须同时能切断电源。线槽内导线总截面不超过线槽截面的30%，强弱电线路应分槽敷设，不同电压线路交叉应由分线盒处采用金属隔板隔开，不同电压的导线不能在线槽内直接接触，地面线槽内的各种配线仅允许在分线盒、出线口处接头。

● 15.3.3 线管的敷设

线管可以采用镀锌钢管或 PVC 管。镀锌钢管的管与管连接采用丝扣连接，用圆丝板套丝扣；管子的切断可用切割机切割；管子的弯曲用弯管器，或用现成的弯头连接；PVC 管采用 PVC 胶和连接件进行。

线管与接线盒的连接用锁紧螺母固定，当线管与设备直接连接时，应将线管敷设到设备的接线盒内，此时，线管端部应增设金属软管再引入设备的接线盒内，且管口应包扎紧密，对于潮湿场所，应增设防水弯头。

线管的敷设应遵循以下原则：

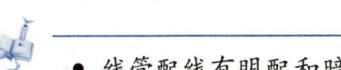

- 管的弯曲角度不应小于90°，弯曲半径不应小于线管外径的 6 倍，弯曲处不应有凹陷、裂缝和明显的弯扁。
- 线管应排列整齐、固定牢固，管卡间距应均匀。
- 线管的连接应保证整个系统的电气连续性。
- 当线管的直线段长度超过30m 或弯曲角度的总和超过270°时，应在其中间加装接线盒。

室内配管的应按照以下原则进行：

- 线管配线有明配和暗配两种。明配管要求横平竖直、整齐美观；暗配管要求管路短，畅通、弯头少。
- 线管的选择：按设计图选择管材种类和规格，如无规定时，可按线管内所穿导线的总截面积（连外皮）不超过管子内孔截面积的 70% 的限度进行选配。

- 为便于管子穿线和维修，在管路长度超过下列数值时，中间应加装接线盒或拉线盒，其位置应便于穿线：
  - 管子长度每超过40m，无弯曲时；
  - 长度每超过25m，有一弯时；
  - 长度每超过15m，有两个弯时；
  - 长度每超过10m，有三个弯时。
- 线管的固定：线管在转弯处或直线距离每隔1.5m应加固定夹子。
- 电缆线管的弯曲半径应符合所穿入电缆弯曲半径的规定。
- 凡有砂眼、裂缝和较大变形的管子，禁止用于配线工程。
- 线管的连接应加套管连接或扣连接。
- 垂直敷设的管子，按穿入导线截面积的大小，在每隔10~20m处增加一个固定穿线的接线盒（拉线盒），用绝缘线夹将导线固定在盒内。导线越粗，固定点之间的距离越短。
- 在不进入盒（箱）内的垂直管口，穿入导线后，应将管口作密封处理。
- 接线盒或拉线盒的固定应不少于三颗螺钉。
- 接线盒或拉线盒应加盖。
- 线管的分支处应加分线盒。

典型的线管可以铺设的双绞线根数见表15-3。

表15-3　　　　　　　线管内可穿双绞线数量对比表

规　格	3类4对	5类4对
φ15mm	2	2
φ20mm	4	3
φ25mm	6	5
φ32mm	11	8

15.4　弱电线缆的敷设

● 15.4.1　弱电线缆的分类

根据国家标准的相关规定，弱电线缆的命名和编号方法如下：

1. 弱电线缆型号的组成

弱电线缆的型号通常按以下格式命名：

分类代号　绝缘　护套　派生　特性阻抗－芯线绝缘外径　结构序号

例如：SYV 75－5－1（64），其中 S 是分类代号，表示同轴射频电缆；Y 是绝缘类型聚乙烯；V 是护套类型聚氯乙烯；75 表示特性阻抗是 75Ω；5 表示芯线绝缘外经；1 代表单芯；（64）代表 64 编。

例如：RVVP 2×32/0.2，其中 R 表示软线；VV 表示双层聚氯乙烯护套线；P 表示屏蔽；2 表示 2 芯多股线；32 表示每芯线有 32 根铜丝；0.2 表示每根铜丝直径为 0.2mm。

2. 字母代号及含义

弱电线缆型号规格中的字母含义见表 15－4。

表 15－4　　　　弱电线缆型号字母代号及含义

分类代号		绝缘		护套		派生	
符号	含义	符号	含义	符号	含义	符号	含义
A	安装线	D	稳定聚乙烯空气绝缘	B	玻璃丝编织浸有机硅漆	P	编织屏蔽
B	平型（扁型）	F	氟塑料	F	氟塑料	P1	缠绕屏蔽
F	耐高温	R	辐照聚乙烯	J	聚氨脂	P2	铜带屏蔽
K	控制线	U	聚四氟乙烯	R	辐照聚乙烯	P22	钢带铠装
NH	耐火型	V	聚氯乙烯	T	铜管	Z	综合式
R	连接用软电缆（电线）	Y	聚乙烯	V	聚氯乙烯		
S	同轴射频电缆	YD	垫片小管聚乙烯半空气	Y	聚乙烯		
SC	耦合器同轴射频电缆	YF	发泡聚乙烯半空气				
SG	高压射频电缆	YK	纵孔聚乙烯半空气				
SL	漏泄同轴射频电缆	YW	物理发泡聚乙烯半空气				
SM	水密、浮力电缆						
ST	特种射频电缆						
SW	稳相电缆						
ZR	阻燃型						

常见的弱电线缆有以下几种：

RVVP 线缆	铜芯聚氯乙烯绝缘屏蔽聚氯乙烯护套软电缆，电压 300/300V，2－24 芯，用于监控系统、门禁系统、可视对讲系统、楼宇控制系统中的控制线。
RVV 线缆	聚氯乙烯绝缘软电缆，多用于不需要屏蔽的控制线和电源线、信号线。
RV、RVP 线缆	聚氯乙烯绝缘电缆，在弱电系统中使用较少。
RG 线缆	物理发泡聚乙烯绝缘接入网电缆，用于同轴光纤混合网（HFC）中传输数据模拟信号。
SYV 同轴电缆	聚乙烯绝缘电缆，主要用于模拟监控系统、可视对讲系统和有线电视系统中，用于传输视频信号。
SYWV（Y）射频同轴电缆	有线电视、远距离可视对讲系统专用电缆；结构为（同轴电缆）单根无氧圆铜线＋物理发泡聚乙烯（绝缘）＋（锡丝＋铝）＋聚氯乙烯（聚乙烯）。
BV、BVR 电缆	聚氯乙烯绝缘电缆，一般用于电力供应。

● **15.4.2 AWG 电线标准**

AWG（American Wire Gauge）其实是美制电线标准的简称，AWG 值是导线厚度（以英寸计）的函数。表 15－5 所示为 AWG 与公制、英制单位的对照表。其中，4/0 表示 0000，3/0 表示 000，2/0 表示 00，1/0 表示 0。例如，常用的电话线直径为 26AWG，约为 0.4mm。

表 15－5　　　　　　AWG 与公制、英制单位对照表

AWG	外径公制（mm）	外径英制（inch）	截面积（mm^2）	电阻值（Ω/km）
4/0	11.68	0.46	107.22	0.17
3/0	10.40	0.409 6	85.01	0.21
2/0	9.27	0.364 8	67.43	0.26
1/0	8.25	0.324 9	53.49	0.33
1	7.35	0.289 3	42.41	0.42
2	6.54	0.257 6	33.62	0.53
3	5.83	0.229 4	26.67	0.66
4	5.19	0.204 3	21.15	0.84
5	4.62	0.181 9	16.77	1.06
6	4.11	0.162 0	13.30	1.33
7	3.67	0.144 3	10.55	1.68
8	3.26	0.128 5	8.37	2.11

续表

AWG	外径公制（mm）	外径英制（inch）	截面积（mm²）	电阻值（Ω/km）
9	2.91	0.1144	6.63	2.67
10	2.59	0.1019	5.26	3.36
11	2.30	0.0907	4.17	4.24
12	2.05	0.0808	3.332	5.31
13	1.82	0.0720	2.627	6.69
14	1.63	0.0641	2.075	8.45
15	1.45	0.0571	1.646	10.6
16	1.29	0.0508	1.318	13.5
17	1.15	0.0453	1.026	16.3
18	1.02	0.0403	0.8107	21.4
19	0.912	0.0359	0.5667	26.9
20	0.813	0.0320	0.5189	33.9
21	0.724	0.0285	0.4116	42.7
22	0.643	0.0253	0.3247	54.3
23	0.574	0.0226	0.2588	48.5
24	0.511	0.0201	0.2047	89.4
25	0.44	0.0179	0.1624	79.6
26	0.404	0.0159	0.1281	143
27	0.361	0.0142	0.1021	128
28	0.32	0.0126	0.0804	227
29	0.287	0.0113	0.0647	289
30	0.254	0.0100	0.0507	361
31	0.226	0.0089	0.0401	321
32	0.203	0.0080	0.0316	583
33	0.18	0.0071	0.0255	944
34	0.16	0.0063	0.0201	956
35	0.142	0.0056	0.0169	1200
36	0.127	0.0050	0.0127	1530
37	0.114	0.0045	0.0098	1377
38	0.102	0.0040	0.0081	2400
39	0.089	0.0035	0.0062	2100
40	0.079	0.0031	0.0049	4080

续表

AWG	外径公制（mm）	外径英制（inch）	截面积（mm²）	电阻值（Ω/km）
41	0.071	0.0028	0.0040	3685
42	0.064	0.0025	0.0032	6300
43	0.056	0.0022	0.0025	5544
44	0.051	0.0020	0.0020	10200
45	0.046	0.0018	0.0016	9180
46	0.041	0.0016	0.0013	16300

AWG 与英寸（inch）的关系如下：

AWG $= A \lg \text{inch} - B$（其中 $A = -19.93156857$，$B = 9.73724$）

15.4.3 电缆的敷设

1. 电缆的敷设要求

- 线缆在敷设前，应作外观和导通检查，并用500V绝缘电阻表测量绝缘电阻，其电阻值不应小于5MΩ。
- 敷设线缆要合理安排，不宜交叉。敷设时防止电缆之间及电缆与其他硬物体之间的摩擦，固定时松紧要适度。
- 在同一线槽内的不同信号、不同电压等级的电缆应分类布置，最好不要将强电线路敷设在同一线槽内。
- 电线穿管前应清扫管路，穿线时不应损伤导线。
- 信号线路、供电线路、连接线路以及有特殊要求的仪表信号线路，应分别采用各自的线管。
- 控制盘内端子板两端的线路，均应编号。
- 导线与端子板、仪表、电气设备等连接时，应留有适当余量。
- 电缆的弯曲半径应大于电缆直径的15倍。
- 室外设备连接电缆时，宜从设备的下部进线。
- 电缆长度应逐盘核对，并根据设计图上各段线路的长度来选配电缆。宜避免电缆的接续；当电缆连接时应采用专用接插件。
- 架设架空电缆时，宜将电缆吊线固定在电杆上，再用电缆挂钩把电缆卡挂在吊线上；挂钩的间距宜为0.5~0.6m。根据气候条件，每一杆档应留出余兜。
- 墙壁电缆的敷设，沿室外墙面宜采用吊挂方式；室内墙面宜采用卡子方式；墙壁电缆当沿墙角转弯时，应在墙角处设转角墙担。电缆卡子的间距在水平路径上宜为0.6m；在垂直路径上宜为1m。

• 直埋电缆的埋深不得小于0.8m，并应埋在冻土层以下；紧靠电缆处应用沙或细土覆盖，其厚度应大于0.1m，且上压一层砖石保护。通过交通要道时，应穿钢管保护。电缆应采用具有铠装的直埋电缆，不得用非直埋式电缆作直接埋地敷设。转弯地段的电缆，地面上应有电缆标志。

2. 管道电缆敷设要求

敷设管道电缆，应符合下列要求：

• 敷设管道线之前应先清刷管孔。
• 管孔内预设一根镀锌铁线。
• 穿放电缆时宜涂抹黄油或滑石粉。
• 管口与电缆间应衬垫铅皮，铅皮应包在管口上。
• 进入管孔的电缆应保持平直，并应采取防潮、防腐蚀、防鼠害等处理措施。
• 管道电缆或直埋电缆在引出地面时，均应采用钢管保护。

● 15.4.4 光缆的敷设

1. 光缆的敷设方法

光缆的敷设应符合下列规定：

• 敷设光缆前，应对光纤进行检查：光纤应无断点，其损耗值应符合设计要求。
• 核对光缆的长度，并应根据施工图的敷设长度来选配光缆。配盘时应使接头避开河沟、交通要道和其他障碍物；架空光缆的接头应设在杆旁1m以内。
• 敷设光缆时，其弯曲半径不应小于光缆外径的20倍。光缆的牵引端头应做好技术处理。可采用牵引力自动控制性能的牵引机进行牵引。牵引力应加于加强芯上，且不应超过1500N；牵引速度宜为10m/min；一次牵引的直线长度不宜超过1km。
• 光缆敷设完毕，应检查光纤有无损伤，并对光缆敷设损耗进行抽测。确认没有损伤时，再进行接续。

- 架空光缆应在杆下设置伸缩余兜，其数量应根据所在冰凌负荷区级别确定。对重负荷区宜每杆设一个；轻负荷区可不设，但中间不得紧绷。光缆余兜的宽度宜为1.52~2m；深度宜为0.2~0.25m。光缆架设完毕，应将余缆端头用塑料胶带包扎，盘成圈置于光缆预留盒中。预留盒应固定在杆上。地下光缆引上电杆，必须采用钢管保护。

- 在桥上敷设光缆时，宜采用牵引机终点牵引和中间人工辅助牵引。光缆在电缆槽内敷设不应过紧；当遇桥身伸缩接口处时应作3~5个S弯，并每处预留0.5m。当穿越铁路桥面时，应外加金属管保护。光缆经垂直走道时，应固定在支持物上。

- 管道光缆敷设时，无接头的光缆在直道上敷设应由人工逐个人孔同步牵引。预先作好接头的光缆，其接头部分不得在管道内穿行。光缆端头应用塑料胶带包好，并盘成圈放置在托架高处。

- 光缆敷设后，宜测量通道的总损耗，并用光时域反射计观察光纤通道全程波导衰减特性曲线。

- 弱电井中施工，光缆应敷设在线槽内，排列整齐，不应溢出桥架。为了防止光缆下垂或脱落，在穿越每个楼层的桥架上、下端和中间，均应对光缆采取切实有效的固定装置，使光缆牢固稳定。

- 光缆敷设后，应细致检查，要求外护套完整无损，不得有压扁、扭伤、折痕和裂缝等缺陷。如出现异常，应及时检测，予以解决。如为严重缺陷或有断纤现象，应检修测试合格后才允许使用。

- 光缆敷设后，要求敷设的预留长度符合设计要求。在设备端应预留5~10m；有特殊要求的场合，根据需要确定预留长度。光缆的曲率半径应符合规定，转弯的状态应圆顺，不得有死弯和折痕。

- 在同一线槽中，光缆和其他线缆应平行敷设，应有一定间距，要分开敷设和固定，各种缆线间的最小净距应符合设计规定，保证光缆安全运行。

2. 光缆接续与终端

- 光纤接续目前采用熔接法。为了降低连接损耗，无论采用哪种接续方法，在光纤接续的全部过程中都应采取质量监视（如采用光时域反射仪监视）。

- 光纤接续后应排列整齐、布置合理，将光纤接头固定，光纤余长盘放一致、松紧适度，无扭绞受压现象，其光纤预留长度不应小于1.2m。

第十五章　图说弱电管道系统

- 光缆接头套管的封合若采用热可缩套管时，应按规定的工艺要求进行；封合后应测试和检查有无问题，并作记录备查。
- 光缆终端接头或设备的布置应合理有序，安装位置须安全稳定，其附近不应有可能损害光缆的外界设施，例如热源和易燃物质等；
- 从光缆终端接头引出的尾巴光缆或单芯光缆的光纤所带的连接器，应按设计要求插入光配线架上的连接部件中。如暂时不用的连接器可不插接，但应套上塑料帽，以保证其不受污染，便于今后连接。
- 在机架或设备（如光纤接头盒）内，应对光纤和光纤接头加以保护；光纤盘绕方向要一致，要有足够的空间和符合规定的曲率半径。
- 屋外光缆的光纤接续时，应严格按操作规程执行。
- 光缆中的铜导线、金属屏蔽层、金属加强芯和金属铠装层均应按设计要求采取终端连接和接地，并要求检查和测试其是否符合标准规定，如有问题必须补救纠正。
- 光缆传输系统中的光纤跳线或光纤连接器在插入适配器或耦合器前，应用丙醇酒精棉签擦拭连接器插头和适配器内部，要求清洁干净后才能插接。插接必须紧密、牢固可靠。
- 光纤终端连接处均应设有醒目标志，标志内容应正确无误，清楚完整（如光纤序号和用途等）。

● 15.4.5　布线穿线技术要求

1. 穿线组织策划

要组织好穿线，关键在于项目的管理人员和实施人员。相关人员应做到：

- 理解布线系统总体结构，不要穿错路线。
- 能明确区分要敷设的各种电缆，不用错电缆。
- 根据管线图纸严格施工，对于图中不正确的路由应该及时改正。
- 有丰富的穿线经验，懂得预防典型的影响穿线质量和进度的问题。
- 把各类弱电线缆进行分组，一组一组地敷设，不多穿，不漏穿。每组应不超过20个信息点，否则同时穿放的电缆量大，穿放费力，容易导致电缆损伤，也容易缠绕、打结，非常影响进度。
- 严谨地做标号，并记录长度刻度。
- 严格地组织测试，用万用表逐条电缆测通断。

2. 穿线技术要求

● 所有的管口都要安放塑料护口	穿线人员应携带护口，穿线时随时安放。
● 余长	电缆在出线盒外余长50cm；控制箱外约1.5m。余线应仔细缠绕好收在出线盒内或控制箱内。在配线箱处从配线柜入口算起余长为配线柜的（长＋宽＋深）＋50cm。
● 分组绑扎	余线应按分组表分组；从线槽出口捋直绑扎好，绑扎点间距不大于50cm。不可用铁丝或硬电源线绑扎。
● 转弯半径	50芯电缆转弯半径应不小于162mm。
● 垂直电缆	通过过渡箱转入垂直钢管往下一层走时要在过渡箱中绑扎悬挂，避免电缆重量全压在弯角的里侧电缆上，这样会影响电缆的传输特性。在垂直线槽中的电缆要每隔1m绑扎悬挂一次。
● 线槽内布放电缆	应平直，无缠绕，无长短不一。如果线槽开口朝侧面，电缆要每隔1m绑扎固定一次。
● 电缆按照计算机平面图标号	每个标号对应一条线缆，对应的房间和插座位置不能弄错。两端的标号位置距末端25cm，贴浅色塑料胶带，上面用油性笔写标号，或贴纸质号签再缠透明胶带。此外，在配线架端从末端到配线柜入口每隔1m要在电缆皮上用油性笔写标号，或用标签机打印标签后贴于电缆上。

完成后，所有的电缆应全面进行通断测试。

3. 电缆保护

● 穿管时管两端要加护套；所有电缆经过的管槽连接处都要处理光滑，不能有任何毛刺，以免损伤电缆。

● 拽线时每根线拉力应不超过110N，多根线拉力最大不超过400N，以免拉伸电缆导体。

● 电缆一旦外皮损伤以至芯线外露或有其他严重损伤，损伤的电缆段应更换，不得接续。

● 整个工程中电缆的贮存、穿线放线都要耐心细致，避免电缆受到任何挤压、碾、砸、钳、割或过力拉伸。布线时既要满足所需的余长，又要尽量节省，避免任何不必要的浪费。

● 布线期间，电缆拉出电缆箱后尚未布放到位时如果要暂停施工，应将电缆仔细缠绕收起，妥善保管，不能随意散置在施工现场。

● 电缆一定需要接续的，要在弱电井中进行，并做好防水处理。

● 如果电缆敷设在户外的弱电管道内，管道内需要做好疏水工作。

第十六章

Chapter 16

16.1 机房的分类

机房是放置弱电系统中所有后端设备的房间,可根据项目的实际情况建设。目前我国关于计算机机房的建设有 GB 50174—1993《电子计算机机房设计规范》,但对于其他类型的机房并没有严格的规定和要求。

(1)常见的机房按照用途主要分为以下几种:

计算机机房	主要服务于综合布线系统和局域网系统;机房内的设备主要包括各种类型的服务器、交换机、配线架、UPS 设备和各种线缆;机房建设的要求最高。
通信机房	主要服务于电话系统和宽带接入系统;机房内的设备主要包括程控交换机、配线架、路由器、交换机和各种线缆;多按照电信部门的要求建设和规划。
消防控制中心	主要服务于消防系统;机房内的主要设备包括消防控制主机、电话报警主机和消防紧急广播设备等。
监控中心	主要服务于闭路监控电视系统、入侵报警系统和门禁系统;机房内的设备主要包括电视墙、操作台、报警主机、门禁系统服务器和各种线缆等。
安防报警中心	主要服务于大型的入侵报警系统,如专业级的接警中心和应急指挥中心、城市级的应急指挥中心和公安系统的报警中心;机房内的主要设备包括大屏幕显示系统、通信设备、报警接入设备和指挥系统设备等。

弱电系统机房	主要服务于各弱电子系统；典型弱电子系统包括闭路电视监控系统、一卡通系统、入侵报警系统、楼宇对讲系统、智能家居系统、三表抄送系统、有线电视系统、公共广播系统、大屏幕显示系统、防雷接地系统和楼宇控制系统等；主要设备就包括各个子系统的控制设备和各种服务器等。

以上所述几种机房可以单独建设，也可以合并建设。

（2）对于不同的场所来讲，机房的建设也各有侧重点：

住宅小区	在小区弱电系统建设中，弱电系统机房通常和物业管理处设在同一栋建筑物内（当然也有例外），计算机系统、消防系统和弱电系统合并建设机房。在机房内的设备主要包括电视墙、操作台、硬盘录像机、矩阵主机、一卡通系统服务器、报警主机、报警管理计算机、三表抄送系统服务器、可视对讲系统管理主机、巡更管理系统服务器、背景音乐控制设备、交换机设备、各类型服务器等。
大厦	在现代化的智能大厦建设中，计算机机房、通信系统和消防系统通常单独建设，而弱电系统机房主要包括闭路监控电视系统、门禁系统、报警系统、楼控系统、公共广播系统、电子巡更系统的后端设备。
工厂	在工厂的弱电系统建设中，通常计算机系统（也就是常说的IT系统）、消防系统和安防系统分开建设，属于不同的部门管理，故需要建设多个机房。计算机机房多建设在IT部门所在的区域；消防控制室建设在工厂的内部区域；弱电系统机房（通常是监控中心）建设在门卫室的旁边，便于管理。
企业	小型的企业（办公室的面积在几十平方米到几千平方米）办公室将弱电系统的设备放于计算机机房内，一般是占用IT机房的几个机柜。弱电系统的设备数量较少，监视器可放置于机房、保安值班室或者前台。
大型公共场所	大型公共场所包括机场、地铁、火车站、展览馆和购物广场等，由于建筑面积大、系统多、设备数量大故机房系统多单独建设，需要设置独立的计算机机房、消防控制中心、监控中心和通信机房。

在弱电系统建设中，很多子系统需要放置在机房中的后端设备仅仅包括计算机服务器和接口设备，如一卡通系统、入侵报警系统、楼宇对讲系统、智能家居系统、三表抄送系统、大屏幕显示系统和楼宇控制系统。而闭路电视监控系统、公共广播系统、综合布线系统、局域网系统和消防系统的后端设备最多，占用机房面积最大，而且不同系统对机房环境的要求也不尽相同，故多单独建设。

闭路电视监控系统需要建设电视墙、操作台、放置硬盘录像机和矩阵控制设备的机柜，这些设备占用的机房面积最大，故很多机房都被称作监控中心，也是这个道理；公共广播系统的后端设备一般占用一个标准机柜或两个标准机柜；综合布线系统和局域网系统是两个紧密联系的系统，通常属于 IT 系统，后端设备多为模块化的设备，可以安装在标准的 19 英寸标准机柜内，需要大量的标准机柜安装配线架、理线架、交换机和服务器，需要占用很大的机房面积，而且对机房环境的要求远远高于其他类型的机房，故多单独建设；消防系统的后端设备主要包括消防控制主机和紧急广播系统，也需要占用很大的机房面积。

基于以上的描述，如果 IT 系统对机房环境的要求非常严格的话，建议单独建设，而其他所有的系统可以共用一个机房；如果 IT 系统对机房环境的要求不那么严格的话，可以和弱电系统共用一个机房。

本书主要探讨的是弱电系统机房，适用于消防控制中心和监控中心。

 **机房系统的组成**

弱电系统的机房组成如图 16-1 所示。

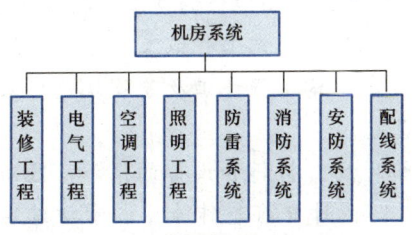

图 16-1　机房系统组成图

● **16.2.1　装修工程**

1. 总体设计

机房的装修工程应该取决于机房的面积和建设的要求，应考虑当地现代装饰潮流，作到经济实用、美观大方、华丽端庄。主要内容包括隐蔽孔洞的预留预埋、地面的处理、墙面的装饰、门窗安装及天花吊顶与照明灯具安装等。可根据项目的预算，进行高级装修或简单装修，满足弱电系统的应用要求即可。

机房设计首先需要保证机房设备安全可靠地运行，主要考虑机房的供配电系统、UPS 不间断电源、防雷和接地等方面。其次要充分满足机房设备对环境的要求，主要考虑机房环境的温湿度、空气的洁净度、防静电和防电磁干扰、机房智能化等方面。因此不但要通过相应的设备对机房环境进行控制，而且要考虑装饰材料对机房环境的影响。另一方面针对机房的特点，还要考虑机房环境足够的照度和防眩光处理，以及机房对噪声的要求。

在保证机房设备安全运行和满足机房使用功能的前提下，将美学艺术有机地融入其中，加之合理地运用装饰材料对机房空间进行美化，并对其重点部位细致刻画和创新，既能体现机房的装饰特点，又能营造良好的机房办公氛围，旨在重点突出机房装饰的高科技形象，体现机房设计的人性化特点。

2. 平面功能布局

依据空间划分合理、流线明确的原则，设计中机房区域按其使用功能和各功能间之间的相互关系，将整个区域有机地划分为机房设备区、控制区和配电区。如果条件允许，每个区域可形成独立的空间；条件不允许则可以统一建设，以节省空间。

3. 一般规定

机房的装修工程应参考以下原则进行设计和施工：

- 机房的室内装修工程施工验收主要包括预留预埋、吊顶、隔断墙、门、窗、墙壁装修、地面、活动地板的施工验收及其他室内作业。
- 室内装修作业符合《装饰工程施工及验收规范》、《地面及楼面工程施工及验收规范》、《木结构工程施工及验收规范》及《钢结构工程施工及验收规范》的有关规定。
- 在施工时保证现场、材料和设备的清洁。隐蔽工程（如地板下、吊顶上、假墙、夹层内）在封口前先作除尘、清洁处理，暗处表层应能保持长期不起尘、不起皮和不龟裂。
- 机房所有管线穿墙处的裁口做防尘处理，然后必须用密封材料将缝隙填堵。在裱糊、粘接贴面及进行其他涂覆施工时，其环境条件应符合材料说明书的规定。
- 装修材料选择无毒、无刺激性的材料，选择难燃、阻燃材料，否则尽可能涂防火涂料。

4. 地面的处理

地面的处理应参考以下原则进行设计和施工：

- 机房主设备间、工作区的地面均铺设全钢抗静电活动地板，其他非工作区可铺设普通活动地板。
- 计算机房用活动地板符合 GB 6650—1986《计算机房用活动地板技

条件》。

- 活动地板的理想高度在46~61cm之间，根据项目的实际情况，设计高度可灵活调整，原则上不小于30cm，以防蚀金属支架支撑。
- 活动地板的铺设在机房内各类装修施工及固定设施安装完成并对地面清洁处理后进行。
- 建筑地面符合设计要求，清洁、干燥，活动地板空间作为静压箱时，四壁及地面均要作防尘处理，保证不起皮和龟裂。
- 现场切割的地板，周边应光滑、无毛刺，并按原产品的技术要求作相应处理。
- 活动地板铺设前，应按标高及地板布置严格放线，将支撑部件调整至设计高度，平整、牢固。
- 在活动地板上搬运、安装设备时，对地板表面要采取防护措施。铺设完成后，做好防静电接地。抗静电活动地板的金属部分必须与接地等电位网可靠连接。
- 地板下空间敷设线槽路由，供布放电缆线和网络信号线用。

5. 墙面的装饰

墙面的装饰可以参考普通的室内装修工程进行，在一些有特别要求的场所可以采用彩钢板进行装饰。在有的项目中可能需要墙面送风，则可以采用专业的通风装饰材料。彩钢板是机房墙面装饰工程中的常用材料，具有很好的防静电和防干扰作用。

6. 天花棚顶

从机房的防静电和防电磁干扰方面考虑，天花宜采用方形微孔铝板吊顶。天花棚顶工程应参考以下原则进行设计和施工：

- 计算机机房吊顶板表面做到平整，不得起尘、变色和腐蚀；其边缘整齐、无翘曲，封边处理后不得脱胶。填充顶棚的保温、隔音材料应平整、干燥，并做包缝处理。
- 按设计及安装位置严格放线。吊顶及马道应坚固、平直，并有可靠的防锈涂覆。金属连接件、铆固件除锈后，应涂两遍防锈漆。
- 吊顶上的灯具、各种风口、火灾探测器底座及灭火喷嘴等定准位置，整齐划一，并与龙骨和吊顶紧密配合安装。从表面看布局合理、美观，不显凌乱。
- 吊顶内空调作为静压箱时，其内表面应按设计要求做防尘处理，不得起皮和龟裂。

- 固定式吊顶的顶板与龙骨垂直安装。双层顶板的接缝不落在同一根龙骨上。
- 用自攻螺钉固定吊顶板，不损坏板面，当设计未作明确规定时应符合五类要求。
- 螺钉间距：沿板周边间距150～200mm，中间间距200～3000mm，均匀布置。
- 螺钉距板边10～15mm，钉眼、接缝和阴阳角处根据顶板材质用相应的材料嵌平、磨光。
- 保温吊顶的检修盖板应用与保温吊顶相同的材料制作。
- 活动式顶板的安装必须牢固，下表面平整，接缝紧密平直，靠墙、柱处按实际尺寸裁板镶补。根据顶板材质作相应的封边处理。
- 安装过程中随时擦拭顶板表面，并及时清除顶板内的余料和杂物，做到上不留余物，下不留污迹。
- 采用微孔贴膜铝棚板，通常采用的规格尺寸为600mm×600mm，孔径为2.8mm，与棚板配套。天花上方空间能够安装各类线缆线槽路由。

7. 门窗

门窗的数量根据项目的需要进行设计和安装，应参考以下原则进行：

- 采用铝合金门窗。
- 铝合金门框、窗框、隔断墙的规格型号符合设计要求，安装牢固、平整，其间隙用非腐蚀性材料密封。隔断墙沿墙立柱固定点间距不大于800mm。
- 门扇、窗扇平整、接缝严密、安装牢固、开闭自如、推拉灵活。
- 施工过程中对铝合金门窗及隔断墙的装饰面采取保护措施。
- 安装玻璃的槽口清洁，下槽口应补垫软性材料。玻璃与扣条之间按设计填塞弹性密封材料，牢固严密。
- 主要出入口应安装门禁系统，双向刷卡，尤其对计算机机房要加强出入管理。

8. 隔断墙

如机房内需要独立分区，需要建设隔断墙，应参考以下原则进行设计和施工：

- 无框玻璃隔断，应采用槽钢、全钢结构框架。墙面玻璃厚度不小于10mm，门玻璃厚度不小于12mm。表面不锈钢厚度应保证压延成型后平如镜面，无不平的视觉效果。
- 石膏板、吸音板等隔断墙的沿地、沿顶及沿墙龙骨建筑围护结构内表面之间应衬垫弹性密封材料后固定。当设计无明确规定时，固定点间距不宜大于800mm。
- 竖龙骨准确定位并校正垂直后与沿地、沿顶龙骨可靠固定。
- 有耐火极限要求的隔断墙竖龙骨的长度应比隔断墙的实际高度短30mm，上、下分别形成15mm膨胀缝，其间用难燃弹性材料填实。全钢防火大玻璃隔断，钢管架刷防火漆，玻璃厚度不小于12mm，无气泡。
- 安装隔断墙板时，板边与建筑墙面间隙应用嵌缝材料可靠密封。
- 当设计无明确规定时，用自攻螺钉固定墙板宜符合：螺钉间距沿板周边间距不大于200mm，板中部间距不大于300mm，均匀布置。
- 有耐火极限要求的隔断墙板应与竖龙骨平等铺设，不得与沿地、沿顶龙骨固定。
- 隔断墙两面墙板接缝不得在同一根龙骨上，每面的双层墙板接缝亦不得在同一根龙骨上。
- 安装在隔断墙上的设备和电气装置固定在龙骨上。墙板不得受力。
- 隔断墙上需安装门窗时，门框、窗框应固定在龙骨上，并按设计要求对其缝隙进行密封。

● 16.2.2 电气工程

如果说机房的装饰是人的面貌，那么机房的电气系统就是心脏，只有安全可靠的供配电系统才能保证机房中的设备安全可靠运行。现在的计算机和数据传输设备的时钟信号都是纳秒（ns）级的，它们要求电源的切换时间为零秒。计算机处理的数据和传输的数据是弱电信号，电流为毫安（mA）级，电压为5V以下，可以说弱不禁风，因此计算机必须有良好的接地系统、防静电措施、防电磁干扰措施、防过电压及防浪涌电压措施。

1. 配电系统

机房的用电负荷等级和供电需满足 GB 50052—1995《供配电系统设计规范》规定，其供配电系统采用电压等级 220/380V、频率 50Hz 的 TN－S 或 TN－C－S 系统，主机电源系统按设备的要求确定。机房供配电系统应充分考虑系统扩展、升级的可能，并预留备用容量。

（1）配电系统应参考以下原则进行设计和施工：

市电配电柜	为提高计算机设备的供配电系统可靠性，由总配房引来的双路电源专供机房之计算机辅助设备及其配套的配电箱，如空调、照明、维修插座、辅助插座等。
UPS 配电柜	不间断电源配电柜专供机房之设备及其配套的配电设备，如服务器、主机、终端、监视器、硬盘录像机等设备。
电源系统	应限制接入非线性负荷，以保持电源的正弦性。
专用配电箱	（1）设置电流、电压表以监测三相不平衡度，单相负荷应均匀地分配在三相上，三相负荷不平衡度应小于15%。 （2）保护和控制电器的选型应满足规范和设备的要求。 （3）应有充足的备用回路。 （4）进线断路器应设置分离脱扣器，以保证紧急情况下切断所有用电设备电源。 （5）应设置足够的中线和接地端子。

（2）机房供配电配线要求如下：

- 机房的电源进线应按照 GB 50057—1994《建筑物防雷设计规范》采取过电压保护措施，专用配电箱电源应采用电缆进线。
- 机房活动地板下的低压配电线路采用铜芯屏蔽导线或铜芯屏蔽电缆；机房活动地板下部的电源线应采取相应的屏蔽措施；计算机负载配电线路按国家标准设计并留有余量。
- 电源插座直接安装到机柜，便于弱电设备使用。线缆由 UPS 输出分配电柜经铝合金电缆桥架从活动地板下引到机房各处，每两个插座由同一个开关控制和供电。
- 机房内部所有配线及电缆桥架按服务器机柜的需要平均分布于整个机房。另在抗静电地板下敷设部分防水防尘插座、部分预留插座。
- 室内导线全部采用新型阻燃导线组，天花吊顶灯盘的电源线主干线和分支线都采用 $3 \times 2.5 mm^2$ 导线组，分支线采用 $3 \times 1.5 mm^2$ 导线组，导线组穿金属电线管和金属电线软管安装在天花吊顶上，沿较近距离到灯盘位。照明开关和维修插座进线采用 $3 \times 2.5 mm^2$ 或 $3 \times 4 mm^2$ 导线组，穿镀锌钢管暗敷在墙内到该位处。为防止漏电危及人身安全和防电磁干扰，所有金属电线管、电线保护槽必须全部连成一体并可靠接地。

2. 电气安全措施

（1）人员设备用电的安全措施如下：

- 机房工程应采用多项保证人身安全和设备安全的技术措施。
- 采用事故断电措施。进户端装设具有过载、短路保护的、高灵敏度的断路器。一旦出现消防事故报警，能够通过报警装置提供的信号，将市电配电系统的交流进线断路器断开、切断市电电源，确保事故范围不再扩大，确保人身和设备安全。
- 采用 UPS 电源设备及相应的蓄电池设备，提高计算机设备用电的安全与可靠性。采用提高安全系数的通行设计原则（即"大马拉小车"原则）：在选用线路和器件时，控制器件和线路的工作温升低于器件和线路额定温升的 75%；器件和线路的工作负荷，控制在器件和线路的额定负荷 75%~50% 以下。这种设计原则大大提高了系统的可靠系数，也大大提高了系统的使用寿命，虽然初始投资略有增加，但从整体来看可提高经济效益。因为不按此设计，一旦发生事故，一次事故的经济损失要比初始投资大十几倍，甚至几百倍。
- 所有的墙壁插座均按规范要求选用漏电保护断路器控制，某一个墙壁插座漏电时，在 30mA 内就能切断线路，确保人身安全。
- 所有的机壳都进行接地保护，所有的插座均有接地保护。

（2）供电安全措施如下：

- 计算机房网络交换机或计算机，其心脏器件的时钟信号都是纳秒（ns）级，要求供电切换时间为零秒，建议采用 UPS 不间断电源系统进行供电。
- UPS 容量的选用必须能够满足机房设备的用电需要，并预留一定的余量。

3. 电源分类

机房系统的用电分为以下几类，可根据项目的实际情况建设：

一类电源	为 UPS 供电电源，由电源互投柜引至墙面配电箱，分路送到活动地板下插座，再经插座分接计算机电源处。电缆用阻燃电缆，穿金属线槽钢管敷设。
二类电源	为市电供电电源，由电源互投柜分别送至空调、照明配电箱和插座配电箱，再分路送至灯具及墙面插座。电缆用阻燃电缆，照明支路用塑铜线，穿金属线槽及钢管敷设。

三类电源: 为柴油发电机组,作为特别重要负荷的应急电源,应满足的运行方式为:正常情况下,柴油发电机组应始终处于准备发动状态;当两路市电均终断时,机组应立即启动,并具备带100%负荷的能力;任一市电恢复时,机组应能自动退出运行并延时停机,恢复市电供电。机组与电力系统间应有防止并列运行的联锁装置。柴油发电机组的容量应按照用电负荷的分类来确定,因为有的负荷需要很大的启动功率,如空调电动机,这就需要合理选择发电机组容量,以避免过大的启动电压降,一般根据上述用电负荷总功率的2.5倍来计算。柴油发电机组在重要性要求比较高的机房系统中使用。

4. 配电柜

配电柜的选择和施工应参照以下原则:

● 配电箱、柜应有短路、过电流保护装置,其紧急断电按钮与火灾报警联锁。

● 配电箱、柜安装完毕后,进行编号,并标明箱、柜内各开关的用途,以便于操作和检修。

● 配电箱、柜内留有备用电路,作机房设备扩充时用电。

5. 插座

机房内用电插座分为两大类,即 UPS 插座和市电插座。机房各工作间均留有备用插座,安装在墙壁下方,供设备维修时用。重要设备可直接接入 UPS 插座,非弱电系统的设备可接入市电插座,以节省电力负荷,如照明设备、空调设备等。

● 16.2.3 照明工程

机房要求有足够的照度,并且无眩光。应参照国家标准 GBJ 133—1990《民用建筑照明设计标准》和 GB 50174—1993《电子计算机机房设计规范》进行设计,机房照度分低档 200lx、中档 300lx、高档 500lx,一般弱电机房在灯具配置上按中档照度的要求配置即可。为消除眩光,可选用目前市场上先进的格栅灯,此种灯具反射强,并无眩光。

应急照明按正常照明照度的 10% 布置灯具。灯具使用正常照明灯具,应急照明灯具正常情况下由市电电源供电,市电出现故障时自动切换到应急电源,两路电源可以自动切换。

照明工程应参考以下原则进行设计和施工:

- 距地板 0.5m 高处照度不得低于 300lx。
- 照明灯具采用嵌入式安装。事故照明用备用电源自投自复配电箱，市电与 UPS 电源自动切换。
- 灯具内部配线采用多股铜芯导线，灯具的软线两端接入灯口之前均压扁并搪锡，使软线与固定螺钉接触良好。灯具的接地线或接零线，用灯具专用接地螺钉并加垫圈和弹簧垫圈压紧。
- 在机房内安装嵌装灯具固定在吊顶板预留洞孔内专设的框架上。灯上边框外缘紧贴在吊顶板上，并与吊顶金属明龙骨平行。
- 在机房内所有照明线都穿钢管或者金属软管并留有余量。电源线应通过绝缘垫圈进入灯具，不贴近灯具外壳。

● 16.2.4 空调工程

根据 GB 2887—1982《计算站场地技术条件》要求，按 A 级设计，温度 23℃ ±2℃，相对湿度 55% ±5%，夏季取上限，冬季取下限。一般采用空调机即可满足弱电机房的要求，对于有特别要求的机房需要采用机房精密空调系统。

气流组织采用下送风、上回风，即抗静电活动地板静压箱送风，吊顶天花微孔板回风。新风量设计取总风量的 10%，中低度过滤，新风与回风混合后，进入空调设备处理，提高控制精度，节省投资，方便管理。

● 16.2.5 防雷系统

防雷系统可参考第十三章"防雷接地系统"进行设计，主要分为防雷工程和接地工程。

1. 防雷及防过电压系统

机房的供电为 TN-S 系统（三相五线制），总进线为埋地引入总配电室，中心机房的配电由总配电室引入。根据有关标准中防雷系统要求，应将大厦需要保护的空间划为不同的防雷区，以确定各部分空间不同的雷闪电磁脉冲的严重程度和相应的防护措施。依据防雷设计原理，大厦的防雷保护分为三级：

电源防雷及过电压一级保护	在总配电的总电源输入并联一组防雷器，作为总电源的一级防雷及过电压保护。
电源防雷及过电压二级保护	在每一个楼层配电柜或中心机房主配电柜的总进线开关并联一组防雷器，作为电源的二级防雷及过电压保护。

| 电源防雷及过电压三级保护 | 在中心机房的 UPS 输出（入）母线上或在主要计算机负荷上并联一组防雷器，作为电源的三级防雷及过电压保护。 |

根据以上情况，结合弱电系统机房的要求，防雷及过电压保护采用二级保护方式，即在 UPS 输入母线上加装一组并联防雷器，完成对 UPS 设备及 UPS 负荷的保护。

2. 接地系统

依据国家标准 GB 50169—1992《电气装置安装工程接地装置施工及验收规范》，计算机直流地与机房抗静电接地及保护地严格分开，以免相互干扰；采用 T50×0.35 铜网，所有接点采用锡焊或铜焊使其接触良好，以保证各计算机设备的稳定运行并要求其接地电阻小于 1Ω。机房抗静电接地与保护地采用软扁平编织铜线直接敷设到每个房间让地板就近接地，使地板产生的静电电荷迅速入地。

机房接地应采取安全保护接地措施，具备一个稳定的基准地位。可采用较大截面的绝缘铜芯线作为引线，一端直接与基准电位连接，另一端供电子设备直流接地。该引线不宜与 PE 线连接，严禁与 N 线连接。系统设备采用联合接地系统，接地电阻不大于 1Ω。

● 16.2.6 消防系统

消防系统应该在弱电机房系统的建设中予以充分考虑。按照国家标准 GB 50045—1995《高层民用建筑设计防火规范》和 GB 50016—1998《火灾自动报警系统设计规范》：消防控制中心包括智能火灾报警控制主机，用于集中报警及控制；消防控制中心外围报警及控制包括光电感烟探测器、感温探测器、组合控制器和气瓶等。除了消防报警系统之外还要考虑灭火系统，不能采用水喷淋灭火系统，而应该采取气体灭火系统或者泡沫灭火系统。

● 16.2.7 安防系统

弱电机房是弱电系统的中枢和大脑，具有重要的地位，需要充分的安全措施。常见的安全措施包括：

| 加装门禁系统 | 机房的主出入口和重要区域的出入口应设置双向读卡系统，重要场所还应设置指纹读卡器，记录所有的人员进出，应限制非相关人员随意出入。 |
| 加装摄像机 | 在机房中安装摄像机的益处是除了门禁系统的进出记录之外，可以建设视频的记录，以查看所有相关人员的活动情况，对机房设备的安全有着重要的保护意义。 |

● 16.2.8 配线系统

弱电机房是所有弱电系统接入的终点，需要敷设大量的线缆，如视频线、控制线、信号线、光缆、超五类双绞线、电话线、电源线，而且线缆的数量成百上千，故需要做好机房的配线系统。

机房配线系统参照综合布线系统的要求和机房的要求进行，应遵循以下原则：

- 电缆（电线）在铺设时应该平直，电缆（电线）要与地面、墙壁、天花板保持一定的间隙。
- 不同规格的电缆（电线）在铺设时要有不同的固定距离间隔。
- 电缆（电线）在铺设施工中弯曲半径按厂家和当地供电部门的标准施工。
- 铺设电缆时要有留有适当的余度。
- 强弱电线缆分槽敷设，并间隔一定距离。
- 弱电线槽和强电线槽适合安装在地板下方或天花板吊顶内，但要保证线槽有足够的容量敷设线缆并有一定余量。
- 线缆应穿镀锌钢管或镀锌线槽铺设，镀锌钢管和镀锌线槽应做等电位连接和接地处理。

16.3 典型弱电系统机房设计

以下以一个典型的工厂弱电机房为例进行设计，面积约为 $28m^2$，长度 7107mm，宽度 3900mm。机房内需要放置的设备包括 $3×6$ 规格的电视墙、操作台、10 个 2m 高标准 42U 机柜和 2 台 UPS 主机（含 2h 供电电池）。

机房平面图如图 16-2 所示。

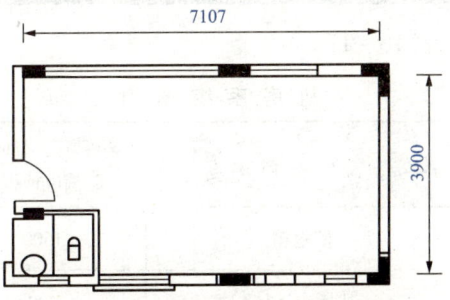

图 16-2 机房平面图（单位：mm）

● 16.3.1 机房环境规范

1. 机房位置

机房位置选择应符合下列要求：

- 水源充足，电压比较稳定可靠，交通通信方便，自然环境清洁。
- 远离产生粉尘、油烟、有害气体以及生产或贮存具有腐蚀性、易燃、易爆物品的工厂、仓库、堆场等。
- 远离强振源和强噪声源。
- 避开强电磁场干扰。

一般按照工厂的规划在主出入口有比较大面积的保安室、接待室，故可利用其中的一部分面积作为弱电机房，如果条件允许可以把机房建设得更宽敞一些。

2. 机房环境

（1）温湿度满足以下要求：

- 室内温度：$(10 \sim 26)℃ \pm 2℃$。
- 相对湿度：$(40\% \sim 70\%) \pm 10\%$。

（2）灰尘含量满足以下要求：

- 主机房内灰尘含量不大于 $50\mu g/m^3$。
- 灰尘颗粒直径不大于 $10\mu m$。

● 16.3.2 机房系统图例

机房系统图例见表 16-1。

表 16-1　　　　　　机房系统图例

序号	图例	名　称	安装高度（mm）（距静电地板）	备　注
1	━	配电箱	+1500	暗装
2	⊣	三孔插座（16A）	-300	机柜插座

第十六章 图说机房系统

续表

序号	图例	名　称	安装高度（mm）（距静电地板）	备　注
3	M	维修插座	+300	
4	E	安全出口插座	棚上	
5		三相插座	+300	
6		300×1200 两管日光灯	嵌入棚上	
7		暗装单控四联开关	+1400	
8		暗装双控单联开关	+1400	

● 16.3.3　设备布置

　　机房需要放置的设备主要包括电视墙、操作台、机柜和 UPS 配电设备，大部分的弱电后端设备安装在弱电系统机柜内。机房的设备布置如图 16-3 所示。

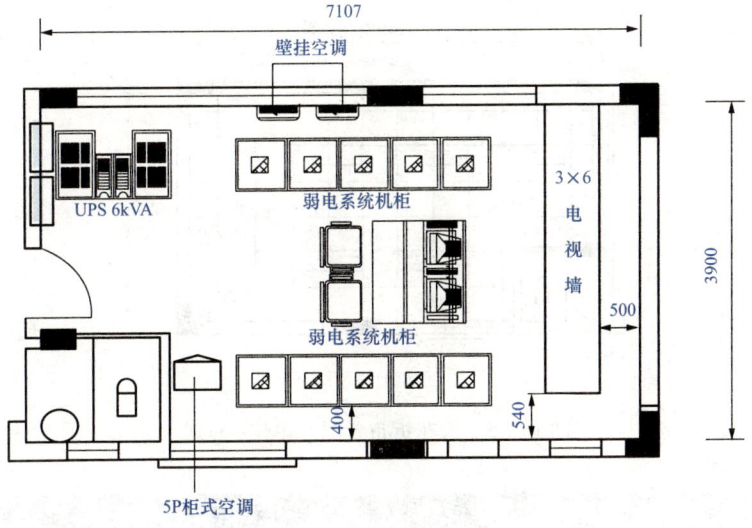

图 16-3　平面布置图（单位：mm）

　　如果机房面积足够大，两相对机柜正面之间的距离不应小于 1.5m；机柜侧面（或不用面）距墙不应小于 0.5m，当需要维修测试时，则距墙不应小于 1.2m；走道净宽不应小于 1.2m。

● 16.3.4 地面布置

机房地面铺设 600mm×600mm 规格的防静电地板，如图 16-4 所示。

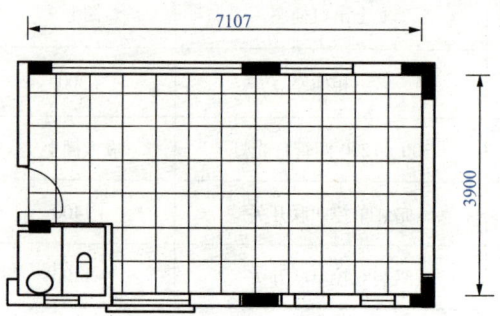

图 16-4 地面布置图（单位：mm）

● 16.3.5 天花板布置

天花板应采用吊顶安装，采用 600mm×600mm 规格的天花板，如图 16-5 所示。

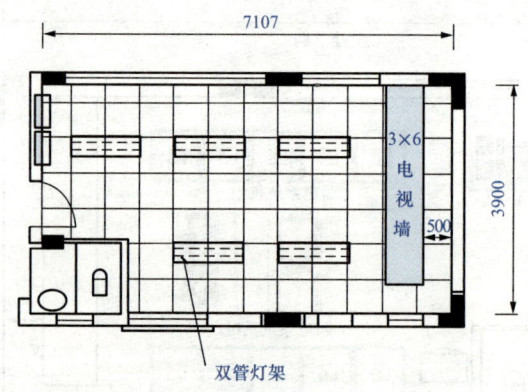

图 16-5 天花板布置图（单位：mm）

● 16.3.6 市电插座

市电插座的配置应满足所有用电设备的要求，在需要安装用电设备的位置都应该预留足够的插座。市电插座平面布置如图 16-6 所示。

第十六章 图说机房系统

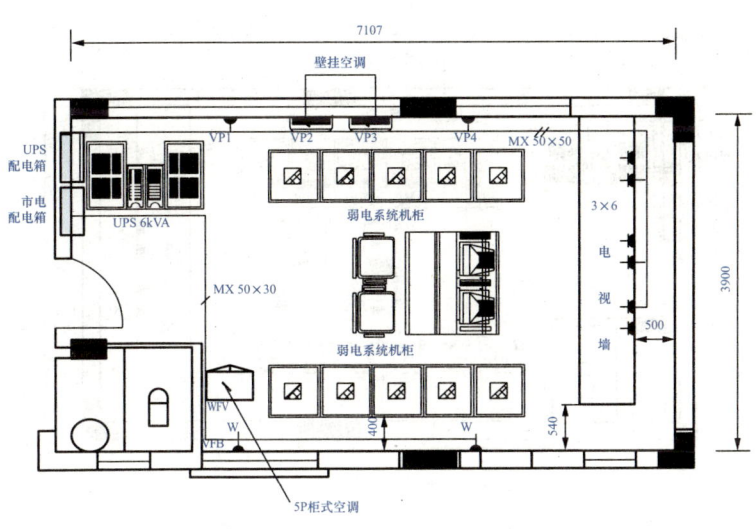

图 16-6 市电插座平面图（单位：mm）

由图 16-6 可见，市电插座的电源从市电配电箱引取，独立于 UPS 电源系统。市电插座主要给非弱电系统或非重要设备供电，如空调系统、照明系统等，可有效降低 UPS 的容量，同时增加 UPS 的供电时间。

● 16.3.7　UPS 插座

UPS 的配置要能够充分满足所有弱电设备的不间断供电，通常要求供电时间不小于 2h。在进行 UPS 系统设计时，需要对每种用电设备的用电量进行精确计算，并求出总和。常见的 UPS 用电设备包括监视器、画面处理器、矩阵控制主机、硬盘录像机、显示器、计算机、门禁控制器以及各个系统的服务器等。

如果条件允许，应采用两台 UPS 进行并机或者双机热备，以保证 UPS 系统的连续供电能力。因为 UPS 在长时间工作时很难保证在市电断电的情况下一定能够工作，多建设一台 UPS 主机就多了一种冗余选择。

UPS 供电的电源插座要安装在机柜、电视墙的内部，应该便于接线和理线；同时 UPS 的供电线槽应独立于弱电线槽。两种线槽在设计的时候就应该考虑隔离措施，防止强电对弱电信号产生干扰。

UPS 插座的平面布置如图 16-7 所示。

● 16.3.8　照明平面

机房的照明要满足工作的需要，符合相关国家标准的要求，原则上距地板

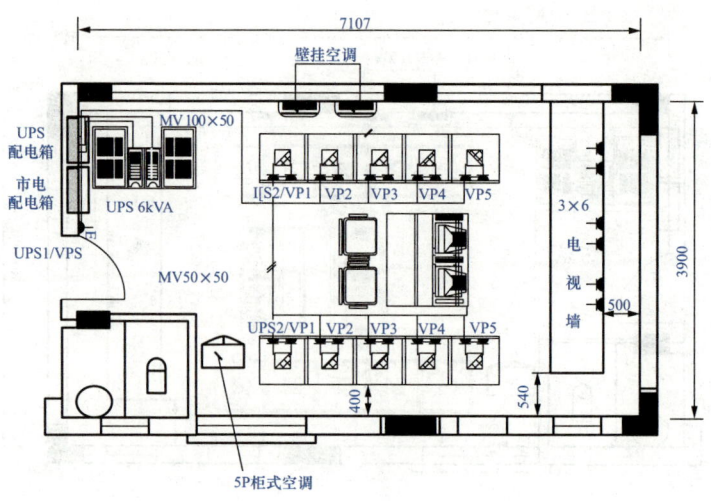

图 16-7 UPS 插座平面图（单位：mm）

0.5m 高处照度不得低于 300lx。照明系统灯管的分布和电源的布线如图 16-8 所示。

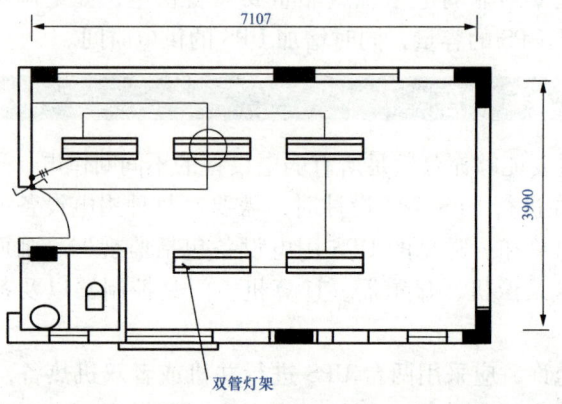

图 16-8 照明平面图

● 16.3.9 弱电线槽布置

弱电线槽的设计和走向要避开强电线槽，应按照以下原则进行设计和施工：

（1）选择恰当的弱电线槽入口，并保证足够的空间。在很多项目的设计过程中，经常会发现当弱电系统需要扩容时无法穿线的情况，尤其是当系统进行不断的升级和扩容时，这个问题更严重。另外一个问题是从室外弱电井引入机房的弱电管道要尽可能直而不要弯曲，这样便于穿线，在早期的设计中对此应有考虑。

（2）主干线槽的规格尽可能大，保证充足的余量，以便于重新穿线、理线或者增加弱电线缆。

（3）线槽建议安装在活动地板之下，便于检修。

（4）线槽应尽可能铺设在机柜和电视墙的下方，便于线缆的驳接和整理。

（5）强、弱电线槽要独立铺设，尽可能避免交叉和重叠；如不可避免，应在垂直方向保持一定的距离。

弱电线槽的布置如图 16-9 所示。

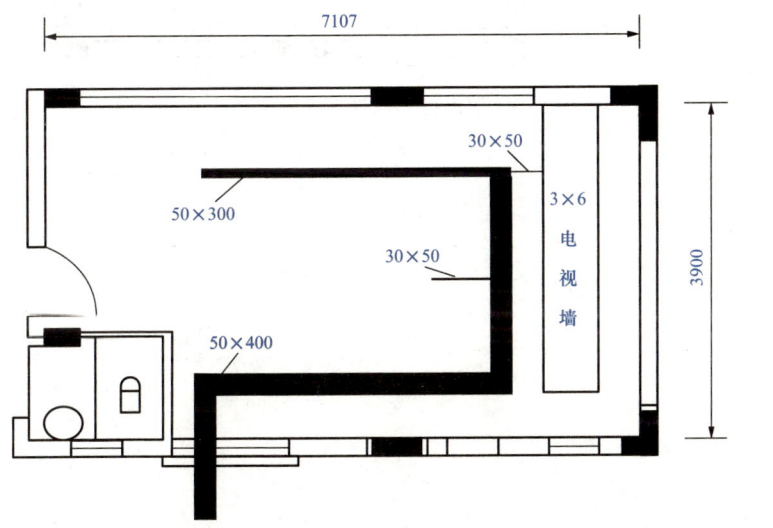

图 16-9　弱电线槽平面图（单位：mm）

由图 16-9 可见，主干的线槽规格要大些，分支的线槽要小一些。线槽的规格取决于穿线的数量和直径，在某些分支线路可以采用镀锌钢管敷设。

16.3.10　等电位均压带

除了防雷设备的安装之外，机房很重要的一项防雷措施就是安装等电位均压带。等电位均压带原则上围绕机房的围墙安装在防静电地板的下方，采用紫铜板带与建筑物的钢筋相焊接。需要接入等电位均压带的设备包括防雷器、金属门、窗、金属隔断、弱电设备的保护接地线、金属线槽和镀锌钢管等。

等电位均压带的平面布置如图 16-10 所示。

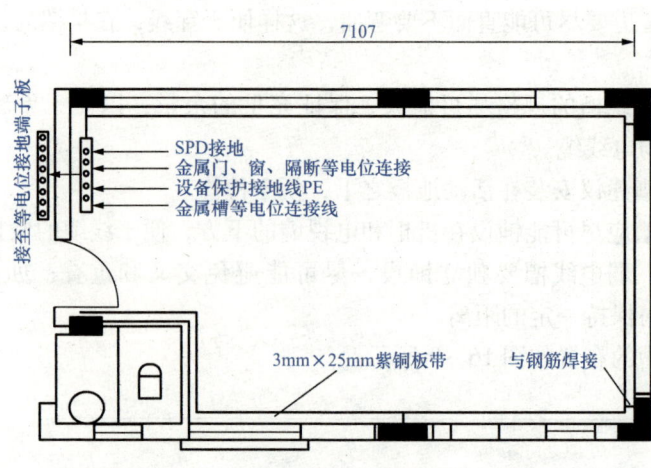

图 16-10 等电位均压带平面图（单位：mm）

鸣　　谢

　　撰写《图说建筑智能化系统》是一件相当令人兴奋的事，也是我长久以来的想法，但这也是一件"痛苦"的事，图说建筑智能化自然要编制大量的图表，这项工作是极端繁重的，比我想象的要难得多。原计划用 10 个月时间完成的书稿，没想到时间一拖再拖，耗时 21 个月才完成，比预想的要多了 1 倍的时间！在这 21 个月中间，我几乎牺牲了所有的周末、假期和晚上休息的时间，毕竟是上班一族，只能利用业余时间写作。

　　很多朋友很关心本书的进度，还有很多朋友想预定本书，经常问我书写完了吗？出版了吗？每次的回答都是很快、很快了，对于这些关心的朋友，我只能表示深深的歉意，让大家久等了。

　　本书并不是一本完善的书，也不是一本权威的智能化系统参考书籍，只能算一本智能化系统普及型图书，还需要不断的完善和改进，希望有机会能够出版第二版、第三版。

　　最后是应该说谢谢的时候了，因为要感谢的公司和人实在是太多了。首先要感谢中国电力出版社，是中国电力出版社给我提供了一次出书的机会，也向出版社的编辑表示由衷的感谢。

　　其次要感谢以下提供授权给我的公司，是这些公司允许我在本书中自由采用他们的技术资料、产品资料和各类图表，才得以使本书能够图文并茂，更加完善。

　　这些公司是（排名不分先后）：

● 深圳市三辰科技有限公司	专业红外摄像机生产厂家，提供了闭路监控电视系统技术资料
● 广州市视鹰电子有限公司	专业闭路监控电视系统生产商，提供了闭路监控电视系统的技术资料，负责本书的市场推广、宣传和签名售书等活动。公司网址：http://www.seing.com.cn，电话：13431010927
● 广州治天道电子科技有限公司	专业防雷器生产厂家及代理商，提供了防雷与接地系统的技术资料
● 天津天地伟业数码科技有限公司	专业闭路监控电视系统生产商，提供了闭路监控电视系统技术资料
● 广州德浩科技有限公司	专业等离子显示器拼接系统供应商，提供了等离子拼接系统技术资料

• 四川元通高科机房装饰工程有限公司	专业机房工程承包商，提供了机房系统的技术资料
• 广州顶怡网络科技有限公司	专业电视墙、操作台、机柜生产商，提供了电视墙、操作台和机柜的技术资料
• 同方股份有限公司	综合性生产厂家及集成商，提供了楼宇自动化系统的技术资料
• 深圳市慧锐通电器制造有限公司	可视对讲系统专业生产商，提供了对讲系统的技术资料
• 广州远创电子科技优先公司	综合性安防系统产品代理商，提供了公共广播系统的技术资料
• 广东威创日新电子有限公司	专业DLP拼接大屏幕系统生产商，提供了DLP拼接系统的技术资料
• Nexsan Technologies Inc	专业存储设备生产商，提供了闭路监控系统存储技术资料
• 深圳易天元网络控制有限公司	专业可视对讲及智能家居系统生产商，提供了对讲系统和智能家居的技术资料
• 北京捷诺视讯数码科技有限公司	专业的闭路监控系统平台软件生产商，提供了监控系统技术资料
• 广州市安居宝科技有限公司	专业可视对讲系统生产商，提供了对讲系统的技术资料
• 广州市奥比电子有限公司	专业DLP拼接大屏幕系统生产商，提供了DLP拼接系统的技术资料

  还有一些公司是需要感谢的，但无法一一列举，一并感谢。

  本书的一些技术资料来源于网络、媒体或其他出版物，有些注明了出处，有些没有注明出处，对于那些没有注明出处但提供了资料的公司和个人我也深表感谢。如果您发现本书的某部分、某章节引用了您的部分文章或部分技术资料，但没有注明出处，欢迎和我联系，我会在我的博客或媒体上说明或致歉，如果本书能够再版，我会将相关的信息补充在上。

  最后要感谢我的妻子，没有她的帮助，这本书就不可能得以出版。

张新房
2009 年 8 月

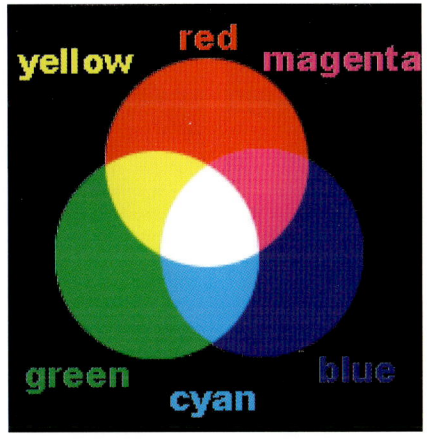

■ 图10-3 三基色示意图

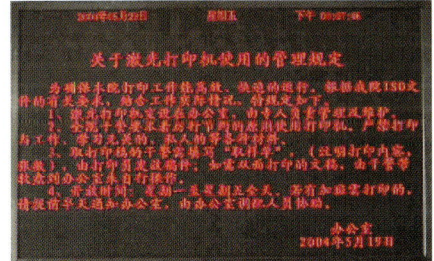

单基色显示屏

户内双基色显示屏

户内全彩色显示屏

■ 图10-6 LED显示屏按显示颜色分类

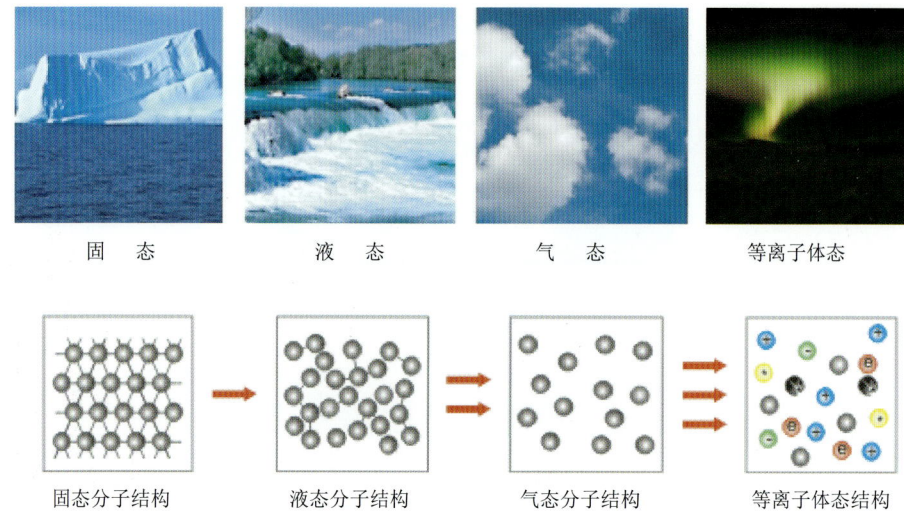

■ 图11-1 物质的四种状态

■ 图11-6 等离子拼接显示系统的实际应用效果

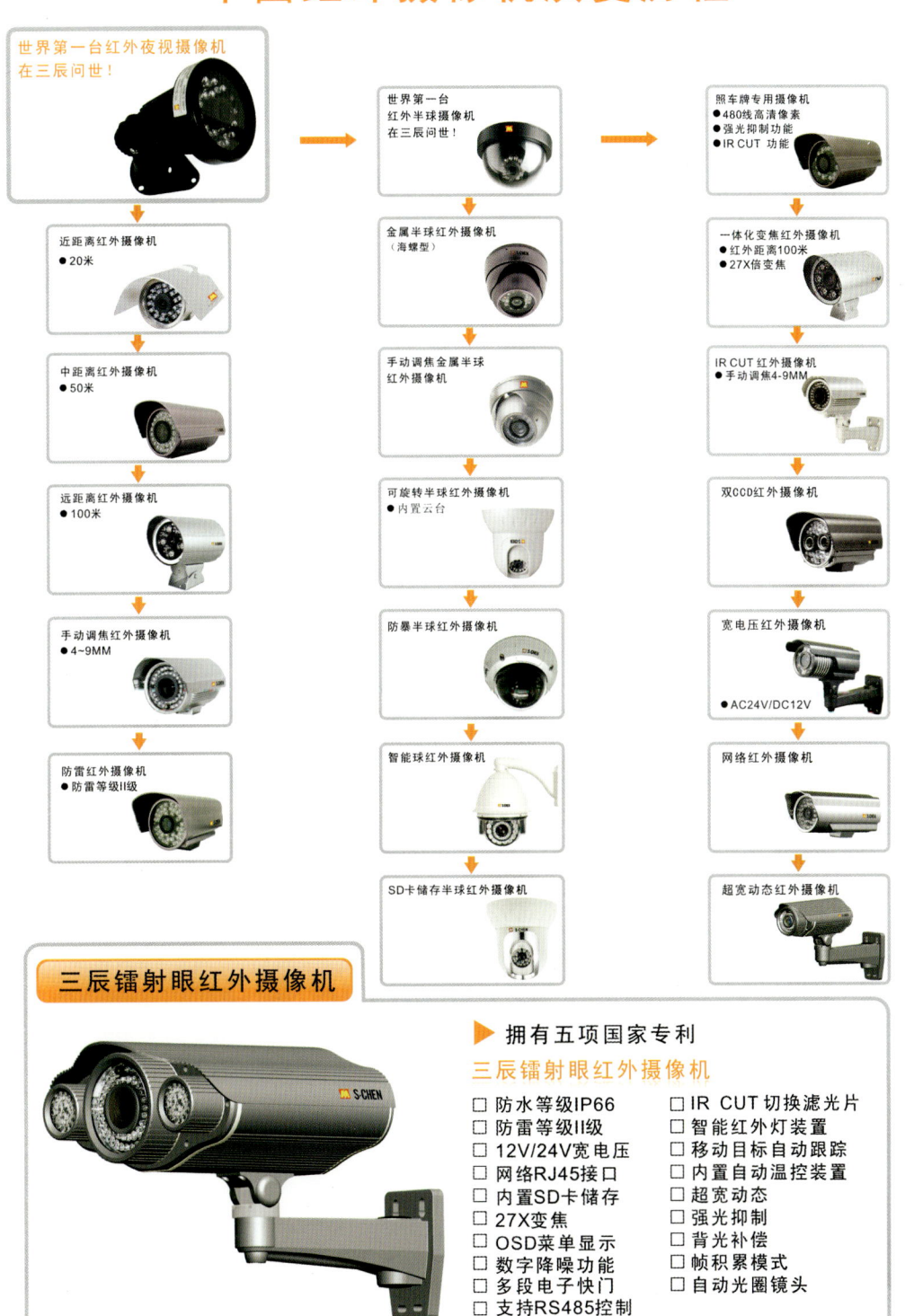

三生万物 · 辰护天下

三辰锚射眼红外摄像机,拥有五项国家专利,几无瑕疵,集红外摄像机功能大成于一身,精臻之作,让您不必再为摄像机应用的恶劣环境而烦恼,为您营造一个安心的世界,再一次为您赢得喝彩!

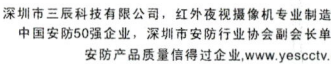